高等数学

第三版 上册

苏永美　郑连存　胡志兴　孟　艳　编

高等教育出版社·北京

内容提要

本书是根据多年教学实践，参照“工科类本科数学基础课程教学基本要求”和《全国硕士研究生招生考试数学考试大纲》，按照新形势下教材改革的精神编写而成的。本书将数学软件 Mathematica 融入教学实践环节中，对传统的高等数学教学内容和体系进行适当整合，力求严谨清晰，富于启发性和可读性。

全书分上、下两册。上册内容为函数与极限、导数与微分、微分中值定理与导数的应用、一元函数积分学及其应用和无穷级数。下册内容为向量代数与空间解析几何、多元函数微分学及其应用、重积分、曲线积分与曲面积分及常微分方程。书中还配备了丰富的例题和习题，分为 A（为基本要求）、B（有一定难度和深度）两类，便于分层次教学。

本书可作为高等学校理工科各类专业高等数学课程的教材。

图书在版编目（CIP）数据

高等数学．上册／苏永美等编．--3 版．--北京：高等教育出版社，2021.8

ISBN 978-7-04-056618-5

Ⅰ.①高…　Ⅱ.①苏…　Ⅲ.①高等数学-高等学校-教材　Ⅳ.①O13

中国版本图书馆 CIP 数据核字(2021)第 154091 号

Gaodeng Shuxue

策划编辑　于丽娜　　责任编辑　高　从　　封面设计　王　鹏　　版式设计　杜微言
插图绘制　李沛蓉　　责任校对　胡美萍　　责任印制　赵义民

出版发行　高等教育出版社
社　　址　北京市西城区德外大街 4 号
邮政编码　100120
印　　刷　北京中科印刷有限公司
开　　本　787mm×1092mm　1/16
印　　张　27.5
字　　数　670 千字
购书热线　010-58581118
咨询电话　400-810-0598

网　　址　http://www.hep.edu.cn
　　　　　http://www.hep.com.cn
网上订购　http://www.hepmall.com.cn
　　　　　http://www.hepmall.com
　　　　　http://www.hepmall.cn
版　　次　2009 年 7 月第 1 版
　　　　　2021 年 8 月第 3 版
印　　次　2021 年 8 月第 1 次印刷
定　　价　53.00 元

物 料 号　56618-00

第 一 版 序

“数学是科学的皇后”“数学是打开科学大门的钥匙”。以微积分为主体的“高等数学”是大学中最重要的基础课程之一，它不仅为后续课程的学习和科研工作的开展提供了必要的数学基础和数学工具，而且对学生理性思维的培养、科学素养的形成、分析问题解决问题能力的提高，都有重要而深远的影响。

北京科技大学是首批进入国家 211 工程的全国重点大学，具有雄厚的师资力量和良好的教学传统。经过多年的准备，该校组织了几位长期辛勤耕耘在教学第一线、业务水平高、教学经验丰富的骨干教师，遵循新形势下教材改革的精神，参照教育部非数学类专业数学基础课程教学指导分委员会 2003 年制定的“工科类本科数学基础课程教学基本要求”，并参照教育部考试中心颁布的《全国硕士研究生入学统一考试数学考试大纲》，编写了这部《高等数学》教材，这部教材的出版也是编者多年从事高等数学的教学工作的结晶。

这部教材立足于重点院校和普通高等院校高等数学教学的需要，对于传统的高等数学教学内容和体系进行了适当的整合，力求使教材体系更合理、系统和完整；并能恰当处理好数学发现与知识传授的关系，使之更符合教学规律与认知规律，从而既便于教师使用，又便于学生自学。

为了体现教学指导思想、教学内容体系和教学目标要求，这部教材在每章的开头都给出了该章内容的“知识结构框图”，在每章末给出了“本章小结”，这有利于读者理解、掌握每章的主要内容；在每章内容之后增编了数学 Mathematica 软件的应用，利用数学软件进行数学实验，可以增加学生学习兴趣，也为学生更好地学习和理解数学知识提供有益的帮助；教材中配置的例题和习题丰富，覆盖面大，难度深度适当，并且习题分为 A，B 两类，便于分层次教学，A 类练习为一般基本要求，B 类为有一定难度和深度的题目。

这部教材结构严谨、论述清晰、文句流畅，富于启发性、可读性，是一部颇具特色的好教材。

李心灿

2008 年 12 月于北京

第三版前言

本书第二版于 2014 年 8 月出版，一直使用至今，达到了良好的教学效果。随着信息化时代的发展，移动终端给学生提供了多元的学习方式。但第二版教材缺乏信息化资源，无法满足信息化时代学生多元化学习的要求。另一方面，受到纸质教材编写篇幅的限制，有些突出学生科学思维和创新能力培养的元素以及适应学生个性化学习的知识元素也相对不足。因此，在总结七年来教学中积累的经验并参考广大读者和同行们所提出的宝贵意见的基础上，我们对教材内容做了适当的修订与调整：

1. 结合课程教学内容，多章增加知识拓展或专题讲座的内容，以二维码形式呈现，这些内容不仅突出了学生科学思维和创新能力培养的元素，还向学生们打开了通向科研前沿的一扇窗。

2. 为方便读者学习，对一些重要的或较难的知识点给出了讲解微视频。

3. 为了更好地体现认知规律，对教材中部分内容及例题进行了调整和补充，并以二维码形式提供了个别较难题目的解答或提示。

4. 修订了部分章节的数学实验并提供了部分实验演示的录屏资源。

本次修订得到了北京科技大学教材建设基金和“高等学校大学数学教学研究与发展中心 2020 年教学改革项目”的资助。在第三版出版之际，谨向关心和使用本书的单位和读者表示深切的谢意。

由于编者水平有限，书中不妥之处在所难免，敬请读者批评指正。

编者

2021 年 5 月

第二版前言

本书的第一版于 2009 年 7 月出版, 总结五年来教学中积累的经验并参考广大读者和同行们所提出的宝贵意见, 我们按照学校“十二五”规划教材的要求, 对本教材内容做了适当修订与调整。

1. 为适应高校工科类专业本科多层次教学的需要, 在修订时对个别内容给予适当的补充, 对个别超出教学大纲的选学内容均采用 * 号标出, 如重积分中增加了一节“含参量的常义积分和反常积分”;

2. 为了更好体现认知规律, 对教材中部分内容及例题进行了调整和补充;

3. 教材习题的配置是教材的重要组成部分, 修订时根据近五年的教学体会并汲取国内外优秀教材习题的优点, 对第一版中的习题做了较大调整;

4. 修正了第一版中的印刷错误。

本书第二版的出版得到了教育部“本科教学工程”“专业综合改革试点”项目经费和北京科技大学教材建设基金的资助。

在本书第二版出版之际, 谨向关心和使用本书的读者表示深切的谢意!

由于编者水平有限, 书中不妥之处在所难免, 敬请读者批评指正。

编者

2013 年 9 月

第一版前言

高等数学是大学非数学类专业学生必修的一门重要的数学基础课程。本课程不仅是学习后续课程及在各个学科领域中进行理论研究和实践工作的必要基础，而且也是培养学生的基本数学素质，提高学生综合分析、解决问题能力和创新能力的重要保证。

本书是由我系数位长期讲授“高等数学”课程的教师，根据他们多年的教学实践，按照新形势下教材改革的精神，结合“工科类本科数学基础课程教学基本要求”编写而成的。本书分上、下两册出版，上册介绍一元函数与极限、一元函数微分学、中值定理及应用、一元函数积分学和级数；下册介绍空间解析几何、多元函数微分学及其应用、重积分、曲线积分与曲面积分和微分方程。

为了帮助读者抓住重点，尽快掌握所学的内容，提高学习质量与效率，每章开头给出了该章内容的知识结构框图，针对读者在学习过程中容易出现的错误、较难理解的知识点，加入适当的注释，以帮助读者在学习过程中更好地理解和掌握相关内容。另外，在各章末还增加了“本章小结”。每节后编排了内容丰富、覆盖面较广的习题。为了便于分层次教学，习题分成 A, B 两类，其中 A 类习题是基本题，读者认真独立完成此类题目，可以对基本概念、基本理论和基本方法达到较深入的理解和把握；B 类习题则是有一定难度或综合性较强的习题，以帮助读者进一步提高数学能力和素养。本书标 * 号的内容为选学内容，可供对数学要求较高的专业选用。

根据编者多年教学体会，本书在内容编排上和传统教材相比做了一些调整。将不定积分、定积分及其应用合编为一章，先讲定积分，后讲不定积分。这样编写，更好地体现了定积分与不定积分的关系，使学生学习不定积分有了更明确的目的。为了保持极限、反常积分和无穷级数的内在联系，将无穷级数部分安排到上册讲解，并增加了无穷级数表示非初等函数和定义初等函数等内容，使读者能在更高层次上理解基本初等函数。

在多元函数微分学部分中，将全微分概念放到偏导数前面，其目的在于让学生尽早地接触到全微分的概念，在此基础上自然地引出偏导数的概念。在曲线积分与曲面积分部分，增加了“格林公式的一个物理原型”，使读者能清楚地了解到格林公式、高斯公式及斯托克斯公式产生的物理背景及这些公式的深刻的思想内涵，增加对读者创新能力的培养，并能够将数学知识灵活运用到社会实践中去。

学习高等数学的目的是培养学生运用数学的思想、理论和方法去学习后续课程及解决科研、生产和生活中的实际问题。本书在每章内容之后增编了数学 Mathematica 软件的应用，使学生在掌握相应知识的同时，学会使用数学技术及现代计算工具。

本书内容的阐述始终以“加强基础，强调应用”为指导思想，使读者通过对本书的学习，能尽快地掌握高等数学的基本理论和方法，培养读者的数学素养，提高读者的分析问题和解决问题的能力。

本书由郑连存编写第九章和第十章，胡志兴编写第四章和第六章，王辉编写第一章和第七章, 苏永美编写第五章和第八章, 孟艳编写第三章, 朱婧编写第二章和全书的 Mathematica 软件的应用。全书由许三星策划和统稿, 并由北京科技大学高等数学课程组讨论定稿。

在本书的编写过程中, 李心灿教授给予了热情的关心和真挚的帮助, 认真审阅了书稿, 提出了许多中肯的修改意见, 并热情为本书作了序。李仲来教授和王来生教授进行了细致的评审, 提出了许多宝贵的建议, 同时得到了高等教育出版社和北京科技大学各级领导的大力支持, 编者在此表示衷心的感谢!

由于编者水平所限, 错漏之处在所难免, 恳请同行和读者不吝指正。

编者

2009 年 2 月

目　录

第一章　函数与极限

初等数学研究的对象是常量, 而高等数学研究的对象是变量. 函数描述了变量之间的一种依赖关系. 极限方法是研究变量的一种基本方法, 而极限的概念与方法贯穿于整个微积分始终. 本章将介绍变量、函数、极限和函数的连续性等概念及其性质, 其知识结构框图如图 1–1 所示.

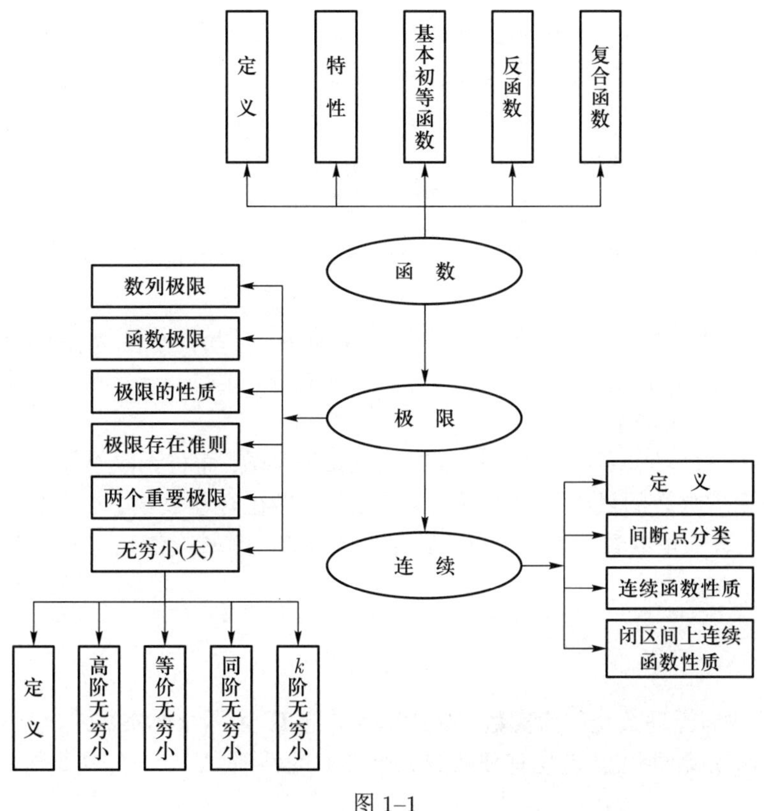

图 1–1

第一节　变量与函数

一、实数及其性质

1. 有理数与无理数

实数在高等数学中起着重要的作用, 实数包括有理数和无理数. 人类最早认识的是自然数: $0, 1, 2, 3, \cdots$, 通常用大写字母 $\mathbf{N}$ 表示自然数全体, 用 $\mathbf{N}_+$ 表示全体正整数. 若在自然数的基础上添加负整数, 则所构成的数称为**整数**, 通常用字母 $\mathbf{Z}$ 表示全体整数, 用 $\mathbf{Z}_+$ 表示全体正整数. 若在整数集合中引入乘法及其逆运算除法, 则由整数可扩充得到有理数, 通常用字母 $\mathbf{Q}$ 表示全体有理数, 即

$$\mathbf{Q}=\left\{\frac{m}{n}\middle| m,n\in\mathbf{Z},n>0,(m,n)=1\right\},$$

其中 (m,n) 表示 m 与 n 的最大公约数.

全体有理数构成的集合 $\mathbf{Q}$ 的一个重要特征是它对于加法及其逆运算减法、乘法及其逆运算除法 (分母不为零) 是封闭的, 即任意两个有理数进行加、减、乘或除 (除法要求分母不为零) 仍为有理数, 且满足交换律、结合律和分配律. 因而全体有理数构成的集合对于通常的加法和乘法而言又称为**有理数域**.

公元前五百多年古希腊人就发现等腰直角三角形的腰与斜边没有公度 (公度意指公共的度量单位), 进而证明了 $\sqrt{2}$ 这样的数不是有理数, 这也是人类首次认识到无理数的存在.

例 1.1 用反证法证明: $\sqrt{2}$, $\sqrt{3}$, $\sqrt{5}$ 都不是有理数.

证 先证 $\sqrt{2}$ 不是有理数. 倘若 $\sqrt{2}$ 是有理数, 设

$$\sqrt{2}=\frac{m}{n},$$

其中 m,n 为正整数, 且 m,n 互质. 则 $m^2=2n^2$, 从而可知, m^2 能被 2 整除, 所以 m 也能被 2 整除.

设 $m=2p$ (p 为正整数), 则 $2n^2=m^2=4p^2$, 即 $n^2=2p^2$, 从而 n^2 也能被 2 整除, 故 n 也能被 2 整除. 于是 m,n 都能被 2 整除, 这与 m,n 互质的假设矛盾. 故 $\sqrt{2}$ 不是有理数.

同理可证: $\sqrt{3}$, $\sqrt{5}$ 都不是有理数.

众所周知, 有理数可以表示为有限小数或无限循环小数, 而将无限不循环小数称为**无理数**. 然而, 有理数和无理数之间最终有何联系呢? 事实上, 当在有理数域中引入极限运算后可以看到, 任何一个无理数均可以看作为某个有理数序列的极限. 例如, $\sqrt{2}$ 可以看作有理数序列 $\{x_n\}$

$$x_1=1.4,x_2=1.41,x_3=1.414,\cdots$$

的极限.

通常将有理数与无理数统称为**实数**, 并用大写字母 $\mathbf{R}$ 表示全体实数. 由于全体实数构成的集合对于通常的加法和乘法满足与有理数域完全类似的性质, 所以全体实数构成的集合又称为**实数域**.

2. 实数域的连续性与完备性

有理数域和实数域的本质区别有两个方面: 一是实数域的连续性, 二是实数域的完备性. 所谓实数域的连续性是指实数域中全体实数和数轴上的全部点之间可以建立一一对应关系, 即实数域中的全体实数充满了整个数轴. 然而, 有理数域中的全体有理数虽然在数轴上的分布密密麻麻, 但不能够充满整个数轴. 实数域的完备性是指在实数域中引入极限运算后仍然保持封闭. 然而, 有理数域对于极限运算而言是不封闭的.

二、数轴、集合、区间、邻域

1. 数轴

笛卡儿 (Descartes, 1596—1650) 引入了坐标的概念, 这使得在全体实数构成的集合和一条直线上的所有点之间可以建立一一对应关系. **数轴**是由一条直线和其直线上的一个定点 O 组成, 其中定点 O 称为**原点**, 并在直线上规定有固定的单位长度, 选定某一方向为数轴的正向, 相反的方向成为数轴的负向, 如图 1–2 所示.

对于任意给定的实数 x, 若 $x>0$, 则在数轴的正向上可唯一确定一点 P, 使得长度 $|OP|=x$; 若 $x<0$, 则在数轴的负向上可唯一确定一点 P, 使得长度 $|OP|=-x$; 若 $x=0$, 则在数轴上选取 $P=O$ 相对应. 这样, 全体实数构成的集合 $\mathbf{R}$ 和数轴上所有点之间建立了一一对应关系, x 称为点 P 的**坐标**.

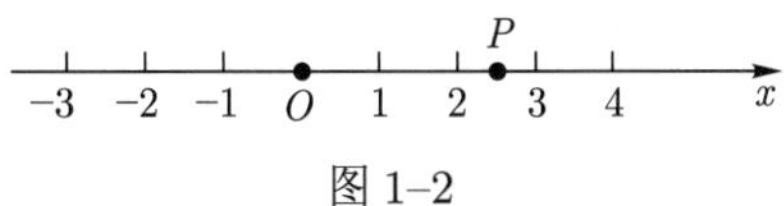

图 1–2

2. 实数的绝对值

绝对值的概念以及一些常用的绝对值不等式在高等数学中经常使用. 下面介绍绝对值的概念及性质.

对于任意给定的实数 $x\in\mathbf{R}$, x 的**绝对值** $|x|$ 定义为

$$|x|=\begin{cases}x, & x\geqslant 0,\\ -x, & x<0.\end{cases}$$

显然, 由图 1–2 可以看出, x 的绝对值 $|x|$ 表示点 P 到原点 O 的距离, 根据绝对值的定义, 不难得到绝对值的如下简单性质.

性质　对于任意的实数 $x,y\in\mathbf{R}$, 有

(1) $|x|\geqslant 0$, 且 $|x|=0$ 当且仅当 $x=0$;

(2) $|-x|=|x|$;

(3) $|x+y|\leqslant|x|+|y|$ (三角不等式) .

3. 集合

集合是指具有某种共同属性的对象的全体. 集合中的每个对象称为该集合的**元素**. 通常用大写字母 $A,B,C,\cdots$ 表示集合, 而用小写字母 $a,b,c,x,y,z,\cdots$ 表示集合中的元素. 记号 $a\in A$ 或 $a\notin A$ 表示元素 a 属于或不属于集合 A. 一个没有任何元素的集合称为**空集**, 记作 $\varnothing$.

集合的表示方法通常有两种: 一种是**列举法**, 另一种是**描述法**. 若一个集合 A 的元素只有有限个或可列无穷个 (即每个元素可以标以号码, 一个一个地数出来), 则可用如下列举法表示该集合

$$A=\{a_1,a_2,\cdots,a_n,\cdots\}.$$

又如, 数轴上位于 -1 和 1 之间的所有点的集合 E 可以用描述法表示为

$$E=\{x|-1\leqslant x\leqslant 1\}.$$

4. 区间

对于给定的两个实数 $a,b\in\mathbf{R}$ $(a<b)$, 满足不等式 $a\leqslant x\leqslant b$ 的全体实数 x 构成的集合 $\{x|\,a\leqslant x\leqslant b\}$ 称为**闭区间**, 记作 $[a,b]$, 即

$$[a,b]=\{x|\,a\leqslant x\leqslant b\}.$$

闭区间 $[a,b]$ 如图 1–3 所示.

同理, 实数集 $\{x|a<x<b\}$ 称为**开区间**, 记作 (a,b), 即

$$(a,b)=\{x|\,a<x<b\}.$$

开区间 (a,b) 如图 1–4 所示.

图 1–3　　图 1–4

实数集 $\{x|a<x\leqslant b\}$ 和 $\{x|a\leqslant x<b\}$ 分别称为**半开区间**, 分别记作 $(a,b]$ 和 $[a,b)$, 即

$$(a,b]=\{x|a<x\leqslant b\}\quad 和\quad [a,b)=\{x|a\leqslant x<b\}.$$

在上述各种区间中, $b-a$ 称为**区间的长度**, 且 a 和 b 分别称为区间的**左端点**和**右端点**. 又由于区间长度有限, 这些区间又称为**有限区间**.

引进符号 $-\infty$, 表示实数沿 x 轴的负方向无限变小 (其绝对值无限变大), 读作**负无穷大**, 符号 $+\infty$ 表示实数沿 x 轴的正方向无限变大, 读作**正无穷大**. 若上述区间中的 a 或 b 形式上可取为 $-\infty$ 或 $+\infty$, 则可以有如下五种**无穷区间**:

$$\begin{aligned}(a,+\infty)&=\{x|\,a<x<+\infty\},\quad [a,+\infty)=\{x|\,a\leqslant x<+\infty\},\\ (-\infty,b)&=\{x|-\infty<x<b\},\quad (-\infty,b]=\{x|-\infty<x\leqslant b\},\\ &(-\infty,+\infty)=\{x|-\infty<x<+\infty\}=\mathbf{R}.\end{aligned}$$

有限区间和无限区间统称为**区间**.

5. 邻域

设 a 和 δ 是两个实数, 且 $\delta>0$, 将开区间 $(a-\delta,a+\delta)$ 称为**点 a 的 δ 邻域**, 记作 $U(a,\delta)$, 即

$$U(a,\delta)=\{x\,||x-a|<\delta\},$$

其中 a 称为该**邻域的中心**, δ 称为该**邻域的半径**, 如图 1–5 所示.

若把邻域 $U(a,\delta)$ 的中心 a 去掉, 则称为**点 a 的去心 δ 邻域**, 记作 $\mathring{U}(a,\delta)$, 即

$$\mathring{U}(a,\delta)=\{x\,|0<|x-a|<\delta\},$$

如图 1–6 所示, 其中 $0<|x-x_0|$ 表示 $x\neq x_0$.

图 1–5　　图 1–6

类似地, 把 $(a,a+\delta)$ 称为**点 a 的右 δ 邻域**, 把 $(a-\delta,a)$ 称为**点 a 的左 δ 邻域**.

例 1.2 试用绝对值不等式表示点 5 的 $\dfrac{1}{2}$ 去心邻域.

解 由去心邻域的定义知, 所求绝对值不等式为 $0<|x-5|<\dfrac{1}{2}$.

三、函数及其图形

人类在观察、研究各种各样的自然现象时, 会遇到不同的量, 如长度、面积、体积、质量、温度、速度等. 这些不同的量虽然表示不同的几何意义或物理意义, 但可以划分为两类: 一类是在某个过程中保持不变, 这类量称为**常量**; 另一类是在某个过程中变化着的量, 这类量称为**变量**. 例如, 一个地区一天的温度 t、某个时间段里飞机飞行的高度 h 和速度的大小 v 等都是变量, 地球表面的重力加速度 g 是常量.

高等数学与初等数学的主要区别在于高等数学主要研究的对象是变量, 而初等数学主要研究的对象为常量.

数学中, 与某个过程相关的变量通常用函数这个概念来描述, 下面给出函数的定义.

定义 1.1　设 D 是实数域 $\mathbf{R}$ 中一个非空子集, 若存在某一种法则 f, 使得对于任意 $x \in D$, 都有唯一确定的 $y \in \mathbf{R}$ 与之相对应, 则称 f 是由 D 到 $\mathbf{R}$ 的一个**函数**, 记作

$$y = f(x), \quad x \in D,$$

其中 x 称为**自变量**, y 称为**因变量**, D 称为函数 f 的**定义域**, 记作 D_f, 即 $D = D_f$. 函数通常用英文字母或希腊字母表示, 如 f, g, h, φ, ψ 等.

对于给定的 $x \in D$, $y = f(x)$ 又称为函数 f 在 x 处的**函数值**. 当 x 取遍 D 中所有的值时, 相应的函数值 y 的集合

$$f(D) = \{y | y = f(x), \quad x \in D\}$$

称为函数 f 的**值域**.

在平面直角坐标系中, 点集

$$\{(x, y) | y = f(x), \quad x \in D\}$$

称为函数 $y = f(x)$ 的**图形**, 如图 1–7 所示. 通常它表示 xOy 平面上的一条曲线.

注　需要注意的是两个函数相等是指对应的法则一样, 且具有相同的定义域.

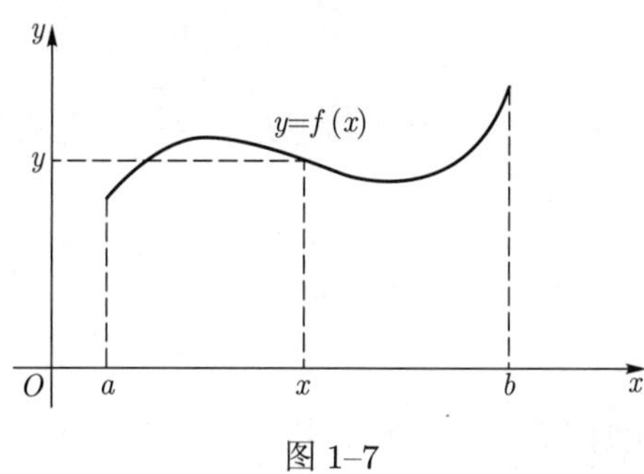

图 1–7

例 1.3　分析下列各题中的两个函数的异同:

(1) $y = f(x) = \dfrac{4x^2 - 1}{2x - 1}$ 与 $y = g(x) = 2x + 1$;

(2) $y = f(x) = \sin^2 x + \cos^2 x$ 与 $y = g(x) = 1$.

解 (1) 当 $x \neq \dfrac{1}{2}$ 时, 它们有相同的对应关系, 但是函数 f 的定义域是 $\left(-\infty, \dfrac{1}{2}\right) \cup \left(\dfrac{1}{2}, +\infty\right)$, 而函数 g 的定义域是 $(-\infty, +\infty)$, 它们的定义域不同, 因而它们是不同的函数.

(2) 函数 f 与函数 g 虽然表达式不同, 但定义域和对应关系完全相同, 因而它们是相同的函数.

例 1.4 已知函数 $y = f(x) = \dfrac{3}{1+x^2}$, 求 $f(-1), f\left(\dfrac{1}{x}\right), f(x-2)$.

解 以 $-1, \dfrac{1}{x}, x-2$ 分别代替 $f(x)$ 中的 x, 得

$$\begin{aligned} f(-1) &= \frac{3}{1+(-1)^2} = \frac{3}{2}, \\ f\left(\frac{1}{x}\right) &= \frac{3}{1+\left(\dfrac{1}{x}\right)^2} = \frac{3x^2}{x^2+1}, \\ f(x-2) &= \frac{3}{1+(x-2)^2}. \end{aligned}$$

例 1.5 求函数 $y = \dfrac{1}{x^2+3x+2}$ 的定义域.

解 显然, 在表达式 $\dfrac{1}{x^2+3x+2}$ 中, 当且仅当 $x^2+3x+2 = (x+2)(x+1) \neq 0$, 即 $x \neq -1$, $x \neq -2$ 时, 表达式才有意义, 因此该函数的定义域为 $x \neq -1$, $x \neq -2$, 或用区间表示为 $(-\infty, -2) \cup (-2, -1) \cup (-1, +\infty)$.

例 1.6 设计一个体积为 V 的有盖圆柱形容器, 求其表面积 A 和底半径 r 之间的函数关系.

解 设圆柱形容器底半径为 r, 高为 H, 于是有盖圆柱形容器的表面积为

$$A = 2\pi r^2 + 2\pi r H.$$

又因为圆柱形体积为 V, 由 $V = \pi r^2 H$, 可得其高 $H = \dfrac{V}{\pi r^2}$, 代入上式, 得

$$A = 2\pi r^2 + 2\pi r \cdot \frac{V}{\pi r^2} = 2\pi r^2 + \frac{2V}{r},$$

这个函数的定义域为 $(0, +\infty)$.

用函数关系表述量的变化时, 有些情形可以用一个表达式来表述. 然而, 也有一些情形, 在不同的自变量变化范围内需要用不同的表达式来表述.

例 1.7 为了鼓励市民节约用水, 优化水资源, 北京市居民用水采用阶梯形水价计费, 其计费标准如下: 第一阶梯, 每年用水量不超过 180 m^3 的, 按 5 元 /m^3 计费; 第二阶梯, 每年用水量超过 180 m^3 但不超过 260 m^3 的, 超过部分按 7 元 /m^3 计费; 第三阶梯, 每年用水量超过 260 m^3 的, 超过部分按 9 元 /m^3 计费. 求出某居民用水费用 y/ 元与用水量 x/m^3 之间的关系.

解　根据题意

$$y=\begin{cases}5x, & 0\leqslant x\leqslant 180,\\ 7x-360, & 180<x\leqslant 260,\\ 9x-880, & x>260.\end{cases}$$

该函数的定义域为 $D=[0,+\infty)$, 当自变量 x 在 $[0,180]$ 内取值时, 对应法则为 $5x$; 当自变量 x 在 $(180,260]$ 内取值时, 对应法则为 $7x-360$; 当自变量 x 在 $(260,+\infty)$ 内取值时, 对应法则为 $9x-880$. 这种在自变量的不同变化范围内, 对应法则用不同表达式来表示的函数称为**分段函数**, 如本例的函数就是分段函数.

注　(1) 建立函数关系除要求写出对应关系外, 还应同时写出定义域, 确定函数定义域的原则是: 既要使表达式有意义, 又要使实际问题有意义.

(2) 在函数的定义中, 对于给定 $x\in D$, 要求对应的函数值 $y=f(x)$ 必须是唯一确定的. 这样定义的函数又称为**单值函数**. 若对于给定 $x\in D$, 只要求有对应的函数值 $y=f(x)$ 存在, 而不一定唯一, 则这样定义的函数在数学上称为**多值函数**. 例如, 由关系式

$$x^2+y^2=1$$

在区间 $D=[-1,1]$ 上可以确定一个具有两个单值分支的多值函数

$$y=\pm\sqrt{1-x^2}, x\in[-1,1],$$

如图 1–8 所示.

(3) 高等数学研究的函数都是单值函数, 多值函数分解为单值分支来研究. 本书如不特别声明, 函数均指单值函数.

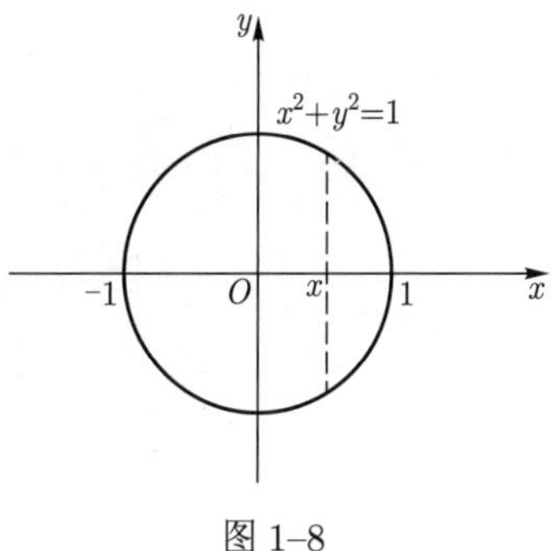

图 1–8

四、几类重要的分段函数

下面给出几类重要的分段函数.

1. 绝对值函数

函数

$$y=|x|=\begin{cases}x, & x\geqslant 0,\\ -x, & x<0\end{cases}$$

称为**绝对值函数**, 其定义域和值域分别为

$$D_f=(-\infty,+\infty)=\mathbf{R}\quad 和\quad f(D)=[0,+\infty).$$

对应的函数图形如图 1–9 所示. 显然, 在 $(-\infty,0)$ 和 $[0,+\infty)$ 上对应不同的表达式. 因此, 绝对值函数是一个分段函数.

2. 符号函数

函数

$$y=\operatorname{sgn}x=\begin{cases}1, & x>0,\\ 0, & x=0,\\ -1, & x<0\end{cases}$$

称为**符号函数**, 其定义域和值域分别为

$$D_f=(-\infty,+\infty)=\mathbf{R} \quad 和 \quad f(D)=\{-1,0,1\}.$$

对应的函数图形如图 1–10 所示. 显然, 符号函数也是分段函数.

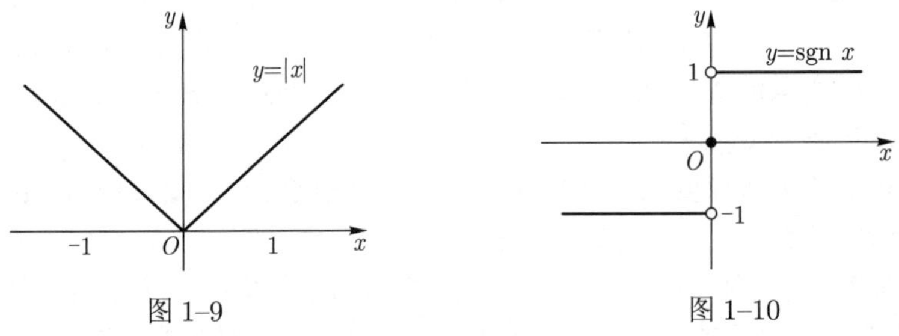

图 1–9　　图 1–10

注　符号函数与绝对值函数有如下关系式成立:

$$x=|x|\times\operatorname{sgn}x,\quad x\in\mathbf{R}.$$

3. 取整函数

对于任意给定的实数 $x\in\mathbf{R}$, 用 $[x]$ 表示不超过数 x 的最大整数. 例如,

$$\left[\frac{2}{3}\right]=0,\quad \left[\frac{3}{2}\right]=1,\quad [\pi]=3,\quad [-3.5]=-4.$$

函数

$$y=[x],\quad x\in\mathbf{R}$$

称为**取整函数**, 其定义域和值域分别为

$$D_f=(-\infty,+\infty)=\mathbf{R} \quad 和 \quad f(D)=\mathbf{Z}.$$

对应的函数图形如图 1–11 所示, 称为**阶梯曲线**. 显然, 取整函数也是分段函数.

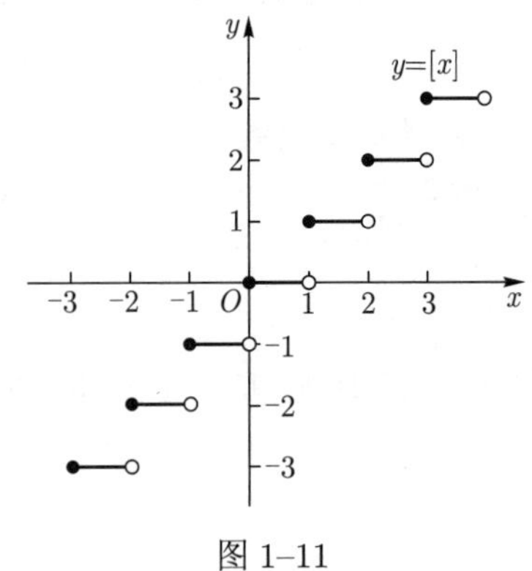

图 1–11

4. 狄利克雷函数

函数

$$y=D(x)=\begin{cases}1, & x为有理数,\\ 0, & x为无理数\end{cases}$$

称为**狄利克雷** (Dirichlet, 1805—1859) **函数**, 其定义域和值域分别为

$$D_f=(-\infty,+\infty)=\mathbf{R} \quad 和 \quad f(D)=\{0,1\}.$$

狄利克雷函数是分段函数, 其函数图形是十分复杂的. 可以直观地看出, 其图形是分布在直线 $y=0$ 和 $y=1$ 上的“密密麻麻”的点的集合.

例 1.8　指出函数

$$y = x - [x]$$

的定义域和值域, 并画出图形.

解　定义域和值域分别为

$$D_f = (-\infty, +\infty) = \mathbf{R} \quad 和 \quad f(D) = [0, 1),$$

其函数图形如图 1–12 所示.

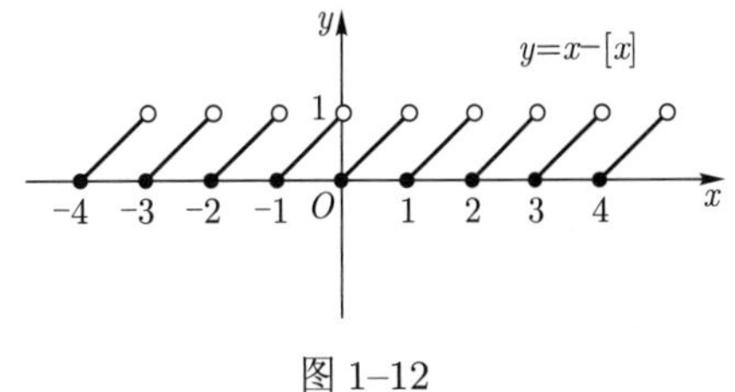

图 1–12

五、函数的几种特性

1. 函数的有界性

定义 1.2　设函数 $y = f(x)$ 的定义域为 D, 数集 $X \subset D$, 若存在常数 K_1 (或 K_2), 使得任意的 $x \in X$, 都有

$$f(x) \leqslant K_1 \quad (或\ f(x) \geqslant K_2),$$

则称函数 $f(x)$ 在数集 X 上**有上界** (或**有下界**), 且 K_1 (或 K_2) 分别称为 $f(x)$ 在 X 上的一个**上界** (或**下界**).

若存在正常数 M, 使得对于任意的 $x \in X$, 都有

$$|f(x)| \leqslant M,$$

则称函数 $f(x)$ 在数集 X 上**有界**. 若不存在这样的正常数 M, 则称函数 $f(x)$ 在数集 X 上**无界**. 这就是说, 若对任何正数 M (无论多么大), 总存在某 $x_0 \in X$, 使得 $|f(x_0)| > M$, 则称函数 $f(x)$ 在 X 上**无界**.

易证明, 函数 $f(x)$ 在 X 上有界的充要条件是 $f(x)$ 在 X 上既有上界又有下界.

此外, 不难看出函数 $f(x)$ 的有界性与集合 X 有关. 例如, 函数

$$y = f(x) = \frac{1}{x}$$

在集合 $(0, +\infty)$ 上是无界的, 而在集合 $[1, +\infty)$ 上是有界的.

2. 函数的单调性

定义 1.3　设函数 $f(x)$ 在区间 I 上有定义, 若对任意 $x_1, x_2 \in I$, 且 $x_1 < x_2$, 都有

$$f(x_1) < f(x_2) \quad (或\ f(x_1) > f(x_2)),$$

则称函数 $f(x)$ 在区间 I 上**单调增加** (或**单调减少**). 单调增加或单调减少的函数统称为**单调函数**.

3. 函数的奇偶性

定义 1.4　设函数 $f(x)$ 的定义域 D 关于坐标原点对称, 若对于任意的 $x \in D$, 都有

$$f(-x) = f(x) \quad (或\ f(-x) = -f(x)),$$

则称函数 $f(x)$ 是**偶函数** (或**奇函数**).

偶函数的图形关于 y 轴是对称的, 而奇函数的图形关于坐标原点是对称的.

4. 函数的周期性

定义 1.5 设函数 $f(x)$ 的定义域为 D, 若存在非零常数 l, 使得对于任意的 $x \in D$, 都有

$$f(x+l)=f(x),$$

则称函数 $f(x)$ 是**周期函数**, 且 l 称为 $f(x)$ 的**周期**. 通常周期函数的周期是指**最小的正周期**.

注 并不是每个周期函数都有最小的正周期. 例如, 前面讨论过的狄利克雷函数 $D(x)$ 以任何正有理数为周期, 但不存在最小的正周期.

六、反函数

定义 1.6 设函数 $f(x)$ 的定义域为 D, 若对于任意的 $x_1, x_2 \in D$, 且 $x_1 \neq x_2$, 都有

$$f(x_1) \neq f(x_2),$$

则称函数 $f(x)$ 是 $D \to f(D)$ 的**一一对应函数**.

定义 1.7 设函数 $f(x)$ 是 $D \to f(D)$ 的一一对应函数, 则对于任意的 $y \in f(D)$, 有唯一确定的 $x \in D$, 满足 $y=f(x)$, 把这种对应法则称为函数 $f(x)$ 在 D 上的**反函数**, 记作 f^{-1}, 即

$$x=f^{-1}(y), \quad y \in f(D).$$

通常函数的自变量用 x 表示, 因变量用 y 表示, 所以函数 $f(x)$ 的反函数又可写作

$$y=f^{-1}(x), \quad x \in f(D).$$

相对于反函数 $y=f^{-1}(x)$ 而言, 函数 $y=f(x)$ 又称为**直接函数**.

若将直接函数 $y=f(x)$ 与反函数 $y=f^{-1}(x)$ 的图形画在同一个坐标平面上, 则这两条曲线关于直线 $y=x$ 是对称的. 例如, 指数函数 $y=\mathrm{e}^x, x \in \mathbf{R}$ 的反函数为对数函数 $y=\ln x$, $x \in (0,+\infty)$, 其图形如图 1–13 所示.

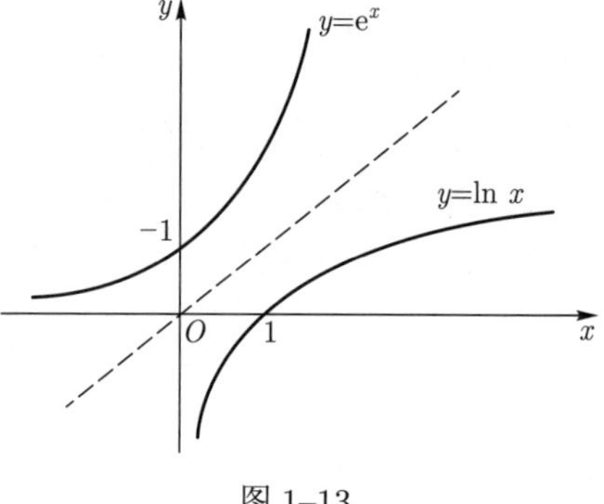

图 1–13

例 1.9 求 $y=x^2+1(x \geqslant 0)$ 的反函数.

解 由 $y=x^2+1$, 得 $x=\pm\sqrt{y-1}$, 又 $x \geqslant 0$, 故 $x=\sqrt{y-1}$, 因而所求的反函数为

$$y=\sqrt{x-1} \quad (x \geqslant 1).$$

如正弦函数 $y=\sin x$, $x \in \left[-\dfrac{\pi}{2}, \dfrac{\pi}{2}\right]$, $y=\sin x$ 在 $\left[-\dfrac{\pi}{2}, \dfrac{\pi}{2}\right]$ 上单调递增, 故 $y=\sin x$ 在 $\left[-\dfrac{\pi}{2}, \dfrac{\pi}{2}\right]$ 上存在反函数, 该反函数记为 $y=\arcsin x, x \in [-1,1]$, 该函数称为反正弦函数, 其值

域为 $\left[-\dfrac{\pi}{2},\dfrac{\pi}{2}\right]$, 且 $y=\arcsin x$ 在 $[-1,1]$ 上单调递增. 同理, 余弦函数 $y=\cos x, x\in[0,\pi]$ 的反函数记为 $y=\arccos x, x\in[-1,1]$, 称为反余弦函数, 其值域为 $[0,\pi]$, 且 $y=\arccos x$ 在 $[-1,1]$ 上单调递减. 正切函数 $y=\tan x, x\in\left(-\dfrac{\pi}{2},\dfrac{\pi}{2}\right)$ 的反函数记为 $y=\arctan x, x\in(-\infty,+\infty)$, 称为反正切函数, 其值域为 $\left(-\dfrac{\pi}{2},\dfrac{\pi}{2}\right)$, 且 $y=\arctan x$ 在 $(-\infty,+\infty)$ 内单调递增. 余切函数 $y=\cot x, x\in(0,\pi)$ 的反函数记为 $y=\operatorname{arccot} x, x\in(-\infty,+\infty)$, 称为反余切函数, 其值域为 $(0,\pi)$, 且 $y=\operatorname{arccot} x$ 在 $(-\infty,+\infty)$ 内单调递减.

七、函数的四则运算法则与复合函数

在一定条件下, 函数之间可以进行加、减、乘、除以及函数复合等运算, 进而得到许多新的函数.

定义 1.8　设函数 $f(x)$ 和 $g(x)$ 的定义域分别为 D_1 和 D_2, 且 $D=D_1\cap D_2\neq\varnothing$, 则可以定义下列运算:

(1) 和 (差) $f\pm g$: $(f\pm g)(x)=f(x)\pm g(x)$, $x\in D$;

(2) 积 $f\cdot g$: $(f\cdot g)(x)=f(x)\cdot g(x)$, $x\in D$;

(3) 商 $\dfrac{f}{g}$: $\left(\dfrac{f}{g}\right)(x)=\dfrac{f(x)}{g(x)}, x\in D$ 且 $g(x)\neq 0$.

定义 1.9　设函数 $y=f(u)$ 的定义域为 D_1, 函数 $u=g(x)$ 在 D 上有定义, 且 $g(D)\subset D_1$, 由

$$y=f\left(g(x)\right), x\in D$$

所确定的函数称为由函数 $y=f(u)$ 与函数 $u=g(x)$ 构成的**复合函数**, 记作 $f\circ g$, 即

$$(f\circ g)(x)=f\left(g(x)\right), x\in D,$$

其中 D 是复合函数 $f\circ g$ 的定义域, 通常把 $y=f(u)$ 称为**外函数**, $u=g(x)$ 称为**内函数**, u 称为**中间变量**.

注　上述定义中复合函数 $f\circ g$ 的定义域 D 可以是函数 $u=g(x)$ 的定义域的非空子集. 例如, 函数 $y=f(u)=\arcsin u$ 的定义域为 $D_1=[-1,1]$, 函数 $u=g(x)=2\sqrt{1-x^2}$ 在 $D=\left[-1,-\dfrac{\sqrt{3}}{2}\right]\cup\left[\dfrac{\sqrt{3}}{2},1\right]$ 上有定义, 且 $g(D)\subset[-1,1]$, 所以 f 与 g 可以构成复合函数

$$y=\arcsin\ (2\sqrt{1-x^2}),\ x\in D.$$

但函数 $y=\arcsin u$ 和函数 $u=2+x^2$ 却不能构成复合函数, 这是因为对任意 $x\in\mathbf{R}$, $u=2+x^2$ 均不在 $y=\arcsin u$ 的定义域内.

例 1.10 设函数 $f(x)$ 在对称区间 $(-l,l)$ ($l>0$ 为常数) 上有定义, 证明: 必存在 $(-l,l)$ 上的偶函数 $g(x)$ 和奇函数 $h(x)$, 使得

$$f(x)=g(x)+h(x).$$

证 先分析如下: 假若这样的函数 $g(x)$ 和 $h(x)$ 存在, 使得

$$f(x)=g(x)+h(x), \tag{1.1}$$

且

$$g(-x)=g(x),h(-x)=-h(x),$$

于是有

$$f(-x)=g(-x)+h(-x)=g(x)-h(x), \tag{1.2}$$

由 (1.1) 式, (1.2) 式, 可作出 $g(x)$ 和 $h(x)$. 受此启发, 其证明如下:

作函数

$$g(x)=\frac{1}{2}\left[f(x)+f(-x)\right],\quad h(x)=\frac{1}{2}\left[f(x)-f(-x)\right],\quad x\in(-l,l),$$

则对任意 $x\in(-l,l)$, 有

$$g(-x)=\frac{1}{2}\left[f(-x)+f(x)\right]=g(x),$$

$$h(-x)=\frac{1}{2}\left[f(-x)-f(x)\right]=-h(x),$$

故 $g(x)$ 为偶函数, $h(x)$ 为奇函数, 且 $f(x)=g(x)+h(x)$.

例 1.11 求函数 $y=\arccos(x+1)+\dfrac{1}{\sqrt{x^2-1}}$ 的定义域.

解 两个函数之和的定义域是这两个函数定义域的公共部分. 由于函数 $f_1(x)=\arccos(x+1)$ 的定义域为 $D_1=[-2,0]$, 函数 $f_2(x)=\dfrac{1}{\sqrt{x^2-1}}$ 的定义域为 $D_2=(-\infty,-1)\cup(1,+\infty)$, 故函数 $y=\arccos(x+1)+\dfrac{1}{\sqrt{x^2-1}}$ 的定义域为

$$D=D_1\cap D_2=[-2,0]\cap\ [(-\infty,-1)\cup(1,+\infty)]=[-2,-1).$$

例 1.12 将函数 $y=\mathrm{e}^{\arctan\sqrt{x^2+1}}$ 分解成一些简单函数的复合.

解 $y=\mathrm{e}^u,u=\arctan v,v=\sqrt{w},w=x^2+1.$

讨论一个复合函数的分解问题, 即讨论它是由哪些简单函数复合而成, 分解步骤为由外逐层依次向内分解.

八、初等函数与双曲函数

1. 初等函数

在初等数学中学过的几类函数如下:

幂函数: $y = x^{\mu}(\mu \in \mathbf{R})$;

指数函数: $y = a^{x}(a > 0$ 且 $a \neq 1)$;

对数函数: $y = \log_{a} x(a > 0$ 且 $a \neq 1)$;

三角函数: 如 $y = \sin x, y = \cos x, y = \tan x$ 等;

反三角函数: 如 $y = \arcsin x, y = \arccos x, y = \arctan x$ 等.

以上五类函数统称为**基本初等函数**.

由常数和基本初等函数经过有限次的四则运算和有限次的函数复合步骤所构成的, 并可用一个式子表示的函数称为**初等函数**. 不是初等函数的函数称为**非初等函数**. 例如, 前面提到的符号函数、狄利克雷函数等分段函数均为非初等函数.

2. 双曲函数与反双曲函数

下列几类初等函数统称为**双曲函数**:

双曲正弦函数: $\sinh x = \dfrac{\mathrm{e}^{x} - \mathrm{e}^{-x}}{2}, x \in \mathbf{R}$;

双曲余弦函数: $\cosh x = \dfrac{\mathrm{e}^{x} + \mathrm{e}^{-x}}{2}, x \in \mathbf{R}$;

双曲正切函数: $\tanh x = \dfrac{\sinh x}{\cosh x} = \dfrac{\mathrm{e}^{x} - \mathrm{e}^{-x}}{\mathrm{e}^{x} + \mathrm{e}^{-x}}, x \in \mathbf{R}$.

不难看出, $\sinh x$ 和 $\tanh x$ 为单调递增的奇函数, $\cosh x$ 为偶函数, 它们的图形分别如图 1–14 和图 1–15 所示.

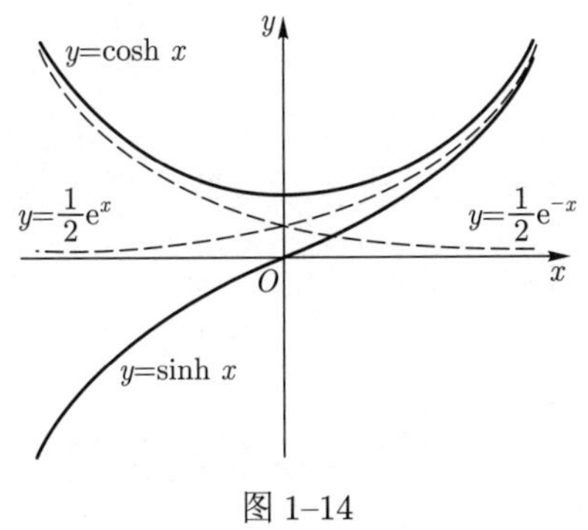

图 1–14

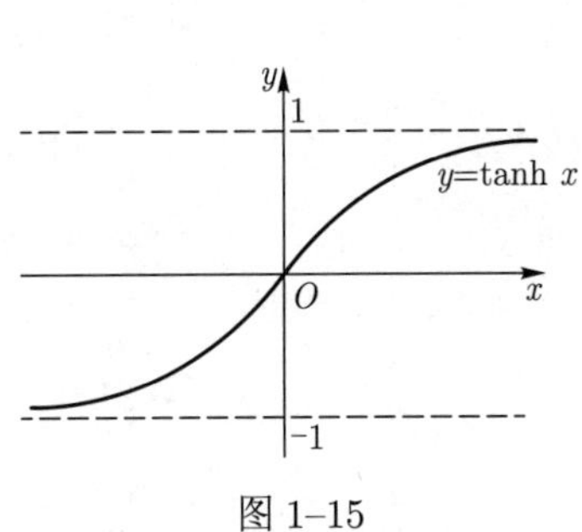

图 1–15

双曲函数有类似于三角函数的恒等式, 由双曲函数的定义不难得到下列简单性质:

$$
\begin{aligned}
\sinh(x \pm y) &= \sinh x \cosh y \pm \cosh x \sinh y, \\
\cosh(x \pm y) &= \cosh x \cosh y \pm \sinh x \sinh y, \\
\sinh 2x &= 2\sinh x \cosh x,
\end{aligned}
$$

$$\begin{aligned}\cosh 2x &= \cosh^2 x + \sinh^2 x,\\ \cosh^2 x &- \sinh^2 x = 1,\\ (\cosh x \pm \sinh x)^n &= \cosh nx \pm \sinh nx = \mathrm{e}^{\pm nx}.\end{aligned}$$

双曲正弦函数 $\sinh x$ 与双曲正切函数 $\tanh x$ 在定义域 $\mathbf{R}$ 上有反函数, 双曲余弦函数 $\cosh x$ 在 $[0,+\infty)$ 上有反函数. 不难求得它们的反函数分别为

反双曲正弦函数: $y = \operatorname{arsinh} x = \ln(x+\sqrt{x^2+1}), x \in \mathbf{R}$;

反双曲余弦函数: $y = \operatorname{arcosh} x = \ln(x+\sqrt{x^2-1}), x \in [1,+\infty)$;

反双曲正切函数: $y = \operatorname{artanh} x = \dfrac{1}{2}\ln\dfrac{1+x}{1-x}, x \in (-1,1)$.

习题 1–1

(A)

1. 填空题.

(1) 函数 $y=\sqrt{16-x^2}$ 的定义域为________;

(2) 函数 $y=\dfrac{x+3}{x^2-9}$ 的定义域为________;

(3) 函数 $y=\sqrt{\lg\dfrac{5x-x^2}{4}}$ 的定义域为________;

(4) 函数 $y=\dfrac{\ln(2-x)}{\sqrt{|x|-3}}$ 的定义域为________;

(5) 函数 $f(x)=\sin^2 2x$ 的周期为________.

2. 设 $f\left(\sin\dfrac{x}{2}\right)=\cos x+1$, 求 $f(x)$ 及 $f\left(\cos\dfrac{x}{2}\right)$.

3. 设 $f(x)=\begin{cases}2+x, & x\leqslant 0,\\ 3^x, & x>0,\end{cases}$ 求 $f(-1), f(0), f(3)$ 及 $f(x-5)$.

4. 将函数 $y=3-|4x-1|$ 用分段形式表示, 并作出函数的图形.

5. 判断下列函数的奇偶性.

(1) $y=x^2(1-x^2)$; (2) $f(x)=\dfrac{\mathrm{e}^{-x}-1}{\mathrm{e}^{-x}+1}$;

(3) $f(x)=\left(\dfrac{1}{2+\sqrt{3}}\right)^x+\left(\dfrac{1}{2-\sqrt{3}}\right)^x$.

6. 设 $y=\dfrac{x}{2}f(t-x)$, 且当 $x=1$ 时, $y=\dfrac{1}{2}t^2-t+\dfrac{1}{2}$, 求 $f(x)$.

7. 求下列函数的反函数.

(1) $y=\dfrac{2-x}{2+x}$; (2) $y=\dfrac{3^x}{3^x-1}$; (3) $y=\begin{cases}x^2, & -1\leqslant x<0,\\ \ln x, & 0<x\leqslant 1,\\ 2\mathrm{e}^{x-1}, & 1<x\leqslant 2.\end{cases}$

8. 证明: 函数 $f(x)$ 在 (a,b) 内有界的充要条件是 $f(x)$ 在 (a,b) 内既有上界, 又有下界.

9. 某厂生产一产品 1 200 t, 每吨定价 100 元, 销售量在 900 t 以内时, 按原价出售; 超过 900 t 时, 超过的部分打 8 折出售. 试将销售总收入与总销售量的函数关系用数学表达式表示.

10. 在半径为 r 的球内嵌入一圆柱, 试将圆柱的体积 V 表示为其高 h 的函数, 并确定此函数的定义域.

(B)

11. 单项选择题.

(1) 设 $f(x)$ 为奇函数, $g(x)$ 为偶函数, 且它们可以构成复合函数 $f(f(x)),g(f(x)),f(g(x)),g(g(x))$, 则其中为奇函数的是 ( );

(A) $f(f(x))$ (B) $g(f(x))$ (C) $f(g(x))$ (D) $g(g(x))$

(2) 设 $f(x)=\begin{cases} \mathrm{e}^{-x}, & x\leqslant 0,\\ \cos x, & x>0,\end{cases}$ 则 ( );

(A) $f(-x)=\begin{cases} -\mathrm{e}^{-x}, & x\leqslant 0,\\ -\cos x, & x>0\end{cases}$ (B) $f(-x)=\begin{cases} \mathrm{e}^{x}, & x\leqslant 0,\\ \cos x, & x>0\end{cases}$

(C) $f(-x)=\begin{cases} -\cos x, & x<0,\\ \mathrm{e}^{-x}, & x\geqslant 0\end{cases}$ (D) $f(-x)=\begin{cases} \cos x, & x<0,\\ \mathrm{e}^{x}, & x\geqslant 0\end{cases}$

(3) 函数 $f(x)=\dfrac{1}{1+\dfrac{1}{1+\dfrac{1}{x}}}$ 的定义域为 ( );

(A) $x\in\mathbf{R}$, 但 $x\neq 0$ (B) $x\in\mathbf{R}$, 但 $1+\dfrac{1}{x}\neq 0$

(C) $x\in\mathbf{R}$, 但 $x\neq 0,-1,-\dfrac{1}{2}$ (D) $x\in\mathbf{R}$, 但 $x\neq 0,-1$

(4) 设 $f(x)=\begin{cases} 1-x, & x\leqslant 0,\\ x+2, & x>0,\end{cases}$ $g(x)=\begin{cases} x^2, & x<0,\\ -x, & x\geqslant 0,\end{cases}$ 则 $f(g(x))=$ ( );

(A) $\begin{cases} x^2+2, & x<0,\\ 1-x, & x\geqslant 0\end{cases}$ (B) $\begin{cases} 1-x^2, & x<0,\\ 2+x, & x\geqslant 0\end{cases}$

(C) $\begin{cases} 1-x^2, & x<0,\\ 2-x, & x\geqslant 0\end{cases}$ (D) $\begin{cases} x^2+2, & x<0,\\ 1+x, & x\geqslant 0\end{cases}$

(5) 函数 $y=\sin\dfrac{\pi x}{2(1+x^2)}$ 的值域是 ( );

(A) $[-1,1]$ (B) $\left[-\dfrac{\sqrt{2}}{2},\dfrac{\sqrt{2}}{2}\right]$ (C) $[0,1]$ (D) $\left[-\dfrac{1}{2},\dfrac{1}{2}\right]$

(6) 设 $[x]$ 表示不超过 x 的最大整数, 则 $y=x-[x]$ 是 ( ).

(A) 无界函数 (B) 周期为 1 的周期函数

(C) 单调函数 (D) 偶函数

12. 计算题.

(1) 已知 $f(x)=\mathrm{e}^{x^2}, f(\varphi(x))=1-x$, 且 $\varphi(x)\geqslant 0$, 求 $\varphi(x)$, 并写出它的定义域;

(2) 设 $f(x)=x^2$, 令 $g(x)=\dfrac{f^2(x+h)-f^2(x)}{h}$, 求 $g(x^2)$;

(3) 设 $f(x)=\dfrac{x}{\sqrt{1+x^2}}$, 求 $f_n(x)=\underbrace{f(f(\cdots(f}_{n\text{ 个 }f}(x))\cdots))$, 并讨论 $f_n(x)$ 的奇偶性和有界性;

(4) 设 $f(x)=\begin{cases}0, & x<0,\\ 1, & x\geqslant 0,\end{cases}$ 试将 $F(x)=f(x)-f(x-1)$ 表示成分段函数;

(5) 求 $y=\sqrt[3]{x+\sqrt{1+x^2}}+\sqrt[3]{x-\sqrt{1+x^2}}$ 的反函数.

习题 1–1
12(5) 题解答

13. 证明题.

(1) 若周期函数 $f(x)$ 的周期为 T 且 $a\neq 0$, 则 $f(ax+b)$ 的周期为 $\dfrac{T}{a}$;

(2) 若函数 $f(x)$ 满足

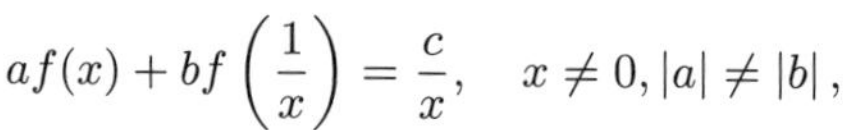

$$af(x)+bf\left(\frac{1}{x}\right)=\frac{c}{x},\quad x\neq 0,|a|\neq|b|,$$

则 $f(x)$ 为奇函数.

第二节 数列的极限

在第一节中已经指出, 微积分研究的主要对象是函数. 用什么方法来研究函数呢? 是以极限的方法研究函数. 极限概念与求极限的方法贯穿了微积分的始终. 因此, 极限概念是微积分最基本最重要的概念之一, 极限的方法是微积分最基本的方法.

一、数列极限的定义

数列就是指按照一定的规则排列成的一串数. 数列通常用如下方法表示

$$x_1,x_2,\cdots,x_n,\cdots,$$

其中 x_n 称为数列的**第 n 项**, 也称作数列的**一般项**, 此数列简记为 $\{x_n\}$.

下面都是数列的例子:

(1) $2,\dfrac{1}{2},\dfrac{4}{3},\dfrac{3}{4},\cdots,\dfrac{n+(-1)^{n-1}}{n},\cdots$;

(2) $2,2,2,\cdots,2,\cdots$;

(3) $2,4,8,\cdots,2^n,\cdots$;

(4) $1,-1,1,-1,\cdots,(-1)^{n-1},\cdots$.

数列 $\{x_n\}$ 也可看作以正整数 n 为自变量的函数

$$x_n=f(n),\quad n=1,2,\cdots.$$

例如, 对于数列 (1), 只要选取

$$f(n)=\frac{n+(-1)^{n-1}}{n},\quad n=1,2,\cdots$$

即可.

一个数列通常含有无穷多项, 这些项中有些项可以是相同的. 数学上, 主要研究当 n 无限增大 (记为 $n \to \infty$) 时, 数列的一般项 x_n 的变化情况. 例如, 当 $n \to \infty$ 时, 数列 (1) 的一般项 $x_n = \dfrac{n+(-1)^{n-1}}{n}$ 无限地接近于固定常数 1. 数列 (2) 的一般项 $x_n = 2$ 无限地接近于固定常数 2. 数列 (3) 的一般项 $x_n = 2^n$ 越来越大, 不接近于任何固定常数. 数列 (4) 的一般项 $x_n = (-1)^{n-1}$ 在 1 和 -1 之间来回跳动, 不接近于任何固定常数. 数列 (1) 和 (2) 通常称为是**收敛数列**, 而数列 (3) 和 (4) 通常称为是**发散数列**.

为了给出收敛数列的严格定义, 首先考察数列 (1). 对于任意正整数 $n \geqslant 1$, 有

$$|x_n - 1| = \frac{1}{n}.$$

因而, 当 n 充分大时, 就可以使得 $|x_n - 1|$ 小于任意的正数. 例如, 为了使得 $|x_n - 1| < \dfrac{1}{100}$, 只要 $n > 100$ 即可; 为了使得 $|x_n - 1| < \dfrac{1}{10\ 000}$, 只要 $n > 10\ 000$ 即可; 对任意小的正数 ε, 为了使得 $|x_n - 1| < \varepsilon$, 只要 $n > \dfrac{1}{\varepsilon}$ 即可. 这种性质本质上揭示了 "当 $n \to \infty$ 时, 数列 (1) 的一般项 x_n 无限地接近于常数 1" 这一重要事实. 于是, 有如下数列极限的定义.

定义 2.1 对于数列 $\{x_n\}$, 若存在某常数 a, 对于任意给定的正数 ε (不论多么小), 总存在正整数 $N = N(\varepsilon)$, 使得当 $n > N$ 时, 都有

$$|x_n - a| < \varepsilon,$$

则称常数 a 是 **数列 $\{x_n\}$ 的极限**, 或者称**数列 $\{x_n\}$ 收敛于** a, 记作

$$\lim_{n\to\infty} x_n = a \quad 或 \quad x_n \to a(n \to \infty).$$

注 (1) 在数列极限的定义 2.1 中, 对于正数 ε 任意小的要求是至关重要的, 它体现了 "当 n 充分大时, 数列 $\{x_n\}$ 的一般项 x_n 与数 a 可以任意接近" 这一重要事实.

(2) 数列极限的上述定义 2.1 也称为 $\varepsilon - N$ 定义. 极限定义中正整数 $N = N(\varepsilon)$ 的取法依赖于事先给定的正数 ε, 当 ε 越小时, 找到的 N 一般可能越大.

(3) 为了表达方便, 引入记号 "$\forall$" 表示 "对任意给定" 或 "对每一个", 记号 "$\exists$" 表示 "存在", 记号 "$\Leftrightarrow$" 表示 "充要条件". 于是数列极限的 $\varepsilon - N$ 定义 2.1 可简述为

$$\lim_{n\to\infty} x_n = a \Leftrightarrow \forall \varepsilon > 0, \exists \text{ 正整数 } N,\ 当\ n > N\ 时, 有\ |x_n - a| < \varepsilon.$$

"数列 $\{x_n\}$ 的极限是 a" 的**几何意义**如下:

将数列 $\{x_n\}$ 和极限 a 用数轴上的点表示出来. 由定义 2.1 知, 对于任意给定的 $\varepsilon > 0$, 存在正整数 N, 当 $n > N$ 时, 有

$$|x_n - a| < \varepsilon,$$

即

$$a-\varepsilon<x_n<a+\varepsilon.$$

这表明: 当 $n>N$ 时, 所有的点 x_n 都落到了区间 $(a-\varepsilon,a+\varepsilon)$ 内, 而至多有 N 个点落到此区间的外边, 如图 1–16 所示.

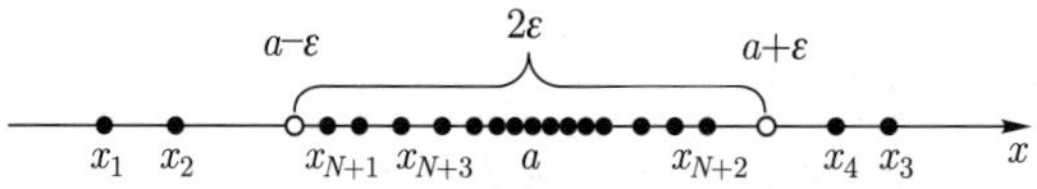

图 1–16

注 由数列极限的几何意义可知, 在一个数列 $\{x_n\}$ 中添加或减少有限项或改变有限项的值所得到的新数列, 与原数列 $\{x_n\}$ 具有同样的收敛性, 且在数列收敛时, 极限保持不变.

例 2.1 证明: $\lim\limits_{n\to\infty}\dfrac{(-1)^n}{(n+1)^2}=0.$

分析 根据极限定义, 证明方法应该是去考察对于任意给定的无论多么小的正数 ε, 是否可以找到相应于这一 ε 的正整数 N, 使得当 $n>N$ 时的一切 x_n, 满足不等式 $|x_n-a|<\varepsilon$.

证 令 $x_n=\dfrac{(-1)^n}{(n+1)^2}$, 由于

$$|x_n-0|=\frac{1}{(n+1)^2}<\frac{1}{n},$$

于是, $\forall\varepsilon>0$ (不妨设 $\varepsilon<1$), 要使

$$\frac{1}{n}<\varepsilon,\quad \text{只需}\quad n>\frac{1}{\varepsilon},$$

因此, 对上述 ε, 取 $N=\left[\dfrac{1}{\varepsilon}\right]$, 则当 $n>N$ 时, 就有 $|x_n-0|<\varepsilon$ 成立, 故 $\lim\limits_{n\to\infty}\dfrac{(-1)^n}{(n+1)^2}=0.$

在例 2.1 的证明中, 对 $|x_n-0|$ 予以适当的放大, 给出了 N 的取法. 若对 $|x_n-0|$ 不进行任何放大, 则当

$$|x_n-0|=\frac{1}{(n+1)^2}<\varepsilon,\quad \text{即}\quad n>\frac{1}{\sqrt{\varepsilon}}-1$$

时, 同样有 $|x_n-0|<\varepsilon$. 因而, 只要选取 $N=\left[\dfrac{1}{\sqrt{\varepsilon}}-1\right]$ 即可. 显然, 这时取到的 N 较 $|x_n-0|<\varepsilon$ 适当放大后得到的 N 要小些.

一般地, 对于具体问题而言, 找到的 N 当然越小越好, 但对于极限的理论证明来说, 只要能够找到一个满足极限定义的 N 即可. 也就是说, 用数列极限的定义来证明数列极限存在问题, 主要强调 N 的存在性, 不必找出最小的 N.

例 2.2　设 $0<|q|<1$, 证明: 等比数列

$$1, q, q^2, \cdots, q^{n-1}, \cdots$$

的极限是 0.

证　令 $x_n=q^{n-1}$, 由于

$$|x_n-0|=\left|q^{n-1}-0\right|=|q|^{n-1},$$

于是, $\forall \varepsilon>0$ (不妨设 $\varepsilon<1$), 当

$$|q|^{n-1}<\varepsilon, \quad 即\ n>\frac{\ln \varepsilon}{\ln |q|}+1$$

时, 必有 $|x_n-0|<\varepsilon$. 所以, 只要取 $N=\left[\frac{\ln \varepsilon}{\ln |q|}+1\right]$, 则当 $n>N$ 时, 就有 $|x_n-0|<\varepsilon$ 成立, 故 $\lim\limits_{n \rightarrow \infty} q^{n-1}=0$.

数列极限的定义并未提供如何去求已知数列的极限, 以后将会不断地介绍一些求极限的方法.

例 2.3　设 $\lim\limits_{n \rightarrow \infty} a_n=a(a \in \mathbf{R})$, 证明:

$$\lim_{n \rightarrow \infty} \frac{a_1+a_2+\cdots+a_n}{n}=a.$$

证　由数列极限的定义, $\forall \varepsilon>0$, 存在正整数 N_1, 使得当 $n>N_1$ 时, 有

$$|a_n-a|<\frac{\varepsilon}{2}.$$

例 2.3
视频讲解
与拓展

于是, 当 $n>N_1$ 时, 有

$$\begin{aligned}
& \left|\frac{a_1+a_2+\cdots+a_n}{n}-a\right| \\
= & \left|\frac{a_1+a_2+\cdots+a_{N_1}-N_1 a}{n}+\frac{1}{n}(a_{N_1+1}-a)+\cdots+\frac{1}{n}(a_n-a)\right| \\
\leqslant & \left|\frac{a_1+a_2+\cdots+a_{N_1}-N_1 a}{n}\right|+\frac{1}{n}\left|a_{N_1+1}-a\right|+\cdots+\frac{1}{n}\left|a_n-a\right| \\
< & \left|\frac{a_1+a_2+\cdots+a_{N_1}-N_1 a}{n}\right|+\frac{n-N_1}{n} \cdot \frac{\varepsilon}{2} \\
< & \left|\frac{a_1+a_2+\cdots+a_{N_1}-N_1 a}{n}\right|+\frac{\varepsilon}{2}.
\end{aligned}$$

又对于上述 ε, 存在正整数 $N_2=\left[\frac{2}{\varepsilon}\left|a_1+a_2+\cdots+a_{N_1}-N_1 a\right|\right]$, 使得当 $n>N_2$ 时, 有

$$\left|\frac{a_1+a_2+\cdots+a_{N_1}-N_1a}{n}\right|<\frac{\varepsilon}{2}.$$

令 $N=\max\{N_1,N_2\}$, 则当 $n>N$ 时, 有

$$\left|\frac{a_1+a_2+\cdots+a_n}{n}-a\right|<\frac{\varepsilon}{2}+\frac{\varepsilon}{2}=\varepsilon.$$

由数列极限的 $\varepsilon-N$ 定义可知,

$$\lim_{n\to\infty}\frac{a_1+a_2+\cdots+a_n}{n}=a.$$

例 2.4 设 a 为正实数, 证明: $\lim\limits_{n\to\infty}a^{\frac{1}{n}}=1$.

证 若 $a=1$, 则结论显然成立. 现设 $a>1$. 令 $\alpha=a^{\frac{1}{n}}-1$, 则 $\alpha>0$, 由二项式定理, 有

$$a=(1+\alpha)^n\geqslant 1+n\alpha=1+n\left(a^{\frac{1}{n}}-1\right),$$

从而有

$$0<a^{\frac{1}{n}}-1\leqslant\frac{a-1}{n}.$$

$\forall\varepsilon>0$, 要使得 $\left|a^{\frac{1}{n}}-1\right|<\varepsilon$, 只要 $\dfrac{a-1}{n}<\varepsilon$ 即可, 即只要 $n>\dfrac{a-1}{\varepsilon}$. 故选取 $N=\left[\dfrac{a-1}{\varepsilon}\right]+1$, 则当 $n>N$ 时, 有

$$\left|a^{\frac{1}{n}}-1\right|<\varepsilon.$$

于是 $\lim\limits_{n\to\infty}a^{\frac{1}{n}}=1$. 对于 $a<1$ 的情形, 只要作变换 $b=a^{-1}$ 便可类似证明.

二、收敛数列的性质

定理 2.1 (极限的唯一性) 若数列 $\{x_n\}$ 收敛, 则其极限是唯一的.

证 (反证法) 不妨设 $\lim\limits_{n\to\infty}x_n=a$, $\lim\limits_{n\to\infty}x_n=b$ 且 $a<b$, 取 $\varepsilon=\dfrac{b-a}{2}>0$, 则由数列极限的 $\varepsilon-N$ 定义可知, 存在正整数 N_1, 使得当 $n>N_1$ 时, 有

$$|x_n-a|<\varepsilon,$$

即

$$\frac{3a-b}{2}<x_n<\frac{a+b}{2},\tag{2.1}$$

存在正整数 N_2, 使得当 $n>N_2$ 时, 有

$$|x_n-b|<\varepsilon,$$

即

$$\frac{a+b}{2} < x_n < \frac{3b-a}{2}, \tag{2.2}$$

取 $N=\max\{N_1,N_2\}$, 则当 $n>N$ 时, 由不等式 (2.1) 和 (2.2) 同时成立, 从而有不等式

$$\frac{a+b}{2} < x_n < \frac{a+b}{2}.$$

矛盾, 故该定理的结论正确.

下面给出数列有界性的概念.

定义 2.2 若存在正常数 M, 使得对于任意正整数 $n \geqslant 1$, 都有

$$|x_n| \leqslant M,$$

则称数列 $\{x_n\}$ 是**有界的**.

定理 2.2 (收敛数列的有界性) 若数列 $\{x_n\}$ 收敛, 则此数列是有界的.

证 设 $\lim\limits_{n\to\infty} x_n = a$, 根据数列极限的 $\varepsilon-N$ 定义, 对 $\varepsilon=1$, 存在正整数 N, 使得当 $n>N$ 时, 有

$$|x_n-a|<1.$$

从而当 $n>N$ 时, 有

$$|x_n| \leqslant |x_n-a|+|a| < 1+|a|.$$

取

$$M=\max\{|x_1|,|x_2|,\cdots,|x_N|,1+|a|\},$$

则对于任意的正整数 $n \geqslant 1$, 都有

$$|x_n| \leqslant M,$$

即数列 $\{x_n\}$ 有界.

注 有界性是数列收敛的必要条件, 但不是充分条件, 即有界数列未必一定收敛. 例如, 数列 $\{(-1)^{n-1}\}$ 有界, 但不收敛.

定理 2.3 (收敛数列的保号性) 若 $\lim\limits_{n\to\infty} x_n = a$ 且 $a>0$ (或 $a<0$), 则存在正整数 N, 使得当 $n>N$ 时, 有 $x_n>0$ (或 $x_n<0$).

证 不妨设 $a>0$, 根据数列极限的定义, 对 $\varepsilon=\dfrac{a}{2}$, 存在正整数 N, 使得当 $n>N$ 时, 都有

$$|x_n-a|<\varepsilon=\frac{a}{2}.$$

所以, 当 $n>N$ 时, 有

$$x_n > a-\frac{a}{2}=\frac{a}{2}>0$$

成立.

利用定理 2.3 可以得到如下的结论.

定理 2.4 (1) 若 $\lim\limits_{n\to\infty} x_n = a$, $\lim\limits_{n\to\infty} y_n = b$ 且 $a < b$, 则存在正整数 N, 使得当 $n > N$ 时, 有 $x_n < y_n$;

(2) 若 $\lim\limits_{n\to\infty} x_n = a$, $\lim\limits_{n\to\infty} y_n = b$, 且对于充分大的 n 有 $x_n \leqslant y_n$ 成立, 则 $a \leqslant b$.

例 2.5 设 $\lim\limits_{n\to\infty} a_n = a$ 且对任意正整数 n, 都有 $a_n \geqslant 0$, 证明:

$$\lim_{n\to\infty} \sqrt{a_n} = \sqrt{a}.$$

证 由定理 2.4 可知, $a \geqslant 0$. 下面分情况证明.

当 $a = 0$ 时, 由 $\lim\limits_{n\to\infty} a_n = 0$ 及数列极限定义, $\forall \varepsilon > 0$, 存在正整数 N, 当 $n > N$ 时, 有

$$a_n = |a_n - 0| < \varepsilon^2,$$

从而有

$$|\sqrt{a_n} - 0| = \sqrt{a_n} < \varepsilon,$$

故 $\lim\limits_{n\to\infty} \sqrt{a_n} = 0$.

当 $a > 0$ 时, 由于

$$\left|\sqrt{a_n} - \sqrt{a}\right| = \frac{|a_n - a|}{\left|\sqrt{a_n} + \sqrt{a}\right|} \leqslant \frac{|a_n - a|}{\sqrt{a}},$$

由 $\lim\limits_{n\to\infty} a_n = a$ 及数列极限定义, $\forall \varepsilon > 0$, 存在正整数 N, 当 $n > N$ 时, 有

$$|a_n - a| < \sqrt{a}\,\varepsilon.$$

从而当 $n > N$ 时, 有

$$\left|\sqrt{a_n} - \sqrt{a}\right| < \varepsilon,$$

故 $\lim\limits_{n\to\infty} \sqrt{a_n} = \sqrt{a}$.

综合上述, $\lim\limits_{n\to\infty} \sqrt{a_n} = \sqrt{a}$.

三、收敛数列的四则运算

定理 2.5 (收敛数列的四则运算) 设 $\lim\limits_{n\to\infty} a_n = a$, $\lim\limits_{n\to\infty} b_n = b$, 则下面的运算法则成立:

(1) $\lim\limits_{n\to\infty} (a_n \pm b_n) = \lim\limits_{n\to\infty} a_n \pm \lim\limits_{n\to\infty} b_n = a \pm b$;

(2) $\lim\limits_{n\to\infty} a_n b_n = \left(\lim\limits_{n\to\infty} a_n\right)\left(\lim\limits_{n\to\infty} b_n\right) = ab$;

(3) $\lim\limits_{n\to\infty} \dfrac{a_n}{b_n} = \dfrac{\lim\limits_{n\to\infty} a_n}{\lim\limits_{n\to\infty} b_n} = \dfrac{a}{b} \quad (b \neq 0)$.

证　(1) 由极限的定义, $\forall\varepsilon>0$, 存在正整数 N_1 和 N_2, 使得当 $n>N_1$ 时, 有不等式

$$|a_n-a|<\frac{\varepsilon}{2} \tag{2.3}$$

成立; 当 $n>N_2$ 时, 有不等式

$$|b_n-b|<\frac{\varepsilon}{2} \tag{2.4}$$

成立. 取 $N=\max\{N_1,N_2\}$, 则当 $n>N$ 时, (2.3) 和 (2.4) 同时成立, 从而有

$$|(a_n\pm b_n)-(a\pm b)|\leqslant|a_n-a|+|b_n-b|<\varepsilon.$$

这表明 $\lim\limits_{n\to\infty}(a_n\pm b_n)=a\pm b$.

(2) 由于数列 $\{b_n\}$ 收敛, 则 $\{b_n\}$ 有界, 即存在正数 $M>0$, 使得对于任意的正整数 $n\geqslant1$, 都有 $|b_n|\leqslant M$. 于是对于任意的正整数 $n\geqslant1$, 有

$$\begin{aligned}|a_nb_n-ab| &= |a_nb_n-ab_n+ab_n-ab|\\ &\leqslant |(a_n-a)\,b_n|+|a\,(b_n-b)|\\ &\leqslant M\,|a_n-a|+(|a|+1)\,|b_n-b|\,.\end{aligned} \tag{2.5}$$

由极限的定义, $\forall\varepsilon>0$, 存在正整数 N_1, 使得当 $n>N_1$ 时, 有

$$|a_n-a|<\frac{\varepsilon}{2M}. \tag{2.6}$$

存在正整数 N_2, 使得当 $n>N_2$ 时, 有

$$|b_n-b|<\frac{\varepsilon}{2(|a|+1)}. \tag{2.7}$$

取 $N=\max\{N_1,N_2\}$, 则当 $n>N$ 时, (2.6) 和 (2.7) 同时成立, 再由 (2.5), 得

$$|a_nb_n-ab|<M\frac{\varepsilon}{2M}+(|a|+1)\frac{\varepsilon}{2(|a|+1)}=\varepsilon.$$

这表明 $\lim\limits_{n\to\infty}a_nb_n=ab$.

(3) 不妨设 $b>0$. 根据极限的保号性定理 2.3 及其证明可知, 存在正整数 N_1, 使得当 $n>N_1$ 时, 有不等式

$$b_n\geqslant\frac{b}{2}>0$$

成立. 因而当 $n > N_1$ 时, 有

$$\begin{aligned}\left|\frac{a_n}{b_n}-\frac{a}{b}\right| &= \left|\frac{b(a_n-a)-a(b_n-b)}{b_n b}\right| \\ &\leqslant \frac{|b|\,|a_n-a|+|a|\,|b_n-b|}{|b_n b|} \\ &\leqslant \frac{2}{b^2}\left(|b|\,|a_n-a|+|a|\,|b_n-b|\right).\end{aligned} \tag{2.8}$$

由极限的定义可知, $\forall \varepsilon > 0$, 存在正整数 N_2, 使得当 $n > N_2$ 时, 有

$$|a_n-a| < \frac{b\varepsilon}{4}. \tag{2.9}$$

存在正整数 N_3, 当 $n > N_3$ 时, 有

$$|b_n-b| < \frac{b^2\varepsilon}{4(1+|a|)}. \tag{2.10}$$

取 $N=\max\{N_1,N_2,N_3\}$, 则当 $n > N$ 时, (2.8) (2.9) 和 (2.10) 同时成立, 从而有

$$\left|\frac{a_n}{b_n}-\frac{a}{b}\right| \leqslant \frac{2}{b}\cdot\frac{b\varepsilon}{4}+\frac{2\,|a|}{b^2}\frac{b^2\varepsilon}{4(1+|a|)} < \varepsilon.$$

这表明 $\lim\limits_{n\to\infty}\dfrac{a_n}{b_n}=\dfrac{a}{b}$.

例 2.6 求极限 $\lim\limits_{n\to\infty}\left(\sqrt{2n}-\sqrt{2n-1}\right)\sqrt{n}$.

解 利用分子有理化、极限的四则运算及例 2.5 可得

$$\begin{aligned}\lim_{n\to\infty}(\sqrt{2n}-\sqrt{2n-1})\sqrt{n} &= \lim_{n\to\infty}\frac{\sqrt{n}}{\sqrt{2n}+\sqrt{2n-1}} \\ &= \lim_{n\to\infty}\frac{1}{\sqrt{2}+\sqrt{2-\dfrac{1}{n}}} \\ &= \frac{1}{\lim\limits_{n\to\infty}\left(\sqrt{2}+\sqrt{2-\dfrac{1}{n}}\right)} \\ &= \frac{1}{2\sqrt{2}}.\end{aligned}$$

四、数列极限存在的判别准则

定理 2.6 (夹逼准则) 设有数列 $\{x_n\},\{y_n\}$ 和 $\{z_n\}$, 若对于充分大的正整数 n, 满足条件 $y_n \leqslant x_n \leqslant z_n$, 且 $\lim\limits_{n\to\infty} y_n=\lim\limits_{n\to\infty} z_n=a$, 则 $\lim\limits_{n\to\infty} x_n=a$.

证 由题意, 设存在正整数 N_0, 当 $n > N_0$ 时, 有

$$y_n \leqslant x_n \leqslant z_n. \tag{2.11}$$

由极限的定义, $\forall \varepsilon > 0$, 分别存在正整数 N_1 和 N_2, 使得当 $n > N_1$ 时, 有

$$|y_n - a| < \varepsilon,$$

即

$$a - \varepsilon < y_n < a + \varepsilon; \tag{2.12}$$

当 $n > N_2$ 时, 有

$$|z_n - a| < \varepsilon,$$

即

$$a - \varepsilon < z_n < a + \varepsilon. \tag{2.13}$$

取 $N = \max\{N_0, N_1, N_2\}$, 则当 $n > N$ 时, 不等式 (2.11) (2.12) 和 (2.13) 同时成立. 从而有

$$a - \varepsilon < y_n \leqslant x_n \leqslant z_n < a + \varepsilon,$$

即 $|x_n - a| < \varepsilon$. 这表明 $\lim\limits_{n\to\infty} x_n = a$.

例 2.7 求极限 $\lim\limits_{n\to\infty}\left(\dfrac{1}{n^2+1} + \dfrac{2}{n^2+2} + \cdots + \dfrac{n}{n^2+n}\right)$.

解 由于

$$\begin{aligned}\frac{1}{n^2+n}(1+2+\cdots+n) &< \frac{1}{n^2+1} + \frac{2}{n^2+2} + \cdots + \frac{n}{n^2+n} \\ &< \frac{1}{n^2+1}(1+2+\cdots+n),\end{aligned}$$

而

$$\lim_{n\to\infty}\frac{1}{n^2+n}(1+2+\cdots+n) = \lim_{n\to\infty}\frac{\dfrac{n(n+1)}{2}}{n^2+n} = \frac{1}{2},$$

$$\lim_{n\to\infty}\frac{1}{n^2+1}(1+2+\cdots+n) = \lim_{n\to\infty}\frac{\dfrac{n(n+1)}{2}}{n^2+1} = \frac{1}{2}\lim_{n\to\infty}\frac{1+\dfrac{1}{n}}{1+\dfrac{1}{n^2}} = \frac{1}{2},$$

由夹逼准则可得

$$\lim_{n\to\infty}\left(\frac{1}{n^2+1} + \frac{2}{n^2+2} + \cdots + \frac{n}{n^2+n}\right) = \frac{1}{2}.$$

例 2.8　证明: $\lim\limits_{n\to\infty}\sqrt[n]{n}=1$.

证　当 $n>1$ 时, $\sqrt[n]{n}>1$, 令 $\alpha=\sqrt[n]{n}-1$, 则 $\alpha>0$, 由二项式定理, 有

$$n=(1+\alpha)^n\geqslant\frac{n(n-1)}{2}\alpha^2,$$

从而

$$0<\alpha=\sqrt[n]{n}-1\leqslant\sqrt{\frac{2}{n-1}},\quad n>1,$$

即

$$1<\sqrt[n]{n}\leqslant 1+\sqrt{\frac{2}{n-1}}.$$

而 $\lim\limits_{n\to\infty}\left(1+\sqrt{\dfrac{2}{n-1}}\right)=1$, $\lim\limits_{n\to\infty}1=1$. 由夹逼准则可得 $\lim\limits_{n\to\infty}\sqrt[n]{n}=1$.

定义 2.3　若数列 $\{x_n\}$ 满足

$$x_1\leqslant x_2\leqslant\cdots\leqslant x_n\leqslant\cdots$$
$$(\text{或 } x_1\geqslant x_2\geqslant\cdots\geqslant x_n\geqslant\cdots),$$

则称数列 $\{x_n\}$ **单调递增** (或**单调递减**). 单调递增数列和单调递减数列统称为**单调数列**.

定理 2.7 (单调有界准则)　若数列 $\{x_n\}$ 单调且有界, 则数列 $\{x_n\}$ 收敛. 换句话, 单调递增且有上界数列必有极限, 或单调递减且有下界数列必有极限.

定理 2.7 只适用于判别单调数列的收敛性.

* **定理 2.8 (柯西 (Cauchy) 收敛准则)**　数列 $\{x_n\}$ 收敛的充要条件是对于任意给定的 $\varepsilon>0$, 存在正整数 $N=N(\varepsilon)$, 使得当正整数 $n,m>N$ 时, 都有

$$|x_n-x_m|<\varepsilon.$$

定理 2.8 的必要性的证明是比较容易, 然而, 定理 2.7 的证明和定理 2.8 的充分性的证明与实数域的完备性有密切关系, 超出了本书的范围. 同时, 还可以证明定理 2.7 与定理 2.8 是等价的.

定理 2.8 适用于任意数列收敛性的判别, 且是充要条件, 它比用数列极限的定义证明问题更方便. 因为用数列极限定义证明问题要事先知道数列的极限值, 而用柯西收敛准则证明问题, 它不需要借助于数列通项外的其他数.

需要指出的是, 对于单调数列, 在具体判别它的收敛性时, 定理 2.7 可能要比定理 2.8 方便些.

* **注**　柯西收敛准则也可表述为: 数列 $\{x_n\}$ 收敛的充要条件是对于任意给定的 $\varepsilon>0$, 存在正整数 $N=N(\varepsilon)$, 使得当正整数 $n>N$ 时, 对于任意的正整数 p, 都有

$$|x_{n+p}-x_n|<\varepsilon.$$

例 2.9　设 $x_1=10, x_{n+1}=\sqrt{6+x_n}(n=1,2,\cdots)$, 证明: 极限 $\lim\limits_{n\to\infty}x_n$ 存在, 并求此极限.

证 显然 $x_2=\sqrt{6+x_1}=\sqrt{16}=4<x_1$.

设对某正整数 k, 有 $x_{k+1}<x_k$ 成立, 则

$$x_{k+2}=\sqrt{6+x_{k+1}}<\sqrt{6+x_k}=x_{k+1}.$$

由数学归纳法可知, 对于任意的正整数 $n\geqslant 1$, 有 $x_{n+1}<x_n$, 即数列 $\{x_n\}$ 单调递减. 又易知该数列有下界 0, 所以由单调有界准则可知: 数列 $\{x_n\}$ 收敛. 设

$$\lim_{n\to\infty} x_n=a,$$

则 $a\geqslant 0$. 在 $x_{n+1}=\sqrt{6+x_n}$ 的两端取极限, 得

$$a=\sqrt{6+a}.$$

求得 $a=3$, 故 $\lim\limits_{n\to\infty} x_n=3$.

* **例 2.10** 证明: 数列

$$a_n=1+\frac{1}{2^2}+\frac{1}{3^2}+\cdots+\frac{1}{n^2},\quad n=1,2,\cdots$$

收敛.

证 可以用单调有界准则定理 2.7 来证明数列 $\{a_n\}$ 收敛, 留作练习. 下面用柯西收敛准则来证明数列 $\{a_n\}$ 收敛.

由于

$$\frac{1}{k^2}<\frac{1}{k(k-1)}=\frac{1}{k-1}-\frac{1}{k},\quad k\geqslant 2,$$

所以对于任意的正整数 p, 有

$$\begin{aligned}|a_{n+p}-a_n| &= \frac{1}{(n+1)^2}+\frac{1}{(n+2)^2}+\cdots+\frac{1}{(n+p)^2}\\ &< \left(\frac{1}{n}-\frac{1}{n+1}\right)+\left(\frac{1}{n+1}-\frac{1}{n+2}\right)+\cdots+\left(\frac{1}{n+p-1}-\frac{1}{n+p}\right)\\ &= \frac{1}{n}-\frac{1}{n+p}<\frac{1}{n}.\end{aligned}$$

故 $\forall\varepsilon>0$, 取 $N=\left[\frac{1}{\varepsilon}\right]+1$, 则当 $n>N$ 时, 对于任意的正整数 p, 有

$$|a_{n+p}-a_n|<\frac{1}{n}<\varepsilon.$$

由柯西收敛准则可知, 数列 $\{a_n\}$ 收敛.

五、子数列的收敛性

给定数列 $\{x_n\}$, 在数列 $\{x_n\}$ 中抽取 x_{n_1}, 其中 n_1 表示在 $\{x_n\}$ 中的项数; 然后在 $\{x_n\}$ 中的 x_{n_1} 之后, 再抽取 x_{n_2}, 其中 $n_2(n_2 > n_1)$ 仍表示在 $\{x_n\}$ 中的项数; 这样以此类推无限地抽取下去, 可以得到一个数列

$$x_{n_1}, x_{n_2}, \cdots, x_{n_k}, \cdots,$$

数列 $\{x_{n_k}\}$ 称为数列 $\{x_n\}$ 的一个**子数列**, 简称**子列**, 其中 x_{n_k} 是子列 $\{x_{n_k}\}$ 的第 k 项, n_k 表示 x_{n_k} 为原数列 $\{x_n\}$ 中的第 n_k 项, 所以有 $n_k \geqslant k$.

不难证明如下结论.

定理 2.9 (收敛数列与其子数列的关系) 若数列 $\{x_n\}$ 收敛, 则它的任何子数列 $\{x_{n_k}\}$ 也收敛, 且二者具有相同的极限.

该定理的证明留作练习.

注 若数列 $\{x_n\}$ 有两个子列收敛于不同的极限, 则该数列是发散的.

例 2.11 证明: 数列 $x_n = (-1)^{n-1}, n = 1, 2, \cdots$ 发散.

证 事实上, 数列 $\{x_n\}$ 有两个子列: $x_{2k-1} = 1$ 和 $x_{2k} = -1(k = 1, 2, \cdots)$, 且满足

$$\lim_{k\to\infty} x_{2k-1} = 1, \quad \lim_{k\to\infty} x_{2k} = -1,$$

由定理 2.9 知, 数列 $x_n = (-1)^{n-1}, n = 1, 2, \cdots$ 发散.

这个例题还说明, 一个发散的数列也可能有收敛的子列.

六、重要极限

作为单调有界准则的一个重要应用, 下面证明数列

$$x_n = \left(1 + \frac{1}{n}\right)^n, \quad n = 1, 2, \cdots$$

收敛.

先证明数列 $\{x_n\}$ 单调递增. 由二项展开式知,

$$\begin{aligned} x_n &= \left(1 + \frac{1}{n}\right)^n = 1 + n \cdot \frac{1}{n} + \frac{n(n-1)}{2!} \cdot \frac{1}{n^2} + \frac{n(n-1)(n-2)}{3!} \cdot \frac{1}{n^3} + \cdots + \\ &\quad \frac{n(n-1)\cdots(n-n+1)}{n!} \cdot \frac{1}{n^n} \\ &= 1 + 1 + \frac{1}{2!}\left(1 - \frac{1}{n}\right) + \frac{1}{3!}\left(1 - \frac{1}{n}\right)\left(1 - \frac{2}{n}\right) + \cdots + \end{aligned}$$

$$\frac{1}{n!}\left(1-\frac{1}{n}\right)\left(1-\frac{2}{n}\right)\cdots\left(1-\frac{n-1}{n}\right),$$

$$\begin{aligned}x_{n+1} = {} & 1+1+\frac{1}{2!}\left(1-\frac{1}{n+1}\right)+\frac{1}{3!}\left(1-\frac{1}{n+1}\right)\left(1-\frac{2}{n+1}\right)+\cdots+ \\ & \frac{1}{n!}\left(1-\frac{1}{n+1}\right)\left(1-\frac{2}{n+1}\right)\cdots\left(1-\frac{n-1}{n+1}\right)+ \\ & \frac{1}{(n+1)!}\left(1-\frac{1}{n+1}\right)\left(1-\frac{2}{n+1}\right)\cdots\left(1-\frac{n}{n+1}\right).\end{aligned}$$

比较 x_n 和 x_{n+1} 中的对应项, 它们的第一项和第二项分别相等, 从第三项到第 $n+1$ 项, x_n 中的项均小于 x_{n+1} 中的项, 且 x_{n+1} 比 x_n 还多了最后一个大于零的项, 故

$$x_n < x_{n+1},\ n=1,2,\cdots.$$

这表明 $\{x_n\}$ 单调递增.

其次, 又因

$$\frac{1}{k!}\left(1-\frac{1}{n}\right)\left(1-\frac{2}{n}\right)\cdots\left(1-\frac{k-1}{n}\right) < \frac{1}{k!},\ 2\leqslant k\leqslant n,$$

且

$$\frac{1}{2!}=\frac{1}{2^1},\ \frac{1}{k!}<\frac{1}{2^{k-1}},\quad 3\leqslant k\leqslant n,$$

所以有

$$\begin{aligned}x_n &< 1+1+\frac{1}{2!}+\frac{1}{3!}+\cdots+\frac{1}{n!} \\ &< 1+1+\frac{1}{2}+\frac{1}{2^2}+\cdots+\frac{1}{2^{n-1}} \\ &= 1+\frac{1-\dfrac{1}{2^n}}{1-\dfrac{1}{2}}=3-\frac{1}{2^{n-1}}<3.\end{aligned}$$

这表明数列 $\{x_n\}$ 是有界的. 于是, 由单调有界准则可知, 极限 $\lim\limits_{n\to\infty}\left(1+\dfrac{1}{n}\right)^n$ 存在, 记作

$$\lim_{n\to\infty}\left(1+\frac{1}{n}\right)^n=\mathrm{e},$$

这里的 e 是一个无理数, 就是自然对数函数 $y=\ln x$ 的底 e, e 的值为

$$\mathrm{e}=2.718\ 281\ 828\ 459\ 045\cdots.$$

例 2.12　求极限 $\lim\limits_{n\to\infty}\left(1+\dfrac{1}{n}\right)^{2n}$.

解 利用重要极限和极限的四则运算法则, 得

$$\begin{aligned}\lim_{n\to\infty}\left(1+\frac{1}{n}\right)^{2n} &= \lim_{n\to\infty}\left[\left(1+\frac{1}{n}\right)^{n}\left(1+\frac{1}{n}\right)^{n}\right]\\ &= \lim_{n\to\infty}\left(1+\frac{1}{n}\right)^{n}\lim_{n\to\infty}\left(1+\frac{1}{n}\right)^{n}\\ &= \mathrm{e}^2.\end{aligned}$$

习题 1–2

(A)

1. 观察下列一般项为 x_n 的数列 $\{x_n\}$ 的变化趋势, 试问它们是否有极限? 若存在极限, 则写出它们的极限.

(1) $x_n=1+(-1)^n\dfrac{1}{n}$; (2) $x_n=\cos\dfrac{1}{n}$;

(3) $x_n=\dfrac{1}{3^n}$; (4) $x_n=\dfrac{n-1}{n+1}$;

(5) $x_n=(-1)^n$; (6) $x_n=\sin n$.

2. 利用数列极限的定义证明下列各式.

(1) $\lim\limits_{n\to\infty}\dfrac{3n+1}{4n-1}=\dfrac{3}{4}$; (2) $\lim\limits_{n\to\infty}\dfrac{1+(-1)^n}{n}=0$;

(3) $\lim\limits_{n\to\infty}\dfrac{\sqrt{n^2+1}}{n}=1$; (4) $\lim\limits_{n\to\infty}\dfrac{\cos\frac{n\pi}{2}}{n}=0$.

3. 证明: 若 $\lim\limits_{n\to\infty}x_n=a$, 则 $\lim\limits_{n\to\infty}|x_n|=|a|$. 并举例说明: 数列 $\{|x_n|\}$ 有极限, 但数列 $\{x_n\}$ 未必有极限.

4. 设数列 $\{x_n\}$ 有界, 又 $\lim\limits_{n\to\infty}y_n=0$, 证明: $\lim\limits_{n\to\infty}x_ny_n=0$.

习题 1–2
5 题解答

5. 设 $\lim\limits_{n\to\infty}x_{2n-1}=a$, $\lim\limits_{n\to\infty}x_{2n}=a$, 证明: $\lim\limits_{n\to\infty}x_n=a$.

6. 求极限 $\lim\limits_{n\to\infty}\left(\dfrac{1}{\sqrt{n^2+1}}+\dfrac{1}{\sqrt{n^2+2}}+\cdots+\dfrac{1}{\sqrt{n^2+n}}\right)$.

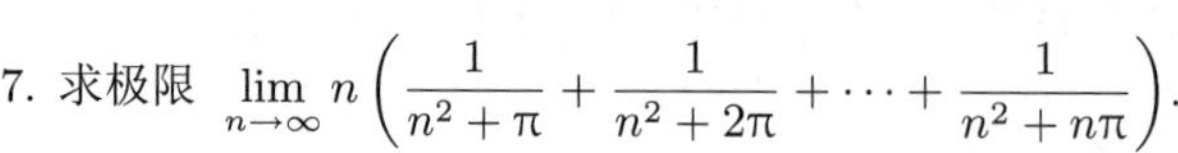
7. 求极限 $\lim\limits_{n\to\infty}n\left(\dfrac{1}{n^2+\pi}+\dfrac{1}{n^2+2\pi}+\cdots+\dfrac{1}{n^2+n\pi}\right)$.

8. 设 $x_1=\sqrt{2}, x_2=\sqrt{2+\sqrt{2}},\cdots,x_n=\sqrt{2+x_{n-1}}$, 证明数列 $\{x_n\}$ 的极限存在, 并求其极限.

9. 求下列极限.

(1) $\lim\limits_{n\to\infty}\left(\dfrac{n+1}{n-1}\right)^n$; (2) $\lim\limits_{n\to\infty}\left(1-\dfrac{1}{n}\right)^n$.

10. 求下列极限.

(1) $\lim\limits_{n\to\infty}\dfrac{2n^2+3n-4}{n^2+2}$; (2) $\lim\limits_{n\to\infty}\dfrac{2n^3-n^2-5n+6}{4n^3-2n+1}$;

(3) $\lim\limits_{n\to\infty}\dfrac{(n+1)(n+2)(n+3)}{3n^3}$;　　(4) $\lim\limits_{n\to\infty}\dfrac{1+2+3+\cdots+n}{n^2}$;

(5) $\lim\limits_{n\to\infty}\left(1+\dfrac{1}{2}+\dfrac{1}{4}+\cdots+\dfrac{1}{2^n}\right)$;　　(6) $\lim\limits_{n\to\infty}\dfrac{(n+1)^{10}(2n+1)^{20}}{(2n+3)^{30}}$.

(B)

11. 单项选择题.

(1) “对任意给定的 $\varepsilon\in(0,1)$, 总存在正整数 N, 当 $n>N$ 时, 恒有 $|x_n-a|\leqslant 2\varepsilon$” 是数列 $\{x_n\}$ 收敛于 a 的 (　　);

(A) 充分条件但非必要条件　　(B) 必要条件但非充分条件

(C) 充要条件　　(D) 既非充分又非必要条件

(2) 数列 $\{x_n\}$, $\{y_n\}$ 的极限存在, 分别为 a 和 b, 且 $a\neq b$, 则数列 $x_1,y_1,x_2,y_2,\cdots$ 的极限为 (　　).

(A) a　　(B) b　　(C) $a+b$　　(D) 不存在

习题 1–2
12 题解答

12. 设数列 $\{x_n\}$ 收敛, 证明: $\{x_n\}$ 中必有最大项或最小项.

13. 设 $\lim\limits_{n\to\infty}x_n=a$, 且 $a>b$, 证明: 存在某正整数 N, 使得当 $n>N$ 时, 有 $x_n>b$.

14. 证明: 数列 $\left\{\sqrt{n+1}-\sqrt{n}\right\}$ 的极限为 0.

15. 求证: $\lim\limits_{n\to\infty}(a_1^n+a_2^n+\cdots+a_k^n)^{\frac{1}{n}}=\max\limits_{1\leqslant i\leqslant k}\{a_i\}$, 其中 $a_i\geqslant 0, i=1,2,\cdots,k$.

16. 设 $x_1=\sqrt{2}, x_{n+1}=\sqrt{3+2x_n}, n=1,2,\cdots$, 证明数列 $\{x_n\}$ 收敛, 并求其极限.

17. 设 $x_n=\left(1+\dfrac{1}{n}\right)\sin\dfrac{n\pi}{2}$, 证明: 数列 $\{x_n\}$ 发散.

*18. 设 $x_n=\dfrac{\sin 1}{2}+\dfrac{\sin 2}{2^2}+\cdots+\dfrac{\sin n}{2^n}$, $n=1,2,\cdots$, 应用柯西收敛准则, 证明数列 $\{x_n\}$ 收敛.

第三节　函数的极限

函数的极限是微积分学的基础, 如导数的概念是建立在函数极限之上的. 上一节讨论的数列的极限可以看作是定义在正整数集 $\mathbf{N}_+$ 上的函数 $f(n)$ 当 $n\to\infty$ 时的极限. 本节讨论自变量 x 在某些变化过程中函数 $f(x)$ 的极限. 主要讨论如下两种情形:

(1) x 趋近于一点 x_0 时的极限, 记作 $x\to x_0$;

(2) $|x|$ 无限地增大 (即 x 沿 x 轴正向无限地增大和负向无限地减少) 时的极限, 记作 $x\to\infty$.

一、自变量趋于有限值时函数的极限

考察函数

$$y=f(x)=\frac{x^2-1}{x-1}\quad(x\neq 1)$$

及其对应的图形如图 1–17 所示.

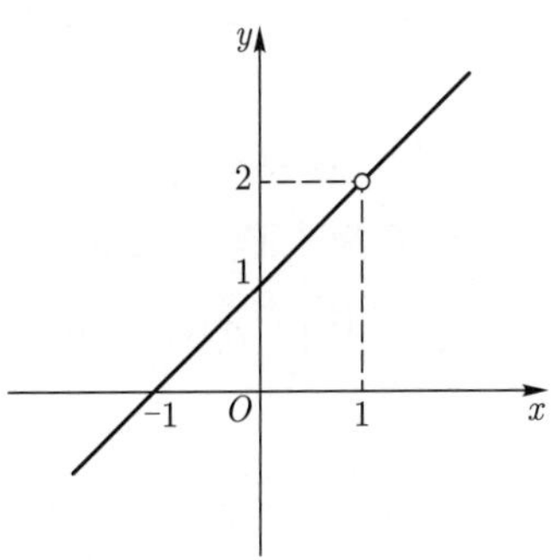

图 1–17

由函数的图形可知, 当自变量 x 无限地接近 $x_0=1$ 时, 对应的函数值 $y=f(x)$ 无限地接近于 2. 数学上将这种情况称为 "2 是函数 $y=f(x)$ 当 $x\to x_0$ 时的极限". 注意到当自变量 x 无限地接近于 $x_0=1$ 时, 对应的函数值 $y=f(x)$ 无限地接近于 2 等价于 $|f(x)-2|$ 可任意地小, 由此有如下函数极限的定义.

定义 3.1 设函数 $f(x)$ 在点 x_0 的某个去心邻域内有定义. 若存在常数 A, 对于任意给定的正数 ε (不论多么的小), 总存在正数 $\delta=\delta(\varepsilon)$, 使得当 $0<|x-x_0|<\delta$ 时, 有

$$|f(x)-A|<\varepsilon,$$

则称常数 A 为**函数** $f(x)$ **当** $x\to x_0$ **时的极限**, 记作

$$\lim_{x\to x_0} f(x)=A \quad 或 \quad f(x)\to A \quad (x\to x_0).$$

注 (1) 在函数极限的定义中, 对正数 ε 任意小的要求体现了函数 $f(x)$ 当 $x\to x_0$ 时任意地接近于常数 A 这一重要事实.

(2) 函数极限的上述定义也称为 $\varepsilon-\delta$ 定义. 在函数极限定义中, $\delta=\delta(\varepsilon)$ 的取法依赖于事先给定的 ε, 当 ε 越小时, 一般找到的 δ 就越小.

(3) 定义 3.1 可简述为:

$\lim\limits_{x\to x_0} f(x)=A \Leftrightarrow \forall\varepsilon>0, \exists\delta>0$, 当 $0<|x-x_0|<\delta$ 时, 有 $|f(x)-A|<\varepsilon$.

(4) 当 $\lim\limits_{x\to x_0} f(x)=A$ 时, 函数 $f(x)$ 在 $x=x_0$ 处可以没有定义."常数 A 为函数 $f(x)$ 当 $x\to x_0$ 时的极限" 的**几何解释**如下:

对于任意给定的 $\varepsilon>0$, 作平行于 x 轴的两条直线 $y=A\pm\varepsilon$, 介于这两条平行直线之间是一宽为 2ε 的横条形区域, 如图 1–18 所示. 根据 ε, 可以找到适当的 $\delta=\delta(\varepsilon)>0$, 使得当 $x\in(x_0-\delta, x_0+\delta)$ 且 $x\neq x_0$ 时, 对应的函数 $y=f(x)$ 的图形必定落到上述横条形区域内.

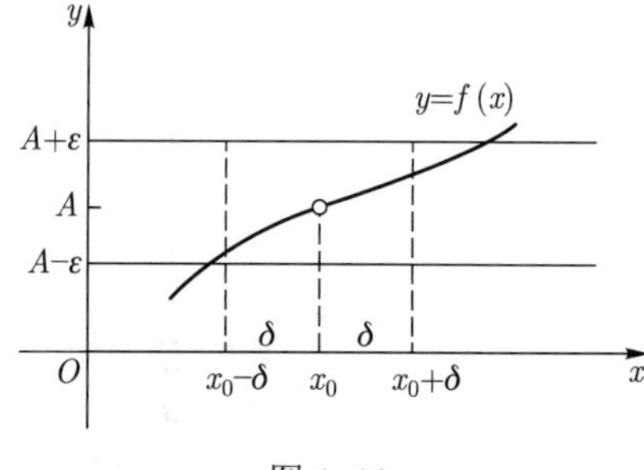

图 1–18

例 3.1 证明: $\lim\limits_{x\to x_0} C=C$ (C 为一常数).

证 由于 $|f(x)-A|=|C-C|=0$, 故 $\forall\varepsilon>0$, 可取任意 $\delta>0$, 当 $0<|x-x_0|<\delta$ 时, 总有

$$|f(x)-A|=|C-C|=0<\varepsilon.$$

所以 $\lim\limits_{x\to x_0} C=C$.

例 3.2 证明: $\lim\limits_{x\to x_0}(ax+b)=ax_0+b$, 这里 a, b 均为实常数, 且 $a\neq 0$.

证 由于 $|f(x)-A|=|a||x-x_0|$, 故 $\forall\varepsilon>0$, 可取 $\delta=\dfrac{\varepsilon}{|a|}$, 当 $0<|x-x_0|<\delta$ 时, 总有

$$|f(x)-A|=|a||x-x_0|<\varepsilon.$$

所以 $\lim\limits_{x\to x_0}(ax+b)=ax_0+b$.

例 3.3　证明: $\lim\limits_{x\to 1}\dfrac{x^2-1}{x-1}=2$.

证　令 $f(x)=\dfrac{x^2-1}{x-1}$, 由于当 $x\neq 1$ 时, 有

$$|f(x)-2|=\left|\frac{x^2-1}{x-1}-2\right|=|x-1|,$$

所以, $\forall\varepsilon>0$, 要使 $|f(x)-2|<\varepsilon$, 只要

$$|x-1|<\varepsilon$$

即可. 故取 $\delta=\varepsilon$, 则当 $0<|x-1|<\delta$ 时, 就有

$$|f(x)-2|<\varepsilon.$$

这表明 $\lim\limits_{x\to 1}f(x)=2$.

注　此例说明, $f(x)$ 在 $x=1$ 处尽管没有定义, 但 $\lim\limits_{x\to 1}f(x)=2$.

例 3.4　证明: 当 $x_0>0$ 时, $\lim\limits_{x\to x_0}\sqrt{x}=\sqrt{x_0}$.

证　令 $f(x)=\sqrt{x}$, 因为

$$|f(x)-\sqrt{x_0}|=\left|\sqrt{x}-\sqrt{x_0}\right|=\left|\frac{x-x_0}{\sqrt{x}+\sqrt{x_0}}\right|\leqslant\frac{1}{\sqrt{x_0}}|x-x_0|,$$

所以, $\forall\varepsilon>0$, 要使 $\left|f(x)-\sqrt{x_0}\right|<\varepsilon$, 只要

$$\frac{1}{\sqrt{x_0}}|x-x_0|<\varepsilon,\quad \text{即}\ |x-x_0|<\sqrt{x_0}\varepsilon$$

即可. 又因为 $x\geqslant 0$, 只要选取 $\delta=\min\left\{x_0,\sqrt{x_0}\varepsilon\right\}$, 则当 $0<|x-x_0|<\delta$ 时, 就有

$$|f(x)-\sqrt{x_0}|<\varepsilon.$$

这表明 $\lim\limits_{x\to x_0}f(x)=\sqrt{x_0}$, 即 $\lim\limits_{x\to x_0}\sqrt{x}=\sqrt{x_0}$.

二、自变量趋于无穷大时函数的极限

定义 3.2　设函数 $f(x)$ 当 $|x|$ 充分大时有定义. 若存在常数 A, 对于任意给定的正数 ε (不论多么的小), 总存在充分大的正数 $X=X(\varepsilon)$, 使得当 $|x|>X$ 时, 有

$$|f(x)-A|<\varepsilon,$$

则称常数 A 为函数 $f(x)$ 当 $x\to\infty$ 时的极限, 记作

$$\lim_{x\to\infty}f(x)=A\quad\text{或}\quad f(x)\to A\quad(x\to\infty).$$

注　(1) 在该函数极限的定义中, 对于 ε 任意小的要求, 体现了函数 $f(x)$ 当 $x\to\infty$ 时任意地接近于常数 A 的事实.

(2) 函数极限的上述定义也称为 $\varepsilon - X$ 语言描述. 函数极限定义中 $X = X(\varepsilon)$ 的取法依赖于事先给定的正数 ε. 当 ε 越小时, 一般找到的 X 越大.

(3) 定义 3.2 可简述为

$\lim\limits_{x\to\infty} f(x) = A \Leftrightarrow \forall\varepsilon > 0, \exists X > 0$, 当 $|x| > X$ 时, 有 $|f(x) - A| < \varepsilon$.

(4) 当 $\lim\limits_{x\to\infty} f(x) = A$ 时, 函数 $f(x)$ 在 $|x|$ 为有限的某区间内可以没有定义. "常数 A 为函数 $f(x)$ 当 $x \to \infty$ 时的极限" 的**几何解释**如下:

对于任意给定的 $\varepsilon > 0$, 作平行于 x 轴的两条平行直线 $y = A \pm \varepsilon$, 介于这两条平行直线之间是一宽为 2ε 的横条形区域, 如图 1–19 所示. 根据上述 ε, 可以找到适当的 $X = X(\varepsilon) > 0$, 使得当 $|x| > X$ 时, 对应的函数 $y = f(x)$ 的图形必定落到上述横条形区域内.

例 3.5 证明: $\lim\limits_{x\to\infty} x\sin\dfrac{1}{x^2} = 0$.

证 令 $f(x) = x\sin\dfrac{1}{x^2}$. 由于对于任意的 $u \in \mathbf{R}$, 有不等式 $|\sin u| \leqslant |u|$ 成立, 所以当 $x \neq 0$ 时, 有

$$|f(x) - 0| = \left|x\sin\frac{1}{x^2}\right| \leqslant \frac{1}{|x|}.$$

于是, $\forall\varepsilon > 0$, 要使 $|f(x) - 0| < \varepsilon$, 只要

$$\frac{1}{|x|} < \varepsilon, \quad 即 \quad |x| > \frac{1}{\varepsilon}$$

即可. 故选取 $X = \dfrac{1}{\varepsilon}$, 则当 $|x| > X$ 时, 就有 $|f(x) - 0| < \varepsilon$. 这表明 $\lim\limits_{x\to\infty} x\sin\dfrac{1}{x^2} = 0$.

通常称 $y = 0$ 是曲线 $y = x\sin\dfrac{1}{x^2}$ 的一条**水平渐近线**, 如图 1–20 所示.

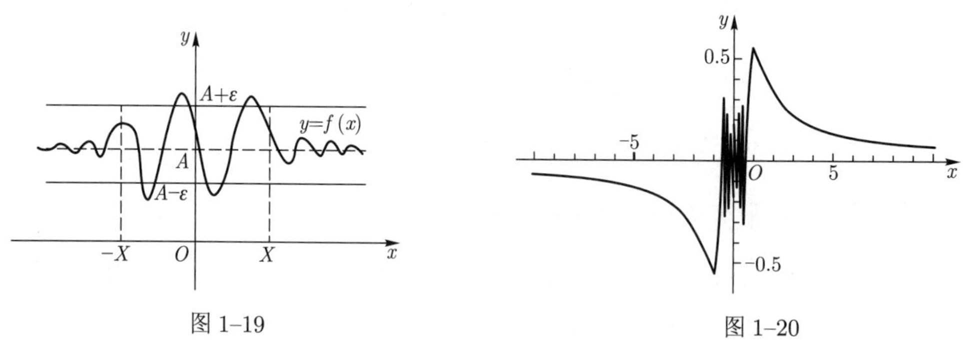

图 1–19 图 1–20

一般地, 若 $\lim\limits_{x\to\infty} f(x) = A$($A$ 为有限实数), 则称直线 $y = A$ 是曲线 $y = f(x)$ 的**水平渐近线**.

三、单侧极限

上面讨论当 $x \to x_0$ 时函数的极限要求 x 从 x_0 的两侧趋近于 x_0. 但是, 有些情况下需考虑自变量 x 从 x_0 的右侧或左侧趋近于 x_0 (记作 $x \to x_0^+$ 或 $x \to x_0^-$). 这样, 有如下**单侧极限**

的概念.

定义 3.3　设函数 $f(x)$ 在点 x_0 的某个右邻域 (或左邻域) 内有定义. 若存在常数 A, 对于任意给定的正数 ε (不论多么的小), 总存在正数 $\delta=\delta(\varepsilon)$, 使得当 $x_0<x<x_0+\delta$ (或 $x_0-\delta<x<x_0$) 时, 有

$$|f(x)-A|<\varepsilon,$$

则称常数 A 为函数 $f(x)$ 在点 x_0 处的**右极限** (或**左极限**), 记作

$$\lim_{x\to x_0^+} f(x)=A \quad 或 \quad f(x_0^+)=A \quad 或 \quad f(x_0+0)=A$$

$$(或 \lim_{x\to x_0^-} f(x)=A \quad 或 \quad f(x_0^-)=A \quad 或 \quad f(x_0-0)=A).$$

同样, 若只考虑 x 沿 x 轴正向无限地增大 (记作 $x\to+\infty$) 或沿 x 轴负向无限地减少 (记作 $x\to-\infty$) 时的情形, 则有如下函数极限的概念.

定义 3.4　设函数 $f(x)$ 当 x 充分大 (或 x 充分小) 时有定义, 若存在常数 A, 对于任意给定的正数 ε (不论多么的小), 总存在充分大的正数 $X=X(\varepsilon)$, 使得当 $x>X$ (或 $x<-X$) 时, 有

$$|f(x)-A|<\varepsilon,$$

则称常数 A 为函数 $f(x)$ 当 $x\to+\infty$ (或当 $x\to-\infty$) 时的极限, 记作

$$\lim_{x\to+\infty} f(x)=A\ (或 \lim_{x\to-\infty} f(x)=A).$$

根据单侧极限的定义, 易证明如下结论.

定理 3.1　(1) $\lim\limits_{x\to x_0} f(x)=A$ 的充要条件为 $\lim\limits_{x\to x_0^+} f(x)=\lim\limits_{x\to x_0^-} f(x)=A$;

(2) $\lim\limits_{x\to\infty} f(x)=A$ 的充要条件为 $\lim\limits_{x\to+\infty} f(x)=\lim\limits_{x\to-\infty} f(x)=A$.

注　若 $\lim\limits_{x\to+\infty} f(x)=A$ 或 $\lim\limits_{x\to-\infty} f(x)=A$, 则也称直线 $y=A$ 是曲线 $y=f(x)$ 的**水平渐近线**.

例 3.6　讨论函数

$$f(x)=\begin{cases} x-1, & x<0, \\ 0, & x=0, \\ x+1, & x>0 \end{cases}$$

在 $x=0$ 处极限的存在性.

解　由例 3.2 可知,

$$f(0^+)=\lim_{x\to0^+} f(x)=\lim_{x\to0^+}(x+1)=1,$$

$$f(0^-)=\lim_{x\to0^-} f(x)=\lim_{x\to0^-}(x-1)=-1.$$

由于 $f(0^+)\neq f(0^-)$, 所以极限 $\lim\limits_{x\to0} f(x)$ 不存在, 如图 1–21 所示.

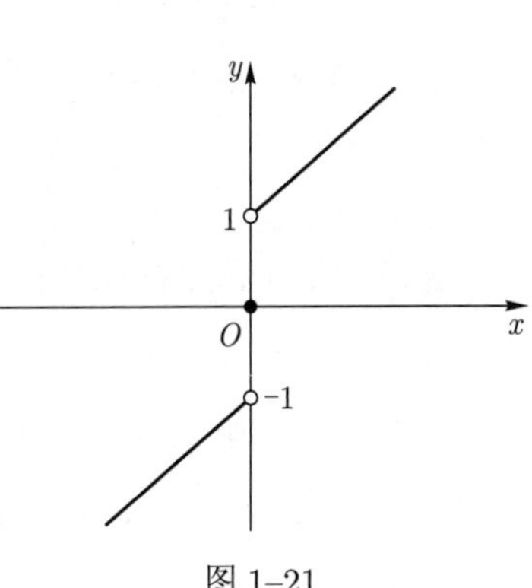

图 1–21

例 3.7 证明: $\lim\limits_{x \to +\infty} a^{\frac{1}{x}} = 1(a > 0)$.

证 现设 $a > 1$. 当 $n \leqslant x < n+1$ (n 为正整数) 时, 显然有

$$a^{\frac{1}{n+1}} < a^{\frac{1}{x}} \leqslant a^{\frac{1}{n}}.$$

由于 $\lim\limits_{n \to +\infty} a^{\frac{1}{n}} = 1$, 则 $\forall \varepsilon > 0$, 存在正整数 N, 使得当 $n > N$ 时, 有

$$1 - \varepsilon < a^{\frac{1}{n}} < 1 + \varepsilon.$$

于是, 当 $x > N + 1 = X$ 时, 有

$$[x] + 1 > x \geqslant [x] > N,$$

从而有

$$1 - \varepsilon < a^{\frac{1}{[x]+1}} < a^{\frac{1}{x}} \leqslant a^{\frac{1}{[x]}} < 1 + \varepsilon,$$

即

$$|a^{\frac{1}{x}} - 1| < \varepsilon.$$

所以 $\lim\limits_{x \to +\infty} a^{\frac{1}{x}} = 1(a > 0)$. 对于 $a \leqslant 1$ 的情形, 其证明留给读者.

这里 $y = 1$ 是曲线 $y = a^{\frac{1}{x}}$ 的一条水平渐近线, 如图 1–22 所示.

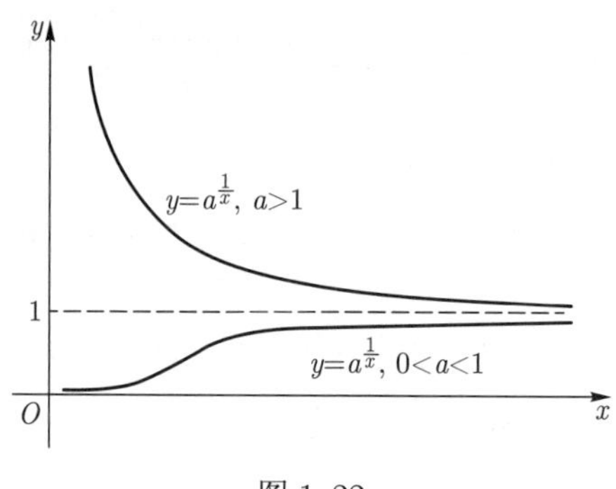

图 1–22

四、函数极限的性质

定理 3.2 (函数极限的唯一性) 若极限 $\lim\limits_{x \to x_0} f(x)$ (或 $\lim\limits_{x \to \infty} f(x)$) 存在, 则其极限是唯一的.

定理 3.2 证明留作练习.

定理 3.3 (局部有界性) 若极限 $\lim\limits_{x \to x_0} f(x) = A$ (或 $\lim\limits_{x \to \infty} f(x) = A$), 则存在 x_0 的某个去心邻域 (或正数 X) 使得 $f(x)$ 在此去心邻域内 (或当 $|x| > X$ 时) 是有界的.

证 只证 $\lim\limits_{x \to x_0} f(x) = A$ 的情形. 事实上, 对于 $\varepsilon = 1$, 根据函数极限的定义, 存在正数 δ, 使得当 $0 < |x - x_0| < \delta$ 时, 有

$$|f(x) - A| < 1.$$

所以当 $0<|x-x_0|<\delta$ 时, 有

$$|f(x)| \leqslant |f(x)-A|+|A|<1+|A|,$$

即表明函数 $f(x)$ 在 $\mathring{U}(x_0,\delta)$ 内有界.

定理 3.4 (局部保号性)　若极限 $\lim\limits_{x\to x_0} f(x)=A$ (或 $\lim\limits_{x\to\infty} f(x)=A$), 且 $A\neq 0$, 则存在 x_0 的某个去心邻域 (或正数 X), 使得 $f(x)$ 在此去心邻域内 (或当 $|x|>X$ 时) 满足: 当 $A>0$ 时, $f(x)>0$; 当 $A<0$ 时, $f(x)<0$.

证　只证 $\lim\limits_{x\to\infty} f(x)=A$ 的情形. 不妨假设 $A<0$, 取 $\varepsilon=-\dfrac{A}{2}>0$, 则根据函数极限的定义, 存在正数 X, 使得当 $|x|>X$ 时, 有

$$|f(x)-A|<\varepsilon=-\frac{A}{2},$$

所以, 当 $|x|>X$ 时, 有

$$f(x)<A-\frac{A}{2}=\frac{A}{2}<0.$$

注意到定理 3.4 的证明, 有如下更好的结论.

* **定理 3.4 (局部保号性)**　若极限 $\lim\limits_{x\to x_0} f(x)=A$ (或 $\lim\limits_{x\to\infty} f(x)=A$), 且 $A\neq 0$, 则存在 x_0 的某个去心邻域 (或正数 X), 使得 $f(x)$ 在此去心邻域内 (或当 $|x|>X$ 时) 时, 有

$$|f(x)| \geqslant \frac{|A|}{2}>0.$$

采用反证法, 利用定理 3.3 可以得到如下的极限保号性结论.

定理 3.5 (极限保号性)　(1) 若 $\lim\limits_{x\to x_0} f(x)=A$, $\lim\limits_{x\to x_0} g(x)=B$ (或 $\lim\limits_{x\to\infty} f(x)=A$, $\lim\limits_{x\to\infty} g(x)=B$), 且 $A<B$, 则存在 x_0 的某个去心邻域 (或正数 X) 使得在此去心邻域内 (或当 $|x|>X$ 时) 有 $f(x)<g(x)$ 成立;

(2) 若 $\lim\limits_{x\to x_0} f(x)=A$, $\lim\limits_{x\to x_0} g(x)=B$ (或 $\lim\limits_{x\to\infty} f(x)=A$, $\lim\limits_{x\to\infty} g(x)=B$), 且在 x_0 的某个去心邻域内 (或当 $|x|$ 充分大时), 有 $f(x)\geqslant g(x)$, 则 $A\geqslant B$.

推论 (极限保号性)　若 $\lim\limits_{x\to x_0} f(x)=A$ (或 $\lim\limits_{x\to\infty} f(x)=A$), 且在 x_0 的某个去心邻域内 (或当 $|x|$ 充分大时), 有 $f(x)\geqslant 0$, 则 $A\geqslant 0$.

五、无穷小量与无穷大量

1. 无穷小量

前面介绍了数列与函数的极限. 现在再来研究一类在理论和应用上都十分重要的变量, 那就是无穷小量.

定义 3.5　若 $\lim\limits_{x\to x_0} f(x)=0$, 则称函数 $f(x)$ 为当 $x\to x_0$ 时的**无穷小量**, 简称为**无穷小**, 即无穷小量就是以零为极限的变量.

在定义 3.5 中, 将 $x \to x_0$ 换成 $x \to x_0^+, x \to x_0^-, x \to +\infty, x \to -\infty, x \to \infty$, 以及 $n \to \infty$, 可定义不同变化过程中的无穷小量.

例如, 当 $x \to 0$ 时, 函数 x^2, x^3 均为无穷小量;

当 $x \to \infty$ 时, 函数 $\dfrac{1}{x^2}, \dfrac{1}{x^3}$ 均为无穷小量;

当 $n \to \infty$ 时, 数列 $\left\{\dfrac{3}{n}\right\}, \left\{\dfrac{1}{2^n}\right\}$ 均为无穷小量.

注 无穷小量是极限为零的变量, 它与充分小的数有着本质的区别. 例如, $\varepsilon_0 = 10^{-10}$ 是一个充分小的数, 而 $f(x) = x - 1$ 是当 $x \to 1$ 时的无穷小量, 二者的区别是: 对于任意给定的正数 ε (不论多么的小, 例如 $\varepsilon < \varepsilon_0 = 10^{-10}$), 只要当 x 充分接近于 1 时, 就可使得 $|f(x)| = |x-1| < \varepsilon < \varepsilon_0 = 10^{-10}$. 然而, $\varepsilon_0 = 10^{-10}$ 虽然是一个很小的数, 但它是固定不变的, 不可能小于任意给定的正数 ε. 因此任何一个不为零的绝对值很小的数都不是无穷小量. 特殊地, 常数零可以看成任何一个变化过程中的无穷小量.

无穷小量与函数的极限之间有下述关系.

定理 3.6 函数 $f(x)$ 在某个极限过程中以常数 A 为极限的充要条件是函数 $f(x)$ 能表示为常数 A 与无穷小量 $\alpha(x)$ 之和的形式, 即

$$f(x) = A + \alpha(x), \quad \text{其中} \quad \lim \alpha(x) = 0.$$

证 设 $\lim\limits_{x \to x_0} f(x) = A$, 则 $\forall \varepsilon > 0, \exists \delta > 0$, 当 $0 < |x - x_0| < \delta$ 时, 有

$$|f(x) - A| < \varepsilon.$$

令 $\alpha(x) = f(x) - A$, 则当 $0 < |x - x_0| < \delta$ 时, 有

$$|\alpha(x)| < \varepsilon,$$

即 $\alpha(x)$ 是当 $x \to x_0$ 时的无穷小量, 且 $f(x) = A + \alpha(x)$.

反过来, 若 $f(x) = A + \alpha(x)$, 且 $\alpha(x)$ 是当 $x \to x_0$ 时的无穷小量, 则 $|f(x) - A| = |\alpha(x)|$, 因为 $\alpha(x)$ 是当 $x \to x_0$ 时的无穷小量, 所以 $\forall \varepsilon > 0, \exists \delta > 0$, 使得当 $0 < |x - x_0| < \delta$ 时, 有 $|\alpha(x)| < \varepsilon$, 即 $|f(x) - A| < \varepsilon$, 这就证明了 $\lim\limits_{x \to x_0} f(x) = A$.

类似地可以证明其他变化过程的情形.

2. 无穷大量

在讨论变量的极限时, 当 $n \to \infty$ 时, 不是所有的数列都有极限, 同样当 $x \to x_0$ 或 $x \to \infty$ 时, 也不是所有的函数都有极限. 在变量变化过程中没有极限时, 将会有各种不同的变化情况, 其中有一种就是变量在变化过程中, 其函数的绝对值无限增大的情况. 对于绝对值无限增大的变量, 虽然不存在极限, 但它有一定的趋势, 为了叙述方便, 通常说它的 "极限" 是无穷大.

定义 3.6 当 $x \to x_0$ 时, 若对应的函数值的绝对值 $|f(x)|$ 无限增大; 则称 $f(x)$ 为当 $x \to x_0$ 时的**无穷大量**, 简称**无穷大**, 记作

$$\lim_{x \to x_0} f(x) = \infty.$$

在定义 3.6 中, 将 $x \to x_0$ 换成 $x \to x_0^+, x \to x_0^-, x \to +\infty, x \to -\infty, x \to \infty$, 以及 $n \to \infty$, 可定义不同变化过程中的无穷大量. 无穷大量用数学语言可描述如下:

定义 3.7　设函数 $f(x)$ 在 x_0 的某一去心邻域内有定义 (或 $|x|$ 大于某一正数时有定义). 若 $\forall M > 0$ (不论它多么大), 总 $\exists \delta > 0$ (或正数 X), 使得当 $0 < |x - x_0| < \delta$ (或 $|x| > X$) 时, 有

$$|f(x)| > M,$$

则称函数 $f(x)$ 为当 $x \to x_0$ (或 $x \to \infty$) 时的**无穷大量**, 记作

$$\lim_{x \to x_0} f(x) = \infty \text{ (或 } \lim_{x \to \infty} f(x) = \infty).$$

例如, 当 $x \to 2$ 时, $f(x) = \dfrac{1}{x-2}$ 没有极限, 但由图 1–23 可见, $f(x)$ 的绝对值无限增大, 故当 $x \to 2$ 时, $f(x) = \dfrac{1}{x-2}$ 为无穷大量, 记作

$$\lim_{x \to 2} \frac{1}{x-2} = \infty.$$

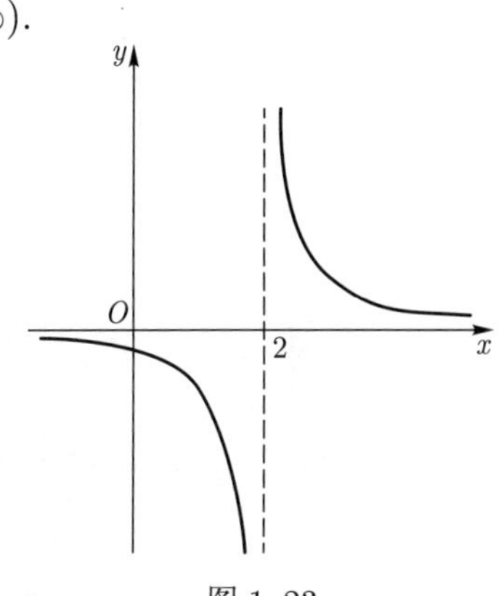

图 1–23

下面证明: $\lim\limits_{x \to 2} \dfrac{1}{x-2} = \infty$.

事实上, $\forall M > 0$, 要使 $\left|\dfrac{1}{x-2}\right| > M$, 只要 $|x-2| < \dfrac{1}{M}$ 即可, 所以取 $\delta = \dfrac{1}{M}$, 当 $0 < |x-2| < \delta = \dfrac{1}{M}$ 时, 就有 $\left|\dfrac{1}{x-2}\right| > M$. 这就证明了 $\lim\limits_{x \to 2} \dfrac{1}{x-2} = \infty$.

通常把直线 $x = 2$ 称为曲线 $y = \dfrac{1}{x-2}$ 的垂直渐近线.

一般地, 若 $\lim\limits_{x \to x_0} f(x) = \infty$, 则称直线 $x = x_0$ 是曲线 $y = f(x)$ 的**垂直渐近线**.

注　(1) 若将定义 3.7 中的 $|f(x)| > M$ 改为 $f(x) > M$ (或 $f(x) < -M$), 则称 $f(x)$ 为当 $x \to x_0$ 时的**正无穷大** (或**负无穷大**), 记作

$$\lim_{x \to x_0} f(x) = +\infty \quad \text{(或 } \lim_{x \to x_0} f(x) = -\infty).$$

类似可定义 $\lim\limits_{x \to \infty} f(x) = +\infty, \lim\limits_{x \to \infty} f(x) = -\infty, \lim\limits_{n \to \infty} x_n = +\infty$ 及 $\lim\limits_{n \to \infty} x_n = -\infty$ 等. 例如, $\lim\limits_{x \to +\infty} \mathrm{e}^x = +\infty, \lim\limits_{x \to -\infty} x^3 = -\infty, \lim\limits_{n \to \infty} \ln n = +\infty$.

(2) 无穷大量是一个变量, 它与充分大的数有着本质的区别. 例如, $M_0 = 10^{100}$ 是一个很大的数, $f(x) = \dfrac{1}{x}$ 是当 $x \to 0$ 时的无穷大. 二者主要区别是: 对于任意给定的正常数 M (不论

多么的大, 如 $M > M_0$), 只要当 x 充分接近于 0 时, 就可使得 $|f(x)| = \dfrac{1}{|x|}$ 大于 M. 然而, 虽然 M_0 是一个充分大的数, 但它是固定不变的, 它不可能大于任意给定正数 M.

(3) 无穷大量与函数在某个集合上无界是两个不同的概念. 若函数 $f(x)$ 为当 $x \to x_0$ 时的无穷大量, 则函数 $f(x)$ 在 x_0 的某个去心邻域 $\mathring{U}(x_0)$ 内必然是无界的. 反之不成立.

例 3.8 证明: 当 $x \to 0$ 时, 函数 $f(x) = \dfrac{1}{x}\sin\dfrac{1}{x}$ 是一个无界函数, 但不是无穷大.

证 (1) 取 $x_n = \dfrac{1}{2n\pi + \dfrac{\pi}{2}}$ $(n = 1, 2, 3, \cdots)$, 则

$$f(x_n) = \frac{1}{x_n}\sin\frac{1}{x_n} = \frac{1}{\dfrac{1}{2n\pi + \dfrac{\pi}{2}}}\sin\frac{1}{\dfrac{1}{2n\pi + \dfrac{\pi}{2}}} = 2n\pi + \frac{\pi}{2},$$

当 n 充分大时, $f(x_n)$ 可以大于事先任意给定的正数 M, 故函数 $f(x)$ 无界.

(2) 取 $x_n' = \dfrac{1}{2n\pi}$ $(n = 1, 2, 3, \cdots)$, 则

$$f(x_n') = \frac{1}{x_n'}\sin\frac{1}{x_n'} = 2n\pi\sin 2n\pi = 0.$$

故 n 充分大时, $|f(x_n')|$ 不能大于事先任意给定的正数 M, 从而当 $x \to 0$ 时, 函数 $f(x)$ 不是无穷大, 其函数图形如图 1–24 所示.

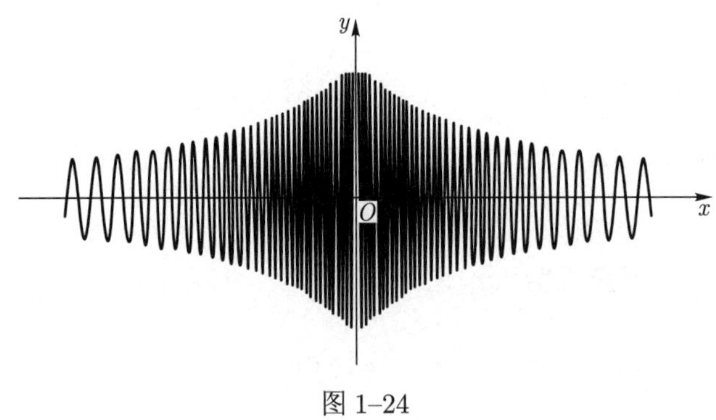

图 1–24

3. 无穷小量与无穷大量的关系

定理 3.7 在自变量的同一变化过程中,

(1) 若 $f(x)$ 是无穷大, 则 $\dfrac{1}{f(x)}$ 为无穷小;

(2) 若 $f(x)$ 是无穷小, 且 $f(x) \neq 0$, 则 $\dfrac{1}{f(x)}$ 为无穷大.

证　(1) 设 $\lim\limits_{x \to x_0} f(x) = \infty$. $\forall \varepsilon > 0$, 由无穷大的定义, 对 $M = \dfrac{1}{\varepsilon}$, $\exists \delta > 0$, 当 $0 < |x - x_0| < \delta$ 时, 有

$$|f(x)| > M = \frac{1}{\varepsilon},$$

从而有

$$\left| \frac{1}{f(x)} \right| < \varepsilon.$$

故 $\dfrac{1}{f(x)}$ 为 $x \to x_0$ 时的无穷小.

类似可证 (2).

注　定理 3.7 表明了无穷小 (非零) 与无穷大互为倒数关系.

例如, 当 $x \to 0$ 时, x^2 为无穷小, 由定理 3.7 得, 当 $x \to 0$ 时, $\dfrac{1}{x^2}$ 为无穷大. 当 $x \to +\infty$ 时, e^x 为无穷大, $\dfrac{1}{\mathrm{e}^x} = \mathrm{e}^{-x}$ 为无穷小.

4. 无穷小量的性质

下面介绍无穷小运算的主要性质:

定理 3.8　有限个无穷小的和、差仍是无穷小.

证　考虑两个无穷小的和、差. 设 α 和 β 是当 $x \to x_0$ 时的无穷小, 记 $\gamma = \alpha \pm \beta$.

$\forall \varepsilon > 0$, 因为 α 是当 $x \to x_0$ 时的无穷小, 所以对 $\dfrac{\varepsilon}{2} > 0$, 存在 $\delta_1 > 0$, 使得当 $0 < |x - x_0| < \delta_1$ 时, 有 $|\alpha| < \dfrac{\varepsilon}{2}$. 又因为 β 也是当 $x \to x_0$ 时的无穷小, 所以对上述 $\dfrac{\varepsilon}{2} > 0$, 存在 $\delta_2 > 0$, 使得当 $0 < |x - x_0| < \delta_2$ 时, 有 $|\beta| < \dfrac{\varepsilon}{2}$. 取 $\delta = \min\{\delta_1, \delta_2\}$, 则当 $0 < |x - x_0| < \delta$ 时, 不等式 $|\alpha| < \dfrac{\varepsilon}{2}$ 及 $|\beta| < \dfrac{\varepsilon}{2}$ 同时成立, 从而 $|\gamma| = |\alpha \pm \beta| \leqslant |\alpha| + |\beta| < \dfrac{\varepsilon}{2} + \dfrac{\varepsilon}{2} = \varepsilon$, 即 γ 是当 $x \to x_0$ 时的无穷小.

可以类似证明: 有限个无穷小的和、差仍为无穷小.

定理 3.9　有界变量与无穷小的乘积是无穷小.

证　设函数 $f(x)$ 在 x_0 的某一去心邻域 $\mathring{U}(x_0, \delta_1)$ 内有界, 即 $\exists M > 0$, 使得 $\forall x \in \mathring{U}(x_0, \delta_1)$, 有

$$|f(x)| \leqslant M. \tag{3.1}$$

又设 α 是当 $x \to x_0$ 时的无穷小, 故 $\forall \varepsilon > 0, \exists \delta_2 > 0$, 使得当 $x \in \mathring{U}(x_0, \delta_2)$ 时, 有

$$|\alpha| < \frac{\varepsilon}{M}, \tag{3.2}$$

于是取 $\delta = \min\{\delta_1, \delta_2\}$, 当 $x \in \mathring{U}(x_0, \delta)$ 时, 不等式 (3.1) 和 (3.2) 同时成立, 从而有

$$|f(x)\alpha| = |f(x)|\,|\alpha| < M \cdot \frac{\varepsilon}{M} = \varepsilon.$$

这就证明了 $f(x)\alpha$ 是当 $x\to x_0$ 时的无穷小.

推论 1 常数与无穷小的乘积是无穷小.

推论 2 无穷小与无穷小的乘积仍是无穷小.

例 3.9 证明: $\lim\limits_{x\to 0} x\sin\dfrac{1}{x}=0$.

证 因为当 $x\to 0$ 时, x 为无穷小, 又 $\left|\sin\dfrac{1}{x}\right|\leqslant 1$, 即 $\sin\dfrac{1}{x}$ 为有界变量, 故由定理 3.9 得 $\lim\limits_{x\to 0} x\sin\dfrac{1}{x}=0$, 其函数图形如图 1–25 所示.

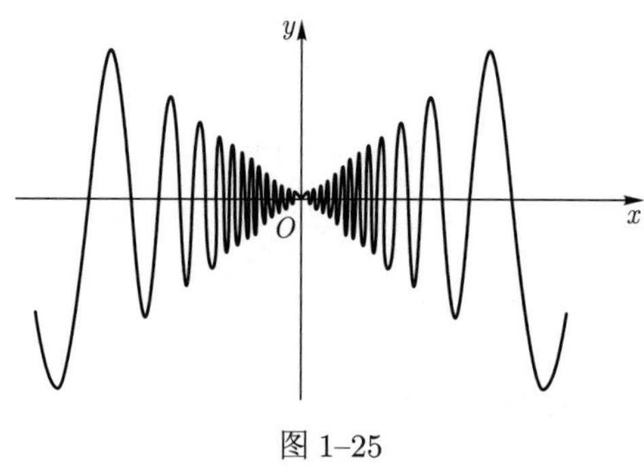

图 1–25

六、函数极限与数列极限的关系

定理 3.10 (函数极限与数列极限的归并原则) 设函数 $f(x)$ 在 x_0 的某个去心邻域 $\mathring{U}(x_0)$ 内有定义, $\lim\limits_{x\to x_0} f(x)=A$ 的充要条件是: 对任意数列 $\{x_n\}\subset\mathring{U}(x_0)$, 且 $\lim\limits_{n\to\infty} x_n=x_0$, 都有 $\lim\limits_{n\to\infty} f(x_n)=A$.

证 必要性. 由于 $\lim\limits_{x\to x_0} f(x)=A$, 故根据函数极限的定义, $\forall\varepsilon>0,\exists\delta>0$, 使得当 $0<|x-x_0|<\delta$ 时, 有

$$|f(x)-A|<\varepsilon.$$

又因 $\{x_n\}\subset\mathring{U}(x_0)$, $\lim\limits_{n\to\infty} x_n=x_0$, 由数列的极限定义知, 对上述 δ, 存在正整数 N, 使得当 $n>N$ 时, 有

$$0<|x_n-x_0|<\delta.$$

于是, 当 $n>N$ 时, 有

$$|f(x_n)-A|<\varepsilon.$$

这表明 $\lim\limits_{n\to\infty} f(x_n)=A$.

充分性证明从略.

注　定理 3.10 常用来说明某函数极限的不存在. 如果在 $\mathring{U}(x_0)$ 内, 可以找到两个数列 $\{x_n\}$ 和 $\{y_n\}$, $\lim\limits_{n\to\infty} x_n = \lim\limits_{n\to\infty} y_n = x_0$, 且满足 $\lim\limits_{n\to\infty} f(x_n) = A$, $\lim\limits_{n\to\infty} f(y_n) = B, A \neq B$, 那么 $\lim\limits_{x\to x_0} f(x)$ 不存在.

例 3.10　讨论当 $x \to 0$ 时, 函数 $f(x) = \sin\dfrac{1}{x}$ 的极限是否存在.

解　选取两个点列 $\{x_n\}$ 和 $\{y_n\}$:

$$x_n = \frac{1}{2n\pi}, \quad y_n = \frac{1}{2n\pi + \dfrac{\pi}{2}} \quad (n = 1, 2, \cdots).$$

显然, 当 $n \to \infty$ 时, $x_n \to 0, y_n \to 0$, 且

$$\lim_{n\to\infty} f(x_n) = 0, \quad \lim_{n\to\infty} f(y_n) = 1.$$

于是, 由定理 3.10 可知, 当 $x \to 0$ 时, 函数 $f(x) = \sin\dfrac{1}{x}$ 的极限不存在, 其函数图形如图 1–26 所示. 从图形可以看出在坐标原点的去心邻域内, 函数 $f(x) = \sin\dfrac{1}{x}$ 的图形在 -1 和 1 之间无限地振动, 当 $x \to 0$ 时, 不会趋于任何固定的值.

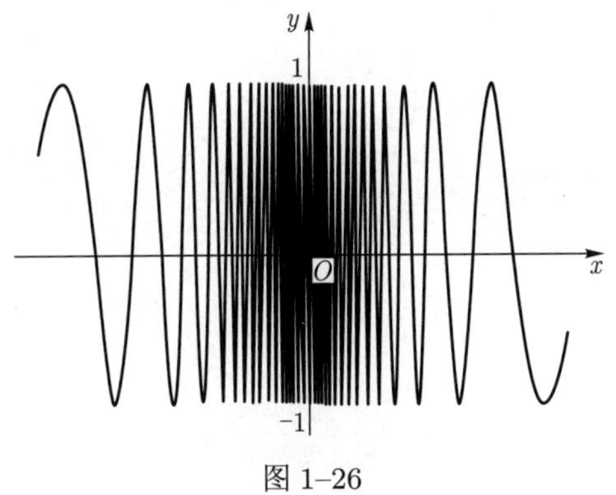

图 1–26

习题 1–3

(A)

1. 将下列正确答案的字母填入括号内, $f(x)$ 在 $x = x_0$ 处有定义是当 $x \to x_0$ 时 $f(x)$ 有极限的 (　　).

   (A) 必要条件　　(B) 充分条件

   (C) 充要条件　　(D) 无关条件

2. 设 $f(x) = \begin{cases} \dfrac{1}{2}x^2, & x > 0, \\ x + 1, & x \leqslant 0. \end{cases}$

(1) 作出函数 $f(x)$ 的图形;

(2) 根据函数图形写出 $f(0^-), f(0^+)$;

(3) 极限 $\lim\limits_{x\to0} f(x)$ 存在吗?

3. 当 $x\to0$ 时, 函数 $y=\mathrm{e}^{\frac{1}{x}}$ 极限存在吗? 为什么?

4. 设 $f(x)=\begin{cases} x+2, & x<2, \\ 4x-3, & x\geqslant 2, \end{cases}$ 作出 $f(x)$ 的图形, 并讨论当 $x\to2$ 时 $f(x)$ 的左、右极限.

5. 指出以下哪些量是无穷小, 哪些量是无穷大.

(1) $f(x)=\dfrac{2x^2-x}{x+3}$, 当 $x\to0$ 时;

(2) $f(x)=\dfrac{x-1}{x^2-9}$, 当 $x\to-3$ 时;

(3) $f(x)=\ln x$, 当 $x\to0^+$ 时;

(4) $f(x)=\ln(1+2x)$, 当 $x\to0$ 时;

(5) $f(x)=\dfrac{\pi}{2}-\arctan x$, 当 $x\to+\infty$ 时.

6. 设 $f(x)=\begin{cases} x\sin\dfrac{1}{x}, & x>0, \\ a+x^2, & x\leqslant 0, \end{cases}$ 问 a 为何值时, $\lim\limits_{x\to0} f(x)$ 存在, 且极限为多少?

7. 根据函数 $y=\left(\dfrac{1}{2}\right)^x$ 的图形, 求下列极限, 并讨论极限 $\lim\limits_{x\to\infty}\left(\dfrac{1}{2}\right)^x$ 是否存在?

(1) $\lim\limits_{x\to+\infty}\left(\dfrac{1}{2}\right)^x$; (2) $\lim\limits_{x\to-\infty}\left(\dfrac{1}{2}\right)^x$.

8. 设 $\lim\limits_{x\to x_0} f(x)=A$ 且 $A>0$, 证明: $\lim\limits_{x\to x_0}\sqrt{f(x)}=\sqrt{A}$.

(B)

9. 用函数极限的定义证明下列各式.

(1) $\lim\limits_{x\to1}(2x-1)=1$; (2) $\lim\limits_{x\to-2}\dfrac{x^2-4}{x+2}=-4$;

(3) $\lim\limits_{x\to1}\dfrac{x-1}{\sqrt{x}-1}=2$; (4) $\lim\limits_{x\to0} x\sin\dfrac{1}{x}=0$;

(5) $\lim\limits_{x\to\infty}\dfrac{1+2x^2}{x^2}=2$; (6) $\lim\limits_{x\to+\infty}\dfrac{\sin x}{\sqrt{x}}=0$.

10. 用无穷大量定义证明 $\lim\limits_{x\to0}\dfrac{1+x}{x}=\infty$.

11. 单项选择题.

(1) $\lim\limits_{x\to0} x\sqrt{\left|\cos\dfrac{2}{x^2}\right|}$ ( );

(A) 等于 0 (B) 等于 $\sqrt{2}$

(C) 为无穷大 (D) 不存在, 也不是无穷大

(2) $\lim\limits_{x\to 0}\tan x\arctan\dfrac{1}{x}$ (　　);

(A) 等于 $\dfrac{\pi}{2}$　　(B) 等于 $-\dfrac{\pi}{2}$

(C) 等于 0　　(D) 不存在

(3) 设 $\lim\limits_{x\to x_0} f(x)=a$, $\lim\limits_{x\to x_0} g(x)=\infty$, 则下列极限式成立的是 (　　).

(A) $\lim\limits_{x\to x_0}\dfrac{f(x)}{g(x)}=0$　　(B) $\lim\limits_{x\to x_0}\dfrac{f(x)}{g(x)}=\infty$

(C) $\lim\limits_{x\to x_0} f(x)g(x)=\infty$　　(D) $\lim\limits_{x\to x_0}(f(x))^{g(x)}=\infty$

第四节　函数极限的四则运算与复合函数的极限

本节主要介绍函数极限的四则运算法则及复合函数的极限运算法则.

一、函数极限的四则运算

为了方便起见, 下面讨论主要针对 $x\to x_0$ 的极限过程, 而对于其他极限过程的情形, 例如, $x\to x_0^+$ 或 $x\to x_0^-$ 或 $x\to\infty$ 或 $x\to+\infty$ 或 $x\to-\infty$, 相应的结论仍然成立, 只要将证明中的 $\varepsilon-\delta$ 语言描述改为相应的 $\varepsilon-X$ 语言描述, 即 δ 改为 $X, 0<|x-x_0|<\delta$ 改为 $0<x-x_0<\delta$ 或 $-\delta<x-x_0<0$ 或 $|x|>X$ 或 $x>X$ 或 $x<-X$ 即可.

定理 4.1 (极限的四则运算)　设 $\lim\limits_{x\to x_0} f(x)=A$, $\lim\limits_{x\to x_0} g(x)=B$, 则下面的极限运算法则成立:

(1) $\lim\limits_{x\to x_0}(f(x)\pm g(x))=\lim\limits_{x\to x_0} f(x)\pm\lim\limits_{x\to x_0} g(x)=A\pm B$;

(2) $\lim\limits_{x\to x_0}(f(x)g(x))=\lim\limits_{x\to x_0} f(x)\cdot\lim\limits_{x\to x_0} g(x)=AB$;

(3) $\lim\limits_{x\to x_0}\dfrac{f(x)}{g(x)}=\dfrac{\lim\limits_{x\to x_0} f(x)}{\lim\limits_{x\to x_0} g(x)}=\dfrac{A}{B}\ (B\neq 0)$.

证　(1) 设 $\lim\limits_{x\to x_0} f(x)=A$, $\lim\limits_{x\to x_0} g(x)=B$, 由函数极限与无穷小的关系, 得

$$f(x)=A+\alpha,\quad g(x)=B+\beta,$$

其中 α,β 为当 $x\to x_0$ 时的无穷小. 于是

$$f(x)\pm g(x)=(A\pm B)+(\alpha\pm\beta),$$

由定理 3.8 知, $\alpha\pm\beta$ 是无穷小, 再由函数极限与无穷小的关系, 得

$$\lim_{x\to x_0}(f(x)\pm g(x))=A\pm B=\lim_{x\to x_0} f(x)\pm\lim_{x\to x_0} g(x).$$

(2) 的证明, 读者可作为练习.

(3) 可用类似证明 (1) 的方法证明. 下面用函数极限的定义来证明.

设 $B>0$, 由函数极限的保号性, 存在正数 δ_1, 使得当 $x\in \mathring{U}(x_0,\delta_1)$ 时, 有

$$|g(x)|>\frac{B}{2}>0. \tag{4.1}$$

由函数极限的定义, $\forall\varepsilon>0$, 分别存在正数 δ_2 和 δ_3, 使得当 $x\in \mathring{U}(x_0,\delta_2)$ 时, 有

$$|f(x)-A|<\frac{B\varepsilon}{4}; \tag{4.2}$$

当 $x\in \mathring{U}(x_0,\delta_3)$ 时, 有

$$|g(x)-B|<\frac{\varepsilon B^2}{4(1+|A|)}. \tag{4.3}$$

于是, 取 $\delta=\min\{\delta_1,\delta_2,\delta_3\}$, 则当 $x\in \mathring{U}(x_0,\delta)$ 时, 不等式 (4.1), (4.2) 和 (4.3) 同时成立, 从而有

$$\begin{aligned}\left|\frac{f(x)}{g(x)}-\frac{A}{B}\right| &= \left|\frac{Bf(x)-Ag(x)}{Bg(x)}\right| \\ &= \left|\frac{B\,(f(x)-A)-A\,(g(x)-B)}{Bg(x)}\right| \\ &\leqslant \frac{|B|\,|f(x)-A|+|A|\,|g(x)-B|}{|Bg(x)|} \\ &\leqslant \frac{2}{B^2}\,(B\,|f(x)-A|+|A|\,|g(x)-B|) \\ &= \frac{2}{B^2}\left[B\frac{B\varepsilon}{4}+|A|\frac{\varepsilon B^2}{4(1+|A|)}\right] \\ &< \varepsilon.\end{aligned}$$

这表明 $\lim\limits_{x\to x_0}\dfrac{f(x)}{g(x)}=\dfrac{\lim\limits_{x\to x_0}f(x)}{\lim\limits_{x\to x_0}g(x)}=\dfrac{A}{B}$.

推论 设 $\lim\limits_{x\to x_0}f(x)=A$, 则对于任意的实常数 C 和任意的正整数 n, 有

(1) $\lim\limits_{x\to x_0}[Cf(x)]=C\lim\limits_{x\to x_0}f(x)=CA$;

(2) $\lim\limits_{x\to x_0}[f(x)]^n=\left[\lim\limits_{x\to x_0}f(x)\right]^n=A^n$.

例 4.1 求 $\lim\limits_{x\to 1}(2x^2+3x+5)$.

解 $\lim\limits_{x\to 1}(2x^2+3x+5)=2\lim\limits_{x\to 1}x^2+\lim\limits_{x\to 1}3x+\lim\limits_{x\to 1}5=10$.

例 4.2 求 $\lim\limits_{x\to 2}(x^5+1)$.

解 $\lim\limits_{x\to 2}(x^5+1)=\left(\lim\limits_{x\to 2}x\right)^5+1=2^5+1=33$.

例 4.3 求 $\lim\limits_{x\to -3}\dfrac{x^2+3}{x^3+3x^2+4x}$.

解　$$\lim_{x\to-3}\frac{x^2+3}{x^3+3x^2+4x}=\frac{\lim\limits_{x\to-3}x^2+\lim\limits_{x\to-3}3}{\lim\limits_{x\to-3}x^3+\lim\limits_{x\to-3}3x^2+\lim\limits_{x\to-3}4x}$$

$$=\frac{9+3}{-27+27-12}=-1.$$

一般地, 对于多项式

$$P(x)=a_0x^n+a_1x^{n-1}+\cdots+a_{n-1}x+a_n,$$

由定理 4.1 及推论, 得

$$\begin{aligned}\lim_{x\to x_0}P(x)&=a_0\Big(\lim_{x\to x_0}x\Big)^n+a_1\Big(\lim_{x\to x_0}x\Big)^{n-1}+\cdots+a_{n-1}\lim_{x\to x_0}x+\lim_{x\to x_0}a_n\\&=a_0x_0^n+a_1x_0^{n-1}+\cdots+a_{n-1}x_0+a_n=P(x_0).\end{aligned}$$

对于有理函数

$$f(x)=\frac{P(x)}{Q(x)},$$

其中 $P(x),Q(x)$ 均为 x 的多项式, 且 $Q(x_0)\neq0$, 则有

$$\lim_{x\to x_0}f(x)=\frac{\lim\limits_{x\to x_0}P(x)}{\lim\limits_{x\to x_0}Q(x)}=\frac{P(x_0)}{Q(x_0)}=f(x_0).$$

因此, 对于多项式和有理函数 $(Q(x_0)\neq0)$, 求 $x\to x_0$ 时的极限, 只需将 $x=x_0$ 代入其函数, 所求函数值就是所求的极限值.

例 4.4　求 $\lim\limits_{x\to2}\dfrac{x-2}{x^2-4}$.

解　当 $x\to2$ 时, 分子、分母都趋于 0, 此式称为 $\dfrac{0}{0}$ **型未定式**, 由于当 $x\to2$ 时, 分母的极限为 0, 所以不能直接运用极限四则运算法则, 但因 $x\to2$ 时, $x\neq2$, 可以先约分再求极限, 于是有

$$\lim_{x\to2}\frac{x-2}{x^2-4}=\lim_{x\to2}\frac{x-2}{(x-2)(x+2)}=\lim_{x\to2}\frac{1}{x+2}=\frac{1}{4}.$$

例 4.5　求 $\lim\limits_{x\to\infty}\dfrac{3x^3-4x^2+2}{2x^3+2x+1}$.

解　当 $x\to\infty$ 时, 分子、分母趋于无穷大, 分子与分母的极限都不存在, 此式称为 $\dfrac{\infty}{\infty}$ **型未定式**. 将分子、分母分别除以 x^3, 再利用极限运算法则, 得

$$\lim_{x\to\infty}\frac{3x^3-4x^2+2}{2x^3+2x+1}=\lim_{x\to\infty}\frac{3-\dfrac{4}{x}+\dfrac{2}{x^3}}{2+\dfrac{2}{x^2}+\dfrac{1}{x^3}}=\frac{3}{2}.$$

例 4.6　求 $\lim\limits_{x\to\infty}\dfrac{x^2+2}{2x^3+x^2+1}$.

解　当 $x\to\infty$ 时, 分子、分母趋于无穷大, 分子与分母的极限都不存在, 将分子、分母分别除以 x^3, 再求极限, 得

$$\lim_{x\to\infty}\frac{x^2+2}{2x^3+x^2+1}=\lim_{x\to\infty}\frac{\dfrac{1}{x}+\dfrac{2}{x^3}}{2+\dfrac{1}{x}+\dfrac{1}{x^3}}=\frac{0}{2}=0.$$

例 4.7　求 $\lim\limits_{x\to\infty}\dfrac{2x^3+x^2+1}{x^2+2}$.

解　由例 4.6 及无穷小与无穷大的关系可知

$$\lim_{x\to\infty}\frac{2x^3+x^2+1}{x^2+2}=\infty.$$

对于一般的有理函数

$$f(x)=\frac{a_0x^m+a_1x^{m-1}+\cdots+a_m}{b_0x^n+b_1x^{n-1}+\cdots+b_n}\ (m,n\ 为正整数,\ a_0,b_0\ 为非零常数)$$

有如下结论:

$$\lim_{x\to\infty}\frac{a_0x^m+a_1x^{m-1}+\cdots+a_m}{b_0x^n+b_1x^{n-1}+\cdots+b_n}=\begin{cases}\dfrac{a_0}{b_0}, & m=n,\\ 0, & m<n,\\ \infty, & m>n.\end{cases}$$

二、复合函数的极限运算

复合函数的极限运算在函数极限运算中起着极其重要的作用. 对于复合函数的极限运算有如下结论.

定理 4.2 (复合函数的极限运算法则)　设函数 $u=\varphi(x)$ 当 $x\to x_0$ 时的极限存在且等于 a, 即 $\lim\limits_{x\to x_0}\varphi(x)=a$, 但在 x_0 的某去心邻域内 $\varphi(x)\neq a$, 又 $\lim\limits_{u\to a}f(u)=A$, 则复合函数 $f(\varphi(x))$ 当 $x\to x_0$ 的极限存在, 且 $\lim\limits_{x\to x_0}f(\varphi(x))=\lim\limits_{u\to a}f(u)=A$.

证　由函数极限定义, 要证: $\forall\varepsilon>0,\exists\delta>0$, 使得当 $0<|x-x_0|<\delta$ 时, 有

$$|f(\varphi(x))-A|=|f(u)-A|<\varepsilon.$$

由于 $\lim\limits_{u\to a}f(u)=A$, 故 $\forall\varepsilon>0,\exists\eta>0$, 当 $0<|u-a|<\eta$ 时, 有

$$|f(u)-A|<\varepsilon. \tag{4.4}$$

又 $\lim\limits_{x\to x_0}\varphi(x)=a$, 故对上述 $\eta>0,\exists\delta_1>0$, 当 $0<|x-x_0|<\delta_1$ 时, 有

$$|\varphi(x)-a|<\eta.$$

由假设, 设在 x_0 的去心邻域 $\mathring{U}(x_0,\delta_2)$ 内 $\varphi(x)\neq a$, 取 $\delta=\min\{\delta_1,\delta_2\}$. 则当 $0<|x-x_0|<\delta$ 时, $|\varphi(x)-a|<\eta$ 及 $|\varphi(x)-a|\neq 0$ 同时成立, 即

$$0<|\varphi(x)-a|=|u-a|<\eta. \tag{4.5}$$

由 (4.4) 和 (4.5), 从而当 $0<|x-x_0|<\delta$ 时, 有

$$|f(\varphi(x))-A|=|f(u)-A|<\varepsilon,$$

这表明 $\lim\limits_{x\to x_0} f(\varphi(x))=A$.

注 (1) 本定理表明: 若函数 $f(u)$ 和 $\varphi(x)$ 满足该定理的条件, 则作代换 $u=\varphi(x)$, 可把求极限 $\lim\limits_{x\to x_0} f(\varphi(x))$ 化为求极限 $\lim\limits_{u\to a} f(u)$, 此处 $a=\lim\limits_{x\to x_0}\varphi(x)$;

(2) 在上述定理中, 把 $\lim\limits_{x\to x_0}\varphi(x)=a$ 换成 $\lim\limits_{x\to x_0}\varphi(x)=\infty$ 或 $\lim\limits_{x\to\infty}\varphi(x)=\infty$, 而把 $\lim\limits_{u\to a} f(u)=A$ 换成 $\lim\limits_{u\to\infty} f(u)=A$, 相应结论仍成立.

例 4.8 证明: $\lim\limits_{x\to 0}\mathrm{e}^x=1$, $\lim\limits_{x\to x_0} a^x=a^{x_0}(a>0,a\neq 1)$.

证 先证 $\lim\limits_{x\to 0^+}\mathrm{e}^x=1$. $\forall\varepsilon>0$, 要使 $|\mathrm{e}^x-1|=\mathrm{e}^x-1<\varepsilon$, 只要 $x<\ln(1+\varepsilon)$. 取 $\delta=\ln(1+\varepsilon)$, 则当 $0<x<\delta$ 时, 有 $|\mathrm{e}^x-1|<\varepsilon$, 故 $\lim\limits_{x\to 0^+}\mathrm{e}^x=1$.

再证 $\lim\limits_{x\to 0^-}\mathrm{e}^x=1$. 令 $t=-x$, 由于 $x\to 0^-$ 等价于 $t\to 0^+$, 由复合函数极限法则, 有

$$\lim_{x\to 0^-}\mathrm{e}^x=\lim_{t\to 0^+}\mathrm{e}^{-t}=\lim_{t\to 0^+}\frac{1}{\mathrm{e}^t}=1.$$

故 $\lim\limits_{x\to 0}\mathrm{e}^x=1$.

由于 $\lim\limits_{x\to 0} a^x=\lim\limits_{x\to 0}\mathrm{e}^{x\ln a}$, 令 $u=x\ln a$, 当 $x\to 0$ 时, 必有 $u\to 0$, 由复合函数极限法则可知, $\lim\limits_{x\to 0} a^x=\lim\limits_{u\to 0}\mathrm{e}^u=1$. 又因为

$$\lim_{x\to x_0} a^x=\lim_{x\to x_0} a^{x_0}a^{x-x_0}=a^{x_0}\lim_{x\to x_0} a^{x-x_0},$$

令 $v=x-x_0$, 则当 $x\to x_0$ 时, $v\to 0$, 再由复合函数极限法则, 得

$$\lim_{x\to x_0} a^x=a^{x_0}\lim_{v\to 0} a^v=a^{x_0}.$$

习题 1–4

(A)

1. 计算下列极限.

(1) $\lim\limits_{x\to 2}(x^3-2x-4)$;

(2) $\lim\limits_{x\to 0}\dfrac{x^3-3x+4}{x-2}$;

(3) $\lim\limits_{x\to 2}\dfrac{x^2-1}{x^3+2x-1}$;

(4) $\lim\limits_{x\to 1}\dfrac{x^2-1}{2x^2-x-1}$;

(5) $\lim\limits_{x\to 7}\dfrac{\sqrt{2+x}-3}{x-7}$; (6) $\lim\limits_{x\to 0}\dfrac{\sqrt{1+x}-1}{\sqrt[3]{1+x}-1}$;

(7) $\lim\limits_{x\to\infty}x^2\left(\dfrac{1}{x+1}-\dfrac{1}{x-1}\right)$; (8) $\lim\limits_{x\to\infty}\dfrac{2x^2+3}{4x^2-3x-1}$;

(9) $\lim\limits_{x\to\infty}\dfrac{(2x-3)^2(3x+1)^3}{(2x+1)^5}$; (10) $\lim\limits_{x\to 2}\dfrac{x^2-4}{\sqrt{x^2+x-3}-\sqrt{x^2-1}}$;

(11) $\lim\limits_{x\to\infty}\dfrac{x-\sin x}{x+\sin x}$; (12) $\lim\limits_{x\to+\infty}\mathrm{e}^{-x}\cos x$.

2. 用变量代换求下列极限.

(1) $\lim\limits_{x\to 1}\dfrac{\sqrt[3]{x}-1}{\sqrt{x}-1}$; (2) $\lim\limits_{x\to 16}\dfrac{\sqrt[4]{x}-2}{\sqrt{x}-4}$;

(3) $\lim\limits_{x\to 1}\dfrac{\sqrt[3]{x^2}-2\sqrt[3]{x}+1}{(x-1)^2}$; (4) $\lim\limits_{x\to 0}\dfrac{\sqrt[4]{1+x}-1}{\sqrt[3]{1+x}-1}$.

3. 设 $|x|<1$, 求极限 $\lim\limits_{n\to\infty}(1+x)(1+x^2)(1+x^4)\cdots(1+x^{2^n})$.

4. 已知 $\lim\limits_{x\to\infty}\left(\dfrac{x^2+1}{x+1}-\alpha x-\beta\right)=0$, 求 α 和 β.

(B)

5. 当 $x\to x_0$ 时, $f(x)$ 有极限, $g(x)$ 无极限, 讨论当 $x\to x_0$ 时, $f(x)\pm g(x)$ 是否有极限? $f(x)g(x)$ 呢?

6. 当 $x\to x_0$ 时, $f(x)$, $g(x)$ 都没有极限, $f(x)\pm g(x)$ 是否一定没有极限? $f(x)g(x)$ 呢?

7. 求下列极限.

(1) $\lim\limits_{x\to 1}\left(\dfrac{1}{x-1}-\dfrac{3}{x^3-1}\right)$; (2) $\lim\limits_{h\to 0}\dfrac{(x+h)^2-x^2}{h}$;

(3) $\lim\limits_{x\to 1}\dfrac{x^n-1}{x-1}$ (n 为正整数); (4) $\lim\limits_{x\to\infty}\left(2-\dfrac{1}{x}+\dfrac{1}{x^2}\right)$;

(5) $\lim\limits_{x\to 4}\dfrac{\sqrt{1+2x}-3}{\sqrt{x-2}-\sqrt{2}}$; (6) $\lim\limits_{x\to\infty}\dfrac{\arctan x}{x}$.

8. 若 $\lim\limits_{x\to 3}\dfrac{x^2-2x+k}{x-3}=4$, 求 k 的值.

第五节 重要极限 无穷小的比较

一、函数极限存在准则

把数列极限的夹逼准则推广到函数, 得到函数极限的夹逼准则如下.

定理 5.1 (函数极限的夹逼准则) 设函数 $f(x)$, $g(x)$ 和 $h(x)$ 在点 x_0 的某个去心邻域 $\mathring{U}(x_0,\delta)$ (或 $|x|>M$) 内有定义, 满足条件

$$g(x)\leqslant f(x)\leqslant h(x),$$

且极限 $\lim\limits_{\substack{x\to x_0\\(x\to\infty)}}g(x)=\lim\limits_{\substack{x\to x_0\\(x\to\infty)}}h(x)=A$, 则有 $\lim\limits_{\substack{x\to x_0\\(x\to\infty)}}f(x)=A$.

其证明与数列极限夹逼准则证明类似.

相应于数列的单调有界准则, 函数也有类似的准则. 对于自变量的不同变化过程 ($x \to x_0^+$, $x \to x_0^-, x \to +\infty, x \to -\infty$), 单调有界准则有不同的形式. 只以 $x \to x_0^+$ 为例, 相应的准则叙述如下:

定理 5.2 (函数极限的单调有界准则) 设函数 $f(x)$ 在点 x_0 的某右邻域内单调且有界, 则 $f(x)$ 在 x_0 的右极限 $f(x_0^+)$ 必定存在.

二、两个重要极限

现在利用上述极限准则来讨论函数的两个重要极限.

1. 重要极限 $\lim\limits_{x\to 0}\dfrac{\sin x}{x}=1$

此极限的几何直观是十分明显的. 如图 1–27 所示, 用 $\overset{\frown}{BB'}$ 表示单位圆中角 $2x$ 所对的圆弧, $\overline{BB'}$ 表示该圆弧对应的弦. 由图 1–27 可见, 当角 $x \to 0$ 时, 弦与弧 "无限接近", 也就是说, 它们之比趋向于 1, 即 $\dfrac{\overline{BB'}}{\overset{\frown}{BB'}} \to 1$, 采用弧度制, 上式即为

$$\lim_{x\to 0}\frac{\sin x}{x}=1.$$

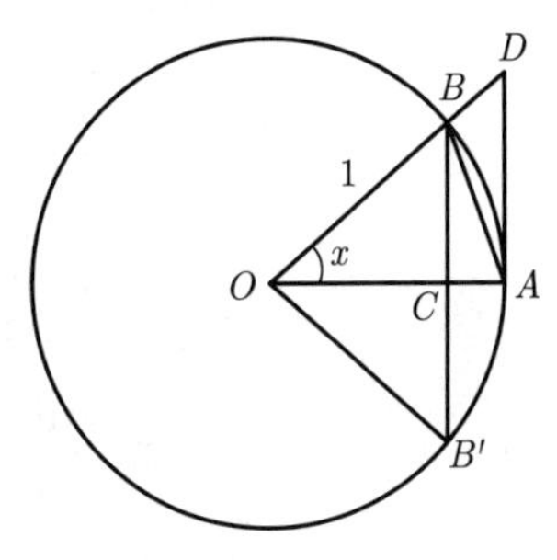

图 1–27

证 在图 1–27 所示的单位圆中, 设圆心角 $\angle AOB = x$ (弧度). 考虑 $0 < x < \dfrac{\pi}{2}$ 的情形, 单位圆过 A 处的切线与 OB 的延长线交于 D, 过 B 作 OA 的垂线交 OA 于点 C, 则 $BC \perp OA$, 且 $\sin x = CB$, $x = \overset{\frown}{AB}, \tan x = AD$. 显然, 有

$$\triangle OAB \text{ 的面积 } < \text{扇形 } OAB \text{ 的面积 } < \triangle OAD \text{ 的面积}.$$

又 $\triangle OAB$ 的面积 $= \dfrac{1}{2}\sin x$, 扇形 OAB 的面积 $= \dfrac{1}{2}x$, $\triangle OAD$ 的面积 $= \dfrac{1}{2}\tan x$. 从而有

$$\frac{1}{2}\sin x < \frac{1}{2}x < \frac{1}{2}\tan x, \quad 0 < x < \frac{\pi}{2},$$

由此推得

$$\cos x < \frac{\sin x}{x} < 1.$$

当 x 换成 $-x$ 时, 上述不等式不变, 于是有

$$\cos x < \frac{\sin x}{x} < 1, \quad 0 < |x| < \frac{\pi}{2}. \tag{5.1}$$

下面证明 $\lim\limits_{x\to 0}\cos x = 1$. 事实上, 当 $0 < |x| < \dfrac{\pi}{2}$ 时, 有

$$0 < 1 - \cos x = 2\sin^2\frac{x}{2} < 2\left(\frac{x}{2}\right)^2 = \frac{x^2}{2},$$

即 $0 < 1-\cos x < \dfrac{x^2}{2}$, 当 $x \to 0$ 时, $\dfrac{x^2}{2} \to 0$, 由定理 5.1 得 $\lim\limits_{x\to 0}(1-\cos x) = 0$, 所以 $\lim\limits_{x\to 0}\cos x = 1$. 再由 (5.1) 及定理 5.1, 得

$$\lim_{x\to 0}\frac{\sin x}{x} = 1.$$

注 由不等式 (5.1), 可得重要不等式 $|\sin x| \leqslant |x|, x \in \mathbf{R}$.

例 5.1 求极限 $\lim\limits_{x\to 0}\dfrac{\tan x}{x}$.

解 $\lim\limits_{x\to 0}\dfrac{\tan x}{x} = \lim\limits_{x\to 0}\dfrac{\sin x}{x}\cdot\dfrac{1}{\cos x} = \lim\limits_{x\to 0}\dfrac{\sin x}{x}\cdot\lim\limits_{x\to 0}\dfrac{1}{\cos x} = 1.$

例 5.2 求极限 $\lim\limits_{x\to 0}\dfrac{\sin 5x}{x}$.

解 $\lim\limits_{x\to 0}\dfrac{\sin 5x}{x} = \lim\limits_{x\to 0} 5\cdot\dfrac{\sin 5x}{5x} = 5\lim\limits_{x\to 0}\dfrac{\sin 5x}{5x} = 5\cdot 1 = 5.$

这里用了复合函数的极限法则. 实际上, $\dfrac{\sin 5x}{5x}$ 可看作 $\dfrac{\sin u}{u}$ 及 $u = 5x$ 复合而成. 因 $\lim\limits_{x\to 0} 5x = 0$, 而 $\lim\limits_{u\to 0}\dfrac{\sin u}{u} = 1$, 所以 $\lim\limits_{x\to 0}\dfrac{\sin 5x}{5x} = \lim\limits_{u\to 0}\dfrac{\sin u}{u} = 1$.

注 极限 $\lim\limits_{x\to 0}\dfrac{\sin x}{x} = 1$ 为 $\dfrac{0}{0}$ 型未定式, 在使用时, 若 $\lim\limits_{x\to x_0}\alpha(x) = 0$ 且在 x_0 的某去心邻域内 $\alpha(x) \neq 0$, 则

$$\lim_{x\to x_0}\frac{\sin\alpha(x)}{\alpha(x)} = 1.$$

例 5.3 求极限 $\lim\limits_{x\to\infty} x\sin\dfrac{1}{x}$.

解 由于 $x\sin\dfrac{1}{x} = \dfrac{\sin\dfrac{1}{x}}{\dfrac{1}{x}}$, 当 $x\to\infty$ 时, $\dfrac{1}{x}\to 0$, 故

$$\lim_{x\to\infty} x\sin\frac{1}{x} = \lim_{x\to\infty}\frac{\sin\dfrac{1}{x}}{\dfrac{1}{x}} = 1.$$

例 5.4 求极限 $\lim\limits_{x\to 0}\dfrac{\arcsin x}{2x}$.

解 令 $\arcsin x = t$, 则 $x = \sin t$. 当 $x\to 0$ 时, 有 $t\to 0$, 于是

$$\lim_{x\to 0}\frac{\arcsin x}{2x} = \lim_{t\to 0}\frac{t}{2\sin t} = \frac{1}{2}\lim_{t\to 0}\frac{t}{\sin t} = \frac{1}{2}.$$

例 5.5　求极限 $\lim\limits_{x\to 0}\dfrac{1-\cos x}{x^2}$.

解　因为 $1-\cos x=2\sin^2\dfrac{x}{2}$, 所以

$$\begin{aligned}\lim_{x\to 0}\frac{1-\cos x}{x^2}&=\lim_{x\to 0}\frac{2\sin^2\dfrac{x}{2}}{x^2}=\lim_{x\to 0}\frac{1}{2}\cdot\frac{\sin^2\dfrac{x}{2}}{\left(\dfrac{x}{2}\right)^2}\\&=\frac{1}{2}\lim_{x\to 0}\left(\frac{\sin\dfrac{x}{2}}{\dfrac{x}{2}}\right)^2=\frac{1}{2}\left(\lim_{x\to 0}\frac{\sin\dfrac{x}{2}}{\dfrac{x}{2}}\right)^2=\frac{1}{2}\cdot 1^2\\&=\frac{1}{2}.\end{aligned}$$

2. 重要极限 $\lim\limits_{x\to\infty}\left(1+\dfrac{1}{x}\right)^x=\mathrm{e}$

先证 $\lim\limits_{x\to+\infty}\left(1+\dfrac{1}{x}\right)^x=\mathrm{e}$. 事实上, 对任意实数 $x>0$, 必存在某非负整数 n, 使得 $n\leqslant x<n+1$, 则

$$\left(1+\frac{1}{n+1}\right)^n<\left(1+\frac{1}{x}\right)^x<\left(1+\frac{1}{n}\right)^{n+1}.$$

且当 $x\to+\infty$ 时, 必有 $n\to\infty$. 由第二节中数列的重要极限 $\lim\limits_{n\to\infty}\left(1+\dfrac{1}{n}\right)^n=\mathrm{e}$, 得

$$\lim_{n\to\infty}\left(1+\frac{1}{n+1}\right)^n=\lim_{n\to\infty}\left[\left(1+\frac{1}{n+1}\right)^{n+1}\cdot\left(1+\frac{1}{n+1}\right)^{-1}\right]=\mathrm{e},$$

$$\lim_{n\to\infty}\left(1+\frac{1}{n}\right)^{n+1}=\lim_{n\to\infty}\left[\left(1+\frac{1}{n}\right)^n\cdot\left(1+\frac{1}{n}\right)\right]=\mathrm{e}.$$

由函数极限的夹逼准则, 得

$$\lim_{x\to+\infty}\left(1+\frac{1}{x}\right)^x=\mathrm{e}.$$

令 $x=-(t+1)$, 则当 $x\to-\infty$ 时, $t\to+\infty$, 从而

$$\begin{aligned}\lim_{x\to-\infty}\left(1+\frac{1}{x}\right)^x&=\lim_{t\to+\infty}\left(1-\frac{1}{t+1}\right)^{-(t+1)}=\lim_{t\to+\infty}\left(\frac{t}{t+1}\right)^{-(t+1)}\\&=\lim_{t\to+\infty}\left(1+\frac{1}{t}\right)^{t+1}=\lim_{t\to+\infty}\left[\left(1+\frac{1}{t}\right)^t\cdot\left(1+\frac{1}{t}\right)\right]=\mathrm{e}.\end{aligned}$$

综合上述, 有 $\lim\limits_{x\to\infty}\left(1+\dfrac{1}{x}\right)^x=\mathrm{e}$.

令 $t=\dfrac{1}{x}$, 当 $x\to\infty$ 时, $t\to 0$, 由复合函数的极限法则, 有

$$\lim_{t\to 0}(1+t)^{\frac{1}{t}}=\mathrm{e}.$$

注 极限 $\lim\limits_{t\to 0}(1+t)^{\frac{1}{t}}=\mathrm{e}$ 为 1^{∞} **型未定式**, 在使用时, 若 $\lim\limits_{x\to x_0}\alpha(x)=0$ 且在 x_0 的某去心邻域内 $\alpha(x)\neq 0$, 则

$$\lim_{x\to x_0}[1+\alpha(x)]^{\frac{1}{\alpha(x)}}=\mathrm{e}.$$

例 5.6 求 $\lim\limits_{x\to\infty}\left(1+\dfrac{1}{x}\right)^{-x}$.

解 $\lim\limits_{x\to\infty}\left(1+\dfrac{1}{x}\right)^{-x}=\lim\limits_{x\to\infty}\dfrac{1}{\left(1+\dfrac{1}{x}\right)^{x}}=\dfrac{1}{\mathrm{e}}.$

例 5.7 求 $\lim\limits_{x\to 0}(1-3x)^{\frac{1}{x}}$.

解 $\lim\limits_{x\to 0}(1-3x)^{\frac{1}{x}}=\lim\limits_{x\to 0}\left\{[1+(-3x)]^{\frac{1}{-3x}}\right\}^{-3}=\mathrm{e}^{-3}.$

例 5.8 求 $\lim\limits_{x\to\infty}\left(\dfrac{x+1}{x-1}\right)^{x}$.

解法 1

$$\begin{aligned}\lim_{x\to\infty}\left(\frac{x+1}{x-1}\right)^{x}&=\lim_{x\to\infty}\left[\left(1+\frac{2}{x-1}\right)^{\frac{x-1}{2}}\right]^{2}\cdot\left(1+\frac{2}{x-1}\right)\\&=\mathrm{e}^{2}\cdot 1=\mathrm{e}^{2}.\end{aligned}$$

解法 2

$$\begin{aligned}\lim_{x\to\infty}\left(\frac{x+1}{x-1}\right)^{x}&=\lim_{x\to\infty}\frac{\left(1+\dfrac{1}{x}\right)^{x}}{\left(1-\dfrac{1}{x}\right)^{x}}=\lim_{x\to\infty}\frac{\left(1+\dfrac{1}{x}\right)^{x}}{\left[\left(1+\dfrac{1}{-x}\right)^{-x}\right]^{-1}}\\&=\frac{\mathrm{e}}{\mathrm{e}^{-1}}=\mathrm{e}^{2}.\end{aligned}$$

三、无穷小阶的比较

在讨论某些问题时, 常常会出现若干个无穷小. 将各种不同的无穷小加以分析, 就会发现它们趋于零的 “速度” (快慢程度) 不一样, 有的快些, 有的慢些, 有的差不多. 例如, 数列 $\left\{\dfrac{1}{n}\right\}$ 与 $\left\{\dfrac{1}{n^2}\right\}$ 当 $n\to\infty$ 时都是无穷小. 由表 1–1 看出, 随着 n 的增大, $\dfrac{1}{n^2}$ 要比 $\dfrac{1}{n}$ 趋于零快些.

另一方面, 由上节可知, 两个无穷小的和、差与积仍是无穷小, 但两个无穷小的商却会出现不同的情况. 例如, 当 $x\to 0$ 时, x, $x^2,\sin x$ 都是无穷小, 而

表 1–1 两个数列随 n 增加其值变化的快慢

n	1	2	3	4	5	6	$\cdots$
$\frac{1}{n}$	1	0.5	0.333	0.25	0.2	0.166	$\cdots$
$\frac{1}{n^2}$	1	0.25	0.111	0.062 5	0.04	0.027 7	$\cdots$

$$\lim_{x\to 0}\frac{x^2}{x}=0,\quad \lim_{x\to 0}\frac{x}{x^2}=\infty,\quad \lim_{x\to 0}\frac{\sin x}{x}=1.$$

两个无穷小之比的极限出现各种情况, 反映了不同的无穷小趋于零的“快慢”程度. 就上面几个无穷小来说, 当 $x\to 0$ 时, $x^2\to 0$ 比 $x\to 0$ “快点”, 反过来, $x\to 0$ 比 $x^2\to 0$ “慢点”, 而 $\sin x\to 0$ 与 $x\to 0$ “快慢相仿”.

为了更为准确地描述在同一个极限过程中两个无穷小趋于零的速度的快慢, 下面介绍无穷小阶的比较概念.

定义 5.1 设 $\alpha=\alpha(x)$ 和 $\beta=\beta(x)$ 是同一个极限过程 ($x\to x_0$ 或 $x\to\infty$) 中的无穷小, 且 $\alpha(x)\neq 0$, 则有如下情况:

(1) 若 $\lim\frac{\beta}{\alpha}=0$, 则称 β **是比 α 高阶的无穷小**, 记作 $\beta=o(\alpha)$;

(2) 若 $\lim\frac{\beta}{\alpha}=\infty$, 则称 β **是比 α 低阶的无穷小**;

(3) 若 $\lim\frac{\beta}{\alpha}=c\neq 0$, 则称 β **与 α 是同阶的无穷小**;

(4) 若 $\lim\frac{\beta}{\alpha^k}=c\neq 0, k>0$, 则称 β **是关于 α 的 k 阶的无穷小**;

(5) 若 $\lim\frac{\beta}{\alpha}=1$, 则称 β **与 α 是等价无穷小**, 记作 $\beta\sim\alpha$.

注 (1) 若将 α 与 β 看作数列 $\alpha=\{x_n\}$ 与 $\beta=\{y_n\}$, 且它们是当 $n\to\infty$ 时的无穷小, 则可有与定义 5.1 中完全类似的定义.

(2) 在同一个极限过程中, 若 $\alpha=\alpha(x)$, $\beta=\beta(x)$ 和 $\gamma=\gamma(x)$ 均为同一极限过程中的无穷小, 则容易证明无穷小具有下面的自反性、对称性和传递性:

(i) $\alpha\sim\alpha$ (自反性);

(ii) 若 $\alpha\sim\beta$, 则 $\beta\sim\alpha$ (对称性);

(iii) 若 $\alpha\sim\beta$, $\beta\sim\gamma$, 则 $\alpha\sim\gamma$ (传递性).

例如, 可以证明有下列一些常用的等价无穷小:

当 $x\to 0$ 时, 有

$$x\sim\sin x\sim\ln(1+x)\sim\tan x\sim\arcsin x\sim\arctan x,$$
$$(1+x)^m-1\sim mx(m\neq 0),\quad 1-\cos x\sim\frac{1}{2}x^2.$$

当 $n\to\infty$ 时, 有

$$\frac{1}{n}\sim\sin\frac{1}{n}\sim\ln\left(1+\frac{1}{n}\right).$$

等价无穷小在数列极限与函数极限运算中有着重要的应用，下面介绍两个有关等价无穷小的重要性质.

定理 5.3 设 $\alpha=\alpha(x)$ 与 $\beta=\beta(x)$ 是同一个极限过程中的无穷小且 $\alpha\neq 0$, 则 $\alpha\sim\beta$ 的充要条件是 $\beta=\alpha+o(\alpha)$, 其中 $o(\alpha)$ 表示比 α 高阶的无穷小.

证 必要性. 设 $\alpha\sim\beta$, 则

$$\lim\frac{\beta-\alpha}{\alpha}=\lim\left(\frac{\beta}{\alpha}-1\right)=\lim\frac{\beta}{\alpha}-1=0,$$

从而 $\beta-\alpha=o(\alpha)$, 故 $\beta=\alpha+o(\alpha)$.

充分性. 设 $\beta=\alpha+o(\alpha)$, 则

$$\lim\frac{\beta}{\alpha}=\lim\frac{\alpha+o(\alpha)}{\alpha}=\lim\left(1+\frac{o(\alpha)}{\alpha}\right)=1,$$

故 $\alpha\sim\beta$.

定理 5.4 (等价无穷小替换定理) 设在同一个极限过程中 $\alpha=\alpha(x)$ 与 $\alpha'=\alpha'(x)$ 是等价无穷小, $\beta=\beta(x)$ 与 $\beta'=\beta'(x)$ 是等价无穷小, 且 $\alpha\neq 0,\alpha'\neq 0,\beta\neq 0,\beta'\neq 0$. 若 $\lim\dfrac{\beta'}{\alpha'}$ 存在, 则 $\lim\dfrac{\beta}{\alpha}$ 也存在, 且 $\lim\dfrac{\beta}{\alpha}=\lim\dfrac{\beta'}{\alpha'}$.

证 事实上, 利用等价无穷小的定义和极限的四则运算法则, 得

$$\lim\frac{\beta}{\alpha}=\lim\frac{\beta}{\beta'}\cdot\frac{\beta'}{\alpha'}\cdot\frac{\alpha'}{\alpha}=\left(\lim\frac{\beta}{\beta'}\right)\left(\lim\frac{\beta'}{\alpha'}\right)\left(\lim\frac{\alpha'}{\alpha}\right)=\lim\frac{\beta'}{\alpha'}.$$

注 (1) 定理 5.4 表明, 在求极限的过程中, 分子或分母的乘积因子为无穷小, 可用其等价无穷小来代替;

(2) 对于数列的情形, 也有与定理 5.4 完全类似的结论.

例 5.9 求 $\lim\limits_{x\to 0}\dfrac{\tan 3x}{\sin 7x}$.

解 因为当 $x\to 0$ 时, $\tan 3x\sim 3x,\sin 7x\sim 7x$, 所以

$$\lim_{x\to 0}\frac{\tan 3x}{\sin 7x}=\lim_{x\to 0}\frac{3x}{7x}=\frac{3}{7}.$$

例 5.10 求 $\lim\limits_{x\to 0}\dfrac{\tan x-\sin x}{\sin^3 x}$.

解 $$\lim_{x\to 0}\frac{\tan x-\sin x}{\sin^3 x}=\lim_{x\to 0}\frac{\dfrac{1}{\cos x}-1}{\sin^2 x}=\lim_{x\to 0}\frac{1-\cos x}{\sin^2 x\cos x}$$

$$=\lim_{x\to 0}\frac{1-\cos x}{\sin^2 x}\cdot\lim_{x\to 0}\frac{1}{\cos x}=\lim_{x\to 0}\frac{\dfrac{1}{2}x^2}{x^2}=\frac{1}{2}.$$

在例 5.10 中, 若用错误的替换: $\tan x-\sin x\sim x-x=0$, 则导致完全错误的结论:

$$\lim_{x\to 0}\frac{\tan x-\sin x}{\sin^3 x}=\lim_{x\to 0}\frac{x-x}{\sin^2 x}=0.$$

注　在极限运算过程中, 等价无穷小替换只适用于分子或分母的乘积因子的情形, 而对于和或差的情形, 利用等价无穷小代换有可能导致错误的结论.

例 5.11　求 $\displaystyle\lim_{x\to 0}\frac{\tan 5x-\cos x+1}{\sin 3x}$.

解　因为当 $x\to 0, \tan 5x\sim 5x$, 从而 $\tan 5x=5x+o(x)$, 同理, $1-\cos x=\dfrac{1}{2}x^2+o(x^2)$, 而 $\sin 3x\sim 3x$, 所以

$$\begin{aligned}\lim_{x\to 0}\frac{\tan 5x-\cos x+1}{\sin 3x}&=\lim_{x\to 0}\frac{5x+o(x)+\frac{1}{2}x^2+o(x^2)}{3x}\\&=\lim_{x\to 0}\left[\frac{5}{3}+\frac{1}{6}x+\frac{o(x)+o(x^2)}{3x}\right]\\&=\frac{5}{3}.\end{aligned}$$

习题 1–5

(A)

1. 单项选择题.

(1) 下列各式中正确的是 (　　);

(A) $\displaystyle\lim_{x\to\infty}\left(1+\frac{1}{x}\right)^x=1$　　(B) $\displaystyle\lim_{x\to 0^+}\left(1+\frac{1}{x}\right)^x=\mathrm{e}$

(C) $\displaystyle\lim_{x\to\infty}\left(1-\frac{1}{x}\right)^x=-\mathrm{e}$　　(D) $\displaystyle\lim_{x\to\infty}\left(1+\frac{1}{x}\right)^{-x}=\frac{1}{\mathrm{e}}$

(2) 下列计算中, 正确的是 (　　).

(A) $\displaystyle\lim_{x\to 0}\frac{x}{\sqrt{1-\cos x}}=\lim_{x\to 0}\frac{x}{\sqrt{2}\sin\frac{x}{2}}=\sqrt{2}$　　(B) $\displaystyle\lim_{x\to\infty}\frac{\sin x}{x}=0$

(C) $\displaystyle\lim_{n\to\infty}\frac{\sin x}{2^n\sin\frac{x}{2^n}}=\lim_{n\to\infty}\frac{\frac{x}{2^n}}{\sin\frac{x}{2^n}}\cdot\frac{\sin x}{x}=1$　　(D) $\displaystyle\lim_{x\to\pi}\frac{\sin nx}{\sin mx}=\lim_{x\to\pi}\frac{nx}{mx}=\frac{n}{m}$

2. 填空题.

(1) 已知 $\displaystyle\lim_{x\to 0}(1-x)^{\frac{1}{2x}}=\lim_{x\to 0}\frac{\sin kx}{x}$, 则 $k=$________;

(2) 已知 $\displaystyle\lim_{x\to\infty}\left(\frac{2x+3}{2x+1}\right)^{x+1}=\lim_{n\to\infty}n\sin\frac{k}{n}$, 则 $k=$________;

(3) 已知 $\lim\limits_{x\to 0}\dfrac{x}{f(2x)}=2$, 则 $\lim\limits_{x\to 0}\dfrac{f(3x)}{\sin x}=$________;

(4) $\lim\limits_{x\to+\infty}\left(\dfrac{\mathrm{e}^{x}+\mathrm{e}^{-x}}{\mathrm{e}^{x}-\mathrm{e}^{-x}}\right)^{\mathrm{e}^{2x}}=$________;

(5) 设 m,n 为正整数, 则 $\lim\limits_{x\to\pi}\dfrac{\sin mx}{\sin nx}=$________;

(6) $\lim\limits_{n\to\infty}\left(\dfrac{n+x}{n-1}\right)^{n}=$________.

3. 计算下列极限.

(1) $\lim\limits_{x\to 0}\dfrac{\sin 3x}{\sin 4x}$;

(2) $\lim\limits_{x\to 0}\dfrac{\sin 2x^{2}}{(\tan 5x)^{2}}$;

(3) $\lim\limits_{x\to 0}x\cot x$;

(4) $\lim\limits_{x\to\pi}\dfrac{\sin x}{x-\pi}$;

(5) $\lim\limits_{x\to 0}\dfrac{1-\cos 3x}{x\tan 2x}$;

(6) $\lim\limits_{x\to 0}\dfrac{x-\sin x}{x+\sin x}$;

(7) $\lim\limits_{x\to\infty}\left(1-\dfrac{2}{x}\right)^{\frac{x}{2}-1}$;

(8) $\lim\limits_{x\to 0}\dfrac{(x-1)\tan 4x}{\arcsin 2x}$.

4. 已知 $\lim\limits_{x\to\infty}\left(\dfrac{x+2a}{x-2a}\right)^{x}=8$, 求 a.

5. 下列说法是否正确? 为什么?

(1) 无穷小量是很小很小的数, 无穷大量是很大很大的数;

(2) 无穷小量就是数 0;

(3) 数 0 是无穷小量;

(4) 无穷大量一定是无界变量;

(5) 无界变量也一定是无穷大量;

(6) 无穷大量与有界量的乘积是无穷大量;

(7) 无限多个无穷小之和仍为无穷小.

6. 验证当 $x\to 1$ 时, $\dfrac{1-x}{1+x}$ 与 $1-\sqrt{x}$ 是等价无穷小.

7. 验证当 $x\to 0$ 时, $(1-\cos x)^{2}$ 是 $\sin^{2}x$ 的高阶无穷小.

8. 验证当 $x\to 1$ 时, $1-x$ 与 $1-\sqrt[3]{x}$ 是同阶无穷小. $1-x$ 与 $\dfrac{1}{2}(1-x^{2})$ 是否同阶? 是否等价?

9. 用等价无穷小替换定理求下列极限.

(1) $\lim\limits_{x\to 0}\dfrac{\arcsin\dfrac{x}{\sqrt{3-x^{2}}}}{2x}$;

(2) $\lim\limits_{x\to 0}\dfrac{\sin x^{n}}{(\sin x)^{m}}$;

(3) $\lim\limits_{x\to 0}\dfrac{\cos x-\cos 2x}{1-\cos x}$;

(4) $\lim\limits_{x\to 0}\dfrac{\sin x-\tan x}{(\sqrt[3]{1+x^{2}}-1)(\sqrt{1+\sin x}-1)}$;

(5) $\lim\limits_{x\to 0}\dfrac{x\tan x}{\sqrt{1-x^{2}}-1}$;

(6) $\lim\limits_{n\to\infty}n^{2}\left(1-\cos\dfrac{\pi}{n}\right)$.

(B)

10. 单项选择题.

(1) 当 $x \to 0$ 时, 变量 $\dfrac{1}{x^2}\sin\dfrac{1}{x}$ 是 (　　);

(A) 无穷小　　(B) 无穷大

(C) 有界但不是无穷小　　(D) 无界但不是无穷大

(2) 设 $\lim\limits_{n\to\infty} f(n)=0$, 则 (　　);

(A) 当 $x \to +\infty$ 时, $f(x)$ 为无穷小

(B) 当 $x \to +\infty$ 时, $f(x)$ 不可能为无穷大

(C) 存在 $X>0$, 使得当 $x>X$ 时, $f(x)$ 有界

(D) 存在 $X>0$, 使得当 $x \leqslant X$ 时, $f(x)$ 有界

(3) 下列叙述不正确的是 (　　).

(A) 无穷大量的倒数是无穷小量

(B) 非零的无穷小量的倒数是无穷大量

(C) 无穷小量与有界量的乘积是无穷小量

(D) 无穷大量与无穷小量的乘积是无穷大量

11. 计算下列极限.

(1) $\lim\limits_{x\to1}\dfrac{1-x^2}{\sin\pi x}$;　　(2) $\lim\limits_{x\to0}\dfrac{1-\sqrt{\cos x}}{x^2}$;

(3) $\lim\limits_{x\to\infty}\left(\dfrac{2+x}{x-3}\right)^x$;　　(4) $\lim\limits_{x\to0}(\cos 2x)^{\frac{1}{\sin 2x}}$;

(5) $\lim\limits_{x\to0}(1-3x)^{\frac{2}{\sin x}}$;　　(6) $\lim\limits_{x\to+\infty}(3^x+9^x)^{\frac{1}{x}}$.

12. 证明: $\lim\limits_{x\to0}(1+|x|)^{\frac{1}{x}}$ 不存在.

13. 求极限 $\lim\limits_{x\to0}\left(\dfrac{2+\mathrm{e}^{\frac{1}{x}}}{1+\mathrm{e}^{\frac{4}{x}}}+\dfrac{\sin x}{|x|}\right)$.

习题 1–5
13 题解答

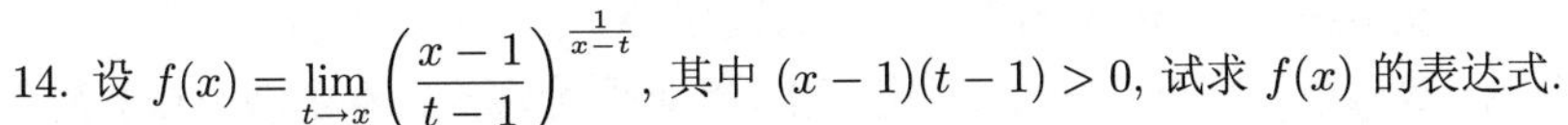

14. 设 $f(x)=\lim\limits_{t\to x}\left(\dfrac{x-1}{t-1}\right)^{\frac{1}{x-t}}$, 其中 $(x-1)(t-1)>0$, 试求 $f(x)$ 的表达式.

15. 证明: 当 $x \to 0$ 时, 有

(1) $\arctan x \sim x$;　　(2) $\sec x - 1 \sim \dfrac{x^2}{2}$.

16. 证明无穷小的等价关系具有下列性质:

(1) $\alpha \sim \alpha$ (自反性);

(2) 若 $\alpha \sim \beta$, 则 $\beta \sim \alpha$ (对称性);

(3) 若 $\alpha \sim \beta, \beta \sim \gamma$, 则 $\alpha \sim \gamma$ (传递性).

第六节　函数的连续性与间断点

一、函数的连续性概念

在自然界中, 有许多现象是连续变化的. 如流体的流动, 气温、气压的变化, 植物的生长等, 都是连续地变化, 这种现象反映到函数关系上, 就是函数的连续性. 下面先引入增量的概念, 然

后再给出函数的连续性定义.

设变量 x 从它的一个初值 x_1 变到终值 x_2, 终值与初值的差 $x_2 - x_1$ 叫做**自变量 x 的增量**或**改变量**, 记作 Δx, 即 $\Delta x = x_2 - x_1$. 注意增量 Δx 可以是正的, 也可以是负的或者是零.

设 $y = f(x)$ 在 x_0 的某邻域内有定义, 当自变量从 x_0 变到 x 时, 对应函数值从 $f(x_0)$ 变到 $f(x)$, 即自变量 x 有一改变量 $\Delta x = x - x_0$, 相应因变量 y 有改变量

$$\Delta y = f(x) - f(x_0) = f(x_0 + \Delta x) - f(x_0),$$

Δy 称为**函数值的改变量**或**因变量的改变量**, 也称 Δy 为**函数的改变量**或**增量**, 这个关系的几何意义如图 1–28 所示.

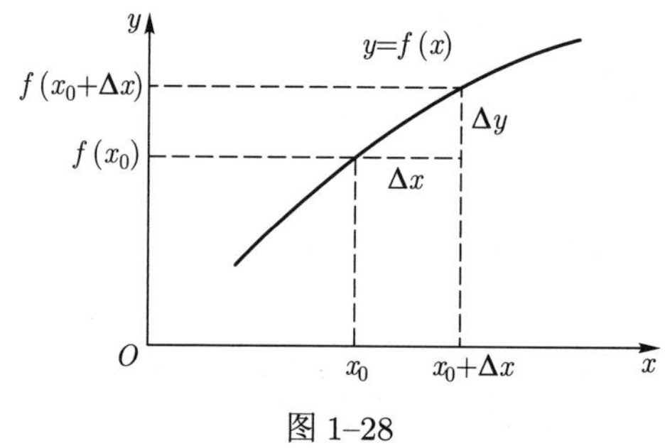

图 1–28

利用函数极限的定义, 函数 $f(x)$ 在点 $x = x_0$ 处连续可以叙述如下:

定义 6.1 设函数 $y = f(x)$ 满足条件:

(1) $f(x)$ 在点 $x = x_0$ 处的某邻域内有定义;

(2) $f(x)$ 在点 x_0 处的极限 $\lim\limits_{x \to x_0} f(x)$ 存在;

(3) $f(x)$ 在点 x_0 处的极限值等于它在 x_0 处的函数值, 即 $\lim\limits_{x \to x_0} f(x) = f(x_0)$,

则称函数 $f(x)$ 在**点 $x = x_0$ 处连续**, x_0 称为函数 $f(x)$ 的**连续点**.

由定义 6.1 可以引出函数 $f(x)$ 在点 $x = x_0$ 处连续的其他等价定义. 若函数 $f(x)$ 在点 x_0 处连续, 则有

$$\lim_{x \to x_0} f(x) = f(x_0).$$

上式可改写为

$$\lim_{x \to x_0} (f(x) - f(x_0)) = 0,$$

亦即

$$\lim_{\Delta x \to 0} \Delta y = 0.$$

这就是说, 当自变量的增量 $\Delta x \to 0$ 时, 因变量的增量 Δy 也趋于零. 由此得下述定义:

定义 6.2 设函数 $y = f(x)$ 在点 $x = x_0$ 的某邻域内有定义, 若当自变量的增量 $\Delta x = x - x_0$ 趋于零时, 对应的函数的增量 $\Delta y = f(x) - f(x_0)$ 也趋于零, 即 $\lim\limits_{\Delta x \to 0} \Delta y = 0$, 则称函数 $f(x)$ 在**点 $x = x_0$ 处连续**.

由函数极限的 $\varepsilon - \delta$ 定义来描述 $f(x)$ 在点 $x = x_0$ 处连续如下.

定义 6.3　设函数 $y=f(x)$ 在点 $x=x_0$ 的某邻域内有定义, 若 $\forall\varepsilon>0,\exists\delta>0$, 使得当 $|x-x_0|<\delta$ 时, 总有 $|f(x)-f(x_0)|<\varepsilon$, 则称函数 $f(x)$ 在**点** x_0 **处连续**.

注　一般来说, 判断函数在某点是否连续, 尤其是判断分段函数在分界点处是否连续, 用函数连续性定义 6.1 较方便, 而证明命题时用定义 6.2 较方便.

例 6.1　设 $f(x)=\begin{cases}\dfrac{\sin 3x}{x}, & x\neq 0,\\ a, & x=0\end{cases}$ 在 $x=0$ 处连续, 求常数 a.

解　由 $f(x)$ 在 $x=0$ 处连续, 得

$$\lim_{x\to 0}f(x)=f(0),$$

由于 $\lim\limits_{x\to 0}f(x)=\lim\limits_{x\to 0}\dfrac{\sin 3x}{x}=\lim\limits_{x\to 0}\dfrac{3x}{x}=3, f(0)=a$, 所以 $a=3$.

例 6.2　证明: 正弦函数 $y=\sin x$ 在 $(-\infty,+\infty)$ 内任一点都连续.

证　设 x_0 是区间 $(-\infty,+\infty)$ 内的任意一点, 给 x_0 一个增量 Δx, 相应的函数增量为

$$\Delta y=\sin(x_0+\Delta x)-\sin x_0=2\cos\left(x_0+\frac{\Delta x}{2}\right)\sin\frac{\Delta x}{2},$$

由于

$$\left|\cos\left(x_0+\frac{\Delta x}{2}\right)\right|\leqslant 1 \quad 和 \quad \left|\sin\frac{\Delta x}{2}\right|\leqslant\frac{|\Delta x|}{2},$$

于是

$$|\Delta y|=2\left|\cos\left(x_0+\frac{\Delta x}{2}\right)\right|\left|\sin\frac{\Delta x}{2}\right|\leqslant|\Delta x|.$$

显然, 当 $\Delta x\to 0$ 时, 有 $\Delta y\to 0$, 由定义 6.2 知, 函数 $y=\sin x$ 在点 x_0 处连续.

类似于函数在点 x_0 的左极限和右极限, 还可以定义函数在点 x_0 的左连续与右连续.

若 $\lim\limits_{x\to x_0^+}f(x)$ 存在且等于 $f(x_0)$, 即 $\lim\limits_{x\to x_0^+}f(x)=f(x_0)$, 则称函数 $f(x)$ 在**点** $x=x_0$ **处右连续**;

若 $\lim\limits_{x\to x_0^-}f(x)$ 存在且等于 $f(x_0)$, 即 $\lim\limits_{x\to x_0^-}f(x)=f(x_0)$, 则称函数 $f(x)$ 在**点** $x=x_0$ **处左连续**.

显然, **函数** $f(x)$ **在点** $x=x_0$ **处连续的充要条件是它在点** x_0 **处既左连续又右连续**.

若函数 $f(x)$ 在开区间 (a,b) 内每一点都连续, 则称 $f(x)$ 在**开区间** (a,b) **内连续**或称 $f(x)$ 为**开区间** (a,b) **内的连续函数**. 若函数 $f(x)$ 在开区间 (a,b) 内连续, 并且在左端点 $x=a$ 处右连续, 在右端点 $x=b$ 处左连续, 则称 $f(x)$ 在**闭区间** $[a,b]$ **上连续**或称 $f(x)$ 为**闭区间** $[a,b]$ **上的连续函数**.

例 6.3　证明: 正弦函数 $y=\sin x$ 在区间 $(-\infty,+\infty)$ 内连续.

证　由例 6.2 知, 正弦函数 $y=\sin x$ 在 $\forall x_0\in(-\infty,+\infty)$ 处连续, 再由点 x_0 的任意性, 故函数 $y=\sin x$ 是区间 $(-\infty,+\infty)$ 内的连续函数.

同理可证: 余弦函数 $y=\cos x$ 是区间 $(-\infty,+\infty)$ 内的连续函数.

在第四节中得到, 多项式与有理函数在其定义域中任意一点 x_0 处的极限存在, 且极限值等于该点的函数值, 由连续函数的定义知, 多项式与有理函数在其定义域的区间内是连续的.

二、连续函数的运算法则

1. 连续函数的四则运算法则

由函数在某点连续的定义和极限的四则运算法则, 立得下列定理.

定理 6.1 设函数 $f(x)$ 与 $g(x)$ 在点 $x=x_0$ 处是连续的, 则 $f(x)\pm g(x)$, $f(x)\cdot g(x)$, $\dfrac{f(x)}{g(x)}(g(x_0)\neq 0)$ 在点 x_0 处也是连续的.

例 6.4 已知 $\sin x$, $\cos x$ 都是 $(-\infty,+\infty)$ 上的连续函数, 则由定理 6.1, 得

$$\tan x=\frac{\sin x}{\cos x},\quad \cot x=\frac{\cos x}{\sin x}$$

在其定义域的区间内是连续的.

于是, 三角函数 $\sin x,\cos x,\tan x,\cot x,\sec x,\csc x$ 在它们的定义域的区间内都是连续的.

定理 6.1 可以推广到有限多个函数的情况: 在点 $x=x_0$ 处有限个连续函数的和、差、积所得函数仍在点 $x=x_0$ 处连续.

2. 复合函数的连续性

关于复合函数的连续性有下面结论.

定理 6.2 设 $\lim\limits_{x\to x_0}\varphi(x)=a$, 而函数 $y=f(u)$ 在点 $u=a$ 连续, 那么复合函数 $y=f(\varphi(x))$ 当 $x\to x_0$ 时的极限也存在且等于 $f(a)$, 即

$$\lim_{x\to x_0} f(\varphi(x))=f(a). \tag{6.1}$$

证 由定理 4.2, 令 $A=f(a)$ (这时 $f(u)$ 在点 a 连续), 并取消 "在点 x_0 的某去心邻域内 $\varphi(x)\neq a$" 的条件, 便得上述定理. 可以取消 "在点 x_0 的某去心邻域内 $\varphi(x)\neq a$" 的条件, 是因为对任意的正数 ε, 使 $\varphi(x)=a$ 成立的那些点 x, 由 $f(u)$ 在点 a 连续, 显然有 $|f(\varphi(x))-f(a)|<\varepsilon$ 恒成立. 所以附加条件 $\varphi(x)\neq a$ 就没有必要了.

注 (6.1) 可以写成

$$\lim_{x\to x_0} f(\varphi(x))=f(a)=f\left(\lim_{x\to x_0}\varphi(x)\right)=\lim_{u\to a}f(u). \tag{6.2}$$

(6.2) 表明: (1) 当 f 连续时, 极限号与函数符号可以交换位置, 即 $\lim f(*)=f(\lim *)$;

(2) 在定理 6.2 的条件下, 作代换 $u=\varphi(x)$, 则 $\lim\limits_{x\to x_0} f(\varphi(x))$ 化为求 $\lim\limits_{u\to a}f(u)$, 其中 $a=\lim\limits_{x\to x_0}\varphi(x)$.

把定理 6.2 中的 $x\to x_0$ 改为 $x\to\infty$, 可得类似结论.

定理 6.3 设函数 $u=\varphi(x)$ 在点 $x=x_0$ 连续, 且 $\varphi(x_0)=u_0$, 而函数 $y=f(u)$ 在点 $u=u_0$ 处连续, 则复合函数 $y=f(\varphi(x))$ 在点 $x=x_0$ 处也连续, 即连续函数的复合函数仍是连续函数.

证 只要在定理 6.2 中令 $a=\lim\limits_{x\to x_0}\varphi(x)=\varphi(x_0)=u_0$ 即可.

例 6.5 证明: 函数 $y=\sin(3x^2+1)$ 在区间 $(-\infty,+\infty)$ 内连续.

证 函数 $y=\sin(3x^2+1)$ 是由函数 $y=f(u)=\sin u$ 和 $u=\varphi(x)=3x^2+1$ 复合而成的, 定义域是 $(-\infty,+\infty)$. 任取一点 $x_0\in(-\infty,+\infty)$, 因为多项式 $\varphi(x)=3x^2+1$ 在点 x_0 处连续, 正弦函数 $y=f(u)=\sin u$ 在对应点 $u_0=\varphi(x_0)$ 处连续. 所以, 由定理 6.3 可知, 函数 $y=\sin(3x^2+1)$ 在点 x_0 处连续, 再由点 x_0 的任意性知, 函数 $y=\sin(3x^2+1)$ 在区间 $(-\infty,+\infty)$ 内连续.

3. 反函数的连续性

下面讨论反函数的连续性. 由初等数学知, 定义在某区间上的单调函数 $y=f(x)$ 的反函数 $y=f^{-1}(x)$ 必定存在, 而且也是单调的. 若函数 $y=f(x)$ 还是该区间上的连续函数, 则可以证明 $y=f^{-1}(x)$ 也是连续的. 证明过程较复杂, 因而从略, 现叙述如下.

定理 6.4 若函数 $y=f(x)$ 在区间 I_x 上单调增加 (或单调减少) 且连续, 则它的反函数 $y=f^{-1}(x)$ 也在对应的区间 $I_y=\{y|y=f(x),x\in I_x\}$ 上单调增加 (或单调减少) 且连续, 即单调连续函数的反函数在对应的区间上仍是单调连续函数.

例如, $y=\sin x$ 在 $\left[-\dfrac{\pi}{2},\dfrac{\pi}{2}\right]$ 上是单调增加的连续函数, 由此可得, 反正弦函数 $y=\arcsin x$ 在 $[-1,1]$ 上也是单调增加的连续函数.

同理, $y=\arccos x$ 在闭区间 $[-1,1]$ 上单调减少且连续, $y=\arctan x$ 在区间 $(-\infty,+\infty)$ 内单调增加且连续, $y=\operatorname{arccot} x$ 在区间 $(-\infty,+\infty)$ 内单调减少且连续.

总之, 反三角函数 $\arcsin x,\arccos x,\arctan x,\operatorname{arccot}x$ 在它们的定义域内都是连续的.

4. 初等函数的连续性

下面讨论初等函数的连续性.

根据连续函数的定义, 前面证明了有理函数、三角函数及反三角函数的连续性.

由例 4.8 知, $y=a^x$ 与 $y=\mathrm{e}^x$ 在 $(-\infty,+\infty)$ 内单调且连续, 故它们的反函数 $y=\log_a x$ 及 $y=\ln x$ 在其定义域 $(0,+\infty)$ 内也连续.

又因为幂函数 $y=x^\alpha=\mathrm{e}^{\alpha\ln x}(\alpha\in\mathbf{R})$ 可以看成是 $y=\mathrm{e}^u$, $u=\alpha\ln x$ 的复合函数, 所以 $y=x^\alpha$ 在 $(0,+\infty)$ 内连续.

综合上述, 所有基本初等函数在其定义域内都是连续的. 由于常数 (看作函数) 也是连续的, 从而由初等函数的定义及定理 6.1 和定理 6.3 可知, **一切初等函数在其定义区间内都是连续的**. 所谓定义区间, 就是指包含在定义域内的区间.

这一结论很重要, 因为微积分的研究对象主要是连续函数, 而一般应用中所碰到的函数基本上都是初等函数, 其连续性条件总是满足的.

利用初等函数的连续性, 也可以计算某些函数的极限. 若 $f(x)$ 是初等函数, 且 x_0 是定义区间内的点, 则

$$\lim_{x\to x_0}f(x)=f(x_0)=f\left(\lim_{x\to x_0}x\right).$$

由此得到连续函数求极限的法则:

连续函数在连续点处的极限值等于函数在该点处的函数值, 或者对连续函数 $f(x)$ 而言, **极限符号 $\lim$ 与函数符号 f 可以交换次序.**

例 6.6　求极限 $\lim\limits_{x\to\pi}\cos x$.

解　因为函数 $y=\cos x$ 是初等函数, 且在点 $x=\pi$ 处有定义, 从而在点 $x=\pi$ 处连续, 所以

$$\lim_{x\to\pi}\cos x=\cos\pi=-1.$$

例 6.7　求极限 $\lim\limits_{x\to\frac{\pi}{2}}\ln(\sin x)$.

解　因为 $\ln(\sin x)$ 是初等函数, 且在点 $x=\dfrac{\pi}{2}$ 处有定义, 所以

$$\lim_{x\to\frac{\pi}{2}}\ln(\sin x)=\ln\left(\sin\frac{\pi}{2}\right)=0.$$

三、函数的间断点及其分类

定义 6.4　设函数 $f(x)$ 在点 x_0 的某去心邻域 $\mathring{U}(x_0)$ 内有定义, 若函数 $f(x)$ 在点 x_0 处出现如下三种情况之一:

(1) $f(x)$ 在点 $x=x_0$ 处无定义;

(2) 虽然 $f(x)$ 在点 $x=x_0$ 处有定义, 但 $\lim\limits_{x\to x_0}f(x)$ 不存在;

(3) 虽然 $f(x)$ 在点 $x=x_0$ 处有定义, $\lim\limits_{x\to x_0}f(x)$ 存在, 但 $\lim\limits_{x\to x_0}f(x)\neq f(x_0)$,

则函数 $f(x)$ 在**点 x_0 处不连续**, 称点 x_0 为 $f(x)$ 的**间断点**或**不连续点**.

通常把间断点分为以下两种类型:

(1) 设函数 $f(x)$ 在 $x=x_0$ 处间断, 若 $f(x)$ 在点 x_0 处左极限 $f(x_0-0)$ 和右极限 $f(x_0+0)$ 都存在, 则点 x_0 称为函数 $f(x)$ 的**第一类间断点**.

第一类间断点又分为可去间断点与跳跃间断点:

(i) 当 $f(x_0-0)=f(x_0+0)$ 时, 即极限 $\lim\limits_{x\to x_0}f(x)$ 存在, 间断点 x_0 称为函数 $f(x)$ 的**可去间断点**;

(ii) 当 $f(x_0-0)\neq f(x_0+0)$ 时, 间断点 x_0 称为函数 $f(x)$ 的**跳跃间断点**;

(2) 若 $f(x)$ 在点 x_0 处的左、右极限至少有一个不存在, 则间断点 x_0 称为函数 $f(x)$ 的**第二类间断点**.

例 6.8　设函数 $f(x)=\begin{cases}-x+1, x<1,\\ -x+2, x\geqslant 1,\end{cases}$ 求函数 $f(x)$ 的间断点, 并判别其类型.

解　由于当 $x<1$ 和 $x>1$ 时, $f(x)$ 都是初等函数, 故 $f(x)$ 在区间 $(-\infty,1)$ 和 $(1,+\infty)$ 内连续. 又因为 $\lim\limits_{x\to 1^+}f(x)=\lim\limits_{x\to 1^+}(-x+2)=1$, $\lim\limits_{x\to 1^-}f(x)=\lim\limits_{x\to 1^-}(-x+1)=0$, $f(1^+)\neq f(1^-)$, 故 $\lim\limits_{x\to 1}f(x)$ 不存在, 所以点 $x=1$ 为函数 $f(x)$ 的间断点. 又因为 $f(1^+)\neq f(1^-)$, 所以 $x=1$ 为函数 $f(x)$ 的跳跃间断点, 其函数图形如图 1–29 所示.

例 6.9　设函数 $f(x)=\begin{cases}\dfrac{\sin 3x}{x}, & x\neq 0,\\ 1, & x=0,\end{cases}$ 求函数 $f(x)$ 的间断点, 并判别其类型.

解　由于当 $x \neq 0$ 时, $f(x)$ 是初等函数, 故 $f(x)$ 在区间 $(-\infty,0)$ 和 $(0,+\infty)$ 内连续. 又因为 $\lim\limits_{x\to0}f(x)=\lim\limits_{x\to0}\dfrac{\sin 3x}{x}=3$, 而 $f(0)=1$, 故 $\lim\limits_{x\to0}f(x)\neq f(0)$, 所以 $x=0$ 是函数 $f(x)$ 的间断点, 因 $\lim\limits_{x\to0}f(x)$ 存在, 故 $x=0$ 为函数 $f(x)$ 的可去间断点, 其函数图形如图 1–30 所示. 但若改变函数 $f(x)$ 在点 $x=0$ 处的定义, 令 $f(0)=3$, 则函数 $f(x)$ 在点 $x=0$ 处就连续了.

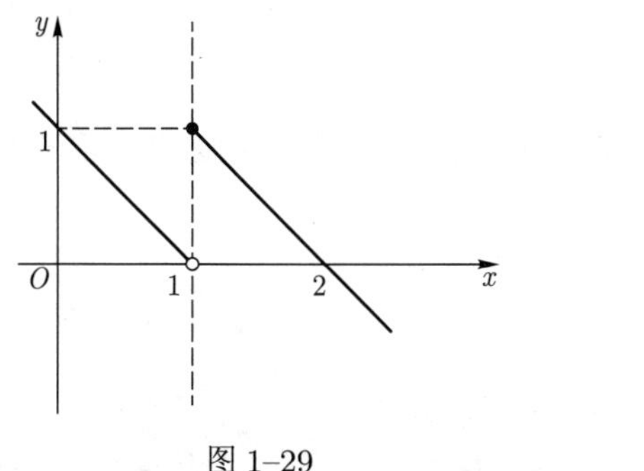

图 1–29

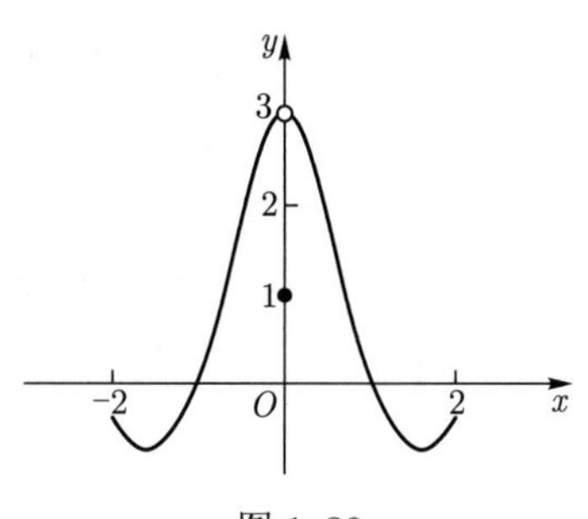

图 1–30

例 6.10　函数 $f(x)=\tan x$ 在 $x=\dfrac{\pi}{2}$ 处无定义, 但在点 $x=\dfrac{\pi}{2}$ 的某去心邻域内有定义, 所以点 $x=\dfrac{\pi}{2}$ 是函数 $\tan x$ 的间断点. 因 $\lim\limits_{x\to\frac{\pi}{2}}\tan x=\infty$, 故 $x=\dfrac{\pi}{2}$ 为函数 $f(x)=\tan x$ 的第二类间断点, 称 $x=\dfrac{\pi}{2}$ 为函数 $f(x)=\tan x$ 的**无穷间断点**, 如图 1–31 所示.

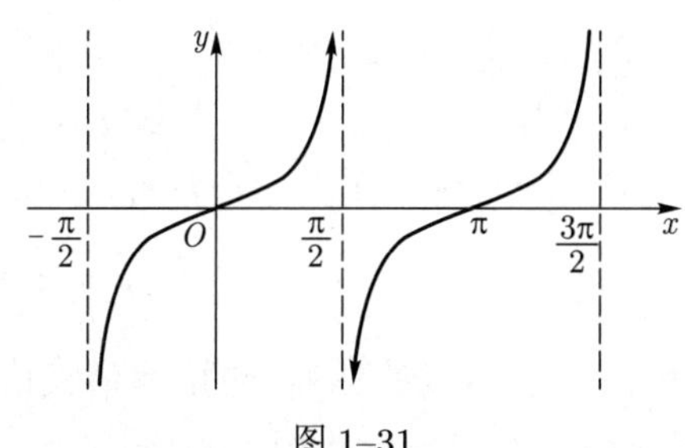

图 1–31

例 6.11　函数 $f(x)=\sin\dfrac{1}{x}$ 在 $x=0$ 处没有定义, $x=0$ 是函数 $f(x)$ 的间断点. 又在例 3.10 指出, 函数 $f(x)$ 在 $x=0$ 处没有极限, 故 $x=0$ 是函数 $f(x)$ 的第二类间断点. 当 $x\to0$ 时, 函数值在 -1 和 1 之间变动无限多次 (图 1–26), 把点 $x=0$ 称为函数 $f(x)=\sin\dfrac{1}{x}$ 的**振荡间断点**.

例 6.12　求 $f(x)=\dfrac{1}{1-\mathrm{e}^{\frac{x}{1-x}}}$ 的间断点, 并判别其类型.

解　因为使 $f(x)$ 无定义的点为 $x=0, x=1$, 所以 $f(x)$ 的连续区间为 $(-\infty,0)\cup(0,1)\cup(1,+\infty)$.

当 $x\to0$ 时, $1-\mathrm{e}^{\frac{x}{1-x}}\to0$, 所以 $\lim\limits_{x\to0}f(x)=\lim\limits_{x\to0}\dfrac{1}{1-\mathrm{e}^{\frac{x}{1-x}}}=\infty$, 从而 $x=0$ 为无穷间断

点 (第二类间断点).

(1) 当 $x \to 1^-$ 时, $\dfrac{x}{1-x} \to +\infty$, 从而 $1-\mathrm{e}^{\frac{x}{1-x}} \to -\infty$, $f(1^-)=0$;

(2) 当 $x \to 1^+$ 时, $\dfrac{x}{1-x} \to -\infty$, 从而 $1-\mathrm{e}^{\frac{x}{1-x}} \to 1$, $f(1^+)=1$.

所以 $x=1$ 为跳跃间断点 (第一类间断点).

四、闭区间上连续函数的性质

下面给出闭区间上连续函数所具有的几个重要性质, 这些性质常常用来作为分析问题的理论依据.

1. 最大值和最小值与有界性定理

定义 6.5 对于区间 I 上有定义的函数 $f(x)$, 若存在 $x_0 \in I$, 使得 $\forall x \in I$, 都有

$$f(x) \leqslant f(x_0) \ (\text{或 } f(x) \geqslant f(x_0)),$$

则称 $f(x_0)$ 是函数 $f(x)$ 在区间 I 上的**最大值** (或**最小值**). 点 x_0 称为函数 $f(x)$ 的**最大值点** (或**最小值点**).

定理 6.5 (最大值和最小值定理) 若函数 $f(x)$ 在闭区间 $[a,b]$ 上连续, 则 $f(x)$ 在 $[a,b]$ 上一定有最大值和最小值, 即存在 $x_1, x_2 \in [a,b]$, 使得 $\forall x \in [a,b]$, 有

$$f(x_1) \leqslant f(x) \leqslant f(x_2).$$

证明从略.

这个性质从几何上看是明显的, 设函数 $y=f(x)$ 在 $[a,b]$ 上连续, 则 $y=f(x)$ 在几何上表示一条连续曲线, 从图 1–32 不难看出, 从 $A(a,f(a))$ 点到 $B(b,f(b))$ 点的连续曲线 $y=f(x)$ 一定有最低点 $C(x_1,f(x_1))$ 和最高点 $D(x_2,f(x_2))$, 即 $f(x_1)$ 为最小值, $f(x_2)$ 为最大值, 记作

$$m=f(x_1)=\min_{x\in[a,b]}\{f(x)\}, \quad M=f(x_2)=\max_{x\in[a,b]}\{f(x)\}.$$

需要指出的是, 函数的最大值与最小值都是唯一的, 而最大值点与最小值点却不一定是唯一的, 如图 1–33 所示, $m=f(x_1)=f(x_3)=\min\limits_{x\in[a,b]}\{f(x)\}$.

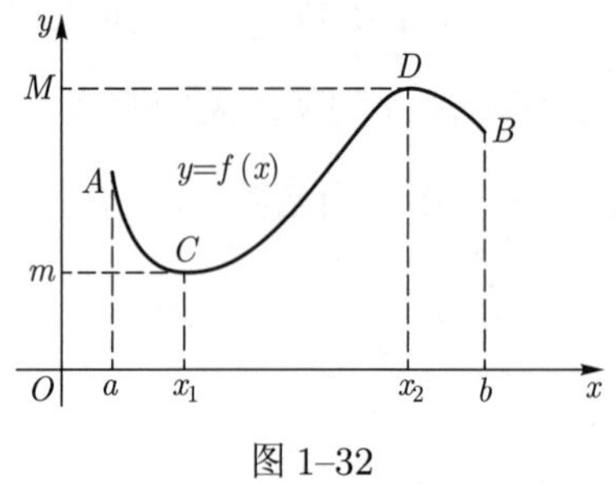

图 1–32

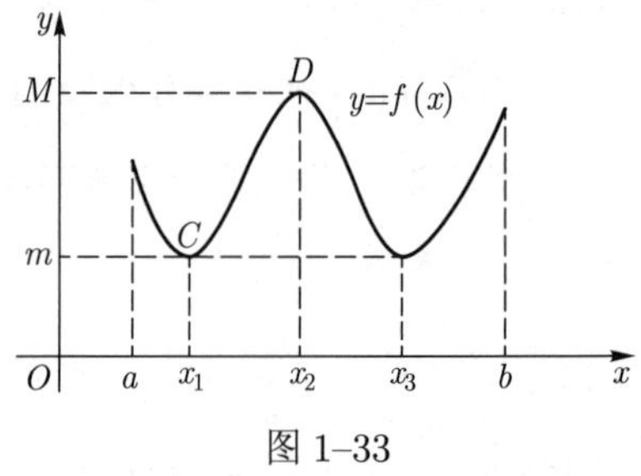

图 1–33

注 在开区间上的连续函数不一定有最大值和最小值. 例如, 函数 $f(x)=\dfrac{1}{x}$ 在 $(0,1)$ 上是连续的, 但当 $x\to 0$ 时, 它趋向于无穷大; 当 $x \to 1$ 时, 它趋于 1, 但达不到 1, 故该函数在这

个区间上既没有最大值又没有最小值. 若函数 $f(x)$ 在 $[a,b]$ 上有间断点, 则定理的结论也不一定成立. 例如,

$$y=f(x)=\begin{cases}-x+1, & 0\leqslant x<1,\\ 1, & x=1,\\ -x+3, & 1<x\leqslant 2\end{cases}$$

在闭区间 $[0,2]$ 上有间断点 $x=1$, 它在闭区间 $[0,2]$ 上没有最大值和最小值, 如图 1–34 所示.

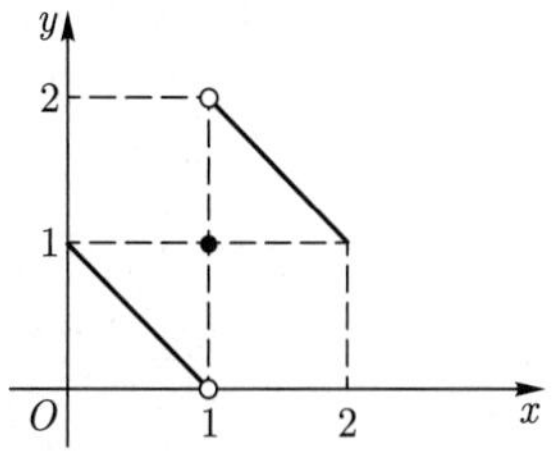

定理 6.6 (有界性定理)　若 $f(x)$ 在闭区间 $[a,b]$ 上连续, 则 $f(x)$ 在 $[a,b]$ 上有界.

证　由于函数 $f(x)$ 在闭区间 $[a,b]$ 上连续, 由定理 6.5, $f(x)$ 在闭区间 $[a,b]$ 上有最大值 M 及最小值 m, 即对任意 $x\in[a,b]$, 有

$$m\leqslant f(x)\leqslant M.$$

图 1–34

上式表明, $f(x)$ 在闭区间 $[a,b]$ 上有上界 M 和下界 m, 因此, 函数 $f(x)$ 在闭区间 $[a,b]$ 上有界.

2. 零点定理与介值定理

定理 6.7 (零点定理)　若函数 $f(x)$ 在 $[a,b]$ 上连续, 且 $f(a)$ 与 $f(b)$ 异号, 即 $f(a)f(b)<0$, 则至少存在一点 $\xi\in(a,b)$, 使得 $f(\xi)=0$.

证明从略.

对于函数 $f(x)$, 若存在点 x_0, 使得 $f(x_0)=0$, 则称点 x_0 为函数 $f(x)$ 的**零点**.

从几何上看, 定理 6.7 表示: 若连续曲线弧 $y=f(x)$ 的两个端点位于 x 轴的两侧, 则这段曲线弧与 x 轴至少有一个交点, 如图 1–35 所示.

定理 6.8 (介值定理)　若函数 $f(x)$ 在 $[a,b]$ 上连续, 且 $f(a)\neq f(b)$, C 为 $f(a)$ 与 $f(b)$ 之间的任意实数, 则至少存在一点 $\xi\in(a,b)$, 使得 $f(\xi)=C$.

从几何直观上看, 如图 1–36 所示, 定理 6.8 表达了连续函数的一个主要性质: 连续变化的变量从一个值变到另一个值的过程中, 一定要经过一切中间值而决不会**漏掉**任何一个.

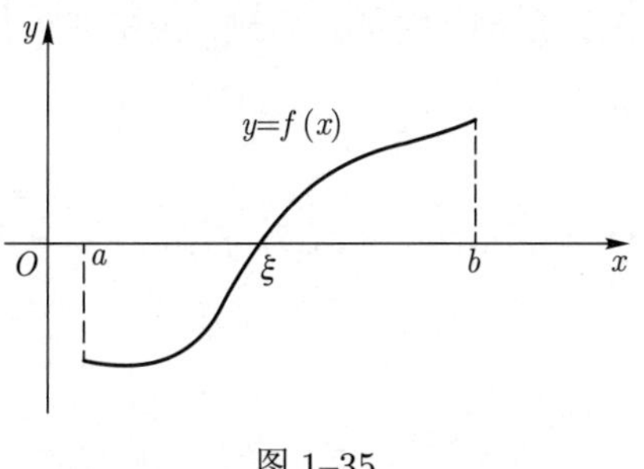

图 1–35

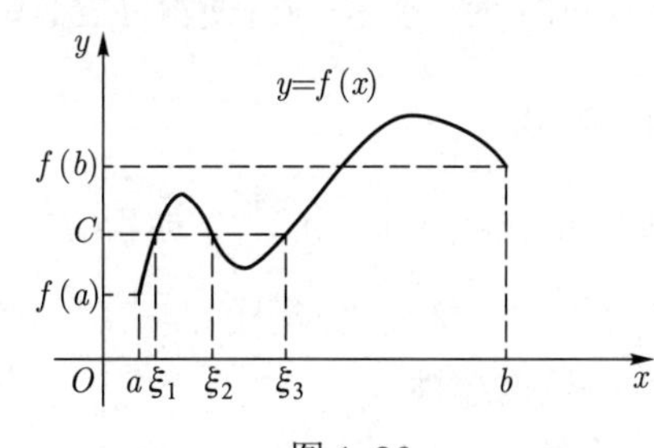

图 1–36

证　令 $\varphi(x)=f(x)-C$, 则 $\varphi(x)$ 在 $[a,b]$ 上连续, 且 $\varphi(a)=f(a)-C$ 与 $\varphi(b)=f(b)-C$ 异号. 由零点定理, 开区间 (a,b) 内至少有一点 ξ, 使得 $\varphi(\xi)=0$. 又 $\varphi(\xi)=f(\xi)-C$, 从而可得 $f(\xi)=C$ $(a<\xi<b)$.

推论 在闭区间上连续的函数一定可以取得其最大值与最小值之间的一切值.

证 设 $M = f(x_1), m = f(x_2)$, 当 $m = M$ 时, 显然结论成立. 当 $m \neq M$, 在闭区间 $[x_1, x_2]$ 或 $[x_2, x_1]$ 上应用介值定理, 立得所要证明的结论.

例 6.13 证明: 方程 $x^3 + x^2 - 4x + 1 = 0$ 有且仅有三个实根, 并且它们都在区间 $(-3, 2)$ 内.

证 令 $f(x) = x^3+x^2-4x+1$, 则函数 $f(x)$ 在闭区间 $[-3, 2]$ 上连续, 又 $f(-3) = -5 < 0$, $f(0) = 1 > 0$, $f(1) = -1 < 0, f(2) = 5 > 0$, 由零点定理可知, 函数 $f(x)$ 分别在区间 $(-3, 0)$, $(0, 1), (1, 2)$ 内至少存在一个零点, 从而方程 $x^3+x^2-4x+1 = 0$ 分别在区间 $(-3, 0), (0, 1), (1, 2)$ 内至少各有一个根. 又三次方程 $x^3 + x^2 - 4x + 1 = 0$ 至多有三个根, 因此, 原方程有且仅有三个实根, 并且它们都在区间 $(-3, 2)$ 内.

* **例 6.14** 将四条腿一样长的椅子放在地面上, 假设地面是光滑的, 且椅子四条腿着地点为一正方形的四个顶点, 证明: 将此正方形中心保持不动, 总可以通过转动椅子使四条腿同时着地.

证 建立坐标系如图 1–37 所示, 其中 A, B, C, D 四点分别表示四条腿的着地点.

设正方形转动 θ 角后, A, C 两点与地面距离之和为 $f(\theta), B, D$ 两点与地面距离之和为 $g(\theta)$. 因为地面是光滑的, 所以函数 $f(\theta)$ 与 $g(\theta)$ 都是 θ 的连续函数. 又因为椅子在任何位置都总有三条腿同时着地, 所以对任意 $\theta, f(\theta)$ 与 $g(\theta)$ 至少有一个为零, 即

$$f(\theta)g(\theta) = 0.$$

令 $F(\theta) = f(\theta) - g(\theta)$, 则 $F(\theta)$ 是 θ 的连续函数. 由于

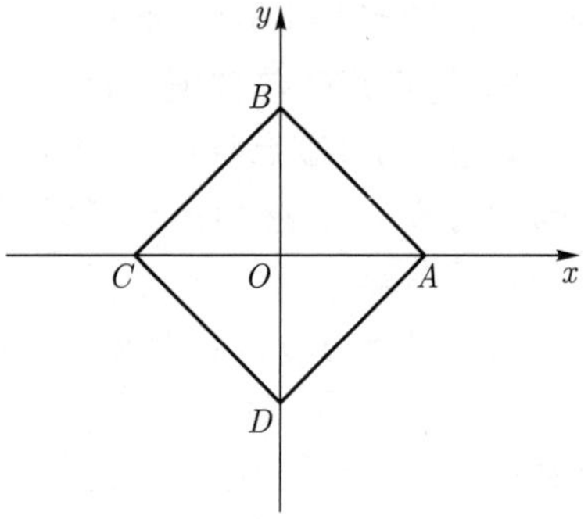

图 1–37

$$F(0) = f(0) - g(0),$$

$$F\left(\frac{\pi}{2}\right) = f\left(\frac{\pi}{2}\right) - g\left(\frac{\pi}{2}\right) = g(0) - f(0),$$

当 $f(0) = g(0)$ 时, 取 $\xi = 0$, 使得 $F(\xi) = 0$; 当 $f(0) \neq g(0)$ 时, 由零点定理, 存在 $\xi \in \left(0, \frac{\pi}{2}\right)$, 使得 $F(\xi) = 0$.

因此, 总存在 $\xi \in \left[0, \frac{\pi}{2}\right]$, 使得 $F(\xi) = 0$, 即 $f(\xi) = g(\xi)$. 又因为 $f(\xi)g(\xi) = 0$, 所以 $f(\xi) = g(\xi) = 0$. 这表明椅子的四条腿同时着地.

*3. 一致连续性

下面介绍一种比连续性要求更强的所谓一致连续性. 函数 $f(x)$ 在区间 I 上连续, 是指在区间 I 上每一点 x_0 处都连续. 用函数极限的 $\varepsilon - \delta$ 定义来表述就是:

$\forall \varepsilon > 0, \exists \delta > 0$, 使得当 $|x - x_0| < \delta$ 时, 就有 $|f(x) - f(x_0)| < \varepsilon$. 通常这个 δ 不仅与 ε 有关, 而且还与所取得点 x_0 有关. 即对于同一个 ε, 当 x_0 在该区间 I 内变化时, 一般 δ 也随之变化, 如图 1–38 所示.

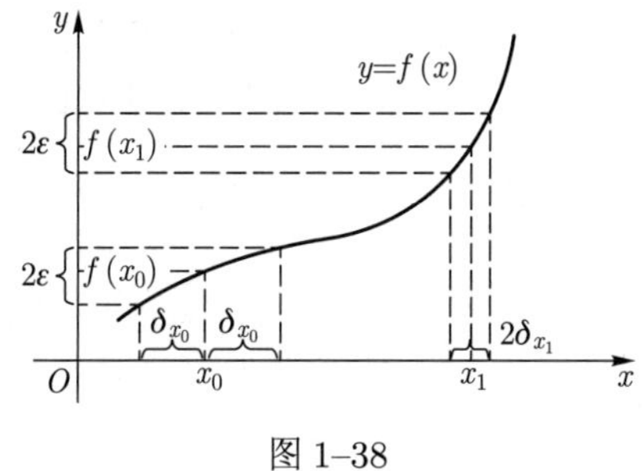

图 1–38

从图 1–38 可以看出, 对于同样大小的 ε, 在函数值变化比较平缓的部分所对应的 δ 的最大允许值比函数值变化剧烈的部分所对应的 δ 的最大允许值大得多. 问题是: 对该区间内的所有点, 能否找到一个共同的 δ, 即与点 $x_0 \in I$ 无关, 仅与 ε 有关的 δ 呢? 这就是函数 $f(x)$ 在区间 I 上的一致连续性问题.

定义 6.6　设函数 $f(x)$ 在区间 I 上有定义, 若对任意给定 $\varepsilon > 0$, 总存在 $\delta > 0$, 使得对任意的 $x_1, x_2 \in I$, 当 $|x_1 - x_2| < \delta$ 时, 总有

$$|f(x_1) - f(x_2)| < \varepsilon,$$

则称 $f(x)$ 是区间 I 上的**一致连续函数**或称函数 $f(x)$ 在区间 I 上**一致连续**, 其中 δ 仅与 ε 有关, 而与 x 无关.

函数在区间 I 上连续与一致连续是两个不同的概念. 前者只要求: 对于 I 中的每个点 x_0, 能找到相应的 $\delta > 0$, 使得当 $|x - x_0| < \delta$ 时, 就有 $|f(x) - f(x_0)| < \varepsilon$, 它刻画的是函数的局部性态. 而后者要求: 对于区间 I 中所有的点, 能找到一个共同的正数 δ, 使得对区间 I 上任何两点, 只要这两点的距离小于 δ, 这两个点的函数值之差的绝对值必小于事先给定的任意小的正数 ε, 因此一致连续性刻画了函数的整体性态.

显然, 函数 $f(x)$ 在区间 I 上一致连续, 则 $f(x)$ 在区间 I 上连续, 反之不一定成立.

例 6.15　证明: 余弦函数 $y = \cos x$ 在区间 $(-\infty, +\infty)$ 上一致连续.

证　由于 $\forall x_1, x_2 \in (-\infty, +\infty)$, 有

$$|\cos x_1 - \cos x_2| = 2\left|\sin \frac{x_1 - x_2}{2}\right|\left|\sin \frac{x_1 + x_2}{2}\right| \leqslant |x_1 - x_2|.$$

于是 $\forall \varepsilon > 0$, 取 $\delta = \varepsilon$, $\forall x_1, x_2 \in (-\infty, +\infty)$, 当 $|x_1 - x_2| < \delta$ 时, 就有

$$|\cos x_1 - \cos x_2| < \varepsilon.$$

故 $y = \cos x$ 在区间 $(-\infty, +\infty)$ 上一致连续.

例 6.16　证明: 函数 $f(x) = \dfrac{1}{x}$ 在区间 $(0, 1]$ 上是连续的, 但不是一致连续的.

证　因为 $f(x) = \dfrac{1}{x}$ 是初等函数, 它在 $(0, 1]$ 上有定义, 所以在 $(0, 1]$ 上连续.

由一致连续性的定义, 为证 $f(x)$ 在某区间 I 上不一致连续, 只需证明: $\exists\varepsilon_0>0, \forall\delta>0$ (不论 δ 多么小), 总存在两点 $x_1,x_2\in I$, 尽管 $|x_1-x_2|<\delta$, 但有 $|f(x_1)-f(x_2)|>\varepsilon_0$.

对本例中的函数 $f(x)=\dfrac{1}{x}$, 可取 $\varepsilon_0=1$, 对无论多么小的正数 $\delta\left(<\dfrac{1}{2}\right)$, 只要取 $x_1=\delta$ 与 $x_2=\dfrac{\delta}{2}$, 虽然有

$$|x_1-x_2|=\frac{\delta}{2}<\delta,$$

但

$$\left|\frac{1}{x_1}-\frac{1}{x_2}\right|=\frac{1}{\delta}>1.$$

所以 $f(x)=\dfrac{1}{x}$ 在区间 $(0,1]$ 内不一致连续.

* **定理 6.9 (一致连续性定理)** 若函数 $f(x)$ 在闭区间 $[a,b]$ 上连续, 则 $f(x)$ 在 $[a,b]$ 上一致连续.

习题 1–6

(A)

1. 单项选择题.

(1) 设函数 $f(x)=\begin{cases}\dfrac{\ln(1+x)}{x}, & x>0,\\ 0, & x=0,\\ \dfrac{\sqrt{1+x}-\sqrt{1-x}}{x}, & -1\leqslant x<0,\end{cases}$ 则 $x=0$ 是 $f(x)$ 的 ( );

(A) 连续点　　(B) 第一类间断点

(C) 第二类间断点　　(D) 连续点或间断点不能确定

(2) 设 $f(x)=\lim\limits_{n\to\infty}\dfrac{x+x^2\mathrm{e}^{nx}}{1+\mathrm{e}^{nx}}$, 则 ( );

(A) $f(x)=x^2$　　(B) $f(x)=x$

(C) $f(x)=\begin{cases}x, & x\leqslant 0,\\ x^2, & x>0\end{cases}$　　(D) 以上都不对

(3) 设 $f(x)=(1-x)^{\cot x}$, 则定义 $f(0)=$ ( ) 时, $f(x)$ 在 $x=0$ 点连续;

(A) $\dfrac{1}{\mathrm{e}}$　　(B) e

(C) $-\mathrm{e}$　　(D) 无论怎样定义 $f(0)$, $f(x)$ 在 $x=0$ 点都不连续

(4) $\lim\limits_{x\to0^+}(\cos\sqrt{x})^{\frac{1}{x}}=$ ( ).

(A) 1　　(B) 0　　(C) $\sqrt{\mathrm{e}}$　　(D) $\dfrac{1}{\sqrt{\mathrm{e}}}$

2. 填空题.

(1) 设 $f(x)=\lim\limits_{n\to\infty}\dfrac{1-x^{2n}}{1+x^{2n}}$, 则 $f(x)$ 的间断点为____________;

(2) 函数 $f(x)=\lim\limits_{n\to\infty}\dfrac{n\sin x}{n\sin x+a}(a\neq 0)$ 的间断点是____________.

3. 计算下列极限.

(1) $\lim\limits_{x\to\frac{\pi}{4}}(\sin 2x)^2$;　(2) $\lim\limits_{x\to 0}\dfrac{\ln(1+kx)}{x}(k>0)$;

(3) $\lim\limits_{x\to 0}\ln\dfrac{\sin x}{x}$;　(4) $\lim\limits_{x\to\infty}\left(1+\dfrac{2}{x}\right)^{\frac{x}{4}}$;

(5) $\lim\limits_{x\to+\infty}\left(1-\dfrac{3}{x^2}\right)^{x}$;　(6) $\lim\limits_{n\to\infty}n[\ln(n+2)-\ln n]$;

(7) $\lim\limits_{x\to\infty}\left(\dfrac{2+x}{3+x}\right)^{\frac{x}{2}}$;　(8) $\lim\limits_{x\to 0}\dfrac{(1+x^2)^{\frac{1}{3}}-1}{\cos x-1}$.

4. 指出下列函数的间断点及其类型.

(1) $f(x)=\dfrac{x^2-1}{x^2-3x+2}$;　(2) $f(x)=\lim\limits_{n\to\infty}\dfrac{x^{2n}-1}{x^{2n}+1}x$;

(3) $f(x)=\begin{cases}0, & x<1,\\ 2x+1, & 1\leqslant x<2,\\ 1+x^2, & x\geqslant 2;\end{cases}$　(4) $f(x)=\dfrac{1}{1-\mathrm{e}^{\frac{x}{1+x}}}$;

(5) $f(x)=\begin{cases}\dfrac{\sin x}{|x|}, & x\neq 0,\\ 1, & x=0;\end{cases}$　(6) $f(x)=\lim\limits_{n\to\infty}\dfrac{1}{1+x^n}$.

5. 设函数 $f(x)=\begin{cases}3x+b, & 0\leqslant x<1,\\ a, & x=1,\\ x-b, & 1<x\leqslant 2,\end{cases}$ 且 $f(x)$ 在 $x=1$ 处连续, 求 a,b 的值.

6. 证明: 方程 $\mathrm{e}^x-2=x$ 在 $(0,2)$ 内至少有一个实根.

7. 证明: 方程 $x=2+\sin x$ 至少有一个小于 3 的正根.

8. 设 $f(x)$ 在区间 $[0,2a]$ 上连续, 且 $f(0)=f(2a)$, 证明: 至少存在一点 $\xi\in[0,a]$, 使得

$$f(\xi)=f(a+\xi).$$

9. 设 $f(x)$ 在 $[a,b]$ 上连续, 且 $a<c<d<b$, 证明: 对任何正数 p,q, 至少存在一点 $\xi\in(a,b)$, 使得

$$pf(c)+qf(d)=(p+q)f(\xi).$$

(B)

10. 计算下列极限.

(1) $\lim\limits_{x\to 0}\dfrac{\ln(x+a)-\ln a}{x}(a>0)$;　(2) $\lim\limits_{x\to+\infty}\dfrac{2\mathrm{e}^x-3\mathrm{e}^{-x}}{5\mathrm{e}^x+\mathrm{e}^{-x}}$;

(3) $\lim\limits_{x\to 0}\dfrac{4\sin x-3x^3\cos\dfrac{2}{x}}{\tan 2x}$;　　(4) $\lim\limits_{x\to 0}\left(\dfrac{1}{x}\ln\sqrt{\dfrac{1+x}{1-x}}\right)$;

(5) $\lim\limits_{n\to\infty}\left(1+\dfrac{1}{n}+\dfrac{1}{n^2}\right)^n$;　　(6) $\lim\limits_{x\to 0}\dfrac{1-\cos x}{(\mathrm{e}^{2x}-1)\ln(1+3x)}$;

(7) $\lim\limits_{x\to 0}\dfrac{\sqrt{1+x\sin x}-1}{\mathrm{e}^{x^2}-1}$;　　(8) $\lim\limits_{x\to+\infty}(x-1)(\mathrm{e}^{\frac{1}{x}}-1)$.

11. 指出下列函数的间断点及其类型.

(1) $f(x)=\dfrac{x}{\tan x}$;　　(2) $f(x)=\dfrac{\ln|x|}{x^2-3x+2}$.

12. 试确定 a,b 的值, 使 $f(x)=\dfrac{\mathrm{e}^x-b}{(x-a)(x-1)}$ 有无穷间断点 $x=0$ 和可去间断点 $x=1$.

13. 设 $f(x)=\begin{cases}x, & x<1,\\ a, & x\geqslant 1,\end{cases}$　$g(x)=\begin{cases}b, & x\leqslant 0,\\ x+1, & x>0,\end{cases}$ 求 a,b, 使得 $f(x)+g(x)$ 在 $(-\infty,+\infty)$ 上连续.

14. 设 $f(x)=\lim\limits_{n\to\infty}\dfrac{x^{2n+1}+ax^2+bx}{x^{2n}+1}$, 当 a,b 取何值时, $f(x)$ 在 $(-\infty,+\infty)$ 上连续?

15. 证明: 方程 $x^3-3x^2-9x+1=0$ 在区间 $(0,1)$ 内至少有一实根.

16. 设 $f(x)$ 在 $[a,b]$ 上连续, 且 $f(a)>a, f(b)<b$, 证明: 在 (a,b) 内至少存在一点 ξ, 使得 $f(\xi)=\xi$.

17. 设 $f(x)$ 在 $[0,1]$ 上连续, 且 $f(0)=f(1)$, 证明: 存在 $x_0\in[0,1]$, 使得

$$f(x_0)=f\left(x_0+\frac{1}{4}\right).$$

18. 设 $f(x)$ 在 $[a,b]$ 上连续, 且恒为正, 证明: 对任意的 $x_1,x_2\in(a,b), x_1<x_2$, 至少存在一点 $\xi\in[x_1,x_2]$, 使得

$$f(\xi)=\sqrt{f(x_1)f(x_2)}.$$

送给大学生的第一个礼物——初等函数方程

19. 设函数 $f(x)$ 在 $x=0$ 处连续, $f(0)=0$, 且对于任意的 $x,y\in(-\infty,+\infty)$, 都有 $f(x+y)=f(x)+f(y)$, 试证明: $f(x)$ 为 $(-\infty,+\infty)$ 上的连续函数.

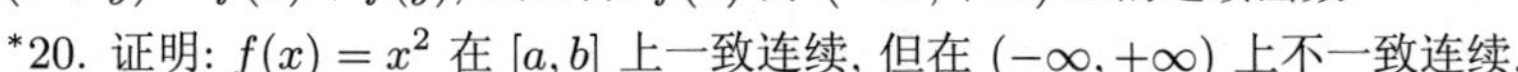

*20. 证明: $f(x)=x^2$ 在 $[a,b]$ 上一致连续, 但在 $(-\infty,+\infty)$ 上不一致连续.

*21. 证明: $\sin\dfrac{1}{x}$ 在区间 $(0,1]$ 上不一致连续.

*22. 证明: $\sin x$ 在 $(-\infty,+\infty)$ 上一致连续.

* 第七节　Mathematica 在函数、极限与连续中的应用

一、 Mathematica 基础知识

1. Mathematica 概述

数学软件可以使不同专业的学生和科研人员快速掌握借助计算机进行科学研究和科学计算的本领, 在一些国家和部门, 数学软件已成为学生和科研人员进行学习和科研活动最得力的助手. Mathematica 是一个功能强大的常用数学软件, 它不但可以解决数学中的数值计算问题,

还可以解决符号演算问题, 并且能够方便地绘出各种函数图形. Mathematica 具有简单、易学、界面友好和使用方便等特点.

Mathematica 自 1988 年由美国的 Wolfram Research 公司首次推出 Mathematica1.0 版本以来, 随着 Wolfram Research 公司对它的不断改进, 先后推出了 Mathematica2.2、Mathematica5.0、 Mathematica5.1、 Mathematica11、 Mathematica12 等版本. 本书主要以适用于 Windows 操作系统的 Mathematica12 版本向读者介绍 Mathematica 的使用命令和内容.

2. Mathematica 操作的注意事项

• 在 Mathematica 用户区用户输完命令后, 还要按下 Shift+Enter 组合键或数字键盘的 Enter 键, Mathematica 将执行用户输入的 Mathematica 命令, 否则 Mathematica 不执行命令. 如果用户输入完 Mathematica 命令后, 只按下 Enter 键, Mathematica 将继续接受用户的输入直至按下 Shift+Enter 组合键才执行你的命令.

• 在 Mathematica 用户区, 如果某个命令一行输入不下, 它将自动换行, 也可以用按下 Enter 键的方法来达到换行的目的, Mathematica 对 Enter 键的反映是继续接受你的输入, 直至按下 Shift+Enter 组合键才执行你的命令.

• 在 Mathematica 用户区除了可以用直接键盘输入的方法进行输入外, 还可以用打开的方式从磁盘中调入一个已经存在的具有扩展名为.nb 的文件来进行操作.

3. Mathematica 的表

表是 Mathematica 的重要数据结构之一, 它是把一些要处理的对象放在一起组成的一个整体. 这样做的好处之一是对表的任何操作可以达到对其中任何对象或元素的操作. 表可以用来表示数学中的集合、向量、矩阵和数据库中的记录. 在 Mathematica 中, 任何用一对花括号括起来的一组元素都代表一个表, 其中的元素用逗号分隔且各元素可以具有不同的类型, 特别其中的元素还可以是一个表.

(1) 表的描述和建表函数

表的形式是: { 元素 1, 元素 2, 元素 3, ⋯ , 元素 n}

如 {1, 3, 5}, {3, x, {1, y}, 4} 都是表.

除了用输入表中所有元素的方式来产生一个表外, Mathematica 还提供了计算机自动建立一个表的命令, 只要表中的元素可以用一个通项公式描述, 就可以使用这个命令.

用 i 表示循环变量, imin 表示 i 所取的最小值, imax 表示 i 所取的最大值, h 表示 i 的步长. 建表命令有如下几种形式:

• **命令形式 1:** Table[通项公式 f(i), {i, imin, imax, h}]

功能: 产生一个表 {f(imin), f(imin+h), f(imin+2h), ⋯ , f(imin+nh)}

例如: 建立一个表 $\{1^2, 3^2, \cdots, 19^2\}$

输入: `Table[i^2, {i, 1, 19,2}]`

输出: `{1, 9, 25, 49, 81, 121, 169, 225, 289, 361}`

• **命令形式 2:** Table[通项公式 f(i), {i, imin, imax}]

功能: 产生一个表 {f(imin), f(imin+1), f(imin+2), ⋯ , f(imin+n)}

例如: 建立一个表 $\{2^2, \cdots, 10^2\}$

输入: `Table[i^2, {i, 2, 10}]`

输出: `{4, 9, 16, 25, 36, 49, 64, 81, 100}`

- **命令形式 3:** Table[通项公式 f, { 循环次数 n}], f 为常数

功能: 产生 n 个 f 的一个表 {f, f, f, ···, f}.

例如: 建立产生 8 个 2 一个表 {2, 2, 2, 2, 2, 2, 2, 2}

输入: `Table[2,{8}]`

输出: `{2, 2, 2, 2, 2, 2, 2, 2}`

- **命令形式 4:** Table[{f1(i),f2(i),··· ,fn(i), {i, imin, imax}]
- **功能:** Table 还可以产生多维列表.

输入: `Table[{i,i^2,i^3},{i,5,10}]`

输出: `{{5,25,125},{6,36,216},{7,49,343},{8,64,512},{9,81,729},{10,100,1000}}`

(2) 表的分量表示

表是把一些元素按顺序放在一起组成的, 其中每个元素都有序号, 此序号按其所在的位置确定. 序号从左至右 (正数) 的编号为 1, 2, 3, ···; 序号从右至左 (倒数) 的编号为 −1, −2, −3, ··· . 有时为了某种需要, 希望取出表中的某一或某些元素参与后面的运算和处理. 为实现这个目的, Mathematica 提供了丰富的表示表分量的命令.

常用表示表分量的命令有:

- **命令形式 5:** 表 [[序号 n]]

功能: 取出表中序号为 n 的元素

例如: 取出表 {1, 9, x, 49, 81, {121, 169}, 225, 289, 361} 的第 3 个元素、第 6 个元素、倒数第 2 个元素的命令依次为:

输入: `{1, 9, x, 49, 81, {121, 169}, 225, 289, 361} [[3]]`

输出: `x`

输入: `{1, 9, x, 49, 81, {121, 169}, 225, 289, 361} [[6]]`

输出: `{121, 169}`

输入: `{1, 9, x, 49, 81, {121, 169}, 225, 289, 361} [[-2]]`

输出: `289`

4. Mathematica 中的函数

Mathematica 有很丰富的内部函数, 它们是 Mathematica 系统自带的函数, 函数名一般使用数学中的英文单词, 只要输入相应的函数名, 就可以方便地使用这些函数. 内部函数既有数学中常用的函数, 又有工程中用的特殊函数. 如果用户想自己定义一个函数, Mathematica 也提供了这种功能. Mathematica 中的函数自变量应该用方括号 [ ] 括起, 不能用圆括号 ( ) 括起, 即一个数学中的函数 $f\ (x, y, \cdots)$ 应该写为 f [x, y, ···] 才行.

(1) Mathematica 中的内部函数

Mathematica 的内部函数名大部分是其英文单词的全名. Mathematica 内部函数名的第一个字母一定要大写, 其后的字母一般是小写的, 不过如果该函数名有几个含义, 则函数名中体现每个含义的第一个字母也要大写, 如反正切函数 arctan x 中含有反 "arc" 和正切 "tan" 两个含义, 故它的 Mathematica 函数表示为 ArcTan[x].

(2) Mathematica 中的自定义函数

如果用户处理的函数不是 Mathematica 内部函数, 则可以利用 Mathematica 提供的自定义函数的功能在 Mathematica 中定义一个函数. 自定义一个函数后, 该函数可以像 Mathematica 内部函数一样在 Mathematica 中使用.

Mathematica 自定义函数的一般命令为

函数名 [自变量名 1_,　自变量名 2_, ⋯]:= 表达式.

这里函数名与变量名的规定相同, 方括号中的每个自变量名后都要有一个下划线“_”, 中部的定义号“: =”的两个符号是一个整体, 中间不能有空格.

例如　定义一个一元函数 $y{=}a\sin x+x^5, a$ 是参数.

命令: `y[x_]:= a*Sin[x]+x^5`

例如　定义一个二元函数 $z_1{=}\tan\dfrac{x}{y}-y\mathrm{e}^{5x}$.

命令: `z1[x_, y_]:=Tan[x/y]-y*Exp[5x]`

注　定义函数时, 定义的函数或变量的名称不要使用大写字母开头, 以免和 Mathematica 的内部函数或常数混淆.

(3) Mathematica 中的函数求值

表示函数在某一点的函数值有两种方式: 一种是数学方式, 即直接在函数中把自变量用一个值或式子代替, 如 Sin[2.3], Sqrt[a+1], z1[3, 5] 等；另一种为变量替换的方式:

函数 /. 变量名 -> 数值或表达式

或

函数 /.{ 变量名 1 -> 数值 1 或表达式 1,　变量名 2 -> 数值 2 或表达式 2, ⋯ }

这里符号“/. ”和“->”与变量取值中的变量替换方式意义相同. 函数变量替换的执行过程为计算机将函数中的变量 1, 变量 2, ⋯ 分别替换为对应的数值 1 或表达式 1, 数值 2 或表达式 2, ⋯ 以得到函数在此点的函数值. 例如,

输入: `fn[x_]:=x*Cos[x]+Sqrt[x]`

输入: `fn[2]`　　**输出:** `Sqrt[2]+2 Cos[2]`

输入: `fn[x]/.x->8`　　**输出:** `2 Sqrt[2]+8 Cos[8]`

输入: `fn[x]/.x->a+1`　　**输出:** `Sqrt[1+a]+(1+a)Cos[1+a]`

输入: `fn[x_, y_]:=x^3+y^2`

输入: `fn[2,a]`　　**输出:** $8+a^2$

输入: `fn[x,y]/.{x->a,y->b+2}`　　**输出:** $a^3+(2+b)^2$

5. Mathematica 如何寻求帮助

Mathematica 涵盖多个学科，有几千条指令. Mathematica 专门有一个包含了成千上万个例子的文档系统, 有丰富的例子. 一方面可以用“?”运算符来获取该指令的一些简短的信息; 另一方面点击“帮助”菜单，选择“Wolfram 参考资料”; 还可以选择“查找所选函数”，打开函数页面，函数页面有包含语法定义的函数指令与各类例子.

二、 Mathematica 在函数、极限中的应用

1. 二维图形的描绘

(1) 基本命令

命令形式 1: Plot[f[x]{x, xmin, xmax}]

功能: 画出函数 f(x) 的图形, 图形范围是自变量 x 满足 xmin ⩽x ⩽xmax 的部分.

命令形式 2: Plot[f[x], {x, xmin, xmax}, option1–>value1, option2–>value2, ⋯]

功能: 画出函数 f(x) 的图形, 图形范围是自变量 x 满足 xmin ⩽x ⩽xmax 的部分, 其选择项参数值取命令中的值.

命令形式 3: Plot[{f1[x], f2[x], ⋯ , fn[x]}, {x, xmin, xmax}]

功能: 在同一个坐标系画出函数 f1(x), f2(x), ⋯ , fn(x) 的图形, 图形范围是自变量 x 满足 xmin ⩽x ⩽xmax 的部分, 其选择项参数值取默认值.

命令形式 4: ListPlot[{{x1, y1}, {x2, y2}, ⋯ , {xn, yn}}, option1–>value1, ⋯]

功能: 在直角坐标系中画出点集 {(x1, y1), (x2, y2), ⋯ , (xn, yn)} 的散点图, 如果没有选择项参数, 则选择项值取默认值.

命令形式 5: ListPlot[{y1, y2, ⋯ , yn}, option1–>value1, ⋯]

功能: 在直角坐标系中画出点集 {(1, y1), (2, y2), ⋯ , (n, yn)} 的散点图, 如果没有选择项参数, 则选择项值取默认值.

命令形式 6: ListPlot[{{x1, y1}, {x2, y2}, ⋯ , {xn, yn}}, Joined–>True]

功能: 将所输入数据点依次用直线段联结成一条折线.

命令形式 7: Manipulate[expr,{u, min, max,du}]

功能: 构建交互式模型，借助控件分析变量 u 发生变化对表达式 expr 的影响.

(2) 实验举例

例 7.1 在同一坐标系下画出幂函数 $y = x$ 和 $y = x^2$ 的图形.

输入: `Plot[{x,x^2},{x,-3,3},AxesLabel ->{"x","x,x^2"}]`

输出如图 1–39 所示.

例 7.2 画出 $y = \tan\ x$ 的图像.

输入: `Plot[Tan[x],{x,-2Pi,2Pi},AxesLabel ->{"x","tanx"}]`

输出如图 1–40 所示.

例 7.3 动态演示当 $n \to \infty$ 时数列 $a_n = 1 + \dfrac{(-1)^{n-1}}{n}$ 的变化趋势.

动态演示
数列与函数

输入:
```
Manipulate[ListPlot[Table[1+(-1)^(n-1)n,{n,1,t0}]],
    {t0,1,600,1}]
```

输出如图 1–41 所示.

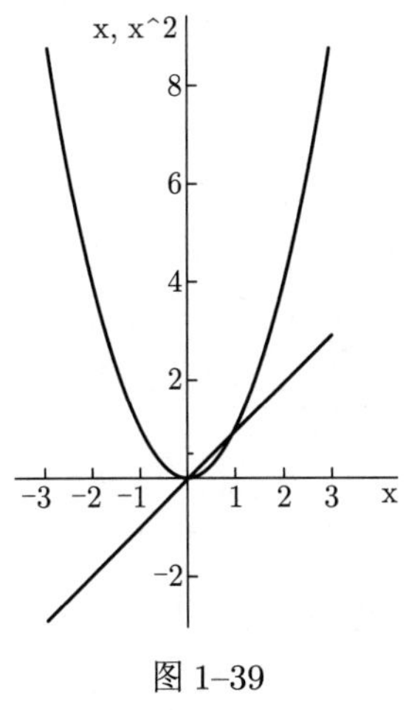

图 1–39

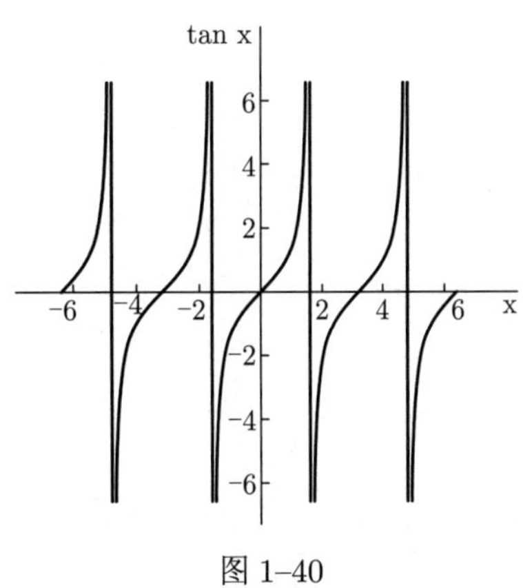

图 1–40

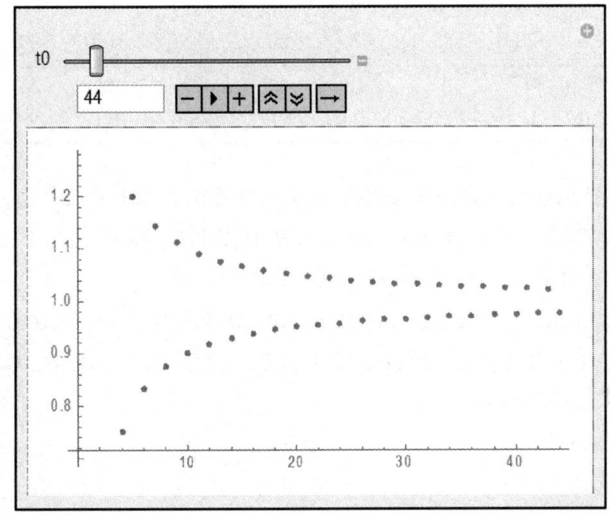

图 1–41

例 7.4 写出分段函数 $f(x)=\begin{cases}0, & x\leqslant 0,\\ 10+2x, & 0<x\leqslant 10,\\ 30, & 10<x\leqslant 20,\\ 30-(x-20)/2, & 20<x\leqslant 40,\\ 20, & 40<x\leqslant 50,\\ 20-2(x-50), & 50<x\leqslant 60\end{cases}$ 的 Mathematica 自定义函数形式, 并画出其在 [0, 60] 上的图形.

输入:
```
f[x_]:=Which[x<=0,0,x<=10,10+2x,x<=20,30,x<=40,30-(x-20)/2,x<=50,20,
    x<=60,20-(x-50)*2,x>60,0];  Plot[f[x],{x,0,60}]
```

输出如图 1–42 所示.

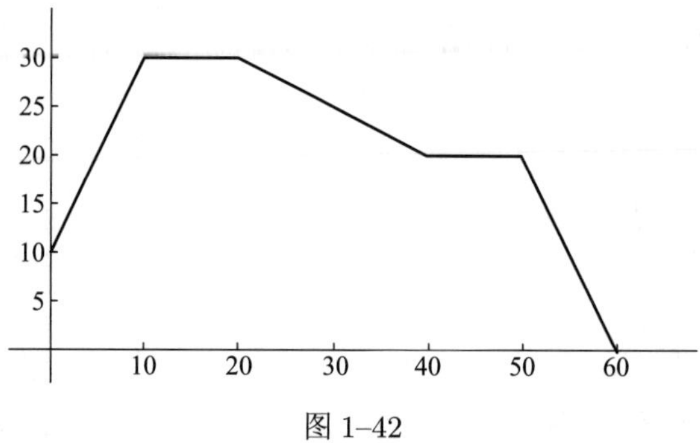

图 1–42

例 7.5 已知科学家在某海域观察到海平面的年平均高度表如下, 由表的数据绘制出二位数据点图, 并画出其折线图.

年份	1	2	3	4	5	6	7	8	9	10	11	12	13
海拔	5.0	11.0	16.0	23.0	36.0	58.0	29.0	20.0	10.0	8.0	3.0	0.0	0.0
年份	14	15	16	17	18	19	20	21	22	23	24	25	
海拔	2.0	11.0	27.0	47.0	63.0	60.0	39.0	28.0	26.0	22.0	11.0	21.0	

输入:
```
f=ListPlot[{5.0,11.0,16.0,23.0,36.0,58.0,29.0,20.0,10.0,8.0,3.0,0.0,
0.0,2.0,11.0,27.0,47.0,63.0,60.0,39.0,28.0,26.0,22.0,11.0,21.0},PlotStyle->
PointSize[0.02],DisplayFunction->Identity];
g=ListPlot[{5.0,11.0,16.0,23.0,36.0,58.0,29.0,20.0,10.0,8.0,3.0,0.0,0.0,
2.0,11.0,27.0,47.0,63.0,60.0,39.0,28.0,26.0,22.0,11.0,21.0}, Joined->
True,DisplayFunction->Identity];
Show[f,g,DisplayFunction->$ DisplayFunction]
```
输出如图 1–43 所示.

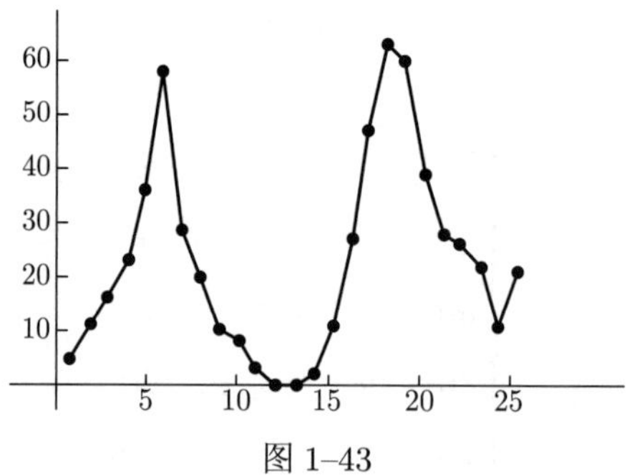

图 1–43

例 7.6 演示三角函数随参数变化曲线图.

输入:
```
Manipulate[Plot[function[fcc*x+ph1],{x,0,2*Pi}],{fcc,1,10},{ph1,0,10},
{function,{Sin,Cos,Tan,Cot,Sec,Csc},ControlType->RadioButtonBar}]
```

输出如图 1–44 所示.

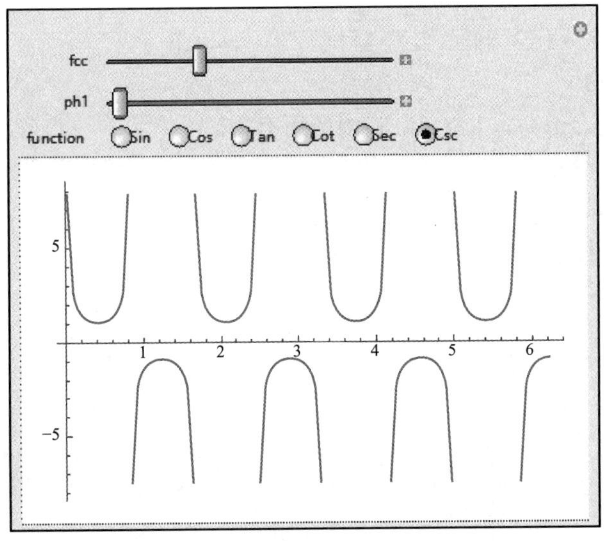

图 1–44

2. 极限的计算

(1) 基本命令

命令形式 1: Limit[f, x–>x0]

功能: 计算 $\lim\limits_{x\to x_0} f(x)$, 其中 f 是 x 的函数.

命令形式 2: Limit[f, x–>x0, Direction–>1]

功能: 计算 $\lim\limits_{x\to x_0^-} f(x)$, 即求左极限, 其中 f 是 x 的函数.

命令形式 3: Limit[f, x–>x0, Direction–> −1]

功能: 计算 $\lim\limits_{x\to x_0^+} f(x)$, 即求右极限, 其中 f 是 x 的函数.

命令形式 4: FindRoot[eqn, {x, x0}]

功能: 求方程 eqn 在初值 x0 附近的一个近似根.

(2) 实验举例

例 7.7 求极限 $\lim\limits_{x\to 1}\left(\dfrac{1}{x\ln^2 x}-\dfrac{1}{(x-1)^2}\right)$.

输入: `Limit[1/(x Log[x]^2)-1/(x-1)^2,x->1]` **输出:** $\dfrac{1}{12}$

例 7.8 求极限 $\lim\limits_{n\to\infty}\left(1+\dfrac{1}{n}\right)^n$.

输入: `Limit[(1+1/n)^n, n->Infinity]` **输出:** `E`

例 7.9 求极限 $\lim\limits_{x\to 0} x^{\sin x}$.

输入: `Limit[x^Sin[x],x->0]` **输出:** `1`

例 7.10 求极限 $\lim\limits_{x\to 0}\left(\dfrac{a_1^x+a_2^x+a_3^x}{3}\right)^{\frac{1}{x}}$.

输入: `Limit[((a1^x+a2^x+a3^x)/3)^(1/x),x->0]`

输出: $\mathtt{a1}^{1/3}\mathtt{a2}^{1/3}\mathtt{a3}^{1/3}$

例 7.11 求方程 $x\sin x=1$ 在 $[0, 5]$ 内的所有根.

输入:
```
f1[y_]:=y*Sin[y]-1
Plot[f1[y], {y, 0, 5}]
```

输出: 如图 1–45 所示.

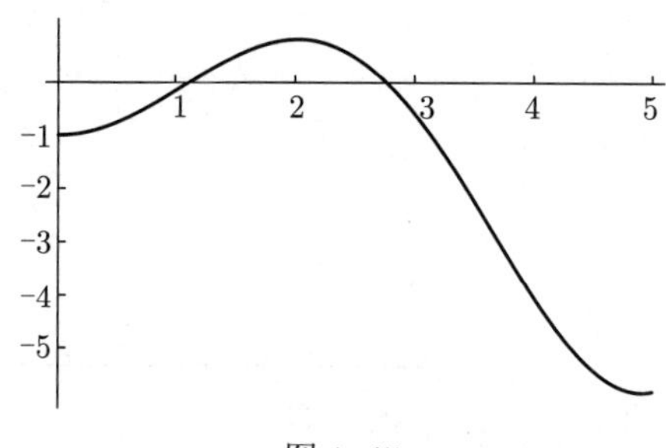

图 1–45

再输入:
```
FindRoot[f1[y]==0, {y, 1.1}]
FindRoot[f1[y]==0, {y, 2.9}]
```

输出:
```
{y->1.11416}
{y->2.7726}
```

再输入:
```
f1[1.11416]
f1[2.7726]
```

输出: 3.97078×10^{-6} 0.0000104774

注 所求根为 $x_1=1.114\ 16, x_2=2.772\ 6$. 而且误差都小于 10^{-4}.

本 章 小 结

本章主要介绍函数概念及其性质, 数列极限与函数极限及其性质, 极限存在准则, 无穷小与无穷大定义、性质及阶的比较, 连续函数的概念及性质. 在本章学习中, 注意各个概念之间的联系与区别.

一、函数

1. 函数的概念

设 D 是实数域 $\mathbf{R}$ 中一个非空子集, 若存在某一种法则 f, 使得对于任意 $x\in D$, 有唯一确定的 $y\in\mathbf{R}$ 与之相对应, 则称 f 是由 D 到 $\mathbf{R}$ 的一个函数, 记作

$$y=f(x), x\in D,$$

其中 x 称为自变量, y 称为因变量, D 称为函数 f 的定义域, 记作 D_f, 即 $D = D_f$.

2. 函数的几种特性

有界性、单调性、奇偶性和周期性.

3. 反函数

设函数 $f(x)$ 是 $D \to f(D)$ 的一一对应函数, 则对于任意的 $y \in f(D)$, 有唯一确定的 $x \in D$, 使得 $y = f(x)$ 成立, 将这种对应法则称为函数 $f(x)$ 在 D 上的反函数, 记作 f^{-1}, 即 $x = f^{-1}(y), y \in f(D)$. 通常函数的自变量用 x 表示, 因变量用 y 表示, 故函数 $f(x)$ 的反函数又可写作 $y = f^{-1}(x), x \in f(D)$.

在同一直角坐标系中, 反函数 $y = f^{-1}(x)$ 与 $y = f(x)$ 的图形关于直线 $y = x$ 对称.

4. 复合函数

设函数 $y = f(u)$ 的定义域为 D_1, 函数 $u = g(x)$ 在 D 上有定义, 且 $g(D) \subset D_1$, 则由 $y = f(g(x)), x \in D$ 所确定的函数称为由函数 $y = f(u)$ 与函数 $u = g(x)$ 构成的复合函数, 记作 $f \circ g$, 即 $(f \circ g)(x) = f(g(x)), x \in D$, 其中 D 是复合函数 $f \circ g$ 的定义域, 通常把 $y = f(u)$ 称为外函数, $u = g(x)$ 称为内函数, u 称为中间变量.

5. 初等函数

(1) 基本初等函数: 幂函数、指数函数、对数函数、三角函数和反三角函数.

(2) 初等函数: 由常数和基本初等函数经过有限次的四则运算和有限次的函数复合步骤所构成的, 并可用一个式子表示的函数称为初等函数. 不是初等函数的函数称为非初等函数.

二、极限

1. 数列极限

$\lim\limits_{n\to\infty} x_n = a \Leftrightarrow \forall \varepsilon > 0, \exists$ 正整数 N, 当 $n > N$ 时, 有 $|x_n - a| < \varepsilon$.

2. 函数的极限

$\lim\limits_{x\to x_0} f(x) = A \Leftrightarrow \forall \varepsilon > 0, \exists \delta > 0$, 当 $0 < |x - x_0| < \delta$ 时, 有 $|f(x) - A| < \varepsilon$.

$\lim\limits_{x\to\infty} f(x) = A \Leftrightarrow \forall \varepsilon > 0, \exists X > 0$, 当 $|x| > X$ 时, 有 $|f(x) - A| < \varepsilon$.

$\lim\limits_{x\to+\infty} f(x) = A \Leftrightarrow \forall \varepsilon > 0, \exists X > 0$, 当 $x > X$ 时, 有 $|f(x) - A| < \varepsilon$.

$\lim\limits_{x\to-\infty} f(x) = A \Leftrightarrow \forall \varepsilon > 0, \exists X > 0$, 当 $x < -X$ 时, 有 $|f(x) - A| < \varepsilon$.

$\lim\limits_{x\to x_0^+} f(x) = A \Leftrightarrow \forall \varepsilon > 0, \exists \delta > 0$, 当 $x_0 < x < x_0 + \delta$ 时, 有 $|f(x) - A| < \varepsilon$.

$\lim\limits_{x\to x_0^-} f(x) = A \Leftrightarrow \forall \varepsilon > 0, \exists \delta > 0$, 当 $x_0 - \delta < x < x_0$ 时, 有 $|f(x) - A| < \varepsilon$.

3. 无穷小与无穷大

(1) 无穷小: $\alpha(x)$ 为某极限过程中的无穷小 $\Leftrightarrow \lim \alpha(x) = 0$.

(2) 无穷小性质

(i) 有限个无穷小的和、差或积仍为无穷小;

(ii) 有界量乘无穷小仍为无穷小.

(3) 无穷小的比较

(i) 若 $\lim \dfrac{\beta}{\alpha} = 0$, 则称 β 是比 α 高阶的无穷小, 记作 $\beta = o(\alpha)$;

(ii) 若 $\lim\dfrac{\beta}{\alpha}=\infty$, 则称 β 是比 α 低阶的无穷小;

(iii) 若 $\lim\dfrac{\beta}{\alpha}=c\neq 0$, 则称 β 与 α 是同阶的无穷小;

(iv) 若 $\lim\dfrac{\beta}{\alpha^k}=c\neq 0,k>0$, 则称 β 是关于 α 的 k 阶的无穷小;

(v) 若 $\lim\dfrac{\beta}{\alpha}=1$, 则称 β 与 α 是等价无穷小, 记作 $\beta\sim\alpha$.

(4) 常用的等价无穷小

当 $x\to 0$ 时, $x\sim\sin x\sim\ln(1+x)\sim\tan x\sim\arcsin x\sim\arctan x\sim \mathrm{e}^x-1$,

$$(1+x)^m-1\sim mx(m\neq 0),\quad 1-\cos x\sim\frac{1}{2}x^2.$$

(5) 等价无穷小的性质

(i) $\alpha=\alpha(x)$ 与 $\beta=\beta(x)$ 是同一个极限过程中的等价无穷小的充要条件是: $\beta=\alpha+o(\alpha)$, 其中 $o(\alpha)$ 表示比 α 高阶的无穷小;

(ii) 在求极限的过程中, 分子或分母的乘除因子为无穷小, 可用其等价无穷小来代替.

(6) $f(x)$ 为某极限过程中的无穷大 $\Leftrightarrow \lim f(x)=\infty(+\infty$ 或 $-\infty)$, 如

$\lim\limits_{x\to x_0}f(x)=+\infty\Leftrightarrow\forall M>0,\exists\delta>0$, 使得当 $0<|x-x_0|<\delta$ 时, 有 $f(x)>M$.

(7) 无穷小与无穷大的关系

在自变量的同一变化过程中, (i) 若 $f(x)$ 是无穷大, 则 $\dfrac{1}{f(x)}$ 为无穷小; (ii) 若 $f(x)$ 是无穷小, 且 $f(x)\neq 0$, 则 $\dfrac{1}{f(x)}$ 为无穷大.

4. 极限的性质

(1) 极限的唯一性

若变量有极限, 则其极限是唯一的.

(2) 有界性

(i) 若数列 $\{x_n\}$ 收敛, 则此数列是有界的;

(ii) 若 $\lim\limits_{x\to x_0}f(x)$ 极限存在, 则存在某 $\mathring{U}(x_0)$, 使得 $f(x)$ 在 $\mathring{U}(x_0)$ 内有界.

(3) 保号性

(i) 若 $\lim f(x)=a>0(<0)$, 则在某点后, $f(x)>0(<0)$;

(ii) 若 $\lim f(x)$ 存在, 且在某点后 $f(x)\geqslant 0(\leqslant 0)$, 则 $\lim f(x)\geqslant 0(\leqslant 0)$.

(4) 收敛数列的四则运算法则

(i) 有限个有极限的变量之和 (差或积) 的极限等于各自极限之和 (差或积);

(ii) 两个有极限的变量之商 (分母的极限不为 0) 的极限等于各自极限之商.

5. 极限存在准则

(1) 夹逼准则

(i) 设有数列 $\{x_n\},\{y_n\}$ 和 $\{z_n\}$, 若对于充分大的 n, 满足条件 $y_n\leqslant x_n\leqslant z_n$, 且 $\lim\limits_{n\to\infty}y_n=\lim\limits_{n\to\infty}z_n=a$, 则 $\lim\limits_{n\to\infty}x_n=a$;

(ii) 设函数 $f(x)$, $g(x)$ 和 $h(x)$ 在点 x_0 的某个去心邻域 $\mathring{U}(x_0)$ (或 $|x|>M$) 内有定义, 满足条件 $g(x)\leqslant f(x)\leqslant h(x)$, 且极限 $\lim\limits_{\substack{x\to x_0\\(x\to\infty)}} g(x)=\lim\limits_{\substack{x\to x_0\\(x\to\infty)}} h(x)=A$, 则有 $\lim\limits_{\substack{x\to x_0\\(x\to\infty)}} f(x)=A$.

(2) 单调有界准则

(i) 单调递增且有上界数列必有极限, 或单调递减且有下界数列必有极限;

(ii) 设函数 $f(x)$ 在点 x_0 的某右邻域内单调且有界, 则 $f(x)$ 在 x_0 的右极限 $f(x_0^+)$ 必定存在.

*(3) 柯西收敛准则

数列 $\{x_n\}$ 收敛 $\Leftrightarrow \forall\varepsilon>0, \exists N=N(\varepsilon)$, 使得当 $n,m>N$ 时, 都有 $|x_n-x_m|<\varepsilon$.

6. 重要结论

(1) 若数列 $\{x_n\}$ 收敛, 则它的任何子数列 $\{x_{n_k}\}$ 也收敛, 且二者具有相同的极限;

(2) 设函数 $u=\varphi(x)$ 当 $x\to x_0$ 时的极限存在且等于 a, 即 $\lim\limits_{x\to x_0}\varphi(x)=a$, 且在 x_0 的某去心邻域内, $\varphi(x)\neq a$, 又 $\lim\limits_{u\to a} f(u)=A$, 则复合函数 $f(\varphi(x))$ 当 $x\to x_0$ 时的极限存在, 且 $\lim\limits_{x\to x_0} f(\varphi(x))=\lim\limits_{u\to a} f(u)=A$;

(3) $\lim f(x)=A \Leftrightarrow f(x)=A+\alpha(x)$, 其中 $\alpha(x)$ 为同一极限过程中的无穷小;

(4) $\lim\limits_{x\to x_0} f(x)=A \Leftrightarrow \lim\limits_{x\to x_0^-} f(x)=\lim\limits_{x\to x_0^+} f(x)=A$;

(5) $\lim\limits_{x\to\infty} f(x)=A \Leftrightarrow \lim\limits_{x\to+\infty} f(x)=\lim\limits_{x\to-\infty} f(x)=A$;

(6) $\lim\limits_{x\to 0}\dfrac{\sin x}{x}=1$;

(7) $\lim\limits_{x\to 0}(1+x)^{\frac{1}{x}}=\mathrm{e}$ 或 $\lim\limits_{x\to\infty}\left(1+\dfrac{1}{x}\right)^x=\mathrm{e}$;

(8) 设 a 为正实数, 则 $\lim\limits_{n\to\infty} a^{\frac{1}{n}}=1$;

(9) $\lim\limits_{n\to\infty}\sqrt[n]{n}=1$.

7. 求极限常用的方法

(1) 利用极限定义;

(2) 利用极限的四则运算及复合运算法则;

(3) 利用无穷小的运算法则;

(4) 利用无穷大与无穷小的关系;

(5) 利用 $\lim f(x)=A \Leftrightarrow f(x)=A+$ 无穷小;

(6) 利用重要极限;

(7) 利用夹逼准则;

(8) 利用单调有界定理及解方程;

(9) 利用等价无穷小替换;

(10) 利用柯西准则;

(11) 利用函数的连续性;

(12) 利用递推公式;

(13) 利用函数极限与数列极限的关系;

(14) 利用 $\lim\limits_{n\to\infty} x_{2n} = \lim\limits_{n\to\infty} x_{2n-1} = A \Leftrightarrow \lim\limits_{n\to\infty} x_n = A$.

三、连续

1. 定义

设函数 $y = f(x)$ 满足条件

(1) $f(x)$ 在点 $x = x_0$ 的某邻域内有定义;

(2) $f(x)$ 在点 x_0 处的极限 $\lim\limits_{x\to x_0} f(x)$ 存在;

(3) $f(x)$ 在点 x_0 处的极限值等于点 x_0 的函数值, 即 $\lim\limits_{x\to x_0} f(x) = f(x_0)$,

则称函数 $f(x)$ 在**点** $x = x_0$ **处连续**, x_0 称为函数 $f(x)$ 的**连续点**.

$$
\begin{aligned}
&\text{函数 } f(x) \text{ 在点 } x = x_0 \text{ 处连续}\\
\Leftrightarrow\ & \lim_{x\to x_0} f(x) = f(x_0)\\
\Leftrightarrow\ & \lim_{\Delta x\to 0} \Delta y = \lim_{\Delta x\to 0} [f(x_0+\Delta x) - f(x_0)] = 0\\
\Leftrightarrow\ & f(x_0+0) = f(x_0-0) = f(x_0)\\
\Leftrightarrow\ & \forall\varepsilon > 0, \exists\delta > 0, \text{当 } |x - x_0| < \delta \text{ 时, 有 } |f(x) - f(x_0)| < \varepsilon.
\end{aligned}
$$

函数 $f(x)$ 在点 $x = x_0$ 左 (右) 连续 $\Leftrightarrow \lim\limits_{x\to x_0^-} f(x) = f(x_0)(\lim\limits_{x\to x_0^+} f(x) = f(x_0))$.

2. 连续函数的性质

(1) 有限个在某点连续的函数的和 (差或积) 仍在该点连续;

(2) 两个在某点连续的函数之商 (分母在该点不为零) 仍在该点连续;

(3) 若函数 $y = f(x)$ 在区间 I_x 上单调增加 (或单调减少) 且连续, 则它的反函数 $y = f^{-1}(x)$ 也在对应的区间 $I_y = \{y|y = f(x), x \in I_x\}$ 上单调增加 (或单调减少) 且连续;

(4) 连续函数的复合函数仍连续;

(5) 一切初等函数在其定义区间内连续.

3. 间断点及分类

设函数 $f(x)$ 在点 x_0 的某去心邻域内有定义, 若函数 $f(x)$ 在点 x_0 处不连续, 则称点 x_0 为 $f(x)$ 的间断点或不连续点.

(1) 设函数 $f(x)$ 在 $x = x_0$ 处间断, 若 $f(x)$ 在点 x_0 处左极限 $f(x_0-0)$ 和右极限 $f(x_0+0)$ 都存在, 则点 x_0 称为第一类间断点.

第一类间断点又分为可去间断点与跳跃间断点:

(i) 当 $f(x_0-0) = f(x_0+0)$ 时, 即极限 $\lim\limits_{x\to x_0} f(x)$ 存在, 称点 x_0 为可去间断点;

(ii) 当 $f(x_0-0) \neq f(x_0+0)$ 时, 称点 x_0 为跳跃间断点.

(2) 若 $f(x)$ 在点 x_0 处的左、右极限至少有一个不存在, 则点 x_0 称为第二类间断点.

4. 闭区间上连续函数的性质

(1) 最大值和最小值定理: 在闭区间上的连续函数必在该区间上有最大值和最小值;

(2) 有界性定理: 在闭区间上的连续函数必在该区间上有界;

(3) 介值定理: 若函数 $f(x)$ 在 $[a,b]$ 上连续, 且 $f(a) \neq f(b)$, C 为 $f(a)$ 与 $f(b)$ 之间的任意实数, 则至少存在一点 $\xi \in (a,b)$, 使得 $f(\xi) = C$;

(4) 零点定理: 若函数 $f(x)$ 在 $[a,b]$ 上连续, 且 $f(a)$ 与 $f(b)$ 异号, 则至少存在一点 $\xi \in (a,b)$, 使得 $f(\xi) = 0$.

总 习 题 一

1. 单项选择题.

(1) 设 $0 < a < b$, 则数列极限 $\lim\limits_{n\to\infty} \sqrt[n]{a^n + b^n}$ 等于 (　　);

(A) a　　(B) b　　(C) 1　　(D) $a+b$

(2) $\lim\limits_{x\to 0} \dfrac{\mathrm{e}^{|x|}-1}{x}$ 等于 (　　);

(A) 1　　(B) -1　　(C) 0　　(D) 不存在

(3) 下列极限不正确的是 (　　);

(A) $\lim\limits_{x\to 0} \mathrm{e}^{\frac{1}{x}} = \infty$　　(B) $\lim\limits_{x\to 0^-} \mathrm{e}^{\frac{1}{x}} = 0$

(C) $\lim\limits_{x\to 0^+} \mathrm{e}^{\frac{1}{x}} = +\infty$　　(D) $\lim\limits_{x\to +\infty} \mathrm{e}^{\frac{1}{x}} = 1$

(4) 下列变量在给定变化过程中为无穷小量的是 (　　);

(A) $2^{-x} - 1 (x \to \infty)$　　(B) $\dfrac{\sin x}{x} (x \to 0)$

(C) $\dfrac{x^2}{\sqrt{x^3 - 2x + 1}} (x \to +\infty)$　　(D) $\dfrac{x^3}{x+1}\left(3 - \sin\dfrac{1}{x}\right) (x \to 0)$

(5) 设 $f(x) = 2^x + 3^x - 2$, 则当 $x \to 0$ 时, 有 (　　);

(A) $f(x)$ 与 x 是等价无穷小　　(B) $f(x)$ 与 x 同阶但非等价无穷小

(C) $f(x)$ 是比 x 高阶的无穷小　　(D) $f(x)$ 是比 x 低阶的无穷小

(6) 当 $x \to 0$ 时, $\dfrac{2}{3}(\cos x - \cos 2x)$ 是 x^2 的 (　　);

(A) 高阶无穷小　　(B) 同阶无穷小但非等价无穷小

(C) 低阶无穷小　　(D) 等价无穷小

(7) 极限 $\lim\limits_{x\to 1} 5^{\frac{1}{x-1}}$ 是 (　　);

(A) 0　　(B) $+\infty$

(C) 5　　(D) 不存在且不是无穷大

(8) 若 $\lim\limits_{x\to a} f(x) = k$, 且 $f(x)$ 在点 $x = a$ 处无定义, 则点 $x = a$ 是 $f(x)$ 的 (　　).

(A) 可去间断点　　(B) 跳跃间断点

(C) 连续点　　(D) 无穷间断点

2. 填空题.

(1) $\lim\limits_{x\to\infty}\dfrac{\sqrt{x}+\sqrt[3]{x}+\sqrt[4]{x}}{\sqrt{2x+1}}=$________;

(2) $\lim\limits_{x\to 0}\dfrac{x^2\sin\dfrac{1}{x}}{\sin x}=$________;

(3) 若当 $x\to 0$ 时, 要使 $\tan x-\sin x$ 与 $a\sin^3 x$ 是等价无穷小, 则 $a=$______.

3. 计算下列极限.

(1) $\lim\limits_{n\to\infty}\dfrac{3n^2-2n+8}{4-n^2}$;

(2) $\lim\limits_{n\to\infty}\dfrac{\sqrt{2^n}+\sqrt{3^n}}{\sqrt{2^n}-\sqrt{3^n}}$;

(3) $\lim\limits_{x\to+\infty}\dfrac{x\sqrt{x}\sin\dfrac{1}{x}}{\sqrt{x}-1}$;

(4) $\lim\limits_{x\to+\infty}x(\sqrt{x^2+1}-x)$;

(5) $\lim\limits_{x\to 0}\dfrac{\sqrt{x+4}-2}{\sin 5x}$;

(6) $\lim\limits_{x\to 1}(2-x)^{\frac{2}{\sin\pi x}}$;

(7) $\lim\limits_{x\to 1}\left(\dfrac{2x}{x+1}\right)^{\frac{2x}{x-1}}$;

(8) $\lim\limits_{x\to 0}(\sec^2 x)^{\frac{1}{x^2}}$;

(9) $\lim\limits_{x\to 0}(1-\cos x)\cot x$;

(10) $\lim\limits_{x\to\infty}\left(\tan\dfrac{1}{x}\sin x+\dfrac{2x^2+x+1}{x^2-1}\right)$;

(11) $\lim\limits_{n\to\infty}\left(\dfrac{1}{1\cdot 3}+\dfrac{1}{3\cdot 5}+\cdots+\dfrac{1}{(2n-1)(2n+1)}\right)\cdot\dfrac{3n^2-1}{2n^2+1}$.

4. 设函数 $f(x)=\begin{cases}\sqrt{x^2-1}, & x<-1,\\ b, & x=-1,\\ a+\arccos x, & -1<x\leqslant 1,\end{cases}$ 试确定 a,b 的值, 使 $f(x)$ 在 $x=-1$ 处连续.

5. 求下列函数的间断点, 并判断类型.

(1) $f(x)=\dfrac{1}{1+\dfrac{1}{x}}$;

(2) $f(x)=\dfrac{x^2-1}{\sin\pi x}$;

(3) $f(x)=\lim\limits_{n\to\infty}\dfrac{x^{2n+1}+1}{x^{2n+1}-x^{n+1}+x}$.

6. 设 $f(x)=\begin{cases}\dfrac{x^2+ax+b}{1-x}, & x\neq 1,\\ 5, & x=1\end{cases}$ 在 $(-\infty,+\infty)$ 内连续, 求 a,b 的值.

7. 设 $P(x)$ 是多项式, 且 $\lim\limits_{x\to\infty}\dfrac{P(x)-x^3}{x^2}=2$, $\lim\limits_{x\to 0}\dfrac{P(x)}{x}=1$, 求 $P(x)$.

8. 证明: 方程 $\sin x + x + 1 = 0$ 在开区间 $\left(-\dfrac{\pi}{2}, \dfrac{\pi}{2}\right)$ 内至少有一个根.

9. 若 $f(x)$ 在 $[a,b]$ 上连续, 且 $a < x_1 < x_2 < \cdots < x_n < b$, 则在 (a,b) 内至少有一点 ξ, 使得

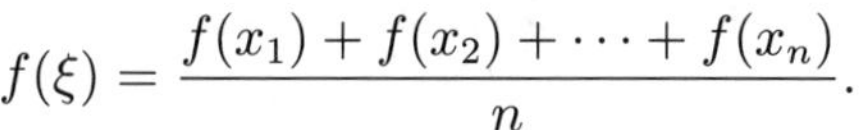

$$f(\xi) = \frac{f(x_1) + f(x_2) + \cdots + f(x_n)}{n}.$$

总习题一
9 题解答

第一章自测题

第二章　导数与微分

微积分学包括微分学和积分学两个部分, 微分学又分为一元函数微分学和多元函数微分学. 本章首先从实际问题出发, 引出导数和微分的概念, 然后讨论它们的性质与计算. 下一章主要研究导数的应用. 至于多元函数微分学, 将在下册中讨论.

函数的导数和微分是一元微分学的两个基本概念. 导数表示一个函数的因变量相对于自变量变化快慢的程度, 即因变量关于自变量的变化率. 微分表示函数在局部范围内的线性近似, 与导数概念紧密相关. 求导数和求微分的法则统称为微分法, 是微积分的一种基本运算. 下面给出了本章的结构框图, 如图 2–1 所示.

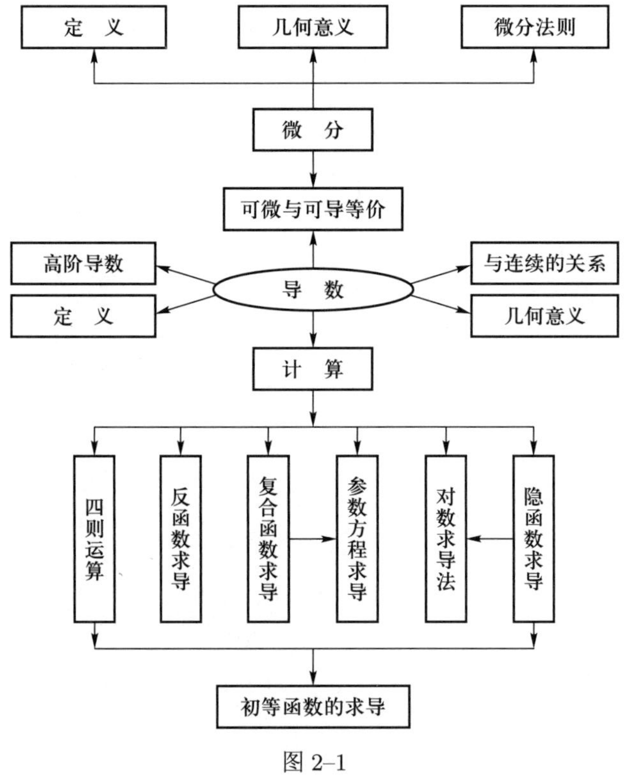

图 2–1

第一节　导数的概念

导数作为微分学中的最主要概念, 是英国著名科学家牛顿 (Newton) 和德国数学家莱布尼茨 (Leibniz) 分别在研究力学与几何学过程中初步建立的. 本节通过几个实例引入导数的定义,然后介绍导数的几何意义, 最后讨论函数可导与连续的关系.

一、引例

1. 变速直线运动的瞬时速度

设一质点做非匀速直线运动, 从某时刻算起质点所行路程 s 与所需时间 t 满足关系式

$$s=s(t),$$

这个关系式称为质点的运动方程. 求质点在时刻 t_0 的瞬时速度.

严格地说, 此问题需要解决的是

(1) 给出质点在时刻 t_0 的瞬时速度的定义;

(2) 提供计算瞬时速度的方法.

考虑质点从时刻 t_0 运动到时刻 $t_0+\Delta t$ 这段时间间隔内所走的路程

$$\Delta s=s(t_0+\Delta t)-s(t_0),$$

于是, 质点在这段时间内的平均速度是

$$\overline{v}=\frac{\Delta s}{\Delta t}=\frac{s(t_0+\Delta t)-s(t_0)}{\Delta t}.$$

由于质点运动不是匀速的, 所以平均速度 $\overline{v}$ 一般来说不等于时刻 t_0 的速度. 如果时间间隔较短, 则它可以作为时刻 t_0 的瞬时速度 $v(t_0)$ 的一个近似值, Δt 越小, 其近似程度就越高. 因此, 如果极限

$$\lim_{\Delta t\to 0}\overline{v}=\lim_{\Delta t\to 0}\frac{\Delta s}{\Delta t}=\lim_{\Delta t\to 0}\frac{s(t_0+\Delta t)-s(t_0)}{\Delta t}$$

存在, 自然将此极限定义为质点在时刻 t_0 的**瞬时速度** $v(t_0)$, 即

$$v(t_0)=\lim_{\Delta t\to 0}\frac{\Delta s}{\Delta t}=\lim_{\Delta t\to 0}\frac{s(t_0+\Delta t)-s(t_0)}{\Delta t}.$$

2. 平面曲线切线的斜率

如何定义曲线在一点处的切线?

首先, 给出切线的定义.

设有曲线 C 及 C 上的一点 M, 如图 2–2 所示, 在曲线 C 上另取一点 N, 作割线 MN. 当点 N 沿曲线 C 趋于点 M 时, 如果割线 MN 绕点 M 旋转而趋于极限位置 MT, 直线 MT 就称为曲线 C 在点 M 处的**切线**.

设点 $M(x_0,y_0)$ 是曲线 C 上的一个点, 则 $y_0=f(x_0)$. 要求出曲线 C 在点 M 处的切线, 只要定出切线的斜率就行了. 为此, 在曲线 C 上另取一点 $N(x_0+\Delta x,y_0+\Delta y)$, 于是割线 MN 的斜率为

$$\tan\varphi=\frac{\Delta y}{\Delta x}=\frac{f(x_0+\Delta x)-f(x_0)}{\Delta x},$$

其中 φ 为割线 MN 的倾角. 当 N 沿曲线 C 趋于点 M 时, $\Delta x\to 0$, 此时, 如果极限

$$\lim_{\Delta x\to 0}\tan\varphi=\lim_{\Delta x\to 0}\frac{\Delta y}{\Delta x}=\lim_{\Delta x\to 0}\frac{f(x_0+\Delta x)-f(x_0)}{\Delta x}$$

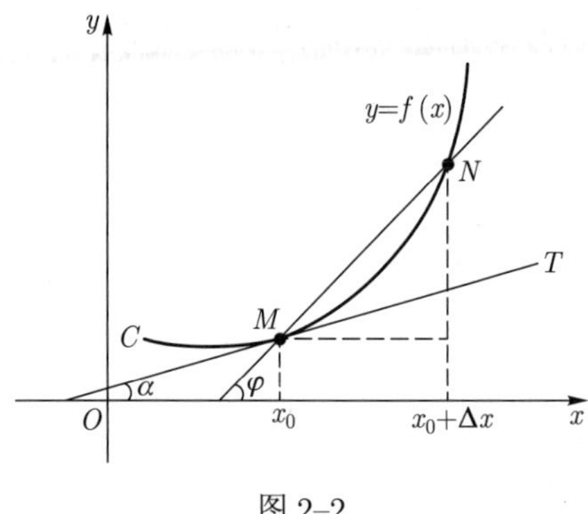

图 2–2

存在, 那么称此极限为曲线 C 上点 $M(x_0,y_0)$ 处的**切线 MT 的斜率**. 记为 $\tan\alpha$, 即

$$\tan\alpha=\lim_{\Delta x\to 0}\tan\varphi=\lim_{\Delta x\to 0}\frac{\Delta y}{\Delta x}=\lim_{\Delta x\to 0}\frac{f(x_0+\Delta x)-f(x_0)}{\Delta x},$$

其中 α 是切线 MT 的倾角.

3. 产品总成本的变化率

设某产品的总成本 C 是产量 x 的函数, 即 $C=f(x)$. 当产量 x 由 x_0 变到 $x_0+\Delta x$ 时, 总成本相应的改变量为

$$\Delta C=f(x_0+\Delta x)-f(x_0),$$

于是, 总成本的平均变化率是

$$\frac{\Delta C}{\Delta x}=\frac{f(x_0+\Delta x)-f(x_0)}{\Delta x},$$

当 Δx 越小时, 其近似程度就越高. 因此, 如果极限

$$\lim_{\Delta x\to 0}\frac{\Delta C}{\Delta x}=\lim_{\Delta x\to 0}\frac{f(x_0+\Delta x)-f(x_0)}{\Delta x}$$

存在, 自然将此极限值定义为产量在 x_0 时总成本的变化率. 在经济学中称为**边际成本**.

在以上讨论中, 非匀速直线运动的速度是物理问题, 切线的斜率是几何问题, 边际成本是经济问题. 虽然它们讨论的背景不一样, 但最终都归结为同一形式的极限

$$\lim_{\Delta x\to 0}\frac{\Delta y}{\Delta x}=\lim_{\Delta x\to 0}\frac{f(x_0+\Delta x)-f(x_0)}{\Delta x},$$

即当自变量的改变量 $\Delta x\to 0$ 时, 函数增量 Δy 与自变量增量 Δx 之比的极限. 在实际问题中有许许多多的量都可归结为这种数学模型, 因此撇开这些量的实际意义, 抓住它们在数量关系上的本质, 就抽象出函数导数的概念.

二、导数的定义

1. 函数在一点处的导数

定义 1.1　设函数 $y=f(x)$ 在点 x_0 的某个邻域内有定义, 当自变量 x 在 x_0 处取得增量 Δx (点 $x_0+\Delta x$ 仍在该邻域内) 时, 相应地函数 y 取得增量 $\Delta y=f(x_0+\Delta x)-f(x_0)$, 如果 Δy 与 Δx 之比

$$\frac{\Delta y}{\Delta x}=\frac{f(x_0+\Delta x)-f(x_0)}{\Delta x},$$

当 $\Delta x\to 0$ 时极限存在, 那么称函数 $y=f(x)$ 在点 x_0 处**可导**, 并称此极限值为函数 $y=f(x)$ 在点 x_0 处关于自变量 x 的**导数**, 记为 $f'(x_0)$, 即

$$f'(x_0)=\lim_{\Delta x\to 0}\frac{\Delta y}{\Delta x}=\lim_{\Delta x\to 0}\frac{f(x_0+\Delta x)-f(x_0)}{\Delta x}, \tag{1.1}$$

也可记作 $y'|_{x=x_0}$, $\left.\dfrac{\mathrm{d}y}{\mathrm{d}x}\right|_{x=x_0}$ 或 $\left.\dfrac{\mathrm{d}f(x)}{\mathrm{d}x}\right|_{x=x_0}$.

函数 $y=f(x)$ 在点 x_0 处可导, 也称函数 $y=f(x)$ 在点 x_0 处具有导数或导数存在.

如果上述极限 (1.1) 不存在, 那么称函数 $y=f(x)$ 在点 x_0 处**不可导**, 点 x_0 为 $y=f(x)$ 的不可导点. 如果极限为 ∞, 为方便起见, 也往往说函数 $y=f(x)$ 在点 x_0 处的导数为无穷大.

由导数定义可知:

(1) 质点做变速直线运动在时刻 t_0 的瞬时速度为

$$v(t_0)=\lim_{\Delta t\to 0}\frac{\Delta s}{\Delta t}=\lim_{\Delta t\to 0}\frac{s(t_0+\Delta t)-s(t_0)}{\Delta t}=s'(t_0);$$

(2) 曲线 C 上点 $M(x_0,y_0)$ 处切线 MT 的斜率为

$$\tan\alpha=\lim_{\Delta x\to 0}\frac{\Delta y}{\Delta x}=\lim_{\Delta x\to 0}\frac{f(x_0+\Delta x)-f(x_0)}{\Delta x}=f'(x_0);$$

(3) 产量在 x_0 处的边际成本为

$$\lim_{\Delta x\to 0}\frac{\Delta C}{\Delta x}=\lim_{\Delta x\to 0}\frac{f(x_0+\Delta x)-f(x_0)}{\Delta x}=f'(x_0).$$

注　(1) $f'(x_0)$ 是函数 $y=f(x)$ 在点 x_0 处的变化率, 反映了函数随自变量变化而变化的快慢程度.

(2) 用导数定义求导数一般包含三个步骤：求函数的增量 $\Delta y=f(x_0+\Delta x)-f(x_0)$; 求两增量的比值 $\dfrac{\Delta y}{\Delta x}$; 求增量比的极限, 即

$$y'=\lim_{\Delta x\to 0}\frac{\Delta y}{\Delta x}.$$

(3) 导数的定义式也可以取不同的形式, 常见如下:

令 $\Delta x=h$, 则有

$$f'(x_0)=\lim_{h\to 0}\frac{f(x_0+h)-f(x_0)}{h}. \tag{1.2}$$

当 $x = x_0 + \Delta x$, 则有

$$f'(x_0) = \lim_{x \to x_0} \frac{f(x) - f(x_0)}{x - x_0}. \tag{1.3}$$

(4) 利用复合函数的极限运算法则, 导数还可定义为

$$f'(x_0) = \lim_{\Delta x \to 0} \frac{f(x_0 + \alpha) - f(x_0)}{\alpha},$$

其中 α 为当 $\Delta x \to 0$ 时的无穷小量.

2. 单侧导数

与单侧极限和单侧连续类似, 可以给出单侧导数的定义.

如果极限

$$\lim_{h \to 0^-} \frac{f(x_0 + h) - f(x_0)}{h}$$

存在, 那么称此极限值为函数 $y = f(x)$ 在点 x_0 处的**左导数**. 记作

$$f'_-(x_0) = \lim_{h \to 0^-} \frac{f(x_0 + h) - f(x_0)}{h}.$$

如果极限

$$\lim_{h \to 0^+} \frac{f(x_0 + h) - f(x_0)}{h}$$

存在, 那么称此极限值为函数 $y = f(x)$ 在点 x_0 处的**右导数**. 记作

$$f'_+(x_0) = \lim_{h \to 0^+} \frac{f(x_0 + h) - f(x_0)}{h}.$$

定理 1.1 若函数 $y = f(x)$ 在点 x_0 的某个邻域内有定义, 则 $f'(x_0)$ 存在的充要条件是 $f'_-(x_0)$ 与 $f'_+(x_0)$ 都存在, 且

$$f'_+(x_0) = f'_-(x_0).$$

例 1.1 求函数 $y = x^3$ 在 $x = 1$ 处的导数 $f'(1)$.

解法 1 $f'(1) = \lim\limits_{\Delta x \to 0} \dfrac{f(1 + \Delta x) - f(1)}{\Delta x} = \lim\limits_{\Delta x \to 0} \dfrac{(1 + \Delta x)^3 - 1^3}{\Delta x}$

$$= \lim_{\Delta x \to 0} \left[(\Delta x)^2 + 3\Delta x + 3 \right] = 3.$$

解法 2 $f'(1) = \lim\limits_{x \to 1} \dfrac{f(x) - f(1)}{x - 1} = \lim\limits_{x \to 1} \dfrac{x^3 - 1^3}{x - 1} = \lim\limits_{x \to 1} \left(x^2 + x + 1 \right) = 3.$

例 1.2 试证 $\lim\limits_{\Delta x \to 0} \dfrac{f(x) - f(x - \Delta x)}{\Delta x} = f'(x)$.

证 原式 $= \lim\limits_{\Delta x \to 0} \dfrac{f(x + (-\Delta x)) - f(x)}{-\Delta x} \xlongequal{h=-\Delta x} \lim\limits_{h \to 0} \dfrac{f(x + h) - f(x)}{h} = f'(x)$.

例 1.3 试利用导数定义求下列极限 (假设极限均存在):

(1) $\lim\limits_{x \to a} \dfrac{f(2x) - f(2a)}{x - a}$;

(2) $\lim\limits_{x \to 0} \dfrac{f(x)}{x}$, 其中 $f(0) = 0$.

解　(1) $\lim\limits_{x\to a}\dfrac{f(2x)-f(2a)}{x-a}=2\lim\limits_{x\to a}\dfrac{f(2x)-f(2a)}{2x-2a}$

$$\xlongequal{t=2x}2\lim_{t\to 2a}\frac{f(t)-f(2a)}{t-2a}=2f'(2a).$$

(2) $\lim\limits_{x\to 0}\dfrac{f(x)}{x}=\lim\limits_{x\to 0}\dfrac{f(x)-0}{x}=\lim\limits_{x\to 0}\dfrac{f(x)-f(0)}{x}=f'(0)$.

例 1.4　讨论函数 $f(x)=|x|$ 在 $x=0$ 处的可导性.

解

$$f'_{-}(0)=\lim_{h\to 0^-}\frac{f(0+h)-f(0)}{h}=\lim_{h\to 0^-}\frac{|h|}{h}=-1,$$

$$f'_{+}(0)=\lim_{h\to 0^+}\frac{f(0+h)-f(0)}{h}=\lim_{h\to 0^+}\frac{|h|}{h}=1,$$

因为 $f'_{-}(0)\neq f'_{+}(0)$, 所以函数 $f(x)=|x|$ 在 $x=0$ 处不可导.

三、导函数

如果函数 $f(x)$ 在开区间 (a,b) 内的每点处都可导, 那么称函数 $f(x)$ 在开区间 (a,b) 内可导.

如果函数 $f(x)$ 在开区间 (a,b) 内可导, 且 $f'_{+}(a)$ 及 $f'_{-}(b)$ 都存在, 那么称 $f(x)$ 在闭区间 $[a,b]$ 上可导.

如果函数 $f(x)$ 在开区间 I 内可导, 那么对于任一 $x\in I$ 都对应着 $f(x)$ 的一个确定的导数值, 这样就构成了一个新的函数, 这个函数叫做 $y=f(x)$ 的**导函数**, 记作

$$y',\ f'(x),\ \frac{\mathrm{d}y}{\mathrm{d}x},\ \text{或}\ \frac{\mathrm{d}f(x)}{\mathrm{d}x}.$$

在 (1.1) 或 (1.2) 中把 x_0 换成 x, 即得导函数的定义式

$$f'(x)=\lim_{\Delta x\to 0}\frac{f(x+\Delta x)-f(x)}{\Delta x},$$

或

$$f'(x)=\lim_{h\to 0}\frac{f(x+h)-f(x)}{h}.$$

注　(1) 在以上两式求极限过程中, h 或 Δx 是变量而 x 看作固定不变的量;

(2) $f'(x_0)=f'(x)|_{x=x_0}$, 但 $f'(x_0)\neq(f(x_0))'$;

(3) 在不引起误会的情况下, 导函数简称为导数.

例 1.5　求函数 $f(x)=C$ (C 为常数) 的导数.

解　$C'=\lim\limits_{h\to 0}\dfrac{f(x+h)-f(x)}{h}=\lim\limits_{h\to 0}\dfrac{C-C}{h}=0.$

例 1.6　求函数 $f(x)=\sin x$ 的导数.

解　$(\sin x)'=\lim\limits_{h\to 0}\dfrac{\sin(x+h)-\sin x}{h}=\lim\limits_{h\to 0}\dfrac{1}{h}\cdot 2\cos\left(x+\dfrac{h}{2}\right)\sin\dfrac{h}{2}$

$$=\lim_{h\to 0}\cos\left(x+\frac{h}{2}\right)\cdot\frac{\sin\dfrac{h}{2}}{\dfrac{h}{2}}=\cos x.$$

类似地, $(\cos x)' = -\sin x$.

例 1.7 求函数 $f(x) = a^x(a > 0, a \neq 1)$ 的导数.

解 $(a^x)' = \lim\limits_{h\to 0} \dfrac{a^{x+h} - a^x}{h} = a^x \lim\limits_{h\to 0} \dfrac{a^h - 1}{h} = a^x \ln a.$

特别地,

$$(\mathrm{e}^x)' = \mathrm{e}^x.$$

例 1.8 求函数 $f(x) = \log_a x(a > 0, a \neq 1)$ 的导数.

解
$$\begin{aligned}(\log_a x)' &= \lim_{h\to 0} \frac{\log_a(x+h) - \log_a x}{h}\\ &= \lim_{h\to 0} \frac{1}{h} \log_a \frac{x+h}{x} = \frac{1}{x} \lim_{h\to 0} \frac{\log_a\left(1+\dfrac{h}{x}\right)}{\dfrac{h}{x}} = \frac{1}{x\ln a}.\end{aligned}$$

特别地,

$$(\ln x)' = \frac{1}{x}.$$

例 1.9 求函数 $f(x) = x^\mu(\mu \in \mathbf{R})$ 的导数.

解
$$\begin{aligned}\frac{f(x+h) - f(x)}{h} &= \frac{(x+h)^\mu - x^\mu}{h}\\ &= x^{\mu-1} \frac{\left(1+\dfrac{h}{x}\right)^\mu - 1}{\dfrac{h}{x}}\\ &\longrightarrow \mu x^{\mu-1}(h \to 0),\end{aligned}$$

即

$$(x^\mu)' = \mu x^{\mu-1} \quad (\mu \in \mathbf{R}).$$

更一般地, 有

$$(x^n)' = nx^{n-1} \quad (n \in \mathbf{N}_+).$$

例如

$$\left(\frac{1}{x}\right)' = -\frac{1}{x^2}, \quad (\sqrt{x})' = \frac{1}{2\sqrt{x}}.$$

四、导数的几何意义

根据引例 2 的讨论, 如果函数 $y = f(x)$ 在点 x_0 处可导, 那么 $f'(x_0)$ 在几何上表示曲线 $y = f(x)$ 在点 $M(x_0, y_0)$ 处切线的斜率.

如果函数 $y = f(x)$ 在点 x_0 处可导, 那么曲线在点 $M(x_0, y_0)$ 处切线方程为

$$y - y_0 = f'(x_0)(x - x_0).$$

特别地, 当 $f'(x_0)$=0 时, 曲线有水平切线

$$y = y_0.$$

过切点 $M(x_0, y_0)$ 且与切线垂直的直线称为曲线 $y = f(x)$ 在点 M 处的**法线**. 如果 $f'(x_0) \neq 0$, 那么法线方程为

$$y - y_0 = -\frac{1}{f'(x_0)}(x - x_0).$$

当 $y = f(x)$ 在点 x_0 处的导数为无穷大, 这时曲线 $y = f(x)$ 在点 $M(x_0, f(x_0))$ 处具有垂直于 x 轴的切线 $x = x_0$.

例 1.10 求曲线 $y = \sqrt{x}$ 在点 $(4, 2)$ 处切线的斜率, 并写出曲线在该点处的切线方程和法线方程.

解 $y' = \dfrac{1}{2\sqrt{x}}$, 所求切线及法线在点 $(4, 2)$ 处的斜率分别为

$$k_1 = \left.\frac{1}{2\sqrt{x}}\right|_{x=4} = \frac{1}{4}, \quad k_2 = -\frac{1}{k_1} = -4,$$

从而所求切线方程为

$$y - 2 = \frac{1}{4}(x - 4),$$

即

$$x - 4y + 4 = 0.$$

所求法线方程为

$$y - 2 = -4(x - 4),$$

即

$$4x + y - 18 = 0.$$

五、函数的可导性与连续性的关系

定义函数在一点的导数时, 并没有假定函数在该点连续. 但是函数的可导性与连续性之间却有如下的定理:

定理 1.2 设函数 $y = f(x)$ 在点 x_0 处可导, 则函数在该点处必连续.

证 设函数 $y = f(x)$ 在点 x_0 处可导, 即极限

$$\lim_{\Delta x \to 0} \frac{\Delta y}{\Delta x} = \lim_{\Delta x \to 0} \frac{f(x_0 + \Delta x) - f(x_0)}{\Delta x} = f'(x_0)$$

存在, 由具有极限的函数与无穷小的关系, 则当 $\Delta x \to 0$ 时, 有

$$\frac{\Delta y}{\Delta x} = f'(x_0) + \alpha \ (\alpha \text{ 为当 } \Delta x \to 0 \text{ 时的无穷小}),$$

于是 $\Delta y = f'(x_0)\Delta x + \alpha \Delta x$, 故

$$\lim_{\Delta x \to 0} \Delta y = 0.$$

这就是说, 函数 $y=f(x)$ 在点 x_0 处是连续的.

由此得知, 函数在区间上可导的必要条件是函数在区间上连续. 但是, 值得注意的是, 上述定理的逆定理不成立, 即一个函数在某点连续却不一定在该点可导. 举例说明如下.

例 1.11 函数 $y=\sqrt[3]{x}$ 在区间 $(-\infty,+\infty)$ 内连续, 但在点 $x=0$ 处不可导. 这是因为在点 $x=0$ 处有

$$\lim_{h\to 0}\frac{f(0+h)-f(0)}{h}=\lim_{h\to 0}\frac{\sqrt[3]{h}-0}{h}=+\infty,$$

即函数在点 $x=0$ 的导数为无穷大. 这事实在图 2–3 中表现为曲线 $y=\sqrt[3]{x}$ 在原点具有垂直于 x 轴的切线 $x=0$.

例 1.12 函数 $y=|x|$ 在 $(-\infty,+\infty)$ 内连续, 但从例 1.4 中已经看到, 该函数在 $x=0$ 处不可导. 如图 1–9 所示, 曲线 $y=|x|$ 在原点处没有切线.

例 1.13 讨论 $f(x)=\begin{cases} x\sin\dfrac{1}{x}, & x\neq 0,\\ 0, & x=0\end{cases}$ 在 $x=0$ 处的连续性与可导性.

解 因为 $\lim\limits_{x\to 0}x\sin\dfrac{1}{x}=0=f(0)$, 所以 $f(x)$ 在 $x=0$ 处连续. 但由于在 $x=0$ 处有

$$\lim_{\Delta x\to 0}\frac{\Delta y}{\Delta x}=\lim_{\Delta x\to 0}\frac{(0+\Delta x)\sin\dfrac{1}{0+\Delta x}-0}{\Delta x}=\lim_{\Delta x\to 0}\sin\frac{1}{\Delta x},$$

所以 $f(x)$ 在 $x=0$ 处不可导.

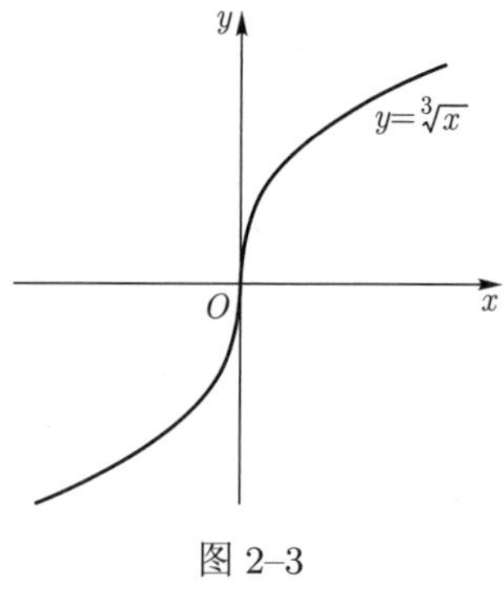

图 2–3

注 (1) 求分段函数在分段点 x_0 处的导数时, 一般采用导数定义进行计算. 如果分段点处左、右两边的表达式不一样, 就需要先讨论左导数和右导数.

(2) 对分段函数而言, 往往可导情况的讨论又伴随连续问题, 所以有时一个问题要出现四个极限形式: $f(x_0+0), f(x_0-0), f'_+(x_0), f'_-(x_0)$. 希望读者要熟悉每一个记号的数学意义.

例 1.14 确定 a 和 b 的值, 使 $f(x)=\begin{cases} 1+\sin 2x, & x\leqslant 0,\\ a+bx, & x>0\end{cases}$ 在点 $x=0$ 处可导.

解 函数 $y=f(x)$ 在点 $x=0$ 处可导, 则必在 $x=0$ 处连续. 首先, 由于 $f(0)=1$, $f(0-0)=\lim\limits_{x\to 0^-}f(x)=\lim\limits_{x\to 0^-}(1+\sin 2x)=1$, 且

$$f(0+0)=\lim_{x\to 0^+}f(x)=\lim_{x\to 0^+}(a+bx)=a,$$

所以当 $f(0-0)=f(0+0)=f(0)$, 即当 $a=1$ 时, 保证函数 $y=f(x)$ 在点 $x=0$ 处连续.

另外, 又因为

$$f'_-(0)=\lim_{\Delta x\to 0^-}\frac{f(0+\Delta x)-f(0)}{\Delta x}=\lim_{\Delta x\to 0^-}\frac{(1+\sin 2\Delta x)-1}{\Delta x}=2,$$

$$f'_+(0)=\lim_{\Delta x\to 0^+}\frac{f(0+\Delta x)-f(0)}{\Delta x}=\lim_{\Delta x\to 0^+}\frac{(1+b\Delta x)-1}{\Delta x}=b,$$

为了保证函数 $y=f(x)$ 在点 $x=0$ 处可导, 需要

$$f'_+(0)=f'_-(0)=2=b,$$

所以 $a=1,b=2$ 满足要求.

六、导数在其他学科中的含义 —— 变化率

在很多实际问题中, 需要讨论各种具有不同意义变量的变化 "快慢" 问题. 例如人口数量的变化、气温的变化、经济的增长与衰退等问题, 在数学上就是所谓函数变化率问题. 导数作为变化率起到了巨大作用. 下面再举一些在不同学科中变化率的例子.

加速度 —— 速度作为时间的函数对时间的变化率;

角速度 —— 角度作为时间的函数对时间的变化率;

电流 —— 电量作为时间的函数对时间的变化率;

线密度 —— 质量作为长度的函数对长度的变化率;

生物种群的增长率 —— 种群数量作为时间的函数对时间的变化率.

习题 2–1

(A)

1. 填空题.

(1) 设 $f'(x_0)$ 存在, 则 $\lim\limits_{h\to 0}\dfrac{f(x_0+2h)-f(x_0)}{h}=$________;

(2) 设 $f'(x_0)$ 存在, 则 $\lim\limits_{h\to 0}\dfrac{f(x_0+3h)-f(x_0-h)}{h}=$________;

(3) 设函数 $f(x)$ 可导, 则 $\lim\limits_{\Delta x\to 0}\dfrac{f^2(x+\Delta x)-f^2(x)}{\Delta x}=$________;

(4) $\lim\limits_{\Delta x\to 0}\dfrac{f(x_0+k\Delta x)-f(x_0)}{\Delta x}=\dfrac{1}{3}f'(x_0)\neq 0$, 则 $k=$________;

(5) 设 $f'(x_0)$ 存在, a 为常数, 则 $\lim\limits_{\Delta x\to 0}\dfrac{f(x_0+a\Delta x)-f(x_0-a\Delta x)}{\Delta x}=$________.

2. 用导数定义证明下列等式成立.

(1) $(\cos x)'=-\sin x$;　　(2) $\left(\sqrt{1+x^2}\right)'=\dfrac{x}{\sqrt{1+x^2}}$.

3. 求下列函数的导数.

(1) $y=x^7$;　　(2) $y=\sqrt[4]{x^7}$;

(3) $y=\dfrac{x^2\sqrt[9]{x^{10}}}{\sqrt[4]{x^3}}$;　　(4) $y=\sqrt{x^8\sqrt{x\sqrt{x}}}$.

4. 计算题.

(1) 求曲线 $y=\mathrm{e}^x$ 在点 $(0,1)$ 处的切线方程和法线方程;

(2) 设 $f(x)$ 在 $x=1$ 处连续, 且 $\lim\limits_{x\to 1}\dfrac{f(x)}{x-1}=2$, 求 $f'(1)$;

(3) 设 $f(x)$ 在 $x=0$ 处连续, 且 $\lim\limits_{x\to 0}\dfrac{f(x)}{\sqrt{1+x}-1}=2$, 求 $f'(0)$;

(4) 设 $f(x)=(x-a)\varphi(x)$, 其中 $\lim\limits_{x\to a}\varphi(x)=0$, 且 $\varphi(a)=2$, 求 $f'(a)$;

(5) 设函数对任意 x 都满足 $f(1+x)=af(x)$, 且 $f'(0)=b$, 其中 a,b 为取定常数, 求 $f'(1)$.

5. 讨论函数在 $x=0$ 处的连续性与可导性.

(1) $y=|\sin x|$;

(2) $f(x)=\begin{cases} x^2\sin\dfrac{1}{x}, & x\neq 0,\\ 0, & x=0;\end{cases}$

(3) $f(x)=\begin{cases} -x, & x<0,\\ x^2, & x\geqslant 0;\end{cases}$

(4) $f(x)=\begin{cases} \sin x, & x\geqslant 0,\\ x^3, & x<0.\end{cases}$

6. 证明题.

(1) 若 $f(x)$ 为偶函数且 $f'(0)$ 存在, 则 $f'(0)=0$.

(2) 在导函数存在的前提下, 用导数定义证明：奇函数的导函数是偶函数, 偶函数的导函数是奇函数.

(3) 用导数定义证明：可导的周期函数的导数仍是周期函数, 且周期不变.

(B)

7. 设有一根细棒, 取棒的一端作为原点, 棒上任意点的坐标为 x, 于是分布在区间 $[0,1]$ 上细棒的质量 m 是 x 的函数 $m=m(x)$. 应怎样确定细棒在点 x_0 处的线密度 (对于均匀细棒来说, 单位长度细棒的质量叫做这细棒的线密度)?

8. 设 $f(x)$ 为可导的周期为 4 的函数, 且满足条件

$$\lim_{x\to 0}\frac{f(1)-f(1-x)}{2x}=-1,$$

求曲线 $y=f(x)$ 在点 $(9,f(9))$ 处的切线斜率和法线斜率.

9. 设 $f(x)=x(x-1)(x-2)\cdots(x-1\ 000)$, 求 $f'(0)$.

10. 设 $f(x)$ 在 $x=1$ 处可导, 且 $f(1)=0, f'(1)=2$, 求 $\lim\limits_{x\to 0}\dfrac{f\left(\sin^2 x+\cos x\right)}{x\tan x\cos x}$.

11. 设 $f(x)=\begin{cases} g(x)\sin\dfrac{1}{x}, & x\neq 0,\\ 0, & x=0,\end{cases}$ 且 $g(0)=g'(0)=0$, 求 $f'(0)$.

12. 确定 a 和 b 的值, 使

$$f(x)=\begin{cases} \mathrm{e}^{ax}-1, & x<0,\\ b(1+\sin x)+a+2, & x\geqslant 0\end{cases}$$

在点 $x=0$ 处可导.

第二节 微分的概念

微分是一元函数微分学中的另一个重要概念, 它与导数既密切相关又有本质区别. 导数是函数在一点处的变化率, 反映函数在某点变化“快慢”的程度. 而微分表示函数在局部范围内

的线性近似. 在许多理论研究和实际应用中, 常常会遇到这样的问题, 当自变量 x 有微小变化时, 求函数 $y=f(x)$ 的微小改变量

$$\Delta y=f(x_0+\Delta x)-f(x_0).$$

一般说来, 函数 $y=f(x)$ 的增量 Δy 不易求出, 实用上只要求出它的具有一定精确度的近似值就够了, 由此引入微分的概念.

一、微分的定义

问题　设有边长为 x 的正方形, 如果边长 x 由 x_0 变到 $x_0+\Delta x$, 问正方形的面积改变了多少? 如图 2–4 所示.

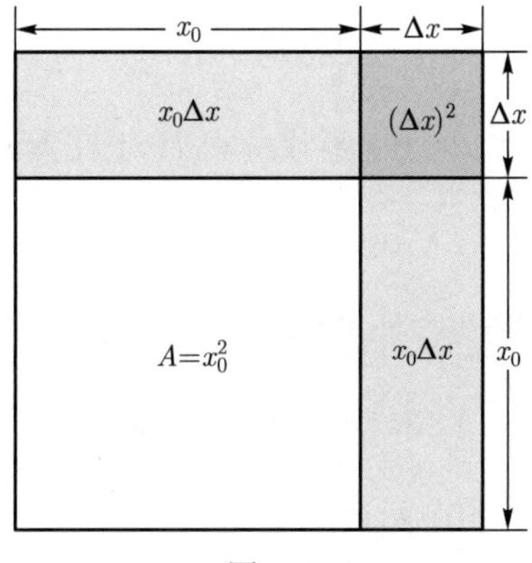

图 2–4

设正方形的面积为 A, 则 A 与 x 存在函数关系 $A=x^2$. 当自变量 x 自 x_0 取得增量 Δx, 函数 A 相应的增量为 ΔA, 则

$$\Delta A=(x_0+\Delta x)^2-x_0^2=2x_0\Delta x+(\Delta x)^2. \tag{2.1}$$

从 (2.1) 可以看到, ΔA 分为两部分, 第一部分 $2x_0\Delta x$ 是自变量增量 Δx 的线性函数, 即图中填充浅色阴影的两个矩形面积之和. 第二部分 $(\Delta x)^2$ 是图中填充深色阴影的小正方形的面积, 当 $\Delta x\to 0$ 时, 第二部分 $(\Delta x)^2$ 是 Δx 的高阶无穷小, 即 $(\Delta x)^2=o(\Delta x)$. 由此可见, 当边长增量 Δx 很小时, 面积的增量 ΔA 可近似地用第一部分来代替. 这时把 $2x_0\Delta x$ 称为函数 $A=x^2$ 在点 x_0 的**微分**.

对于一般函数有如下的定义.

定义 2.1　设函数 $y=f(x)$ 在某区间内有定义, x_0 及 $x_0+\Delta x$ 在此区间内, 如果函数的增量可表示为

$$\Delta y=f(x_0+\Delta x)-f(x_0)=A\Delta x+o(\Delta x), \tag{2.2}$$

其中 A 是不依赖于 Δx 的常数, 那么称函数 $y=f(x)$ 在点 x_0 是**可微**的. 且 $A\Delta x$ 叫做函数 $y=f(x)$ 在点 x_0 相应于自变量增量 Δx 的**微分**, 记作 $\mathrm{d}y$, 即

$$\mathrm{d}y=A\Delta x. \tag{2.3}$$

定理 2.1 函数 $y=f(x)$ 在点 x_0 可微分的充要条件是函数 $y=f(x)$ 在点 x_0 可导.

证 充分性. 若函数 $y=f(x)$ 在点 x_0 处可导, 即极限

$$\lim_{\Delta x\to 0}\frac{\Delta y}{\Delta x}=\lim_{\Delta x\to 0}\frac{f(x_0+\Delta x)-f(x_0)}{\Delta x}=f'(x_0)$$

存在, 由函数极限与无穷小的关系, 则当 $\Delta x\to 0$ 时, 上式可写成

$$\frac{\Delta y}{\Delta x}=f'(x_0)+\alpha\quad(\alpha \text{ 为当 } \Delta x\to 0 \text{ 时的无穷小}),\tag{2.4}$$

即

$$\Delta y=f'(x_0)\Delta x+\alpha\Delta x.\tag{2.5}$$

而

$$\lim_{\Delta x\to 0}\frac{\alpha\Delta x}{\Delta x}=\lim_{\Delta x\to 0}\alpha=0,$$

且 $f'(x_0)$ 不依赖于 Δx. 由定义 2.1 可知, 函数 $y=f(x)$ 在点 x_0 处可微, 且 $A=f'(x_0)$, 即

$$\mathrm{d}y=f'(x_0)\Delta x.$$

必要性. 设函数 $y=f(x)$ 在点 x_0 处可微, 则有

$$\Delta y=A\Delta x+o(\Delta x),\tag{2.6}$$

其中 A 是不依赖于 Δx 的常数. (2.6) 两边除以 Δx, 得

$$\frac{\Delta y}{\Delta x}=\frac{A\Delta x+o(\Delta x)}{\Delta x}=A+\frac{o(\Delta x)}{\Delta x}.$$

于是, 当 $\Delta x\to 0$ 时, 有

$$A=\lim_{\Delta x\to 0}\frac{\Delta y}{\Delta x}=f'(x_0).$$

因此, 如果函数 $y=f(x)$ 在点 x_0 处可微, 那么函数 $y=f(x)$ 在点 x_0 处也一定可导, 且 $A=f'(x_0)$.

当 $f'(x_0)\neq 0$ 时, 有

$$\lim_{\Delta x\to 0}\frac{\Delta y}{\mathrm{d}y}=\lim_{\Delta x\to 0}\frac{\Delta y}{f'(x_0)\Delta x}=\frac{1}{f'(x_0)}\lim_{\Delta x\to 0}\frac{\Delta y}{\Delta x}=1.$$

注 (1) 一元函数 $y=f(x)$ 在点 x_0 处可微和可导是等价的概念.

(2) 如果函数可微, 那么函数的改变量 Δy 与其微分 $\mathrm{d}y$ 之差是 Δx 的高阶无穷小量, 即 $\Delta y-\mathrm{d}y=o(\Delta x)$ (当 $\Delta x\to 0$ 时).

(3) 如果 $f'(x_0)\neq 0$, 那么当 $\Delta x\to 0$ 时, Δy 与 $\mathrm{d}y$ 是等价无穷小. 因此当 Δx 很小时, $\Delta y\approx \mathrm{d}y$.

如果函数 $f(x)$ 在区间 I 上的每点都可微, 那么称函数 $f(x)$ 为区间 I 上的**可微函数**. 函数 $f(x)$ 在区间 I 上的微分记作

$$\mathrm{d}y=f'(x)\Delta x.$$

特别地, 如果函数 $y=f(x)=x$, 那么 $\mathrm{d}y=f'(x)\Delta x=\Delta x$, 且 $\mathrm{d}y=\mathrm{d}x$, 所以

$$\mathrm{d}x=\Delta x,$$

并称 $\mathrm{d}x$ 为**自变量的微分**. 函数 $y=f(x)$ 在点 x 处的微分可以改记为

$$\mathrm{d}y=f'(x)\mathrm{d}x.$$

上式表明, 函数的导数就等于函数的微分与自变量微分的商, 因此, 导数又称为**微商**.

例 2.1 求函数 $y=x^3$ 的微分以及当 $x=2,\Delta x=0.02$ 时的微分.

解 函数的微分为

$$\mathrm{d}y=3x^2\Delta x.$$

当 $x=2,\Delta x=0.02$ 时的微分为

$$\mathrm{d}y\Big|_{\substack{x=2\\ \Delta x=0.02}}=0.24.$$

例 2.2 求函数 $y=\sin x$ 的微分.

解 $(\sin x)'=\cos x$, 故

$$\mathrm{d}\sin x=\cos x\mathrm{d}x.$$

例 2.3 求函数 $y=\mathrm{e}^x$ 的微分.

解 $(\mathrm{e}^x)'=\mathrm{e}^x$, 故

$$\mathrm{d}\mathrm{e}^x=\mathrm{e}^x\mathrm{d}x.$$

二、微分的几何意义

在直角坐标系中, 函数 $y=f(x)$ 的图形是一条曲线. 对于固定的 x_0, 曲线上有一个确定的点 $M(x_0,y_0)$, 过点 M 作曲线的切线 MT, 倾角为 α. 当自变量 x 有微小增量 Δx 时, 得到曲线上另一点 $N(x_0+\Delta x,y_0+\Delta y)$, 过点 N 作平行于 y 轴的直线, 它与曲线 $y=f(x)$ 上点 M 的切线 MT 交于点 P, 与过点 M 所作平行 x 轴的直线交于点 Q, 由图 2–5 知

$$MQ=\Delta x,\ QN=\Delta y,QP=MQ\cdot\tan\alpha=\Delta x\cdot f'(x_0)=\mathrm{d}y.$$

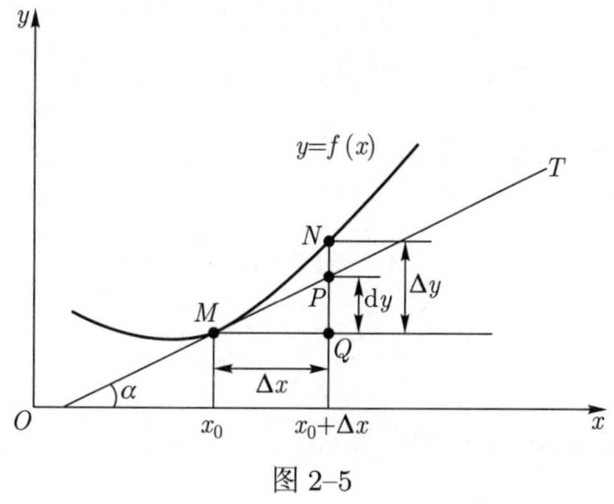

图 2–5

由此可见, 对于可微函数 $y=f(x)$ 而言, 当 Δy 是曲线 $y=f(x)$ 上的点的纵坐标的增量时, $\mathrm{d}y$ 就是曲线的切线上点的纵坐标的相应增量. 当 $|\Delta x|$ 很小时, $|\Delta y-\mathrm{d}y|$ 比 $|\Delta x|$ 小很多. 因此在点 M 的邻近, 可以用切线近似代替曲线.

三、利用微分进行近似计算

1. 近似值的计算

在工程问题中, 经常会遇到一些复杂的计算公式. 如果直接用这些公式进行计算, 那是很费力的. 利用微分往往可以把一些复杂的计算公式改用简单的近似公式来代替.

如果函数 $y=f(x)$ 在点 x_0 处的导数 $f'(x_0)\neq 0$, 且 Δx 很小时, 有

$$\Delta y=f(x_0+\Delta x)-f(x_0)\approx \mathrm{d}y=f'(x_0)\mathrm{d}x, \tag{2.7}$$

其误差是 Δx 的高阶无穷小. 那么可用 (2.7) 右端 $f'(x_0)\mathrm{d}x$ 来近似计算 Δy. 式 (2.7) 也可写为

$$f(x_0+\Delta x)\approx f(x_0)+f'(x_0)\Delta x.$$

令 $x=x_0+\Delta x$, 则有下面的近似公式

$$f(x)\approx f(x_0)+f'(x_0)\Delta x. \tag{2.8}$$

特别地, 当 $x_0=0$ 时, 有

$$f(x)\approx f(0)+f'(0)x. \tag{2.9}$$

由 (2.9) 可以得到一些常用的近似公式, 当 $|x|$ 充分小时,

(1) $\sqrt[n]{1+x}\approx 1+\dfrac{1}{n}x$;

(2) $\sin x\approx x$ (x 用弧度作单位);

(3) $\tan x\approx x$ (x 用弧度作单位);

(4) $\mathrm{e}^x\approx 1+x$;

(5) $\ln(1+x)\approx x$.

例 2.4 利用微分计算函数 $\cos 61^\circ$ 的近似值.

解 令 $y=f(x)=\cos x$, 此时, 取 $x_0=\dfrac{\pi}{3}$, $\Delta x=\dfrac{\pi}{180}$, 于是 $f(x_0+\Delta x)=\cos 61^\circ$. 而

$$f(x_0)=\cos\frac{\pi}{3}, f'(x_0)=-\sin\frac{\pi}{3},$$

由近似公式 (2.8) 得

$$\cos 61^\circ=\cos(x_0+\Delta x)\approx\cos\frac{\pi}{3}-\sin\frac{\pi}{3}\cdot\frac{\pi}{180}\approx 0.484\,9.$$

例 2.5 利用微分计算 $\sqrt{99}$ 的近似值.

解 令 $y=f(x)=\sqrt{x}$, 此时, 取 $x_0=100$, $\Delta x=-1$, 于是 $f(x_0+\Delta x)=\sqrt{100-1}=\sqrt{99}$. 而

$$f(x_0)=10, f'(x_0)=\frac{1}{2\times 10}=\frac{1}{20},$$

由近似公式 (2.8) 得

$$\sqrt{99}\approx 10-\frac{1}{20}=9.95.$$

例 2.6 计算 $\sqrt{1.05}$ 的近似值.

解 因为 $\sqrt[n]{1+x}\approx 1+\frac{1}{n}x$, 所以

$$\sqrt{1.05}=\sqrt{1+0.05}\approx 1+\frac{1}{2}\times 0.05=1.025.$$

直接开方的结果是 $\sqrt{1.05}\approx 1.024\ 70$.

***2. 误差估计**

在生产实践中, 经常要测量各种数据. 但是有的数据不易直接测量, 这时就需要通过测量其他有关数据后, 根据某种公式算出所要的数据. 由于测量仪器的精度、测量的条件和测量的方法等各种因素的影响, 所以测得的数据往往带有误差, 而根据带有误差的数据计算所得的结果也会有误差, 这种误差叫做**间接测量误差**.

如果某个量的精确值为 A, 它的近似值为 a, 那么 $|A-a|$ 叫做 a 的**绝对误差**. 而绝对误差 $|A-a|$ 与 $|a|$ 的比值 $\frac{|A-a|}{|a|}$ 叫做 a 的**相对误差**.

下面讨论怎样用微分来估计间接测量误差.

设有可微函数 $y=f(x)$, 如果 x_0 是真值 x 的一个近似值, 那么 $f(x_0)$ 是真值 $f(x)$ 的一个近似值. 记 x 的绝对误差为

$$\delta_x=|x-x_0|=|\Delta x|,$$

则 y 的绝对误差为

$$\delta_y=|f(x)-f(x_0)|=|\Delta y|\approx |f'(x_0)||\Delta x|=|f'(x_0)|\delta_x.$$

记 x 的相对误差为

$$\delta_x^*=\frac{|\Delta x|}{|x_0|},$$

则 y 的相对误差为

$$\delta_y^*=\frac{|\Delta y|}{|f(x_0)|}\approx\frac{|\mathrm{d}y|}{|f(x_0)|}.$$

例 2.7 设测得一球体的直径 $D=20$ mm, 测量 D 的绝对误差为 $\delta_D=0.05$. 利用公式 $V=\frac{\pi}{6}D^3$ 计算体积时, 试估计体积的绝对误差 δ_V 及相对误差 δ_V^*.

解 因为 $V=\frac{\pi}{6}D^3$, 所以 $\mathrm{d}V=\frac{\pi}{2}D^2\Delta D$.

$$\begin{aligned}\delta_V &= |\Delta V|\approx|\mathrm{d}V|=\frac{\pi}{2}D^2|\Delta D|=\frac{\pi}{2}D^2\delta_D\\ &\approx \frac{1}{2}\times 3.14\times 20^2\times 0.05=31.40\ \mathrm{mm}^3.\\ \delta_V^* &= \left|\frac{\Delta V}{V}\right|\approx\left|\frac{\mathrm{d}V}{V}\right|=\left|\frac{\frac{\pi}{2}D^2\Delta D}{\frac{\pi}{6}D^3}\right|=3\left|\frac{\Delta D}{D}\right|=3\delta_D^*=0.75\%.\end{aligned}$$

习题 2–2

(A)

1\. 将适当的函数填入下列括号内, 使等式成立.

(1) $\mathrm{d}(\qquad)=0$; (2) $\mathrm{d}(\qquad)=x\mathrm{d}x$;

(3) $\mathrm{d}(\qquad)=3x^2\mathrm{d}x$; (4) $\mathrm{d}(\qquad)=\frac{\mathrm{d}x}{2\sqrt{x}}$;

(5) $\mathrm{d}(\qquad)=\cos x\mathrm{d}x$; (6) $\mathrm{d}(\qquad)=\frac{1}{x}\mathrm{d}x\ (x>0)$.

2\. 计算题.

(1) 已知 $y=x^3$, 计算在 $x=2$ 处当 Δx 分别等于 1, 0.1, 0.01 时的 Δy 及 $\mathrm{d}y$;

(2) 已知 $y=\cos x$, 计算在 $x=\frac{\pi}{3}$ 处当 Δx 分别等于 $\frac{\pi}{180}, \frac{\pi}{30}$ 时 $\mathrm{d}y$ 的值;

(3) 求 $y=x|x|$ 的导数和微分.

3\. 计算下列近似值.

(1) 利用微分计算函数 $\sqrt[4]{80}$ 的近似值;

(2) 利用微分计算函数 $\sin 30°30'$ 的近似值;

*(3) 在求球体的体积时要想使它精确到 1%, 问在测量球的半径时, 所允许产生的相对误差是多少?

*(4) 设测得一正方形的边长为 $x=2.4$ m，且测量边长 x 的绝对误差为 $\delta_x=0.05$ m. 求由此计算出的正方形面积的绝对误差和相对误差.

第三节 函数的微分法

求函数导数和微分的方法统称为函数的微分法.

由上节可以看到, 要求微分, 只要求出导数再乘 $\mathrm{d}x$ 即可. 因此求微分的问题归结为求导数的问题. 那么, 怎样求一个已知函数的导数就变得相当的重要. 前面根据导数的定义, 求出了一些简单函数的导数. 但是, 对于比较复杂的函数, 用定义直接计算导数极为繁琐. 本节将介绍一些求导法则和微分法则, 借助这些法则和基本初等函数的导数公式, 就能比较方便地求出初等函数的导数和微分.

一、函数和、差、积、商的导数与微分法则

1. 导数的四则运算法则

定理 3.1 设函数 $u(x)$ 和 $v(x)$ 都在点 x 处可导, 则函数 $u(x)\pm v(x)$, $u(x)v(x)$ 及 $\dfrac{u(x)}{v(x)}(v(x)\neq 0)$ 也都在点 x 处可导, 且有

(1) $[u(x)\pm v(x)]'=u'(x)\pm v'(x)$;

(2) $[u(x)v(x)]'=u'(x)v(x)+u(x)v'(x)$, 特别地, $[Cu(x)]'=Cu'(x)$ (C 为常数);

(3) $\left[\dfrac{u(x)}{v(x)}\right]'=\dfrac{u'(x)v(x)-u(x)v'(x)}{v^2(x)}(v(x)\neq 0)$, 特别地, $\left[\dfrac{1}{v(x)}\right]'=-\dfrac{v'(x)}{v^2(x)}$.

证 (1) 设 $y=u(x)\pm v(x)$, 在点 x 处自变量的改变量为 $\Delta x(\Delta x\neq 0)$, 则有

$$\begin{aligned}\lim_{\Delta x\to 0}\frac{\Delta y}{\Delta x}&=\lim_{\Delta x\to 0}\frac{[u(x+\Delta x)\pm v(x+\Delta x)]-[u(x)\pm v(x)]}{\Delta x}\\&=\lim_{\Delta x\to 0}\left[\frac{u(x+\Delta x)-u(x)}{\Delta x}\pm\frac{v(x+\Delta x)-v(x)}{\Delta x}\right]\\&=u'(x)\pm v'(x),\end{aligned}$$

即

$$y'=[u(x)\pm v(x)]'=u'(x)\pm v'(x).$$

法则 (1)可以推广到任意有限个函数的情形, 假定函数 $u_1(x),u_2(x),\cdots,u_n(x)$ 都在点 x 处可导, 则在点 x 处有

$$[u_1(x)\pm u_2(x)\pm\cdots\pm u_n(x)]'=u_1'(x)\pm u_2'(x)\pm\cdots\pm u_n'(x).$$

(2) 设 $y=u(x)v(x)$ 在点 x 处自变量的改变量是 $\Delta x(\Delta x\neq 0)$, 则有

$$\begin{aligned}\lim_{\Delta x\to 0}\frac{\Delta y}{\Delta x}&=\lim_{\Delta x\to 0}\frac{u(x+\Delta x)v(x+\Delta x)-u(x)v(x)}{\Delta x}\\&=\lim_{\Delta x\to 0}\left[\frac{u(x+\Delta x)-u(x)}{\Delta x}v(x+\Delta x)+u(x)\frac{v(x+\Delta x)-v(x)}{\Delta x}\right].\end{aligned}$$

由于 $v(x)$ 在点 x 处可导, 所以 $v(x)$ 在点 x 处连续, 故有 $\lim\limits_{\Delta x\to 0}v(x+\Delta x)=v(x)$, 即

$$\lim_{\Delta x\to 0}\frac{\Delta y}{\Delta x}=u'(x)v(x)+u(x)v'(x),$$

从而

$$y'=[u(x)v(x)]'=u'(x)v(x)+u(x)v'(x).$$

特别地, 当 $v(x)=C$ (C 为常数) 时, 由上式立刻有 $[Cu(x)]'=Cu'(x)$ 成立.

法则 (2) 也可以推广到任意有限个可导函数的情形, 例如函数 $u_1(x),u_2(x),u_3(x)$ 都在点 x 处可导, 则在点 x 处有

$$[u_1(x)u_2(x)u_3(x)]' = u_1'(x)u_2(x)u_3(x) + u_1(x)u_2'(x)u_3(x) + u_1(x)u_2(x)u_3'(x).$$

(3) 设 $y = \dfrac{u(x)}{v(x)}$ 在点 x 处自变量的改变量是 $\Delta x(\Delta x \neq 0)$, 则有

$$\begin{aligned}\lim_{\Delta x\to 0}\frac{\Delta y}{\Delta x} &= \lim_{\Delta x\to 0}\frac{\dfrac{u(x+\Delta x)}{v(x+\Delta x)}-\dfrac{u(x)}{v(x)}}{\Delta x} = \lim_{\Delta x\to 0}\frac{u(x+\Delta x)v(x)-u(x)v(x+\Delta x)}{v(x+\Delta x)v(x)\Delta x}\\ &= \lim_{\Delta x\to 0}\frac{[u(x+\Delta x)-u(x)]\,v(x)-u(x)\,[v(x+\Delta x)-v(x)]}{v(x+\Delta x)v(x)\Delta x}\\ &= \lim_{\Delta x\to 0}\frac{\dfrac{u(x+\Delta x)-u(x)}{\Delta x}v(x)-u(x)\dfrac{v(x+\Delta x)-v(x)}{\Delta x}}{v(x+\Delta x)v(x)}.\end{aligned}$$

再由 $v(x)$ 在点 x 处可导, 从而 $v(x)$ 在点 x 处连续, 且 $v(x) \neq 0$, 即得

$$\left[\frac{u(x)}{v(x)}\right]' = \frac{u'(x)v(x) - u(x)v'(x)}{v^2(x)}.$$

下面利用导数的四则运算法则, 求一些初等函数的导数.

例 3.1 设 $f(x) = \sqrt{x^3} + 4\sin x + \cos\dfrac{\pi}{20}$, 求 $f'(\pi)$.

解 $$f'(x) = (\sqrt{x^3})' + 4(\sin x)' + \left(\cos\frac{\pi}{20}\right)' = \frac{3}{2}\sqrt{x} + 4\cos x + 0,$$

故

$$f'(\pi) = \frac{3}{2}\sqrt{\pi} - 4.$$

例 3.2 设 $y = \tan x$, 求 y'.

解 $$\begin{aligned}y' = (\tan x)' = \left(\frac{\sin x}{\cos x}\right)' &= \frac{(\sin x)'\cos x - \sin x(\cos x)'}{\cos^2 x}\\ = \frac{\cos^2 x + \sin^2 x}{\cos^2 x} &= \frac{1}{\cos^2 x} = \sec^2 x,\end{aligned}$$

即

$$(\tan x)' = \sec^2 x.$$

例 3.3 设 $y = \mathrm{e}^x(\tan x + \ln x)$, 求 y'.

解 $$\begin{aligned}y' &= (\mathrm{e}^x)'(\tan x + \ln x) + \mathrm{e}^x(\tan x + \ln x)'\\ &= \mathrm{e}^x(\tan x + \ln x) + \mathrm{e}^x\left(\sec^2 x + \frac{1}{x}\right)\\ &= \mathrm{e}^x\left(\tan x + \sec^2 x + \ln x + \frac{1}{x}\right).\end{aligned}$$

例 3.4 设 $y = \sec x$, 求 y'.

解　$y'=(\sec x)'=\left(\dfrac{1}{\cos x}\right)'=\dfrac{(1)'\cos x-1\cdot(\cos x)'}{\cos^2 x}=\dfrac{\sin x}{\cos^2 x}=\sec x\tan x$, 即

$$(\sec x)'=\sec x\tan x.$$

用类似方法, 还可求得余切函数及余割函数的导数公式

$$(\cot x)'=-\csc^2 x,$$
$$(\csc x)'=-\csc x\cot x.$$

例 3.5　设 $p=\dfrac{\sec\varphi}{1-\varphi}$, 求 $\dfrac{\mathrm{d}p}{\mathrm{d}\varphi}$.

解　$\dfrac{\mathrm{d}p}{\mathrm{d}\varphi}=\dfrac{(\sec\varphi)'(1-\varphi)-\sec\varphi(1-\varphi)'}{(1-\varphi)^2}=\dfrac{\sec\varphi\tan\varphi(1-\varphi)+\sec\varphi}{(1-\varphi)^2}$.

2. 微分的四则运算法则

由导数的四则运算法则, 可以得到微分的四则运算法则.

定理 3.2　设函数 $u(x)$ 和 $v(x)$ 在点 x 处可微, 则它们的 $u(x)\pm v(x)$, $u(x)v(x)$ 及 $\dfrac{u(x)}{v(x)}(v(x)\neq 0)$ 也都在点 x 处可微, 且有

(1) $\mathrm{d}(u\pm v)=\mathrm{d}u\pm\mathrm{d}v$;

(2) $\mathrm{d}(uv)=v\mathrm{d}u+u\mathrm{d}v$, 特别地, $\mathrm{d}(Cu)=C\mathrm{d}u$ (C 为常数);

(3) $\mathrm{d}\left(\dfrac{u}{v}\right)=\dfrac{v\mathrm{d}u-u\mathrm{d}v}{v^2}$ $(v\neq 0)$, 特别地, $\mathrm{d}\left(\dfrac{1}{v}\right)=-\dfrac{\mathrm{d}v}{v^2}$ $(v\neq 0)$.

例 3.6　设 $y=\mathrm{e}^x\tan x$, 求 $\mathrm{d}y$.

解法 1 (导数法)　因为

$$y'=(\mathrm{e}^x\tan x)'=(\mathrm{e}^x)'\tan x+\mathrm{e}^x(\tan x)'=\mathrm{e}^x\tan x+\mathrm{e}^x\sec^2 x,$$

所以 $\mathrm{d}y=y'\mathrm{d}x=(\mathrm{e}^x\tan x+\mathrm{e}^x\sec^2 x)\mathrm{d}x$.

解法 2 (微分法)

$$\begin{aligned}\mathrm{d}y&=\mathrm{d}(\mathrm{e}^x\tan x)=\mathrm{e}^x\mathrm{d}\tan x+\tan x\mathrm{d}\mathrm{e}^x\\&=\mathrm{e}^x\sec^2 x\mathrm{d}x+\mathrm{e}^x\tan x\mathrm{d}x\\&=(\mathrm{e}^x\tan x+\mathrm{e}^x\sec^2 x)\mathrm{d}x.\end{aligned}$$

二、复合函数的微分法

1. 链式法则

定理 3.3　若函数 $y=f(g(x))$ 是由 $y=f(u),u=g(x)$ 复合而成, 且满足

(1) $u=g(x)$ 在点 x 处可导;

(2) $y=f(u)$ 在点 u 处可导,

则复合函数 $y=f(g(x))$ 在点 x 可导, 且其导数为

$$\frac{\mathrm{d}y}{\mathrm{d}x}=f'(u)\cdot g'(x)\quad 或\quad \frac{\mathrm{d}y}{\mathrm{d}x}=\frac{\mathrm{d}y}{\mathrm{d}u}\cdot\frac{\mathrm{d}u}{\mathrm{d}x}. \tag{3.1}$$

证 由于 $y=f(u)$ 在点 u 可导, 所以

$$f'(u)=\lim_{\Delta u\to 0}\frac{\Delta y}{\Delta u},$$

进而有

$$\frac{\Delta y}{\Delta u}=f'(u)+\alpha,$$

即

$$\Delta y=f'(u)\Delta u+\alpha\Delta u, \tag{3.2}$$

其中 α 是 $\Delta u\to 0$ 时的无穷小. 当 $\Delta u=0$ 时, 规定 $\alpha=0$, 这是因为此时 (3.2) 左端

$$\Delta y=f(u+\Delta u)-f(u)=0,$$

而 (3.2) 右端亦为零, 所以 (3.2) 对 $\Delta u=0$ 也成立. 再由 $u=g(x)$ 在点 x 处可导, 有

$$g'(x)=\lim_{\Delta x\to 0}\frac{\Delta u}{\Delta x},$$

且有当 $\Delta x\to 0$ 时, $\Delta u\to 0$, 从而可以推知

$$\lim_{\Delta x\to 0}\alpha=\lim_{\Delta u\to 0}\alpha=0.$$

于是

$$\lim_{\Delta x\to 0}\frac{\Delta y}{\Delta x}=\lim_{\Delta x\to 0}\left(f'(u)\frac{\Delta u}{\Delta x}+\alpha\frac{\Delta u}{\Delta x}\right)=f'(u)\cdot g'(x),$$

即

$$\frac{\mathrm{d}y}{\mathrm{d}x}=f'(u)\cdot g'(x).$$

注 (1) 复合函数的求导公式 (3.1) 亦称为**链式法则**.

(2) 由有限个函数复合而成的复合函数, 只要每个函数都可导, 则其复合函数也可导, 而且也有类似的求导公式. 例如, $y=f(u),u=\varphi(v),v=\psi(x)$ 都可导, 则复合函数 $y=f(\varphi(\psi(x)))$ 也可导, 而且其导数为

$$\frac{\mathrm{d}y}{\mathrm{d}x}=\frac{\mathrm{d}y}{\mathrm{d}u}\cdot\frac{\mathrm{d}u}{\mathrm{d}v}\cdot\frac{\mathrm{d}v}{\mathrm{d}x}.$$

例 3.7 证明 $(x^{\mu})'=\mu x^{\mu-1}(\mu\in\mathbf{R})$.

证 设 $y=x^{\mu}=\mathrm{e}^{\mu\ln x}$, 则 y 可看作由 $y=\mathrm{e}^{u},u=\mu\ln x$ 复合而成, 于是

$$\frac{\mathrm{d}y}{\mathrm{d}x}=\frac{\mathrm{d}y}{\mathrm{d}u}\cdot\frac{\mathrm{d}u}{\mathrm{d}x}=\mathrm{e}^{u}\cdot\frac{\mu}{x}=x^{\mu}\cdot\frac{\mu}{x}=\mu x^{\mu-1}.$$

例 3.8 设 $y=\mathrm{e}^{x\sin x}$, 求 $\dfrac{\mathrm{d}y}{\mathrm{d}x}$.

解 $y=\mathrm{e}^{x\sin x}$ 可看作由 $y=\mathrm{e}^{u},u=x\sin x$ 复合而成, 故

$$\frac{\mathrm{d}y}{\mathrm{d}x}=\frac{\mathrm{d}y}{\mathrm{d}u}\cdot\frac{\mathrm{d}u}{\mathrm{d}x}=\mathrm{e}^{u}\cdot(\sin x+x\cos x)=(\sin x+x\cos x)\mathrm{e}^{x\sin x}.$$

例 3.9　设 $y=\sin\dfrac{2x}{1+x^2}$, 求 $\dfrac{\mathrm{d}y}{\mathrm{d}x}$.

解　$y=\sin\dfrac{2x}{1+x^2}$ 可看作由 $y=\sin u, u=\dfrac{2x}{1+x^2}$ 复合而成, 又因为

$$\frac{\mathrm{d}y}{\mathrm{d}u}=\cos u,\quad \frac{\mathrm{d}u}{\mathrm{d}x}=\frac{2(1+x^2)-2x\cdot 2x}{(1+x^2)^2}=\frac{2(1-x^2)}{(1+x^2)^2},$$

所以

$$\frac{\mathrm{d}y}{\mathrm{d}x}=\cos u\cdot\frac{2(1-x^2)}{(1+x^2)^2}=\frac{2(1-x^2)}{(1+x^2)^2}\cos\frac{2x}{1+x^2}.$$

例 3.10　设 $y=\mathrm{e}^{\cos(\mathrm{e}^x)}$, 求 $\dfrac{\mathrm{d}y}{\mathrm{d}x}$.

解　$y=\mathrm{e}^{\cos(\mathrm{e}^x)}$ 分解为 $y=\mathrm{e}^u, u=\cos v, v=\mathrm{e}^x$, 又因为

$$\frac{\mathrm{d}y}{\mathrm{d}u}=\mathrm{e}^u,\quad \frac{\mathrm{d}u}{\mathrm{d}v}=-\sin v,\quad \frac{\mathrm{d}v}{\mathrm{d}x}=\mathrm{e}^x,$$

所以

$$\frac{\mathrm{d}y}{\mathrm{d}x}=\mathrm{e}^u\cdot(-\sin v)\cdot\mathrm{e}^x=-\sin\mathrm{e}^x\cdot\mathrm{e}^{x+\cos(\mathrm{e}^x)}=-\mathrm{e}^{x+\cos(\mathrm{e}^x)}\sin\mathrm{e}^x.$$

熟练之后, 不必写出中间变量, 只要认清函数的复合层次, 然后一步一步求导就行了.

例 3.11　设 $y=\ln\sin x$, 求 $\dfrac{\mathrm{d}y}{\mathrm{d}x}$.

解　$\dfrac{\mathrm{d}y}{\mathrm{d}x}=(\ln\sin x)'=\dfrac{1}{\sin x}(\sin x)'=\dfrac{\cos x}{\sin x}=\cot x.$

例 3.12　设 $y=x^x$, 求 y'.

解　$y=x^x=\mathrm{e}^{\ln x^x}=\mathrm{e}^{x\ln x}$,

$$y'=(\mathrm{e}^{x\ln x})'=\mathrm{e}^{x\ln x}(x\ln x)'=\mathrm{e}^{x\ln x}(1+\ln x)=x^x(1+\ln x).$$

例 3.13　求函数 $y=x^\mu+a^x+x^x$ 的导数.

解　$y'=(x^\mu+a^x+x^x)'=\mu x^{\mu-1}+a^x\ln a+x^x(\ln x+1)$.

此例说明幂函数、指数函数、幂指函数的求导公式及运算法则是不同的, 而如果把 x^x 的导数按幂函数或指数函数求导公式进行, 显然是错误的.

例 3.14　已知 $f(u)$ 可导, 求函数 $y=x^2f(\sin x)$ 的导数.

解　$y'=(x^2)'f(\sin x)+x^2[f(\sin x)]'=2xf(\sin x)+x^2f'(\sin x)\cos x$.

注　求此类抽象函数的导数时, 应特别注意记号表示的真实含义, 在这个例子中, $[f(\sin x)]'$ 表示对 x 求导, 而 $f'(\sin x)$ 表示对中间变量 $\sin x$ 求导.

2. 一阶微分形式不变性

定理 3.4　若函数 $y=f(g(x))$ 是由 $y=f(u), u=g(x)$ 复合而成, 且满足

(1) $u=g(x)$ 在点 x 处可微;

(2) $y=f(u)$ 在点 u 处可微,

则复合函数 $y=f(g(x))$ 在点 x 可微, 其微分为

$$\mathrm{d}y=f'(u)\mathrm{d}u, \tag{3.3}$$

其中 $\mathrm{d}u=g'(x)\mathrm{d}x$.

证 由于一元函数在点 x_0 处可微和可导是等价的, 所以由定理 3.3 可知复合函数 $y=f(g(x))$ 在点 x 处可微, 而且它的微分

$$\mathrm{d}y=(f(g(x)))'\,\mathrm{d}x=f'(u)g'(x)\mathrm{d}x=f'(u)\mathrm{d}u,$$

其中 $\mathrm{d}u=g'(x)\mathrm{d}x$.

这个事实表明, 若函数 $y=f(u)$ 在点 u 处可微, 无论变量 u 是自变量还是中间变量, 均有

$$\mathrm{d}y=f'(u)\mathrm{d}u.$$

这一性质称为函数 $y=f(x)$ 的**一阶微分形式不变性**. 它扩充了基本初等函数微分公式应用的范围, 给微分运算带来了方便.

例 3.15 $y=\ln\left(1+\mathrm{e}^{x^2}\right)$, 求 $\mathrm{d}y$.

解 $\mathrm{d}y=\mathrm{d}\ln\left(1+\mathrm{e}^{x^2}\right)=\dfrac{1}{1+\mathrm{e}^{x^2}}\mathrm{d}\left(1+\mathrm{e}^{x^2}\right)$

$$=\frac{1}{1+\mathrm{e}^{x^2}}\cdot\mathrm{e}^{x^2}\mathrm{d}\left(x^2\right)=\frac{1}{1+\mathrm{e}^{x^2}}\cdot\mathrm{e}^{x^2}\cdot 2x\mathrm{d}x=\frac{2x\mathrm{e}^{x^2}}{1+\mathrm{e}^{x^2}}\mathrm{d}x.$$

三、反函数的微分法

定理 3.5 设函数 $y=f(x)$ 为 $x=\varphi(y)$ 的反函数, 若 $x=\varphi(y)$ 在点 y_0 的某邻域内连续、严格单调、可导且 $\varphi'(y_0)\neq 0$, 则它的反函数 $y=f(x)$ 在点 $x_0(x_0=\varphi(y_0))$ 也可导, 且有

$$f'(x_0)=\frac{1}{\varphi'(y_0)}. \tag{3.4}$$

证 由函数 $x=\varphi(y)$ 的连续性和严格单调性, 保证了它的反函数 $y=f(x)$ 在相应区间内的存在性、连续性及严格单调性.

对于函数 $y=f(x)$, 令自变量 x 在点 x_0 处取得增量 $\Delta x(\Delta x\neq 0)$, 则因变量 y 在点 y_0 处取得增量 $\Delta y=f(x_0+\Delta x)-f(x_0)$, 因为反函数 $y=f(x)$ 的严格单调性, 所以 $\Delta y\neq 0$. 考虑

$$\frac{\Delta y}{\Delta x}=\frac{1}{\dfrac{\Delta x}{\Delta y}}.$$

由于函数 $y=f(x)$ 的连续性, 所以 $\lim\limits_{\Delta x\to 0}\Delta y=0$, 从而

$$\lim_{\Delta x\to 0}\frac{\Delta y}{\Delta x}=\lim_{\Delta x\to 0}\frac{1}{\dfrac{\Delta x}{\Delta y}}=\frac{1}{\lim\limits_{\Delta x\to 0}\dfrac{\Delta x}{\Delta y}}=\frac{1}{\lim\limits_{\Delta y\to 0}\dfrac{\Delta x}{\Delta y}}=\frac{1}{\varphi'(y_0)},$$

即它的反函数 $y=f(x)$ 在点 x_0 处可导, 而且

$$f'(x_0)=\frac{1}{\varphi'(y_0)}.$$

简言之, 反函数的导数等于直接函数导数的倒数.

注　在利用反函数的求导法则时, 注意微商概念的应用

$$\frac{\mathrm{d}y}{\mathrm{d}x}=\frac{1}{\dfrac{\mathrm{d}x}{\mathrm{d}y}}.$$

例 3.16　证明 $(\arcsin x)'=\dfrac{1}{\sqrt{1-x^2}}$.

证　因 $y=\arcsin x$ 是 $x=\sin y$ 的反函数. 又函数 $x=\sin y$ 在 $\left(-\dfrac{\pi}{2},\dfrac{\pi}{2}\right)$ 内单调增加、可导, 且 $x'_y=\cos y>0$, 所以, 由公式 (3.4), 在对应区间 $(-1,1)$ 内有

$$y'=(\arcsin x)'=\frac{1}{x'_y}=\frac{1}{\cos y}=\frac{1}{\sqrt{1-\sin^2 y}}=\frac{1}{\sqrt{1-x^2}},\quad x\in(-1,1).$$

类似地, 可证

$$(\arccos x)'=-\frac{1}{\sqrt{1-x^2}}.$$

例 3.17　证明 $(\arctan x)'=\dfrac{1}{1+x^2}$.

证　设 $y=\arctan x$, 由于其反函数 $x=\tan y$ 在 $\left(-\dfrac{\pi}{2},\dfrac{\pi}{2}\right)$ 内单调、可导, 且

$$x'_y=\sec^2 y\neq 0,$$

所以由公式 (3.4), 在相应区间 $I_x=(-\infty,+\infty)$ 内,

$$y'_x=(\arctan x)'=\frac{1}{x'_y}=\frac{1}{\sec^2 y}=\frac{1}{1+\tan^2 y}=\frac{1}{1+x^2}.$$

类似地, 可证

$$(\mathrm{arccot} x)'=-\frac{1}{1+x^2}.$$

四、初等函数的微分

到此为止, 已经求出了所有基本初等函数的导数. 因为初等函数是基本初等函数和常数 C 经过有限次的四则运算和有限次的复合而构成的函数, 所以, 利用四则运算微分法则、复合函数微分法则以及基本初等函数的微分公式就可以求出任何初等函数的导数和微分.

现在把前面得到的微分法则和基本初等函数的微分公式, 列表如下, 以备查阅.

1. 基本初等函数微分公式

函数	导数公式	微分公式
$y=C$	$C'=0$	$\mathrm{d}(C)=0$
$y=x^\mu\ (\mu\in\mathbf{R})$	$(x^\mu)'=\mu x^{\mu-1}\ (\mu\in\mathbf{R})$	$\mathrm{d}(x^\mu)=\mu x^{\mu-1}\mathrm{d}x\ \ (\mu\in\mathbf{R})$
$y=\sin x$	$(\sin x)'=\cos x$	$\mathrm{d}(\sin x)=\cos x\mathrm{d}x$
$y=\cos x$	$(\cos x)'=-\sin x$	$\mathrm{d}(\cos x)=-\sin x\mathrm{d}x$
$y=\tan x$	$(\tan x)'=\sec^2 x$	$\mathrm{d}(\tan x)=\sec^2 x\mathrm{d}x$
$y=\cot x$	$(\cot x)'=-\csc^2 x$	$\mathrm{d}(\cot x)=-\csc^2 x\mathrm{d}x$
$y=\sec x$	$(\sec x)'=\sec x\tan x$	$\mathrm{d}(\sec x)=\sec x\tan x\mathrm{d}x$
$y=\csc x$	$(\csc x)'=-\csc x\cot x$	$\mathrm{d}(\csc x)=-\csc x\cot x\mathrm{d}x$
$y=a^x\ (a>0,a\neq 1)$	$(a^x)'=a^x\ln a\ (a>0,a\neq 1)$	$\mathrm{d}(a^x)=a^x\ln a\mathrm{d}x\ (a>0,a\neq 1)$
$y=\mathrm{e}^x$	$(\mathrm{e}^x)'=\mathrm{e}^x$	$\mathrm{d}(\mathrm{e}^x)=\mathrm{e}^x\mathrm{d}x$
$y=\log_a x\ (a>0,a\neq 1)$	$(\log_a x)'=\dfrac{1}{x\ln a}\ (a>0,a\neq 1)$	$\mathrm{d}(\log_a x)=\dfrac{1}{x\ln a}\mathrm{d}x\ (a>0,a\neq 1)$
$y=\ln x$	$(\ln x)'=\dfrac{1}{x}$	$\mathrm{d}(\ln x)=\dfrac{1}{x}\mathrm{d}x$
$y=\arcsin x$	$(\arcsin x)'=\dfrac{1}{\sqrt{1-x^2}}$	$\mathrm{d}(\arcsin x)=\dfrac{1}{\sqrt{1-x^2}}\mathrm{d}x$
$y=\arccos x$	$(\arccos x)'=-\dfrac{1}{\sqrt{1-x^2}}$	$\mathrm{d}(\arccos x)=-\dfrac{1}{\sqrt{1-x^2}}\mathrm{d}x$
$y=\arctan x$	$(\arctan x)'=\dfrac{1}{1+x^2}$	$\mathrm{d}(\arctan x)=\dfrac{1}{1+x^2}\mathrm{d}x$
$y=\operatorname{arccot} x$	$(\operatorname{arccot} x)'=-\dfrac{1}{1+x^2}$	$\mathrm{d}(\operatorname{arccot} x)=-\dfrac{1}{1+x^2}\mathrm{d}x$
$y=\sinh x$	$(\sinh x)'=\cosh x$	$\mathrm{d}(\sinh x)=\cosh x\mathrm{d}x$
$y=\cosh x$	$(\cosh x)'=\sinh x$	$\mathrm{d}(\cosh x)=\sinh x\mathrm{d}x$
$y=\tanh x$	$(\tanh x)'=\dfrac{1}{\cosh^2 x}$	$\mathrm{d}(\tanh x)=\dfrac{1}{\cosh^2 x}\mathrm{d}x$

2. 基本微分法则

函数	导数法则	微分法则
$u(x)\pm v(x)$	$[u(x)\pm v(x)]'=u'(x)\pm v'(x)$	$\mathrm{d}(u\pm v)=\mathrm{d}u\pm\mathrm{d}v$
$u(x)v(x)$	$[u(x)v(x)]'=u'(x)v(x)+u(x)v'(x)$	$\mathrm{d}(uv)=v\mathrm{d}u+u\mathrm{d}v$
Cu	$(Cu)'=Cu'$	$\mathrm{d}(Cu)=C\mathrm{d}u$
$\dfrac{u(x)}{v(x)}$	$\left[\dfrac{u(x)}{v(x)}\right]'=\dfrac{u'(x)v(x)-u(x)v'(x)}{v^2(x)}\quad (v(x)\neq 0)$	$\mathrm{d}\left(\dfrac{u}{v}\right)=\dfrac{v\mathrm{d}u-u\mathrm{d}v}{v^2}\ (v\neq 0)$
$\dfrac{1}{v(x)}$	$\left[\dfrac{1}{v(x)}\right]'=-\dfrac{v'(x)}{v^2(x)}\quad (v(x)\neq 0)$	$\mathrm{d}\left(\dfrac{1}{v}\right)=-\dfrac{\mathrm{d}v}{v^2}\ (v\neq 0)$
直接函数: $x=f(y)$ 反函数: $y=f^{-1}(x)$	$[f^{-1}(x)]'=\dfrac{1}{f'(y)}$	$\dfrac{\mathrm{d}y}{\mathrm{d}x}=\dfrac{1}{\dfrac{\mathrm{d}x}{\mathrm{d}y}}$
复合函数: $y=f(u)$ $u=g(x)$	$\dfrac{\mathrm{d}y}{\mathrm{d}x}=f'(u)\cdot g'(x)$ 或 $\dfrac{\mathrm{d}y}{\mathrm{d}x}=\dfrac{\mathrm{d}y}{\mathrm{d}u}\cdot\dfrac{\mathrm{d}u}{\mathrm{d}x}$	一阶微分形式不变性 $\mathrm{d}y=f'(x)\mathrm{d}x$, x 是自变量或中间变量

在所有的求导法则中, 复合函数的链式法则和一阶微分形式不变性是最基本最重要的, 这不仅是因为应用中经常碰到的函数是复合函数, 而且这个法则也是后面介绍的其他微分法的基础. 所以, 应当熟练而准确的应用它. 下面再举几个例子.

例 3.18　求函数 $y=\sin\ln(2x)$ 的导数.

解法 1　$y'=[\sin\ln(2x)]'=\cos\ln(2x)\cdot[\ln(2x)]'=\cos\ln(2x)\cdot\dfrac{1}{2x}\cdot(2x)'$

$$=\cos\ln(2x)\cdot\frac{1}{2x}\cdot 2=\frac{\cos\ln(2x)}{x}.$$

解法 2　因为

$$\begin{aligned}\mathrm{d}y&=\mathrm{d}(\sin\ln(2x))=\cos\ln(2x)\mathrm{d}(\ln(2x))\\&=\cos\ln(2x)\frac{1}{2x}\mathrm{d}(2x)=\cos\ln(2x)\frac{1}{x}\mathrm{d}x,\end{aligned}$$

所以

$$y'=\frac{\cos\ln(2x)}{x}.$$

例 3.19　求函数 $y=\ln\dfrac{1}{\sqrt{x^2+a^2}-x}$ 的导数.

解法 1　因为 $y=-\ln\left(\sqrt{x^2+a^2}-x\right)$, 所以

$$\begin{aligned}y'&=-\frac{1}{\sqrt{x^2+a^2}-x}\left(\sqrt{x^2+a^2}-x\right)'\\&=-\frac{1}{\sqrt{x^2+a^2}-x}\left(\frac{2x}{2\sqrt{x^2+a^2}}-1\right)\\&=-\frac{1}{\sqrt{x^2+a^2}-x}\cdot\frac{x-\sqrt{x^2+a^2}}{\sqrt{x^2+a^2}}=\frac{1}{\sqrt{x^2+a^2}}.\end{aligned}$$

解法 2　因为

$$\begin{aligned}\mathrm{d}y&=\mathrm{d}\left(-\ln(\sqrt{x^2+a^2}-x)\right)=-\frac{1}{\sqrt{x^2+a^2}-x}\mathrm{d}\left(\sqrt{x^2+a^2}-x\right)\\&=-\frac{1}{\sqrt{x^2+a^2}-x}\left(\mathrm{d}\sqrt{x^2+a^2}-\mathrm{d}x\right)\\&=-\frac{1}{\sqrt{x^2+a^2}-x}\left[\frac{1}{2\sqrt{x^2+a^2}}\mathrm{d}(x^2+a^2)-\mathrm{d}x\right]\\&=-\frac{1}{\sqrt{x^2+a^2}-x}\left(\frac{x\mathrm{d}x}{\sqrt{x^2+a^2}}-\mathrm{d}x\right)=\frac{1}{\sqrt{x^2+a^2}}\mathrm{d}x,\end{aligned}$$

所以

$$y'=\frac{1}{\sqrt{x^2+a^2}}.$$

例 3.20　下列等式左端的括号中填入适当的函数, 使等式成立.

(1) $\mathrm{d}(\quad)=\left(\mathrm{e}^x+\dfrac{1}{\sqrt{x}}\right)\mathrm{d}x$;　　(2) $\mathrm{d}(\quad)=\cos\omega t\mathrm{d}t$;

(3) $\mathrm{d}(\quad)=\dfrac{1}{1+x^2}\mathrm{d}x$;　　　　(4) $\mathrm{d}(\quad)=\mathrm{e}^{3x}\mathrm{d}x$.

解 (1) $\mathrm{d}(\mathrm{e}^x+2\sqrt{x}+C)=\left(\mathrm{e}^x+\dfrac{1}{\sqrt{x}}\right)\mathrm{d}x$, 其中 C 是任意常数.

(2) $\mathrm{d}\left(\dfrac{1}{\omega}\sin\omega t+C\right)=\cos\omega t\mathrm{d}t$, 其中 C 是任意常数.

(3) $\mathrm{d}(\arctan x+C)=\dfrac{1}{1+x^2}\mathrm{d}x$, 其中 C 是任意常数.

(4) $\mathrm{d}\left(\dfrac{1}{3}\mathrm{e}^{3x}+C\right)=\mathrm{e}^{3x}\mathrm{d}x$, 其中 C 是任意常数.

习题 2–3

(A)

1. 填空题.

(1) 设 $y=\mathrm{e}^x(x^2-3x+1)$, 则 $\left.\dfrac{\mathrm{d}y}{\mathrm{d}x}\right|_{x=0}=$____________;

(2) 设 $f(x)=\mathrm{e}^{\tan^k x}$, 则 $f'(x)=$____________, 若 $f'\left(\dfrac{\pi}{4}\right)=\mathrm{e}$, 则 $k=$____________;

(3) 曲线 $y=\dfrac{1}{x}$ 过点 $(-3,1)$ 的切线方程为____________;

(4) 设 $y(x)=(1+x^2)^{\tan x}$, 则 $\mathrm{d}y\,|_{x=0}=$____________;

(5) 已知 $y=f\left(\mathrm{e}^{2x}\right), f'(x)=\ln x$, 则 $\dfrac{\mathrm{d}y}{\mathrm{d}x}=$____________;

(6) 若 $f(t)=\lim\limits_{x\to\infty}t\left(1+\dfrac{1}{x}\right)^{2tx}$, 则 $f'(t)=$____________.

2. 求下列函数的导数和微分 (其中 a,b,c 为常数).

(1) $y=\dfrac{x^5}{a}+\dfrac{b}{x}-\dfrac{c}{a}$;　　　　(2) $y=x^2\ln x$;

(3) $y=5x^3-2^x+3\mathrm{e}^x$;　　　　(4) $y=\dfrac{1-\sqrt{x}}{1+\sqrt{x}}$;

(5) $y=(1+ax^b)(1+bx^a)$;　　　　(6) $y=\tan(x^2)$;

(7) $y=\sqrt[3]{x}\sin x+a^x\mathrm{e}^x$;　　　　(8) $y=\sin x\cos x+2\tan x+\sec x$;

(9) $y=\ln(\sec x+\tan x)$;　　　　(10) $y=\ln(\csc x-\cot x)$;

(11) $y=\ln\tan\dfrac{x}{2}$;　　　　(12) $y=a^{b^x}+x^{a^b}+b^{x^a}$.

3. 利用一阶微分形式不变性求下列函数的导数.

(1) $y=\arctan\dfrac{2x}{1-x^2}$;　　　　(2) $y=x\sqrt{1-x^2}+\arcsin x$;

(3) $y=\mathrm{e}^{\arctan\sqrt{x}}$;　　　　(4) $y=(\arcsin x+\arccos x)^n$;

(5) $y=\dfrac{1+x\arctan x}{\sqrt{1+x^2}}$;　　　　(6) $y=\arctan\dfrac{\mathrm{e}^{2x}}{\sqrt{2}}$.

4. 已知 $f(u),g(u)$ 可导, 求下列抽象函数的导数和微分.

(1) $y=f(x^2)$;　　(2) $y=\ln f(x)$;

(3) $y=\arcsin f(x)$;　　(4) $y=f\left(x^2+f(x)\mathrm{e}^x\right)$.

(B)

5. 已知 $y=f\left(\dfrac{3x-2}{3x+2}\right)$, $f'(x)=\arctan x^2$, 求 $\left.\dfrac{\mathrm{d}y}{\mathrm{d}x}\right|_{x=0}$.

6. 设 $y=\lim\limits_{n\to\infty}\ln\left(1+\dfrac{1}{n(x+2)}\right)^n$, 求 $\mathrm{d}y$.

7. 设函数 $f(x)=\begin{cases}\ln(1+x), & x\geqslant 0,\\ \mathrm{e}^{\sin x}, & x<0,\end{cases}$ 求 $f'(x)$.

8. 设函数 $f(x)=\begin{cases}x^{\lambda}\cos\dfrac{1}{x}, & x\neq 0,\\ 0, & x=0\end{cases}$ 的导函数在 $x=0$ 处连续, 求 λ 的取值范围.

9. 设函数 $f(x)=\begin{cases}b(1+\sin x)+a+2, & x\geqslant 0,\\ \mathrm{e}^{ax}-1, & x<0\end{cases}$ 处处可微, 试确定常数 a,b 的值, 并求其微分.

10. 确定常数 a ,b 之值, 使函数 $f(x)=\begin{cases}2\mathrm{e}^x+a, & x<0,\\ x^2+bx+1, & x\geqslant 0\end{cases}$ 处处可导.

第四节　隐函数及由参数方程确定的函数的导数

一、隐函数求导

函数 $y=f(x)$ 表示两个变量 x 与 y 之间的对应关系, 这个对应关系可以用各种不同方式表达. 前面讨论的函数, 例如 $y=\sin x, u=\ln x^2+\mathrm{e}^x+\arccos x$ 等, 这种以自变量 x 的解析式表示的函数 $y=f(x)$ 叫做**显函数**. 然而有很多函数, 变量 x,y 的函数关系是由一个方程 $F(x,y)=0$ 所确定, 这样的函数称为**隐函数**. 对于给定的方程, 由它所确定的隐函数是否存在, 是一个相当复杂的问题, 关于隐函数存在性将在下册讨论. 一般地, 如果变量 x 与 y 满足一个方程 $F(x,y)=0$, 在一定条件下, 当 x 取某区间内的任一值时, 相应地总有满足这方程的唯一的 y 值存在, 那么就说方程在该区间内确定了一个隐函数. 对于较简单的隐函数, 可将其显化, 例如

$$x+y^3+\sin x=0,$$

其显化函数为 $y=\sqrt[3]{-\sin x-x}$. 而有些隐函数, 将其显化是非常困难的, 甚至是不可能的. 但在实际问题中, 有时需要计算隐函数的导数, 因此, 需要寻求隐函数的求导法.

隐函数求导法的基本思想是: 方程两端同时对自变量 x 求导, 凡遇到含有因变量 y 的项时, 首先视 $y=y(x)$ 为 x 的函数, 即把 y 视为中间变量, 接着利用复合函数求导法则求之, 最后从所得等式中求出 y'. 下面通过具体例子来说明这种方法.

例 4.1　求由方程 $y^3+2xy-x^2+y+\mathrm{e}^y-\mathrm{e}^x=0$ 所确定的隐函数 $y=f(x)$ 在 $x=0$ 处的导数 $\left.y'\right|_{x=0}$.

解 方程两边同时对 x 求导数, 得

$$3y^2\frac{\mathrm{d}y}{\mathrm{d}x}+\left(2x\frac{\mathrm{d}y}{\mathrm{d}x}+2y\right)-2x+\frac{\mathrm{d}y}{\mathrm{d}x}+\mathrm{e}^y\frac{\mathrm{d}y}{\mathrm{d}x}-\mathrm{e}^x=0,$$

由此得

$$y'=\frac{\mathrm{e}^x+2x-2y}{3y^2+\mathrm{e}^y+2x+1}.$$

因为当 $x=0$ 时, 从原方程得 $y=0$, 所以

$$y'|_{x=0}=\left.\frac{\mathrm{e}^x+2x-2y}{3y^2+\mathrm{e}^y+2x+1}\right|_{\substack{x=0\\y=0}}=\frac{1}{2}.$$

例 4.2 求由方程 $y\sin x-\cos(x-y)=0$ 所确定的隐函数 $y=f(x)$ 的导数 y'.

解法 1 方程两边同时对 x 求导数, 得

$$\frac{\mathrm{d}}{\mathrm{d}x}(y\sin x-\cos(x-y))=0,$$

即

$$y'\sin x+y\cos x+\sin(x-y)\cdot(1-y')=0,$$

由此得

$$y'=\frac{y\cos x+\sin(x-y)}{\sin(x-y)-\sin x}.$$

解法 2 方程两边同时求微分

$$\mathrm{d}(y\sin x-\cos(x-y))=0,$$

利用微分法则和一阶微分形式不变性, 得

$$\sin x\mathrm{d}y+y\cos x\mathrm{d}x+\sin(x-y)(\mathrm{d}x-\mathrm{d}y)=0,$$

从而

$$\mathrm{d}y=\frac{y\cos x+\sin(x-y)}{\sin(x-y)-\sin x}\mathrm{d}x,$$

由此得

$$y'=\frac{y\cos x+\sin(x-y)}{\sin(x-y)-\sin x}.$$

例 4.3 求椭圆 $\dfrac{x^2}{16}+\dfrac{y^2}{9}=1$ 在 $\left(2,\dfrac{3}{2}\sqrt{3}\right)$ 处的切线方程.

解 椭圆方程的两边同时对 x 求导, 得

$$\frac{x}{8}+\frac{2}{9}y\cdot y'=0,$$

从而 $y'=-\dfrac{9x}{16y}$. 当 $x=2$ 时, $y=\dfrac{3}{2}\sqrt{3}$, 代入上式得所求切线的斜率

$$k = y'|_{x=2} = -\frac{\sqrt{3}}{4}.$$

于是所求的切线方程为

$$y - \frac{3}{2}\sqrt{3} = -\frac{\sqrt{3}}{4}(x-2),$$

即

$$\sqrt{3}x + 4y - 8\sqrt{3} = 0.$$

二、对数求导法

对数求导法就是利用对数的性质来简化导数计算的方法.

对数求导法的基本思想是：先在函数的两边取对数，然后在等式两边同时对自变量 x 求导，利用复合函数求导法则，最后从所得等式中求出 y'. 对数求导法适用于求幂指函数 $y = u(x)^{v(x)}$ 的导数及多因子之积 (商) 函数的导数.

例 4.4 求曲线 $(1+x)^y = (1+y)^x$ 在 $(1,1)$ 处的切线方程.

解 为了求这个函数的导数，可以先在两边取对数，得

$$y\ln(1+x) = x\ln(1+y),$$

上式两边对 x 求导，注意到 $y = y(x)$，得

$$y\frac{1}{1+x} + \ln(1+x)y' = \ln(1+y) + y'x\frac{1}{1+y},$$

于是 $k = y'\Big|_{\substack{x=1\\y=1}} = 1$，从而所求的切线方程为

$$y - 1 = x - 1,$$

即

$$y = x.$$

例 4.5 求 $y = u(x)^{v(x)}(u(x) > 0)$ 的导数.

解法 1 先在两边取对数，得

$$\ln y = v(x)\cdot\ln(u(x)),$$

再在上式两边对 x 求导，得

$$\frac{1}{y}y' = v'(x)\cdot\ln(u(x)) + v(x)\cdot\frac{1}{u(x)}u'(x),$$

于是

$$y' = y\left[v'(x)\cdot\ln(u(x)) + v(x)\cdot\frac{1}{u(x)}u'(x)\right] = u^v\left(v'\ln u + \frac{vu'}{u}\right).$$

解法 2 首先把幂指函数表示成复合函数的情形，然后利用复合函数求导法则进行计算.

$$y = u(x)^{v(x)} = \mathrm{e}^{v(x)\ln u(x)},$$

利用复合函数的链式法则, 得

$$\begin{aligned} y' &= \mathrm{e}^{v(x)\ln u(x)}\,(v(x)\ln u(x))' \\ &= u(x)^{v(x)}\left[v'(x)\cdot\ln u(x)+v(x)\cdot\frac{1}{u(x)}u'(x)\right] \\ &= u^v\left(v'\ln u+\frac{vu'}{u}\right). \end{aligned}$$

例 4.6 求函数 $y=\sqrt{\dfrac{(x-1)(x-2)}{(x-3)(x-4)}}$ 的导数.

解法 1 函数的定义域为 $D=(-\infty,1]\bigcup[2,3)\bigcup(4,+\infty)$.

当 $x\in(4,+\infty)$ 时, $y=\sqrt{\dfrac{(x-1)(x-2)}{(x-3)(x-4)}}$, 先在等式两边取对数, 得

$$\ln y=\frac{1}{2}\left[\ln(x-1)+\ln(x-2)-\ln(x-3)-\ln(x-4)\right],$$

再在上式两边对 x 求导, 得

$$\frac{1}{y}y'=\frac{1}{2}\left(\frac{1}{x-1}+\frac{1}{x-2}-\frac{1}{x-3}-\frac{1}{x-4}\right),$$

于是

$$y'=\frac{y}{2}\left(\frac{1}{x-1}+\frac{1}{x-2}-\frac{1}{x-3}-\frac{1}{x-4}\right).$$

当 $x\in(-\infty,1)$ 时, $y=\sqrt{\dfrac{(1-x)(2-x)}{(3-x)(4-x)}}$, 同理, 先在等式两边取对数, 得

$$\ln y=\frac{1}{2}\left[\ln(1-x)+\ln(2-x)-\ln(3-x)-\ln(4-x)\right],$$

再在上式两边对 x 求导, 得

$$\frac{1}{y}y'=\frac{1}{2}\left(\frac{-1}{1-x}+\frac{-1}{2-x}-\frac{-1}{3-x}-\frac{-1}{4-x}\right),$$

于是

$$y'=\frac{y}{2}\left(\frac{1}{x-1}+\frac{1}{x-2}-\frac{1}{x-3}-\frac{1}{x-4}\right).$$

当 $x\in(2,3)$ 时, $y=\sqrt{\dfrac{(x-1)(x-2)}{(3-x)(4-x)}}$, 用同样的方法可得与上面相同的结果.

综上所述, 当 $x\in(-\infty,1)\bigcup(2,3)\bigcup(4,+\infty)$ 时,

$$y'=\frac{1}{2}\sqrt{\frac{(x-1)(x-2)}{(x-3)(x-4)}}\left(\frac{1}{x-1}+\frac{1}{x-2}-\frac{1}{x-3}-\frac{1}{x-4}\right).$$

通过导数定义可知, 所给函数在 $x=1,2$ 处不可导.

解法 2 函数的定义域为 $D=(-\infty,1]\bigcup[2,3)\bigcup(4,+\infty)$. 当 $x\in(-\infty,1)\bigcup(2,3)\bigcup(4,+\infty)$ 时, 有

$$\ln y=\frac{1}{2}(\ln|x-1|+\ln|x-2|-\ln|x-3|-\ln|x-4|),$$

上式两边对 x 求导, 得

$$\frac{1}{y}y'=\frac{1}{2}\left(\frac{1}{x-1}+\frac{1}{x-2}-\frac{1}{x-3}-\frac{1}{x-4}\right),$$

故 $y'=\frac{1}{2}\sqrt{\frac{(x-1)(x-2)}{(x-3)(x-4)}}\left(\frac{1}{x-1}+\frac{1}{x-2}-\frac{1}{x-3}-\frac{1}{x-4}\right).$

例 4.7 求函数 $y=(x-1)\sqrt[3]{(3x+1)^2(x-2)}$ 的导数.

解 当 $x\in\left(-\infty,-\frac{1}{3}\right)\bigcup\left(-\frac{1}{3},1\right)\bigcup(1,2)\bigcup(2,+\infty)$ 时, 等式两边取对数, 得

$$\ln|y|=\ln\left|(x-1)(3x+1)^{\frac{2}{3}}(x-2)^{\frac{1}{3}}\right|,$$

即

$$\ln|y|=\ln|x-1|+\frac{2}{3}\ln|3x+1|+\frac{1}{3}\ln|x-2|,$$

再对上式两边关于 x 求导, 得

$$\frac{1}{y}y'=\frac{1}{x-1}+\frac{2}{3}\cdot\frac{3}{3x+1}+\frac{1}{3}\cdot\frac{1}{x-2},$$

于是

$$y'=(x-1)\sqrt[3]{(3x+1)^2(x-2)}\left[\frac{1}{x-1}+\frac{2}{3x+1}+\frac{1}{3(x-2)}\right].$$

三、参数方程确定的函数的导数

如果变量 x 与 y 的函数关系是由参数方程

$$\begin{cases}x=\varphi(t),\\ y=\psi(t)\end{cases}\tag{4.1}$$

所确定, 那么称此函数关系式所表达的函数为**由参数方程所确定的函数**.

在实际问题中, 需要计算由参数方程 (4.1) 所确定的函数的导数. 但从参数方程 (4.1) 中消去参数 t 有时会有困难. 因此, 希望有一种方法能直接由参数方程 (4.1) 算出它所确定的函数的导数 $\frac{\mathrm{d}y}{\mathrm{d}x}$.

在 (4.1) 中, 如果函数 $x=\varphi(t)$ 具有单调连续的反函数 $t=\varphi^{-1}(x)$, 那么方程

$$\begin{cases}x=\varphi(t),\\ y=\psi(t)\end{cases}$$

可以这样来理解, y 是 t 的函数, 由 $x=\varphi(t)$ 确定了 t 是 x 的函数 $t=\varphi^{-1}(x)$, 因此参数方程 (4.1) 构成了一个以 t 为中间变量, x 为最终变量的复合函数 $y=\psi\left(\varphi^{-1}(x)\right)$.

假设函数 $x=\varphi(t)$ 与 $y=\psi(t)$ 都可导, 而且 $\varphi'(t)\neq 0$. 于是根据复合函数的求导法则和反函数的求导法则, 就有

$$\frac{\mathrm{d}y}{\mathrm{d}x}=\frac{\mathrm{d}y}{\mathrm{d}t}\cdot\frac{\mathrm{d}t}{\mathrm{d}x}=\frac{\mathrm{d}y}{\mathrm{d}t}\cdot\frac{1}{\frac{\mathrm{d}x}{\mathrm{d}t}}=\frac{\psi'(t)}{\varphi'(t)},$$

即

$$\frac{\mathrm{d}y}{\mathrm{d}x}=\frac{\psi'(t)}{\varphi'(t)}.$$

上式也可写成

$$\frac{\mathrm{d}y}{\mathrm{d}x}=\frac{\frac{\mathrm{d}y}{\mathrm{d}t}}{\frac{\mathrm{d}x}{\mathrm{d}t}}.$$

例 4.8 设 $\begin{cases}x=\mathrm{e}^{2t}-1,\\ y=t^3+1,\end{cases}$ 求 $\frac{\mathrm{d}y}{\mathrm{d}x}$.

解 $\frac{\mathrm{d}y}{\mathrm{d}x}=\frac{\frac{\mathrm{d}y}{\mathrm{d}t}}{\frac{\mathrm{d}x}{\mathrm{d}t}}=\frac{3t^2}{2\mathrm{e}^{2t}}=\frac{3}{2}t^2\mathrm{e}^{-2t}.$

例 4.9 求椭圆 $\begin{cases}x=a\cos t,\\ y=b\sin t\end{cases}$ 在相应于 $t=\frac{\pi}{4}$ 点处的切线方程.

解

$$\frac{\mathrm{d}y}{\mathrm{d}x}=\frac{(b\sin t)'}{(a\cos t)'}=\frac{b\cos t}{-a\sin t}=-\frac{b}{a}\cot t.$$

于是所求切线斜率为 $\left.\frac{\mathrm{d}y}{\mathrm{d}x}\right|_{t=\frac{\pi}{4}}=-\frac{b}{a}$, 又因为切点的坐标为 $x_0=a\cos\frac{\pi}{4}=a\frac{\sqrt{2}}{2}$, $y_0=b\sin\frac{\pi}{4}=b\frac{\sqrt{2}}{2}$, 所以切线方程为

$$y-b\frac{\sqrt{2}}{2}=-\frac{b}{a}\left(x-a\frac{\sqrt{2}}{2}\right),$$

即

$$bx+ay-\sqrt{2}ab=0\ .$$

例 4.10 设 $y=y(x)$ 是由方程组 $\begin{cases}x=t^2-2t-3,\\ y-\mathrm{e}^y\sin t-1=0\end{cases}$ 所确定的函数, 求 $\frac{\mathrm{d}y}{\mathrm{d}x}$.

解 方程组的方程两边同时对变量 t 求导, 得

$$\begin{cases}\frac{\mathrm{d}x}{\mathrm{d}t}=2t-2,\\ \frac{\mathrm{d}y}{\mathrm{d}t}-\mathrm{e}^y\cos t-\mathrm{e}^y\sin t\frac{\mathrm{d}y}{\mathrm{d}t}=0,\end{cases}$$

故

$$\frac{\mathrm{d}y}{\mathrm{d}t}=\frac{\mathrm{e}^y\cos t}{1-\mathrm{e}^y\sin t},$$

从而

$$\frac{\mathrm{d}y}{\mathrm{d}x}=\frac{\frac{\mathrm{d}y}{\mathrm{d}t}}{\frac{\mathrm{d}x}{\mathrm{d}t}}=\frac{\mathrm{e}^{y}\cos t}{2(t-1)(1-\mathrm{e}^{y}\sin t)}.$$

在平面上选定一点，称为**极点** (或**原点**)，并记为 O. 然后画一条从 O 点出发的射线 (**极轴**)，该射线通常画成水平并指向右方，并在射线上规定单位长度. 对平面上每个点 M 可用有序的数对 (ρ,θ) 来确定它的位置，其中 ρ 为原点 O 到点 M 的距离，θ 为从初始射线 (极轴) 到射线 $\overrightarrow{OM}$ 的有向角，称为**极角**，如图 2–6 所示. 有序数对 (ρ,θ) 称为点 M 的**极坐标**，这样建立的坐标系称为**极坐标系**. 像在三角函数中那样，逆时针方向测得的 θ 为正角，而顺时针测得的 θ 为负角.

取极点 O 为坐标原点，取极轴 ρ 为 x 轴的正半轴，建立平面直角坐标系，如图 2–6 所示. 在直角坐标系下，平面内的点 M 的直角坐标为 (x,y)，点 M 所对应的极坐标为 (ρ,θ)，这里 ρ,θ 的变化范围为

$$0\leqslant\rho<+\infty,\quad 0\leqslant\theta\leqslant 2\pi.$$

如图 2–7 所示，点 M 的直角坐标和极坐标有如下关系式

$$\begin{cases}x=\rho\cos\theta,\\ y=\rho\sin\theta,\end{cases}\quad \text{或}\quad \begin{cases}\rho=\sqrt{x^2+y^2},\\ \tan\theta=\dfrac{y}{x}.\end{cases}$$

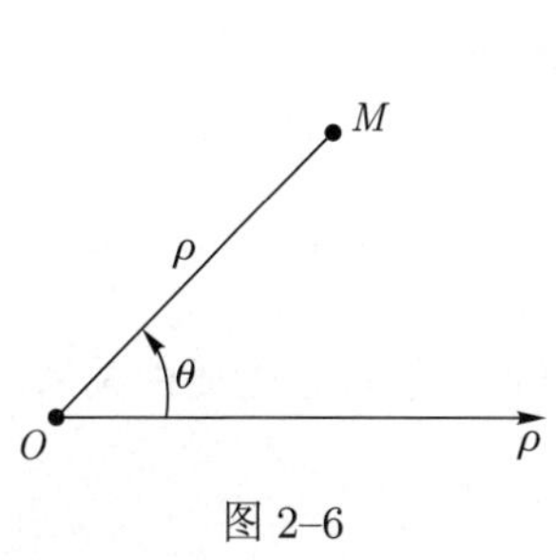

图 2–6

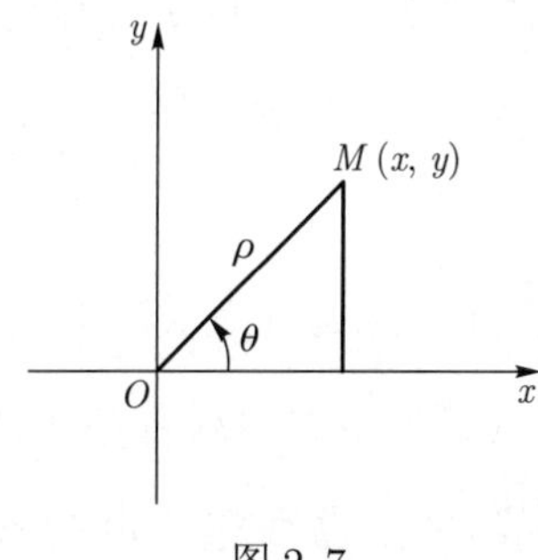

图 2–7

对有些平面曲线，它的方程在极坐标系下表示比在直角坐标系下表示更简单，描图也比较方便. 用极坐标表示的曲线方程称为**极坐标方程**，通常 ρ 表示为自变量 θ 的函数.

例如，圆 $x^2+y^2=a^2$ 对应的极坐标方程为 $\rho=a$.

如图 2–8 所示，圆 $(x-a)^2+y^2=a^2$ 对应的极坐标方程为 $\rho=2a\cos\theta$.

如图 2–9 所示，圆 $(y-a)^2+x^2=a^2$ 对应的极坐标方程为 $\rho=2a\sin\theta$.

例 4.11　求由极坐标方程 $\rho=a(1+\cos\theta)$ 所确定的函数 $y=y(x)$ 的导数 $\dfrac{\mathrm{d}y}{\mathrm{d}x}$.

解　由直角坐标和极坐标的关系

$$\begin{cases}x=\rho\cos\theta,\\ y=\rho\sin\theta,\end{cases}$$

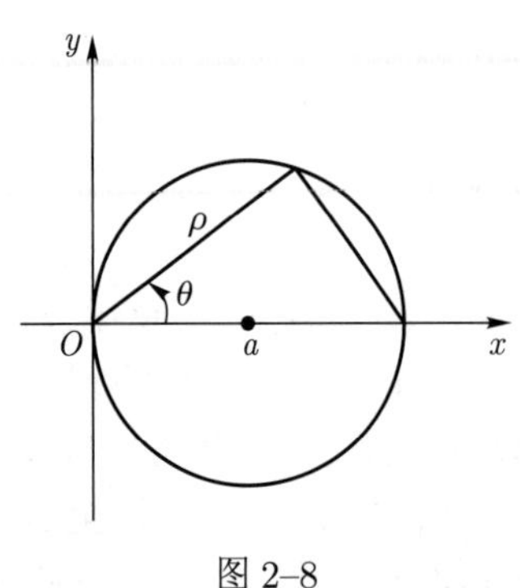

图 2–8

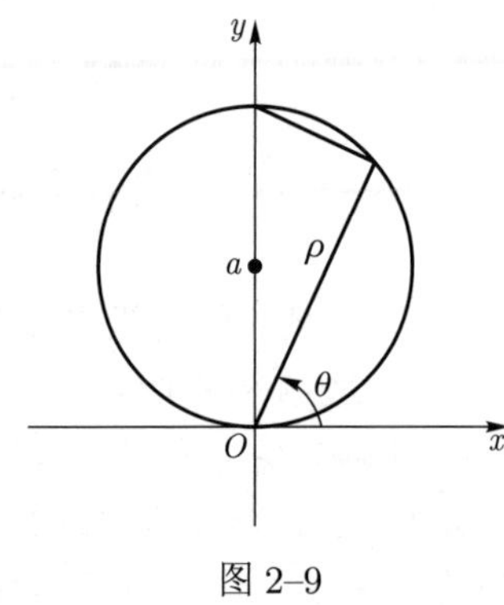

图 2–9

可得以 θ 为参数的方程

$$\begin{cases} x = a(1+\cos\theta)\cos\theta, \\ y = a(1+\cos\theta)\sin\theta. \end{cases}$$

于是

$$\frac{\mathrm{d}y}{\mathrm{d}x} = \frac{\dfrac{\mathrm{d}y}{\mathrm{d}\theta}}{\dfrac{\mathrm{d}x}{\mathrm{d}\theta}} = \frac{\cos\theta + \cos 2\theta}{-\sin\theta - \sin 2\theta} = -\cot\frac{3\theta}{2}.$$

四、相关变化率

如果圆的半径 r 随时间 t 变化而变化, 那么圆的周长 L 和面积 S 也随时间 t 变化而变化, 并且

$$\frac{\mathrm{d}L}{\mathrm{d}t} = 2\pi\frac{\mathrm{d}r}{\mathrm{d}t}, \frac{\mathrm{d}S}{\mathrm{d}t} = 2\pi r\frac{\mathrm{d}r}{\mathrm{d}t}.$$

于是 $\dfrac{\mathrm{d}L}{\mathrm{d}t}, \dfrac{\mathrm{d}S}{\mathrm{d}t}$ 与 $\dfrac{\mathrm{d}r}{\mathrm{d}t}$ 是相互关联的变化率.

设 $x = x(t)$ 及 $y = y(t)$ 都是 t 的可导函数, 而变量 x 与 y 之间存在某种关系, 从而变化率 $\dfrac{\mathrm{d}x}{\mathrm{d}t}$ 与 $\dfrac{\mathrm{d}y}{\mathrm{d}t}$ 之间也存在一定关系. 这种相互依赖的变化率称为**相关变化率**. 相关变化率问题就是研究这两个变化率之间的关系, 以便从其中一个变化率求出另一个变化率. 处理这类问题的方法是先建立 x 与 y 的关系式 $F(x,y) = 0$, 然后对 t 求导, 即可求得两个变化率的关系.

图 2–10

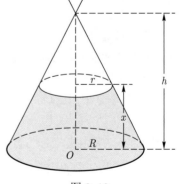

例 4.12 有一底半径为 R cm, 高为 h cm 的圆锥容器, 今以 25 cm^3/s 自顶部向容器内注水, 试求当容器内水位等于锥高的一半时水面上升的速度.

解 设时刻 t 容器内水面高度为 x, 水的体积为 V, 水面半径为 r. 如图 2–10 所示. 现已知 $\dfrac{\mathrm{d}V}{\mathrm{d}t} = 25$, 要求 $x = \dfrac{h}{2}$ 时的 $\dfrac{\mathrm{d}x}{\mathrm{d}t}$.

先建立 x 与 V 的函数关系, 由圆锥体的体积公式, 得

$$V=\frac{1}{3}\pi R^2h-\frac{1}{3}\pi r^2(h-x)=\frac{\pi R^2}{3h^2}[h^3-(h-x)^3],$$

上式两边对 t 求导, 得

$$\frac{\mathrm{d}V}{\mathrm{d}t}=\frac{\pi R^2}{h^2}\cdot(h-x)^2\cdot\frac{\mathrm{d}x}{\mathrm{d}t},$$

将 $\frac{\mathrm{d}V}{\mathrm{d}t}=25,\ x=\frac{h}{2}$ 代入得到

$$\frac{\mathrm{d}x}{\mathrm{d}t}=\frac{100}{\pi R^2}\ (\mathrm{cm/s}),$$

即当容器内水位等于锥高的一半时水面上升的速度为 $\frac{100}{\pi R^2}$ cm/s.

习题 2–4

(A)

1. 填空题.

(1) 设 $y=y(x)$ 是由 $y^2-2xy+9=0$ 所确定的隐函数, 则 $\mathrm{d}y=$__________;

(2) 曲线 $x^{\frac{2}{3}}+y^{\frac{2}{3}}=a^{\frac{2}{3}}$ 在点 $\left(\frac{\sqrt{2}}{4}a,\frac{\sqrt{2}}{4}a\right)$ 处的切线斜率为__________;

(3) 曲线 $\begin{cases}x=\dfrac{3at}{1+t^2},\\ y=\dfrac{3at^2}{1+t^2}\end{cases}$ 在 $t=2$ 处的切线方程为__________;

(4) 设 $y=y(x)$ 由 $\mathrm{e}^{xy}+y^3-3x=0$ 所确定, 则 $\frac{\mathrm{d}y}{\mathrm{d}x}\big|_{x=0}=$__________;

(5) 设 $y=y(x)$ 由 $\ln(x^2+y)=x^3y+\sin x$ 所确定, 则 $\frac{\mathrm{d}y}{\mathrm{d}x}\big|_{x=0}=$__________;

(6) 设 $y=y(x)$ 由 $2^{xy}=x+y$ 所确定, 则 $\mathrm{d}y|_{x=0}=$__________.

2. 求由下列方程所确定的隐函数的导数 $\frac{\mathrm{d}y}{\mathrm{d}x}$ 和微分 $\mathrm{d}y$.

(1) $x^3+y^3-3axy=0$;　　(2) $\arctan\frac{y}{x}=\ln\sqrt{x^2+y^2}$;

(3) $yf(x)+x^2f(y)=x^2$;　　(4) $x=y^y$;

3. 利用对数求导法求下列函数的导数.

(1) $y=x^x$;　　(2) $y=(\sin x)^{\cos x}$;

(3) $y=\mathrm{e}^x+\mathrm{e}^{\mathrm{e}^x}+\mathrm{e}^{x^{\mathrm{e}}}$;　　(4) $y=x^{x^x}$;

(5) $y=\sqrt{x\sin x\sqrt{1-\mathrm{e}^x}}$;　　(6) $y=(x-2)^2\sqrt[3]{\dfrac{(x+3)^2(3-2x^2)^4}{(1+x^2)(5-3x^3)}}$.

4. 求下列参数方程所确定的函数的导数 $\frac{\mathrm{d}y}{\mathrm{d}x}$.

(1) $\begin{cases}x=\theta(1-\sin\theta),\\ y=\theta\cos\theta;\end{cases}$　　(2) $\begin{cases}x=\ln(1+t^2)+1,\\ y=2\arctan t-(1+t)^2.\end{cases}$

5. 证明题.

(1) 求证: 抛物线 $x^{\frac{1}{2}}+y^{\frac{1}{2}}=a^{\frac{1}{2}}$ 上任一点处的切线在坐标轴上截距之和为常数 a;

(2) 求证: 双曲线 $xy=a^2$ 上任一点处的切线与两坐标轴构成的三角形的面积都等于 $2a^2$.

(B)

6. 设 $\begin{cases} x=f(t)-\pi, \\ y=f(\mathrm{e}^{3t}-1), \end{cases}$ 且 $f'(0)\neq 0$, 求 $\left.\dfrac{\mathrm{d}y}{\mathrm{d}x}\right|_{t=0}$.

7. 求对数螺线 $r=\mathrm{e}^{\theta}$ 在点 $(r,\theta)=\left(\mathrm{e}^{\frac{\pi}{2}},\dfrac{\pi}{2}\right)$ 处切线的直角坐标方程.

8. 水注入深 8 m, 上顶直径 8 m 的正圆锥形容器中, 其速率为 4 $\mathrm{m}^3/\mathrm{min}$. 问当水深为 5 m 时, 其表面上升的速率是多少?

第五节 高阶导数与高阶微分

一、高阶导数

根据第二章第一节的引例 1 知道, 物体做变速直线运动, 其在 t 时刻的速度 $v(t)$ 是位移函数 $s(t)$ 的导数, 即 $v(t)=s'(t)$. 而加速度 $a(t)$ 又是速度 $v(t)$ 对时间 t 的导数, 故

$$a=\frac{\mathrm{d}v}{\mathrm{d}t}=\frac{\mathrm{d}}{\mathrm{d}t}\left(\frac{\mathrm{d}s}{\mathrm{d}t}\right) \quad 或 \quad a=(s')'=s'',$$

这种导数的导数 $\dfrac{\mathrm{d}}{\mathrm{d}t}\left(\dfrac{\mathrm{d}s}{\mathrm{d}t}\right)$ 或 s'' 叫做 s 对 t 的二阶导数. 一般地, 高阶导数的定义如下所述.

定义 5.1 如果函数 $y=f(x)$ 的导函数 $y'=f'(x)$ 可导, 那么把 $f'(x)$ 的导数叫做函数 $y=f(x)$ 的 **二阶导数**, 记作 $y'',f''(x)$ 或 $\dfrac{\mathrm{d}^2y}{\mathrm{d}x^2}$, 即

$$y''=(y')',f''(x)=(f'(x))' \quad 或 \quad \frac{\mathrm{d}^2y}{\mathrm{d}x^2}=\frac{\mathrm{d}}{\mathrm{d}x}\left(\frac{\mathrm{d}y}{\mathrm{d}x}\right).$$

同样, 把函数 $y=f(x)$ 的二阶导数的导数叫做**三阶导数**, 三阶导数的导数叫做**四阶导数**…… 一般地, $n-1$ 阶导数的导数叫做 n **阶导数**, 分别记作

$$y''',y^{(4)},\cdots,y^{(n)}$$

或

$$\frac{\mathrm{d}^3y}{\mathrm{d}x^3},\frac{\mathrm{d}^4y}{\mathrm{d}x^4},\cdots,\frac{\mathrm{d}^ny}{\mathrm{d}x^n}.$$

函数 $y=f(x)$ 的二阶及二阶以上的导数统称为它的**高阶导数**. 为了统一术语起见, 将导数 $y'=f'(x)$ 称为函数 $y=f(x)$ 的**一阶导数**, 而将函数 $y=f(x)$ 本身称为**零阶导数**. 记作

$$f^{(0)}(x)=f(x).$$

由此可见, 求函数 $y=f(x)$ 的高阶导数并不需要新的方法, 只要利用基本求导公式和导数的运算法则, 对函数逐次地连续求导即可. 其难点是在于如何求出高阶导数的一般表达式.

例 5.1 $y=f(x)=\arctan x$, 求 $f''(0),f'''(0)$.

解 $y'=f'(x)=\dfrac{1}{1+x^2},y''=f''(x)=\dfrac{-2x}{(1+x^2)^2},y'''=f'''(x)=\dfrac{2(3x^2-1)}{(1+x^2)^3}$,

由此可知

$$y''|_{x=0}=f''(0)=\left.\frac{-2x}{(1+x^2)^2}\right|_{x=0}=0,$$

$$y'''|_{x=0}=f'''(0)=\left.\frac{2(3x^2-1)}{(1+x^2)^3}\right|_{x=0}=-2.$$

例 5.2 设 $y(x)=x^2f(\sin x)$, 求 y''.

解 利用逐阶求导法,

$$y'(x)=2xf(\sin x)+x^2f'(\sin x)\cos x,$$

$$y''(x)=2f(\sin x)+4xf'(\sin x)\cos x-x^2f'(\sin x)\sin x+x^2\cos^2 xf''(\sin x).$$

例 5.3 证明下列基本初等函数的 n 阶导数公式.

(1) $(\mathrm{e}^x)^{(n)}=\mathrm{e}^x$; (2) $(\sin x)^{(n)}=\sin\left(x+n\cdot\dfrac{\pi}{2}\right)$;

(3) $(\cos x)^{(n)}=\cos\left(x+n\cdot\dfrac{\pi}{2}\right)$;

(4) $(x^\alpha)^{(n)}=\alpha(\alpha-1)\cdots(\alpha-n+1)x^{\alpha-n}$ (α 为任意常数);

(5) $[\ln(1+x)]^{(n)}=(-1)^{n-1}\dfrac{(n-1)!}{(1+x)^n}$.

证 (1) $y=\mathrm{e}^x,y'=\mathrm{e}^x,y''=\mathrm{e}^x,y'''=\mathrm{e}^x$, 以此类推, 可得

$$y^{(n)}=\mathrm{e}^x\quad(n=1,2,3,\cdots),$$

即

$$(\mathrm{e}^x)^{(n)}=\mathrm{e}^x\quad(n=1,2,3,\cdots).\tag{5.1}$$

(2) $y=\sin x$,

$$y'=\cos x=\sin\left(x+\frac{\pi}{2}\right),$$

$$y''=\cos\left(x+\frac{\pi}{2}\right)=\sin\left(x+\frac{\pi}{2}+\frac{\pi}{2}\right)=\sin\left(x+2\cdot\frac{\pi}{2}\right),$$

$$y'''=\cos\left(x+2\cdot\frac{\pi}{2}\right)=\sin\left(x+2\cdot\frac{\pi}{2}+\frac{\pi}{2}\right)=\sin\left(x+3\cdot\frac{\pi}{2}\right),$$

$$y^{(4)}=\cos\left(x+3\cdot\frac{\pi}{2}\right)=\sin\left(x+4\cdot\frac{\pi}{2}\right),$$

以此类推, 可得

$$y^{(n)}=\sin\left(x+n\cdot\frac{\pi}{2}\right),$$

即
$$(\sin x)^{(n)}=\sin\left(x+n\cdot\frac{\pi}{2}\right).\tag{5.2}$$

(3) $y=\cos x$,

$$\begin{aligned}
&y'=-\sin x=\cos\left(x+\frac{\pi}{2}\right),\\
&y''=-\sin\left(x+\frac{\pi}{2}\right)=\cos\left(x+\frac{\pi}{2}+\frac{\pi}{2}\right)=\cos\left(x+2\cdot\frac{\pi}{2}\right),\\
&y'''=-\sin\left(x+2\cdot\frac{\pi}{2}\right)=\cos\left(x+2\cdot\frac{\pi}{2}+\frac{\pi}{2}\right)=\cos\left(x+3\cdot\frac{\pi}{2}\right),\\
&y^{(4)}=-\sin\left(x+3\cdot\frac{\pi}{2}\right)=\cos\left(x+4\cdot\frac{\pi}{2}\right),
\end{aligned}$$

以此类推, 可得
$$y^{(n)}=\cos\left(x+n\cdot\frac{\pi}{2}\right),$$

即
$$(\cos x)^{(n)}=\cos\left(x+n\cdot\frac{\pi}{2}\right).\tag{5.3}$$

(4) $y=x^{\alpha}$,

$$y'=(x^{\alpha})'=\alpha x^{\alpha-1},y''=(x^{\alpha})''=\alpha(\alpha-1)x^{\alpha-2},y'''=(x^{\alpha})'''=\alpha(\alpha-1)(\alpha-2)x^{\alpha-3},$$

以此类推, 可得
$$(x^{\alpha})^{(n)}=\alpha(\alpha-1)\cdots(\alpha-n+1)x^{\alpha-n}.\tag{5.4}$$

(5) $y=\ln(1+x)$,

$$y'=\frac{1}{1+x},y''=-\frac{1}{(1+x)^2},y'''=(-1)^2\frac{1\cdot 2}{(1+x)^3},y^{(4)}=(-1)^3\frac{1\cdot 2\cdot 3}{(1+x)^4},$$

以此类推, 可得
$$[\ln(1+x)]^{(n)}=(-1)^{n-1}\frac{(n-1)!}{(1+x)^n}.\tag{5.5}$$

由 (5.4), $(x^{\alpha})^{(n)}=\alpha(\alpha-1)\cdots(\alpha-n+1)x^{\alpha-n}$, 容易得到以下公式.

(i) 当 $\alpha=m$ (正整数) 时,

$$(x^m)^{(n)}=\begin{cases} m(m-1)\cdots(m-n+1)x^{m-n}, & m>n,\\ m!, & m=n,\\ 0, & m<n.\end{cases}$$

(ii) 当 $\alpha=-1$ 时, 有

$$\left(\frac{1}{x}\right)^{(n)}=(-1)^n\frac{n!}{x^{n+1}}\quad(x\neq 0),\tag{5.6}$$

$$\left(\frac{1}{1+x}\right)^{(n)}=(-1)^n\frac{n!}{(1+x)^{n+1}}\quad(x\neq -1),\tag{5.7}$$

$$\left(\frac{1}{1-x}\right)^{(n)}=\frac{n!}{(1-x)^{n+1}}\quad(x\neq 1).\tag{5.8}$$

二、高阶求导法则

定理 5.1　如果函数 $u=u(x)$ 及 $v=v(x)$ 都在点 x 处具有 n 阶导数, 那么函数 $u(x)\pm v(x), u(x)v(x)$ 也在点 x 处具有 n 阶导数, 并且有

(1) 线性性质

$$[\alpha u(x)\pm\beta v(x)]^{(n)}=\alpha u^{(n)}(x)\pm\beta v^{(n)}(x), \alpha,\beta\in\mathbf{R}; \tag{5.9}$$

(2) 莱布尼茨公式

$$(uv)^{(n)}=\sum_{k=0}^{n}\mathrm{C}_n^k u^{(n-k)}v^{(k)}, \tag{5.10}$$

其中 $\mathrm{C}_n^k=\dfrac{n!}{k!(n-k)!}(k=0,1,2,\cdots)$.

这个定理可用数学归纳法证明, 此处证明从略.

莱布尼茨公式可以借助二项式定理

$$(u+v)^n=\sum_{k=0}^{n}\mathrm{C}_n^k u^{n-k}v^k=u^nv^0+nu^{n-1}v+\frac{n(n-1)}{2!}u^{n-2}v^2+\cdots+u^0v^n$$

进行记忆. 不过注意的是需要把二项式定理两边的 k 次幂换成 k 阶导数, 左边的 $u+v$ 换成 uv, 这样就得到莱布尼茨公式.

求函数的高阶导数时, 可以直接按定义逐阶求出指定函数的高阶导数, 也可以利用已知函数的高阶导数公式和高阶导数性质, 通过微分的四则运算法则、变量代换、恒等变形等方法, 间接求出指定函数的高阶导数.

例 5.4　$y=\dfrac{1}{x^2-1}$, 求 $y^{(100)}$.

解　因为

$$y=\frac{1}{x^2-1}=\frac{1}{2}\left(\frac{1}{x-1}-\frac{1}{x+1}\right),$$

利用 (5.7) (5.8) 和 (5.9), 所以得

$$y^{(100)}=\frac{1}{2}\left[\frac{100!}{(x-1)^{101}}-\frac{100!}{(x+1)^{101}}\right].$$

例 5.5　$y=\sin^6x+\cos^6x$, 求 $y^{(n)}$.

解　因为

$$\begin{aligned}y&=(\sin^2x)^3+(\cos^2x)^3\\&=\sin^4x-\sin^2x\cos^2x+\cos^4x=(\sin^2x+\cos^2x)^2-3\sin^2x\cos^2x\\&=1-\frac{3}{4}\sin^22x=\frac{5}{8}+\frac{3}{8}\cos4x,\end{aligned}$$

所以

$$y^{(n)}=\frac{3}{8}\cdot4^n\cos\left(4x+n\frac{\pi}{2}\right).$$

例 5.6 $y=x^3\sin x$, 求 $y^{(100)}$.

解 由于 $(x^3)'=3x^2,(x^3)''=6x,(x^3)'''=6,(x^3)^{(3+k)}=0\quad(k=1,2,\cdots,97)$, 应用莱布尼茨公式 (5.10), 得

$$\begin{aligned}
y^{(100)} &= (x^3\sin x)^{(100)}=\sum_{k=0}^{100}\mathrm{C}_n^k(\sin x)^{(n-k)}(x^3)^{(k)}\\
&= \mathrm{C}_{100}^0(\sin x)^{(100)}(x^3)^{(0)}+\mathrm{C}_{100}^1(\sin x)^{(99)}(x^3)^{(1)}+\\
&\quad \mathrm{C}_{100}^2(\sin x)^{(98)}(x^3)^{(2)}+\mathrm{C}_{100}^3(\sin x)^{(97)}(x^3)^{(3)}\\
&= x^3\sin x-300x^2\cos x-300\times 99x\sin x+100\times 99\times 98\cos x.
\end{aligned}$$

例 5.7 求由方程 $x-y+\dfrac{1}{2}\sin y=0$ 所确定的隐函数 $y=f(x)$ 的二阶导数 $\dfrac{\mathrm{d}^2y}{\mathrm{d}x^2}$.

解 这是一个隐函数求高阶导数的问题. 采用隐函数求导法, 先在方程两边对 x 求导, 得

$$1-\frac{\mathrm{d}y}{\mathrm{d}x}+\frac{1}{2}\cos y\cdot\frac{\mathrm{d}y}{\mathrm{d}x}=0,$$

于是

$$\frac{\mathrm{d}y}{\mathrm{d}x}=\frac{2}{2-\cos y}. \tag{5.11}$$

为了求出隐函数的二阶导数, 将上式 (5.11) 两边同时再对 x 求导, 注意到 y 是 x 的函数, 而且 $y'=f'(x)$ 也是 x 的函数, 得

$$\frac{\mathrm{d}^2y}{\mathrm{d}x^2}=\frac{-2\sin y\cdot\dfrac{\mathrm{d}y}{\mathrm{d}x}}{(2-\cos y)^2},$$

将 $\dfrac{\mathrm{d}y}{\mathrm{d}x}=\dfrac{2}{2-\cos y}$ 代入上式, 得

$$\frac{\mathrm{d}^2y}{\mathrm{d}x^2}=\frac{-4\sin y}{(2-\cos y)^3}.$$

定理 5.2 设函数 $y=y(x)$ 是由参数方程

$$\begin{cases} x=\varphi(t),\\ y=\psi(t)\end{cases}\quad(t\in I)$$

所确定. 若函数 $\varphi(t),\psi(t)$ 在区间 I 上二阶可导, 且 $\varphi'(t)>0$(或 $\varphi'(t)<0$), 则函数 $y=y(x)$ 关于 x 二阶可导, 且

$$\frac{\mathrm{d}^2y}{\mathrm{d}x^2}=\frac{\psi''(t)\varphi'(t)-\psi'(t)\varphi''(t)}{\varphi'^3(t)}.$$

证 由条件知, 函数 $\varphi(t)$ 单调且可导, 从而存在可导的反函数 $t=\varphi^{-1}(x)$; 又因为 $\varphi(t),\psi(t)$ 在区间 I 上二阶可导, 所以函数 $y=y(x)$ 关于 x 二阶可导.

利用由参数方程所确定的函数的导数公式得

$$\frac{\mathrm{d}y}{\mathrm{d}x}=\frac{\psi'(t)}{\varphi'(t)}.$$

而上式所表示的导函数是一个以 x 为自变量的复合函数, 它可以看作由 $\dfrac{\mathrm{d}y}{\mathrm{d}x}=\dfrac{\psi'(t)}{\varphi'(t)}$ 及 $t=\varphi^{-1}(x)$ 复合而成, 其中 t 是中间变量. 利用复合函数的链式法则, 得

$$\begin{aligned}\frac{\mathrm{d}^2y}{\mathrm{d}x^2}&=\frac{\mathrm{d}}{\mathrm{d}x}\left(\frac{\mathrm{d}y}{\mathrm{d}x}\right)=\frac{\mathrm{d}}{\mathrm{d}t}\left(\frac{\psi'(t)}{\varphi'(t)}\right)\frac{\mathrm{d}t}{\mathrm{d}x}=\frac{\psi''(t)\varphi'(t)-\psi'(t)\varphi''(t)}{\varphi'^2(t)}\cdot\frac{1}{\varphi'(t)}\\&=\frac{\psi''(t)\varphi'(t)-\psi'(t)\varphi''(t)}{\varphi'^3(t)}.\end{aligned}$$

例 5.8　计算由摆线的参数方程 $\begin{cases}x=a(t-\sin t),\\y=a(1-\cos t)\end{cases}$ 所确定的函数 $y=f(x)$ 的二阶导数 $\dfrac{\mathrm{d}^2y}{\mathrm{d}x^2}$.

解

$$\begin{aligned}\frac{\mathrm{d}y}{\mathrm{d}x}&=\frac{y'(t)}{x'(t)}=\frac{[a(1-\cos t)]'}{[a(t-\sin t)]'}=\frac{a\sin t}{a(1-\cos t)}\\&=\frac{\sin t}{1-\cos t}=\cot\frac{t}{2}\ (t\neq 2n\pi, n\ \text{为整数}),\\\frac{\mathrm{d}^2y}{\mathrm{d}x^2}&=\frac{\mathrm{d}}{\mathrm{d}x}\left(\frac{\mathrm{d}y}{\mathrm{d}x}\right)=\frac{\mathrm{d}}{\mathrm{d}t}\left(\cot\frac{t}{2}\right)\cdot\frac{\mathrm{d}t}{\mathrm{d}x}\\&=-\frac{1}{2\sin^2\dfrac{t}{2}}\cdot\frac{1}{a(1-\cos t)}=-\frac{1}{a(1-\cos t)^2},\end{aligned}$$

其中 $t\neq 2n\pi, n$ 为整数.

* 三、高阶微分

如果函数 $y=f(x)$ 在区间 I 上可导, 那么其微分为

$$\mathrm{d}y=f'(x)\mathrm{d}x,$$

其中变量 x 和 $\mathrm{d}x$ 是相互独立的. 现把一阶微分只看作是自变量 x 的函数. 若函数 $y=f(x)$ 在区间 I 上二阶可导, 则称函数 $y=f(x)$ 在区间 I 上是可微分两次的, 且 $\mathrm{d}y=f'(x)\mathrm{d}x$ 的微分为

$$\mathrm{d}(\mathrm{d}y)=\mathrm{d}(f'(x)\mathrm{d}x)=\mathrm{d}(f'(x))\cdot\mathrm{d}x=f''(x)\mathrm{d}x\cdot\mathrm{d}x=f''(x)(\mathrm{d}x)^2=f''(x)\mathrm{d}x^2,$$

称它为函数 $y=f(x)$ 在区间 I 上关于自变量 x 的**二阶微分**, 记作 d^2y, 即

$$\mathrm{d}^2y=\mathrm{d}(\mathrm{d}y)=f''(x)\mathrm{d}x^2.$$

同样, 如果函数 $y=f(x)$ 在区间 I 上三阶可导, 那么函数 $y=f(x)$ 在区间 I 上就有**三阶微分**, 而且三阶微分是二阶微分的微分, 记作 d^3y, 即

$$\mathrm{d}^3y=\mathrm{d}(\mathrm{d}^2y)=f'''(x)\mathrm{d}x^3.$$

一般地, 如果函数 $y=f(x)$ 在区间 I 上 n 阶可导, 那么函数 $y=f(x)$ 在区间 I 上就有 n **阶微分**, 而且 n 阶微分是 $n-1$ 阶微分的微分, 记作 d^ny, 即

$$\mathrm{d}^ny=\mathrm{d}(\mathrm{d}^{n-1}y)=f^{(n)}(x)\mathrm{d}x^n.$$

函数 $y=f(x)$ 的二阶及二阶以上的微分统称为它的**高阶微分**.

由此可见, 函数 $y=f(x)$ 关于自变量 x 的 n 阶导数 $f^{(n)}(x)$ 可以表示为函数 y 关于自变量 x 的 n 阶微分 d^ny 与自变量 x 的微分 $\mathrm{d}x$ 的 n 次方 $\mathrm{d}x^n$ 之比, 即

$$f^{(n)}(x)=\frac{\mathrm{d}^ny}{\mathrm{d}x^n}.$$

导数一定是整数阶吗? 可否有分数阶导数?

注 这里 d^ny 表示函数 y 关于自变量 x 的 n 阶微分, $\mathrm{d}x^n$ 表示自变量 x 微分 $\mathrm{d}x$ 的 n 次方, 即 $(\mathrm{d}x)^n=\mathrm{d}x^n$. 而对于 $\mathrm{d}(x^n)$, 则表示 x^n 的一阶微分.

一阶微分具有形式不变性, 对于高阶微分来说已不具有这样的性质了. 以二阶微分为例. 设函数 $y=f(x)$, 当 x 为自变量时, 由二阶微分定义, 得到

$$\mathrm{d}^2y=\mathrm{d}(\mathrm{d}y)=f''(x)\mathrm{d}x^2.$$

但当 $y=f(x), x=\varphi(t)$ 时, 此时 x 为中间变量. 根据一阶微分形式不变性, 有 $\mathrm{d}y=f'(x)\mathrm{d}x$, 这里 $\mathrm{d}x=\varphi'(t)\mathrm{d}t$ 是自变量 t 的函数. 于是 y 对自变量 t 的二阶微分应是

$$\begin{aligned}\mathrm{d}^2y &= \mathrm{d}(\mathrm{d}y)=\mathrm{d}(f'(x)\mathrm{d}x)=(\mathrm{d}f'(x))\cdot\mathrm{d}x+f'(x)\mathrm{d}(\mathrm{d}x)\\ &= f''(x)\mathrm{d}x^2+f'(x)\mathrm{d}^2x.\end{aligned}$$

显然多了一项 $f'(x)\mathrm{d}^2x$. 这就说明, 只有一阶微分才有微分形式不变性, 高阶微分不具有此特性.

习题 2–5

(A)

1. 填空题.

(1) $y=3x^2+\mathrm{e}^{2x}+\ln x$, 则 $y''(x)=$__________;

(2) $y=y(x)$ 是由方程 $\mathrm{e}^y+xy=\mathrm{e}$ 所确定的隐函数, 则 $y''(0)=$__________;

2. 求下列函数指定阶的导数.

(1) 设 $y=y(x)$ 由方程 $x-y+\dfrac{1}{2}\sin y=0$ 所确定, 求 $\dfrac{\mathrm{d}^2y}{\mathrm{d}x^2}$;

(2) 设 $y=y(x)$ 由方程 $y=f(x+y)$ 所确定, 且 $f'(x)\neq 1$, 求 $\dfrac{\mathrm{d}^2y}{\mathrm{d}x^2}$;

(3) 设 $y=y(x)$ 由方程 $x\mathrm{e}^{f(y)}=\mathrm{e}^y$ 所确定, 且 $f'(1)\neq 1$, 求 $\dfrac{\mathrm{d}^2y}{\mathrm{d}x^2}$;

(4) 设 $\begin{cases} x=\ln(1+t^2)+1, \\ y=2\arctan t-(1+t)^2, \end{cases}$ 求 $\dfrac{\mathrm{d}^2y}{\mathrm{d}x^2}$;

(5) 设 $\begin{cases} x=f'(t), \\ y=tf'(t)-f(t), \end{cases}$ 求 $\dfrac{\mathrm{d}^2y}{\mathrm{d}x^2}$;

(6) $y=x^2\sin 2x$, 求 $y^{(50)}$.

3. 设 $f''(x)$ 存在, 求下列函数的二阶导数.

(1) $y=f\left(\mathrm{e}^{-x}\right)$;　　(2) $y=\ln f(x)$;

4. 求下列函数 n 阶导数的一般表达式.

(1) $f(x)=\dfrac{1-x}{1+x}$;　　(2) $f(x)=\sin^2 x$;

(3) $y=\dfrac{1}{x^2-3x+2}$;　　(4) $y=x\ln x$;

5. 证明题.

(1) 验证函数 $y=\sqrt{2x-x^2}$ 满足关系式 $y^3y''+1=0$;

(2) 设 $\begin{cases} x=\mathrm{e}^t\sin t, \\ y=\mathrm{e}^t\cos t, \end{cases}$ 验证 $(x+y)^2\dfrac{\mathrm{d}^2y}{\mathrm{d}x^2}=2\left(x\dfrac{\mathrm{d}y}{\mathrm{d}x}-y\right)$;

(3) 已知 $\dfrac{\mathrm{d}x}{\mathrm{d}y}=\dfrac{1}{y'}$, 求证 $\dfrac{\mathrm{d}^2x}{\mathrm{d}y^2}=-\dfrac{y''}{(y')^3}, \dfrac{\mathrm{d}^3x}{\mathrm{d}y^3}=\dfrac{3(y'')^2-y'y'''}{(y')^5}$;

(B)

6. 设 $g(x)$ 当 $x\leqslant 0$ 时有定义, 且 $g''(x)$ 存在, 怎样选择 a,b,c 使函数 $f(x)=\begin{cases} ax^2+bx+c, & x>0, \\ g(x), & x\leqslant 0 \end{cases}$ 在 $x=0$ 处有二阶导数.

7. 讨论函数

$$f(x)=\begin{cases} x^4\sin\dfrac{1}{x}, & x\neq 0, \\ 0, & x=0 \end{cases}$$

在 $x=0$ 处存在几阶导数, 各阶导数在 $x=0$ 处是否连续?

8. 设 $y=\mathrm{e}^x\sin x$, 求 $y^{(n)}$.

*第六节　Mathematica 的应用——导数与微分的计算

一、基本命令

命令形式 1: D[f, x]

功能: 求函数 f 对 x 的导数.

命令形式 2: D[f, {x, n}]

功能: 求函数 f 对 x 的 n 阶导数.

命令形式 3: Dt[f]

功能: 对函数 f 求微分 df.

二、实验举例

例 6.1 已知函数 $y=\mathrm{e}^x(\tan x+\ln x)$, 求 y'.

输入: `Clear[f];f[x_]:=Exp[x]*(Tan[x]+Log[x]); D[f[x], x]`

输出: $\mathrm{e}^{x}\left(\frac{1}{x}+\mathrm{Sec}[x]^{2}\right)+\mathrm{e}^{x}(\mathrm{Log}[x]+\mathrm{Tan}[X])$

例 6.2 已知函数 $y=2x^3+3x^2-12x+7$, 画出函数的图形以及 $x=-1$ 处的切线.

切线的绘制

输入:
```
Clear[f]
f[x_]:=2*x^3+3*x^2-12*x+7;
pic=Plot[f[x],{x,-4,3}];
Manipulate[
Show[pic,Graphics[{PointSize[0.02],Black,Point[{x0,f[x0]}]}],
Plot[f'[x0]*(x-x0)+f[x0],{x,-4,3},PlotStyle->Red],
PlotRange->{-30,50}],{x0,-4,3}]
```
输出如图 2–11 所示.

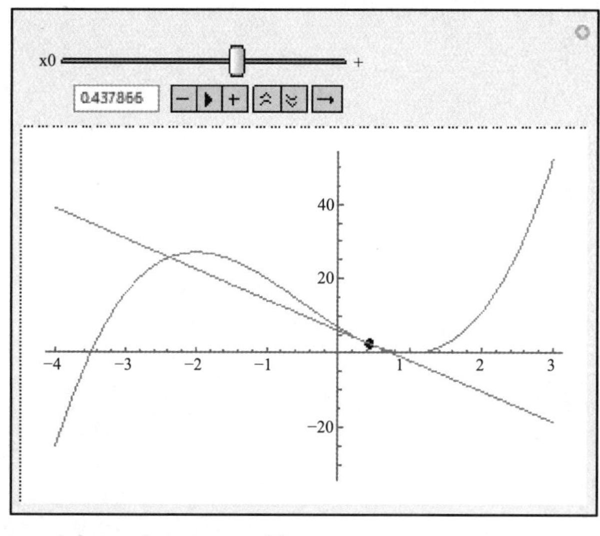

图 2–11

例 6.3 求 $\mathrm{e}^y+xy-\mathrm{e}=0$ 所确定的函数 $y=y(x)$ 的一阶与二阶导数.

输入:
```
Clear[x];Clear[y];
impD[eqn_,y_,x_]:=Module[{s,r,t},s=D[eqn,x,NonConstants->{y}];
  r=Solve[s,D[y,x,NonConstants->{y}]];t=D[y,x,NonConstants->{y}]/.r;
Simplify[t]];impD[Exp[y]+x*y-E==0,y,x]
```

输出: $\left\{-\frac{y}{\mathrm{e}^{y}+x}\right\}$

*第七节　几种常用的曲线

例 7.1　画出星形线 $x^{\frac{2}{3}}+y^{\frac{2}{3}}=a^{\frac{2}{3}}$(参数方程为 $x=a\cos^3\theta, y=a\sin^3\theta$) 的图形.

输入: `ParametricPlot[{8*(Cos[t])^3,8*(Sin[t])^3},{t,0,2*Pi},AxesLabel→{"x","a=8.0"}]`

输出如图 2–12 所示.

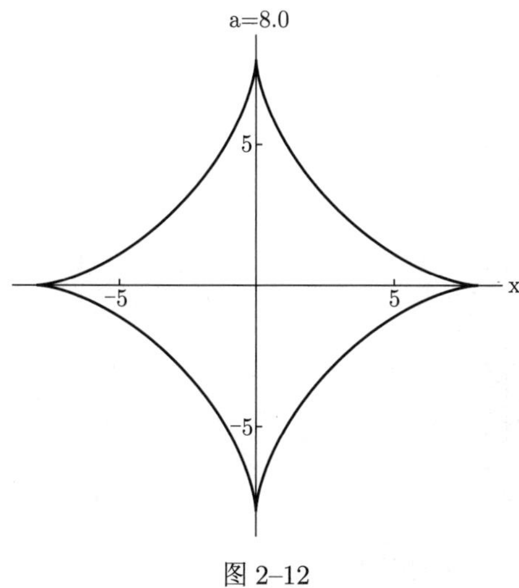

图 2–12

例 7.2　画出摆线 $\begin{cases} x=\theta-\sin\theta \\ y=1-\cos\theta \end{cases}$ 的图形.

输入: `Animate[ParametricPlot[{t-Sin[t],1-Cos[t]},{t,0,t0},PlotRange → {{0,10*Pi},{0,2}}],t0,0,10*Pi}]`

输出如图 2–13 所示.

摆线的绘制

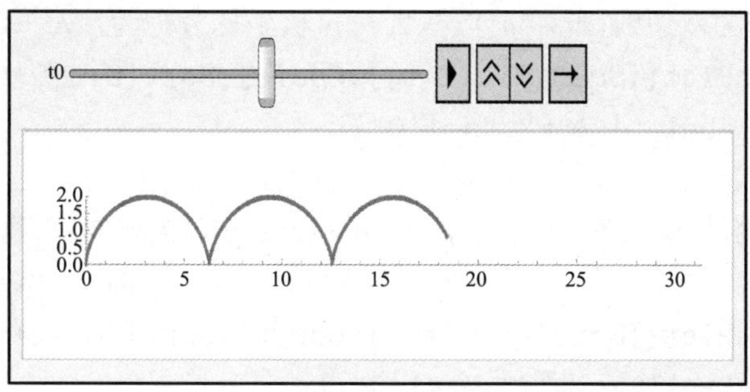

图 2–13

例 7.3 画出心形线$x^2+y^2+ax=a\sqrt{x^2+y^2}$(极坐标方程为$\rho=a(1-\cos\theta)$) 的图形.

输入: `ParametricPlot[{0.8*(1-Cos[t])*Cos[t],0.8*(1-Cos[t])*Sin[t]},{t,0,2*Pi},AxesLabel → {"x","a=0.8"}]`

输出如图 2–14 所示.

例 7.4 画出阿基米德螺线$\rho=\theta$的图形.

输入: `Manipulate[ListPolarPlot[Table[t,{t,0,t1*Pi,0.1}]],{t1,0,2}]`

输出如图 2–15 所示.

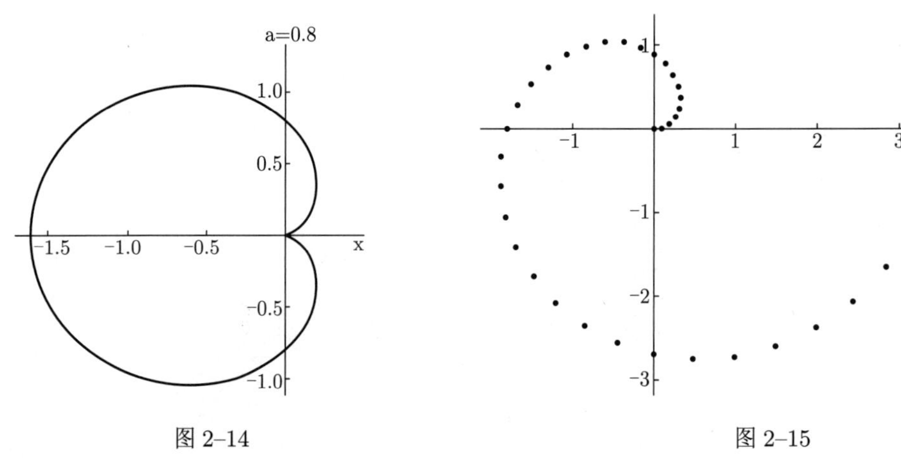

图 2–14　　图 2–15

例 7.5 画出对数螺线$\rho=\mathrm{e}^{a\theta}$的图形.

输入: `PolarPlot[Exp[0.1*t],{t,0,4*Pi},AxesLabel → {"x","a=0.1"}]`

输出如图 2–16 所示.

例 7.6 画出双曲螺线$\rho\theta=a$的图形.

输入: `ParametricPlot[{0.5/t*Cos[t],0.5/t*Sin[t]},{t,0.01,4*Pi},AxesLabel →{"x","a=0.5"}]`

输出如图 2–17 所示.

例 7.7 画出伯努力双纽线$(x^2+y^2)^2=2a^2xy$(极坐标方程为：$\rho^2=a^2\sin 2\theta$) 的图形.

输入: `ParametricPlot[{Sqrt[Sin[2*t]]*Cos[t],Sqrt[Sin[2*t]]*Sin[t]},{t,0,2*Pi}AxesLabel → {"x","a=1.0"}]`

输出如图 2–18 所示.

例 7.8 画出伯努力双纽线$(x^2+y^2)^2=a^2(x^2-y^2)$(极坐标方程为$\rho^2=a^2\cos 2\theta$) 的图形.

输入: `ParametricPlot[{Sqrt[Cos[2*t]]*Cos[t],Sqrt[Cos[2*t]]*Sin[t]},{t,0,2*Pi},AxesLabel → {"x","a=1.0"}]`

输出如图 2–19 所示.

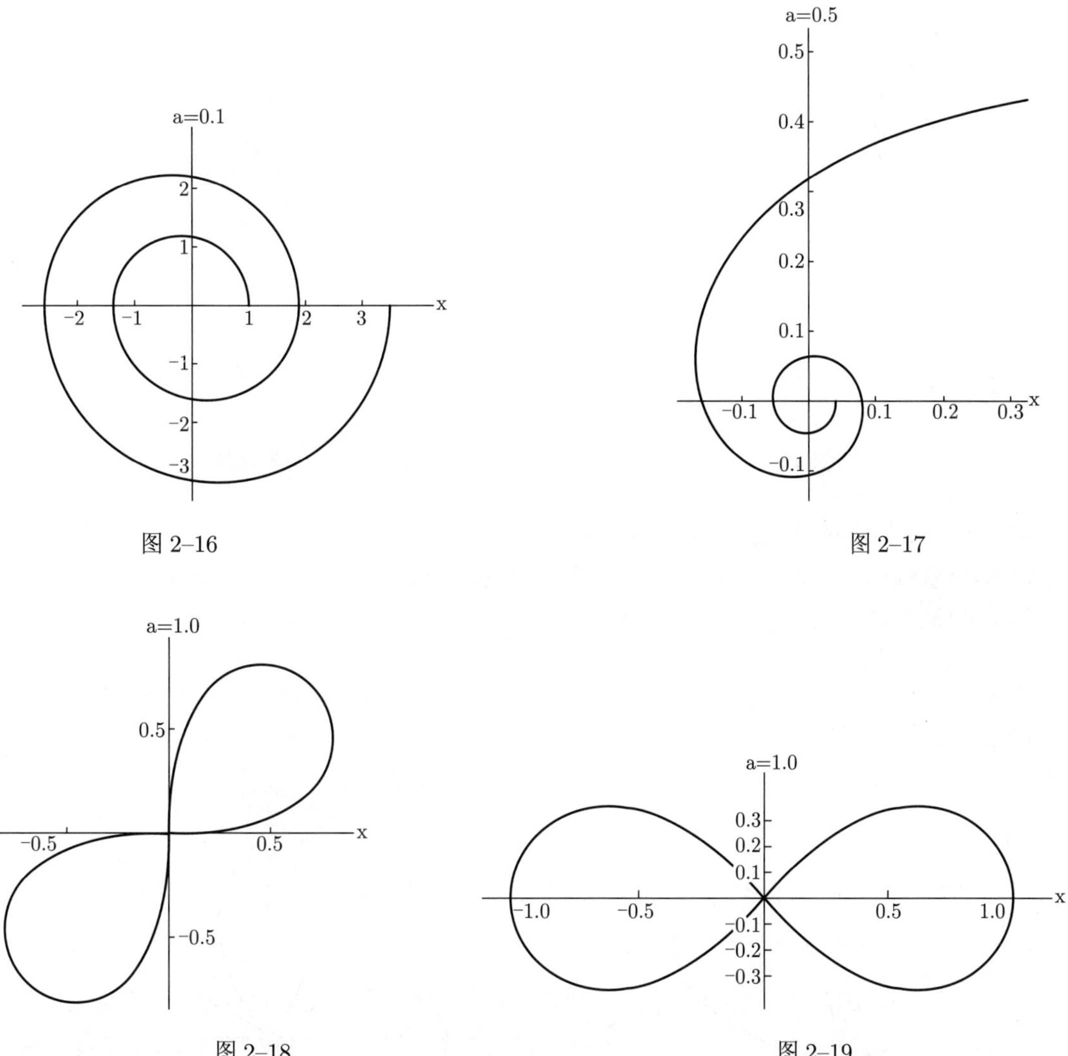

图 2–16

图 2–17

图 2–18

图 2–19

例 7.9 画出三叶玫瑰线$\rho = a\cos 3\theta$ 的图形.

输入: `ParametricPlot[{2*Cos[3*t]*Cos[t],2*Cos[3*t]*Sin[t]},{t,0,2*Pi}, AxesLabel → {"x","a=2.0"}]`

输出如图 2–20 所示.

例 7.10 画出三叶玫瑰线$\rho = a\sin 3\theta$的图形.

输入: `PolarPlot[2*Sin[3*t],{t,0,2*Pi},AxesLabel → {"x","a=2.0"}]`

输出如图 2–21 所示.

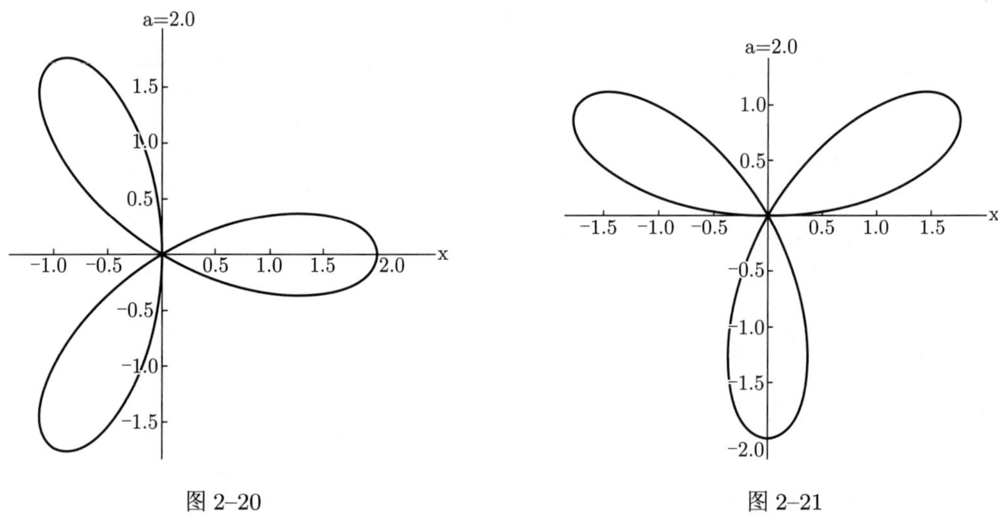

图 2–20 图 2–21

例 7.11 画出四叶玫瑰线$\rho = a\sin 2\theta$的图形.

输入: `PolarPlot[2*Sin[2*t],{t,0,2*Pi},AxesLabel → {"x","a=2.0"}]`

输出如图 2–22 所示.

例 7.12 画出四叶玫瑰线$\rho = a\cos 2\theta$的图形.

输入: `PolarPlot[2*Cos[2*t],{t,0,2*Pi},AxesLabel → {"x","a=2.0"}]`

输出如图 2–23 所示.

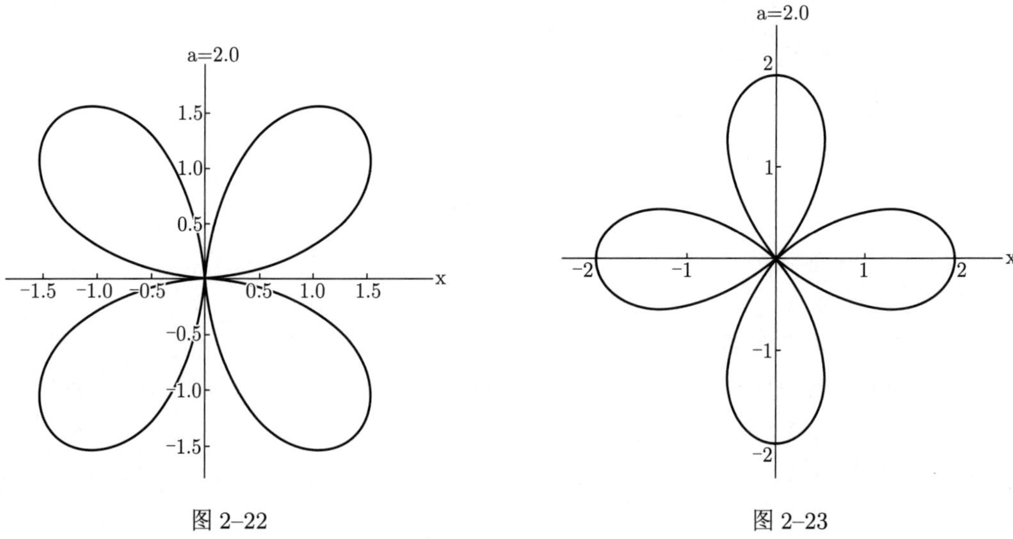

图 2–22 图 2–23

本 章 小 结

一、导数与微分的概念及应用

1. 导数与微分的概念

导数的定义

$$f'(x_0)=\lim_{\Delta x\to 0}\frac{\Delta y}{\Delta x}=\lim_{\Delta x\to 0}\frac{f(x_0+\Delta x)-f(x_0)}{\Delta x}.$$

单侧导数的定义

$$f'_-(x_0)=\lim_{h\to 0^-}\frac{f(x_0+h)-f(x_0)}{h},\quad f'_+(x_0)=\lim_{h\to 0^+}\frac{f(x_0+h)-f(x_0)}{h}.$$

微分的计算公式

$$\mathrm{d}y=f'(x)\mathrm{d}x.$$

注 一元函数 $y=f(x)$ 在点 x_0 处可微和可导是等价的.

2. 应用

(1) 用导数定义求分段函数在分界点处的导数以及某些特殊函数在一些特殊点处的导数;

(2) 用导数定义求极限;

(3) 用导数定义证明一些命题;

(4) 微分在近似计算与误差估计中的应用.

二、导数与微分的求法

1. 利用导数定义

如果求分段函数在分界点处的导数, 那么可以考虑用导数的定义求导数.

2. 利用导数与微分基本公式和四则运算法则

3. 复合函数求导法

使用链式法则求函数的导数, 关键是弄清函数的复合关系, 然后由外层向内层, 逐层求导, 而且从最外层的导数到最内层的导数是连乘关系.

4. 隐函数求导法

直接在方程两端对自变量 x 求导, 凡遇到含有因变量 y 的项时, 首先视 $y=f(x)$ 为 x 的函数, 即把 y 视为中间变量, 接着利用复合函数求导法则求之, 最后从所得等式中求出 y'.

5. 对数求导法

先在函数的两边取对数, 然后在等式两边同时对自变量 x 求导, 利用复合函数求导法则, 最后从所得等式中解出 y'. 对数求导法适用于求幂指函数 $y=u(x)^{v(x)}$ 的导数及多因子之积和商函数的导数.

6. 参数方程求导法

对参数方程 $\begin{cases}x=x(t),\\ y=y(t)\end{cases}$ 所确定的函数 $y=f(x)$, 则

$$\frac{\mathrm{d}y}{\mathrm{d}x}=\frac{\mathrm{d}y/\mathrm{d}t}{\mathrm{d}x/\mathrm{d}t}.$$

对于由极坐标方程所确定的函数的导数, 可利用极坐标系和直角坐标系的关系

$$x=\rho\cos\theta, y=\rho\sin\theta$$

将所求极坐标方程 $\rho=\rho(\theta)$ 化为参数方程, 然后利用参数方程求导法进行求导.

7. 一阶微分形式不变性

对于某些形式比较复杂的复合函数, 可考虑使用一阶微分形式不变性, 逐层求微分.

8. 高阶导数的求法

(1) 逐阶求导法;

(2) 数学归纳法;

(3) 利用莱布尼茨法则求乘积的 n 阶导数;

(4) 间接法: 利用已知的高阶导数公式, 通过四则运算、变量代换、恒等变形等方法求出 n 阶导数;

(5) 常用的 n 阶导数公式:

(i) $(\mathrm{e}^{ax})^{(n)}=a^n\mathrm{e}^{ax}$;

(ii) $(\sin kx)^{(n)}=k^n\sin\left(kx+n\cdot\dfrac{\pi}{2}\right)$ (k为非零常数);

(iii) $(\cos kx)^{(n)}=k^n\cos\left(kx+n\cdot\dfrac{\pi}{2}\right)$ (k为非零常数);

(iv) $(x^\alpha)^{(n)}=\alpha(\alpha-1)\cdots(\alpha-n+1)x^{\alpha-n}$;

(v) $(\ln(1+x))^{(n)}=(-1)^{n-1}\dfrac{(n-1)!}{(1+x)^n}$.

总 习 题 二

1. 讨论下列函数在$x=0$处的连续性与可导性.

(1) $f(x)=\begin{cases}\sin x, & x<0,\\ \ln(1+x), & x\geqslant 0;\end{cases}$

(2) $y=\begin{cases}\dfrac{x}{1+\mathrm{e}^{\frac{1}{x}}}, & x\neq 0,\\ 0, & x=0;\end{cases}$

(3) $f(x)=\begin{cases}\sqrt{|x|}\sin\dfrac{1}{x^2}, & x\neq 0,\\ 0, & x=0;\end{cases}$

(4) $f(x)=\begin{cases}x^a\sin\dfrac{1}{x}, & x\neq 0,\\ 0, & x=0.\end{cases}$

2. 求下列函数的导数和微分.

(1) $y=\ln\tan\dfrac{x}{2}-\cos x\cdot\ln\tan x$;

(2) $y=\ln\left(\mathrm{e}^x+\sqrt{1+\mathrm{e}^{2x}}\right)$;

(3) $y=x^{\frac{1}{x}}$;

(4) $y=\mathrm{e}^{\tan\frac{1}{x}}\sin\dfrac{1}{x}$;

(5) $y=\sqrt[3]{1+\sqrt[3]{1+\sqrt[3]{x}}}$;

(6) $f(x)=\begin{cases}\ln(1-x^3), & x\leqslant 0,\\ x^2\sin\dfrac{1}{x}, & x>0.\end{cases}$

3. 求下列函数的二阶导数.

(1) $y=\cos^2 x\ln x$;　　　(2) $y=\sqrt{\mathrm{e}^{\frac{1}{x}}\sqrt{x\sin x}}$.

4. 求下列函数的n阶导数.

(1) $y=\dfrac{4x^2-1}{x^2-1}$;　　　(2) $y=\sin^3 x$.

5. 求由下列方程所确定的隐函数的一阶导数$\dfrac{\mathrm{d}y}{\mathrm{d}x}$和二阶导数$\dfrac{\mathrm{d}^2y}{\mathrm{d}x^2}$.

(1) $\mathrm{e}^y+xy=\mathrm{e}$;　　　(2) $y=a+\ln(xy)+\mathrm{e}^{x+y}$;

(3) $y=f(\mathrm{e}^x)\mathrm{e}^{f(x)}$;　　　(4) $y=\arctan\dfrac{\phi(x)}{\varphi(x)}$.

6. 求下列由参数方程所确定的函数的一阶导数$\dfrac{\mathrm{d}y}{\mathrm{d}x}$和二阶导数$\dfrac{\mathrm{d}^2y}{\mathrm{d}x^2}$.

(1) $\begin{cases} x=a\cos^3\theta, \\ y=a\sin^3\theta; \end{cases}$　　　(2) $\begin{cases} x=\ln\sqrt{1+t^2}, \\ y=\arctan t; \end{cases}$

7. 已知函数$f(x)$对任意$x,y\in(-\infty,+\infty)$有$f(x+y)=f(x)+f(y)$且$f'(0)=1$, 证明: 函数$f(x)$可导, 且$f'(x)=1$.

8. 已知函数$f(x)$对任意x满足$f(x+1)=2f(x)$且$f(0)=1, f'(0)=C$, 求$f'(1)$.

第二章自测题

第三章　微分中值定理与导数的应用

在前一章里引入了导数和微分的概念, 讨论了导数和微分的计算方法. 为了用导数研究函数在区间上整体的变化性态, 需要建立函数在区间上的改变量与导数之间的联系, 这就是本章将介绍的微分中值定理. 它将指导我们利用导数研究函数在区间上的某些性态, 如函数的单调性与极值、曲线的凹凸性与拐点等. 微分中值定理是研究函数在区间上的整体性质的有力工具, 是利用导数进一步解决函数的许多理论和应用问题的理论基础. 本章知识结构如图 3–1 所示.

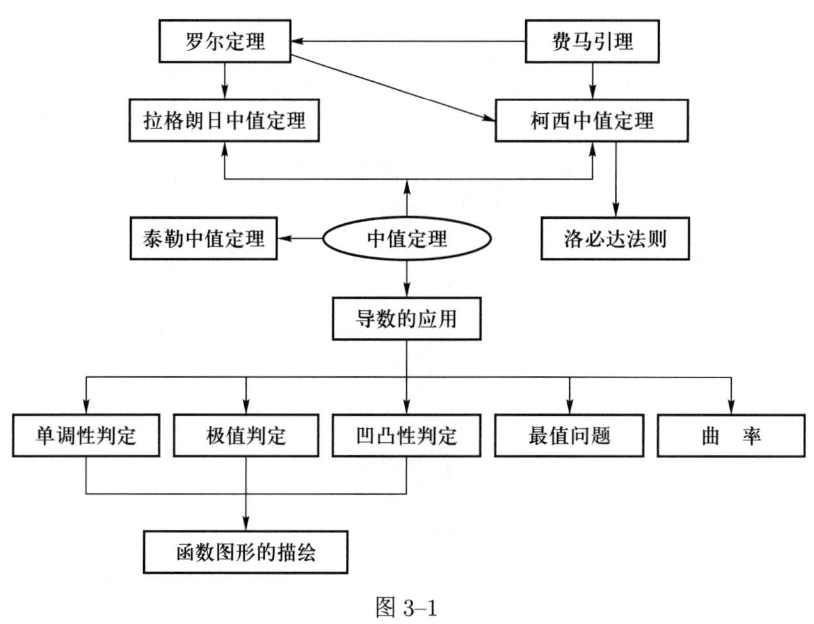

图 3–1

第一节　微分中值定理

首先, 观察一个几何现象, 由此建立罗尔 (Rolle) 定理, 它是拉格朗日 (Lagrange) 中值定理和柯西 (Cauchy) 中值定理的基础.

一、罗尔定理

在图 3–2 中, 设曲线弧 $\overset{\frown}{AB}$ 是函数 $y=f(x)$ 在 $[a,b]$ 上的图形. 这是一条连续的、除端点外处处有不垂直于 x 轴的切线的曲线, 并且它在两个端点处的函数值相等, 即 $f(a)=f(b)$. 可以发现在曲线的最高点 C 和最低点 D 处, 曲线有水平的切线. 如果记 C 点的横坐标为 ξ_1, D 点的横坐标为 ξ_2, 那么就有 $f'(\xi_1)=0$, $f'(\xi_2)=0$.

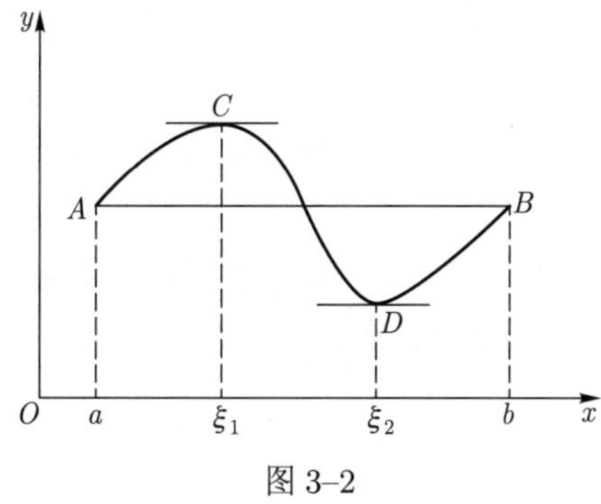

图 3–2

用分析语言把这个几何现象描述出来, 就是罗尔定理.

在引入罗尔定理之前, 先来介绍费马 (Fermat) 引理.

引理 1.1(费马引理) 设函数 $f(x)$ 在点 x_0 的某邻域 $U(x_0)$ 内有定义, 并且在 x_0 处可导, 如果对任意的 $x \in U(x_0)$ 有 $f(x) \leqslant f(x_0)$ (或 $f(x) \geqslant f(x_0)$), 那么 $f'(x_0)=0$.

证 不妨设 $x \in U(x_0)$ 时, $f(x) \leqslant f(x_0)$ (如果 $f(x) \geqslant f(x_0)$, 可类似证明), 于是, 对于 $x_0+\Delta x \in U(x_0)$, 有

$$f(x_0+\Delta x) \leqslant f(x_0),$$

从而当 $\Delta x>0$ 时

$$\frac{f(x_0+\Delta x)-f(x_0)}{\Delta x} \leqslant 0,$$

当 $\Delta x<0$ 时

$$\frac{f(x_0+\Delta x)-f(x_0)}{\Delta x} \geqslant 0.$$

由函数 $f(x)$ 在 x_0 可导的条件及极限的保号性, 得到

$$\begin{aligned} f'(x_0) &= f'_+(x_0)=\lim_{\Delta x \to 0^+}\frac{f(x_0+\Delta x)-f(x_0)}{\Delta x} \leqslant 0, \\ f'(x_0) &= f'_-(x_0)=\lim_{\Delta x \to 0^-}\frac{f(x_0+\Delta x)-f(x_0)}{\Delta x} \geqslant 0. \end{aligned}$$

所以 $f'(x_0)=0$.

定理 1.1 (罗尔定理) 如果函数 $f(x)$ 满足

(1) 在闭区间 $[a,b]$ 上连续;

(2) 在开区间 (a,b) 内可导;

(3) $f(a)=f(b)$,

那么在 (a,b) 内至少有一点 $\xi(a<\xi<b)$, 使得 $f'(\xi)=0$.

证 因为 $f(x)$ 在 $[a,b]$ 上连续, 所以 $f(x)$ 在 $[a,b]$ 上必取得最大值 M 与最小值 m.

(1) 若 $M=m$, 则对任一 $x \in [a,b]$, $f(x)=M$. 此时任取 $\xi \in (a,b)$, 都有 $f'(\xi)=0$ 成立.

(2) 若 $M>m$, 则 M 与 m 中至少有一个不等于 $f(x)$ 在 $[a,b]$ 的端点处的函数值, 不妨

设 $M \neq f(a)$, 那么必定在 (a,b) 内有一点 ξ, 使 $f(\xi)=M$. 因此, $\forall x\in[a,b]$, 有 $f(x)\leqslant f(\xi)$. 从而由费马引理可知 $f'(\xi)=0$.

罗尔定理的几何意义是明显的, 罗尔定理的证明思想可用一句话来概括, 即费马引理, 可导内点取最 (极) 值, 导数必为零.

思考: 为什么罗尔定理要求连续性? 在 $[a,b]$ 上不连续的函数可能在端点处函数值相同而在 (a,b) 内任意点没有水平切线. 类似地, 在 $[a,b]$ 上连续但在 (a,b) 内不可导的函数也可能没有水平切线.

注 定理条件不全具备, 结论不一定成立.

例如, 对于函数 $f(x)=\begin{cases} x, & 0\leqslant x<1,\\ 0, & x=1,\end{cases}$ 满足在 $(0,1)$ 上处处可导且 $f(0)=f(1)$, 但是函数 $f(x)$ 在 $x=1$ 处不连续, 不满足罗尔定理的条件 (1). 显然不存在 $\xi\in(0,1)$, 满足 $f'(\xi)=0$.

对于函数 $f(x)=|x|$, $x\in[-1,1]$, 函数 $f(x)$ 在 $[-1,1]$ 上连续且 $f(-1)=f(1)$, 但 $f(x)$ 在 $x=0$ 处不可导, 不满足罗尔定理的条件 (2). 显然不存在 $\xi\in(-1,1)$, 满足 $f'(\xi)=0$.

而对于函数 $f(x)=x$, $x\in[0,1]$, 函数 $f(x)$ 在 $[0,1]$ 上处处连续且在 $(0,1)$ 内处处可导, 但 $f(0)\neq f(1)$, 不满足罗尔定理的条件 (3). 显然不存在 $\xi\in(0,1)$, 满足 $f'(\xi)=0$.

例 1.1 $f(x)$ 在 $[0,a]$ 上连续, 在 $(0,a)$ 内可导, 且 $f(a)=0$, 证明: 存在 $\xi\in(0,a)$, 使得 $f(\xi)+\xi f'(\xi)=0$ 成立.

证 利用反推法构造辅助函数来证明. 证明的关键在于通过对要证明的等式变形和分析, 构造满足罗尔定理条件的辅助函数. 由结果形式可以看出, $f(x)+xf'(x)$ 恰是函数 $xf(x)$ 的导函数, 若记 $\varphi(x)=xf(x)$, 则问题转化为: 证明存在 $\xi\in(0,a)$, 使得 $\varphi'(\xi)=0$.

设 $\varphi(x)=xf(x)$, 则 $\varphi(x)$ 在 $[0,a]$ 上连续, 在 $(0,a)$ 内可导. 由于 $\varphi(0)=0$, $\varphi(a)=af(a)=0$, 故 $\varphi(x)$ 在 $[0,a]$ 上满足罗尔定理的条件. 因此存在 $\xi\in(0,a)$, 使得 $\varphi'(\xi)=0$, 即 $f(\xi)+\xi f'(\xi)=0$, 故结论成立.

例 1.2 设 $a_0+\dfrac{a_1}{2}+\cdots+\dfrac{a_n}{n+1}=0$, 证明多项式 $f(x)=a_0+a_1x+\cdots+a_nx^n$ 在 $(0,1)$ 内至少有一个零点.

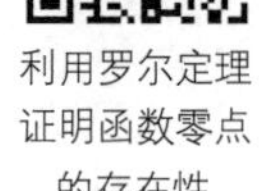
利用罗尔定理证明函数零点的存在性

证 令 $\varphi(x)=a_0x+\dfrac{a_1}{2}x^2+\cdots+\dfrac{a_n}{n+1}x^{n+1}$, 则 $\varphi(x)$ 在 $[0,1]$ 上连续, 在 $(0,1)$ 内可导, 并且 $\varphi(0)=\varphi(1)=0$, 即 $\varphi(x)$ 在 $[0,1]$ 上满足罗尔定理条件. 由罗尔定理, 至少存在一点 $\xi\in(0,1)$, 使 $\varphi'(\xi)=0$, 即 $a_0+a_1\xi+\cdots+a_n\xi^n=0$. 也就是, $f(x)=a_0+a_1x+\cdots+a_nx^n$ 在 $(0,1)$ 内至少有一个零点.

例 1.3 若 $f(x)$ 在 $[0,1]$ 上具有二阶导数, 且 $f(0)=f(1)=0$, 设 $F(x)=x^2f(x)$, 证明: 在 $(0,1)$ 内至少存在一点 ξ, 使得 $F''(\xi)=0$.

证 容易验证, $F(x)$ 在 $[0,1]$ 上满足罗尔定理的条件. 由罗尔定理, 至少存在一点 $\xi_1\in(0,1)$, 使得 $F'(\xi_1)=0$.

由于 $F'(x)=2xf(x)+x^2f'(x)$, $F'(0)=0$. 对 $F'(x)$ 在 $[0,\xi_1]$ 上再次使用罗尔定理, 则至少存在一点 $\xi\in(0,\xi_1)\subset(0,1)$, 使得 $F''(\xi)=0$.

二、拉格朗日中值定理

拉格朗日中值定理是罗尔定理的推广, 罗尔定理中 $f(a)=f(b)$ 这个条件使其应用受到了限制. 如果将定理中的条件 $f(a)=f(b)$ 取消, 保留其余两个条件, 能够得到下面的拉格朗日中值定理. 观察图 3–3, 设曲线弧 $\overset{\frown}{AB}$ 是函数 $y=f(x)$ 在 $[a,b]$ 上的图形. $\overset{\frown}{AB}$ 上除端点外处处有不垂直于 x 轴的切线, 且它在两个端点处的函数值不相等, 即 $f(a)\neq f(b)$. 那么弧 $\overset{\frown}{AB}$ 上至少有一点 C, 使曲线在 C 点处的切线平行于弦 AB.

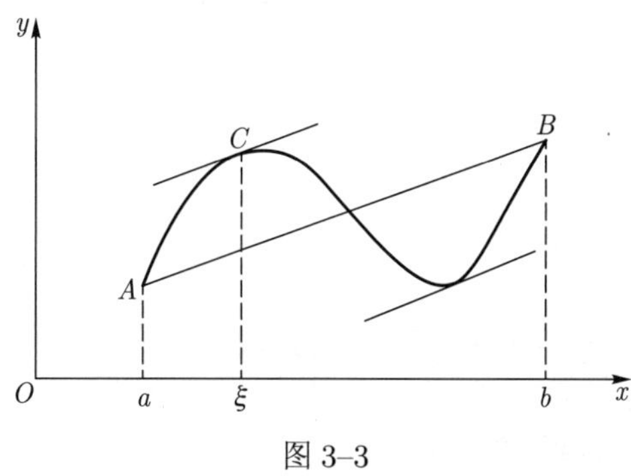

图 3–3

定理 1.2 (拉格朗日中值定理) 如果函数 $f(x)$ 满足

(1) 在闭区间 $[a,b]$ 上连续;

(2) 在开区间 (a,b) 内可导,

那么在 (a,b) 内至少有一点 $\xi(a<\xi<b)$, 使等式

$$f'(\xi)=\frac{f(b)-f(a)}{b-a} \tag{1.1}$$

成立.

从图 3–3 中可以看出拉格朗日中值定理的几何意义是很明显的.

另外, 若 $f(a)=f(b)$ 时, 弦 AB 平行于 x 轴, 则弧上至少有一点 C, 使曲线在 C 点处的切线平行于 x 轴. 可见, 罗尔定理是拉格朗日中值定理的特殊情形.

下面讨论定理的证明.

从拉格朗日中值定理与罗尔定理的关系, 自然想到可否利用罗尔定理来证明拉格朗日中值定理呢? 这里的关键就是构造一个与 $f(x)$ 有密切联系的辅助函数 $\varphi(x)$, 使 $\varphi(x)$ 满足条件 $\varphi(a)=\varphi(b)$, 然后对 $\varphi(x)$ 应用罗尔定理, 最后由罗尔定理的结论推出所要的结果.

辅助函数的构造方法有很多种, 但大致可以归类为两种, 一种是利用几何直观构造辅助函数. 另一种是从结论分析, 采用反推法构造辅助函数. 下面利用几何直观方法构造辅助函数来证明拉格朗日中值定理.

在图 3–4 中, 有向线段 NM 的值是 x 的函数, 记为 $\varphi(x)$. 其中点 M, N 的纵坐标依次为 $f(x)$ 和 $L(x)$, $L(x)$ 与 $f(x)$ 有密切关系, 且当 $x=a$ 和 $x=b$ 时, 点 N 和点 M 是重合的, 即 $\varphi(a)=\varphi(b)=0$. 下面可以将函数

$$\varphi(x)=f(x)-L(x)$$

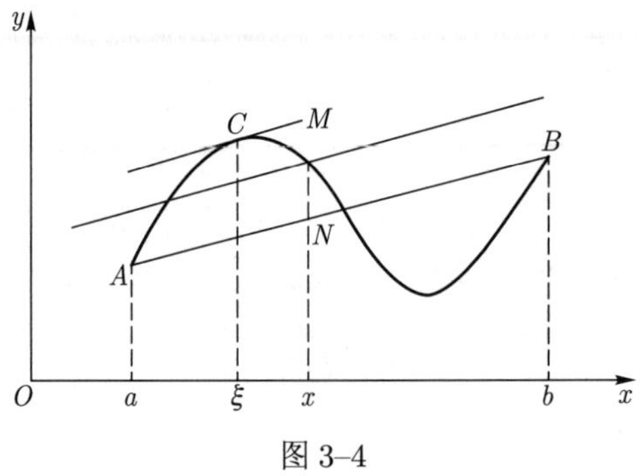

图 3–4

作为辅助函数, 其中 $y=L(x)$ 是直线 AB 的方程,

$$L(x)=f(a)+\frac{f(b)-f(a)}{b-a}(x-a),$$

$$\varphi(x)=f(x)-L(x)=f(x)-\left[f(a)+\frac{f(b)-f(a)}{b-a}(x-a)\right].$$

对 $\varphi(x)$ 在 $[a,b]$ 上应用罗尔定理即可证得结果.

证 引进辅助函数 $\varphi(x)=f(x)-f(a)-\dfrac{f(b)-f(a)}{b-a}(x-a)$.容易验证函数 $\varphi(x)$ 适合罗尔定理的条件: $\varphi(x)$ 在闭区间 $[a,b]$ 上连续, 在开区间 (a,b) 内可导, $\varphi(a)=\varphi(b)=0$, 且

$$\varphi'(x)=f'(x)-\frac{f(b)-f(a)}{b-a},$$

根据罗尔定理, 可知在 (a,b) 内至少有一点 ξ, 使 $\varphi'(\xi)=0$, 即

$$f'(\xi)-\frac{f(b)-f(a)}{b-a}=0,$$

由此得

$$f'(\xi)=\frac{f(b)-f(a)}{b-a},$$

即

$$f(b)-f(a)=f'(\xi)(b-a).$$

思考: 如何利用反推法, 从定理的结论形式来直接构造辅助函数, 再由罗尔定理证明该定理结论?

显然, 公式 (1.1) 对于 $b<a$ 也成立. 公式 (1.1) 叫做**拉格朗日中值公式**.

设 $x, x+\Delta x$ 为 $[a,b]$ 内两点, 则公式 (1.1) 在区间 $[x,x+\Delta x]$ 或区间 $[x+\Delta x,x]$ 成为

$$\Delta y=f(x+\Delta x)-f(x)=f'(x+\theta\Delta x)\Delta x \quad (0<\theta<1), \tag{1.2}$$

(1.2) 称为**有限增量公式**.

可见, 有限增量公式能够用导函数的值把函数的增量精确表示出来.

拉格朗日中值定理在微分学中占有重要地位, 有时也称该定理为**微分中值定理**.

作为拉格朗日中值定理的一个应用, 下面给出学习积分学时很有用的一个定理. 已经知道, 如果函数 $f(x)$ 在某一区间上是常数, 那么函数 $f(x)$ 在区间 I 上的导数值处处为零. 反过来是否成立呢?

定理 1.3　如果函数 $f(x)$ 在区间 I 上的导数值恒为零, 那么 $f(x)$ 在区间 I 上是一个常数.

证　在区间上任取两点 x_1, $x_2(x_1 < x_2)$, 由 (1.1) 得

$$f(x_2) - f(x_1) = f'(\xi)(x_2 - x_1), \quad x_1 < \xi < x_2.$$

由假设 $f'(\xi) = 0$, 所以 $f(x_2) - f(x_1) = 0$, 即 $f(x_2) = f(x_1)$.

由于 x_1, x_2 是 I 上任意两点, 上面的等式表明, $f(x)$ 在 I 上的函数值总是相等的. 这就是说, $f(x)$ 在区间 I 上是一个常数.

例 1.4　证明 $\arctan x + \operatorname{arccot} x = \dfrac{\pi}{2}$.

证　令 $f(x) = \arctan x + \operatorname{arccot} x$, 则 $f(x)$ 在 $\mathbf{R}$ 上可导, 且 $\forall x \in \mathbf{R}$ 有

$$f'(x) = \frac{1}{1+x^2} - \frac{1}{1+x^2} = 0,$$

所以由定理 1.3 有

$$\arctan x + \operatorname{arccot} x = C,$$

其中 C 为常数. 注意到 $f(0) = \dfrac{\pi}{2}$, 所以

$$\arctan x + \operatorname{arccot} x = \frac{\pi}{2}.$$

例 1.5　证明当 $x > 0$ 时,

$$\frac{x}{1+x} < \ln(1+x) < x.$$

证　设 $f(x) = \ln(1+x)$, 显然 $f(x)$ 在区间 $[0, x]$ 上满足拉格朗日中值定理的条件, 根据定理 1.2, 应有

$$f(x) - f(0) = f'(\xi)(x - 0), \quad 0 < \xi < x.$$

由于 $f(0) = 0, f'(x) = \dfrac{1}{1+x}$, 所以上式即为

$$\ln(1+x) = \frac{x}{1+\xi}.$$

又由 $0 < \xi < x$, 有

$$\frac{x}{1+x} < \frac{x}{1+\xi} < x,$$

即

$$\frac{x}{1+x} < \ln(1+x) < x \quad (x > 0).$$

三、柯西中值定理

在拉格朗日中值定理中提到, 如果连续曲线弧 $\overset{\frown}{AB}$ 上除端点外处处有不垂直于 x 轴的切线, 且它在两个端点处的函数值不相等, 即 $f(a) \neq f(b)$. 那么弧上至少有一点 C, 使曲线在 C 点处的切线平行于弦 AB. 若曲线弧 $\overset{\frown}{AB}$ 的方程由参数的形式给出, 则可以得到柯西中值定理.

设 $\overset{\frown}{AB}$ 由参数方程 $\begin{cases} X = F(x), \\ Y = f(x) \end{cases}$ $(a \leqslant x \leqslant b)$ 表示 (如图 3–5 所示), 其中 x 为参数, 那么曲线上点 (X, Y) 处的切线的斜率为

$$\frac{\mathrm{d}Y}{\mathrm{d}X} = \frac{f'(x)}{F'(x)},$$

弦 AB 的斜率为

$$\frac{f(b) - f(a)}{F(b) - F(a)}.$$

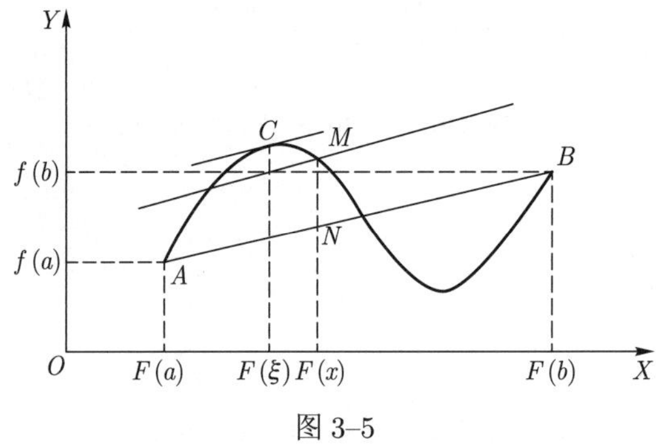

图 3–5

假定点 C 对应于参数 $x = \xi$, 那么曲线上点 C 处的切线平行于弦 AB, 可表示为

$$\frac{f(b) - f(a)}{F(b) - F(a)} = \frac{f'(\xi)}{F'(\xi)}.$$

定理 1.4 (柯西中值定理) 如果函数 $f(x)$ 及 $F(x)$ 满足

(1) 在闭区间 $[a, b]$ 上连续;

(2) 在开区间 (a, b) 内可导;

(3) 对任一 $x \in (a, b)$, $F'(x) \neq 0$,

那么在 (a, b) 内至少存在一点 ξ, 使等式

$$\frac{f(b) - f(a)}{F(b) - F(a)} = \frac{f'(\xi)}{F'(\xi)}$$

成立.

证 首先注意到 $F(b) - F(a) \neq 0$, 这是由于

$$F(b)-F(a)=F'(\eta)(b-a),$$

其中 $a<\eta<b$. 根据假定 $F'(\eta)\neq 0$, 又 $b-a\neq 0$, 所以 $F(b)-F(a)\neq 0$.

类似拉格朗日中值定理的证明, 仍然以表示有向线段 NM 的值的函数 $\varphi(x)$ (见图 3–5) 作为辅助函数, 这里点 M 的纵坐标为 $Y=f(x)$, 点 N 的纵坐标为

$$Y=f(a)+\frac{f(b)-f(a)}{F(b)-F(a)}[F(x)-F(a)],$$

于是

$$\varphi(x)=f(x)-f(a)-\frac{f(b)-f(a)}{F(b)-F(a)}[F(x)-F(a)].$$

容易验证, 辅助函数 $\varphi(x)$ 满足罗尔定理的条件, 即 $\varphi(x)$ 在闭区间 $[a,b]$ 上连续, 在开区间 (a,b) 内可导, 且 $\varphi(a)=\varphi(b)=0$. 根据罗尔定理, 可知在 (a,b) 内至少存在一点 ξ, 使得 $\varphi'(\xi)=0$. 由于

$$\varphi'(x)=f'(x)-\frac{f(b)-f(a)}{F(b)-F(a)}F'(x),$$

即

$$f'(\xi)-\frac{f(b)-f(a)}{F(b)-F(a)}F'(\xi)=0.$$

由此得

$$\frac{f(b)-f(a)}{F(b)-F(a)}=\frac{f'(\xi)}{F'(\xi)}.$$

例 1.6 设 $f(x)$ 在 $[a,b]$ 上连续, 在 (a,b) 内可导 $(0<a<b)$. 试证明存在 $\xi\in(a,b)$, 使得 $2\xi[f(b)-f(a)]=(b^2-a^2)f'(\xi)$.

证 令 $g(x)=x^2$, 当 $x\in(a,b)$ 时, 因 $0<a<b$, 故 $g'(x)=2x\neq 0$, $f(x)$ 和 $g(x)$ 在 $[a,b]$ 上满足柯西中值定理的条件, 故由柯西中值定理, 存在 $\xi\in(a,b)$, 使得

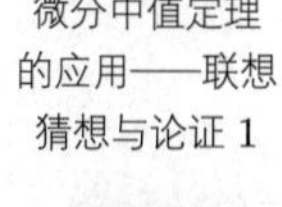

微分中值定理的应用——联想猜想与论证 1

$$\frac{f(b)-f(a)}{b^2-a^2}=\frac{f'(\xi)}{g'(\xi)}=\frac{f'(\xi)}{2\xi},$$

即

$$2\xi[f(b)-f(a)]=(b^2-a^2)f'(\xi)$$

成立.

微分中值定理的应用——联想猜想与论证 2

习题 3–1

(A)

1. 验证罗尔定理对函数 $f(x)=x^3-6x^2+11x-6$ 在区间 $[2,3]$ 上的正确性.

2. 验证拉格朗日中值定理对函数 $f(x)=\cos x$ 在区间 $\left[0,\dfrac{\pi}{2}\right]$ 上的正确性.

3. 对函数 $f(x)=\ln(1+x)$ 和 $g(x)=x+1$, 在区间 $[0,1]$ 上验证柯西中值定理的正确性.

4. 证明: 对于任意 $x\in(-\infty,+\infty)$, 有 $\arctan x=\arcsin\dfrac{x}{\sqrt{1+x^2}}$.

5. 证明: 恒等式 $2\arctan(\sec x+\tan x)-x=\dfrac{\pi}{2}$ 当 $-\dfrac{\pi}{2}<x<\dfrac{\pi}{2}$ 时成立.

6. 不必求出函数 $f(x)=x(x-1)(x-2)(x-3)(x-4)$ 的导数, 说明方程 $f'(x)=0$ 有几个实根, 并指出它们所在的区间.

7. 证明下列不等式.

(1) $|\sin x-\sin y|\leqslant|x-y|$;

(2) $|\arctan a-\arctan b|\leqslant|a-b|$;

(3) $\dfrac{a-b}{a}<\ln\dfrac{a}{b}<\dfrac{a-b}{b}$, 设 $0<b<a$.

8. 若 $0<x_1<x_2<\dfrac{\pi}{2}$, 证明: $\mathrm{e}^{x_2}-\mathrm{e}^{x_1}>(\cos x_1-\cos x_2)\mathrm{e}^{x_1}$.

9. 若 $0<y<x$ 及 $p>1$, 证明:

$$py^{p-1}(x-y)<x^p-y^p<px^{p-1}(x-y).$$

10. 设 $f(x)$ 在 $[a,b]$ 上连续, 在 (a,b) 内可导, 且当 $x\in(a,b)$ 时, $f(x)\neq0$. 若 $f(a)=f(b)=0$, 证明: 对任意实数 k, 存在点 $\xi(a<\xi<b)$, 使得 $\dfrac{f'(\xi)}{f(\xi)}=k$.

11. 设 $f(x)$ 在 $[0,1]$ 上连续, 在 $(0,1)$ 内可导, 且 $f(1)=0$. 证明: 在 $(0,1)$ 内存在一点 ξ, 使得 $f(\xi)+(1-\mathrm{e}^{-\xi})f'(\xi)=0$.

12. 设 a, b, c 是任意给定实数, 求证方程 $\mathrm{e}^x=ax^2+bx+c$ 至多有三个根.

13. 设函数 $f(x)$ 在 $\left[0,\dfrac{\pi}{4}\right]$ 上连续, 在 $\left(0,\dfrac{\pi}{4}\right)$ 内可导, 且 $f\left(\dfrac{\pi}{4}\right)=0$, 证明: 存在一点 $c\in\left(0,\dfrac{\pi}{4}\right)$, 使得 $2f(c)+\sin 2c\cdot f'(c)=0$.

14. 设函数 $f(x)$ 在 $[0,1]$ 上连续, 在 $(0,1)$ 内可导, 且 $f(0)=f(1)=0$, $f\left(\dfrac{1}{2}\right)=1$, 试证: 至少存在一点 $\xi\in(0,1)$, 使 $f'(\xi)=1$.

15. 证明: $f(x)=x^3-3x+a$ 在 $[0,1]$ 上不可能有两个零点.

16. 设 $f(x)$ 在 $[a,b]$ 上连续, 在 (a,b) 内可导, 且 $0<a<b$. 试证: 在 (a,b) 内至少存在一点 ξ, 使得

$$f(b)-f(a)=\mathrm{e}^{-\xi}f'(\xi)(\mathrm{e}^b-\mathrm{e}^a).$$

(B)

17. 设 $f(x)$ 在 $[0,3]$ 上连续, 在 $(0,3)$ 内可导. 且 $f(0)+f(1)+f(2)=3$, $f(3)=1$, 试证明: 必存在 $\xi\in(0,3)$, 使 $f'(\xi)=0$.

18. 设 $f(x)$ 在 $[0,a]$ 上存在三阶导数, 且 $f(0)=f(a)=0$. 设 $F(x)=x^3f(x)$, 证明: 存在 $\xi\in(0,a)$, 使得 $F'''(\xi)=0$.

19. 设函数 $y=f(x)$ 在 $x=0$ 的某邻域内具有直到 n 阶导数, 且 $f(0)=f'(0)=\cdots=f^{(n-1)}(0)=0$, 试用柯西中值定理证明:

$$\frac{f(x)}{x^n}=\frac{f^{(n)}(\theta x)}{n!}\quad(0<\theta<1).$$

20. 设函数 $f(x)$, $g(x)$ 在 (a,b) 内可微, $g(x)\neq 0$, 且

$$f(x)g'(x)-f'(x)g(x)\equiv 0,\quad x\in(a,b),$$

证明: 存在常数 C, 使得 $f(x)=Cg(x)$, $\forall x\in(a,b)$.

21. 设 $f(x)$ 在 $[a,b]$ 上连续, 在 (a,b) 内可导, $0<a<b$. 试证: 存在 $\xi,\eta\in(a,b)$, 使得 $f'(\xi)=\dfrac{a+b}{2\eta}f'(\eta)$ 成立.

第二节　洛必达法则

在求函数的极限时, 常常会遇到当 $x\to x_0$ (或 $x\to\infty$) 时, 函数 $f(x)$ 和 $g(x)$ 都是无穷小量, 或者都是无穷大量的情形, 那么 $f(x)$ 和 $g(x)$ 比值的极限 $\lim\limits_{\substack{x\to x_0\\(x\to\infty)}}\dfrac{f(x)}{g(x)}$ 可能存在也可能不存在. 通常将这种极限式叫做**未定式**, 并分别简记为 $\dfrac{0}{0}$ 或 $\dfrac{\infty}{\infty}$. 例如, $\lim\limits_{x\to 0}\dfrac{x-\sin x}{x^3}$ 是 $\dfrac{0}{0}$ 型极限问题, 而 $\lim\limits_{x\to+\infty}\dfrac{x}{\sqrt{1+x^2}}$ 是 $\dfrac{\infty}{\infty}$ 型极限问题. 对于这类未定式的极限, 即使存在, 也不能用 "商的极限等于极限的商" 的运算法则来求出. 这一节将介绍一种简单有效的方法, 即洛必达法则, 利用它可以比较便利地解决如上两种类型的极限.

在求函数极限时, 自变量的变化过程细分起来共有六种情况. 也就是, $x\to x_0$, $x\to x_0^+$, $x\to x_0^-$, $x\to\infty$, $x\to+\infty$ 和 $x\to-\infty$. 这些类型的函数的极限, 除了自变量的变化过程不同之外, 其本质是完全一致的. 因此, 下面定理中仅以 $x\to x_0$ 的变化过程给出, 对于其他类型可得到类似的结论.

一、$\dfrac{0}{0}$ 型未定式

定理 2.1 如果

(1) $\lim\limits_{x\to x_0}f(x)=\lim\limits_{x\to x_0}g(x)=0$;

(2) 在点 x_0 的某去心邻域内, $f'(x)$ 及 $g'(x)$ 都存在且 $g'(x)\neq 0$;

(3) $\lim\limits_{x\to x_0}\dfrac{f'(x)}{g'(x)}$ 存在 (或为无穷大),

那么

$$\lim_{x\to x_0}\frac{f(x)}{g(x)}=\lim_{x\to x_0}\frac{f'(x)}{g'(x)}.$$

证 由于 $\dfrac{f(x)}{g(x)}$ 当 $x\to x_0$ 时的极限与 $f(x_0)$ 和 $g(x_0)$ 无关, 所以可以假定 $f(x_0)=g(x_0)=0$. 这样由条件 (1) (2) 知道, $f(x)$ 与 $g(x)$ 在点 x_0 的某邻域内连续. 设 x 是该邻域内的一点 $(x\neq x_0)$, 在以 x_0 及 x 为端点的区间上, $f(x)$ 与 $g(x)$ 均满足柯西中值定理的条件, 故有

$$\frac{f(x)}{g(x)}=\frac{f(x)-f(x_0)}{g(x)-g(x_0)}=\frac{f'(\xi)}{g'(\xi)}\quad(\xi \text{ 介于 } x_0 \text{ 及 } x \text{ 之间}).$$

令 $x\to x_0$, 并对上式两端求极限, 注意到 $x\to x_0$ 时 $\xi\to x_0$, 于是由条件 (3) 便得到要证明的结论.

注 定理中的 $x\to x_0$ 可以换成 $x\to x_0^+$, $x\to x_0^-$, $x\to\infty$, $x\to+\infty$ 或 $x\to-\infty$, 只要把条件作相应的修改, 定理 2.1 仍然成立.

定理 2.1 说明, 当 $\lim\limits_{x\to x_0}\dfrac{f'(x)}{g'(x)}$ 存在时, $\lim\limits_{x\to x_0}\dfrac{f(x)}{g(x)}$ 也存在且等于 $\lim\limits_{x\to x_0}\dfrac{f'(x)}{g'(x)}$; 当 $\lim\limits_{x\to x_0}\dfrac{f'(x)}{g'(x)}$ 为无穷大时, $\lim\limits_{x\to x_0}\dfrac{f(x)}{g(x)}$ 也是无穷大. 这种在一定条件下通过分子分母分别求导再求极限来确定未定式的值的方法称为**洛必达 (L' Hospital) 法则**.

例 2.1 求 $\lim\limits_{x\to 0}\dfrac{x-\sin x}{x^3}$.

解 $\lim\limits_{x\to 0}\dfrac{x-\sin x}{x^3}=\lim\limits_{x\to 0}\dfrac{1-\cos x}{3x^2}=\lim\limits_{x\to 0}\dfrac{\sin x}{6x}=\dfrac{1}{6}$.

例 2.2 求 $\lim\limits_{x\to 0}\dfrac{(1+x)^\lambda-1}{x}$ $(\lambda\in\mathbf{R})$.

解 $\lim\limits_{x\to 0}\dfrac{(1+x)^\lambda-1}{x}=\lim\limits_{x\to 0}\dfrac{\lambda(1+x)^{\lambda-1}}{1}=\lambda$.

例 2.3 求 $\lim\limits_{x\to+\infty}\dfrac{\dfrac{\pi}{2}-\arctan x}{\dfrac{1}{x}}$.

解 $\lim\limits_{x\to+\infty}\dfrac{\dfrac{\pi}{2}-\arctan x}{\dfrac{1}{x}}=\lim\limits_{x\to+\infty}\dfrac{-\dfrac{1}{1+x^2}}{-\dfrac{1}{x^2}}=\lim\limits_{x\to+\infty}\dfrac{x^2}{1+x^2}=1$.

例 2.4 求 $\lim\limits_{x\to 0}\dfrac{\tan x-x}{x-\sin x}$.

解 $\lim\limits_{x\to0}\dfrac{\tan x-x}{x-\sin x}=\lim\limits_{x\to0}\dfrac{\sec^2x-1}{1-\cos x}=\lim\limits_{x\to0}\dfrac{2\sec x\cdot\sec x\tan x}{\sin x}=2.$

需要指出, 在有些问题中, 需要连续多次使用洛必达法则. 如果 $\lim\limits_{x\to x_0}\dfrac{f'(x)}{g'(x)}$ 仍属于 $\dfrac{0}{0}$ 型, 只要 $f'(x)$ 及 $g'(x)$ 满足定理 2.1 中的条件就可以继续分别对分子和分母求导得到

$$\lim_{x\to x_0}\frac{f(x)}{g(x)}=\lim_{x\to x_0}\frac{f'(x)}{g'(x)}=\lim_{x\to x_0}\frac{f''(x)}{g''(x)},$$

并且可以依此类推.

例 2.5 求 $\lim\limits_{x\to1}\dfrac{x^3-3x+2}{2x^3-x^2-4x+3}$.

解 $\lim\limits_{x\to1}\dfrac{x^3-3x+2}{2x^3-x^2-4x+3}=\lim\limits_{x\to1}\dfrac{3x^2-3}{6x^2-2x-4}=\lim\limits_{x\to1}\dfrac{6x}{12x-2}=\dfrac{3}{5}.$

在连续两次使用洛必达法则后得到的 $\lim\limits_{x\to1}\dfrac{6x}{12x-2}$ 已经不是未定式了. 如果没有注意到这一点, 继续使用法则, 就会导致错误结果. 在使用洛必达法则时应当注意这一点, 如果不是未定式, 就不能应用洛必达法则.

二、$\dfrac{\infty}{\infty}$ 型未定式

定理 2.2 设 $f(x)$ 与 $g(x)$ 在 x_0 的某去心邻域内可导, 并且 $g'(x)\neq0$, 又满足条件

(1) $\lim\limits_{x\to x_0}f(x)=\infty$, $\lim\limits_{x\to x_0}g(x)=\infty$;

(2) 极限 $\lim\limits_{x\to x_0}\dfrac{f'(x)}{g'(x)}$ 存在 (或为无穷大),

那么

$$\lim_{x\to x_0}\frac{f(x)}{g(x)}=\lim_{x\to x_0}\frac{f'(x)}{g'(x)}.$$

注 定理中的 $x\to x_0$ 可以换成 $x\to x_0^+$, $x\to x_0^-$, $x\to\infty$, $x\to+\infty$ 或 $x\to-\infty$, 只要把条件作相应的修改, 定理 2.2 仍然成立.

例 2.6 求 $\lim\limits_{x\to+\infty}\dfrac{\ln x}{x^n}(n>0)$.

解 $\lim\limits_{x\to+\infty}\dfrac{\ln x}{x^n}=\lim\limits_{x\to+\infty}\dfrac{\frac{1}{x}}{nx^{n-1}}=\lim\limits_{x\to+\infty}\dfrac{1}{nx^n}=0.$

例 2.7 求 $\lim\limits_{x\to+\infty}\dfrac{x^n}{\mathrm{e}^{\lambda x}}(n>0,\ \lambda>0)$.

解 当 n 为正整数时, 连续使用洛必达法则 n 次, 可得

$$\lim_{x\to+\infty}\frac{x^n}{\mathrm{e}^{\lambda x}}=\lim_{x\to+\infty}\frac{nx^{n-1}}{\lambda\mathrm{e}^{\lambda x}}=\lim_{x\to+\infty}\frac{n(n-1)x^{n-2}}{\lambda^2\mathrm{e}^{\lambda x}}=\cdots=\lim_{x\to+\infty}\frac{n!}{\lambda^n\mathrm{e}^{\lambda x}}=0.$$

如果 n 不是正整数而是任何正数, 那么存在整数 $k \geqslant 0$, 当 $x > 1$ 时, $x^k < x^n < x^{k+1}$, 即有

$$\frac{x^k}{\mathrm{e}^{\lambda x}} < \frac{x^n}{\mathrm{e}^{\lambda x}} < \frac{x^{k+1}}{\mathrm{e}^{\lambda x}},$$

而 $\lim\limits_{x\to+\infty}\dfrac{x^k}{\mathrm{e}^{\lambda x}} = \lim\limits_{x\to+\infty}\dfrac{x^{k+1}}{\mathrm{e}^{\lambda x}} = 0$, 故由夹逼准则可得 $\lim\limits_{x\to+\infty}\dfrac{x^n}{\mathrm{e}^{\lambda x}} = 0$.

从例 2.6 和例 2.7 中可以看出, 对数函数 $\ln x$, 幂函数 $x^n(n>0)$ 和指数函数 $\mathrm{e}^{\lambda x}(\lambda>0)$ 当 $x\to+\infty$ 时均为无穷大, 但是这三个函数增大的速度是不一样的. 幂函数增大的速度比对数函数快得多, 而指数函数增大的速度又比幂函数快得多.

三、其他类型的未定式

对于未定式的极限问题, 除了上述两个基本类型之外, 还有一些形如 $0\cdot\infty$, $\infty-\infty$, 1^∞, 0^0 和 ∞^0 类型的未定式. 而这些类型可以经过适当的恒等变换, 转换成 $\dfrac{0}{0}$ 型或 $\dfrac{\infty}{\infty}$ 型. 例如,

$$0\cdot\infty = \frac{0}{\dfrac{1}{\infty}} = \frac{0}{0}\left(\text{或 } 0\cdot\infty = \frac{\infty}{\dfrac{1}{0}} = \frac{\infty}{\infty}\right),$$

或者

$$\infty-\infty = \frac{1}{\left(\dfrac{1}{\infty}\right)} - \frac{1}{\left(\dfrac{1}{\infty}\right)} = \frac{\left(\dfrac{1}{\infty}\right)-\left(\dfrac{1}{\infty}\right)}{\left(\dfrac{1}{\infty}\right)\cdot\left(\dfrac{1}{\infty}\right)} = \frac{0}{0},$$

当然, 也可根据具体的函数特性, 采用其他特殊变换, 比如, 直接通分等.

而 1^∞, 0^0 或 ∞^0 型极限一般都要通过把幂指函数转换成指数函数的形式, 即 $u(x)^{v(x)} \equiv \mathrm{e}^{v(x)\ln u(x)}$ $(u(x)>0)$. 这种方法可归纳为, 若 $y = u(x)^{v(x)}$, 则

$$\ln y = \ln u(x)^{v(x)} = v(x)\ln u(x),$$

然后再根据其所属未定式类型情况, 计算 $\lim v(x)\ln u(x)$. 若求得 $\lim v(x)\ln u(x) = k$, 则 $\lim u(x)^{v(x)} = \mathrm{e}^k$.

下面通过具体的例子说明求解这些类型的极限的基本方法.

例 2.8 求 $\lim\limits_{x\to0^+} x^n\ln x(n>0)$.

解 这是 $0\cdot\infty$ 型未定式.

$$\lim_{x\to0^+} x^n\ln x = \lim_{x\to0^+}\frac{\ln x}{x^{-n}} = \lim_{x\to0^+}\frac{\dfrac{1}{x}}{-nx^{-n-1}} = \lim_{x\to0^+}\frac{-x^n}{n} = 0.$$

例 2.9 求 $\lim\limits_{x\to0^+} x^x$.

解 这是 0^0 型未定式.

由于 $\lim\limits_{x\to0^+}x^x=\lim\limits_{x\to0^+}\mathrm{e}^{x\ln x}$, 且根据例 2.8 有 $\lim\limits_{x\to0^+}x\ln x=0$. 所以

$$\lim_{x\to0^+}x^x=1.$$

例 2.10 求 $\lim\limits_{x\to0}(\cos x)^{\csc^2 x}$.

解 这是 1^∞ 型未定式.

由于

$$\lim_{x\to0}(\cos x)^{\csc^2 x}=\lim_{x\to0}\mathrm{e}^{\csc^2 x\ln\cos x}.$$

又

$$\lim_{x\to0}\csc^2 x\ln\cos x=\lim_{x\to0}\frac{\ln\cos x}{\sin^2 x}=\lim_{x\to0}\frac{-\tan x}{2\sin x\cos x}=-\frac{1}{2},$$

所以

$$\lim_{x\to0}(\cos x)^{\csc^2 x}=\mathrm{e}^{-\frac{1}{2}}.$$

例 2.11 求 $\lim\limits_{x\to0}\left(\dfrac{1}{x}-\dfrac{1}{\mathrm{e}^x-1}\right)$.

解 这是 $\infty-\infty$ 型未定式. 直接通分后变成 $\dfrac{0}{0}$ 型.

$$\lim_{x\to0}\left(\frac{1}{x}-\frac{1}{\mathrm{e}^x-1}\right)=\lim_{x\to0}\frac{\mathrm{e}^x-1-x}{x(\mathrm{e}^x-1)}=\lim_{x\to0}\frac{\mathrm{e}^x-1}{\mathrm{e}^x-1+x\mathrm{e}^x}$$
$$=\lim_{x\to0}\frac{\mathrm{e}^x}{2\mathrm{e}^x+x\mathrm{e}^x}=\frac{1}{2}.$$

例 2.12 求 $\lim\limits_{x\to\frac{\pi}{2}}(\sec x-\tan x)$.

解 这是 $\infty-\infty$ 型未定式.

$$\lim_{x\to\frac{\pi}{2}}(\sec x-\tan x)=\lim_{x\to\frac{\pi}{2}}\frac{1-\sin x}{\cos x}=\lim_{x\to\frac{\pi}{2}}\frac{-\cos x}{-\sin x}=0.$$

例 2.13 求 $\lim\limits_{x\to+\infty}x^{\frac{1}{x}}$.

解 这是 ∞^0 型未定式.

$$\lim_{x\to+\infty}x^{\frac{1}{x}}=\mathrm{e}^{\lim\limits_{x\to+\infty}\frac{\ln x}{x}}=\mathrm{e}^{\lim\limits_{x\to+\infty}\frac{1}{x}}=\mathrm{e}^0=1.$$

例 2.14 求 $\lim\limits_{x\to0}(\cos x+x\sin x)^{\frac{1}{x^2}}$.

解 这是 1^∞ 型未定式. 设

$$y=(\cos x+x\sin x)^{\frac{1}{x^2}},$$

例 2.14 的几种求解方法

两边取对数得

$$\ln y=\frac{1}{x^2}\ln(\cos x+x\sin x).$$

当 $x\to 0$ 时, 上式右端是 $\dfrac{0}{0}$ 型未定式. 因为

$$\begin{aligned}\lim_{x\to 0}\ln y&=\lim_{x\to 0}\frac{\ln(\cos x+x\sin x)}{x^2}\\&=\lim_{x\to 0}\frac{\dfrac{1}{\cos x+x\sin x}(-\sin x+\sin x+x\cos x)}{2x}\\&=\lim_{x\to 0}\frac{\cos x}{2(\cos x+x\sin x)}=\frac{1}{2}.\end{aligned}$$

所以

$$\lim_{x\to 0}(\cos x+x\sin x)^{\frac{1}{x^2}}=\lim_{x\to 0}\mathrm{e}^{\ln y}=\mathrm{e}^{\lim\limits_{x\to 0}\ln y}=\mathrm{e}^{\frac{1}{2}}.$$

需要指出的是, 不是任何 $\dfrac{0}{0}$ 或 $\dfrac{\infty}{\infty}$ 型的未定式都可以用洛必达法则求极限.

例 2.15 验证极限 $\lim\limits_{x\to\infty}\dfrac{x+\sin x}{x}$ 存在, 但不能用洛必达法则得出.

解 显然, $\lim\limits_{x\to\infty}\dfrac{x+\sin x}{x}=1+\lim\limits_{x\to\infty}\dfrac{\sin x}{x}=1+0=1$. 此极限属 $\dfrac{\infty}{\infty}$ 型未定式. 定理 2.2 的条件 (1) 满足, 但是由于 $\dfrac{(x+\sin x)'}{(x)'}=\dfrac{1+\cos x}{1}$, 当 $x\to\infty$ 时极限不存在, 也不是无穷大, 所以定理 2.2 的条件 (2) 不满足, 从而不能应用定理 2.2, 即此极限不能应用洛必达法则求得.

再如, 极限 $\lim\limits_{x\to 0}\dfrac{x^2\sin\dfrac{1}{x}}{\sin x}$ 属于 $\dfrac{0}{0}$ 型, 如果使用洛必达法则, 那么有

$$\lim_{x\to 0}\frac{x^2\sin\dfrac{1}{x}}{\sin x}=\lim_{x\to 0}\frac{2x\sin\dfrac{1}{x}-\cos\dfrac{1}{x}}{\cos x}.$$

上式右边的极限不存在, 因此用洛必达法则不能达到求出极限值的目的. 但这并不意味着原极限不存在, 只是洛必达法则不适用. 事实上,

$$\lim_{x\to 0}\frac{x^2\sin\dfrac{1}{x}}{\sin x}=\lim_{x\to 0}\frac{x\sin\dfrac{1}{x}}{\dfrac{\sin x}{x}}=0.$$

另外, 还有一种情形, 应用洛必达法则的条件都满足, 但不宜用洛必达法则, 因为连续使用法则后出现了回到原极限的循环现象, 所以无法确定极限. 下面是一个典型的例子:

$$\lim_{x\to+\infty}\frac{\sinh x}{\cosh x}=\lim_{x\to+\infty}\frac{\cosh x}{\sinh x}=\lim_{x\to+\infty}\frac{\sinh x}{\cosh x}=\cdots.$$

实际上,

$$\lim_{x\to+\infty}\frac{\sinh x}{\cosh x}=\lim_{x\to+\infty}\frac{\mathrm{e}^x-\mathrm{e}^{-x}}{\mathrm{e}^x+\mathrm{e}^{-x}}=\lim_{x\to+\infty}\frac{1-\mathrm{e}^{-2x}}{1+\mathrm{e}^{-2x}}=1.$$

对于求数列极限的情形, 因为数列没有导数, 所以不能直接用洛必达法则求数列的极限. 但对于 $\frac{0}{0}$ 或 $\frac{\infty}{\infty}$ 型的数列极限可以间接地使用洛必达法则来求.

例如, 求数列 $\left\{\frac{\ln n}{n}\right\}$ 的极限 $\lim\limits_{n\to+\infty}\frac{\ln n}{n}$. 可先用洛必达法则求相应的函数的极限, $\lim\limits_{x\to+\infty}\frac{\ln x}{x}=\lim\limits_{x\to+\infty}\frac{1}{x}=0$. 再根据数列极限与函数极限的关系定理, 就得到 $\lim\limits_{x\to\infty}\frac{\ln n}{n}=0$.

例 2.16 求 $\lim\limits_{n\to+\infty}n^2\left(\arctan\frac{a}{n}-\arctan\frac{a}{n+1}\right)$.

解 考虑函数 $f(x)=\lim\limits_{x\to+\infty}x^2\left(\arctan\frac{a}{x}-\arctan\frac{a}{x+1}\right)$.

当 $x\to+\infty$ 时, 这是 $\infty\cdot 0$ 型的未定式. 将其转换成 $\frac{0}{0}$ 型后, 再使用洛必达法则, 得

$$\lim_{x\to+\infty}\frac{\arctan\frac{a}{x}-\arctan\frac{a}{x+1}}{\frac{1}{x^2}}=\lim_{x\to+\infty}\frac{\dfrac{-\frac{a}{x^2}}{1+\left(\frac{a}{x}\right)^2}-\dfrac{-\frac{a}{(1+x)^2}}{1+\left(\frac{a}{x+1}\right)^2}}{-\frac{2}{x^3}}$$

$$=\lim_{x\to+\infty}\frac{ax^3}{2}\cdot\frac{2x+1}{(x^2+a^2)[(x+1)^2+a^2]}=a.$$

所以

$$\lim_{n\to\infty}n^2\left(\arctan\frac{a}{n}-\arctan\frac{a}{n+1}\right)=a.$$

洛必达法则是求未定式极限的一种有效的方法, 在应用时最好能与其他求极限的方法结合使用, 能化简时尽量化简. 例如等价无穷小替换与消去公因子可同时使用, 此外, 若式中含有极限不为零的因子, 可以先求出该因子的极限值. 这样做可以使余下的不定式比较简单, 便于继续使用洛必达法则, 使得运算过程简洁.

例 2.17 求 $\lim\limits_{x\to0}\frac{\mathrm{e}^x(2x\cos x-2x+x^3)}{\sin^4x\cdot\ln(1+x)}$.

解 这是 $\frac{0}{0}$ 型未定式. 直接使用洛必达法则求导运算会很繁琐.

$$\lim_{x\to0}\frac{\mathrm{e}^x(2x\cos x-2x+x^3)}{\sin^4x\cdot\ln(1+x)}=\lim_{x\to0}\frac{2x\cos x-2x+x^3}{x^5}=\lim_{x\to0}\frac{2\cos x-2+x^2}{x^4}$$

$$=\lim_{x\to0}\frac{-2\sin x+2x}{4x^3}=\lim_{x\to0}\frac{-\cos x+1}{6x^2}=\lim_{x\to0}\frac{\frac{1}{2}x^2}{6x^2}=\frac{1}{12}.$$

例 2.18 求 $\lim\limits_{x\to 0}\left(2\mathrm{e}^{\frac{x}{1+x}}-1\right)^{\frac{x^2+1}{x}}$.

解 这是 1^∞ 型未定式.

$$\lim_{x\to 0}\left(2\mathrm{e}^{\frac{x}{1+x}}-1\right)^{\frac{x^2+1}{x}}=\lim_{x\to 0}\mathrm{e}^{\frac{x^2+1}{x}\ln\left(2\mathrm{e}^{\frac{x}{1+x}}-1\right)}=\mathrm{e}^{\lim\limits_{x\to 0}\frac{x^2+1}{x}\ln\left(2\mathrm{e}^{\frac{x}{1+x}}-1\right)}$$

$$=\mathrm{e}^{\lim\limits_{x\to 0}\frac{1}{x}\ln\left[1+2\left(\mathrm{e}^{\frac{x}{1+x}}-1\right)\right]}=\mathrm{e}^{\lim\limits_{x\to 0}\frac{2\left(\mathrm{e}^{\frac{x}{1+x}}-1\right)}{x}}$$

$$=\mathrm{e}^{\lim\limits_{x\to 0}\frac{1}{x}\cdot\frac{2x}{1+x}}=\mathrm{e}^{\lim\limits_{x\to 0}\frac{2}{1+x}}=\mathrm{e}^2.$$

例 2.19 求 $\lim\limits_{x\to 0}\left(\dfrac{1}{x^2}-\cot^2 x\right)$.

解

$$\lim_{x\to 0}\left(\frac{1}{x^2}-\cot^2 x\right)=\lim_{x\to 0}\frac{\sin^2 x-x^2\cos^2 x}{x^2\sin^2 x}$$

$$=\lim_{x\to 0}\frac{(\sin x-x\cos x)(\sin x+x\cos x)}{x^4}$$

$$=\lim_{x\to 0}\frac{(\sin x-x\cos x)}{x^3}\cdot\lim_{x\to 0}\frac{(\sin x+x\cos x)}{x}$$

$$=2\lim_{x\to 0}\frac{(\sin x-x\cos x)}{x^3}$$

$$=2\lim_{x\to 0}\frac{(\cos x-\cos x+x\sin x)}{3x^2}$$

$$=2\lim_{x\to 0}\frac{\sin x}{3x}=\frac{2}{3}.$$

此例如果直接用洛必达法则较繁琐.

习题 3–2

(A)

1. 用洛必达法则求下列极限.

(1) $\lim\limits_{x\to 0}\dfrac{\tan x-x}{x-\sin x}$;

(2) $\lim\limits_{x\to 0^+}\dfrac{\ln\tan(ax)}{\ln\tan(bx)}\quad(a>0,b>0)$;

(3) $\lim\limits_{x\to\frac{\pi}{2}}\dfrac{\tan 3x}{\tan x}$;

(4) $\lim\limits_{x\to a}\dfrac{x^m-a^m}{x^n-a^n}\quad(a\neq 0)$;

(5) $\lim\limits_{x\to 0}\dfrac{x-(1+x)\ln(1+x)}{x^2}$;

(6) $\lim\limits_{x\to 1}\dfrac{x^x-x}{\ln x-x+1}$;

(7) $\lim\limits_{x\to 0}\dfrac{1-\cos x^2}{x^2-\tan^2 x}$;

(8) $\lim\limits_{x\to 0}\dfrac{x-\arctan x}{\sin^3 x}$;

(9) $\lim\limits_{x\to 0}\dfrac{\ln(1+x^2)}{\sec x-\cos x}$;

(10) $\lim\limits_{x\to 0}\left(\dfrac{1}{x^2}-\dfrac{1}{\tan^2 x}\right)$;

(11) $\lim\limits_{x\to 1}\left(\dfrac{1}{\ln x}-\dfrac{1}{x-1}\right)$;　　(12) $\lim\limits_{x\to 0}\left(\dfrac{\tan x}{x}\right)^{\frac{1}{x^2}}$;

(13) $\lim\limits_{x\to 1}(1-x)\tan\dfrac{\pi x}{2}$;　　(14) $\lim\limits_{x\to 0^+}\left(\dfrac{1}{x}\right)^{\tan x}$.

2. 验证下列极限存在, 但不能由洛必达法则得出.

(1) $\lim\limits_{x\to 0}\dfrac{x^2\sin\dfrac{1}{x}}{\sin x}$;　　(2) $\lim\limits_{x\to\infty}\dfrac{x-\sin x}{x+\sin x}$.

3. 设函数 $f(x)$ 具有一阶连续导数, 且 $f(0)=0$, $f'(0)=2$, 试求 $\lim\limits_{x\to 0}\dfrac{f(1-\cos x)}{\tan x^2}$.

4. 设 $f''(x)$ 连续, 试用洛必达法则证明

$$\lim_{h\to 0}\frac{f(x+h)-2f(x)+f(x-h)}{h^2}=f''(x).$$

5. 讨论函数

$$f(x)=\begin{cases}\left[\dfrac{(1+x)^{\frac{1}{x}}}{\mathrm{e}}\right]^{\frac{1}{x}}, & x>0,\\ \mathrm{e}^{-\frac{1}{2}}, & x\leqslant 0\end{cases}$$

在点 $x=0$ 处的连续性.

(B)

6. 用洛必达法则求下列极限.

(1) $\lim\limits_{x\to\frac{1}{2}}\dfrac{(2x-1)^2}{\mathrm{e}^{\sin\pi x}-\mathrm{e}^{-\sin 3\pi x}}$;　　(2) $\lim\limits_{x\to 0}\dfrac{\sqrt{1+\tan x}-\sqrt{1+\sin x}}{x\ln(1+x)-x^2}$;

(3) $\lim\limits_{x\to 0^+}(2-3^{\arctan^2\sqrt{x}})^{\frac{2}{\sin x}}$;　　(4) $\lim\limits_{x\to+\infty}\dfrac{\ln(a+b\mathrm{e}^x)}{\sqrt{m+nx^2}}$　$(b>0,n>0)$;

(5) $\lim\limits_{n\to+\infty}n^2\ln\left(n\sin\dfrac{1}{n}\right)$;　　(6) $\lim\limits_{x\to 0}\left(\dfrac{a^x-x\ln a}{b^x-x\ln b}\right)^{\frac{1}{x^2}}$;

(7) $\lim\limits_{x\to 0}\left(\dfrac{\arcsin x}{x}\right)^{\frac{1}{1-\cos x}}$;　　(8) $\lim\limits_{x\to+\infty}\left[\dfrac{\ln(1+x)}{x}\right]^{\frac{1}{x}}$.

7. 设 $f(x)=\dfrac{1}{\pi x}+\dfrac{1}{\sin\pi x}-\dfrac{1}{\pi(1-x)}$, $x\in\left[\dfrac{1}{2},1\right)$, 试补充定义 $f(1)$, 使得 $f(x)$ 在 $\left[\dfrac{1}{2},1\right]$ 上连续.

第三节　泰 勒 公 式

在近似计算和理论分析中, 为了便于研究, 往往希望用一些简单的函数来近似表示一些较复杂的函数. 由于用多项式表示的函数, 只要对自变量进行有限次加、减、乘三种运算, 便能求出它的函数值, 所以经常用多项式来近似表示函数. 这一节来讨论, 对于一个具体的函数, 如何确定出一个多项式函数来近似表示它.

一、泰勒中值定理

在微分的应用中已经知道, 当函数 $f(x)$ 在 x_0 处可导时,

$$f(x_0+\Delta x)=f(x_0)+f'(x_0)\Delta x+o(\Delta x),$$

若记 $x=x_0+\Delta x$, 则上式可改写为

$$f(x)=f(x_0)+f'(x_0)(x-x_0)+o[(x-x_0)],$$

$o[(x-x_0)]$ 表示比 $(x-x_0)$ 高阶的无穷小 (当 $x\to x_0$ 时).

上式说明, 函数 $f(x)$ 在 x_0 附近可以用 $x-x_0$ 的一次多项式来近似表示, 误差是 $x-x_0$ 的高阶无穷小. 这个一次多项式及其一阶导数的值, 分别等于被近似表示的函数 $f(x)$ 及其导数的相应的值. 特别地, 当 $x_0=0$ 时, 有

$$f(x)=f(0)+f'(0)x+o(x).$$

应用上, 有如下的近似等式

$$f(x_0+\Delta x)\approx f(x_0)+f'(x_0)\Delta x.$$

当 $x_0=0$ 时, 有

$$f(x)\approx f(0)+f'(0)x.$$

例如, 当 $|x|$ 很小时, $\mathrm{e}^x\approx 1+x$, $\ln(1+x)\approx x$.

但这种近似表达式存在着不足之处: 首先是精确度不高, 所产生的误差仅是关于 $x-x_0$ 的高阶无穷小; 其次是用它来作近似计算时, 不能具体估算出误差大小. 因此, 对于精确度要求较高且需要估计误差的时候, 就必须用关于 $x-x_0$ 的高次多项式来近似表示函数, 同时给出误差估计式.

设函数 $f(x)$ 在含有 x_0 的开区间内具有直到 $n+1$ 阶导数, 现在希望做的是, 找出一个关于 $x-x_0$ 的 n 次多项式

$$P_n(x)=a_0+a_1(x-x_0)+a_2(x-x_0)^2+\cdots+a_n(x-x_0)^n \tag{3.1}$$

来近似表示 $f(x)$, 要求 $P_n(x)$ 与 $f(x)$ 之差是比 $(x-x_0)^n$ 高阶的无穷小, 并给出误差 $|R_n(x)|=|f(x)-P_n(x)|$ 的具体表达式.

假设 $P_n(x)$ 与 $f(x)$ 在 x_0 处的函数值和它的直到 n 阶导数值相等, 这样就有

$$\begin{gathered}P_n(x_0)=f(x_0), P_n'(x_0)=f'(x_0),\\ P_n''(x_0)=f''(x_0),\cdots,P_n^{(n)}(x_0)=f^{(n)}(x_0),\end{gathered}$$

由于

$$\begin{aligned}
P_n(x)&=a_0+a_1(x-x_0)+a_2(x-x_0)^2+\cdots+a_n(x-x_0)^n,\\
P_n'(x)&=a_1+2a_2(x-x_0)+\cdots+na_n(x-x_0)^{n-1},\\
P_n''(x)&=2a_2+3\cdot 2\cdot a_3(x-x_0)+\cdots+n(n-1)a_n(x-x_0)^{n-2},\\
P_n'''(x)&=3!a_3+4\cdot 3\cdot 2a_4(x-x_0)+\cdots+n(n-1)(n-2)a_n(x-x_0)^{n-3},\cdots,\\
P_n^{(n)}(x)&=n!a_n,
\end{aligned}$$

于是

$$P_n(x_0)=a_0, P_n'(x_0)=a_1, P_n''(x_0)=2!a_2, P_n'''(x_0)=3!a_3, \cdots, P_n^{(n)}(x_0)=n!a_n.$$

按照假设可以确定多项式 (3.1) 的系数 $a_0, a_1, \cdots, a_n$ 为

$$a_0=f(x_0),\quad a_1=f'(x_0),\quad a_2=\frac{1}{2!}f''(x_0),\quad \cdots,\quad a_n=\frac{1}{n!}f^{(n)}(x_0).$$

将所求的系数代入 (3.1), 就有

$$P_n(x)=f(x_0)+f'(x_0)(x-x_0)+\frac{1}{2!}f''(x_0)(x-x_0)^2+\cdots+\frac{1}{n!}f^{(n)}(x_0)(x-x_0)^n. \tag{3.2}$$

定理 3.1 (泰勒 (Taylor) 中值定理)　如果函数 $f(x)$ 在含有 x_0 的某个开区间 (a,b) 内具有直到 $n+1$ 阶导数, 那么对任意 $x\in(a,b)$, $f(x)$ 可以表示为关于 $x-x_0$ 的一个 n 次多项式与余项 $R_n(x)$ 之和, 即

$$\begin{aligned} f(x)=&f(x_0)+f'(x_0)(x-x_0)+\frac{1}{2!}f''(x_0)(x-x_0)^2+\cdots+\\ &\frac{1}{n!}f^{(n)}(x_0)(x-x_0)^n+R_n(x), \end{aligned} \tag{3.3}$$

其中

$$R_n(x)=\frac{f^{(n+1)}(\xi)}{(n+1)!}(x-x_0)^{n+1}\quad (\xi \text{ 介于 } x_0 \text{ 与 } x \text{ 之间}). \tag{3.4}$$

证　因为

$$P_n(x)=f(x_0)+f'(x_0)(x-x_0)+\frac{f''(x_0)}{2!}(x-x_0)^2+\cdots+\frac{f^{(n)}(x_0)}{n!}(x-x_0)^n,$$

$$R_n(x)=f(x)-P_n(x),$$

所以只需证明

$$R_n(x)=\frac{f^{(n+1)}(\xi)}{(n+1)!}(x-x_0)^{n+1}\quad (\xi \text{ 介于 } x_0 \text{ 与 } x \text{ 之间}).$$

由于 $f(x)$ 有 $n+1$ 阶导数, $P_n(x)$ 有任意阶导数, 故 $R_n(x)$ 也有 $n+1$ 阶导数, 且

$$R_n(x_0)=R_n'(x_0)=R_n''(x_0)=\cdots=R_n^{(n)}(x_0)=0,$$

对函数 $R_n(x)$ 和 $(x-x_0)^{n+1}$ 在以 x_0 和 x 为端点的闭区间上应用柯西中值定理, 得

$$\frac{R_n(x)}{(x-x_0)^{n+1}}=\frac{R_n(x)-R_n(x_0)}{(x-x_0)^{n+1}-0}=\frac{R_n'(\xi_1)}{(n+1)(\xi_1-x_0)^n}\quad (\xi_1 \text{ 在 } x_0 \text{ 与 } x \text{ 之间}).$$

对 $R_n'(x)$ 及 $(n+1)(x-x_0)^n$ 在以 x_0 和 ξ_1 为端点的闭区间上再次应用柯西中值定理, 得

$$\begin{aligned} \frac{R_n'(\xi_1)}{(n+1)(\xi_1-x_0)^n}&=\frac{R_n'(\xi_1)-R_n'(x_0)}{(n+1)(\xi_1-x_0)^n-0}\\ &=\frac{R_n''(\xi_2)}{n(n+1)(\xi_2-x_0)^{n-1}}\quad (\xi_2 \text{ 在 } x_0 \text{ 与 } \xi_1 \text{ 之间}). \end{aligned}$$

如此下去, 经过 $n+1$ 次后, 得

$$\frac{R_n(x)}{(x-x_0)^{n+1}}=\frac{R_n^{(n+1)}(\xi)}{(n+1)!}\quad(\xi \text{ 在 } x_0 \text{ 与 } \xi_n \text{ 之间, 因而也在 } x_0 \text{ 与 } x \text{ 之间}).$$

注意到, $R_n^{(n+1)}(x)=f^{(n+1)}(x)$, 则有

$$R_n(x)=\frac{f^{(n+1)}(\xi)}{(n+1)!}(x-x_0)^{n+1}\ (\xi \text{ 在 } x_0 \text{ 与 } x \text{ 之间}).$$

这里多项式

$$P_n(x)=f(x_0)+f'(x_0)(x-x_0)+\frac{f''(x_0)}{2!}(x-x_0)^2+\cdots+\frac{f^{(n)}(x_0)}{n!}(x-x_0)^n$$

称为函数 $f(x)$ 按 $(x-x_0)$ 的幂展开的 n **次近似多项式**. 公式 (3.3) 称为 $f(x)$ 按 $(x-x_0)$ 的幂展开的带有拉格朗日型余项的 n 阶泰勒公式. $R_n(x)$ 的表达式 (3.4) 称为**拉格朗日型余项**.

当 $n=0$ 时, 泰勒公式变成拉格朗日中值公式

$$f(x)=f(x_0)+f'(\xi)(x-x_0)\quad(\xi \text{ 介于 } x_0 \text{ 与 } x \text{ 之间}).$$

因此泰勒中值定理是拉格朗日中值定理的推广.

如果对于某个固定的 n, 当 $x\in(a,b)$ 时, $\left|f^{(n+1)}(x)\right|\leqslant M$, 那么有估计式

$$\begin{aligned}|f(x)-P_n(x)|=|R_n(x)|&=\left|\frac{f^{(n+1)}(\xi)}{(n+1)!}(x-x_0)^{n+1}\right|\\&\leqslant\frac{M}{(n+1)!}\left|x-x_0\right|^{n+1}.\end{aligned}\tag{3.5}$$

由于 $\lim\limits_{x\to x_0}\dfrac{R_n(x)}{(x-x_0)^n}=0$, 可见, 当 $x\to x_0$ 时, 误差 $|R_n(x)|$ 是比 $(x-x_0)^n$ 高阶的无穷小, 即

$$R_n(x)=o[(x-x_0)^n].$$

因此, 在不需要余项的精确表达式时, n 阶泰勒公式也可写成

两种余项泰勒公式的区别

$$\begin{aligned}f(x)=&f(x_0)+f'(x_0)(x-x_0)+\frac{1}{2!}f''(x_0)(x-x_0)^2+\cdots+\\&\frac{1}{n!}f^{(n)}(x_0)(x-x_0)^n+o[(x-x_0)^n],\end{aligned}\tag{3.6}$$

$R_n(x)=o[(x-x_0)^n]$, 该余项称为**佩亚诺 (Peano) 型余项**; 公式 (3.6) 称为 $f(x)$ 按 $(x-x_0)$ 的幂展开的带有佩亚诺型余项的 n 阶泰勒公式.

带有佩亚诺型余项的泰勒中值定理

这里顺便指出, 带有佩亚诺型余项的 n 阶泰勒公式 (3.6) 成立, 只须 $f(x)$ 在点 $x=x_0$ 处具有 n 阶导数即可, 而不必要求 $f(x)$ 在含有 x_0 的某个开区间 (a,b) 内具有直到 $n+1$ 阶导数.

二、几个初等函数的麦克劳林公式

当 $x_0=0$ 时, 泰勒公式 (3.3) 称为**麦克劳林 (Maclaurin) 公式**, 即

$$f(x)=f(0)+f'(0)x+\frac{f''(0)}{2!}x^2+\cdots+\frac{f^{(n)}(0)}{n!}x^n+R_n(x), \tag{3.7}$$

其中

$$R_n(x)=\frac{f^{(n+1)}(\xi)}{(n+1)!}x^{n+1}\quad (\xi \text{ 介于 } x_0 \text{ 与 } x \text{ 之间}).$$

或者

$$f(x)=f(0)+f'(0)x+\frac{f''(0)}{2!}x^2+\cdots+\frac{f^{(n)}(0)}{n!}x^n+o(x^n). \tag{3.8}$$

由 (3.7) 或 (3.8) 可得近似公式

$$f(x)\approx f(0)+f'(0)x+\frac{f''(0)}{2!}x^2+\cdots+\frac{f^{(n)}(0)}{n!}x^n,$$

误差估计式 (3.5) 相应地变成

$$|R_n(x)|\leqslant \frac{M}{(n+1)!}|x|^{n+1}. \tag{3.9}$$

例 3.1 求 $f(x)=\mathrm{e}^x$ 的带有拉格朗日型余项的 n 阶麦克劳林公式.

解 因为

$$f'(x)=f''(x)=\cdots=f^{(n)}(x)=\mathrm{e}^x,$$

所以

$$f(0)=f'(0)=f''(0)=\cdots=f^{(n)}(0)=1.$$

代入公式 (3.7), 并注意到 $f^{(n+1)}(\theta x)=\mathrm{e}^{\theta x}$, 便得

$$\mathrm{e}^x=1+x+\frac{x^2}{2!}+\cdots+\frac{x^n}{n!}+\frac{\mathrm{e}^{\theta x}}{(n+1)!}x^{n+1}\quad (0<\theta<1).$$

例 3.2 求 $f(x)=\sin x$ 的带有拉格朗日型余项的 n 阶麦克劳林公式.

解 因为

$$f^{(n)}(x)=\sin\left(x+n\frac{\pi}{2}\right)\quad (n=0,1,2,\cdots),$$

所以

$$f^{(n)}(0)=\begin{cases}0, & n=2m,\\ (-1)^m, & n=2m+1,\end{cases}\quad m=0,1,2,\cdots,$$

即有

$$f(0)=0, f'(0)=1, f''(0)=0, f'''(0)=-1, f^{(4)}(0)=0,\cdots.$$

于是由公式 (3.7) 得到

$$\sin x = x - \frac{1}{3!}x^3 + \frac{1}{5!}x^5 - \cdots + \frac{(-1)^{m-1}}{(2m-1)!}x^{2m-1} + R_{2m}(x),$$

其中

$$\begin{aligned} R_{2m}(x) &= \frac{\sin\left(\theta x + (2m+1)\dfrac{\pi}{2}\right)}{(2m+1)!}x^{2m+1} \\ &= (-1)^m \frac{\cos\theta x}{(2m+1)!}x^{2m+1} \quad (0 < \theta < 1). \end{aligned}$$

当 $m = 1$ 时, 得近似公式 $\sin x \approx x$. 这时误差为

$$|R_2(x)| = \left|\frac{\sin\left(\theta x + \dfrac{3\pi}{2}\right)}{3!}x^3\right| \leqslant \frac{|x|^3}{6} \quad (0 < \theta < 1).$$

如果 m 分别取 2, 3 和 4, 那么得到 $\sin x$ 的 3 次, 5 次和 7 次近似多项式

$$\sin x \approx x - \frac{1}{3!}x^3, \quad \sin x \approx x - \frac{1}{3!}x^3 + \frac{1}{5!}x^5, \quad \sin x \approx x - \frac{1}{3!}x^3 + \frac{1}{5!}x^5 - \frac{1}{7!}x^7.$$

其误差的绝对值分别不超过 $\frac{1}{5!}|x|^5$, $\frac{1}{7!}|x|^7$ 和 $\frac{1}{9!}|x|^9$. 以上四个近似多项式及正弦函数的图形在图 3–6 中, 以作比较.

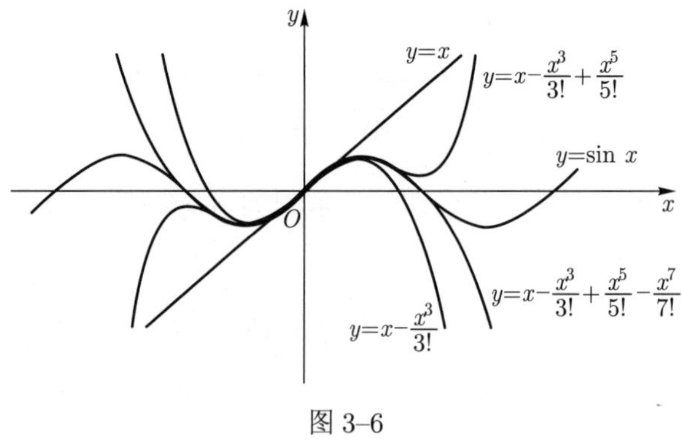

图 3–6

类似地, 还可以得到

$$\cos x = 1 - \frac{1}{2!}x^2 + \frac{1}{4!}x^4 - \cdots + \frac{(-1)^m}{(2m)!}x^{2m} + R_{2m+1}(x),$$

其中

$$R_{2m+1}(x)=\frac{\cos(\theta x+(m+1)\pi)}{(2m+2)!}x^{2m+2}$$

$$=(-1)^{m+1}\frac{\cos\theta x}{(2m+2)!}x^{2m+2}\quad(0<\theta<1).$$

$$\ln(1+x)=x-\frac{1}{2}x^2+\frac{1}{3}x^3-\cdots+\frac{(-1)^{n-1}}{n}x^n+R_n(x),$$

其中

$$R_n(x)=\frac{(-1)^n}{(n+1)(1+\theta x)^{n+1}}x^{n+1}\quad(0<\theta<1).$$

$$(1+x)^a=1+ax+\frac{a(a-1)}{2!}x^2+\cdots+\frac{a(a-1)\cdots(a-n+1)}{n!}x^n+R_n(x),$$

其中

$$R_n(x)=\frac{a(a-1)\cdots(a-n+1)(a-n)}{(n+1)!}(1+\theta x)^{a-n-1}x^{n+1}\quad(0<\theta<1).$$

下面是几个常见的初等函数的带有佩亚诺型余项的麦克劳林公式.

$$\mathrm{e}^x=1+x+\frac{1}{2!}x^2+\cdots+\frac{1}{n!}x^n+o(x^n),$$

$$\sin x=x-\frac{1}{3!}x^3+\frac{1}{5!}x^5-\cdots+\frac{(-1)^{m-1}}{(2m-1)!}x^{2m-1}+o(x^{2m-1}),$$

$$\cos x=1-\frac{1}{2!}x^2+\frac{1}{4!}x^4-\cdots+\frac{(-1)^m}{(2m)!}x^{2m}+o(x^{2m}),$$

$$\ln(1+x)=x-\frac{1}{2}x^2+\frac{1}{3}x^3-\cdots+\frac{(-1)^{n-1}}{n}x^n+o(x^n),$$

$$(1+x)^a=1+ax+\frac{a(a-1)}{2!}x^2+\cdots+\frac{a(a-1)\cdots(a-n+1)}{n!}x^n+o(x^n).$$

三、泰勒公式的应用

泰勒中值定理是利用高阶多项式来逼近已知函数的一个基本定理, 具有重要的理论意义和应用价值, 下面举例说明它在近似计算函数值、求极限、证明不等式等方面的应用.

例 3.3 近似计算 e 的值, 使其误差不超过 10^{-6}.

解 已知 e^x 的麦克劳林公式为

$$\mathrm{e}^x=1+x+\frac{x^2}{2!}+\cdots+\frac{x^n}{n!}+\frac{\mathrm{e}^{\theta x}}{(n+1)!}x^{n+1}\quad(0<\theta<1).$$

由公式可知 $e^x \approx 1+x+\dfrac{x^2}{2!}+\cdots+\dfrac{x^n}{n!}$, 其近似误差为

$$|R_n(x)|=\left|\frac{e^{\theta x}}{(n+1)!}x^{n+1}\right|<\frac{e^{|x|}}{(n+1)!}|x|^{n+1}\quad(0<\theta<1).$$

泰勒公式在近似计算中的应用

取 $x=1$, 无理数 $e\approx 1+1+\dfrac{1}{2!}+\cdots+\dfrac{1}{n!}$, 其误差

$$|R_n(1)|<\frac{e}{(n+1)!}<\frac{3}{(n+1)!}.$$

当 $n=9$ 时,$|R_n(1)|<10^{-6}$, 可算出 $e\approx 1+1+\dfrac{1}{2!}+\cdots+\dfrac{1}{9!}\approx 2.718\ 281$, 误差确实不超过 10^{-6}.

例 3.4 利用麦克劳林公式, 求极限 $\lim\limits_{x\to 0}\dfrac{\cos x\ln(1+x)-x}{x^2}$.

解 由于分式函数的分母是 x^2, 只需将分子中的 $\cos x$ 与 $\ln(1+x)$ 分别用二阶的麦克劳林公式表示, 即

$$\cos x=1-\frac{1}{2!}x^2+o(x^2),$$
$$\ln(1+x)=x-\frac{1}{2}x^2+o(x^2),$$

于是

$$\cos x\ln(1+x)-x=\left[1-\frac{1}{2!}x^2+o(x^2)\right]\cdot\left[x-\frac{1}{2}x^2+o(x^2)\right]-x.$$

对上式作运算时把所有比 x^2 高阶的无穷小的代数和仍记为 $o(x^2)$, 就得

$$\cos x\ln(1+x)-x=x-\frac{1}{2}x^2+o(x^2)-x=-\frac{1}{2}x^2+o(x^2),$$

故

$$\lim_{x\to 0}\frac{\cos x\ln(1+x)-x}{x^2}=\lim_{x\to 0}\frac{-\frac{1}{2}x^2+o(x^2)}{x^2}=-\frac{1}{2}.$$

思考: 在利用 Talor 公式求极限时, 分子或分母利用 Talor 公式展开时, 如何来确定展开式的阶数?

利用函数的泰勒公式也可以证明一些不等式.

例 3.5 证明不等式 $e^x\geqslant 1+x+\dfrac{x^2}{2}+\dfrac{x^3}{6}$, $x\in(-\infty,+\infty)$.

证 e^x 的三阶麦克劳林公式为

$$e^x=1+x+\frac{x^2}{2!}+\frac{x^3}{3!}+R_3(x),\quad x\in(-\infty,+\infty),$$

其中

$$R_3(x)=\frac{e^\xi}{4!}x^4>0,\quad \xi \text{ 在 } 0 \text{ 与 } x \text{ 之间}.$$

故 $\mathrm{e}^x \geqslant 1+x+\dfrac{x^2}{2}+\dfrac{x^3}{6}$ 成立 (等号在 $x=0$ 时成立).

例 3.6　设 $f(x)$ 在 $[0,1]$ 上有三阶导数, 且 $f(0)=0$, $f(1)=0.5$, $f'\left(\dfrac{1}{2}\right)=0$, 证明: 存在 $\xi\in(0,1)$, 使得 $|f'''(\xi)|\geqslant 12$.

证　因为 $f(x)$ 在 $[0,1]$ 上有三阶导数, 且 $f'\left(\dfrac{1}{2}\right)=0$, 所以可将 $f(x)$ 在 $x=\dfrac{1}{2}$ 处展开成二阶带拉格朗日型余项的泰勒公式, 并分别代入 $x=0$ 和 $x=1$, 有

$$\begin{aligned} f(1) &= f\left(\frac{1}{2}\right)+f'\left(\frac{1}{2}\right)\left(1-\frac{1}{2}\right)+\frac{1}{2!}f''\left(\frac{1}{2}\right)\left(1-\frac{1}{2}\right)^2+ \\ &\quad \frac{1}{3!}f'''(\xi_1)\left(1-\frac{1}{2}\right)^3, \end{aligned} \tag{3.10}$$

$$\begin{aligned} f(0) &= f\left(\frac{1}{2}\right)+f'\left(\frac{1}{2}\right)\left(0-\frac{1}{2}\right)+\frac{1}{2!}f''\left(\frac{1}{2}\right)\left(0-\frac{1}{2}\right)^2+ \\ &\quad \frac{1}{3!}f'''(\xi_2)\left(0-\frac{1}{2}\right)^3, \end{aligned} \tag{3.11}$$

其中

$$\frac{1}{2}<\xi_1<1,\quad 0<\xi_2<\frac{1}{2}.$$

由 (3.10) 和 (3.11), 两端分别相减得

$$\frac{1}{2}=\frac{1}{3!}\left[f'''(\xi_1)+f'''(\xi_2)\right]\cdot\left(\frac{1}{2}\right)^3,$$

令 $\xi\in\{\xi_1,\xi_2\}$, 使 $|f'''(\xi)|=\max\{|f'''(\xi_1)|,|f'''(\xi_2)|\}$, 则有

从导数到泰勒公式和从差商到牛顿插值

$$\frac{1}{2}=\frac{1}{3!}\left[f'''(\xi_1)+f'''(\xi_2)\right]\cdot\left(\frac{1}{2}\right)^3\leqslant\frac{1}{3!}\cdot 2\left|f'''(\xi)\right|\cdot\left(\frac{1}{2}\right)^3=\frac{1}{24}\cdot\left|f'''(\xi)\right|,$$

即 $|f'''(\xi)|\geqslant 12$, $0<\xi<1$.

习题 3–3

(A)

1. 将多项式 $f(x)=1+3x+5x^2-2x^3$ 表示成关于 $x+1$ 的多项式.
2. 按照麦克劳林公式, 将 $\sqrt{1-2x+x^3}-\sqrt[3]{1-3x+x^2}$ 展开到含 x^3 的项.

3. 求函数 $f(x)=\sqrt{x}$ 按照 $x-1$ 的幂展开的展开式的前三项.

4. 求 $f(x)=\dfrac{1}{\sqrt{1-x}}$ 在点 $x_0=-3$ 处的三阶泰勒展开式.

5. 求 $f(x)=\arctan x$ 的带有佩亚诺型余项的三阶麦克劳林展开式.

6. 求 $f(x)=x\mathrm{e}^x$ 的带有拉格朗日型余项的麦克劳林展开式.

7. 试写出 $f(x)=\dfrac{1}{1-x}$ 的带拉格朗日型余项的 n 阶麦克劳林展开式.

8. 把 $f(x)=\ln\dfrac{1+x}{1-x}$ 在 $x=0$ 处展开成带有佩亚诺型余项的泰勒公式.

9. 估计下列近似公式的绝对误差.

(1) $\sin x\approx x-\dfrac{x^3}{6}$, 当 $|x|\leqslant\dfrac{1}{2}$ 时;

(2) $\sqrt{1+x}\approx 1+\dfrac{x}{2}-\dfrac{x^2}{8}$, 当 $0\leqslant x\leqslant 1$ 时.

10. 近似公式 $\cos x\approx 1-\dfrac{x^2}{2}$ 对于怎样的 x 能准确到 0.000 1.

11. 利用三阶泰勒公式求下列各数的近似值并估计误差.

(1) $\sqrt{\mathrm{e}}$; (2) $\sqrt[5]{250}$; (3) $\ln 1.2$.

12. 利用泰勒公式求下列极限.

(1) $\lim\limits_{x\to 0}\dfrac{\cos x-\mathrm{e}^{-\frac{x^2}{2}}}{x^4}$;

(2) $\lim\limits_{x\to 0}\dfrac{\mathrm{e}^x\sin x-x(1+x)}{x^3}$;

(3) $\lim\limits_{x\to 0}\dfrac{\cos x-\mathrm{e}^{-\frac{x^2}{2}}}{x^2[x+\ln(1-x)]}$;

(4) $\lim\limits_{x\to 0}\left(\dfrac{1}{x}-\dfrac{1}{\sin x}\right)$.

13. 设 $f(x)$ 在 $x=0$ 处二阶可导, 且 $f(0)=0$, $f'(0)=1$, 求 $\lim\limits_{x\to 0}\dfrac{f(x)-x}{x^2}$.

14. 设 $f(x)$ 在 $[0,1]$ 上有二阶导数, 且 $f(0)=f(1)=0$, $|f''(x)|\leqslant M$. 求证: $|f'(x)|\leqslant\dfrac{1}{2}M$, $x\in[0,1]$.

15. 设 $f(x)$ 在 $[0,1]$ 上具有连续的二阶导数, 且 $f(0)=0$, $f(1)=0.5$, $f\left(\dfrac{1}{2}\right)=0$. 证明: 在 $(0,1)$ 内至少有一点 ξ, 使 $f''(\xi)\geqslant 2$.

(B)

16. 将 e^{2x-x^2} 展开到含 x^5 的项.

17. 将 $\ln\cos x$ 展开到含 x^6 的项.

18. 求 $f(x)=\cosh x=\dfrac{\mathrm{e}^x+\mathrm{e}^{-x}}{2}$ 的 $2n+1$ 阶带拉格朗日型余项的麦克劳林展开式.

19. 求 $f(x)=\cos^2 x$ 的 $2n+1$ 阶带佩亚诺型余项的麦克劳林展开式.

20. 选择怎样的系数 a 与 b 时, $x-(a+b\cos x)\sin x$ 关于 x 为 5 阶无穷小.

第四节　函数的单调性与极值判定

一、函数的单调性及其判定

由第一章函数在区间上单调的定义可知, 对于比较复杂的函数, 利用定义判断函数的单调性是十分繁琐的. 下面讨论如何利用导数来对函数的单调性进行研究.

如果函数 $y=f(x)$ 在 $[a,b]$ 上单调增加 (单调减少), 那么它的图形就是一条沿着 x 轴正向上升 (下降) 的曲线. 从几何图形上看, 如图 3–7 所示, 曲线上各点处的切线斜率是非负的 (非正的), 即 $y'=f'(x)\geqslant 0(y'=f'(x)\leqslant 0)$. 这就说明在函数可导的情况下, 函数的增减性与其导数的正负存在着密切的对应关系.

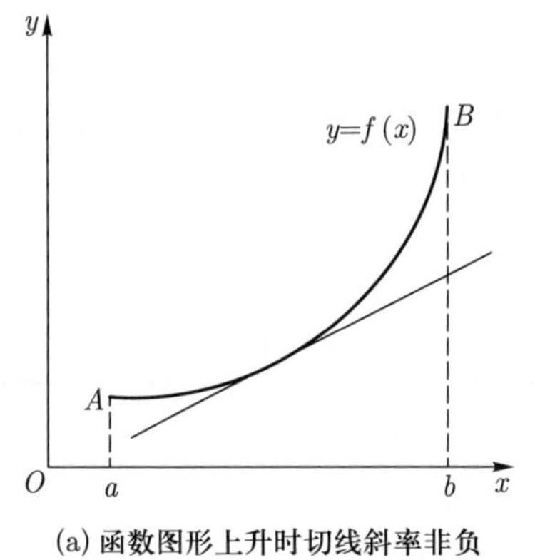

(a) 函数图形上升时切线斜率非负

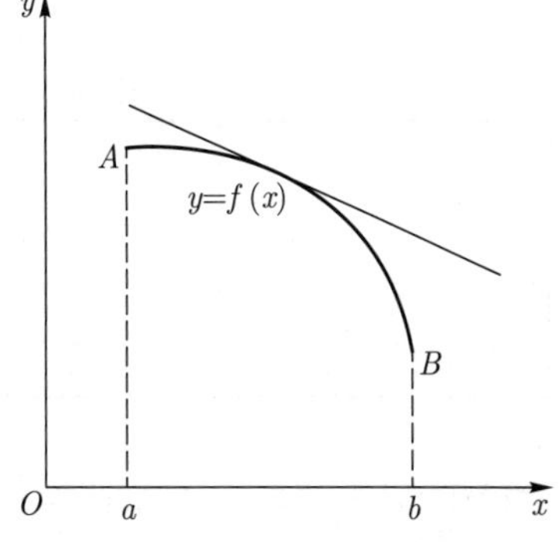

(b) 函数图形下降时切线斜率非正

图 3–7

反过来, 能否利用导数的符号来判定函数的单调性呢?

下面的定理给出了一个用导数的符号来判定函数的单调性的方法.

定理 4.1　设函数 $y=f(x)$ 在 $[a,b]$ 上连续, 在 (a,b) 内可导,

(1) 如果在 (a,b) 内 $f'(x)>0$, 那么函数 $y=f(x)$ 在 $[a,b]$ 上单调增加;

(2) 如果在 (a,b) 内 $f'(x)<0$, 那么函数 $y=f(x)$ 在 $[a,b]$ 上单调减少.

证　(1) 设函数 $y=f(x)$ 在 $[a,b]$ 上连续, 在 (a,b) 内可导, 在 $[a,b]$ 上任取两点 x_1, $x_2(x_1<x_2)$, 应用拉格朗日中值定理, 得到

$$f(x_2)-f(x_1)=f'(\xi)(x_2-x_1)\quad (x_1<\xi<x_2).$$

由于 $x_2-x_1>0$ 且 $f'(\xi)>0$, 所以

$$f(x_2)-f(x_1)=f'(\xi)(x_2-x_1)>0,$$

即

$$f(x_1)<f(x_2).$$

这表明函数 $y=f(x)$ 在 $[a,b]$ 上是单调增加的.

类似可证 (2) 也成立.

注 如果将定理 4.1 中的闭区间换成其他各种区间 (包括无穷区间), 结论也成立.

例 4.1 讨论函数 $f(x)=\dfrac{x}{1+x^2}$ 的单调区间.

解 $f(x)$ 的定义域为 $(-\infty,+\infty)$,

$$f'(x)=\frac{(1+x^2)-2x^2}{(1+x^2)^2}=\frac{1-x^2}{(1+x^2)^2}.$$

令 $f'(x)=0$, 得 $x=\pm1$.

当 $-1<x<1$ 时, $f'(x)>0$, 故 $f(x)$ 在 $(-1,1)$ 上单调增加;

当 $x<-1$ 或 $x>1$ 时, $f'(x)<0$, 故 $f(x)$ 在 $(-\infty,-1)\cup(1,+\infty)$ 上单调减少.

所得结论如表 3–1 所示.

表 3–1 函数单调性

x	$(-\infty,-1)$	-1	$(-1,1)$	1	$(1,+\infty)$
$f'(x)$	$-$	0	$+$	0	$-$
$f(x)$	$\searrow$	$-\dfrac{1}{2}$	$\nearrow$	$\dfrac{1}{2}$	$\searrow$

例 4.2 讨论函数 $y=\sqrt[3]{x^2}$ 的单调性.

解 $f(x)$ 的定义域为 $(-\infty,+\infty)$, 当 $x\neq0$ 时, $f'(x)=\dfrac{2}{3\sqrt[3]{x}}$. 当 $x=0$ 时, $f'(x)$ 不存在. 在 $(-\infty,0)$ 内, $f'(x)<0$, 函数单调减少; 在 $(0,+\infty)$ 内, $f'(x)>0$, 函数单调增加.

从图 3–8 中看到 $x=0$ 是函数的单调增加区间 $[0,+\infty)$ 和单调减少区间 $(-\infty,0]$ 的分界点, 而在该点处导数不存在.

从以上两例中注意到, 函数单调增减区间的分界点一定是导数为零的点或是导数不存在的点. 但反过来, 导数为零的点或导数不存在的点却不一定是函数增减区间的分界点. 如 $y=x^3$, 在 $x=0$ 处导数为零, 但在 $(-\infty,0]$, $[0,+\infty)$ 都是单调增加的, 如图 3–9 所示.

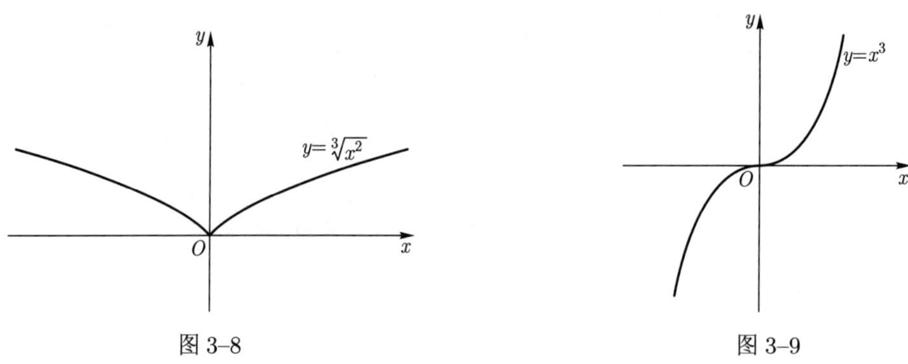

图 3–8　　图 3–9

注意: 若 $f(x)$ 在 I 上严格单调增 (减), $f'(x)$ 在 I 上不一定处处为正 (负). 例如 $f(x)=x^3$ 在 $(-\infty,+\infty)$ 上严格单调增加, 但是 $f'(0)=0$, 即 $f'(x)$ 在 $(-\infty,+\infty)$ 不是恒正.

综上所述, 讨论函数单调性可以按照以下步骤进行:

(1) 确定函数 $f(x)$ 的定义域;

(2) 求 $f'(x)$, 找出 $f'(x)=0$ 和 $f'(x)$ 不存在的点, 以这些点为分界点, 把定义域分成若干区间;

(3) 在各个区间上判别 $f'(x)$ 的符号, 从而确定 $f(x)$ 的单调性.

利用函数的单调性可以证明一些不等式.

例 4.3 证明: 当 $x>0$ 时, $\sin x > x-\dfrac{x^3}{3!}$.

证 令 $f(x)=\sin x - x+\dfrac{x^3}{3!}$, $f(x)$ 在 $[0,+\infty)$ 上连续, 且 $f(0)=0$.

当 $x>0$ 时, $f'(x)=\cos x-1+\dfrac{x^2}{2}$, 显然 $f'(0)=0$. 当 $x\geqslant 0$ 时, $f'(x)$ 连续.

又由于当 $x>0$ 时, $f''(x)=-\sin x+x>0$, 故 $f'(x)$ 在区间 $[0,+\infty)$ 上单调增加. 于是, 当 $x>0$ 时, $f'(x)>f'(0)=0$. 且 $f(x)$ 在区间 $[0,+\infty)$ 上连续.

所以 $f(x)$ 在区间 $[0,+\infty)$ 上单调增加, 且当 $x>0$ 时, $f(x)>f(0)=0$, 即 $\sin x>x-\dfrac{x^3}{3!}$.

注意: 利用函数的单调性证明不等式是常用的方法. 一般先将要证的不等式恒等变形, 从而构造适当的辅助函数, 并证明其单调性即可.

例 4.4 证明函数 $f(x)=\left(1+\dfrac{1}{x}\right)^x$ 在 $(0,+\infty)$ 内单调增加, 并由此得出, 当 $x>0$ 时, $f(x)<\mathrm{e}$.

证 由于

$$\begin{aligned}f'(x)&=\left(1+\frac{1}{x}\right)^x\left[x\ln\left(1+\frac{1}{x}\right)\right]'\\&=\left(1+\frac{1}{x}\right)^x\left[\ln\left(1+\frac{1}{x}\right)-\frac{1}{x+1}\right],\end{aligned}$$

令 $\varphi(x)=\ln\left(1+\dfrac{1}{x}\right)-\dfrac{1}{x+1}$, 有

$$\varphi'(x)=\frac{1}{x+1}-\frac{1}{x}+\frac{1}{(x+1)^2}=-\frac{1}{x(x+1)^2}<0\quad(x>0),$$

故 $\varphi(x)$ 在 $(0,+\infty)$ 内单调减少.

又因为 $\lim\limits_{x\to+\infty}\varphi(x)=0$, 所以当 $x>0$ 时, $\varphi(x)>0$, 即 $f'(x)>0$. 故 $f(x)=\left(1+\dfrac{1}{x}\right)^x$ 在 $(0,+\infty)$ 内单调增加. 由于 $\lim\limits_{x\to+\infty}\left(1+\dfrac{1}{x}\right)^x=\mathrm{e}$, 故有

$$\left(1+\frac{1}{x}\right)^x < \mathrm{e}.$$

例 4.5 证明方程 $\cos x + ax = 0$ (其中 $a > 1$) 只有一个实根, 且此实根位于 $\left(-\frac{\pi}{2}, \frac{\pi}{2}\right)$ 内.

证 令 $f(x) = \cos x + ax$, 函数 $f(x)$ 在 $\left[-\frac{\pi}{2}, \frac{\pi}{2}\right]$ 上连续, 且 $f\left(-\frac{\pi}{2}\right) = -\frac{\pi a}{2} < 0$, $f\left(\frac{\pi}{2}\right) = \frac{\pi a}{2} > 0$. 由零点定理, 至少存在一点 $\xi \in \left(-\frac{\pi}{2}, \frac{\pi}{2}\right)$, 使 $f(\xi) = 0$. 故方程 $\cos x + ax = 0$ 在 $\left(-\frac{\pi}{2}, \frac{\pi}{2}\right)$ 内有实根.

利用函数的单调性研究零点个数问题

又对于 $x \in \left[-\frac{\pi}{2}, \frac{\pi}{2}\right]$, 有 $f'(x) = a - \sin x > 0$, 即函数 $f(x)$ 在定义域内单调增加, 其曲线与 x 轴只有一个交点. 因此方程只有唯一实根, 且此根位于 $\left(-\frac{\pi}{2}, \frac{\pi}{2}\right)$ 内.

二、函数的极值及其判定

在讨论函数的单调性时, 注意到函数从单调增加区间到单调减少区间的分界点处是函数在定义区间的某个局部范围内的最大值点; 函数从单调减少区间到单调增加区间的分界点处是函数在定义区间的某个局部范围内的最小值点. 如本节例 4.1 中 $x = \pm 1$ 就是函数 $f(x) = \frac{x}{1+x^2}$ 的单调增、减区间的分界点, 在 $x = -1$ 的某邻域内, 当 x 从 $x = -1$ 的左侧变到右侧时, 函数 $f(x)$ 由单调减少变为单调增加, 因此在 $x = -1$ 的某邻域内任何 $x(x = -1$ 点除外) 都满足 $f(x) > f(-1)$. 同理, 存在 $x = 1$ 的某个邻域, 当 x 从 $x = 1$ 的左侧变到右侧时, 函数 $f(x)$ 由单调增加变为单调减少, 因此在 $x = 1$ 的某邻域内任何 x ($x = 1$ 点除外) 都满足 $f(x) < f(1)$.

下面将研究如何确定函数在局部范围内的最值, 从而确定函数的整体最值.

定义 4.1 设函数 $f(x)$ 在点 x_0 的某邻域 $U(x_0)$ 内有定义, 如果对于去心邻域 $\mathring{U}(x_0)$ 内的任一 x, 有

$$f(x) < f(x_0) \quad (\text{或 } f(x) > f(x_0)),$$

那么就称 $f(x_0)$ 是函数 $f(x)$ 的一个**极大值** (或**极小值**), x_0 称为**极大值点** (或**极小值点**).

极大值和极小值统称为函数的**极值**, 极大值点和极小值点统称为**极值点**.

从极值的定义可以看出, 函数的极值是局部性的概念. 如果 $f(x_0)$ 是 $f(x)$ 的一个极大值, 仅是将 $f(x_0)$ 与 x_0 点附近的函数值 $f(x)$ 相比较而言, 就函数的整个定义域来说, $f(x_0)$ 就不一定是最大值. 极小值也有类似的情况.

函数在定义域上可能有多个极值. 如图 3–10 所示, 在区间 $[a, b]$ 上, 函数有两个极大值 $f(x_1)$, $f(x_4)$, 两个极小值 $f(x_2)$, $f(x_5)$. 就整个区间 $[a, b]$ 来看, 没有一个极小值同时也是最小值, 只有一个极大值 $f(x_4)$ 同时也是最大值. 图中可以看到, 在函数取得极值处, 曲线不一定

具有水平切线, 在 $x = x_2$ 处, 函数取得极小值, 但函数在此点不可导. 另外, 具有水平切线的点不一定就是极值点, 例如图中 $x = x_3$ 处, 曲线上有水平切线, 但 $f(x_3)$ 不是极值.

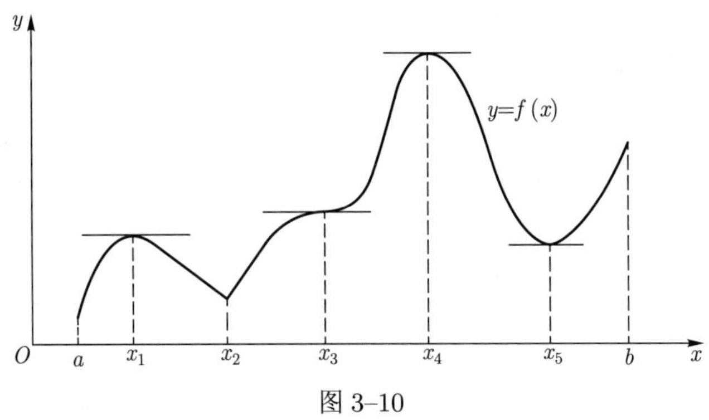

图 3–10

由费马引理可知如果函数 $f(x)$ 在 x_0 处可导且 $f(x)$ 在 x_0 处取得极值, 那么 $f'(x_0) = 0$. 这是可导函数取得极值的必要条件. 导数为零的点称为**驻点**.

反之, 此结论不一定成立, 也就是说函数的驻点不一定是极值点.

例如, $y = x^3$ 的导数 $f'(x) = 3x^2$, $f'(0) = 0$, 因此 $x = 0$ 是函数的驻点, 但是 $x = 0$ 却不是这函数的极值点, 所以函数的驻点只是函数可能的极值点. 另外, 函数不可导的点也可能是极值点, 例如, $y = |x|$, 在 $x = 0$ 处不可导, 但在 $x = 0$ 处取得极小值.

驻点和导数不存在的点统称为极值可疑点.

如何判定函数在驻点或不可导的点处是否取得极值? 如果是的话, 函数在该点取得极大值还是极小值? 下面介绍极值判定的充分条件.

定理 4.2 (极值的第一充分条件) 设函数 $f(x)$ 在 x_0 处连续, 且在 x_0 的某去心邻域 $\mathring{U}(x_0, \delta)$ 内可导,

(1) 如果 $x \in (x_0 - \delta, x_0)$ 时, $f'(x) > 0$, 而 $x \in (x_0, x_0 + \delta)$ 时, $f'(x) < 0$, 那么 $f(x)$ 在 x_0 处取得极大值;

(2) 如果 $x \in (x_0 - \delta, x_0)$ 时, $f'(x) < 0$, 而 $x \in (x_0, x_0 + \delta)$ 时, $f'(x) > 0$, 那么 $f(x)$ 在 x_0 处取得极小值;

(3) 如果 $x \in \mathring{U}(x_0, \delta)$ 时, $f'(x)$ 的符号保持不变, 那么 $f(x)$ 在 x_0 处没有极值.

证 仅证情形 (1), 其他情形类似可证 (见图 3–11 (a) (b) (c) (d)). 就情形 (1) 来说, 由函数单调性的判定, 当 $x \in (x_0 - \delta, x_0)$ 时, $f'(x) > 0$, $f(x)$ 单调增加, 所以当 $x \in (x_0 - \delta, x_0)$ 时, $f(x) < f(x_0)$; 而当 $x \in (x_0, x_0 + \delta)$ 时, $f'(x) < 0$, 函数单调减少, 所以当 $x \in (x_0, x_0 + \delta)$ 时, $f(x) < f(x_0)$. 故 $f(x_0)$ 是极大值 (见图 3–11 (a)).

类似可证情形 (2) (见图 3–11 (b)) 和情形 (3) (见图 3–11 (c) (d)).

注 该定理是充分条件而不是必要条件.

当函数 $f(x)$ 在驻点处的二阶导数存在且不为零时, 也可由下面的第二充分条件来判定 $f(x)$ 在驻点处取得极大值还是极小值.

定理 4.3 (极值的第二充分条件) 设函数 $f(x)$ 在 x_0 处具有二阶导数且 $f'(x_0) = 0$, $f''(x_0) \neq 0$, 那么

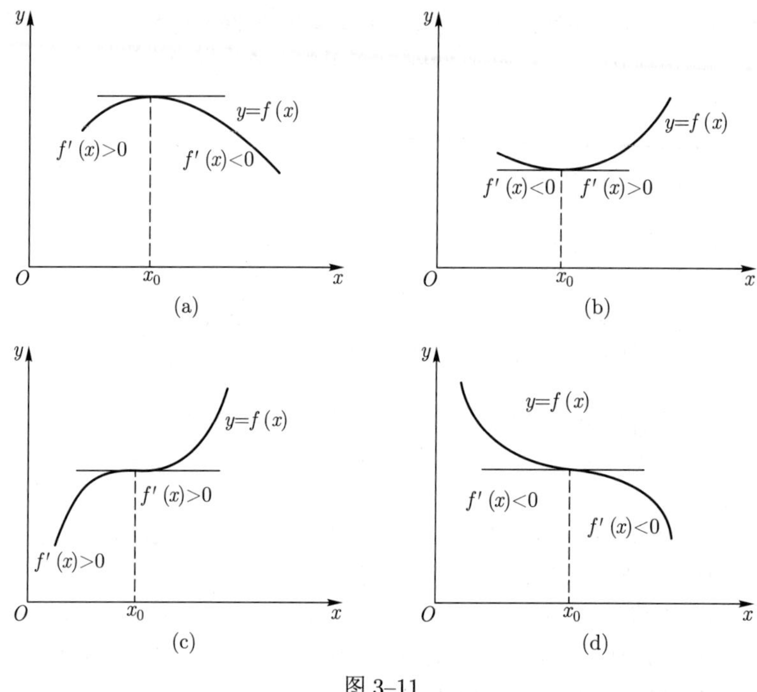

图 3–11

(1) 当 $f''(x_0) < 0$ 时, 函数 $f(x)$ 在 x_0 处取得极大值;

(2) 当 $f''(x_0) > 0$ 时, 函数 $f(x)$ 在 x_0 处取得极小值.

证 对情形 (1), 由于 $f''(x_0) < 0$, 由二阶导数的定义有

$$f''(x_0) = \lim_{x \to x_0} \frac{f'(x) - f'(x_0)}{x - x_0} < 0.$$

根据函数极限的局部保号性, 当 x 在 x_0 的足够小的去心邻域内时,

$$\frac{f'(x) - f'(x_0)}{x - x_0} < 0.$$

但 $f'(x_0) = 0$, 所以上式为 $\dfrac{f'(x)}{x - x_0} < 0$. 从而可知, 对于这去心邻域内的 x 来说, $f'(x)$ 与 $x - x_0$ 符号相反. 因此, 当 $x - x_0 < 0$, 即 $x < x_0$ 时, $f'(x) > 0$; 当 $x - x_0 > 0$, 即 $x > x_0$ 时, $f'(x) < 0$. 于是根据定理 4.2 可知, $f(x)$ 在点 x_0 处取得极大值.

类似地可以证明情形 (2).

定理 4.3 说明, 只要函数 $f(x)$ 在其驻点 x_0 处存在二阶导数且 $f''(x_0) \neq 0$, 就可以断定该驻点一定是极值点, 但当 $f''(x_0) = 0$ 时, x_0 可能是极值点也可能不是极值点.

例如, $y = x^3$ 与 $y = x^4$, 需进一步判定, 一种方法是用一阶导数在驻点左右邻域的符号来判定. 另一种方法是, 若 $f(x)$ 在 x_0 点有更高阶导数, 也可以由下面定理来继续判定.

* **定理 4.4 (极值的第二充分条件的推广)** 设 $f(x)$ 在 x_0 处有 n 阶导数, 并且 $f'(x_0) = f''(x_0) = \cdots = f^{(n-1)}(x_0) = 0$, $f^{(n)}(x_0) \neq 0$, 则

(1) 当 n 是偶数时, $f(x)$ 在 x_0 点取得极值, 并且 $f^{(n)}(x_0)<0$ 时, $f(x_0)$ 是极大值; $f^{(n)}(x_0)>0$ 时, $f(x_0)$ 是极小值.

(2) 当 n 是奇数时, $f(x)$ 在 x_0 点不取极值.

证　因为 $f(x)$ 在 x_0 处有 n 阶导数, 所以 $f(x)$ 在 $x=x_0$ 处可展开为带有佩亚诺型余项的 n 阶泰勒公式

$$f(x)=f(x_0)+f'(x_0)(x-x_0)+\frac{f''(x_0)}{2!}(x-x_0)^2+\cdots+\frac{f^{(n)}(x_0)}{n!}(x-x_0)^n+o((x-x_0)^n),$$

由条件 $f'(x_0)=f''(x_0)=\cdots=f^{(n-1)}(x_0)=0$ 与 $f^{(n)}(x_0)\neq 0$, 从而上式写为

$$f(x)=f(x_0)+\frac{f^{(n)}(x_0)}{n!}(x-x_0)^n+o((x-x_0)^n),$$

即

$$f(x)-f(x_0)=\frac{f^{(n)}(x_0)}{n!}(x-x_0)^n+o((x-x_0)^n).$$

由于 $\lim\limits_{x\to x_0}\dfrac{o((x-x_0)^n)}{(x-x_0)^n}=0$, 故有 $\lim\limits_{x\to x_0}\dfrac{f(x)-f(x_0)}{(x-x_0)^n}=\dfrac{f^{(n)}(x_0)}{n!}$.

当 $f^{(n)}(x_0)\neq 0$ 时, 存在 $\delta>0$, 当 $0<|x-x_0|<\delta$ 时, $\dfrac{f(x)-f(x_0)}{(x-x_0)^n}$ 与 $f^{(n)}(x_0)$ 符号一致.

对于情形 (1), 当 n 是偶数时, $(x-x_0)^n>0(x\neq x_0$ 时$)$, $f(x)-f(x_0)$ 与 $f^{(n)}(x_0)$ 同号. 故当 $0<|x-x_0|<\delta$ 时, 如果 $f^{(n)}(x_0)<0$, $f(x)-f(x_0)<0$, 即 $f(x)<f(x_0)$, 那么 $f(x_0)$ 是极大值. 如果 $f^{(n)}(x_0)>0$, $f(x)-f(x_0)>0$, 即 $f(x)>f(x_0)$, 那么 $f(x_0)$ 是极小值.

对于情形 (2), 当 n 是奇数时, $(x-x_0)^n$ 与 $x-x_0$ 符号相同, 不管 $\dfrac{f(x)-f(x_0)}{(x-x_0)^n}>0$, 还是 $\dfrac{f(x)-f(x_0)}{(x-x_0)^n}<0$, $f(x)-f(x_0)$ 在 $x>x_0$ 时与 $x<x_0$ 时的符号总是相反的. 即在 x_0 附近, $f(x)-f(x_0)$ 不能恒大于零或恒小于零, 故 $f(x)$ 在 x_0 点无极值.

由上面的讨论, 寻找连续函数 $f(x)$ 的极值应按照如下步骤进行:

(1) 求出导数 $f'(x)$.

(2) 求出 $f(x)$ 全部驻点与不可导点.

(3) 考察 $f'(x)$ 在每个驻点或不可导点的左右邻近的符号, 以确定该点是否为极值点; 如果是极值点, 确定是极大值点还是极小值点; 对于驻点也可以继续求出更高阶导数, 直至驻点处高阶导数不为零, 以确定该驻点是否为极值点.

(4) 求出各极值点的函数值, 就得到函数 $f(x)$ 的全部极值.

例 4.6　求函数 $f(x)=x(x-1)^{\frac{2}{3}}$ 的极值.

解 (1) $f(x)=x(x-1)^{\frac{2}{3}}$, 其定义域为 $(-\infty,+\infty)$.

$$f'(x)=(x-1)^{\frac{2}{3}}+\frac{2}{3}x(x-1)^{-\frac{1}{3}}=\frac{5x-3}{3(x-1)^{\frac{1}{3}}}.$$

(2) 令 $f'(x)=0$, 得驻点为 $x_1=\frac{3}{5}$, 且有 $x_2=1$ 是导数不存在的点.

(3) 列表讨论如下.

x	$\left(-\infty,\frac{3}{5}\right)$	$\frac{3}{5}$	$\left(\frac{3}{5},1\right)$	1	$(1,+\infty)$
$f'(x)$	+	0	−	不存在	+
$f(x)$	↗	极大	↘	极小	↗

(4) 函数 $f(x)$ 在 $x=\frac{3}{5}$ 处取得极大值 $\frac{3}{5}\sqrt[3]{\frac{4}{25}}$, 在 $x=1$ 处取得极小值 0.

例 4.7 求 $f(x)=x^3(x-5)^2$ 的极值.

解 $f(x)$ 的定义域是 $(-\infty,+\infty)$.

$$f'(x)=3x^2(x-5)^2+2x^3(x-5)=5x^2(x-5)(x-3),$$

由 $f'(x)=0$, 可得驻点为 $x_1=0$, $x_2=3$, $x_3=5$. 再求二阶导数

$$\begin{aligned}f''(x)&=10x(x-5)(x-3)+5x^2(x-5)+5x^2(x-3)\\&=10x(x-5)(x-3)+10x^2(x-4).\end{aligned}$$

因为 $f''(0)=0$, $f''(3)=-90<0$, $f''(5)=250>0$. 所以 $f(3)=108$ 是极大值, $f(5)=0$ 是极小值. 对于驻点 $x_1=0$, 需进一步判定, 再求三阶导数得

$$f'''(x)=10(x-5)(x-3)+10x(5x-16),$$

$f'''(0)=150\neq 0$, $\quad n=3$ 为奇数, 由定理 4.4, 故 $f(0)$ 不是极值.

三、最大值和最小值问题

在实际工作中, 生产者常常要设计方案, 使产品用料最省、成本最低; 销售者通常考虑如何获得最高利润问题; 工程师希望设计出最佳的运输方案等. 这类问题在数学上有时归结为求某一函数 (通常称为目标函数) 的最大值或最小值问题.

由闭区间上连续函数的性质可知, 如果函数 $f(x)$ 在闭区间 $[a,b]$ 上连续, 那么在该区间上函数一定存在最大值和最小值. 假定函数在 (a,b) 内除有限个点外可导, 且至多有有限个驻点, 如果函数 $f(x)$ 在 (a,b) 内取得最大值 (或最小值), 那么这个最大值 (或最小值) 必是函数

的极大值 (或极小值). 因而对应的极值点一定是驻点或者是导数不存在的点. 但 $f(x)$ 也可能在区间的端点处取得最大值 (或最小值). 因此, 要求函数 $f(x)$ 在 $[a,b]$ 上的最大值和最小值, 只要求出函数在区间 (a,b) 内所有的驻点和导数不存在的点 $x_1, x_2, \cdots, x_n$, 然后比较函数值

$$f(a),\quad f(x_1),\quad f(x_2),\quad \cdots, f(x_n),\quad f(b)$$

的大小, 其中最大者就是最大值, 最小者就是最小值.

例 4.8　求函数 $f(x)=x^4-8x^2+2$ 在闭区间 $[-1,3]$ 上的最大值和最小值.

解　函数 $f(x)$ 在 $[-1,3]$ 上连续, 因此在 $[-1,3]$ 上 $f(x)$ 必取得最大值和最小值,

$$f'(x)=4x^3-16x=4x(x-2)(x+2),$$

$f(x)$ 有三个驻点, $x_1=-2$, $x_2=0$, $x_3=2$. 其中 $x_1=-2$ 不在区间 $[-1,3]$ 上.

因为 $f(0)=2$, $f(2)=-14$, $f(-1)=-5$, $f(3)=11$, 比较之后, 可知 $f(x)$ 在 $[-1,3]$ 上的最大值为 $f(3)=11$, 最小值为 $f(2)=-14$.

例 4.9　求 $f(x)=(x-1)\sqrt[3]{x^2}$ 在 $\left[-1,\dfrac{1}{2}\right]$ 上的最大值和最小值.

解　由于

$$f'(x)=x^{\frac{2}{3}}+\frac{2}{3}(x-1)x^{-\frac{1}{3}}=\frac{5x-2}{3x^{\frac{1}{3}}},$$

令 $f'(x)=0$, 解得 $x=\dfrac{2}{5}$, 在 $x=0$ 处 $f'(x)$ 不存在, 所以 $f'(x)$ 可能的极值点为 $x=\dfrac{2}{5}$, $x=0$. 由于 $f(0)=0$, $f\left(\dfrac{2}{5}\right)=-\dfrac{3}{5}\cdot\sqrt[3]{\dfrac{4}{25}}$, $f(-1)=-2$, $f\left(\dfrac{1}{2}\right)=-\dfrac{1}{4}\cdot\sqrt[3]{2}$. 比较上述值的大小, 可知函数 $f(x)$ 在 $x=0$ 取最大值, $f_{最大}(0)=0$, $f(x)$ 在 $x=-1$ 取最小值, $f_{最小}(-1)=-2$.

在求函数的最大值 (或最小值) 时, 特别值得指出的是下列情形:

$f(x)$ 在一个区间 (有限或无限, 开或闭) 内可导且只有一个驻点 x_0, 并且这个驻点 x_0 是函数 $f(x)$ 的极值点. 那么, 当 $f(x_0)$ 是极大值时, $f(x_0)$ 就是 $f(x)$ 在该区间上的最大值. 当 $f(x_0)$ 是极小值时, $f(x_0)$ 就是 $f(x)$ 在该区间上的最小值. 见图 3–12.

在应用问题中常常遇到这样的情形.

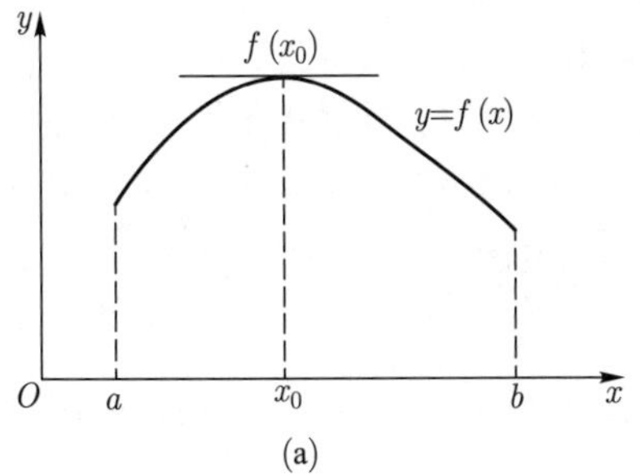

(a)

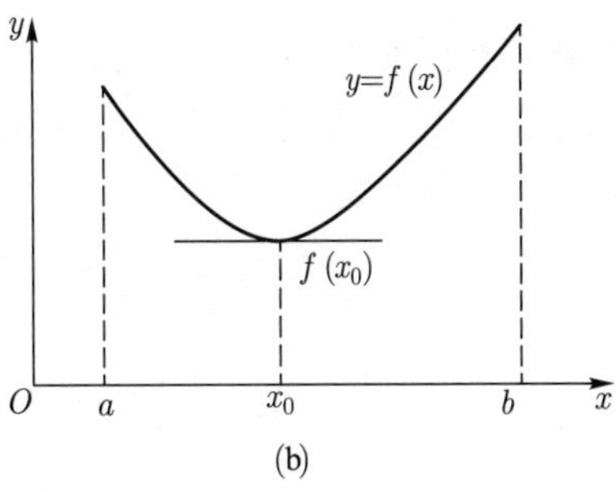

(b)

图 3–12

例 4.10 要制造一个容积为 50 m^3 的圆柱形锅炉, 问锅炉的底面半径 r 和高 h 应取多少时用料最省?

解 设锅炉的表面积为 S m^2, 则

$$S = 2\pi r^2 + 2\pi rh, r > 0, h > 0,$$

且 $\pi r^2 h = 50$. 将 $h = \dfrac{50}{\pi r^2}$ 代入 S 中得

$$S = 2\pi r^2 + \frac{100}{r}.$$

求导数 $\dfrac{\mathrm{d}S}{\mathrm{d}r} = 4\pi r - \dfrac{100}{r^2}$, 由 $\dfrac{\mathrm{d}S}{\mathrm{d}r} = 0$ 得出唯一驻点

$$r = \sqrt[3]{\frac{25}{\pi}}.$$

由于 $\dfrac{\mathrm{d}^2S}{\mathrm{d}r^2} = 4\pi + \dfrac{200}{r^3} > 0$, 当 $r = \sqrt[3]{\dfrac{25}{\pi}}$ 时, S 取得极小值同时也是最小值. 此时, $h = \dfrac{50}{\pi r^2} = \dfrac{50}{\pi r^3} r = 2\sqrt[3]{\dfrac{25}{\pi}} = 2r$. 故当 $r = \sqrt[3]{\dfrac{25}{\pi}}$, $h = 2r$ 时用料最省.

例 4.11 把一根直径为 d 的圆木锯成截面为矩形的梁 (图 3–13), 问矩形截面的高 h 和宽 b 应如何选择才能使梁的抗弯截面模量最大?

解 由力学分析知道, 矩形梁的抗弯截面模量为

$$W = \frac{1}{6}bh^2,$$

由图 3–13 看出 b 与 h 有下面的关系

$$h^2 = d^2 - b^2,$$

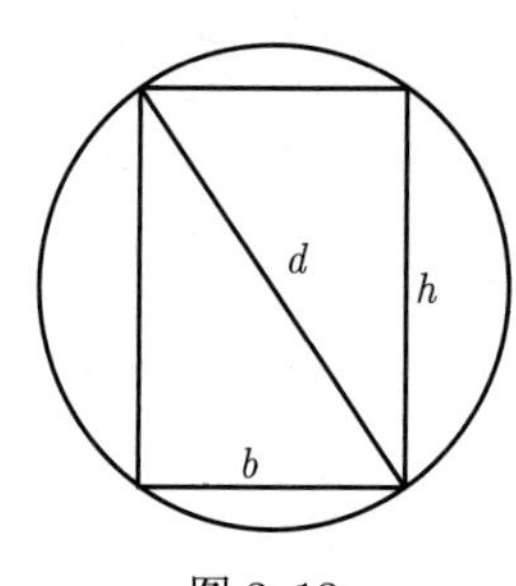

图 3–13

因而

$$W = \frac{1}{6}(d^2 b - b^3).$$

这样, W 与 b 就存在函数关系, b 的取值范围是 $(0, d)$.

现在的问题就转化为, b 等于多少时目标函数 $W = W(b)$ 取最大值?

下面求 W 对 b 的导数

$$W' = \frac{1}{6}(d^2 - 3b^2),$$

令 $W' = 0$, 解得 $b = \sqrt{\dfrac{1}{3}}d$. 由于梁的最大抗弯截面模量一定存在, 而且在 $(0, d)$ 内部取到. 而 $W' = 0$ 在 $(0, d)$ 内只有一个根 $b = \sqrt{\dfrac{1}{3}}d$. 所以, 当 $b = \sqrt{\dfrac{1}{3}}d$ 时, W 的值最大. 这时有

$$h^2 = d^2 - b^2 = d^2 - \frac{1}{3}d^2 = \frac{2}{3}d^2,$$

即
$$h = \sqrt{\frac{2}{3}}d,$$

$$d : h : b = \sqrt{3} : \sqrt{2} : 1.$$

例 4.12 (光的反射问题) 若光线从 A 射到平面镜 OB 上的某一点, 然后再反射到点 C. 试证光线所走的路径是从 A 到 OB 上的点 M 再到 C 的所有折线中长度最短的 (图 3–14).

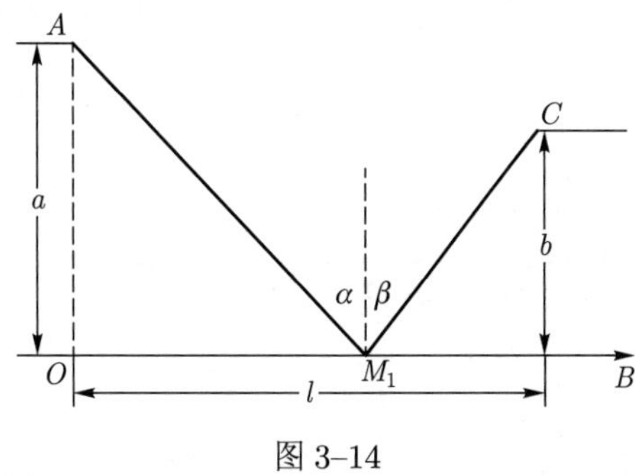

图 3–14

解 在 OB 上任取一点 M, 令 $OM = x$, 由 A 经 M 到 C 折线之长为

$$d = |AM| + |MC| = \sqrt{a^2 + x^2} + \sqrt{b^2 + (l - x)^2}.$$

求出

$$d' = \frac{x}{\sqrt{a^2 + x^2}} - \frac{l - x}{\sqrt{b^2 + (l - x)^2}}.$$

令 $d' = 0$ 得

$$\frac{x^2}{a^2 + x^2} = \frac{(l - x)^2}{b^2 + (l - x)^2} \quad (0 < x < l),$$

化简得 $bx = a(l - x)$, 所以 $x_0 = \dfrac{al}{a + b}$ 是唯一驻点. 由于该实际问题存在最小值, 因此, x_0 就是最小值点.

设 $OM_0 = x_0$, 即 A 经 M_0 到 C 的折线是 A 经 M 到 C 的折线中长度最短的一条. 另一方面, 若光线从 A 射到点 M_1 再反射到点 C, 根据光的反射定律, 入射角 α 等于反射角 β, 可得 $\tan\alpha = \tan\beta$, 即

$$\frac{l - OM_1}{b} = \frac{OM_1}{a},$$

于是

$$OM_1 = \frac{al}{a + b} = x_0,$$

即入射点 M_1 离 O 点距离为 $\dfrac{al}{a+b}$, 所以 M_0 与 M_1 重合, 光线所走的折线路径是长度最短的.

* **例 4.13** 分针和时针在零点重合后, 两针针尖间的距离逐渐由小变大, 再由大变小, 经过 $\dfrac{12}{11}$ h 后再次重合. 设时针和分针分别长 a 与 $2a$, 问两针尖相离的速度何时达到最大?

解 由题意知时针的角速度为 $\omega_1=\dfrac{\pi}{6}$, 分针的角速度为 $\omega_2=2\pi$, 所以在 $t\in\left[0,\dfrac{6}{11}\right]$ 时刻, 时针与分针分别转动的角度为 $\alpha=\dfrac{\pi}{6}t$ 和 $\beta=2\pi t$. 此时, 时针和分针两针尖的位置分别为 $A\left(a\sin\dfrac{\pi}{6}t,a\cos\dfrac{\pi}{6}t\right)$ 和 $B(2a\sin 2\pi t,2a\cos 2\pi t)$. 故 A, B 之间的距离为

$$\begin{aligned}s&=\sqrt{\left(2a\sin 2\pi t-a\sin\frac{\pi}{6}t\right)^2+\left(2a\cos 2\pi t-a\cos\frac{\pi}{6}t\right)^2}\\&=a\sqrt{5-4\cos\frac{11\pi}{6}t},\quad t\in\left[0,\ \frac{6}{11}\right].\end{aligned}$$

两针尖分离的速度为

$$v=s'=\frac{11\pi a}{3}\frac{\sin\dfrac{11\pi}{6}t}{\sqrt{5-4\cos\dfrac{11\pi}{6}t}},\quad t\in\left[0,\ \frac{6}{11}\right].$$

求速度 v 对时间 t 的导数为

$$v'=-\frac{121\pi^2a}{18}\frac{2\left(\cos\dfrac{11\pi}{6}t\right)^2-5\cos\dfrac{11\pi}{6}t+2}{\left(\sqrt{5-4\cos\dfrac{11\pi}{6}t}\right)^3},\quad t\in\left[0,\ \frac{6}{11}\right].$$

令 $v'=0$, 解得驻点 $t=\dfrac{2}{11}$ (其他驻点不符合题意舍去), 即在 $\dfrac{2}{11}$ h 后两针尖分离的速度最大.

习题 3–4

(A)

1. 单项选择题.

(1) 关于函数 $f(x)=\mathrm{e}^{\frac{-2}{x-1}}$ 的极值问题的结论是 ( );

(A) $f(x)$ 无极值

(B) 当 $x\to 1^+$ 时, $f(x)$ 有极小值 0

(C) 当 $x \to +\infty$ 时, $f(x)$ 有极大值 1

(D) 当 $x \to -\infty$ 时, $f(x)$ 有极小值 1

(2) 设 $f(x)$ 和 $g(x)$ 都在 $x = a$ 处取得极大值, $F(x) = f(x)g(x)$, 则 $F(x)$ 在 $x = a$ 处 (　　);

(A) 也必取得极大值　　(B) 必取得极小值

(C) 无极值　　(D) 是否取得极值不确定

(3) 设 $f(x)$ 在 $x = 0$ 的某邻域内连续, 且 $f(0) = 0$, $\lim\limits_{x \to 0} \dfrac{f(x)}{1 - \cos x} = 2$, 则点 $x = 0$ (　　);

(A) 是 $f(x)$ 的极大值点　　(B) 是 $f(x)$ 的极小值点

(C) 不是 $f(x)$ 的驻点　　(D) 是 $f(x)$ 的驻点但不是极值点

(4) 设 $\lim\limits_{x \to a} \dfrac{f(x) - f(a)}{(x - a)^2} = -1$, 则点 $x = a$ (　　);

(A) 是 $f(x)$ 的极大值点　　(B) 是 $f(x)$ 的极小值点

(C) 不是 $f(x)$ 的驻点　　(D) 是 $f(x)$ 的驻点但不是极值点

(5) 设 $f(x)$ 和 $g(x)$ 是恒大于零的可导函数, 且 $f'(x)g(x) - f(x)g'(x) < 0$, 则当 $a < x < b$ 时, 有 (　　);

(A) $f(x)g(b) > f(b)g(x)$　　(B) $f(x)g(a) > f(a)g(x)$

(C) $f(x)g(x) > f(b)g(b)$　　(D) $f(x)g(x) > f(a)g(a)$

(6) 函数 $f(x)$ 在 $(-\infty, +\infty)$ 内有定义, $x_0 \neq 0$ 是函数 $f(x)$ 的极大值点, 则 (　　);

(A) x_0 必是 $f(x)$ 的驻点　　(B) $-x_0$ 必是 $-f(-x)$ 的极小值点

(C) $-x_0$ 必是 $-f(-x)$ 的极大值点　　(D) 对一切 x 都有 $f(x) \leqslant f(x_0)$

(7) 设 $f(x) = x \sin x + \cos x$, 下列命题正确的是 (　　).

(A) $f(0)$ 是极大值, $f\left(\dfrac{\pi}{2}\right)$ 是极小值

(B) $f(0)$ 是极小值, $f\left(\dfrac{\pi}{2}\right)$ 是极大值

(C) $f(0)$ 是极大值, $f\left(\dfrac{\pi}{2}\right)$ 也是极大值

(D) $f(0)$ 是极小值, $f\left(\dfrac{\pi}{2}\right)$ 也是极小值

2. 确定下列函数的单调区间.

(1) $y = 3x - x^3$;　　(2) $y = \dfrac{\sqrt{x}}{x + 100}\quad (x \geqslant 0)$;

(3) $y = \dfrac{2x}{1 + x^2}$;　　(4) $y = x + |\sin 2x|$;

(5) $y = \dfrac{(x - 3)^2}{4(x - 1)}$;　　(6) $y = \dfrac{x^2}{2^x}$;

(7) $y = x^n \mathrm{e}^{-x}\quad (n > 0, x \geqslant 0)$;　　(8) $y = \sqrt[3]{(2x - a)(a - x)^2}\quad (a > 0)$.

3. 求下列函数的极值.

(1) $y = x^4 - 2x^2 + 5$;　　(2) $y = \dfrac{x^2(x - 2)}{(x + 1)^2}$;

(3) $y = \left|x(3 - x^2)\right|$;　　(4) $y = \mathrm{e}^x \sin x$;

(5) $y = x^2 - \dfrac{54}{x}$;　　(6) $y = \arctan x - \dfrac{1}{2}\ln(1 + x^2)$.

4. 证明下列不等式.

(1) 当 $x>0$ 时, $\mathrm{e}^x-1<x\mathrm{e}^x$;

(2) 当 $x>0$ 时, $\sin x+\cos x>1+x-x^2$;

(3) 当 $0<x<\dfrac{\pi}{2}$ 时, $\tan x>x+\dfrac{1}{3}x^3$;

(4) 当 $x>4$ 时, $2^x>x^2$;

(5) 当 $x>0$ 时, $\ln(1+x)>\dfrac{\arctan x}{1+x}$;

(6) 当 $x>0$ 时, $1+x\ln(x+\sqrt{1+x^2})>\sqrt{1+x^2}$.

5. 求下列函数的最大值和最小值.

(1) $y=x^2-4x+6,\ -3\leqslant x\leqslant 10$; (2) $y=\dfrac{x}{x^2+1},\ x\geqslant 0$;

(3) $y=|x^2-3x+2|,\ -10\leqslant x\leqslant 10$; (4) $y=x+\sqrt{1-x},\ -5\leqslant x\leqslant 1$.

6. 讨论方程 $x^3-6x^2+9x-10=0$ 的实根的数目, 并确定这些根所在的范围.

7. 讨论方程 $\ln x=ax$ (其中 $a>0$) 有几个实根.

8. 证明方程 $\mathrm{e}^x=x+1$ 只有一个实根.

9. 设 a,b 适合 $3a^2<5b$, 讨论方程 $x^5+2ax^3+3bx+4c=0$ 存在几个实根.

10. 求 $f(x)=x^2\sqrt{b^2-x^2}(0\leqslant x\leqslant b)$ 的最大值和最小值.

11. 研究函数 $y=\left(1+x+\dfrac{x^2}{2!}+\dfrac{x^3}{3!}+\cdots+\dfrac{x^n}{n!}\right)\mathrm{e}^{-x}$ 的极值 (n 为自然数).

12. 求椭圆 $\dfrac{x^2}{a^2}+\dfrac{y^2}{b^2}=1$ 的内接矩形中面积最大的矩形的面积.

13. 在第一象限内作曲线 $4x^2+y^2=1$ 的切线, 使其与两坐标轴所围成的三角形面积最小. 求切点坐标.

14. 要做一个圆锥形漏斗, 其母线长 20 cm, 要使其体积最大, 其高应为多少?

15. 将半径为 R 的圆铁片上剪去一个扇形做成一个漏斗 (图 3–15), 问留下的扇形的中心角 φ 取多大时, 做成的漏斗的容积最大?

16. 设有质量为 5 kg 的物体, 置于水平面上受力 $\boldsymbol{F}$ 的作用而开始移动 (图 3–16), 设摩擦系数 $\mu=0.25$. 问力 $\boldsymbol{F}$ 与水平线的夹角 α 为多少时, 才可使力 $\boldsymbol{F}$ 为最小?

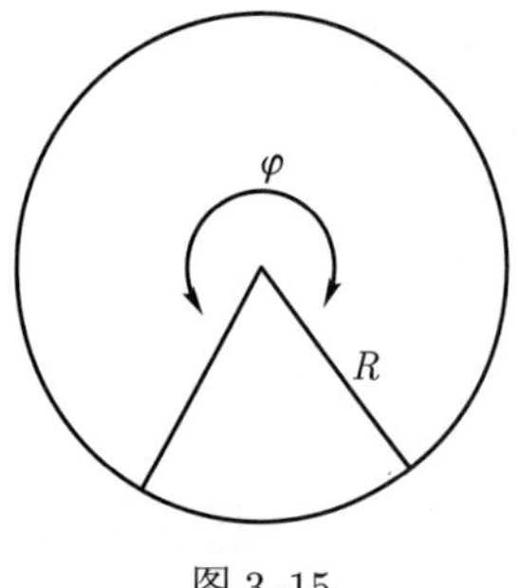

图 3–15

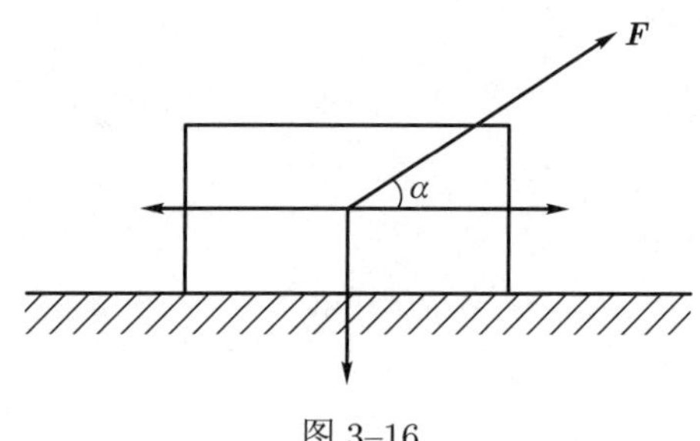

图 3–16

(B)

17. 求函数 $y=(x-5)^2\sqrt[3]{(x+1)^2}$ 的单调区间.
18. 求函数 $f(x)=|x|\,\mathrm{e}^{-|x-1|}$ 的极值.
19. 当 $0<x<1$ 时, 证明: $\mathrm{e}^{-x}+\sin x<1+\dfrac{x^2}{2}$.
20. 证明函数 $f(x)=\begin{cases}\mathrm{e}^{-\frac{1}{|x|}}\left(2+\sin\dfrac{1}{x}\right), & x\neq 0,\\ 0, & x=0\end{cases}$ 在 $x=0$ 处连续, 并且只有一个极值点.
21. 设 p,q 都是大于 1 的常数, 且 $\dfrac{1}{p}+\dfrac{1}{q}=1$, 证明: 对 $x>0$, 有 $\dfrac{1}{p}x^p+\dfrac{1}{q}\geqslant x$.
22. 试证: 当 $x>0$ 时, $(x^2-1)\ln x\geqslant(x-1)^2$.

第五节　曲线的凹凸性与拐点

在前面讨论的函数单调性的判定法有助于了解函数的性态和描绘函数的图形. 函数的单调性反映在图形上, 就是曲线的上升与下降, 但仅此还不能够准确地反映函数图形的主要特征. 例如, 函数 $y=x^2$ 和 $y=\sqrt{x}$ 在 $[0,x]$ 上单调上升 (如图 3–17 所示), 但两者的图形有着明显的差别. 体现在曲线的弯曲方向不同, 这种差别就是函数曲线的凹凸性.

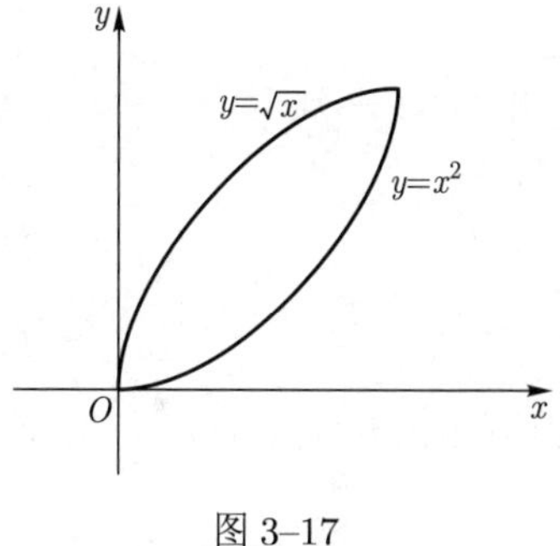

图 3–17

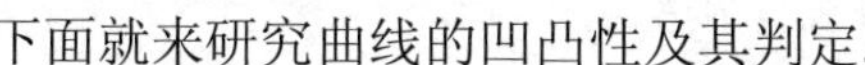

下面就来研究曲线的凹凸性及其判定.

首先从图形上可以看到, 在有的曲线弧上, 如果任取两点, 那么连接这两点的弦总位于这两点的曲线的上方 (如图 3–18(a) 所示), 而有的曲线则恰好相反 (如图 3–18(b) 所示). 曲线的这种性质就是曲线的凹凸性.

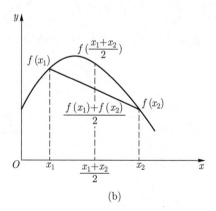

下面给出凹凸性的定义.

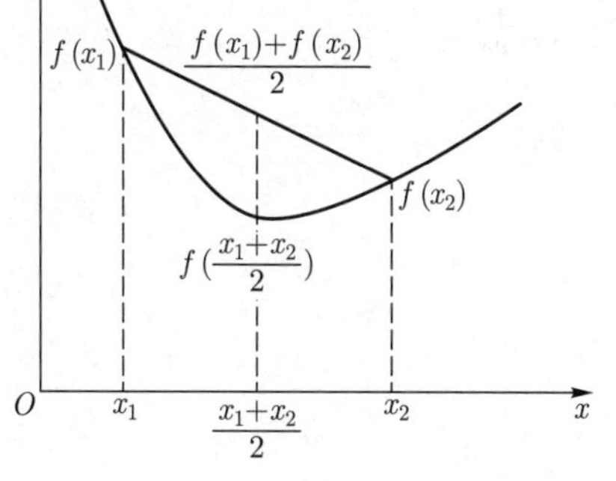

(a)

(b)

图 3–18

定义 5.1 设 $f(x)$ 在区间 I 上连续. 如果对 I 上任意两点 x_1, x_2, 恒有

$$f\left(\frac{x_1+x_2}{2}\right) < \frac{f(x_1)+f(x_2)}{2},$$

那么称曲线 $y=f(x)$ 在 I 上是**凹的** (**或凹弧**); 如果恒有

$$f\left(\frac{x_1+x_2}{2}\right) > \frac{f(x_1)+f(x_2)}{2},$$

那么称曲线 $y=f(x)$ 在 I 上是**凸的** (**或凸弧**).

如果函数 $f(x)$ 在 I 内具有二阶导数, 那么可以利用二阶导数的符号来判定曲线的凹凸性, 这就是下面的曲线凹凸性的判定定理. 仅就 I 为闭区间的情形来叙述定理, 当 I 不是闭区间时, 定理类同.

定理 5.1 若函数 $y=f(x)$ 在 $[a,b]$ 上连续, 在 (a,b) 内具有二阶导数, 那么

(1) 若 $\forall x\in(a,b)$ 有 $f''(x)>0$, 则曲线 $y=f(x)$ 在 $[a,b]$ 上是凹的;

(2) 若 $\forall x\in(a,b)$ 有 $f''(x)<0$, 则曲线 $y=f(x)$ 在 $[a,b]$ 上是凸的.

利用泰勒公式证明凹凸判别法

证 对于情形 (1), 设 x_1 和 x_2 为 $[a,b]$ 内任意两点, 且 $x_1<x_2$, 记 $\dfrac{x_1+x_2}{2}=x_0$, 并记 $x_2-x_0=x_0-x_1=h$, 则 $x_1=x_0-h$, $x_2=x_0+h$, 由拉格朗日中值公式, 得

$$f(x_0+h)-f(x_0)=f'(x_0+\theta_1 h)h,$$

$$f(x_0)-f(x_0-h)=f'(x_0-\theta_2 h)h,$$

其中 $0<\theta_1<1$, $0<\theta_2<1$. 两式相减, 即得

$$f(x_0+h)+f(x_0-h)-2f(x_0)=[f'(x_0+\theta_1 h)-f'(x_0-\theta_2 h)]h.$$

对 $f'(x)$ 在区间 $[x_0-\theta_2 h, x_0+\theta_1 h]$ 上再次利用拉格朗日中值公式, 得

$$[f'(x_0+\theta_1 h)-f'(x_0-\theta_2 h)]h=f''(\xi)(\theta_1+\theta_2)h^2,$$

其中 $x_0-\theta_2 h<\xi<x_0+\theta_1 h$. 对于情形 (1), $f''(\xi)>0$, 故有

$$f(x_0+h)+f(x_0-h)-2f(x_0)>0,$$

即

$$\frac{f(x_0+h)+f(x_0-h)}{2}>f(x_0),$$

亦即

$$\frac{f(x_1)+f(x_2)}{2}>f\left(\frac{x_1+x_2}{2}\right),$$

所以曲线 $y=f(x)$ 在 $[a,b]$ 上是凹的.

类似地可以证明情形 (2).

由定理 5.1 可知, 如果在 (a,b) 内, $f''(x)>0$, 那么 $f'(x)$ 在 (a,b) 上是单调增加的. 由导数的几何意义可知, 连续曲线 $y=f(x)$ 的切线的斜率随着 x 的增大而增大. 反之亦然. 因此, 对于具有连续的一阶导数 $f'(x)$ 的函数 $f(x)$ 来说, 如果曲线 $y=f(x)$ 的切线的斜率 $f'(x)$ 是单调增加的, 那么曲线 $y=f(x)$ 必是凹的. 同理, 如果曲线 $y=f(x)$ 的切线的斜率 $f'(x)$ 是单调减少的, 那么曲线 $y=f(x)$ 必是凸的.

例 5.1　讨论曲线 $y=\ln(1+x^2)$ 的凹凸性.

解　函数 $y=\ln(1+x^2)$ 的定义域是 $(-\infty,+\infty)$, 求一阶与二阶导数得

$$y'=\frac{2x}{1+x^2},y''=\frac{2(1-x^2)}{(1+x^2)^2},$$

当 $|x|<1$ 时, $y''>0$, 所以曲线 $y=\ln(1+x^2)$ 在 $(-1,1)$ 上是凹的; 当 $|x|>1$ 时, $y''<0$, 曲线 $y=\ln(1+x^2)$ 在 $(-\infty,-1)\cup(1,+\infty)$ 上是凸的.

可以看出, 点 $(-1,\ln 2)$ 和 $(1,\ln 2)$ 是曲线凹凸性发生变化的分界点.

例 5.2　求曲线 $f(x)=(x-1)^{\frac{1}{3}}$ 的凹凸区间.

解　函数 $f(x)=(x-1)^{\frac{1}{3}}$ 在定义区间 $(-\infty,+\infty)$ 内连续, 当 $x\neq 1$ 时,

$$f'(x)=\frac{1}{3\sqrt[3]{(x-1)^2}},f''(x)=-\frac{2}{9(x-1)\sqrt[3]{(x-1)^2}},$$

所以, 当 $x<1$ 时, $f''(x)>0$, 曲线 $y=f(x)$ 在 $(-\infty,1)$ 上为凹的; 当 $x>1$ 时, $f''(x)<0$, 曲线 $y=f(x)$ 在 $(1,+\infty)$ 上为凸的. 显然, $x=1$ 是 $f''(x)$ 不存在的点, 且点 $(1,0)$ 是曲线 $f(x)$ 上由凹变凸的分界点.

可见, 可以将满足 $f''(x)=0$ 和 $f''(x)$ 不存在的点 x 作为曲线的凹凸区间的分界点的可疑点.

一般地, 设 $y=f(x)$ 在区间 I 上连续, x_0 是 I 的内点 (区间 I 的内点是指除端点之外的 I 内的点). 如果曲线 $y=f(x)$ 在经过点 $(x_0,f(x_0))$ 时, 曲线的凹凸性改变了, 那么就称点 $(x_0,f(x_0))$ 为曲线的**拐点**.

注意: 曲线的拐点, 是该曲线上一点, 它的坐标是用平面有序数组 $(x,f(x))$ 来表示的, 与极值点的坐标仅用一个数来表示的方法是不同的.

如何来寻找曲线的拐点呢?

由上面的讨论可知, 由 $f''(x)$ 的符号可以判定曲线的凹凸性. 因此, 只要找出使 $f''(x)$ 符号发生变化的分界点即可. 如果 $f(x)$ 在区间 (a,b) 内具有二阶连续导数, 那么在这样的分界点处必然有 $f''(x)=0$.

此外, $f(x)$ 二阶导数不存在的点, 也有可能是 $f''(x)$ 的符号发生变化的分界点.

例如, 对于函数 $y=\sqrt[3]{x}$, 由于 $y''=-\dfrac{2}{9}x^{-\frac{5}{3}}$, 于是不难验证, 曲线 $y=\sqrt[3]{x}$ 在 $(0,+\infty)$ 内是凸的, 曲线 $y=\sqrt[3]{x}$ 在 $(-\infty,0)$ 内是凹的. 又 $y=\sqrt[3]{x}$ 在 $x=0$ 处连续, 所以 $(0,0)$ 是 $y=\sqrt[3]{x}$ 的拐点, 但 $x=0$ 是 y'' 不存在的点.

综合以上分析, 可以按照下列步骤来判定函数在定义域上的曲线的凹凸性及求出曲线的拐点.

(1) 求 $f''(x)$;

(2) 令 $f''(x)=0$, 求出使 $f''(x)=0$ 和 $f''(x)$ 不存在的点 x;

(3) 用这些点把定义域分成若干小区间, 讨论 $f''(x)$ 的符号, 判定曲线 $y=f(x)$ 在小区间的凹凸性, 考察 $f''(x)$ 在 x 两侧近旁是否变号, 如果 $f''(x)$ 变号, 那么点 $(x,f(x))$ 是曲线 $y=f(x)$ 的拐点.

注意: 在求曲线的拐点时, $f''(x_0)=0$ 只是曲线 $y=f(x)$ 在点 $P(x_0,f(x_0))$ 处取得拐点的必要条件, 例如, 函数 $y=x^4, y''|_{x=0}=0$, 但是 $(0,0)$ 并非是 $y=x^4$ 的拐点.

例 5.3 求曲线 $f(x)=x^4-4x^3+2x-5$ 的凹凸区间及拐点.

解 (1) 函数的定义域为 $(-\infty,+\infty)$;

(2) $f'(x)=4x^3-12x^2+2$, $f''(x)=12x^2-24x=12x(x-2)$.

令 $f''(x)=0$, 得 $x_1=0, x_2=2$.

列表考察 $f''(x)$ 的符号如下.

x	$(-\infty,0)$	0	$(0,2)$	2	$(2,+\infty)$
$f''(x)$	+	0	−	0	+
曲线 $y=f(x)$	凹	拐点	凸	拐点	凹

由列表讨论可知, 曲线 $y=f(x)$ 在 $(-\infty,0)$ 与 $(2,+\infty)$ 内是凹的. 在 $(0,2)$ 内是凸的, 曲线 $y=f(x)$ 的拐点为 $(0,-5)$, $(2,-17)$.

例 5.4 问曲线 $y=x^4$ 是否有拐点?

解 $y'=4x^3, y''=12x^2$. 显然, 只有 $x=0$ 是 $y''=0$ 的根. 但当 $x\neq 0$ 时, 无论 $x<0$ 或 $x>0$, 都有 $y''>0$, 因此点 $(0,0)$ 不是曲线的拐点, 曲线 $y=x^4$ 没有拐点, 曲线在区间 $(-\infty,+\infty)$ 内是凹的.

习题 3–5

(A)

1. 单项选择题.

(1) 曲线 $y=x^3-6x+5$ 在区间 $[0,1]$ 内的特性是 (　　);

(A) 单调上升, 曲线是凹的　　(B) 单调上升, 曲线是凸的

(C) 单调下降, 曲线是凹的　　(D) 单调下降, 曲线是凸的

(2) 曲线 $y=3x^5-10x^3-360x$ 的拐点有 (　　) 个;

(A) 1　　(B) 2　　(C) 3　　(D) 0

(3) 设 $f(x)$ 有连续的二阶导数, 且 $f'(0)=0$, $\lim\limits_{x\to 0}\dfrac{f''(x)}{|x|}=1$, 则 (　　);

(A) $f(0)$ 是 $f(x)$ 的极大值　　(B) $f(0)$ 是 $f(x)$ 的极小值

(C) $(0,f(0))$ 是曲线 $y=f(x)$ 的拐点　　(D) 以上都不对

(4) 设 $f(x)$ 的导数在 $x=a$ 处连续, 又 $\lim\limits_{x\to a}\dfrac{f'(x)}{x-a}=-1$, 则 (　　).

(A) $x=a$ 是 $f(x)$ 的极小值点

(B) $x=a$ 是 $f(x)$ 的极大值点

(C) $(a,f(a))$ 是曲线 $y=f(x)$ 的拐点

(D) $x=a$ 不是曲线 $y=f(x)$ 的极值点, $(a,f(a))$ 也不是曲线 $y=f(x)$ 的拐点

2. 求下列函数图形的凹凸区间及拐点.

(1) $y=3x^2-x^3$;　(2) $y=\dfrac{a^2}{a^2+x^2}\quad(a>0)$;

(3) $y=x+x^{\frac{5}{3}}$;　(4) $y=x+\sin x$;

(5) $y=\ln(1+x^2)$;　(6) $y=x\sin(\ln x)\quad(x>0)$.

3. 证明: 曲线 $y=\dfrac{x-1}{x^2+1}$ 有三个拐点位于同一直线上.

4. 讨论摆线 $x=a(t-\sin t)$, $y=a(1-\cos t)(a>0)$ 的凹凸性.

5. 证明: 曲线 $y=x^n(n>1)$, $y=\mathrm{e}^x$, $y=x\ln x$ 在区间 $(0,+\infty)$ 上是凹的; 曲线 $y=x^n\ (0<n<1)$, $y=\ln x$ 在区间 $(0,+\infty)$ 上是凸的.

6. 试确定曲线 $y=ax^3+bx^2+cx+d$ 中的 a,b,c,d, 使得曲线在 $x=-2$ 处有水平切线, $(1,-10)$ 为拐点, 且点 $(-2,44)$ 在曲线上.

7. 利用曲线的凹凸性, 证明下列不等式, 并解释其几何意义.

(1) $\dfrac{1}{2}(x^n+y^n)>\left(\dfrac{x+y}{2}\right)^n\quad(x>0,y>0,x\neq y,n>1)$;

(2) $\dfrac{\mathrm{e}^x+\mathrm{e}^y}{2}>\mathrm{e}^{\frac{x+y}{2}}\quad(x\neq y)$;

(3) $x\ln x+y\ln y>(x+y)\ln\dfrac{x+y}{2}\quad(x>0,y>0,x\neq y)$.

(B)

8. 求函数 $y=x^4(12\ln x-7)$ 图形的凹凸区间及拐点.

9. 求函数 $y=(x+1)^4+\mathrm{e}^x$ 图形的凹凸区间及拐点.

10. 设 $y=f(x)$ 在 $x=x_0$ 的某邻域内具有三阶连续导数, 如果 $f''(x_0)=0$, 而 $f'''(x_0)\neq0$, 试问 $(x_0,f(x_0))$ 是否为拐点? 为什么?

第六节　函数图形的描绘

对于较复杂的函数, 用描点作图法很难迅速准确地作出它的图形, 但是借助函数一阶导数的符号, 可以确定函数的单调区间和极值点; 借助函数的二阶导数, 可以确定函数图形的凹凸区间和拐点. 知道了函数的单调区间与极值, 函数图形的凹凸区间与拐点, 也就可以大致掌握函数的性态, 把函数的图形画得比较准确. 在某些情况下, 还可以借助渐近线来控制曲线的走向.

一、曲线的渐近线

若曲线 C 上的动点 P 沿着曲线无限远离原点时, 动点 P 到定直线 L 的距离趋于零, 则称定直线 L 为曲线 C 的**渐近线** (如图 3–19 所示).

当 L 是 $x=a$ 时, 称 L 为曲线 C 的**垂直渐近线**;

当 L 是 $y=b$ 时, 称 L 为曲线 C 的**水平渐近线**;

当 L 是 $y=kx+b$ $(k\neq 0)$ 时, 称 L 为曲线 C 的**斜渐近线**.

下面讨论曲线 $y=f(x)$ 在什么条件下有渐近线, 如何求渐近线.

设曲线为 C: $y=f(x)$, 直线为 L: $y=kx+b$, 且直线 L 的倾斜角 $\alpha\neq\dfrac{\pi}{2}$. 曲线 C 上的动点 P 到直线 L 的距离为 $|PE|$, 其中 E 是过点 P 向直线 L 作垂线的垂足, 如图 3–19 所示.

由渐近线的定义, 如果直线 L 是曲线 C 的渐近线, 那么应有

$$\lim_{x\to\infty}|PE|=0.$$

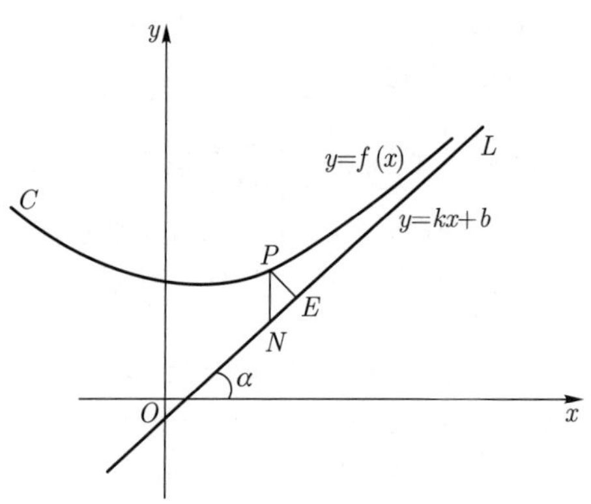

图 3–19

设对于动点 $P(x,f(x))$, 渐近线上与 P 同一横坐标的点为 $N(x,kx+b)$, 则

$$|NP|=|f(x)-(kx+b)|.$$

因为 $\alpha\neq\dfrac{\pi}{2}$, $\cos\alpha\neq 0$, 所以在直角三角形 PEN 中, 可得

$$|NP|=\frac{|PE|}{\cos\alpha},$$

其中 $\cos\alpha$ 是非零常数. 故 $\lim\limits_{x\to\infty}|PE|=0$ 等价于 $\lim\limits_{x\to\infty}|NP|=0$, 即 $\lim\limits_{x\to\infty}[f(x)-kx-b]=0$ 成立. 这说明如果存在常数 k 和 b, 使得上式极限成立, 那么曲线 $y=f(x)$ 存在渐近线 $y=kx+b$. 因此求渐近线就归结为确定常数 k 和 b, 使得

$$\lim_{x\to\infty}[f(x)-kx-b]=0 \tag{6.1}$$

成立.

因为

$$\lim_{x\to\infty}x\left[\frac{f(x)}{x}-k-\frac{b}{x}\right]=\lim_{x\to\infty}[f(x)-kx-b]=0,$$

从而有

$$\lim_{x\to\infty}\left[\frac{f(x)}{x}-k-\frac{b}{x}\right]=0,$$

于是有

$$k=\lim_{x\to\infty}\frac{f(x)}{x},\tag{6.2}$$

解出 k 值后, 代入 (6.1) 中, 可以求出

$$b=\lim_{x\to\infty}[f(x)-kx].\tag{6.3}$$

若 k 和 b 由 (6.2) (6.3) 确定, 则必满足 (6.1), 因此直线 $y=kx+b$ 是曲线 $y=f(x)$ 的渐近线; 反之, 若 $y=kx+b$ 是曲线 $y=f(x)$ 的渐近线, 则 k 和 b 必满足 (6.2) (6.3).

当 $k\neq 0$ 时, 渐近线 $y=kx+b$ 称为斜渐近线. 在第一章中介绍过当 $\lim\limits_{x\to\infty}f(x)=b$ 时, 也就是 $k=0$ 时, $y=b$ 称为水平渐近线.

上面讨论中, 如果将 $x\to\infty$ 换为 $x\to+\infty$ 或 $x\to-\infty$, 可得类似结果.

此外, 若 $\lim\limits_{x\to a}f(x)=\infty$ (或 $\lim\limits_{x\to a^+}f(x)=\infty$, 或 $\lim\limits_{x\to a^-}f(x)=\infty$), 则称 $x=a$ 是曲线的垂直渐近线.

注意: 求渐近线时, 计算极限 $x\to a, x\to\infty$ 时, 有时需分别考虑单侧极限. 例如 $y=\mathrm{e}^x$, 虽然 $x\to+\infty$ 时极限不存在, 但 $\lim\limits_{x\to-\infty}\mathrm{e}^x=0$, 故 $y=0$ 是它的一条水平渐近线. 即只要左右极限之一存在. $f(x)$ 就有一条渐近线; 若左右极限都存在但不相等, 则 $f(x)$ 有两条不同的渐近线. 例如: $f(x)=\arctan x$, 有 $\lim\limits_{x\to+\infty}\arctan x=\dfrac{\pi}{2}$, $\lim\limits_{x\to-\infty}\arctan x=-\dfrac{\pi}{2}$, 故其有 $y=\dfrac{\pi}{2}$ 和 $y=-\dfrac{\pi}{2}$ 两条水平渐近线.

例 6.1　求曲线 $y=\dfrac{x}{x^2-1}$ 的渐近线.

解　因为

$$\lim_{x\to\infty}\frac{x}{x^2-1}=0,\quad \lim_{x\to1}\frac{x}{x^2-1}=\infty,\quad \lim_{x\to-1}\frac{x}{x^2-1}=\infty.$$

所以 $y=0$ 是曲线的水平渐近线, $x=\pm1$ 是曲线的两条垂直渐近线.

例 6.2　求曲线 $y=\dfrac{1+x^3}{1+x^2}$ 的渐近线.

解　因为

$$\lim_{x\to\infty}\frac{\dfrac{1+x^3}{1+x^2}}{x}=\lim_{x\to\infty}\frac{1+x^3}{x(1+x^2)}=1,$$

$$\lim_{x\to\infty}\left(\frac{1+x^3}{1+x^2}-x\right)=\lim_{x\to\infty}\frac{1+x^3-x(1+x^2)}{1+x^2}=\lim_{x\to\infty}\frac{1-x}{1+x^2}=0.$$

所以 $y=x$ 是曲线 $y=\dfrac{1+x^3}{1+x^2}$ 的斜渐近线.

例 6.3 求曲线 $f(x)=\dfrac{2(x-2)(x+3)}{x-1}$ 的渐近线.

解 由 $\lim\limits_{x\to1}f(x)=\infty$, 所以 $x=1$ 为曲线 $y=f(x)$ 的垂直渐近线.

因为

$$\lim_{x\to\infty}\frac{f(x)}{x}=2,$$

$$\lim_{x\to\infty}(f(x)-2x)=\lim_{x\to\infty}\frac{2(x-2)(x+3)}{x-1}-2x=\lim_{x\to\infty}\frac{4(x-3)}{x-1}=4,$$

所以 $y=2x+4$ 为曲线 $y=f(x)$ 的斜渐近线.

二、函数的作图

描绘函数图形的基本步骤如下:

(1) 确定函数的定义域, 考察函数的有界性、奇偶性、周期性;

(2) 求出使 $f'(x)=0$ 与 $f''(x)=0$ 及 $f'(x)$ 与 $f''(x)$ 不存在的点, 将这些点用列表的形式划分函数定义域为几个部分区间;

(3) 确定在这些部分区间内 $f'(x)$ 和 $f''(x)$ 的符号, 确定函数的单调区间、极值点及曲线 $y=f(x)$ 的凹凸区间及拐点, 并在表格上用符号标出;

(4) 考察函数的水平、垂直渐近线及其他变化趋势;

(5) 求出 $f'(x)$ 和 $f''(x)$ 的零点以及不存在的点所对应的函数值, 定出图形上相应点, 为了把图形描绘得准确些, 有时还需要补充一些点, 然后结合第三、四步中得到的结果, 描出上述求出的特殊点, 作出草图.

例 6.4 描绘函数 $y=x+\dfrac{1}{x}$ 的图形.

解 (1) $y=x+\dfrac{1}{x}$ 的定义域为 $(-\infty,0)\cup(0,+\infty)$. 函数无周期性, 曲线关于原点对称.

(2) 由于 $y'=1-\dfrac{1}{x^2}$, $y''=\dfrac{2}{x^3}$, 令 $y'=0$, 得 $x=\pm1$; y'' 无零点, $x=0$ 为 y'' 不存在的点. 用 $x=0$, $x=-1$ 和 $x=1$ 将 $(-\infty,+\infty)$ 划分成四个区间 $(-\infty,-1]$, $[-1,0]$, $[0,1]$ 和 $[1,+\infty)$.

(3) 由函数在各区间上一阶和二阶导数的符号可知, 在 $(-\infty,-1)$ 内, 函数单调增加且曲线 $y=f(x)$ 是凸的; 在 $(-1,0)$ 内, 函数单调减少且曲线 $y=f(x)$ 是凸的, 在 $(0,1)$ 内, 函数单调减少且曲线 $y=f(x)$ 是凹的, 在 $(1,+\infty)$ 内, 函数单调增加且曲线 $y=f(x)$ 是凹的, 函数在 $x=-1$ 时取得极大值, 在 $x=1$ 时取得极小值.

综合上述列表如下.

x	$(-\infty,-1)$	-1	$(-1,0)$	0	$(0,1)$	1	$(1,+\infty)$
$f'(x)$	$+$	0	$-$	不存在	$-$	0	$+$
$f''(x)$	$-$	$-$	$-$	不存在	$+$	$+$	$+$
$f(x)$	$\nearrow$	极大	$\searrow$	不存在	$\searrow$	极小	$\nearrow$
曲线 $y=f(x)$	凸		凸		凹		凹

(4) 因为

$$a=\lim_{x\to\infty}\frac{f(x)}{x}=\lim_{x\to\infty}\frac{x+\dfrac{1}{x}}{x}=1,$$

$$b=\lim_{x\to\infty}[f(x)-ax]=\lim_{x\to\infty}\left(x+\frac{1}{x}-x\right)=0,$$

$$\lim_{x\to0}f(x)=\lim_{x\to0}\left(x+\frac{1}{x}\right)=\infty,$$

所以 $y=x$ 是曲线 $y=x+\dfrac{1}{x}$ 的斜渐近线, $x=0$ 是曲线 $y=x+\dfrac{1}{x}$ 的垂直渐近线. 而 $x=0$ 使 y, y', y'' 都无意义, 因此曲线无拐点.

(5) 计算 $f(-1)=-2$, $f(1)=2$, 综合以上讨论, 描绘的函数图形如图 3–20 所示.

图 3–20

例 6.5 描绘 $y=2+\dfrac{x}{(1+x)^2}$ 的图形.

解 (1) $y=2+\dfrac{x}{(1+x)^2}$ 的定义域为 $\{x|\,x\in\mathbf{R}, x\neq-1\}$.

(2) $y'=\dfrac{(1+x)^2-2x(1+x)}{(1+x)^4}=\dfrac{1-x}{(1+x)^3}$.

令 $y'=0$, 得 $x=1$, 这也是这个函数唯一的一个可能的极值点.

又由于

$$y''=\frac{-(1+x)^3-3(1-x)(1+x)^2}{(1+x)^6}=\frac{-4+2x}{(1+x)^4},$$

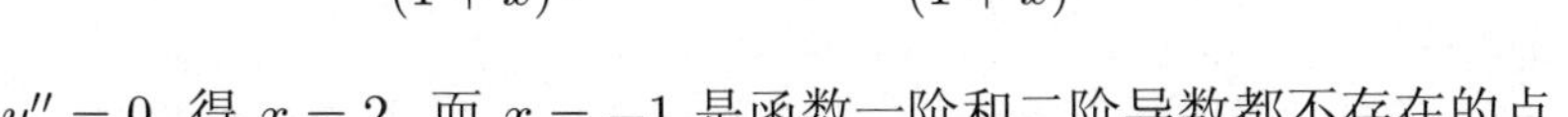

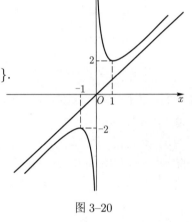

令 $y''=0$, 得 $x=2$. 而 $x=-1$ 是函数一阶和二阶导数都不存在的点.

(3) 用 $x=-1$, $x=1$ 和 $x=2$ 将 $(-\infty,+\infty)$ 划分成四个区间 $(-\infty,-1]$, $[-1,1]$, $[1,2]$ 和 $[2,+\infty)$. 由函数在各区间上一阶和二阶导数的符号可知, 在 $(-\infty,-1)$ 内, 函数单调减少且曲线 $y=f(x)$ 是凸的; 在 $(-1,1)$ 内, 函数单调增加且曲线 $y=f(x)$ 是凸的, 在 $(1,2)$ 内, 函数单调减少且曲线 $y=f(x)$ 是凸的, 在 $(2,+\infty)$ 内, 函数单调减少且曲线 $y=f(x)$ 是凹的, 函数在 $x=1$ 时取得极大值, 在 $(2,f(2))$ 处两侧凹凸性不同, 故 $(2,f(2))$ 是拐点.

综合上述结果, 如下表所示.

x	$(-\infty,-1)$	-1	$(-1,1)$	1	$(1,2)$	2	$(2,+\infty)$
$f'(x)$	$-$	不存在	$+$	0	$-$	$-$	$-$
$f''(x)$	$-$	不存在	$-$	$-$	$-$	0	$+$
$f(x)$	↘	不存在	↗	极大	↘		↘
曲线 $y=f(x)$	凸		凸		凸	拐点	凹

(4) 因为 $\lim\limits_{x\to -1}\left[2+\dfrac{x}{(1+x)^2}\right]=-\infty$, $\lim\limits_{x\to\infty}\left[2+\dfrac{x}{(1+x)^2}\right]=2$, 所以曲线有两条渐近线, 垂直渐近线 $x=-1$ 和水平渐近线 $y=2$.

(5) 曲线过点 $(0,2)$, $\left(-\dfrac{1}{2},0\right)$ 和 $(-2,0)$. 描绘的函数图形如图 3–21 所示.

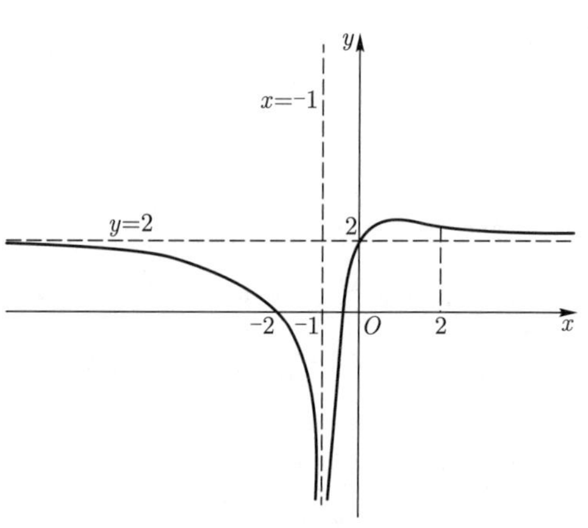

图 3–21

例 6.6 描绘 $y=\dfrac{1}{\sqrt{2\pi}}\mathrm{e}^{-\frac{x^2}{2}}$ 的图形.

解 (1) 所给函数的定义域为 $(-\infty,+\infty)$, 由于

$$f(-x)=\frac{1}{\sqrt{2\pi}}\mathrm{e}^{-\frac{(-x)^2}{2}}=\frac{1}{\sqrt{2\pi}}\mathrm{e}^{-\frac{x^2}{2}}=f(x),$$

所以 $f(x)$ 是偶函数, 它的图形关于 y 轴对称. 可以只讨论 $[0,+\infty)$ 上该函数的图形.

(2) $f'(x)=-\dfrac{1}{\sqrt{2\pi}}x\mathrm{e}^{-\frac{x^2}{2}}$, 令 $f'(x)=0$, 在 $[0,+\infty)$ 上, $f'(x)$ 的零点为 $x=0$.

$$f''(x)=-\frac{1}{\sqrt{2\pi}}\left[\mathrm{e}^{-\frac{x^2}{2}}+x\mathrm{e}^{-\frac{x^2}{2}}\cdot(-x)\right]=\frac{1}{\sqrt{2\pi}}\mathrm{e}^{-\frac{x^2}{2}}(x^2-1),$$

令 $f''(x)=0$, 在 $[0,+\infty)$ 上, $f''(x)$ 的零点为 $x=1$. 用点 $x=1$ 把 $[0,+\infty)$ 划分成两个区间 $[0,1]$ 和 $[1,+\infty)$.

(3) 在 $(0,1)$ 内, $f'(x)<0$, $f''(x)<0$, 所以在 $[0,1]$ 上函数单调下降而且曲线 $y=f(x)$ 是凸的. 由于 $f'(0)=0$ 以及图形关于 y 轴对称可知, $x=0$ 处函数有极大值. 在 $(1,+\infty)$ 内, $f'(x)<0$, $f''(x)>0$, 所以在 $[0,1]$ 上曲线单调下降而且曲线 $y=f(x)$ 是凹的. 由于 $f''(1)=0$, 且曲线在 $(1,f(1))$, 即 $\left(1,\dfrac{1}{\sqrt{2\pi\mathrm{e}}}\right)$ 两侧凹凸性不同, 故 $\left(1,\dfrac{1}{\sqrt{2\pi\mathrm{e}}}\right)$ 为曲线的拐点.

综合上述结果, 如下表所示.

x	0	$(0,1)$	1	$(1,+\infty)$
$f'(x)$	0	−	−	−
$f''(x)$	−	−	0	+
$f(x)$	极大值	↘		↘
曲线 $y=f(x)$		凸	拐点	凹

(4) 由于 $\lim\limits_{x\to+\infty}f(x)=0$, 所以曲线有一条水平渐近线 $y=0$.

(5) 计算出 $f(0)=\dfrac{1}{\sqrt{2\pi}}$, $f(1)=\dfrac{1}{\sqrt{2\pi\mathrm{e}}}$, 又由于 $f(2)=\dfrac{1}{\sqrt{2\pi}\mathrm{e}^2}$. 从而得出曲线上的三点 $M_1\left(0,\dfrac{1}{\sqrt{2\pi}}\right)$, $M_2\left(1,\dfrac{1}{\sqrt{2\pi\mathrm{e}}}\right)$ 和 $M_3\left(2,\dfrac{1}{\sqrt{2\pi}\mathrm{e}^2}\right)$. 画出函数在 $[0,+\infty)$ 上的图形, 再利用函数的对称性, 便得到函数在 $(-\infty,0]$ 上的图形 (图 3–22).

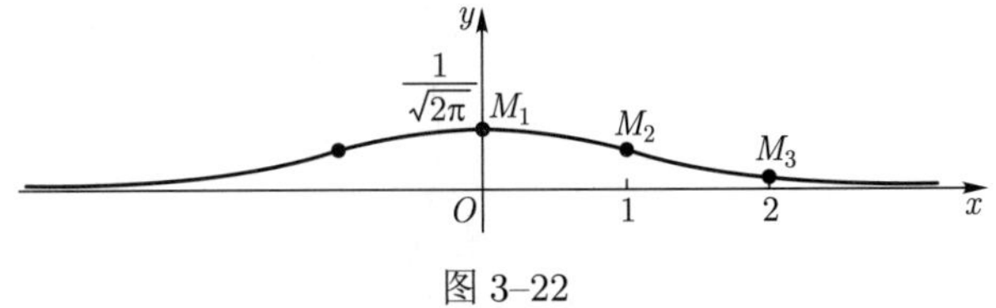

图 3–22

习题 3–6

(A)

1. 求曲线 $y=\dfrac{x^3}{(x-1)^2}$ 的渐近线.

2. 求曲线 $y=\dfrac{x^2+x}{(x-2)(x+3)}$ 的渐近线.

3. 求曲线 $y=\dfrac{1+\mathrm{e}^{-x^2}}{1-\mathrm{e}^{-x^2}}$ 的渐近线.

4. 描绘曲线 $y=\dfrac{x^2}{x+1}$ 的图形.

5. 描绘曲线 $y=1+x^2-\dfrac{x^4}{2}$ 的图形.

6. 描绘曲线 $y=x^3-6x^2+9x+7$ 的图形.

7. 描绘曲线 $y=x-2\arctan x$ 的图形.

8. 描绘曲线 $y=\dfrac{\cos x}{\cos 2x}$ 的图形.

第七节 曲 率

一、曲率

在工程技术中, 常常要考虑曲线的弯曲程度. 例如, 在建筑工程中研究梁的受力弯曲时, 就要研究梁的弯曲程度, 在设计时对其弯曲程度必须有一定的限制. 在设计铁路或公路的弯道时, 就必须考虑弯道部分的弯曲程度, 如果弯曲得太厉害, 火车或汽车在高速行驶中转弯时, 就会产生很大的离心力, 有可能造成翻车事故. 这些实际问题都要求定量地研究曲线的弯曲程度. 那么, 在数学上如何用数量来描述曲线的弯曲程度呢?

直觉上认识到, 直线不弯曲, 半径小的圆比半径较大的圆弯曲得厉害些. 直线上各点的切线即是直线本身, 所以沿着直线从一点运动到另一点时, 切线的方向不发生改变; 但是, 当沿着曲线从一点运动到另外一点时, 切线的倾斜角随着切点的移动而改变. 在图 3–23 中, 当沿着曲线 L 从点 C 拐过一段弧长为 Δs 的弧段到达点 D 时, 切线转过一个角度 $\Delta\alpha$. 因此曲线的弯曲程度可由 Δs 和 $\Delta\alpha$ 两个量来确定.

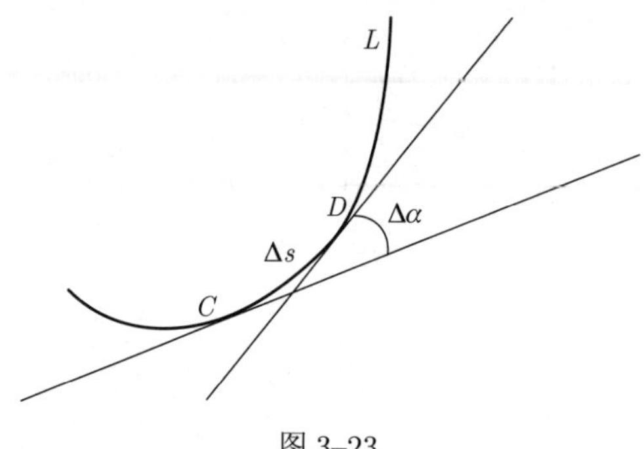

图 3–23

从图 3–24(a) 可以看出, 两个弧段 $\widehat{M_1N_1}$ 和 $\widehat{M_2N_2}$ 的弧长相等, 但切线转过的角度是不同的. 切线转角较大者弯曲程度较大, 弧段 $\widehat{M_2N_2}$ 弯曲得比 $\widehat{M_1N_1}$ 厉害, 这说明曲线的弯曲程度与切线的转角 $\Delta\alpha$ 成正比. 但是, 切线转过的角度的大小还不能完全反映曲线弯曲的程度. 例如, 从图 3–24(b) 中可以看出, 两段曲线弧 $\widehat{M_1N_1}$ 和 $\widehat{M_2N_2}$ 尽管切线转过的角度都是 $\Delta\alpha$, 然而弯曲程度并不相同. 弧长较小的弧段 $\widehat{M_2N_2}$ 比弧长较大的弧段 $\widehat{M_1N_1}$ 弯曲程度大, 这说明曲线的弯曲程度与曲线的弧长 Δs 成反比. 按照上面的分析, 下面引入描述曲线弯曲程度的曲率概念.

设曲线 C 是光滑的, 即曲线上每一点都具有切线, 且切线随切点的移动而连续转动. 在曲线 C 上选定一点 M_0 作为度量弧 s 的基点 (图 3–25). 设曲线上点 M 对应于弧 s, 即有向弧段 $\widehat{M_0M}$ 的值. 在点 M 处切线的倾角为 α, 曲线上另外一点 N 对应于弧 $s+\Delta s$, 在点 N 处切线的倾角为 $\alpha+\Delta\alpha$. 用比值 $\left|\dfrac{\Delta\alpha}{\Delta s}\right|$, 即单位弧段上切线转过的角度的大小来表达弧段 $\widehat{MN}$ 的平均弯曲程度.

记 $\bar{K}=\left|\dfrac{\Delta\alpha}{\Delta s}\right|$, 称 $\bar{K}$ 为弧段 $\widehat{MN}$ 的平均曲率.

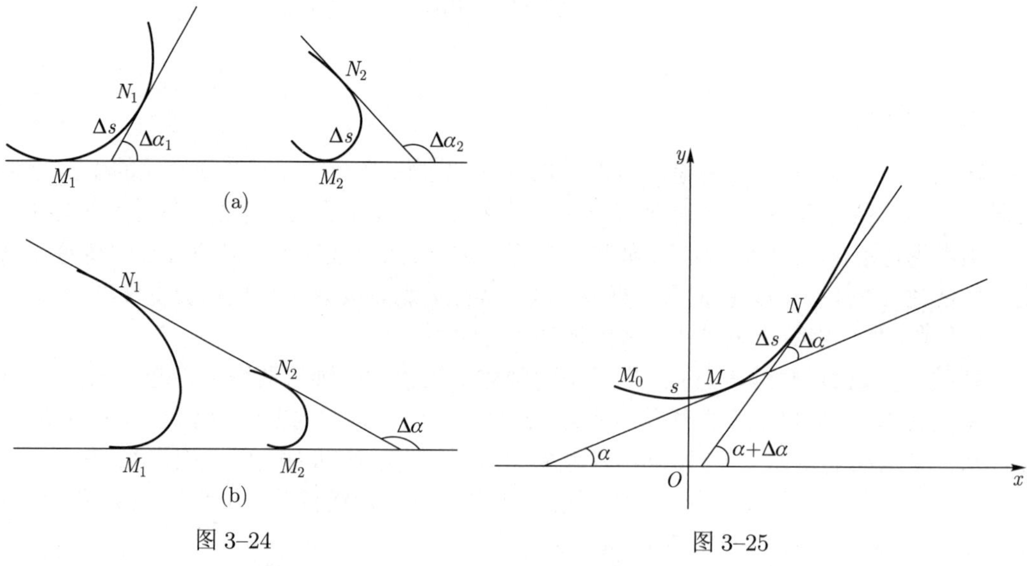

图 3–24　　图 3–25

平均曲率只能反映弧段弯曲的大致情况, 一般地, 曲线在各点的弯曲程度往往不同, 因此平均曲率不能准确地刻画曲线在各点处的弯曲程度. 按照定义导数的方法, 利用平均曲率的极限定义曲线在一点处的曲率.

定义 7.1　当点 M' 沿着曲线趋于点 M 时, 即 $\Delta s \to 0$ 时. 如果平均曲率的极限 $\lim\limits_{\Delta s \to 0}\left|\dfrac{\Delta\alpha}{\Delta s}\right|$ 存在, 那么称这个极限值 K 为曲线在点 M 处的**曲率**, 记为

$$K=\lim_{\Delta s \to 0}\left|\frac{\Delta\alpha}{\Delta s}\right|=\left|\frac{\mathrm{d}\alpha}{\mathrm{d}s}\right|. \tag{7.1}$$

例 7.1　求半径为 R 的圆上任一点处的曲率.

解　如图 3–26 所示, M 为圆上任一点, M' 为另一点, 这两点切线的夹角 $\Delta\alpha$ 等于中心角 $\angle MDM'$. 但 $\angle MDM'=\dfrac{\Delta s}{R}$, 于是

$$\frac{\Delta\alpha}{\Delta s}=\frac{\frac{\Delta s}{R}}{\Delta s}=\frac{1}{R},$$

从而

$$K=\left|\frac{\mathrm{d}\alpha}{\mathrm{d}s}\right|=\frac{1}{R}.$$

对于直线来说, 切线与直线本身重合, 当点沿直线移动时, 切线的倾角 α 不变, $\Delta\alpha=0$, $\dfrac{\Delta\alpha}{\Delta s}=0$, 从而 $K=\left|\dfrac{\mathrm{d}\alpha}{\mathrm{d}s}\right|=0$.

这就是说, 圆上各点处的曲率都等于半径 R 的倒数 $\dfrac{1}{R}$, 同一个圆上各点处的弯曲程度都一样, 而且半径越大的圆, 曲率越小, 半径越小的圆, 曲率越大, 弯曲得越厉害. 而直线上任意点处的曲率都为零. 这与直观上的认识完全一致.

下面根据曲率的定义, 推导出一般情况下的曲率的计算公式.

首先来求弧微分 $\mathrm{d}s$.

如图 3–27 所示, 函数 $y=f(x)$ 在 (a,b) 内为一条光滑曲线, 即 $y=f(x)$ 在 (a,b) 内具有连续导数, 在曲线 $y=f(x)$ 上取固定点 $M_0(x_0,y_0)$ 作为度量弧长的基点, 并规定依 x 增大的方向

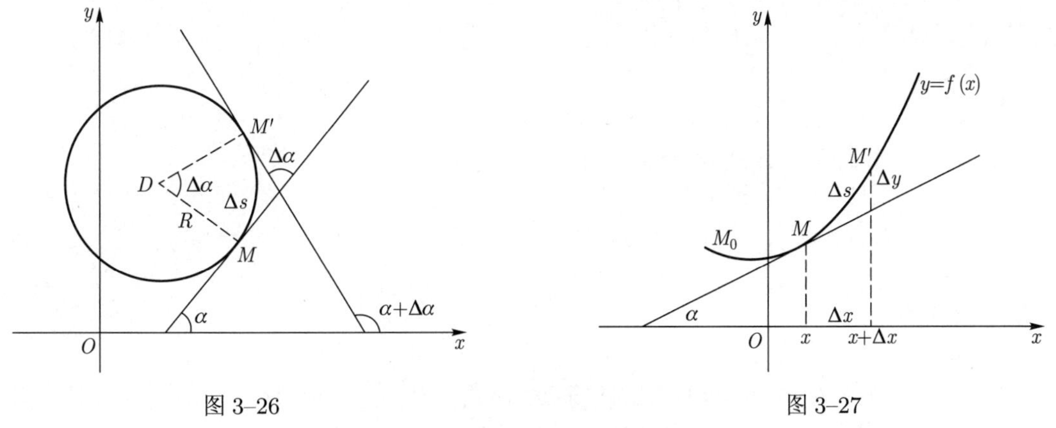

图 3–26　　图 3–27

作为曲线的正向. 对曲线上任一点 $M(x,y)$, 规定有向弧段 $\overset{\frown}{M_0M}$ 的值 s (简称为弧 s) 如下: s 的绝对值等于这弧段的长度, 当有向弧段 $\overset{\frown}{M_0M}$ 的方向与曲线的正向一致时 $s>0$, 相反时 $s<0$. 显然, 弧 $s=\overset{\frown}{M_0M}$ 是 x 的函数 $s(x)$, 而且 $s(x)$ 是 x 的单调增加函数. 下面来求 $s(x)$ 的导数及微分.

设 $x, x+\Delta x$ 为 (a,b) 内两个邻近的点, 它们在曲线 $y=f(x)$ 上的对应点为 M 与 M', 并设对应于 x 的增量 Δx, 弧 s 的增量为 Δs, 于是

$$\Delta s=\overset{\frown}{M_0M'}-\overset{\frown}{M_0M}=\overset{\frown}{MM'},$$

$$\begin{aligned}\left(\frac{\Delta s}{\Delta x}\right)^2=\left(\frac{\overset{\frown}{MM'}}{\Delta x}\right)^2&=\left(\frac{\overset{\frown}{MM'}}{|MM'|}\right)^2\cdot\frac{|MM'|^2}{(\Delta x)^2}\\&=\left(\frac{\overset{\frown}{MM'}}{|MM'|}\right)^2\cdot\frac{(\Delta x)^2+(\Delta y)^2}{(\Delta x)^2}\\&=\left(\frac{\overset{\frown}{MM'}}{|MM'|}\right)^2\cdot\left[1+\left(\frac{\Delta y}{\Delta x}\right)^2\right],\end{aligned}$$

$$\frac{\Delta s}{\Delta x}=\pm\sqrt{\left(\frac{\overset{\frown}{MM'}}{|MM'|}\right)^2\cdot\left[1+\left(\frac{\Delta y}{\Delta x}\right)^2\right]},$$

令 $\Delta x\to 0$, 两边取极限, 由于 $\Delta x\to 0$ 时, $M'\to M$, 这时弧的长度与弦的长度之比的极限等于 1, 即

$$\lim_{M'\to M}\frac{|\overset{\frown}{MM'}|}{|MM'|}=1,$$

又

$$\lim_{\Delta x\to 0}\frac{\Delta y}{\Delta x}=y',$$

因此得

$$\frac{\mathrm{d}s}{\mathrm{d}x}=\pm\sqrt{1+y'^2}.$$

由于 $s=s(x)$ 是单调增加函数, 从而根号前应该取正号, 于是有

$$\mathrm{d}s=\sqrt{1+y'^2}\mathrm{d}x, \tag{7.2}$$

这就是弧微分公式.

再求 $\mathrm{d}\alpha$.

设曲线 $y=f(x)$ 在 (a,b) 内具有二阶导数, 显然 $f'(x)$ 是连续函数, 从而此曲线是光滑的. 根据导数的几何意义, $\tan\alpha=y'$, 两边对 x 求导数得

$$\sec^2\alpha\frac{\mathrm{d}\alpha}{\mathrm{d}x}=y'',$$

$$\frac{\mathrm{d}\alpha}{\mathrm{d}x}=\frac{y''}{\sec^2\alpha}=\frac{y''}{1+\tan^2\alpha}=\frac{y''}{1+y'^2},$$

$$\mathrm{d}\alpha=\frac{y''}{1+y'^2}\mathrm{d}x.$$

于是得到曲率公式为

$$K=\left|\frac{\mathrm{d}\alpha}{\mathrm{d}s}\right|=\left|\frac{\frac{y''}{1+y'^2}\mathrm{d}x}{\sqrt{1+y'^2}\mathrm{d}x}\right|=\frac{|y''|}{(1+y'^2)^{\frac{3}{2}}}.\tag{7.3}$$

如果曲线由参数方程 $\begin{cases}x=\varphi(t),\\ y=\psi(t)\end{cases}$ 给出, 那么可以利用由参数方程所确定的函数的求导法, 求出 $\dfrac{\mathrm{d}y}{\mathrm{d}x}$, $\dfrac{\mathrm{d}^2y}{\mathrm{d}x^2}$, 代入 (7.3), 得到

$$K=\frac{|y''|}{(1+y'^2)^{\frac{3}{2}}}=\frac{|\varphi'(t)\psi''(t)-\varphi''(t)\psi'(t)|}{[\varphi'^2(t)+\psi'^2(t)]^{\frac{3}{2}}}.$$

如果曲线在极坐标情形下, $\rho=\rho(\theta)$, 那么由 $\begin{cases}x=\rho(\theta)\cos\theta,\\ y=\rho(\theta)\sin\theta\end{cases}$ 可求得

$$\frac{\mathrm{d}y}{\mathrm{d}x}=\frac{\rho'(\theta)\sin\theta+\rho(\theta)\cos\theta}{\rho'(\theta)\cos\theta-\rho(\theta)\sin\theta},$$

$$\frac{\mathrm{d}^2y}{\mathrm{d}x^2}=\frac{\rho^2(\theta)+2\rho'(\theta)\rho'(\theta)-\rho(\theta)\rho''(\theta)}{(\rho'(\theta)\cos\theta-\rho(\theta)\sin\theta)^3},$$

于是曲率为

$$K=\frac{|y''|}{(1+y'^2)^{\frac{3}{2}}}=\frac{|\rho^2(\theta)+2\rho'^2(\theta)-\rho(\theta)\rho''(\theta)|}{[\rho^2(\theta)+\rho'^2(\theta)]^{\frac{3}{2}}}.$$

例 7.2　抛物线 $y=ax^2+bx+c$ 上哪一点处的曲率最大?

解　由于 $y'=2ax+b, y''=2a$, 由曲率公式, 得

$$K=\frac{|2a|}{[1+(2ax+b)^2]^{\frac{3}{2}}}.$$

显然, 当 $2ax+b=0$, 即 $x=-\dfrac{b}{2a}$ 时曲率最大, 它对应抛物线的顶点. 因此, 抛物线在顶点处的曲率最大, 最大曲率为 $K=|2a|$.

例 7.3　计算椭圆 $\begin{cases}x=a\cos t,\\ y=b\sin t\end{cases}$ 在 $(0,b)$ 点处的曲率.

解 因为 $x'(t)=-a\sin t$, $y'(t)=b\cos t$, $x''(t)=-a\cos t$, $y''(t)=-b\sin t$. 所以曲率

$$K=\frac{|x'(t)y''(t)-x''(t)y'(t)|}{[x'(t)^2+y'(t)^2]^{\frac{3}{2}}}=\left.\frac{ab}{(a^2\sin^2 t+b^2\cos^2 t)^{\frac{3}{2}}}\right|_{(0,b)}=\frac{b}{a^2}.$$

例 7.4 计算 $\rho=a(1+\cos\theta)$ 的曲率.

解 $\rho'=-a\sin\theta$, $\rho''=-a\cos\theta$, 于是

$$\begin{aligned}K&=\frac{\left|a^2(1+\cos\theta)^2+2a^2\sin^2\theta+a^2\cos\theta(1+\cos\theta)\right|}{\left[a^2(1+\cos\theta)^2+a^2\sin^2\theta\right]^{\frac{3}{2}}}\\&=\frac{3a^2(1+\cos\theta)}{2\sqrt{2}a^3(1+\cos\theta)^{\frac{3}{2}}}=\frac{3}{2\sqrt{2}a\sqrt{(1+\cos\theta)}}=\frac{3}{2\sqrt{2a\rho}}.\end{aligned}$$

在实际问题中, 如果 $|y'|$ 与 1 比较起来是很小的 ($|y'|<<1$), 那么曲率的近似计算公式

$$K=\frac{|y''|}{(1+y'^2)^{\frac{3}{2}}}\approx|y''|.$$

这就是说, 当 $|y'|<<1$ 时, 曲率 K 近似于 $|y''|$. 这样对于一些复杂问题的计算和讨论就方便多了.

二、曲率圆与曲率半径

设曲线 $y=f(x)$ 在点 $M(x,y)$ 处的曲率为 $K(K\neq 0)$. 在点 M 处的曲线的法线上, 在凹向的一侧取一点 D, 使 $|DM|=\dfrac{1}{K}=\rho$. 以 D 为圆心, ρ 为半径作圆 (如图 3–28 所示), 这个圆叫做曲线在点 M 处的**曲率圆**, 曲率圆的圆心 D 叫做曲线在点 M 处的**曲率中心**, 曲率圆的半径 ρ 叫做曲线在点 M 处的**曲率半径**.

曲率圆与曲线在点 M 处有相同的切线, 相同的凹向和相同的曲率. 在实际问题中, 常常用曲率圆在点 M 邻近的一段圆弧来近似代替曲线弧来简化问题.

当 $K=0$ 时, 认为曲率半径为无穷大.

例 7.5 设工件表面的截线为抛物线 $y=0.4x^2$ (图 3–29). 现在要用砂轮磨削其内表面, 问用直径多大的砂轮才比较合适?

解 为了在磨削时不使砂轮与工件接触处附近的那部分工件磨去太多, 砂轮的半径不应大于抛物线上各点处曲率半径中的最小值. 由例 7.2 可知, 抛物线在其顶点处的曲率最大, 也就是说, 抛物线在其顶点处的曲率半径最小.

由于 $y'=0.8x$, $y''=0.8, y'|_{x=0}=0, y''|_{x=0}=0.8$. 所以抛物线顶点处的曲率为

$$K=\frac{|y''|}{(1+y'^2)^{3/2}}=0.8.$$

抛物线顶点处的曲率半径为 $K^{-1}=1.25$. 故选用砂轮的半径不得超过 1.25 单位长, 即直径不得超过 2.50 单位长.

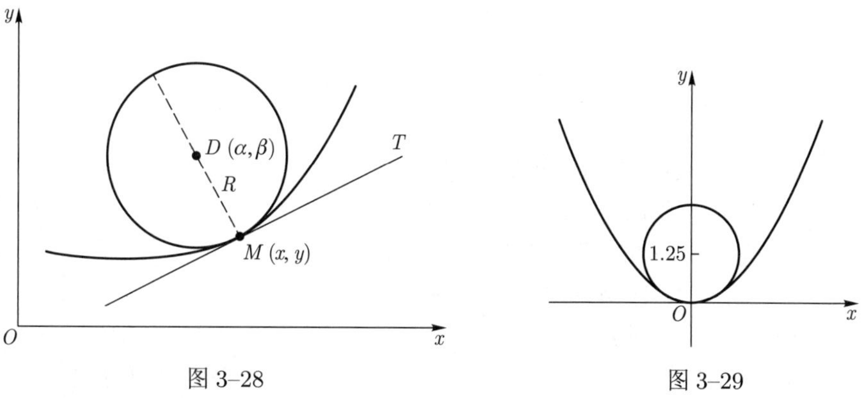

图 3–28 图 3–29

*三、曲率中心的计算公式 渐屈线与渐伸线

下面来求曲线 $y=f(x)$ 在点 $M(x,y)$ 处的曲率中心 $D(\alpha,\beta)$ 的坐标. 设已知曲线方程为 $y=f(x)$, 且其二阶导数 y'' 在点 x 不为零, 则曲线在对应点 $M(x,y)$ 处的曲率中心 $D(\alpha,\beta)$ 的坐标为

$$\begin{cases}\alpha=x-\dfrac{y'(1+y'^2)}{y''},\\ \beta=y+\dfrac{1+y'^2}{y''}.\end{cases}\tag{7.4}$$

这是因为, 曲线 $y=f(x)$ 在点 $M(x,y)$ 处的曲率圆的方程为

$$(\xi-\alpha)^2+(\eta-\beta)^2=\rho^2,$$

其中 ξ,η 是曲率圆上的动点坐标, 且

$$\rho^2=\frac{1}{K^2}=\frac{(1+y'^2)^3}{y''^2}.$$

因为点 M 在曲率圆上, 所以

$$(x-\alpha)^2+(y-\beta)^2=\rho^2.\tag{7.5}$$

又因为曲线在点 M 的切线与曲率圆的半径 DM 相垂直, 所以

$$y'=-\frac{x-\alpha}{y-\beta}.\tag{7.6}$$

由 (7.5) 和 (7.6) 消去 $x-\alpha$, 解出

$$(y-\beta)^2=\frac{\rho^2}{1+y'^2}=\frac{(1+y'^2)^2}{y''^2}.$$

由于当 $y''>0$ 时曲线为凹弧, $y-\beta<0$; 当 $y''<0$ 时曲线为凸弧, $y-\beta>0$, y'' 与 $y-\beta$ 异号, 所以取上式两边的平方根, 得

$$y-\beta=-\frac{1+y'^2}{y''},$$

又

$$x-\alpha=-y'(y-\beta)=\frac{y'(1+y'^2)}{y''},$$

从而得到公式 (7.4).

设曲线 $L:y=f(x)$ 上每一点的曲率都不等于零, 则曲线上每一点都对应一个确定的曲率中心. 当点 $M(x,f(x))$ 沿着曲线 $L:y=f(x)$ 移动时, 对应的曲率中心 D 的轨迹曲线 G 称为曲线 L 的**渐屈线**, 而曲线 L 称为曲线 G 的**渐伸线** (图 3–30). 所以曲线 $y=f(x)$ 的渐屈线的参数方程为

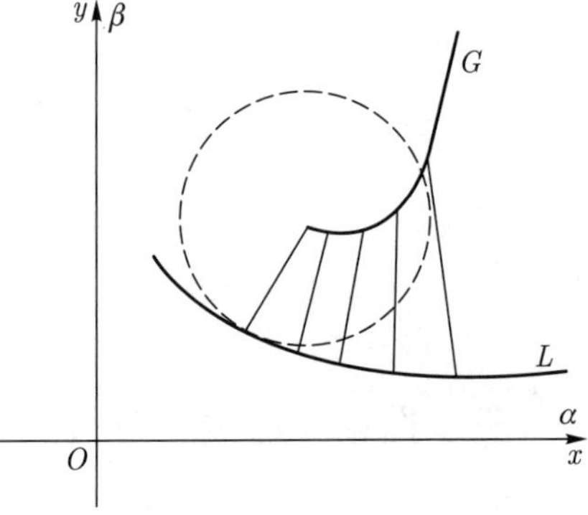

图 3–30

$$\begin{cases}\alpha=x-\dfrac{y'(1+y'^2)}{y''},\\ \beta=y+\dfrac{1+y'^2}{y''},\end{cases}\tag{7.7}$$

其中 $y=f(x)$, $y'=f'(x)$, $y''=f''(x)$, x 为参数, 直角坐标系 $\alpha O\beta$ 与 xOy 坐标系重合.

例 7.6　求摆线 $\begin{cases}x=a(t-\sin t),\\ y=a(1-\cos t)\end{cases}$ 的渐屈线方程.

解　$\dfrac{\mathrm{d}x}{\mathrm{d}t}=a(1-\cos t)$, $\dfrac{\mathrm{d}y}{\mathrm{d}t}=a\sin t$, 所以

$$\frac{\mathrm{d}y}{\mathrm{d}x}=\frac{\sin t}{1-\cos t},$$

$$\frac{\mathrm{d}^2y}{\mathrm{d}x^2}=\frac{\dfrac{\mathrm{d}}{\mathrm{d}t}\left(\dfrac{\mathrm{d}y}{\mathrm{d}x}\right)}{\dfrac{\mathrm{d}x}{\mathrm{d}t}}=\frac{\dfrac{\cos t-1}{(1-\cos t)^2}}{a(1-\cos t)}=-\frac{1}{a(1-\cos t)^2}.$$

将这些结果代入 (7.7) 并化简, 就得到摆线的渐屈线方程的参数方程

$$\begin{cases}\alpha=a(t+\sin t),\\ \beta=a(\cos t-1),\end{cases}\tag{7.8}$$

其中 t 为参数, 若令 $t=\pi+\tau$, 则得到

$$\begin{cases}\alpha-a\pi=a(\tau-\sin\tau),\\ \beta+2a=a(1-\cos\tau).\end{cases}$$

再令 $\alpha-a\pi=\xi$, $\beta+2a=\eta$, 则得

$$\begin{cases}\xi=a(\tau-\sin\tau),\\ \eta=a(1-\cos\tau).\end{cases}\tag{7.9}$$

在新坐标系 $\xi O_1\eta$ 中, 曲线 (7.9) 为一摆线, 其中新坐标系 $\xi O_1\eta$ 由旧坐标系 xOy 平移到新原点 $O_1(\pi a,-2a)$ 得到. 由此可知摆线的渐屈线仍为一摆线.

习题 3–7

(A)

1. 求抛物线 $f(x)=x^2+3x+2$ 过点 $x=1$ 处的曲率和曲率半径.
2. 求曲线 $y=\ln x$ 的最大曲率.
3. 求双曲线 $\dfrac{x^2}{a^2}-\dfrac{y^2}{b^2}=1$ 在点 (x,y) 处的曲率和曲率半径.
4. 求椭圆 $\dfrac{x^2}{a^2}+\dfrac{y^2}{b^2}=1$ 在点 (x,y) 处的曲率和曲率半径.
5. 求摆线 $x=a(t-\sin t)$, $y=a(1-\cos t)$ 的曲率半径.
6. 求心形线 $\rho=a(1+\cos\theta)$ 的曲率半径.
7. 求双纽线 $\rho^2=a^2\cos 2\theta$ 的曲率半径.
8. 证明: 曲线 $y=a\cosh\dfrac{x}{a}$ 在点 (x,y) 处的曲率半径为 $\dfrac{y^2}{a}$.

*9. 求抛物线 $y^2=2px$ 的渐屈线.

*10. 求椭圆 $\dfrac{x^2}{a^2}+\dfrac{y^2}{b^2}=1$ 的渐屈线.

11. 三次抛物线 $y=\dfrac{kx^3}{6}(0\leqslant x<+\infty,\ k>0)$ 的最大曲率等于 $\dfrac{1}{1\ 000}$, 求达到此最大曲率的点 x.

12. 一飞机沿抛物线路径 $y=\dfrac{x^2}{10\ 000}$ (y 轴垂直向上, 单位: m) 作俯冲飞行, 在坐标原点 O 处飞机的速度为 $v=200$ m/s, 飞行员体重 $G=70$ kg, 求飞机俯冲至最低点即原点 O 处时座椅对飞行员的反力.

*第八节 Mathematica 在导数中的应用

一、基本命令

- **求函数的局部极值**

命令形式 1: FindMinimum [f[x], {x, x0}]

功能: 以 x0 为初值, 求一元函数 f(x) 在 x0 附近的局部极小值.

命令形式 2: FindMinimum[f[x], {x,{x0, x1}}]

功能: 以 x0 和 x1 为初值, 求一元函数 f(x) 在它们附近的局部极小值.

命令形式 3: FindMinimum[f[x], {x, x0, xmin, xmax}]

功能: 以 x0 为初值, 求一元函数 f(x) 在 x0 附近的局部极小值, 如果中途计算超出自变量范围 [xmin, xmax], 则终止计算.

二、实验举例

例 8.1 求函数 $y=3x^4-5x^2+x-1$ 在 $[-2,2]$ 的极大值、极小值和最大值、最小值.

输入: `Clear[x]; f1[x_]:=3*x^4-5*x^2+x-1;`

`Plot[f1[x], {x, -2, 2}]`

输出如图 3–31 所示.

再输入: `FindMinimum[f1[x], {x, 0.9}]`

```
FindMinimum[f1[x], {x, -1}]
FindMinimum[-f1[x], {x, 0}]
f1[2]
f1[-2]
```

输出: `{-2.19701, {x→0.858028}}`

```
{-4.01997, {x→-0.959273}}
{0.949693, {x→0.101245}}
29
25
```

故所求函数在 $[-2,2]$ 的 $x=2$ 处取得最大值 29, 在 $x=-0.959\,273$ 处取得最小值为 $-4.019\,97$.

例 8.2 讨论 $y=x^3-x^2-x+1$ 在 $[-2,2]$ 上的单调性、凹凸性和极值、拐点.

输入: `f[x_]:=x^3-x^2-x+1;Solve[f'[x]==0,x]`

`Solve[f"[x]==0,x]`

输出: `{{ x→-1/3},{x→1}}`

`{{x→1/3}}`

再输入: `Plot[f[x],{x,-2,2}];`

输出如图 3–32 所示.

再输入: `f"[1/3]`

`f[-1/3]`

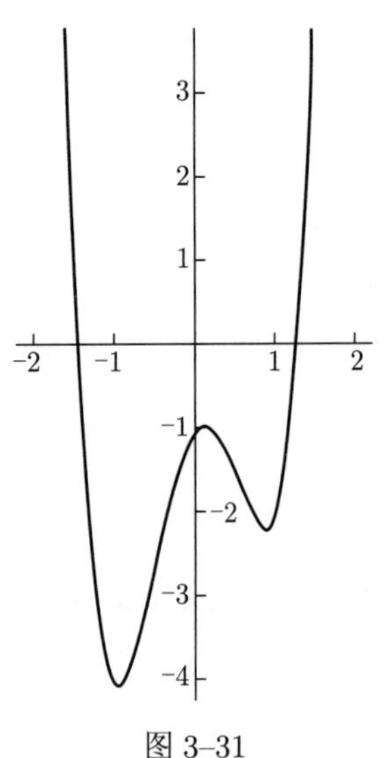

图 3–31

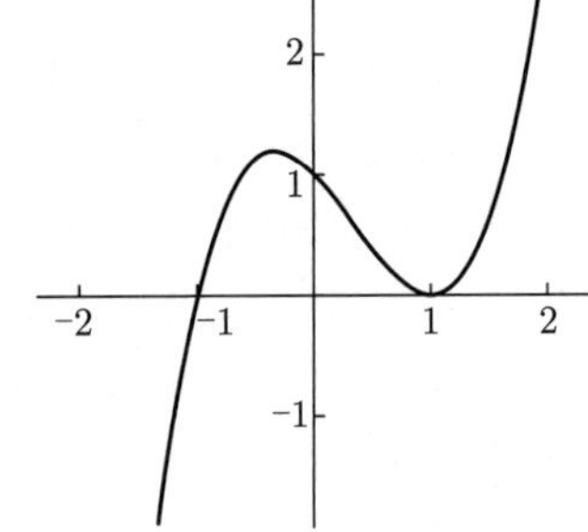

图 3–32

```
f"[1]
f[1]
f[1/3]
```

输出: -4

$\frac{32}{27}$

4

0

$\frac{16}{27}$

故所求函数在 $[-2,2]$ 的 $x=-\frac{1}{3}$ 处取得极大值 $\frac{32}{27}$, 在 $x=1$ 处取得极小值 0, $\left(\frac{1}{3},\frac{16}{27}\right)$ 为拐点.

例 8.3 用割线法求解方程 $x^3-2x^2+7x+4=0$ 的根, 要求误差 $|x_k-x_{k-1}|<10^{-12}$, 割线法的计算公式为

$$\begin{cases} x_0=-1, \quad x_1=1, \\ x_k=x_{k-1}-\dfrac{x_{k-1}-x_{k-2}}{f(x_{k-1})-f(x_{k-2})}f(x_{k-1}). \end{cases}$$

输入:

```
Clear[f]; f[x_]:=x^3-2*x^2+7*x+4
x0=-1;x1=1; While[Abs[x0-x1]>10^(-12),
x2=x1-(x1-x0)*f[x1]/(f[x1]-f[x0]); x0=x1;x1=x2]
N[x1, 12]
```

输出: -0.487120155928

本 章 小 结

本章重点是掌握罗尔定理、拉格朗日中值定理、柯西中值定理及泰勒中值定理的条件及结论, 并会用这些定理的结论证明有关的命题及不等式. 掌握洛必达法则的条件与结论, 能够熟练利用洛必达法则计算未定式的极限. 掌握函数单调性与极值的判定法, 能够求出函数的最大值与最小值. 了解函数曲线的凹凸性态并会求曲线的拐点. 能够综合函数的各种性态较准确地描绘出函数的图形. 了解弧微分、曲率及曲率半径的概念, 掌握弧微分公式与曲率和曲率半径的计算方法.

一、微分中值定理

罗尔定理 如果函数 $f(x)$ 在 $[a,b]$ 上连续, 在 (a,b) 内可导且 $f(a)=f(b)$, 那么在 (a,b) 内至少有一点 $\xi(a<\xi<b)$, 使得 $f'(\xi)=0$.

拉格朗日中值定理 如果函数 $f(x)$ 在 $[a,b]$ 上连续, 在 (a,b) 内可导, 那么在 (a,b) 内至少

有一点 $\xi(a<\xi<b)$, 使等式 $f'(\xi)=\dfrac{f(b)-f(a)}{b-a}$ 成立.

柯西中值定理 如果函数 $f(x)$ 及 $F(x)$ 在 $[a,b]$ 上连续, 在 (a,b) 内可导, 且对任一 $x\in(a,b)$, $F'(x)\neq 0$. 那么在 (a,b) 内至少有一点 ξ, 使等式 $\dfrac{f(b)-f(a)}{F(b)-F(a)}=\dfrac{f'(\xi)}{F'(\xi)}$ 成立.

罗尔定理、拉格朗日中值定理、柯西中值定理一般都称为中值定理. 这组中值定理是微分学的理论基础, 尤其是拉格朗日中值定理, 它建立了函数值与导数值之间的定量联系, 进而可以通过导数去研究函数的性态.

在学习这些定理时, 要注意分清定理的条件和结论, 特别要注意条件的严密性.

在柯西中值定理中, 当 $F(x)=x$ 时就是拉格朗日中值定理. 在拉格朗日中值定理中, 当 $f(a)=f(b)$ 时就是罗尔定理. 这就是说罗尔定理是拉格朗日中值定理的特例, 拉格朗日中值定理是柯西中值定理的特例, 柯西中值定理是拉格朗日中值定理的推广, 拉格朗日中值定理是罗尔定理的推广.

有关中值问题的解题方法, 通常采用逆向思维法设辅助函数. 一般的解题方法是, 证明含一个中值的等式或根的存在, 多用罗尔定理, 可用反推法找辅助函数. 若结论中涉及含中值的两个不同函数可考虑用柯西中值定理. 若结论中含两个或两个以上的中值, 必须多次应用中值定理.

二、洛必达法则

1. $\dfrac{0}{0}$ 型未定式

设函数 $f(x),g(x)$ 在点 x_0 的某去心邻域内可导, 并且 $g'(x)\neq 0$, 又满足条件:

(1) $\lim\limits_{x\to x_0}f(x)=\lim\limits_{x\to x_0}g(x)=0$;

(2) 极限 $\lim\limits_{x\to x_0}\dfrac{f'(x)}{g'(x)}$ 存在 (或为无穷大),

那么 $\lim\limits_{x\to x_0}\dfrac{f(x)}{g(x)}=\lim\limits_{x\to x_0}\dfrac{f'(x)}{g'(x)}$.

2. $\dfrac{\infty}{\infty}$ 型未定式

设 $f(x)$ 与 $g(x)$ 在 x_0 的某去心邻域内可导, 并且 $g'(x)\neq 0$, 又满足条件:

(1) $\lim\limits_{x\to x_0}f(x)=\infty$, $\lim\limits_{x\to x_0}g(x)=\infty$;

(2) 极限 $\lim\limits_{x\to x_0}\dfrac{f'(x)}{g'(x)}$ 存在 (或为无穷大),

那么 $\lim\limits_{x\to x_0}\dfrac{f(x)}{g(x)}=\lim\limits_{x\to x_0}\dfrac{f'(x)}{g'(x)}$.

需要注意的是, 洛必达法则只能对未定式 $\dfrac{0}{0}$, $\dfrac{\infty}{\infty}$ 可直接使用, 而其他未定式要先转化为

$\dfrac{0}{0}$ 型和 $\dfrac{\infty}{\infty}$ 型. 另外, 洛必达法则说明极限 $\lim\limits_{x\to a}\dfrac{f'(x)}{g'(x)}$ 存在时, $\lim\limits_{x\to a}\dfrac{f(x)}{g(x)}$ 存在, 且 $\lim\limits_{x\to a}\dfrac{f(x)}{g(x)}=\lim\limits_{x\to a}\dfrac{f'(x)}{g'(x)}$, 但如果极限 $\lim\limits_{x\to a}\dfrac{f'(x)}{g'(x)}$ 不存在, 并不能判定 $\lim\limits_{x\to a}\dfrac{f(x)}{g(x)}$ 不存在.

对于非连续变量情形, 不可直接利用洛必达法则. 因为洛必达法则要求函数有可微性, 结果需要用到函数的导数的值. 对于这类问题, 一般先考虑连续变量情形, 求出极限, 从而得到所要的结果.

应用洛必达法则时, 与其他方法结合使用, 比如等价无穷小替换, 可使运算简捷.

三、泰勒公式

泰勒中值定理 如果函数 $f(x)$ 在含有 x_0 的某个开区间 (a,b) 内具有直到 $n+1$ 阶导数, 那么对任意 $x\in(a,b)$ 时, $f(x)$ 可以表示为关于 $x-x_0$ 的一个 n 次多项式与余项 $R_n(x)$ 之和, 即

$$f(x)=f(x_0)+f'(x_0)(x-x_0)+\frac{1}{2!}f''(x_0)(x-x_0)^2+\cdots+\frac{1}{n!}f^{(n)}(x_0)(x-x_0)^n+R_n(x),$$

其中

$$R_n(x)=\frac{f^{(n+1)}(\xi)}{(n+1)!}(x-x_0)^{n+1}\quad(\xi\text{介于 }x_0\text{与 }x\text{ 之间}).$$

这里多项式

$$P_n(x)=f(x_0)+f'(x_0)(x-x_0)+\frac{f''(x_0)}{2!}(x-x_0)^2+\cdots+\frac{f^{(n)}(x_0)}{n!}(x-x_0)^n$$

称为函数 $f(x)$ 按 $x-x_0$ 的幂展开的 n **次近似多项式**. $R_n(x)$ 的表达式称为**拉格朗日型余项**.

在不需要余项的精确表达式时, n 阶泰勒公式也可写成

$$f(x)=f(x_0)+f'(x_0)(x-x_0)+\frac{1}{2!}f''(x_0)(x-x_0)^2+\cdots+\frac{1}{n!}f^{(n)}(x_0)(x-x_0)^n+o((x-x_0)^n).$$

$R_n(x)=o((x-x_0)^n)$, 该余项称为**佩亚诺型余项**; 该公式称为 $f(x)$ 按 $x-x_0$ 的幂展开的带有佩亚诺型余项的 n 阶泰勒公式.

$x_0=0$ 时的泰勒公式称为**麦克劳林公式**, 就是

$$f(x)=f(0)+f'(0)x+\frac{f''(0)}{2!}x^2+\cdots+\frac{f^{(n)}(0)}{n!}x^n+R_n(x),$$

其中 $R_n(x)=\dfrac{f^{(n+1)}(\xi)}{(n+1)!}x^{n+1}$ (ξ 介于 x_0 与 x 之间).

几个常见的初等函数的带有佩亚诺型余项的麦克劳林公式:

$$\mathrm{e}^x=1+x+\frac{1}{2!}x^2+\cdots+\frac{1}{n!}x^n+o(x^n),$$

$$\sin x=x-\frac{1}{3!}x^3+\frac{1}{5!}x^5-\cdots+\frac{(-1)^{m-1}}{(2m-1)!}x^{2m-1}+o(x^{2m-1}),$$

$$\cos x=1-\frac{1}{2!}x^2+\frac{1}{4!}x^4-\cdots+\frac{(-1)^m}{(2m)!}x^{2m}+o(x^{2m}),$$

$$\ln(1+x)=x-\frac{1}{2}x^2+\frac{1}{3}x^3-\cdots+\frac{(-1)^{n-1}}{n}x^n+o(x^n),$$

$$(1+x)^a=1+ax+\frac{a(a-1)}{2!}x^2+\cdots+\frac{a(a-1)\cdots(a-n+1)}{n!}x^n+o(x^n).$$

四、函数的单调性和曲线的凹凸性

1. 函数单调性的判定

设函数 $y=f(x)$ 在 $[a,b]$ 上连续, 在 (a,b) 内可导,

(1) 如果在 (a,b) 内 $f'(x)>0$, 那么函数 $y=f(x)$ 在 $[a,b]$ 上单调增加;

(2) 如果在 (a,b) 内 $f'(x)<0$, 那么函数 $y=f(x)$ 在 $[a,b]$ 上单调减少.

2. 函数极值的判定

极值的第一充分条件 设函数 $f(x)$ 在 x_0 处连续, 且在 x_0 的某去心邻域 $\mathring{U}(x_0,\delta)$ 内可导, 如果 $x\in(x_0-\delta,x_0)$ 时, $f'(x)>0$, 而 $x\in(x_0,x_0+\delta)$ 时, $f'(x)<0$, 那么 $f(x)$ 在 x_0 处取得极大值; 如果 $x\in(x_0-\delta,x_0)$ 时, $f'(x)<0$, 而 $x\in(x_0,x_0+\delta)$ 时, $f'(x)>0$, 那么 $f(x)$ 在 x_0 处取得极小值; 如果 $x\in\mathring{U}(x_0,\delta)$ 时, $f'(x)$ 的符号保持不变, 那么 $f(x)$ 在 x_0 处没有极值.

极值的第二充分条件 设函数 $f(x)$ 在 x_0 处具有二阶导数且 $f'(x_0)=0$, $f''(x_0)\neq 0$, 那么当 $f''(x_0)<0$ 时, 函数 $f(x)$ 在 x_0 处取得极大值; 当 $f''(x_0)>0$ 时, 函数 $f(x)$ 在 x_0 处取得极小值.

极值的第二充分条件的推广 设 $f(x)$ 在 x_0 处有 n 阶导数, 并且 $f'(x_0)=f''(x_0)=\cdots=f^{(n-1)}(x_0)=0$, $f^{(n)}(x_0)\neq 0$, 则 (1) 当 n 是偶数时, $f(x)$ 在 x_0 点取得极值, 并且 $f^{(n)}(x_0)<0$ 时, $f(x_0)$ 是极大值; $f^{(n)}(x_0)>0$ 时, $f(x_0)$ 是极小值; (2) 当 n 是奇数时, $f(x)$ 在 x_0 点不是极值.

寻找连续函数 $f(x)$ 的极值一般按照如下步骤进行:

(1) 求出导数 $f'(x)$.

(2) 求出 $f(x)$ 全部驻点与不可导点.

(3) 考察 $f'(x)$ 的符号在每个驻点或不可导点的左右邻近的符号, 以确定该点是否为极值点. 如果是极值点, 确定是极大值点还是极小值点. 对于驻点也可以继续求出更高阶导数, 直至驻点处高阶导数不为零, 以确定该驻点是否为极值点.

(4) 求出各极值点的函数值, 就得到函数 $f(x)$ 的全部极值.

3. 曲线的凹凸性的判定

如果函数 $y=f(x)$ 在 $[a,b]$ 上连续, 在 (a,b) 内具有一阶和二阶导数, 那么

(1) 若 $\forall x\in(a,b)$ 有 $f''(x)>0$, 则曲线 $y=f(x)$ 在 $[a,b]$ 上的图形是**凹的**;

(2) 若 $\forall x\in(a,b)$ 有 $f''(x)<0$, 则曲线 $y=f(x)$ 在 $[a,b]$ 上的图形是**凸的**.

一般地, 设 $y=f(x)$ 在区间 I 上连续, x_0 是 I 的内点 (区间 I 的内点是指除端点之外的 I 内的点). 如果曲线 $y=f(x)$ 在经过点 $(x_0,f(x_0))$ 时, 曲线的凹凸性改变了, 那么就称点 $(x_0,f(x_0))$ 为曲线的**拐点**. 也就是说, 连续曲线凹与凸的分界点称为该曲线的拐点.

可以按照下列步骤来判定函数在定义域上曲线的凹凸性及求出曲线的拐点.

(1) 求 $f''(x)$;

(2) 令 $f''(x)=0$, 求出使 $f''(x)=0$ 和 $f''(x)$ 不存在的点 x;

(3) 用这些点把定义域分成若干小区间, 讨论 $f''(x)$ 的符号, 判定曲线 $y=f(x)$ 在小区间的凹凸性, 考察 $f''(x)$ 在 x 两侧近旁是否变号, 如果 $f''(x)$ 变号, 那么点 $(x,f(x))$ 是曲线 $y=f(x)$ 的拐点.

五、函数图形的描绘

利用导数描绘函数图形的基本步骤如下:

(1) 确定函数的定义域, 考察函数的有界性、奇偶性、周期性;

(2) 求出 $f'(x)=0$ 与 $f''(x)=0$ 及 $f'(x)$ 与 $f''(x)$ 不存在的点, 将这些点用列表的形式划分函数定义域为几个部分区间;

(3) 确定在这些部分区间内 $f'(x)$ 和 $f''(x)$ 的符号, 确定函数的单调区间、极值点, 曲线的凹凸区间及拐点, 并在表格上用特殊符号标出;

(4) 考察函数的水平、垂直渐近线及其他变化趋势;

(5) 求出 $f'(x)$ 和 $f''(x)$ 的零点以及不存在的点所对应的函数值, 定出图形上相应点, 为了把图形描绘得准确些, 有时还需要补充一些点, 然后结合第三、四步中得到的结果, 描出上述求出的特殊点, 作出草图.

六、曲率

定义 当点 M' 沿着曲线趋于点 M 时, 即 $\Delta s\to 0$ 时, 如果平均曲率的极限 $\lim\limits_{\Delta s\to 0}\left|\dfrac{\Delta\alpha}{\Delta s}\right|$ 存在, 那么称这个极限 K 为曲线在点 M 处的**曲率**, 记为

$$K=\lim_{\Delta s\to 0}\left|\frac{\Delta\alpha}{\Delta s}\right|=\left|\frac{\mathrm{d}\alpha}{\mathrm{d}s}\right|.$$

计算曲率的公式为

$$K=\left|\frac{\mathrm{d}\alpha}{\mathrm{d}s}\right|=\left|\frac{\dfrac{y''}{1+y'^2}\mathrm{d}x}{\sqrt{1+y'^2}\mathrm{d}x}\right|=\frac{|y''|}{(1+y'^2)^{\frac{3}{2}}}.$$

如果曲线由参数方程 $\begin{cases} x=\varphi(t), \\ y=\psi(t) \end{cases}$ 给出, 那么

$$K=\frac{|y''|}{(1+y'^2)^{\frac{3}{2}}}=\frac{|\varphi'(t)\psi''(t)-\varphi''(t)\psi'(t)|}{[\varphi'^2(t)+\psi'^2(t)]^{\frac{3}{2}}}.$$

在极坐标 $\rho=\rho(\theta)$ 下, 由 $\begin{cases} x=\rho(\theta)\cos\theta, \\ y=\rho(\theta)\sin\theta \end{cases}$ 可得

$$K=\frac{|y''|}{(1+y'^2)^{\frac{3}{2}}}=\frac{|\rho^2(\theta)+2\rho'^2(\theta)-\rho(\theta)\rho''(\theta)|}{[\rho^2(\theta)+\rho'^2(\theta)]^{\frac{3}{2}}}.$$

曲率圆的圆心 D 叫做曲线在点 M 处的**曲率中心**, 曲率圆的半径 ρ 叫做曲线在点 M 处的**曲率半径**.

设已知曲线方程为 $y=f(x)$, 且其二阶导数 y'' 在点 x 不为零, 则曲线在点 $M(x,y)$ 的曲率中心 $D(\alpha,\beta)$ 的坐标为

$$\begin{cases} \alpha=x-\dfrac{y'(1+y'^2)}{y''}, \\ \beta=y+\dfrac{1+y'^2}{y''}. \end{cases}$$

总 习 题 三

1. 试证明对函数 $y=px^2+qx+r$ 应用拉格朗日中值定理时所求得的点 ξ 总是位于区间的正中间.

2. 证明: 恒等式 $3\arccos x-\arccos(3x-4x^3)=\pi$ 在 $|x|\leqslant\dfrac{1}{2}$ 时成立.

3. 证明: 当 $x>1$ 时, $\mathrm{e}^x>\mathrm{e}\cdot x$.

4. 设 $f(x)$ 在 $[0,1]$ 上连续, 在 $(0,1)$ 内可导, 且 $f(0)=0$, 对任意 $x\in(0,1)$, 有 $f(x)\neq 0$. 证明: 存在 $\xi\in(0,1)$, 使得

$$\frac{f'(\xi)}{f(\xi)}=\frac{f'(1-\xi)}{f(1-\xi)}.$$

5. 设 $f(x)$ 在 $\left[0,\dfrac{\pi}{2}\right]$ 上连续, 在 $\left(0,\dfrac{\pi}{2}\right)$ 内可导, 且 $f\left(\dfrac{\pi}{2}\right)=0$, 证明: 存在一点 $\xi\in\left(0,\dfrac{\pi}{2}\right)$, 使得 $f(\xi)+\tan\xi f'(\xi)=0$.

6. 设 n 为偶数, 且 $a\neq 0$, 试证: 方程 $x^n+a^n=(x+a)^n$ 有且仅有一个实根 $x=0$.

7. 设 $f(x)$ 和 $g(x)$ 都是可导函数, 且 $|f'(x)|<g'(x)$, 证明: 当 $x>a$ 时,

$$|f(x)-f(a)|<g(x)-g(a).$$

8. 求下列极限.

(1) $\lim\limits_{x\to0}\dfrac{\mathrm{e}^{x^2}-\cos x}{x^2}$;　　(2) $\lim\limits_{x\to1}\left(\dfrac{x}{x-1}-\dfrac{1}{\ln x}\right)$;

(3) $\lim\limits_{x\to1^-}\ln x\ln(1-x)$;　　(4) $\lim\limits_{x\to+\infty}\left[x-x^2\ln\left(1+\dfrac{1}{x}\right)\right]$;

(5) $\lim\limits_{x\to+\infty}\left(\dfrac{2}{\pi}\arctan x\right)^x$;　　(6) $\lim\limits_{x\to\frac{\pi}{2}^-}(\tan x)^{2x-\pi}$;

(7) $\lim\limits_{n\to\infty}(1+n)^{\frac{1}{\sqrt{n}}}$;　　(8) $\lim\limits_{x\to0}\dfrac{1}{x}\left(\dfrac{1}{x}-\cot x\right)$.

9. 将 $f(x)=\ln(1+\sin x)$ 在 $x=0$ 点展开到含 x^4 的项 (带佩亚诺型余项).

10. 在曲线 $y=a^2-x^2\ (a>0)$ 的第一象限部分上求一点 $M_0(x_0,y_0)$, 使得过此点所作切线与两坐标轴所围成的三角形的面积最小.

11. 设 $f(x)=\begin{cases} x^{2x}, & x>0, \\ x+2, & x\leqslant 0, \end{cases}$ 求函数 $f(x)$ 的极值.

12. 确定下列函数的单调区间.

(1) $y=2x-\ln(4x)^2$;　　(2) $y=\ln(x+\sqrt{1+x^2})$.

13. 求下列函数的极值.

(1) $y=x^{\frac{1}{x}}$;　　(2) $y=x^{\frac{1}{3}}(1-x)^{\frac{2}{3}}$.

14. 求数列 $\{\sqrt[n]{n}\}$ 的最大项.

15. 证明不等式 $\dfrac{|a+b|}{1+|a+b|}\leqslant\dfrac{|a|}{1+|a|}+\dfrac{|b|}{1+|b|}$.

16. 证明: 当 $x>1$ 时, 有 $\ln x>\dfrac{2(x-1)}{x+1}$.

17. 求 $f(x)=\dfrac{\sqrt[3]{(x-1)^2}}{x+3}$ 在闭区间 $[0,2]$ 上的最大值和最小值.

18. 求函数 $f(x)=(x-1)^2(3x+2)^3$ 的极值与极值点.

19. 研究曲线 $y=\dfrac{(x+1)^3}{(x-1)^2}$ 的凹凸性与渐近线.

20. 曲线弧 $y=\sin x(0<x<\pi)$ 上哪一点处的曲率半径最小? 求出该点的曲率半径.

21. 设 $f(x)$ 在 (a,b) 内可微, 但无界, 试证明: $f'(x)$ 在 (a,b) 内无界.

第三章自测题

第四章　一元函数积分学及其应用

本章讨论一元函数积分学, 与微分学不同, 它是研究函数在某区间上的整体性质. 本章将在极限理论的基础之上, 建立定积分的概念、存在条件和性质; 通过微积分基本定理和牛顿 – 莱布尼茨 (Newton-Leibniz) 公式, 阐明微分与积分的联系, 将定积分的计算转化为求被积函数的原函数或不定积分的计算; 介绍不定积分的两种基本积分方法 —— 换元积分法与分部积分法; 介绍有理函数的不定积分及某些特殊类型函数的不定积分方法; 介绍应用定积分解决实际问题的常用方法 —— 元素法及其在几何学和物理学中的应用. 最后介绍两类反常积分的概念及其收敛性的判别方法. 下面给出本章的知识结构框图, 如图 4–1 所示.

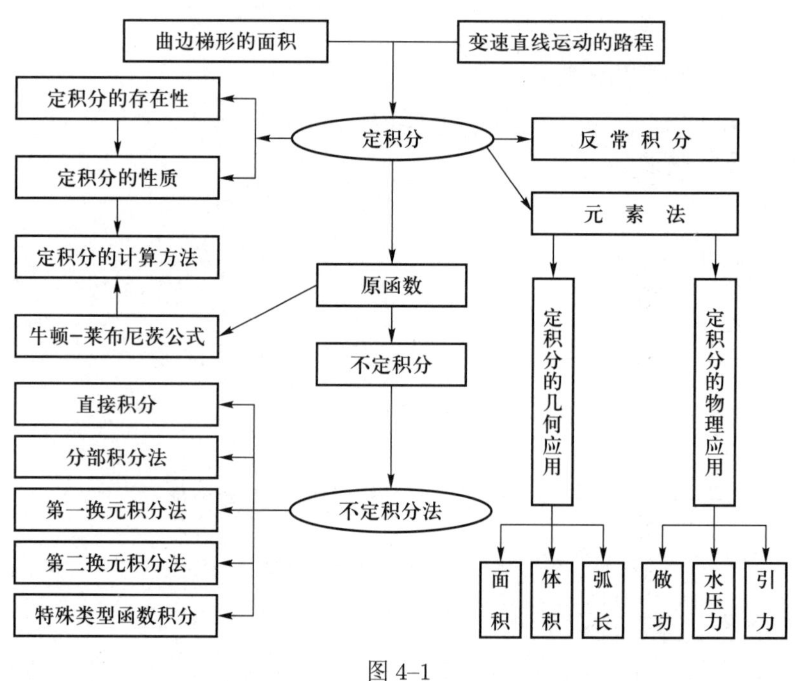

图 4–1

第一节　定积分的概念

本节通过几个实例引出定积分的定义, 利用定积分的几何意义说明定积分的存在条件.

一、定积分问题举例

1. 曲边梯形的面积

设函数 $y = f(x)$ 在区间 $[a, b]$ 上非负、连续. 由直线 $x = a$, $x = b$, $y = 0$ 及曲线 $y = f(x)$

所围成的图形称为**曲边梯形**, 如图 4–2 所示, 其中曲线弧 $\overset{\frown}{AB}$ 称为**曲边**.

如果在区间 $[a,b]$ 上, $f(x)=H$ (H 为正常数), 那么上面所述的曲边梯形便是一个高为 H 的矩形, 因此可用乘法求得该曲边梯形 (矩形) 的面积

$$A=底\ \times 高\ =(b-a)H. \tag{1.1}$$

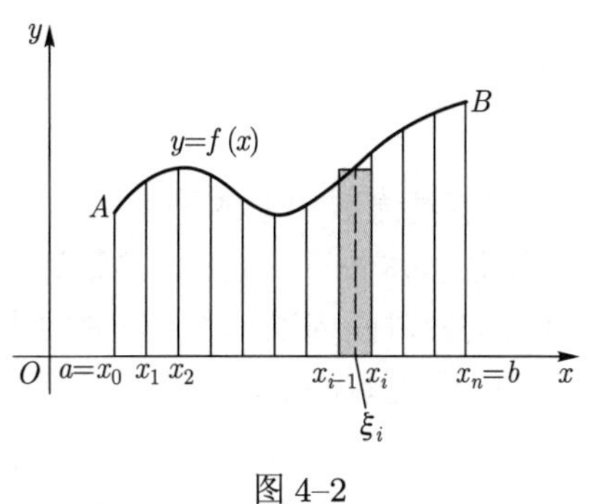

图 4–2

然而, 如果 $f(x)$ 不恒为常数, 此时曲边梯形的 "高" $f(x)$ 随 x 的变化而变化, 它的面积随底边长度的变化是非均匀的 (即在不同点 x 处, 底边长度的改变量 Δx 相同时, 相应的曲边梯形面积的改变量 ΔA 不尽相同), 那么不能直接用公式 (1.1) 来计算其面积. 但由于曲边梯形的高 $f(x)$ 在区间 $[a,b]$ 上是连续变化的, 在很小一段区间上它的变化是很小的, 近似于不变. 因此, 如果把区间 $[a,b]$ 划分为许多小区间, 在每个小区间上用其中某一点处的高来近似代替同一个小区间上窄曲边梯形的变高, 那么每个窄曲边梯形就可以看成窄矩形, 就以所有这些窄矩形面积之和作为曲边梯形面积的近似值. 易看出, 区间 $[a,b]$ 被分割得越细, 即各个小区间长度越小, 近似的程度越好. 并且把区间 $[a,b]$ 无限细分下去, 即每个小区间的长度都趋于零, 这时所有窄矩形的面积之和的极限就可以定义为**曲边梯形的面积**. 该定义同时也给出计算曲边梯形面积的方法, 上述思路可以分解为下列四个具体求解步骤.

分割 在区间 $[a,b]$ 内任意插入 $n-1$ 个分点

$$a=x_0<x_1<x_2<\cdots<x_{n-1}<x_n=b,$$

将 $[a,b]$ 分割成 n 个子区间

$$[x_{i-1},x_i]\quad (i=1,2,\cdots,n),$$

第 i 个子区间 $[x_{i-1},x_i]$ 的长度为

$$\Delta x_i=x_i-x_{i-1}\quad (i=1,2,\cdots,n).$$

过每一个分点作平行于 y 轴的直线, 把曲边梯形分成 n 个窄曲边梯形.

近似 在第 i 个子区间 $[x_{i-1},x_i]$ 上任取一点 ξ_i, 对应窄曲边梯形的面积 ΔA_i 用底为 Δx_i、高为 $f(\xi_i)$ 的小矩形面积近似代替, 如图 4–2 所示, 则

$$\Delta A_i\approx f(\xi_i)\Delta x_i\quad (i=1,2,\cdots,n).$$

求和 将所有窄曲边梯形面积的近似值加起来就得到曲边梯形面积 A 的近似值

$$A\approx\sum_{i=1}^{n}f(\xi_i)\Delta x_i.$$

取极限 当子区间个数 n 越多并且每个子区间的长度越小时, 上面的表达式的近似程度就越高. 因此, 当所有子区间长度的最大值 (记作 $\lambda=\max\limits_{1\leqslant i\leqslant n}\{\Delta x_i\}$) 趋于零时, 上面和式的极限就

是曲边梯形面积 A 的精确值, 即

$$A=\lim_{\lambda\to 0}\sum_{i=1}^{n}f(\xi_i)\Delta x_i. \tag{1.2}$$

2. 变速直线运动的路程

设某物体做直线运动, 已知速度 $v=v(t)$ 是时间间隔 $[T_1,T_2]$ 上的连续函数, 且 $v(t)\geqslant 0$, 计算在这段时间内物体所经过的路程 s.

对于等速直线运动, 有公式

$$\text{路程}=\text{速度}\ \times\text{时间}. \tag{1.3}$$

但是, 在本问题中, 速度不是常量而是随时间变化的变量, 因此, 所求路程 s 不能直接按等速直线运动的路程公式 (1.3) 来计算. 然而, 由于物体运动的速度函数 $v=v(t)$ 是连续变化的, 在很短一段时间内, 速度的变化很小, 近似于等速. 因此, 如果把时间间隔分得比较小, 在小段时间内, 以等速运动近似代替变速运动, 那么可以算出部分路程的近似值; 再求和, 得整个路程的近似值; 最后, 通过对时间间隔无限细分的极限过程, 这时所有部分路程的近似值之和的极限, 就是所求变速直线运动的路程的精确值. 其具体的计算步骤如下:

分割　在时间间隔 $[T_1,T_2]$ 内任意插入 $n-1$ 个分点

$$T_1=t_0<t_1<t_2<\cdots<t_{n-1}<t_n=T_2,$$

将区间 $[T_1,T_2]$ 分割成 n 个子区间

$$[t_{i-1},t_i]\quad(i=1,2,\cdots,n),$$

第 i 个子区间 $[t_{i-1},t_i]$ 的长度为

$$\Delta t_i=t_i-t_{i-1}\quad(i=1,2,\cdots,n).$$

相应地, 在此时间段内物体经过的路程记为 $\Delta s_i(i=1,2,\cdots,n)$.

近似　在第 i 个时间段 $[t_{i-1},t_i]$ 上任取一点 τ_i, 以时刻 τ_i 的速度 $v(\tau_i)$ 来近似代替 $[t_{i-1},t_i]$ 上各个时刻的速度, 得到部分路程 Δs_i 的近似值, 即

$$\Delta s_i\approx v(\tau_i)\Delta t_i\quad(i=1,2,\cdots,n).$$

求和　这 n 段部分路程的近似值之和就是所求变速直线运动路程 s 的近似值, 即

$$s\approx\sum_{i=1}^{n}v(\tau_i)\Delta t_i.$$

取极限　记 $\lambda=\max\limits_{1\leqslant i\leqslant n}\{\Delta t_i\}$, 当 $\lambda\to 0$ 时, 对上述和式取极限, 即得变速直线运动的路程

$$s=\lim_{\lambda\to 0}\sum_{i=1}^{n}v(\tau_i)\Delta t_i. \tag{1.4}$$

上面两个问题尽管实际意义完全不同, 但它们计算的方法和步骤却完全一样, 而且最终都归结为求一个具有完全相同数学结构的和式极限. 不仅如此, 在物理、力学及其他众多学科领域中, 还有许多重要的量都可用同样的方法和步骤归结为具有同样数学结构的和式极限来计算. 抛开各个问题的具体含义, 仅保留其数学结构, 便抽象出定积分的定义.

二、定积分定义

定义 1.1　设函数 $f(x)$ 定义在闭区间 $[a,b]$ 上, 在区间 $[a,b]$ 内任意插入 $n-1$ 个分点

$$a=x_0<x_1<x_2<\cdots<x_{n-1}<x_n=b,$$

将区间 $[a,b]$ 分割成 n 个小区间

$$[x_{i-1},x_i]\quad(i=1,2,\cdots,n),$$

第 i 个小区间 $[x_{i-1},x_i]$ 的长度为

$$\Delta x_i=x_i-x_{i-1}\quad(i=1,2,\cdots,n).$$

任取 $\xi_i\in[x_{i-1},x_i]$, 作乘积 $f(\xi_i)\Delta x_i(i=1,2,\cdots,n)$, 并作和

$$S=\sum_{i=1}^{n}f(\xi_i)\Delta x_i.$$

记 $\lambda=\max\limits_{1\leqslant i\leqslant n}\{\Delta x_i\}$, 如果不论对区间 $[a,b]$ 怎样分法, 也不论在小区间 $[x_{i-1},x_i]$ 上的点 ξ_i 怎样取法, 只要当 $\lambda\to 0$ 时, 和 S 都趋于同一常数 I, 那么称函数 $f(x)$ 在区间 $[a,b]$ 上**可积**, 并称常数 I 为 $f(x)$ 在区间 $[a,b]$ 上的**定积分**, 记作 $\int_a^b f(x)\mathrm{d}x$, 即

$$\int_a^b f(x)\mathrm{d}x=\lim_{\lambda\to 0}\sum_{i=1}^{n}f(\xi_i)\Delta x_i.\tag{1.5}$$

其中 $f(x)$ 称为**被积函数**, $f(x)\mathrm{d}x$ 称为**被积表达式**, x 称为**积分变量**, a 称为**积分下限**, b 称为**积分上限**, $[a,b]$ 称为**积分区间**, $\int$ 称为**积分号**.

用 "$\varepsilon-\delta$" 的说法, 上述定积分的定义可以精确地表述如下:

设有函数 $f(x)$ 和常数 I, 如果对任意给定的正数 ε, 总存在某个正数 δ, 使得对于区间 $[a,b]$ 的任何分法, 不论 ξ_i 在区间 $[x_{i-1},x_i]$ 中怎样取法, 只要 $\lambda=\max\limits_{1\leqslant i\leqslant n}\{\Delta x_i\}<\delta$, 总有

$$\left|\sum_{i=1}^{n}f(\xi_i)\Delta x_i-I\right|<\varepsilon$$

成立, 那么称 I 为 $f(x)$ 在区间 $[a,b]$ 上的**定积分**, 记作 $\int_a^b f(x)\mathrm{d}x$.

对这个定义, 需要注意以下几点:

(1) 在定义中, 当所有小区间长度的最大值 $\lambda \to 0$ 时, 所有小区间的长度都趋于零, 因而小区间的个数 n 必然趋于无穷大. 但不能用 $n \to \infty$ 来代替 $\lambda \to 0$. 这是因为对区间的分割是任意的, $n \to \infty$ 并不能保证每个小区间的长度都趋于零.

(2) 在构造定义中的和式 $\sum\limits_{i=1}^{n} f(\xi_i)\Delta x_i$ (通常称该和式为 $f(x)$ 的**积分和**) 时, 包含了两个任意性, 即对区间的分割与 ξ_i 的选取都是任意的. 显然, 对于区间的不同分割和 ξ_i 的不同选取, 得到的和式一般都不相同. 定义要求无论区间如何分割以及点 ξ_i 怎样选取, 只要 $\lambda \to 0$, 所有这些和式都要趋于同一个数, 这样才称函数 $f(x)$ 在区间 $[a,b]$ 上可积. 换句话说, 如果对区间的某两种不同分割或 ξ_i 的两种不同选取得到的和式趋于不同的数, 那么 $f(x)$ 在该区间上不可积. 例如, 狄利克雷函数

$$D(x) = \begin{cases} 1, & x \text{ 为有理数}, \\ 0, & x \text{ 为无理数} \end{cases}$$

在区间 $[0,1]$ 上不可积. 事实上, 将区间 $[0,1]$ 任意分割为 n 个小区间. 若取 ξ_i 为小区间 $[x_{i-1},x_i]$ 中的有理数, 则 $D(\xi_i)=1$, 从而有

$$\lim_{\lambda \to 0} \sum_{i=1}^{n} D(\xi_i)\Delta x_i = \lim_{\lambda \to 0} \sum_{i=1}^{n} \Delta x_i = 1;$$

若取 ξ_i 为小区间 $[x_{i-1},x_i]$ 中的无理数, 则 $D(\xi_i)=0$, 从而有

$$\lim_{\lambda \to 0} \sum_{i=1}^{n} D(\xi_i)\Delta x_i = 0.$$

因此 $D(x)$ 在区间 $[0,1]$ 上不可积.

由此可知, 定积分定义中的和式极限 (1.5) 不同于前面讲过的数列极限, 也不同于函数极限.

(3) 当积分和 $\sum\limits_{i=1}^{n} f(\xi_i)\Delta x_i$ 的极限存在时, 其极限 I 仅与被积函数 $f(x)$ 及积分区间 $[a,b]$ 有关. 如果不改变被积函数 f, 也不改变积分区间 $[a,b]$, 而只把积分变量 x 改成其他字母, 例如 t 或 u, 那么积分和的极限 I 不变, 也就是定积分的值不变, 即

$$\int_a^b f(x)\mathrm{d}x = \int_a^b f(t)\mathrm{d}t = \int_a^b f(u)\mathrm{d}u.$$

利用定积分的定义, 前面所讨论的两个实际问题可以分别表述如下.

曲线 $y=f(x)(f(x) \geqslant 0)$、x 轴及两条直线 $x=a$、$x=b$ 所围成的曲边梯形的面积 A 等于函数 $f(x)$ 在区间 $[a,b]$ 上的定积分, 即

$$A = \int_a^b f(x)\mathrm{d}x.$$

物体以变速 $v=v(t)(v(t)\geqslant 0)$ 做直线运动, 从时刻 $t=T_1$ 到时刻 $t=T_2$, 该物体经过的路程 s 等于 $v(t)$ 在区间 $[T_1,T_2]$ 上的定积分, 即

$$s=\int_{T_1}^{T_2} v(t)\mathrm{d}t.$$

定积分的几何意义 由上述可知, 在 $[a,b]$ 上 $f(x)\geqslant 0$ 时, 定积分 $\int_a^b f(x)\mathrm{d}x$ 的值等于由曲线 $y=f(x)$, 两条直线 $x=a$, $x=b$ 与 x 轴所围成的曲边梯形的面积; 在 $[a,b]$ 上 $f(x)\leqslant 0$ 时, 由曲线 $y=f(x)$, 两条直线 $x=a$, $x=b$ 与 x 轴所围成的曲边梯形位于 x 轴下方, 定积分

$$\int_a^b f(x)\mathrm{d}x$$

等于上述曲边梯形面积的负值; 在 $[a,b]$ 上 $f(x)$ 既取正值又取负值时, 曲线 $y=f(x)$ 的某些部分在 x 轴的上方, 而其他部分在 x 轴下方, 如图 4–3 所示, 此时定积分 $\int_a^b f(x)\mathrm{d}x$ 等于三个小区间上的定积分的代数和, 即

$$\int_a^b f(x)\mathrm{d}x=A_1-A_2+A_3.$$

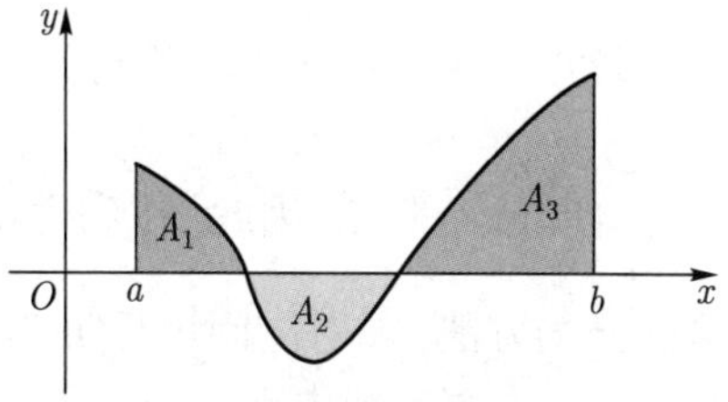

图 4–3

三、定积分的存在性

对于定积分, 定义在 $[a,b]$ 上的函数满足什么条件才可积呢? 首先给出函数可积的必要条件.

定理 1.1 (可积的必要条件) 若函数 $f(x)$ 在区间 $[a,b]$ 上可积, 则 $f(x)$ 在区间 $[a,b]$ 上有界.

证 用反证法. 倘若 $f(x)$ 在区间 $[a,b]$ 上无界, 任意分割 $[a,b]$, 则至少存在一个小区间 $[x_{k-1},x_k]$, 使得 $f(x)$ 在小区间 $[x_{k-1},x_k]$ 上无界. 在 $i\neq k$ 的各个小区间 $[x_{i-1},x_i]$ 上任意取一定点 ξ_i, 并记

$$G=\left|\sum_{i=1,i\neq k}^{n} f(\xi_i)\Delta x_i\right|.$$

现对无论怎样大的正数 M, 总能找到 $\xi_k\in[x_{k-1},x_k]$, 使得

$$|f(\xi_k)|>\frac{M+G}{\Delta x_k},$$

于是有

$$\begin{aligned}\left|\sum_{i=1}^{n} f(\xi_i)\Delta x_i\right| &\geqslant |f(\xi_k)\Delta x_k|-\left|\sum_{i=1,i\neq k}^{n} f(\xi_i)\Delta x_i\right|\\ &>\frac{M+G}{\Delta x_k}\cdot\Delta x_k-G=M.\end{aligned}$$

故和式极限 $\lim\limits_{\lambda\to 0}\sum\limits_{i=1}^{n} f(\xi_i)\Delta x_i$ 不存在, 即 $f(x)$ 在 $[a,b]$ 上不可积. 这与函数 $f(x)$ 在区间 $[a,b]$ 上可积相矛盾.

有界是函数可积的必要条件, 但不是充分条件. 如前面已经指出, 狄利克雷函数在区间 $[0,1]$ 上是有界的, 但却在区间 $[0,1]$ 上不可积. 因此, 还需要进一步寻找函数可积的条件. 这个问题不作深入讨论, 而只给出以下函数可积的充分条件.

定理 1.2 若函数 $f(x)$ 在区间 $[a,b]$ 上连续, 则 $f(x)$ 在区间 $[a,b]$ 上可积.

定理 1.3 若函数 $f(x)$ 在区间 $[a,b]$ 上有界, 且只有有限个间断点, 则 $f(x)$ 在区间 $[a,b]$ 上可积.

定理 1.4 若函数 $f(x)$ 在区间 $[a,b]$ 上单调, 则 $f(x)$ 在区间 $[a,b]$ 上可积.

根据定积分的定义, 如果函数 $f(x)$ 在区间 $[a,b]$ 上可积, 那么, 无论区间怎样分割及 ξ_i 怎样选取, 当 $\lambda\to 0$ 时, 所得到的和式 $\sum\limits_{i=1}^{n} f(\xi_i)\Delta x_i$ 都趋于同一个数, 那么这个数就是定积分 $\int_a^b f(x)\mathrm{d}x$ 的值. 因此, 在利用定义计算可积函数定积分的时候, 对区间 $[a,b]$ 可采用某种特殊的分割方法, 如对区间进行 n 等分; 对 ξ_i 也可以采用某种特殊的选取方法, 如选取小区间的左端点、右端点或中点.

例 1.1 用定积分定义计算定积分 $\int_0^1 x^2\mathrm{d}x$.

解 由于被积函数 $f(x)=x^2$ 在区间 $[0,1]$ 上连续, 因而可积. 将区间 $[0,1]$ 分成 n 等份, 分点为 $x_i=\dfrac{i}{n}, i=1,2,\cdots,n-1$; 这样每个小区间 $[x_{i-1},x_i]$ 的长度 $\Delta x_i=\dfrac{1}{n}$, 取 $\xi_i=x_i$, $i=1,2,\cdots,n$. 于是, 得积分和

$$\begin{aligned}\sum_{i=1}^{n} f(\xi_i)\Delta x_i &= \sum_{i=1}^{n}\xi_i^2\Delta x_i=\sum_{i=1}^{n}\left(\frac{i}{n}\right)^2\frac{1}{n}=\frac{1}{n^3}\sum_{i=1}^{n}i^2\\ &=\frac{1}{n^3}\cdot\frac{1}{6}n(n+1)(2n+1)=\frac{1}{6}\left(1+\frac{1}{n}\right)\left(2+\frac{1}{n}\right),\end{aligned}$$

于是

$$\int_0^1 x^2\mathrm{d}x=\lim_{n\to\infty}\frac{1}{6}\left(1+\frac{1}{n}\right)\left(2+\frac{1}{n}\right)=\frac{1}{3}.$$

习题 4–1

(A)

1. 设 $f(x)$ 在 $[0,1]$ 上连续, 且 $\int_0^1 f(x)\mathrm{d}x=\lim\limits_{n\to\infty}\sum\limits_{i=1}^{n}\dfrac{1}{n+i}$, 则 $f(x)=$________ .

2. 设 $f(x)$ 在 $[1,2]$ 上连续, 且 $\int_1^2 f(x)\mathrm{d}x=\lim\limits_{n\to\infty}\sum\limits_{i=1}^n \frac{1}{n+i}$, 则 $f(x)=$________.

3. 设 $f(x)=\begin{cases}1,\ x=c\in[a,b],\\0,\ x\in[a,b],x\neq c,\end{cases}$ 则 $\int_a^b f(x)\mathrm{d}x=$________.

4. 利用定积分定义计算下列积分.

(1) $\int_a^b x\mathrm{d}x \quad (a<b)$;　(2) $\int_0^1 \mathrm{e}^x\mathrm{d}x$;　(3) $\int_0^b x^2\mathrm{d}x \quad (b>0)$.

5. 利用定积分的几何意义计算下列积分.

(1) $\int_0^a \sqrt{a^2-x^2}\mathrm{d}x \quad (a>0)$;　(2) $\int_{-\pi}^{\pi} \sin x\mathrm{d}x$;

(3) $\int_a^b \left|x-\frac{a+b}{2}\right|\mathrm{d}x \quad (a<b)$.

6. 设有一直线段金属丝位于 x 轴上从 $x=0$ 到 $x=a$ 处, 其上各点 x 处质量的密度与 x 成正比, 比例系数为 k, 求该金属丝的质量.

7. 水库的一个矩形闸门垂直立于水中, 设其高为 a m, 宽为 b m. 当水面与闸门顶部相齐时, 写出该闸门所受到的水压力的积分表达式.

(B)

8. 设 $f(x)$ 在 $[-a,a]$ 上可积, 根据定积分的几何意义说明:

$$\int_{-a}^a f(x)\mathrm{d}x=\begin{cases}0, & f \text{ 是奇函数},\\ 2\int_0^a f(x)\mathrm{d}x, & f \text{ 是偶函数}.\end{cases}$$

第二节　定积分的性质

一、定积分的基本性质

上面所介绍的定积分的定义是由德国数学家黎曼 (Riemann) 给出的, 因而通常称定积分为**黎曼积分**, 简称为 **R 积分**. 为方便起见, 将在区间 $[a,b]$ 上黎曼可积 (即黎曼积分存在) 的函数全体构成的集合记作 $\mathfrak{R}[a,b]$.

按定积分的定义, 记号 $\int_a^b f(x)\mathrm{d}x$ 只有当 $a<b$ 时才有意义, 而当 $a=b$ 或 $a>b$ 时本来是没有意义的. 但为了运用上的方便, 对它作如下规定:

规定 1　当 $a=b$ 时, 令 $\int_a^b f(x)\mathrm{d}x=0$.

规定 2　当 $a>b$ 时, 令 $\int_a^b f(x)\mathrm{d}x=-\int_b^a f(x)\mathrm{d}x$.

由上式可知, 交换定积分的上、下限时, 绝对值不变而符号相反.

下面介绍黎曼积分的几个常用的重要性质. 下述各性质中积分上、下限的大小, 如不特别指明, 均不加限制.

性质 2.1 (线性性质) 设 $f,g\in\Re[a,b]$, $\alpha,\beta\in\mathbf{R}$, 则 $\alpha f+\beta g\in\Re[a,b]$, 并且

$$\int_a^b[\alpha f(x)+\beta g(x)]\,\mathrm{d}x=\alpha\int_a^b f(x)\mathrm{d}x+\beta\int_a^b g(x)\mathrm{d}x. \tag{2.1}$$

证

$$\begin{aligned}\int_a^b[\alpha f(x)+\beta g(x)]\,\mathrm{d}x&=\lim_{\lambda\to0}\sum_{i=1}^n[\alpha f(\xi_i)+\beta g(\xi_i)]\Delta x_i\\&=\alpha\lim_{\lambda\to0}\sum_{i=1}^n f(\xi_i)\Delta x_i+\beta\lim_{\lambda\to0}\sum_{i=1}^n g(\xi_i)\Delta x_i\\&=\alpha\int_a^b f(x)\mathrm{d}x+\beta\int_a^b g(x)\mathrm{d}x.\end{aligned}$$

性质 2.1 对于任意有限个可积函数都是成立的.

性质 2.2 (对区间的可加性) 设 I 是一个有限闭区间, a, b, $c\in I$. 若 f 在 I 上可积, 则 f 在 I 上的任一子区间上都可积, 且

$$\int_a^b f(x)\mathrm{d}x=\int_a^c f(x)\mathrm{d}x+\int_c^b f(x)\mathrm{d}x. \tag{2.2}$$

证 关于 f 在 I 上的任一子区间上都可积的证明, 读者可参考有关文献, 下面证明等式 (2.2).

先设 $a<c<b$, 因为函数 $f\in\Re[a,b]$, 所以不论把区间 $[a,b]$ 怎样分割, 积分和的极限总是不变的. 因此, 在分割区间 $[a,b]$ 时, 可以使 c 总是分点. 则区间 $[a,b]$ 上的积分和等于区间 $[a,c]$ 上的积分和加上区间 $[c,b]$ 上的积分和, 记为

$$\sum_{[a,b]}f(\xi_i)\Delta x_i=\sum_{[a,c]}f(\xi_i)\Delta x_i+\sum_{[c,b]}f(\xi_i)\Delta x_i.$$

令 $\lambda\to0$, 上式两端同时取极限, 得

$$\int_a^b f(x)\mathrm{d}x=\int_a^c f(x)\mathrm{d}x+\int_c^b f(x)\mathrm{d}x.$$

若 c 在 $[a,b]$ 之外, 不妨设 $a<b<c$, 由上面已证的结论, 得

$$\begin{aligned}\int_a^c f(x)\mathrm{d}x&=\int_a^b f(x)\mathrm{d}x+\int_b^c f(x)\mathrm{d}x,\\\int_a^b f(x)\mathrm{d}x&=\int_a^c f(x)\mathrm{d}x-\int_b^c f(x)\mathrm{d}x\\&=\int_a^c f(x)\mathrm{d}x+\int_c^b f(x)\mathrm{d}x.\end{aligned}$$

性质 2.3　若在区间 $[a,b]$ 上 $f(x)\equiv 1$, 则

$$\int_a^b 1\,\mathrm{d}x=b-a.$$

该性质可由定积分的定义直接得到.

性质 2.4　设函数 $f\in\mathfrak{R}[a,b]$, 若 $f(x)\geqslant 0, x\in[a,b]$, 则

$$\int_a^b f(x)\mathrm{d}x\geqslant 0\quad (a<b).$$

证　由于在区间 $[a,b]$ 上 $f(x)\geqslant 0$, 因此

$$f(\xi_i)\geqslant 0\quad (i=1,2,\cdots,n).$$

又因为 $\Delta x_i\geqslant 0\ (i=1,2,\cdots,n)$, 所以

$$\sum_{i=1}^{n} f(\xi_i)\Delta x_i\geqslant 0.$$

令 $\lambda=\max\limits_{1\leqslant i\leqslant n}\{\Delta x_i\}\to 0$, 便得所要证的不等式.

推论 1 (积分不等式性)　设函数 $f,g\in\mathfrak{R}[a,b]$, 且 $f(x)\leqslant g(x), x\in[a,b]$, 则

$$\int_a^b f(x)\mathrm{d}x\leqslant\int_a^b g(x)\mathrm{d}x\quad (a<b).$$

证　由于在区间 $[a,b]$ 上 $g(x)-f(x)\geqslant 0$, 由性质 2.4 得

$$\int_a^b [g(x)-f(x)]\,\mathrm{d}x\geqslant 0.$$

由性质 2.1, 便得所要证的不等式.

推论 2　设函数 $f\in\mathfrak{R}[a,b]$, 且 $m\leqslant f(x)\leqslant M, x\in[a,b]$, 其中 m,M 为常数, 则

$$m(b-a)\leqslant\int_a^b f(x)\mathrm{d}x\leqslant M(b-a)\quad (a<b).$$

证　由于在区间 $[a,b]$ 上, $m\leqslant f(x)\leqslant M$, 所以由推论 1, 得

$$\int_a^b m\mathrm{d}x\leqslant\int_a^b f(x)\mathrm{d}x\leqslant\int_a^b M\mathrm{d}x.$$

再由性质 2.1 及性质 2.3, 即得所要证的不等式.

性质 2.5　设函数 $f\in\mathfrak{R}[a,b]$, 则 $|f|\in\mathfrak{R}[a,b]$, 且

$$\left|\int_a^b f(x)\mathrm{d}x\right|\leqslant\int_a^b |f(x)|\,\mathrm{d}x\quad (a<b).\tag{2.3}$$

证 关于 $|f| \in \Re[a,b]$ 可由 $f \in \Re[a,b]$ 推出, 这里不作证明, 读者可参考有关文献. 下面证明不等式 (2.3) 成立. 由于

$$-|f(x)| \leqslant f(x) \leqslant |f(x)|,$$

由推论 1 及性质 2.1 得

$$-\int_a^b |f(x)|\,\mathrm{d}x \leqslant \int_a^b f(x)\mathrm{d}x \leqslant \int_a^b |f(x)|\,\mathrm{d}x,$$

即

$$\left|\int_a^b f(x)\mathrm{d}x\right| \leqslant \int_a^b |f(x)|\,\mathrm{d}x.$$

例 2.1 若 $f(x)$ 在区间 $[a,b]$ 上连续, 且 $f(x) \geqslant 0$, $\int_a^b f(x)\mathrm{d}x = 0$, 则 $f(x) \equiv 0, x \in [a,b]$.

证 用反证法. 倘若存在某点 $x_0 \in [a,b]$, 使得 $f(x_0) > 0$, 则由连续函数的局部保号性, 存在 x_0 的邻域 $(x_0-\delta, x_0+\delta) \subset [a,b]$ (当 $x_0 = a$ 或 $x_0 = b$ 时, 则为右邻域或左邻域), 使在其中 $f(x) \geqslant \dfrac{f(x_0)}{2} > 0$. 由性质 2.2 及推论 1, 得

$$\begin{aligned}\int_a^b f(x)\mathrm{d}x &= \int_a^{x_0-\delta} f(x)\mathrm{d}x + \int_{x_0-\delta}^{x_0+\delta} f(x)\mathrm{d}x + \int_{x_0+\delta}^b f(x)\mathrm{d}x \\ &\geqslant 0 + \int_{x_0-\delta}^{x_0+\delta} \frac{f(x_0)}{2}\mathrm{d}x + 0 = f(x_0)\delta > 0.\end{aligned}$$

这与假设 $\int_a^b f(x)\mathrm{d}x = 0$ 相矛盾, 所以 $f(x) \equiv 0$, $x \in [a,b]$.

二、积分中值定理

性质 2.6 (积分中值定理) 若函数 $f(x)$ 在闭区间 $[a,b]$ 上连续, 则至少存在一点 $\xi \in [a,b]$, 使

$$\int_a^b f(x)\mathrm{d}x = f(\xi)(b-a).$$

证 由于 $f(x)$ 在闭区间 $[a,b]$ 上连续, 故 $f(x)$ 在闭区间 $[a,b]$ 上存在最大值 M 和最小值 m, 由性质 2.4 的推论 2, 得

$$m(b-a) \leqslant \int_a^b f(x)\mathrm{d}x \leqslant M(b-a),$$

于是

$$m \leqslant \frac{1}{b-a}\int_a^b f(x)\mathrm{d}x \leqslant M,$$

由闭区间上连续函数的介值定理可知, 至少存在一点 $\xi \in [a,b]$, 使得

$$f(\xi) = \frac{1}{b-a}\int_a^b f(x)\mathrm{d}x.$$

两端乘 $b-a$, 立得所要证明的等式.

当 $f(x) \geqslant 0(x \in [a,b])$ 时, 性质 2.6 有明显的几何意义, 如图 4–4 所示. 它表明, 若 $f(x)$ 在闭区间 $[a,b]$ 上连续, 则在闭区间 $[a,b]$ 中至少能找到一点 ξ, 使得以闭区间 $[a,b]$ 为底边、以曲线 $y=f(x)$ 为曲边的曲边梯形的面积等于同一底边而高为 $f(\xi)$ 的一个矩形的面积.

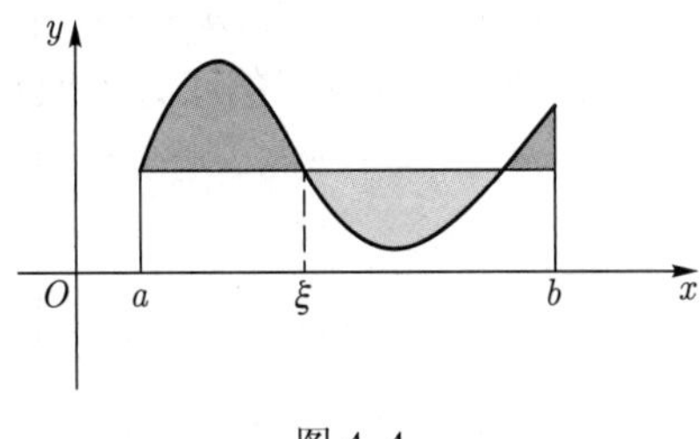

图 4–4

通常称

$$\frac{\int_a^b f(x)\mathrm{d}x}{b-a}$$

为函数 $f(x)$ 在闭区间 $[a,b]$ 上的**积分中值**, 也称为函数 $f(x)$ 在闭区间 $[a,b]$ 上的**平均值**, 它是有限个数的算术平均值概念对连续函数的推广. 大家都知道, n 个数 $y_1,y_2,\cdots,y_n$ 的算术平均值为

$$\overline{y}=\frac{y_1+y_2+\cdots+y_n}{n}=\frac{1}{n}\sum_{i=1}^{n}y_i.$$

但在许多实际问题中, 仅仅会求 n 个数的平均值是不够的, 还需要求出某个函数 $y=f(x)$ 在某区间 $[a,b]$ 上的平均值. 例如, 求一周内的平均温度或交流电的平均电流等. 如何定义并求出连续函数 $y=f(x)$ 在某区间 $[a,b]$ 上的平均值呢?

设函数 $y=f(x)$ 在某区间 $[a,b]$ 上连续, 则 $f(x)$ 在闭区间 $[a,b]$ 上可积. 对闭区间 $[a,b]$ 进行 n 等分

$$x_i=a+\frac{i}{n}(b-a), i=1,2,\cdots,n-1,$$

每个小区间的长度为 $\Delta x_i=\dfrac{b-a}{n}(i=1,2,\cdots,n)$, 取 ξ_i 为各个小区间的右端点 $x_i(i=1,2,\cdots,n)$, 则对应的 n 个函数值 $y_i=f(x_i)(i=1,2,\cdots,n)$ 的算术平均值为

$$\begin{aligned}\overline{y}_n&=\frac{1}{n}\sum_{i=1}^{n}y_i=\frac{1}{n}\sum_{i=1}^{n}f(x_i)\\&=\frac{1}{b-a}\sum_{i=1}^{n}f(x_i)\frac{b-a}{n}=\frac{1}{b-a}\sum_{i=1}^{n}f(x_i)\Delta x_i.\end{aligned}$$

显然, 当 n 增大时, $\overline{y}_n$ 就表示函数 $f(x)$ 在闭区间 $[a,b]$ 上更多点处函数值的平均值. 令 $n\to\infty$, $\overline{y}_n$ 的极限就定义为函数 $f(x)$ 在闭区间 $[a,b]$ 上的平均值 $\overline{y}$, 即

$$\overline{y}=\lim_{n\to\infty}\overline{y}_n=\frac{1}{b-a}\lim_{n\to\infty}\sum_{i=1}^{n}f(x_i)\Delta x_i=\frac{1}{b-a}\int_a^b f(x)\mathrm{d}x. \tag{2.4}$$

所以, 连续函数 $f(x)$ 在区间 $[a,b]$ 上的平均值就等于该函数在区间 $[a,b]$ 上的积分中值.

例 2.2　求正弦交流电 $i(t)=I_m\sin\omega t$ 在它的一个周期内的平均值.

解　由 (2.4), 电流的平均值为

$$\overline{I}=\frac{1}{\dfrac{2\pi}{\omega}-0}\int_0^{\frac{2\pi}{\omega}}i(t)\mathrm{d}t=\frac{\omega I_m}{2\pi}\int_0^{\frac{2\pi}{\omega}}\sin\omega t\mathrm{d}t.$$

为了求得电流平均值 $\overline{I}$ 的具体值, 必须计算右端的定积分, 但利用定积分定义来计算该定积分是比较复杂的, 因此必须寻求简单的积分方法.

* **性质 2.7 (推广的积分中值定理)** 设函数 $f(x)$ 在区间 $[a,b]$ 上连续, $g\in\Re[a,b]$, 且 $g(x)$ 在区间 $[a,b]$ 上不变号, 则至少存在一点 $\xi\in[a,b]$, 使

$$\int_a^b f(x)g(x)\mathrm{d}x = f(\xi)\int_a^b g(x)\mathrm{d}x. \tag{2.5}$$

证 不妨设在区间 $[a,b]$ 上 $g(x)\geqslant 0$, 因为 $f(x)$ 在区间 $[a,b]$ 上连续, 所以 $f(x)$ 在区间 $[a,b]$ 上存在最大值 M 和最小值 m. 因此, 对任意 $x\in[a,b]$, 都有

$$m\leqslant f(x)\leqslant M,$$

从而

$$mg(x)\leqslant f(x)g(x)\leqslant Mg(x).$$

由推论 1 可得

$$m\int_a^b g(x)\mathrm{d}x\leqslant\int_a^b f(x)g(x)\mathrm{d}x\leqslant M\int_a^b g(x)\mathrm{d}x.$$

若 $\displaystyle\int_a^b g(x)\mathrm{d}x=0$, 则 $\displaystyle\int_a^b f(x)g(x)\mathrm{d}x=0$. 于是对任意一点 $\xi\in[a,b]$, (2.5) 都成立.

若 $\displaystyle\int_a^b g(x)\mathrm{d}x>0$, 则得

$$m\leqslant\frac{\displaystyle\int_a^b f(x)g(x)\mathrm{d}x}{\displaystyle\int_a^b g(x)\mathrm{d}x}\leqslant M.$$

由连续函数的介值定理知, 至少存在一点 $\xi\in[a,b]$, 使得

$$f(\xi)=\frac{\displaystyle\int_a^b f(x)g(x)\mathrm{d}x}{\displaystyle\int_a^b g(x)\mathrm{d}x},$$

即

$$\int_a^b f(x)g(x)\mathrm{d}x = f(\xi)\int_a^b g(x)\mathrm{d}x.$$

在性质 2.7 中取 $g(x)\equiv 1$, 即得性质 2.6.

习题 4–2

(A)

1. 比较下列积分的大小.

(1) $\int_0^1 \mathrm{e}^x\mathrm{d}x$ 和 $\int_0^1 \mathrm{e}^{x^2}\mathrm{d}x$;

(2) $\int_0^1 x^2\mathrm{d}x$ 和 $\int_0^1 x^3\mathrm{d}x$;

(3) $\int_1^2 x^2\mathrm{d}x$ 和 $\int_1^2 x^3\mathrm{d}x$;

(4) $\int_0^{\frac{\pi}{2}} \frac{\sin x}{x}\mathrm{d}x$ 和 $\int_0^{\frac{\pi}{2}} \frac{\sin^2 x}{x^2}\mathrm{d}x$;

(5) $\int_0^1 \ln(1+x)\mathrm{d}x$ 和 $\int_0^1 \frac{\arctan x}{1+x}\mathrm{d}x$.

2. 估计下列各积分的值.

(1) $\int_1^4 (x^2+1)\mathrm{d}x$;　　(2) $\int_{\frac{\pi}{4}}^{\frac{5\pi}{4}} (1+\sin^2 x)\mathrm{d}x$;

(3) $\int_2^0 \mathrm{e}^{x^2-x}\mathrm{d}x$.

3. 设函数 $f(x)$ 与 $g(x)$ 在任何有限区间上可积.

(1) 如果 $\int_a^b f(x)\mathrm{d}x = \int_a^b g(x)\mathrm{d}x$, 那么 $f(x)$ 与 $g(x)$ 在 $[a,b]$ 上是否相等?

(2) 如果在任意一个区间 $[a,b]$ 上都有 $\int_a^b f(x)\mathrm{d}x = \int_a^b g(x)\mathrm{d}x$, 那么 $f(x)$ 是否恒等于 $g(x)$?

(3) 如果 (2) 中的 $f(x)$ 与 $g(x)$ 都是连续函数, 那么又有怎样的结论?

4. 证明柯西不等式: 若函数 $f(x)$ 与 $g(x)$ 在区间 $[a,b]$ 上可积, 则

$$\left[\int_a^b f(x)g(x)\mathrm{d}x\right]^2 \leqslant \left[\int_a^b f^2(x)\mathrm{d}x\right]\cdot\left[\int_a^b g^2(x)\mathrm{d}x\right].$$

习题 4–2
4 题解答

5. 设 $f(x)$ 在区间 $[a,b]$ 上连续, 证明

$$\int_a^b \mathrm{e}^{f(x)}\mathrm{d}x\cdot\int_a^b \mathrm{e}^{-f(x)}\mathrm{d}x \geqslant (b-a)^2.$$

(B)

6. 证明闵可夫斯基 (Minkowski) 不等式: 若函数 $f(x)$ 与 $g(x)$ 在区间 $[a,b]$ 上可积, 则

$$\left\{\int_a^b [f(x)+g(x)]^2\,\mathrm{d}x\right\}^{\frac{1}{2}} \leqslant \left[\int_a^b f^2(x)\mathrm{d}x\right]^{\frac{1}{2}} + \left[\int_a^b g^2(x)\mathrm{d}x\right]^{\frac{1}{2}}.$$

7. 设 $f(x)$ 在区间 $[a,b]$ 连续, 且 $\int_a^b f(x)\mathrm{d}x = \int_a^b xf(x)\mathrm{d}x = 0$, 证明: $f(x)$ 在 (a,b) 内至少存在两个不同的零点.

第三节 微积分基本公式与基本定理

在第一节中已经指出，利用定积分定义计算定积分是比较困难的. 本节将在微积分基本公式 (即牛顿 – 莱布尼茨公式) 与微积分基本定理的基础之上，阐明微分与积分的关系，将定积分的计算问题转化为求被积函数的原函数或不定积分的问题，并说明求积分是求微分的逆运算.

一、微积分基本公式

为了寻找一种计算定积分的简易可行的方法，再来讨论求变速直线运动的路程问题. 设一物体在直线上运动，在这直线上取定原点、正方向及长度单位，使它成为数轴. 设在时刻 t，物体所在位置为 $s(t)$，速度为 $v(t)$ $(v(t) \geqslant 0)$.

由第一节知道，物体在时间间隔 $[T_1, T_2]$ 内经过的路程 s 可以用速度函数 $v(t)$ 在 $[T_1, T_2]$ 上的定积分

$$s = \int_{T_1}^{T_2} v(t)\mathrm{d}t$$

来表示.

另一方面，这段路程 s 又可以通过位置函数 $s(t)$ 在区间 $[T_1, T_2]$ 上的增量

$$s = s(T_2) - s(T_1)$$

来表示. 于是位置函数 $s(t)$ 与速度函数 $v(t)$ 之间的关系为

$$\int_{T_1}^{T_2} v(t)\mathrm{d}t = s(T_2) - s(T_1).$$

因此，定积分 $\displaystyle\int_{T_1}^{T_2} v(t)\mathrm{d}t$ 的值可由函数 $s(t)$ 在 $t = T_2$ 的值与 $t = T_1$ 的值之差得到. 问题的关键在于如何从 $v(t)$ 求得 $s(t)$. 由于 $s'(t) = v(t)$，所以由 $v(t)$ 求 $s(t)$ 是求导运算的逆运算.

由上述问题的启发，得到计算定积分的一个新方法. 为了说明这种新方法，先引入下面的概念.

定义 3.1 设函数 $F(x)$ 与 $f(x)$ 在区间 I 上有定义，若在区间 I 上有 $F'(x) = f(x)$ 或等价地 $\mathrm{d}F(x) = f(x)\mathrm{d}x$，则称 $F(x)$ 为 $f(x)$ 在区间 I 上的一个**原函数**.

由于 $s'(t) = v(t)$，所以路程函数 $s(t)$ 是速度函数 $v(t)$ 在区间 $[T_1, T_2]$ 上的一个原函数. 有了原函数的概念，就可以将上面物体运动模型中的结果抽象出来，得到下面的著名定理.

定理 3.1 (牛顿 – 莱布尼茨公式) 设 $f \in \Re[a, b]$，且 $F(x)$ 是 $f(x)$ 在区间 $[a, b]$ 上的一个原函数，则

$$\int_a^b f(x)\mathrm{d}x = F(b) - F(a) = F(x)\Big|_a^b. \tag{3.1}$$

证 因 $F(x)$ 可微，故 $F(x)$ 在 $[a, b]$ 上连续. 在区间 $[a, b]$ 内任意插入 $n - 1$ 个分点

$$a = x_0 < x_1 < x_2 < \cdots < x_{n-1} < x_n = b,$$

于是 $[a,b]$ 被分割为 n 个小区间 $[x_{i-1},x_i](i=1,2,\cdots,n)$. 设 $\Delta x_i=x_i-x_{i-1}$ $(i=1,2,\cdots,n)$, 由拉格朗日中值定理, 必存在 $\xi_i\in[x_{i-1},x_i]$, 使得

$$F(x_i)-F(x_{i-1})=F'(\xi_i)(x_i-x_{i-1})=f(\xi_i)\Delta x_i \quad (i=1,2,\cdots,n).$$

所以

$$F(b)-F(a)=\sum_{i=1}^{n}[F(x_i)-F(x_{i-1})]=\sum_{i=1}^{n}f(\xi_i)\Delta x_i.$$

令 $\lambda=\max\limits_{1\leqslant i\leqslant n}\{\Delta x_i\}$, 由函数 $f(x)$ 在区间 $[a,b]$ 上的可积性及定积分定义, 得到

$$F(b)-F(a)=\lim_{\lambda\to 0}\sum_{i=1}^{n}f(\xi_i)\Delta x_i=\int_a^b f(x)\mathrm{d}x.$$

牛顿 – 莱布尼茨公式 (3.1) 将定积分的计算问题归结为求被积函数 $f(x)$ 在积分区间 $[a,b]$ 上的一个原函数问题. 由原函数定义知, 求 $f(x)$ 在区间 $[a,b]$ 上的原函数 $F(x)$ 是求导运算的逆运算. 所以该公式为定积分的计算提供了有效而简便的方法, 常常被称为**微积分基本公式**.

例 3.1 计算 $\displaystyle\int_0^1\frac{1}{1+x^2}\mathrm{d}x$.

解 因为 $(\arctan x)'=\dfrac{1}{1+x^2}$, $x\in(-\infty,+\infty)$, 所以 $\arctan x$ 是 $\dfrac{1}{1+x^2}$ 在 $(-\infty,+\infty)$ 上的一个原函数. 由牛顿 – 莱布尼茨公式得

$$\int_0^1\frac{1}{1+x^2}\mathrm{d}x=\arctan x\Big|_0^1=\frac{\pi}{4}.$$

例 3.2 计算正弦曲线 $y=\sin x$ 在 $[0,\pi]$ 上与 x 轴所围成的平面图形 (图 4–5) 的面积 A.

解 该图形是曲边梯形的特例. 它的面积为

$$A=\int_0^{\pi}\sin x\mathrm{d}x,$$

由于 $-\cos x$ 是 $\sin x$ 在 $(-\infty,+\infty)$ 上的一个原函数, 所以

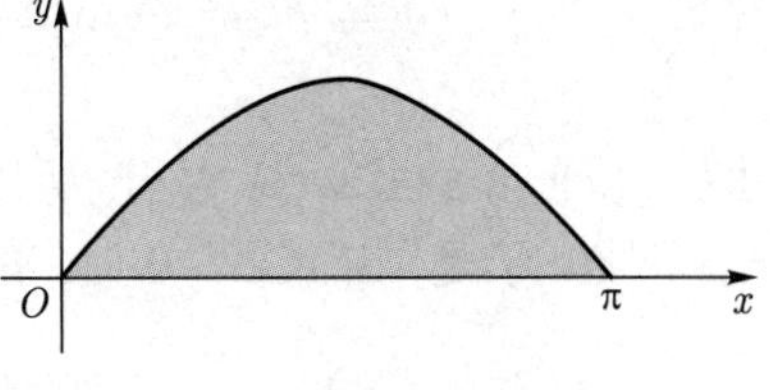

图 4–5

$$A=\int_0^{\pi}\sin x\mathrm{d}x=-\cos x\Big|_0^{\pi}=-[(-1)-1]=2.$$

要使用牛顿 – 莱布尼茨公式计算定积分, 被积函数 $f(x)$ 必须存在原函数且能求出原函数. 自然要问, 当 $f(x)$ 满足什么条件时才有原函数呢? 在 $f(x)$ 有原函数时, 又如何求出原函数呢? 下面先讨论第一个问题.

二、微积分基本定理

设函数 $f(t)$ 为定义在区间 $[a,b]$ 上的可积函数, 对于任意的 $x\in[a,b]$, $f(t)$ 在区间 $[a,x]$ 上也可积. 当 x 在区间 $[a,b]$ 上任意取一值时, 定积分 $\int_a^x f(t)\mathrm{d}t$ 就有唯一确定的值与它相对应. 因此, 该积分在区间 $[a,b]$ 上确定了一个函数, 记作 $\varPhi(x)$, 如图 4–6 所示, 即

$$\varPhi(x)=\int_a^x f(t)\mathrm{d}t,\quad x\in[a,b], \tag{3.2}$$

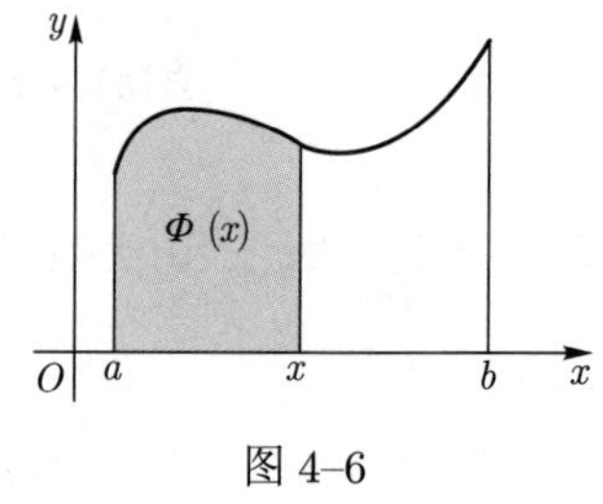

图 4–6

通常称为**变上限积分**.

同理, 将定义区间 $[a,b]$ 上的函数

$$\varPsi(x)=\int_x^b f(t)\mathrm{d}t,\quad x\in[a,b], \tag{3.3}$$

称为**变下限积分**, 变上限积分和变下限积分统称为**变限积分**. 变限积分具有如下性质.

定理 3.2 (微积分第一基本定理) 设函数 $f(x)$ 在区间 $[a,b]$ 上可积, 对于变上限积分

$$\varPhi(x)=\int_a^x f(t)\mathrm{d}t,\quad x\in[a,b],$$

则

(1) 函数 $\varPhi(x)$ 在区间 $[a,b]$ 上连续;

(2) 若函数 $f(x)$ 在区间 $[a,b]$ 上连续, 则函数 $\varPhi(x)$ 在区间 $[a,b]$ 上可导, 且

$$\varPhi'(x)=f(x).$$

证 (1) 对 $[a,b]$ 上任一点 x, 任取 $\Delta x(x+\Delta x\in[a,b])$ (当 $x=a$ 时, 取 $\Delta x>0$; 当 $x=b$ 时, 取 $\Delta x<0$),

$$\Delta\varPhi=\varPhi(x+\Delta x)-\varPhi(x)=\int_a^{x+\Delta x}f(t)\mathrm{d}t-\int_a^x f(t)\mathrm{d}t=\int_x^{x+\Delta x}f(t)\mathrm{d}t.$$

因为 $f(x)$ 在区间 $[a,b]$ 可积, 所以 $f(x)$ 在区间 $[a,b]$ 有界, 可设 $|f(x)|\leqslant M,x\in[a,b]$, M 为某正常数. 于是, 当 $\Delta x>0$ 时, 有

$$|\Delta\varPhi|=\left|\int_x^{x+\Delta x}f(t)\mathrm{d}t\right|\leqslant\int_x^{x+\Delta x}|f(t)|\,\mathrm{d}t\leqslant M\Delta x,$$

当 $\Delta x<0$ 时, 也有 $0\leqslant|\Delta\varPhi|\leqslant M\cdot|\Delta x|$. 由此得到

$$\lim_{\Delta x\to 0}\Delta\varPhi=0.$$

故函数 $\varPhi(x)$ 在点 x 连续. 由 $x\in[a,b]$ 的任意性可知, 函数 $\varPhi(x)$ 在区间 $[a,b]$ 上连续.

(2) 对任意一点 $x \in (a,b)$, 任取 $\Delta x \neq 0(x+\Delta x \in (a,b))$, 由积分中值定理, 有

$$\frac{\Delta \varPhi}{\Delta x} = \frac{1}{\Delta x}\int_x^{x+\Delta x} f(t)\mathrm{d}t = f(x+\theta\Delta x) \quad (0 \leqslant \theta \leqslant 1),$$

由于 $f(x)$ 在区间 $[a,b]$ 上连续, 有

$$\varPhi'(x) = \lim_{\Delta x\to 0}\frac{\Delta \varPhi}{\Delta x} = \lim_{\Delta x \to 0} f(x+\theta\Delta x) = f(x).$$

故函数 $\varPhi(x)$ 在点 x 可导, 由 $x \in (a,b)$ 的任意性可知, 函数 $\varPhi(x)$ 在区间 (a,b) 内可导, 且 $\varPhi'(x) = f(x)$.

当 $x = a$ 时, 取 $\Delta x > 0$, 则同理可证 $\varPhi'_+(a) = f(a)$; 当 $x = b$ 时, 取 $\Delta x < 0$, 则同理可证 $\varPhi'_-(b) = f(b)$.

定理 3.2 的重要意义在于, 当函数 $f(x)$ 在区间 $[a,b]$ 上可积时, 变上限积分是积分上限的一个连续函数; 特别当函数 $f(x)$ 在区间 $[a,b]$ 上连续时, 它揭示了微分 (导数) 与积分之间的关系. 它表明, 变上限积分是积分上限的一个函数, 该积分对上限的导数等于被积函数在上限处的函数值. 由定理 3.2 可得原函数存在性的一个充分条件.

推论 设函数 $f(x)$ 在区间 $[a,b]$ 上连续, 则 $f(x)$ 在区间 $[a,b]$ 上必有原函数, 且变上限积分 (3.2) 就是它的一个原函数.

设函数 $f(t)$ 在区间 $[c,d]$ 上可积, 函数 $\varphi(x)$, $\psi(x)$ 在 $[a,b]$ 上连续, 且 $\varphi([a,b]) \subset [c,d]$, $\psi([a,b]) \subset [c,d]$, 则对任意 $x \in [a,b]$, 定积分 $\displaystyle\int_{\psi(x)}^{\varphi(x)} f(t)\mathrm{d}t$ 存在. 当 x 在 $[a,b]$ 上变化时, $\displaystyle\int_{\psi(x)}^{\varphi(x)} f(t)\mathrm{d}t$ 也随之变化, 它也是定义在 $[a,b]$ 上关于 x 的函数, 记作

$$G(x) = \int_{\psi(x)}^{\varphi(x)} f(t)\mathrm{d}t,$$

也称为**变限积分**.

定理 3.3 设函数 $f(t)$ 在区间 $[c,d]$ 上连续, 函数 $\varphi(x)$, $\psi(x)$ 在 $[a,b]$ 上可导, 且 $\varphi([a,b]) \subset [c,d]$, $\psi([a,b]) \subset [c,d]$, 则 $G(x) = \displaystyle\int_{\psi(x)}^{\varphi(x)} f(t)\mathrm{d}t$ 在区间 $[a,b]$ 上可导, 且

$$G'(x) = f(\varphi(x))\varphi'(x) - f(\psi(x))\psi'(x). \tag{3.4}$$

证 因为函数 $f(t)$ 在区间 $[c,d]$ 上连续, 所以 $f(t)$ 在区间 $[c,d]$ 上有原函数 $F(t)$, 由牛顿 – 莱布尼茨公式, 得

$$G(x) = \int_{\psi(x)}^{\varphi(x)} f(t)\mathrm{d}t = F(\varphi(x)) - F(\psi(x)),$$

由复合函数求导法则得

$$\begin{aligned} G'(x) &= F'(\varphi(x))\varphi'(x) - F'(\psi(x))\psi'(x) \\ &= f(\varphi(x))\varphi'(x) - f(\psi(x))\psi'(x). \end{aligned}$$

显然, 当 $\psi(x)=a,\varphi(x)=x$ 时, 上式就成为定理 3.2 中 (2) 的结论.

例 3.3 设 $\Phi(x)=\int_x^{x^3}\sin t^2\mathrm{d}t$, 求 $\Phi'(x)$.

解 由于 $f(t)=\sin t^2$ 连续, $\varphi(x)=x^3$, $\psi(x)=x$ 可导, 由定理 3.3, 得

$$\Phi'(x)=\sin(x^3)^2\cdot(x^3)'-\sin x^2\cdot x'=3x^2\sin x^6-\sin x^2.$$

由原函数的定义可知, 如果 $F(x)$ 为 $f(x)$ 在区间 I 上的一个原函数, C 为任意常数, 那么 $F(x)+C$ 也是 $f(x)$ 在 I 上的原函数. 因此, 如果 $f(x)$ 在区间 I 上有原函数, 那么它的原函数不止一个, 而且由 C 的任意性可知, $f(x)$ 的原函数有无穷多个. 自然要问, $F(x)+C(C$ 为任意常数) 是否包含了 $f(x)$ 的所有原函数呢? 下面的定理回答了此问题.

定理 3.4 (微积分第二基本定理) 设 $F(x)$ 为 $f(x)$ 在区间 I 上的一个原函数, C 为任意常数, 则 $F(x)+C$ 就是 $f(x)$ 在区间 I 上的所有原函数.

证 设 $G(x)$ 为函数 $f(x)$ 在区间 I 上的原函数, 则 $G'(x)=f(x)$, $x\in I$. 又因为 $F(x)$ 也是 $f(x)$ 在区间 I 上的原函数, 所以 $F'(x)=f(x)$, $x\in I$, 于是

$$[G(x)-F(x)]'=G'(x)-F'(x)=0,\quad x\in I.$$

从而 $G(x)-F(x)$ 在区间 I 上恒为常数, 即

$$G(x)-F(x)=C,\quad x\in I.$$

或 $G(x)=F(x)+C$, $x\in I$. 故 $F(x)+C(C$ 为任意常数) 就是 $f(x)$ 在区间 I 上的所有原函数.

微积分第二基本定理给出了 $f(x)$ 在区间 I 上所有原函数的一般表达式. 只要求出函数 $f(x)$ 的一个原函数 $F(x)$, 其他原函数都可由表达式 $F(x)+C$, 通过适当选择常数 C 得到.

例 3.4 求函数 $f(x)=3x^2$ 的一个原函数 $F(x)$, 使它满足条件 $F(0)=1$.

解 由于 $(x^3)'=3x^2$, 所以 x^3 是 $f(x)=3x^2$ 的一个原函数, 故 $f(x)=3x^2$ 的所有原函数为

$$F(x)=x^3+C\ (C\text{ 为任意常数}).$$

又由条件 $F(0)=1$, 得 $1=0+C$, 所以 $C=1$, 故所求原函数为

$$F(x)=x^3+1.$$

应当注意, 如果被积函数 $f(x)$ 在区间 $[a,b]$ 上是**分段连续的** (即除去有限个第一类间断点外, $f(x)$ 在 $[a,b]$ 上连续), 那么, 虽然函数 $f(x)$ 在 $[a,b]$ 上可积, 但是, 可以证明它在区间 $[a,b]$ 上不存在原函数. 因此, 牛顿 – 莱布尼茨公式不能直接使用. 在这种情况下, 可以在每个分段子区间上分别使用牛顿 – 莱布尼茨公式, 再利用定积分关于积分区间的可加性, 就得到所求的定积分.

例 3.5 设 $f(x)=\begin{cases}2x, & x\in[0,1),\\ 1, & x\in[1,2],\end{cases}$ 求 $\int_0^2 f(x)\mathrm{d}x$.

解　由定积分关于区间的可加性和牛顿 – 莱布尼茨公式, 有

$$\begin{aligned}\int_0^2 f(x)\mathrm{d}x &= \int_0^1 f(x)\mathrm{d}x + \int_1^2 f(x)\mathrm{d}x\\ &= \int_0^1 2x\mathrm{d}x + \int_1^2 1\mathrm{d}x\\ &= x^2\Big|_0^1 + x\Big|_1^2 = 2,\end{aligned}$$

其中第二个等号之所以成立, 是因为改变函数在有限个点处的函数值, 并不改变函数的可积性和积分值.

我们还可以利用定积分来求某些和式的极限.

例 3.6　求 $\lim\limits_{n\to\infty}\left(\dfrac{1}{n+1}+\dfrac{1}{n+2}+\cdots+\dfrac{1}{n+n}\right)$.

解　将原式改写为

$$\frac{1}{n+1}+\frac{1}{n+2}+\cdots+\frac{1}{n+n}=\left(\frac{1}{1+\frac{1}{n}}+\frac{1}{1+\frac{2}{n}}+\cdots+\frac{1}{1+\frac{n}{n}}\right)\frac{1}{n},$$

上式右端可以看成函数 $f(x)=\dfrac{1}{1+x}$ 在区间 $[0,1]$ 上的积分和 $\sum\limits_{i=1}^{n} f(\xi_i)\Delta x_i$, 其中 $\xi_i=\dfrac{i}{n}$, $\Delta x_i=\dfrac{1}{n}$. 于是

$$\begin{aligned}\lim_{n\to\infty}\left(\frac{1}{n+1}+\frac{1}{n+2}+\cdots+\frac{1}{n+n}\right) &= \lim_{n\to\infty}\sum_{i=1}^{n}\frac{1}{1+\frac{i}{n}}\cdot\frac{1}{n}\\ &= \int_0^1\frac{1}{1+x}\mathrm{d}x = \ln(1+x)\Big|_0^1 = \ln 2.\end{aligned}$$

例 3.7　设函数 $f(x)$ 在区间 $[0,+\infty)$ 内连续, 且 $f(x)>0$, 证明: 函数

$$F(x)=\frac{\int_0^x tf(t)\mathrm{d}t}{\int_0^x f(t)\mathrm{d}t}$$

在区间 $(0,+\infty)$ 内为单调增加函数.

证　首先由本章的例 2.1 可知, 当 $x>0$ 时, 分母 $\int_0^x f(t)\mathrm{d}t>0$, 所以 $F(x)$ 在区间 $(0,+\infty)$ 内有定义.

由定理 3.2 可知, 当 $x>0$ 时, 有

$$\frac{\mathrm{d}}{\mathrm{d}x}\int_0^x tf(t)\mathrm{d}t = xf(x),\quad \frac{\mathrm{d}}{\mathrm{d}x}\int_0^x f(t)\mathrm{d}t = f(x).$$

故

$$F'(x)=\frac{xf(x)\int_0^x f(t)\mathrm{d}t-f(x)\int_0^x tf(t)\mathrm{d}t}{\left[\int_0^x f(t)\mathrm{d}t\right]^2}=\frac{f(x)\int_0^x (x-t)f(t)\mathrm{d}t}{\left[\int_0^x f(t)\mathrm{d}t\right]^2}.$$

由假设, 当 $0<t<x$ 时, $f(t)>0$, $(x-t)f(t)>0$. 由本章的例 2.1 的证明过程可知

$$\int_0^x (x-t)f(t)\mathrm{d}t>0.$$

故当 $x\in(0,+\infty)$ 时, $F'(x)>0$, 从而 $F(x)$ 在区间 $(0,+\infty)$ 内为单调增加函数.

例 3.8 求 $\lim\limits_{x\to 0}\dfrac{\int_{\cos x}^1 \mathrm{e}^{-t^2}\mathrm{d}t}{x^2}$.

积分中值定理应用 (1)

解 这是 $\dfrac{0}{0}$ 型不定式, 应用洛必达法则来计算. 因为

$$\begin{aligned}\frac{\mathrm{d}}{\mathrm{d}x}\int_{\cos x}^1 \mathrm{e}^{-t^2}\mathrm{d}t&=-\mathrm{e}^{-\cos^2 x}(\cos x)'\\&=\mathrm{e}^{-\cos^2 x}\sin x,\end{aligned}$$

所以

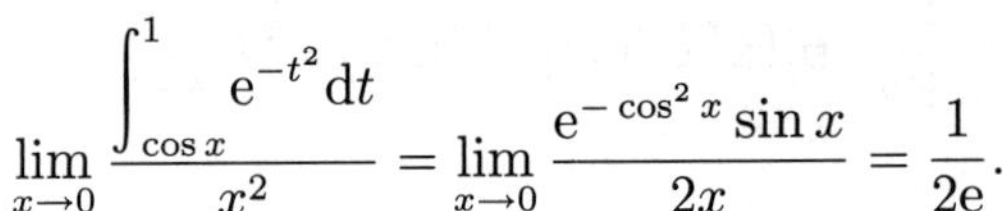

$$\lim_{x\to 0}\frac{\int_{\cos x}^1 \mathrm{e}^{-t^2}\mathrm{d}t}{x^2}=\lim_{x\to 0}\frac{\mathrm{e}^{-\cos^2 x}\sin x}{2x}=\frac{1}{2\mathrm{e}}.$$

积分中值定理应用 (2)

习题 4–3

(A)

1. 单项选择题.

(1) 设 $f(x)=\int_0^{1-\cos x}\sin t^2\mathrm{d}t$, $g(x)=\dfrac{x^5}{5}+\dfrac{x^6}{6}$, 则当 $x\to 0$ 时, $f(x)$ 是 $g(x)$ 的 (　　);

(A) 低阶无穷小　　(B) 高阶无穷小

(C) 等价无穷小　　(D) 同阶但非等价无穷小

(2) 设 $f(x)$ 有连续一阶导数, $f(0)=0, f'(0)\neq 0$, $F(x)=\int_0^x (x^2-t^2)f(t)\mathrm{d}t$, 且当 $x\to 0$ 时, $F'(x)$ 与 x^k 为同阶无穷小, 则 k 等于 (　　);

(A) 1　　(B) 2　　(C) 3　　(D) 4

(3) 将 $x\to 0^+$ 时的无穷小 $\alpha=\int_0^x \cos t^2\mathrm{d}t$, $\beta=\int_0^{x^2}\tan\sqrt{t}\mathrm{d}t$, $\gamma=\int_0^{\sqrt{x}}\sin t^3\mathrm{d}t$ 排序, 使排在后面的是前一个的高阶无穷小, 则正确的排列次序是 (　　).

(A) α,β,γ　　(B) α,γ,β

(C) β,α,γ　　(D) β,γ,α

2. 设 $f(x)$ 在 $(-\infty,+\infty)$ 上连续, c 为某常数, 且对任意 $x\in(-\infty,+\infty)$, 有 $\int_c^x f(t)\mathrm{d}t=5x^3+40$, 则 $f(x)=$____, $c=$____ .

3. 试求函数 $y=\int_0^x \sin t\mathrm{d}t$ 在 $x=0$ 及 $x=\dfrac{\pi}{4}$ 处的导数.

4. 证明: $\sin^2 x,-\cos^2 x$ 与 $-\dfrac{1}{2}\cos 2x$ 都是同一个函数的原函数. 你能解释为什么同一个函数的原函数在形式上的这种差异吗?

5. 用牛顿 – 莱布尼茨公式计算下列积分.

(1) $\int_0^1 4x^2\mathrm{d}x$;　　(2) $\int_1^{\mathrm{e}}\dfrac{1}{x}\mathrm{d}x$;

(3) $\int_0^{\pi}\sin x\mathrm{d}x$;　　(4) $\int_{-1}^1 |x|\mathrm{d}x$;

(5) $\int_0^a (3x^2-x+1)\mathrm{d}x$;　　(6) $\int_1^2\left(x^2+\dfrac{1}{x^4}\right)\mathrm{d}x$;

(7) $\int_4^9 \sqrt{x}(1+\sqrt{x})\mathrm{d}x$;　　(8) $\int_{\frac{1}{\sqrt{3}}}^{\sqrt{3}}\dfrac{1}{1+x^2}\mathrm{d}x$;

(9) $\int_0^{\sqrt{3}a}\dfrac{1}{a^2+x^2}\mathrm{d}x$;　　(10) $\int_{-1}^0\dfrac{3x^4+3x^2+1}{1+x^2}\mathrm{d}x$;

(11) $\int_0^{\frac{\pi}{4}}\tan^2 x\mathrm{d}x$;　　(12) $\int_0^{\frac{\pi}{3}}\left(\dfrac{\sqrt{3}}{2}\cos x-\dfrac{1}{2}\sin x\right)\mathrm{d}x$;

(13) 设 $f(x)=\begin{cases}x, & x\leqslant 0,\\ x^2, & x>0,\end{cases}$ 求 $\int_{-1}^1 f(x)\mathrm{d}x$.

6. 求下列各导数.

(1) $\dfrac{\mathrm{d}}{\mathrm{d}x}\int_0^x \arctan t\mathrm{d}t$;　　(2) $\dfrac{\mathrm{d}}{\mathrm{d}x}\int_x^b\dfrac{1}{1+t^4}\mathrm{d}t$;

(3) $\dfrac{\mathrm{d}}{\mathrm{d}x}\int_{x^2}^{x^3}\dfrac{1}{\sqrt{1+t^4}}\mathrm{d}t$;　　(4) $\dfrac{\mathrm{d}}{\mathrm{d}x}\int_{\sin x}^{\cos x}\cos(\pi t^2)\mathrm{d}t$;

(5) $\dfrac{\mathrm{d}}{\mathrm{d}x}\int_{\sqrt{x}}^{\sqrt[3]{x}}\ln(1+t^6)\mathrm{d}t$;

(6) $\dfrac{\mathrm{d}}{\mathrm{d}x}\int_{x^2}^{x^3}(x+t)\varphi(t)\mathrm{d}t$, 其中 $\varphi(x)$ 为连续函数.

7. 指出下列运算中有无错误, 若有错说明错在何处.

(1) $\dfrac{\mathrm{d}}{\mathrm{d}x}\int_0^{x^3}\sqrt{1+t}\mathrm{d}t=\sqrt{1+x^3}$;

(2) $\dfrac{\mathrm{d}}{\mathrm{d}x}\int_0^{x^3}\left(\dfrac{\mathrm{d}}{\mathrm{d}t}\sqrt{1+t}\right)\mathrm{d}t=\sqrt{1+x^3}$;

(3) $\int_{-1}^{1}\frac{1}{x}\mathrm{d}x=\ln|x|\Big|_{-1}^{1}=0$;

(4) $\int_{0}^{2\pi}\sqrt{1-\cos^2 x}\mathrm{d}x=\int_{0}^{2\pi}\sin x\mathrm{d}x=-\cos x\Big|_{0}^{2\pi}=0$.

8. 设 k 为正整数, 试证明下列各题.

(1) $\int_{-\pi}^{\pi}\cos kx\mathrm{d}x=0$;

(2) $\int_{-\pi}^{\pi}\sin kx\mathrm{d}x=0$;

(3) $\int_{-\pi}^{\pi}\cos^2 kx\mathrm{d}x=\pi$;

(4) $\int_{-\pi}^{\pi}\sin^2 kx\mathrm{d}x=\pi$.

9. 设 k 及 m 为正整数, 且 $k\neq m$, 试证明下列各题.

(1) $\int_{-\pi}^{\pi}\cos kx\sin mx\mathrm{d}x=0$;

(2) $\int_{-\pi}^{\pi}\sin kx\sin mx\mathrm{d}x=0$;

(3) $\int_{-\pi}^{\pi}\cos kx\cos mx\mathrm{d}x=0$.

10. 求由参数方程

$$x=\int_{0}^{t}\sin^2 s\mathrm{d}s,\quad y=\int_{0}^{t^2}\cos\sqrt{s}\mathrm{d}s$$

所确定的函数 $y=f(x)$ 的一阶导数.

11. 求由方程

$$\int_{0}^{x^2}t\mathrm{e}^{t}\mathrm{d}t+\int_{0}^{y}\mathrm{e}^{t^2}\mathrm{d}t=0$$

所确定的函数 $y=f(x)$ 的一阶及二阶导数.

12. 设

$$f(x)=\begin{cases}x^2, & x\in[0,1),\\ x, & x\in[1,2].\end{cases}$$

求 $\varPhi(x)=\int_{0}^{x}f(t)\mathrm{d}t$ 在 $[0,2]$ 上的表达式, 并讨论 $\varPhi(x)$ 在 $[0,2]$ 上的连续性.

13. 求下列极限.

(1) $\lim\limits_{x\to 0}\dfrac{\int_{0}^{x}\cos t^2\mathrm{d}t}{x}$;

(2) $\lim\limits_{x\to 0}\dfrac{\left(\int_{0}^{x}\mathrm{e}^{t^2}\mathrm{d}t\right)^2}{\int_{0}^{x}t\mathrm{e}^{2t^2}\mathrm{d}t}$;

(3) $\lim\limits_{x\to 0^+}\dfrac{\int_{0}^{\sin x}\sqrt{\tan t}\mathrm{d}t}{\int_{0}^{\tan x}\sqrt{\sin t}\mathrm{d}t}$;

(4) $\lim\limits_{x\to+\infty}\dfrac{\int_{0}^{x}\arctan^2 t\mathrm{d}t}{\sqrt{1+x^2}}$;

(5) $\lim\limits_{x\to+\infty}\dfrac{\int_{0}^{x}\mathrm{e}^{t^2}\mathrm{d}t}{\int_{0}^{x}\mathrm{e}^{2t^2}\mathrm{d}t}$.

14. 设 $f(x)$ 在 $[a,b]$ 上连续, 在 (a,b) 内可导且 $f'(x)\leqslant 0$,

$$F(x)=\frac{1}{x-a}\int_{a}^{x}f(t)\mathrm{d}t.$$

证明: 在 (a,b) 内有 $F'(x) \leqslant 0$.

15. 设函数 $f(x)$ 在 $x=1$ 的某邻域内可导, 且 $f(1)=0$, $\lim\limits_{x\to 1} f'(x)=1$, 计算

$$\lim_{x\to 1}\frac{\int_1^x\left[t\int_t^1 f(u)\mathrm{d}u\right]\mathrm{d}t}{(1-x)^3}.$$

16. 求下列极限.

(1) $\lim\limits_{n\to\infty}\left(\dfrac{n}{n^2+1^2}+\dfrac{n}{n^2+2^2}+\cdots+\dfrac{n}{n^2+n^2}\right)$;

(2) $\lim\limits_{n\to\infty}\left(\dfrac{1}{n^2+1^2}+\dfrac{2}{n^2+2^2}+\cdots+\dfrac{n}{n^2+n^2}\right)$.

(B)

17. 设 $f(x)$ 在 $[a,b]$ 上可积, 证明: 至少存在 $\xi\in[a,b]$, 使得

$$\int_a^{\xi} f(x)\mathrm{d}x=\int_{\xi}^b f(x)\mathrm{d}x.$$

18. 设 $f(x)$ 在 $[a,b]$ 上连续, 且 $f(x)>0$, 证明:

(1) 存在唯一的 $\xi\in(a,b)$, 使得

$$\int_a^{\xi} f(x)\mathrm{d}x=\int_{\xi}^b \frac{1}{f(x)}\mathrm{d}x;$$

(2) $\dfrac{\mathrm{d}}{\mathrm{d}x}\left(\int_a^x f(t)\mathrm{d}t-\int_x^b\dfrac{1}{f(t)}\mathrm{d}t\right)\geqslant 2,\ x\in[a,b]$.

第四节　不定积分的基本积分法

由牛顿 – 莱布尼茨公式可知, 定积分的计算归结为被积函数的原函数在区间端点的函数值之差, 问题是如何求得被积函数的原函数呢? 本节将介绍不定积分的概念、性质及基本计算方法 —— 换元积分法和分部积分法.

一、不定积分概念与性质

由第三节知道, 若函数 $f(x)$ 在区间 I 上连续, 则它必有原函数, 而且当 $F(x)$ 是 $f(x)$ 在区间 I 的一个原函数, 则 $F(x)+C(C$ 为任意常数) 就是 $f(x)$ 在区间 I 上的所有原函数的表达式.

定义 4.1　函数 $f(x)$ 在区间 I 上带有任意常数的原函数称为 $f(x)$ 在区间 I 上的**不定积分**, 记作 $\int f(x)\mathrm{d}x$, 其中 $f(x)$ 称为**被积函数**, $f(x)\mathrm{d}x$ 称为**被积表达式**, x 称为**积分变量**.

若 $F(x)$ 是 $f(x)$ 在区间 I 上的一个原函数, 则

$$\int f(x)\mathrm{d}x=F(x)+C,$$

其中任意常数 C 称为**积分常数**. 例如

$$\int 3x^2\mathrm{d}x = x^3 + C, \quad \int \cos x\mathrm{d}x = \sin x + C.$$

在第三节已经指出, 求导运算与求不定积分 (或原函数) 互为逆运算, 前者是由原函数求导函数, 而后者是由导函数求原函数. 以变速直线运动为例, 前者是已知物体的运动规律 (路程函数 $s(t)$) 求其变化率 (速度函数 $v(t)$), 而后者是已知变化率求其运动规律.

例 4.1 设某曲线上任意点处的切线斜率等于该点横坐标的两倍, 求此曲线的方程.

解 设所求曲线的方程为 $y = f(x)$, 由题意, 曲线在任一点 (x, y) 处的切线斜率为

$$\frac{\mathrm{d}y}{\mathrm{d}x} = 2x,$$

即 $f(x)$ 是 $2x$ 的原函数.

因为

$$\int 2x\mathrm{d}x = x^2 + C,$$

所以所求的曲线为 $y = x^2 + C$.

函数 $f(x)$ 的原函数的图形称为 $f(x)$ 的**积分曲线**. 本例就是求函数 $2x$ 的积分曲线. 显然, 这些积分曲线都可以由一条积分曲线 (例如 $y = x^2$) 经 y 轴方向平移而得, 如图 4–7 所示.

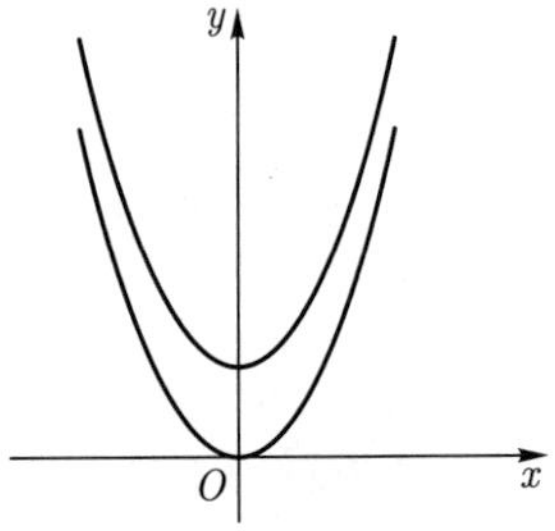

图 4–7

由不定积分定义可知, 不定积分具有以下性质.

性质 4.1 $\left(\int f(x)\mathrm{d}x\right)' = f(x)$ 或 $\mathrm{d}\left(\int f(x)\mathrm{d}x\right) = f(x)\mathrm{d}x.$

$$\int f'(x)\mathrm{d}x = f(x) + C \quad \text{或} \quad \int \mathrm{d}f(x) = f(x) + C.$$

由此可见, 微分运算 (以记号 d 表示) 与求不定积分的运算 (简称积分运算, 以记号 $\int$ 表示) 是互逆的. 当记号 $\int$ 与 d 连在一起时, 或者抵消, 或者抵消后仅差一个常数.

性质 4.2 (线性性质) 设 $f(x)$ 与 $g(x)$ 在区间 I 上的原函数存在, 则

$$\int [\alpha f(x) + \beta g(x)]\,\mathrm{d}x = \alpha\int f(x)\mathrm{d}x + \beta\int g(x)\mathrm{d}x, \tag{4.1}$$

其中 α, β 是不同时为零的任意常数.

证 由不定积分的定义、求导法则及性质 4.1, 得

$$\begin{aligned}\left(\alpha\int f(x)\mathrm{d}x + \beta\int g(x)\mathrm{d}x\right)' &= \left(\alpha\int f(x)\mathrm{d}x\right)' + \left(\beta\int g(x)\mathrm{d}x\right)' \\ &= \alpha f(x) + \beta g(x).\end{aligned}$$

上式表明, (4.1) 右端是 $\alpha f(x) + \beta g(x)$ 的原函数, 又 (4.1) 右端有两个积分号, 形式上含有两个任意常数, 由于任意常数之和仍为任意常数, 故实际上含有一个任意常数, 因此 (4.1) 右端就是 $\alpha f(x) + \beta g(x)$ 的不定积分.

二、基本积分表

既然积分是微分运算的逆运算, 那么很自然地可以从导数公式得到相应的积分公式.

例如, 因为 $\left(\dfrac{x^{\alpha+1}}{\alpha+1}\right)'=x^\alpha$, 所以 $\dfrac{x^{\alpha+1}}{\alpha+1}$ 是 x^α 的一个原函数, 故

$$\int x^\alpha \mathrm{d}x=\frac{x^{\alpha+1}}{\alpha+1}+C\quad(\alpha\neq-1).$$

例如, 因为当 $x>0$, $(\ln x)'=\dfrac{1}{x}$, 所以

$$\int\frac{1}{x}\mathrm{d}x=\ln x+C;$$

当 $x<0$, $(\ln(-x))'=\dfrac{1}{-x}(-1)=\dfrac{1}{x}$, 所以

$$\int\frac{1}{x}\mathrm{d}x=\ln(-x)+C.$$

综合上述, 当 $x\neq0$ 时,

$$\int\frac{1}{x}\mathrm{d}x=\ln|x|+C.$$

类似地, 可以得到其他积分公式. 把一些基本的积分公式列表如下, 这个表称为**基本积分表**.

(1) $\displaystyle\int k\mathrm{d}x=kx+C$, k 为常数;

(2) $\displaystyle\int x^\alpha\mathrm{d}x=\frac{x^{\alpha+1}}{\alpha+1}+C\ (\alpha\neq-1)$;

(3) $\displaystyle\int\frac{1}{x}\mathrm{d}x=\ln|x|+C$;

(4) $\displaystyle\int\frac{1}{1+x^2}\mathrm{d}x=\arctan x+C$;

(5) $\displaystyle\int\frac{1}{\sqrt{1-x^2}}\mathrm{d}x=\arcsin x+C$;

(6) $\displaystyle\int\cos x\mathrm{d}x=\sin x+C$;

(7) $\displaystyle\int\sin x\mathrm{d}x=-\cos x+C$;

(8) $\displaystyle\int\sec^2x\mathrm{d}x=\tan x+C$;

(9) $\displaystyle\int\csc^2x\mathrm{d}x=-\cot x+C$;

(10) $\displaystyle\int\sec x\tan x\mathrm{d}x=\sec x+C$;

(11) $\displaystyle\int\csc x\cot x\mathrm{d}x=-\csc x+C$;

(12) $\displaystyle\int\mathrm{e}^x\mathrm{d}x=\mathrm{e}^x+C$;

(13) $\displaystyle\int a^x\mathrm{d}x=\frac{a^x}{\ln a}+C$ ($a>0$ 且 $a\neq1$);

(14) $\displaystyle\int\sinh x\mathrm{d}x=\cosh x+C$;

(15) $\displaystyle\int\cosh x\mathrm{d}x=\sinh x+C$.

以上 15 个基本积分公式, 是求不定积分的基础, 读者必须熟记. 这是因为有很多函数的不定积分经运算变形后, 最后可以归结为这些基本不定积分.

例 4.2 求 $\int x^2\sqrt{x}\mathrm{d}x$.

解 $\int x^2\sqrt{x}\mathrm{d}x=\int x^{\frac{5}{2}}\mathrm{d}x=\dfrac{x^{\frac{5}{2}+1}}{\dfrac{5}{2}+1}=\dfrac{2}{7}x^{\frac{7}{2}}+C.$

例 4.3 求 $\int\dfrac{x^4+1}{x^2+1}\mathrm{d}x$.

解
$$\begin{aligned}\int\frac{x^4+1}{x^2+1}\mathrm{d}x&=\int\left(x^2-1+\frac{2}{x^2+1}\right)\mathrm{d}x\\&=\int x^2\mathrm{d}x-\int\mathrm{d}x+2\int\frac{1}{x^2+1}\mathrm{d}x\\&=\frac{1}{3}x^3-x+2\arctan x+C.\end{aligned}$$

例 4.4 求 $\int\dfrac{1}{\cos^2x\sin^2x}\mathrm{d}x$.

解
$$\begin{aligned}\int\frac{1}{\cos^2x\sin^2x}\mathrm{d}x&=\int\frac{\cos^2x+\sin^2x}{\cos^2x\sin^2x}\mathrm{d}x\\&=\int\left(\csc^2x+\sec^2x\right)\mathrm{d}x=-\cot x+\tan x+C.\end{aligned}$$

例 4.5 求 $\int\cos 3x\cdot\sin x\mathrm{d}x$.

解
$$\begin{aligned}\int\cos 3x\cdot\sin x\mathrm{d}x&=\frac{1}{2}\int(\sin 4x-\sin 2x)\mathrm{d}x\\&=\frac{1}{2}\left(-\frac{1}{4}\cos 4x+\frac{1}{2}\cos 2x\right)+C\\&=-\frac{1}{8}(\cos 4x-2\cos 2x)+C.\end{aligned}$$

例 4.6 求 $\int\left(10^x-10^{-x}\right)^2\mathrm{d}x$.

解
$$\begin{aligned}\int\left(10^x-10^{-x}\right)^2\mathrm{d}x&=\int\left(10^{2x}+10^{-2x}-2\right)\mathrm{d}x\\&=\int\left[(10^2)^x+(10^{-2})^x-2\right]\mathrm{d}x\\&=\frac{1}{2\ln 10}\left(10^{2x}-10^{-2x}\right)-2x+C.\end{aligned}$$

仅有不定积分基本公式是远远不够的, 像 $\ln x$, $\tan x$, $\cot x$, $\sec x$, $\csc x$, $\arcsin x$, $\arctan x$ 这样的一些基本初等函数, 现在还不知道怎样去求它们的原函数. 所以还需要从一些求导法则去导出相应的不定积分法则, 并逐步扩充不定积分公式. 下面介绍一些在不定积分的计算中通常使用的法则.

三、换元积分法

定理 4.1 (换元积分法)　设 $g(u)$ 在区间 $[\alpha,\beta]$ 上有定义, $u=\varphi(x)$ 在区间 $[a,b]$ 上可导, 且 $\varphi([a,b])\subset[\alpha,\beta]$, 并记

$$f(x)=g(\varphi(x))\varphi'(x),\quad x\in[a,b].$$

(1) 若 $g(u)$ 在 $[\alpha,\beta]$ 上存在原函数 $G(u)$, 则 $f(x)$ 在 $[a,b]$ 上也存在原函数 $F(x)$, 且 $F(x)=G(\varphi(x))+C$, 即

$$\begin{aligned}\int f(x)\mathrm{d}x&=\int g(\varphi(x))\varphi'(x)\mathrm{d}x=\int g(u)\mathrm{d}u\\&=G(u)+C=G(\varphi(x))+C;\end{aligned}\tag{4.2}$$

(2) 又若 $\varphi'(x)\neq0$, $x\in[a,b]$, 则上述命题 (1) 可逆, 即当 $f(x)$ 在 $[a,b]$ 上存在原函数 $F(x)$ 时, $g(u)$ 在 $[\alpha,\beta]$ 上也存在原函数 $G(u)$, 且 $G(u)=F(\varphi^{-1}(u))+C$, 即

$$\begin{aligned}\int g(u)\mathrm{d}u&=\int g(\varphi(x))\varphi'(x)\mathrm{d}x=\int f(x)\mathrm{d}x\\&=F(x)+C=F(\varphi^{-1}(u))+C.\end{aligned}\tag{4.3}$$

证　(1) 用复合函数求导法则可知

$$\frac{\mathrm{d}}{\mathrm{d}x}G(\varphi(x))=G'(\varphi(x))\varphi'(x)=g(\varphi(x))\varphi'(x)=f(x).$$

于是 $G(\varphi(x))$ 为 $f(x)$ 的原函数, 故 (4.2) 成立.

(2) 因为 $\varphi'(x)\neq0$, $x\in[a,b]$, 所以 $u=\varphi(x)$ 存在反函数 $x=\varphi^{-1}(u)$, 且

$$\frac{\mathrm{d}x}{\mathrm{d}u}=\left.\frac{1}{\varphi'(x)}\right|_{x=\varphi^{-1}(u)}.$$

由复合函数求导法则可得

$$\begin{aligned}\frac{\mathrm{d}}{\mathrm{d}u}F(\varphi^{-1}(u))&=F'(x)\frac{\mathrm{d}x}{\mathrm{d}u}=f(x)\cdot\frac{1}{\varphi'(x)}\\&=g(\varphi(x))\varphi'(x)\cdot\frac{1}{\varphi'(x)}\\&=g(\varphi(x))=g(u).\end{aligned}$$

因此 $F(\varphi^{-1}(u))$ 是 $g(u)$ 的原函数, 故 (4.3) 成立.

上述换元积分法中的公式 (4.2) 与 (4.3) 反映了正、逆两种换元方式, 习惯上分别称为**第一换元积分法**和**第二换元积分法**, 公式 (4.2) 与 (4.3) 分别称为**第一换元积分公式**与**第二换元积分公式**.

注　由定理 4.1 可知, 虽然 $\int g(\varphi(x))\varphi'(x)\mathrm{d}x$ 是一个整体的记号, 但如同导数记号 $\frac{\mathrm{d}y}{\mathrm{d}x}$ 中的 $\mathrm{d}x$ 及 $\mathrm{d}y$ 可看作微分一样, 被积表达式中的 $\mathrm{d}x$ 也可当作变量 x 的微分来对待, 从而微分等

式 $\varphi'(x)\mathrm{d}x=\mathrm{d}u$ 可以方便地应用到被积表达式中来. 在使用第一换元积分公式 (4.2) 求解时, 也可以把它写成如下简便形式

$$\int f(x)\mathrm{d}x=\int g(\varphi(x))\varphi'(x)\mathrm{d}x=\int g(\varphi(x))\mathrm{d}(\varphi(x))=G(\varphi(x))+C. \tag{4.4}$$

例 4.7 求 $\int \tan x\mathrm{d}x$.

解 由

$$\int \tan x\mathrm{d}x=\int\frac{\sin x}{\cos x}\mathrm{d}x=-\int\frac{(\cos x)'}{\cos x}\mathrm{d}x,$$

可令 $u=\cos x$, 则得

$$\begin{aligned}\int \tan x\mathrm{d}x&=-\int\frac{1}{u}\mathrm{d}u=-\ln|u|+C\\&=-\ln|\cos x|+C.\end{aligned}$$

例 4.8 求 $\int\frac{1}{x^2+a^2}\mathrm{d}x$ (a 为正常数).

解
$$\int\frac{1}{x^2+a^2}\mathrm{d}x=\frac{1}{a^2}\int\frac{1}{1+\left(\frac{x}{a}\right)^2}\mathrm{d}x=\frac{1}{a}\int\frac{\mathrm{d}\left(\frac{x}{a}\right)}{1+\left(\frac{x}{a}\right)^2},$$

令 $u=\frac{x}{a}$, 则

$$\begin{aligned}\int\frac{1}{x^2+a^2}\mathrm{d}x&=\frac{1}{a}\int\frac{\mathrm{d}u}{1+u^2}=\frac{1}{a}\arctan u+C\\&=\frac{1}{a}\arctan\frac{x}{a}+C.\end{aligned}$$

例 4.9 求 $\int x\mathrm{e}^{x^2}\mathrm{d}x$.

解
$$\int x\mathrm{e}^{x^2}\mathrm{d}x=\frac{1}{2}\int\mathrm{e}^{x^2}\mathrm{d}(x^2),$$

令 $u=x^2$, 则

$$\begin{aligned}\int x\mathrm{e}^{x^2}\mathrm{d}x&=\frac{1}{2}\int\mathrm{e}^{u}\mathrm{d}u=\frac{1}{2}\mathrm{e}^{u}+C\\&=\frac{1}{2}\mathrm{e}^{x^2}+C.\end{aligned}$$

对第一换元积分法比较熟悉后, 可以不写出换元变量, 而直接使用公式 (4.4).

例 4.10 求 $\int\frac{1}{\sqrt{a^2-x^2}}\mathrm{d}x$ (a 为正常数).

解
$$\int\frac{1}{\sqrt{a^2-x^2}}\mathrm{d}x=\frac{1}{a}\int\frac{\mathrm{d}x}{\sqrt{1-\left(\frac{x}{a}\right)^2}}=\int\frac{\mathrm{d}\left(\frac{x}{a}\right)}{\sqrt{1-\left(\frac{x}{a}\right)^2}}$$
$$=\arcsin\frac{x}{a}+C.$$

例 4.11 求 $\int\frac{1}{x^2-a^2}\mathrm{d}x\ (a\neq 0\ )$.

解 因为
$$\frac{1}{x^2-a^2}=\frac{1}{2a}\left(\frac{1}{x-a}-\frac{1}{x+a}\right),$$
所以
$$\begin{aligned}\int\frac{1}{x^2-a^2}\mathrm{d}x&=\frac{1}{2a}\int\left(\frac{1}{x-a}-\frac{1}{x+a}\right)\mathrm{d}x\\&=\frac{1}{2a}\left(\int\frac{1}{x-a}\mathrm{d}x-\int\frac{1}{x+a}\mathrm{d}x\right)\\&=\frac{1}{2a}\left[\int\frac{1}{x-a}\mathrm{d}(x-a)-\int\frac{1}{x+a}\mathrm{d}(x+a)\right]\\&=\frac{1}{2a}\left(\ln|x-a|-\ln|x+a|\right)+C\\&=\frac{1}{2a}\ln\left|\frac{x-a}{x+a}\right|+C.\end{aligned}$$

例 4.12 求 $\int(ax+b)^{\mu}\,\mathrm{d}x(a\neq 0,\mu\neq -1)$.

解
$$\begin{aligned}\int(ax+b)^{\mu}\,\mathrm{d}x&=\frac{1}{a}\int(ax+b)^{\mu}\,\mathrm{d}(ax+b)\\&=\frac{1}{a(\mu+1)}(ax+b)^{\mu+1}+C.\end{aligned}$$

注 从以上几例可以看出，使用第一换元积分法的关键在于把 $f(x)\mathrm{d}x$ 表示为 $g(\varphi(x))\varphi'(x)\mathrm{d}x$ （即 $g(\varphi(x))\mathrm{d}\varphi(x)$）的形式，也就是要把 $f(x)$ 分解成 $g(\varphi(x))\varphi'(x)$，使其中一个乘积因子 $\varphi'(x)$ 与 $\mathrm{d}x$ 的乘积凑成 $\mathrm{d}\varphi(x)$，而将另一个乘积因子表示成 $\varphi(x)$ 的函数 $g(\varphi(x))$，同时使 $\int g(\varphi(x))\varphi'(x)\mathrm{d}x=\int g(u)\mathrm{d}u$ 右端的积分容易求得. 因此，第一换元积分法也称为**凑微分法**. 使用这种方法求积分并无一般规律可循，读者应在熟记基本公式的基础之上，通过不断练习，总结经验，才能灵活运用.

下面介绍常见的第一类换元积分法的几种类型，其中 F 为 f 的一个原函数.

1. 对积分 $\int f(ax+b)\,\mathrm{d}x\ (a\neq 0,\ a,b$ 为常数)，可以把它写成
$$\int f(ax+b)\,\mathrm{d}x=\frac{1}{a}\int f(ax+b)\,\mathrm{d}(ax+b)=\frac{1}{a}F(ax+b)+C.$$

例 4.13 求 $\int(5x-3)^{100}\mathrm{d}x$.

解 $\int(5x-3)^{100}\mathrm{d}x=\frac{1}{5}\int(5x-3)^{100}\mathrm{d}(5x-3)=\frac{1}{505}(5x-3)^{101}+C$.

例 4.14 求 $\int\frac{1}{(2x+3)^9}\mathrm{d}x$.

解 $\int\frac{1}{(2x+3)^9}\mathrm{d}x=\frac{1}{2}\int\frac{1}{(2x+3)^9}\mathrm{d}(2x+3)=-\frac{1}{16}(2x+3)^{-8}+C$.

2. 对积分 $\int f\left(\sqrt{x}\right)\frac{1}{\sqrt{x}}\mathrm{d}x$, 可以把它写成

$$\int f\left(\sqrt{x}\right)\frac{1}{\sqrt{x}}\mathrm{d}x=2\int f\left(\sqrt{x}\right)\mathrm{d}\left(\sqrt{x}\right)=2F(\sqrt{x})+C.$$

例 4.15 求 $\int\frac{1}{\sqrt{x}(1+x)}\mathrm{d}x$.

解 $\int\frac{1}{\sqrt{x}(1+x)}\mathrm{d}x=2\int\frac{1}{[1+(\sqrt{x})^2]}\mathrm{d}\sqrt{x}=2\arctan\sqrt{x}+C$.

例 4.16 求 $\int\frac{1}{\sqrt{x}\sin^2\sqrt{x}}\mathrm{d}x$.

解 $\int\frac{1}{\sqrt{x}\sin^2\sqrt{x}}\mathrm{d}x=2\int\csc^2\sqrt{x}\mathrm{d}\sqrt{x}=-2\cot\sqrt{x}+C$.

3. 对积分 $\int f\left(\frac{1}{x}\right)\frac{1}{x^2}\mathrm{d}x$, 可以把它写成

$$\int f\left(\frac{1}{x}\right)\frac{1}{x^2}\mathrm{d}x=-\int f\left(\frac{1}{x}\right)\mathrm{d}\left(\frac{1}{x}\right)=-F\left(\frac{1}{x}\right)+C.$$

例 4.17 求 $\int\sin\frac{1}{x}\cdot\frac{1}{x^2}\mathrm{d}x$.

解 $\int\sin\frac{1}{x}\cdot\frac{1}{x^2}\mathrm{d}x=-\int\sin\frac{1}{x}\mathrm{d}\left(\frac{1}{x}\right)=\cos\frac{1}{x}+C$.

例 4.18 求 $\int\frac{1}{x\sqrt{x^2-1}}\mathrm{d}x$.

解 当 $x>0$ 时, 有

$$\int\frac{1}{x\sqrt{x^2-1}}\mathrm{d}x=\int\frac{1}{x^2\sqrt{1-\frac{1}{x^2}}}\mathrm{d}x=-\int\frac{1}{\sqrt{1-\frac{1}{x^2}}}\mathrm{d}\left(\frac{1}{x}\right)=-\arcsin\frac{1}{x}+C.$$

当 $x<0$ 时, 有

$$\int\frac{1}{x\sqrt{x^2-1}}\mathrm{d}x=-\int\frac{1}{x^2\sqrt{1-\frac{1}{x^2}}}\mathrm{d}x=\int\frac{1}{\sqrt{1-\frac{1}{x^2}}}\mathrm{d}\left(\frac{1}{x}\right)=\arcsin\frac{1}{x}+C.$$

综合上述, 当 $x\neq 0$ 时, $\displaystyle\int\frac{1}{x\sqrt{x^2-1}}\mathrm{d}x=-\arcsin\frac{1}{|x|}+C.$

4. 对 2,3 两种类型都可以归结为 $\displaystyle\int f(ax^n+b)x^{n-1}\mathrm{d}x\ (a\neq 0)$ 型.

$$\int f(ax^n+b)x^{n-1}\mathrm{d}x=\frac{1}{na}\int f(ax^n+b)\mathrm{d}(ax^n+b)=\frac{1}{na}F(ax^n+b)+C.$$

例 4.19　求 $\displaystyle\int\frac{x}{4+x^2}\mathrm{d}x.$

解　$\displaystyle\int\frac{x}{4+x^2}\mathrm{d}x=\frac{1}{2}\int\frac{1}{4+x^2}\mathrm{d}(4+x^2)=\frac{1}{2}\ln(4+x^2)+C.$

例 4.20　求 $\displaystyle\int\frac{x^2}{(\cos x^3)^2}\mathrm{d}x.$

解　$\displaystyle\int\frac{x^2}{(\cos x^3)^2}\mathrm{d}x=\frac{1}{3}\int\sec^2 x^3\mathrm{d}x^3=\frac{1}{3}\tan x^3+C.$

例 4.21　求 $\displaystyle\int\frac{x^{2n-1}}{x^n+1}\mathrm{d}x.$

解　
$$\begin{aligned}\int\frac{x^{2n-1}}{x^n+1}\mathrm{d}x&=\frac{1}{n}\int\frac{x^n}{x^n+1}\mathrm{d}x^n=\frac{1}{n}\int\left(1-\frac{1}{x^n+1}\right)\mathrm{d}x^n\\&=\frac{1}{n}(x^n-\ln|x^n+1|)+C.\end{aligned}$$

例 4.22　求 $\displaystyle\int\frac{1}{x(x^{10}+1)^2}\mathrm{d}x.$

解　$\displaystyle\int\frac{1}{x(x^{10}+1)^2}\mathrm{d}x=\int\frac{x^9}{x^{10}(x^{10}+1)^2}\mathrm{d}x=\frac{1}{10}\int\frac{1}{x^{10}(x^{10}+1)^2}\mathrm{d}x^{10},$

令 $x^{10}=t$, 则

$$\begin{aligned}\text{原式}&=\frac{1}{10}\int\frac{1}{t(t+1)^2}\mathrm{d}t=\frac{1}{10}\int\left[\frac{1}{t}-\frac{1}{t+1}-\frac{1}{(t+1)^2}\right]\mathrm{d}t\\&=\frac{1}{10}\left(\ln|t|-\ln|t+1|+\frac{1}{t+1}\right)+C\\&=\ln|x|-\frac{1}{10}\ln(x^{10}+1)+\frac{1}{10(x^{10}+1)}+C.\end{aligned}$$

5. 对积分 $\int f(\ln x)\frac{1}{x}\mathrm{d}x$ 型, 可以把它写成

$$\int f(\ln x)\frac{1}{x}\mathrm{d}x=\int f(\ln x)\,\mathrm{d}(\ln x)=F(\ln x)+C.$$

例 4.23 求 $\int\frac{1}{x(1+2\ln x)}\mathrm{d}x$.

解 $\int\frac{1}{x(1+2\ln x)}\mathrm{d}x=\frac{1}{2}\int\frac{1}{1+2\ln x}\mathrm{d}(1+2\ln x)=\frac{1}{2}\ln|1+2\ln x|+C.$

例 4.24 求 $\int\frac{\sqrt[3]{1+\ln x}}{x}\mathrm{d}x$.

解 $\int\frac{\sqrt[3]{1+\ln x}}{x}\mathrm{d}x=\int(1+\ln x)^{\frac{1}{3}}\mathrm{d}(1+\ln x)=\frac{3}{4}(1+\ln x)^{\frac{4}{3}}+C.$

6. 对于 $\int f(a^x)\,a^x\mathrm{d}x\ (a>0,a\neq 1)$ 型, 可以把它写成

$$\int f(a^x)\,a^x\mathrm{d}x=\frac{1}{\ln a}\int f(a^x)\,\mathrm{d}(a^x)=\frac{1}{\ln a}F(a^x)+C.$$

例 4.25 求 $\int\frac{1}{1+\mathrm{e}^x}\mathrm{d}x$.

解 $\int\frac{1}{1+\mathrm{e}^x}\mathrm{d}x=\int\left(1-\frac{\mathrm{e}^x}{1+\mathrm{e}^x}\right)\mathrm{d}x=x-\int\frac{\mathrm{d}(1+\mathrm{e}^x)}{1+\mathrm{e}^x}=x-\ln(1+\mathrm{e}^x)+C.$

7. 对含三角函数的积分类型:

$$\int f(\sin x)\cos x\mathrm{d}x=\int f(\sin x)\mathrm{d}(\sin x)=F(\sin x)+C,$$

$$\int f(\cos x)\sin x\mathrm{d}x=-\int f(\cos x)\mathrm{d}(\cos x)=-F(\cos x)+C,$$

$$\int f(\tan x)\sec^2x\mathrm{d}x=\int f(\tan x)\mathrm{d}(\tan x)=F(\tan x)+C,$$

$$\int f(\cot x)\csc^2x\mathrm{d}x=-\int f(\cot x)\mathrm{d}(\cot x)=-F(\cot x)+C,$$

$$\int f(\sin^2x)\sin 2x\mathrm{d}x=\int f(\sin^2x)\mathrm{d}(\sin^2x)=F(\sin^2x)+C,$$

$$\int f(\cos^2x)\sin 2x\mathrm{d}x=-\int f(\cos^2x)\mathrm{d}(\cos^2x)=-F(\cos^2x)+C.$$

例 4.26　求 $\int \sin^3 x\mathrm{d}x$.

解　$\int \sin^3 x\mathrm{d}x = \int \sin^2 x \sin x\mathrm{d}x = -\int (1-\cos^2 x)\mathrm{d}(\cos x)$

$$= \frac{1}{3}\cos^3 x - \cos x + C.$$

例 4.27　求 $\int \cos^4 x \sin^3 x\mathrm{d}x$.

解　$\int \cos^4 x \sin^3 x\mathrm{d}x = \int \cos^4 x(1-\cos^2 x)\sin x\mathrm{d}x$

$$= -\int (\cos^4 x - \cos^6 x)\mathrm{d}(\cos x)$$

$$= -\frac{1}{5}\cos^5 x + \frac{1}{7}\cos^7 x + C.$$

例 4.28　求 $\int \sec^6 x\mathrm{d}x$.

解　$\int \sec^6 x\mathrm{d}x = \int (\sec^2 x)^2 \sec^2 x\mathrm{d}x = \int (1+\tan^2 x)^2\mathrm{d}(\tan x)$

$$= \int (1+2\tan^2 x+\tan^4 x)\mathrm{d}(\tan x)$$

$$= \tan x + \frac{2}{3}\tan^3 x + \frac{1}{5}\tan^5 x + C.$$

例 4.29　求 $\int \sec x\mathrm{d}x$.

解法 1　利用例 4.11 的结果可得

$$\int \sec x\mathrm{d}x = \int \frac{\cos x}{\cos^2 x}\mathrm{d}x = -\int \frac{\mathrm{d}(\sin x)}{\sin^2 x - 1}$$

$$= -\frac{1}{2}\ln\left|\frac{\sin x - 1}{\sin x + 1}\right| + C = \frac{1}{2}\ln\left|\frac{1+\sin x}{1-\sin x}\right| + C.$$

解法 2

$$\int \sec x\mathrm{d}x = \int \frac{\sec x(\sec x + \tan x)}{\sec x + \tan x}\mathrm{d}x$$

$$= \int \frac{\mathrm{d}(\sec x + \tan x)}{\sec x + \tan x}$$

$$= \ln|\sec x + \tan x| + C.$$

解法 3

$$\begin{aligned}\int\sec x\mathrm{d}x&=\int\frac{1}{\cos x}\mathrm{d}x=\int\frac{1}{\cos^2\frac{x}{2}-\sin^2\frac{x}{2}}\mathrm{d}x\\&=\int\frac{1}{\cos^2\frac{x}{2}\left(1-\tan^2\frac{x}{2}\right)}\mathrm{d}x\\&=2\int\frac{1}{1-\tan^2\frac{x}{2}}\mathrm{d}\left(\tan\frac{x}{2}\right)\\&=-2\int\frac{1}{\left(\tan\frac{x}{2}\right)^2-1}\mathrm{d}\left(\tan\frac{x}{2}\right)\qquad(例\ 4.11)\\&=-\ln\left|\frac{\tan\frac{x}{2}-1}{\tan\frac{x}{2}+1}\right|+C=\ln\left|\frac{\tan\frac{x}{2}+1}{\tan\frac{x}{2}-1}\right|+C.\end{aligned}$$

注意到这三种解法所得结果只是形式上的不同, 请读者将它们统一起来.

与解法 2 类似, 可求得

$$\int\csc x\mathrm{d}x=\ln|\csc x-\cot x|+C.$$

8. 对含有反三角函数的积分类型:

$$\int f(\arcsin x)\frac{\mathrm{d}x}{\sqrt{1-x^2}}=\int f(\arcsin x)\mathrm{d}(\arcsin x)=F(\arcsin x)+C,$$

$$\int f(\arccos x)\frac{\mathrm{d}x}{\sqrt{1-x^2}}=-\int f(\arccos x)\mathrm{d}(\arccos x)=-F(\arccos x)+C,$$

$$\int f(\arctan x)\frac{\mathrm{d}x}{1+x^2}=\int f(\arctan x)\mathrm{d}(\arctan x)=F(\arctan x)+C,$$

$$\int f(\operatorname{arccot} x)\frac{\mathrm{d}x}{1+x^2}=-\int f(\operatorname{arccot} x)\mathrm{d}(\operatorname{arccot} x)=-F(\operatorname{arccot} x)+C.$$

例 4.30 求 $\int\frac{\mathrm{e}^{\arctan x}}{1+x^2}\mathrm{d}x$.

解 $\int\frac{\mathrm{e}^{\arctan x}}{1+x^2}\mathrm{d}x=\int\mathrm{e}^{\arctan x}\mathrm{d}(\arctan x)=\mathrm{e}^{\arctan x}+C.$

例 4.31 求 $\int\frac{1}{(\arcsin x)^2\sqrt{1-x^2}}\mathrm{d}x$.

解 $\int\frac{1}{(\arcsin x)^2\sqrt{1-x^2}}\mathrm{d}x=\int(\arcsin x)^{-2}\mathrm{d}(\arcsin x)=-\frac{1}{\arcsin x}+C.$

例 4.32 求 $\int\dfrac{\sqrt[5]{\arccos x}}{\sqrt{1-x^2}}\mathrm{d}x$.

解 $\displaystyle\int\frac{\sqrt[5]{\arccos x}}{\sqrt{1-x^2}}\mathrm{d}x=-\int(\arccos x)^{\frac{1}{5}}\mathrm{d}(\arccos x)=-\frac{5}{6}(\arccos x)^{\frac{6}{5}}+C.$

9. 对形如 $\int\sin^n x\cos^m x\mathrm{d}x$ 的积分, 其中 m,n 为正整数:

(1) 当 n, m 中至少有一个为奇数时, 不妨设 $m=2k+1$, 可把 $\cos^m x$ 拆成 $\cos^{2k}x\cdot\cos x$, 即 $(1-\sin^2x)^k\cdot\cos x$, 从而归结为类型 7; 当 n, m 都为奇数时, 仿照上面, 变形次数较低的那一项.

例 4.33 求 $\int\sin^4x\cos^5x\mathrm{d}x$.

解
$$\begin{aligned}\text{原式}&=\int\sin^4x(1-\sin^2x)^2\mathrm{d}(\sin x)\\&=\int(\sin^4x-2\sin^6x+\sin^8x)\mathrm{d}(\sin x)\\&=\frac{1}{5}\sin^5x-\frac{2}{7}\sin^7x+\frac{1}{9}\sin^9x+C.\end{aligned}$$

(2) 当 n, m 均为偶数时, 则先用倍角公式而后归为类型 7 或类型 9(1), 对属于类型 9(1) 的再用所述方法, 最终化为类型 7 来求积分.

例 4.34 求 $\int\sin^4x\cos^2x\mathrm{d}x$.

解
$$\begin{aligned}\text{原式}&=\frac{1}{4}\int\sin^2x\sin^22x\mathrm{d}x\\&=\frac{1}{8}\int(1-\cos 2x)\sin^22x\mathrm{d}x\\&=\frac{1}{8}\int(\sin^22x-\sin^22x\cos 2x)\mathrm{d}x\\&=\frac{1}{16}\int(1-\cos 4x)\mathrm{d}x-\frac{1}{16}\int\sin^22x\mathrm{d}(\sin 2x)\\&=\frac{x}{16}-\frac{1}{64}\sin 4x-\frac{1}{48}\sin^32x+C.\end{aligned}$$

10. 对形如 $\int\sin mx\cos nx\mathrm{d}x$, $\int\sin mx\sin nx\mathrm{d}x$, $\int\cos mx\cos nx\mathrm{d}x$ 的积分, 先利用积化和差公式, 再积分.

例 4.35 求 $\int\cos 3x\cos 2x\mathrm{d}x$.

解 原式 $=\dfrac{1}{2}\displaystyle\int[\cos(3-2)x+\cos(3+2)x]\mathrm{d}x$

$$=\frac{1}{2}\int(\cos x+\cos 5x)\mathrm{d}x$$

$$=\frac{1}{2}\int\cos x\mathrm{d}x+\frac{1}{10}\int\cos 5x\mathrm{d}(5x)$$

$$=\frac{1}{2}\sin x+\frac{1}{10}\sin 5x+C.$$

11. 对形如 $\displaystyle\int\tan^m x\sec^n x\mathrm{d}x$ 的积分, 当 n 为偶数时, 原式变形成

$$\int\tan^m x(\tan^2 x+1)^{\frac{n}{2}-1}\mathrm{d}(\tan x),$$

当 m 为奇数时, 原式变形成

$$\int(\sec^2 x-1)^{\frac{m-1}{2}}\sec^{n-1}x\mathrm{d}(\sec x).$$

例 4.36 求 $\displaystyle\int\tan^5 x\sec^3 x\mathrm{d}x$.

解 原式 $=\displaystyle\int\tan^4 x\sec^2 x\cdot\sec x\tan x\mathrm{d}x=\int(\sec^2 x-1)^2\sec^2 x\mathrm{d}(\sec x)$

$$=\int(\sec^6 x-2\sec^4 x+\sec^2 x)\mathrm{d}(\sec x)$$

$$=\frac{1}{7}\sec^7 x-\frac{2}{5}\sec^5 x+\frac{1}{3}\sec^3 x+C.$$

12. 对积分 $\displaystyle\int\frac{f'(x)}{f(x)}\mathrm{d}x$, 有

$$\int\frac{f'(x)}{f(x)}\mathrm{d}x=\int\frac{1}{f(x)}\mathrm{d}f(x)=\ln|f(x)|+C.$$

例 4.37 求 $\displaystyle\int\frac{1+\ln x}{(x\ln x)^2}\mathrm{d}x$.

解 $\displaystyle\int\frac{1+\ln x}{(x\ln x)^2}\mathrm{d}x=\int\frac{1}{(x\ln x)^2}\mathrm{d}(x\ln x)=-\frac{1}{x\ln x}+C.$

例 4.38 求 $\displaystyle\int\frac{x^4-1}{x(x^4-5)(x^5-5x+1)}\mathrm{d}x$.

解 $\displaystyle\int\frac{x^4-1}{x(x^4-5)(x^5-5x+1)}\mathrm{d}x=\int\frac{x^4-1}{(x^5-5x)(x^5-5x+1)}\mathrm{d}x$

$$=\int\frac{[(x^5-5x+1)-(x^5-5x)](x^4-1)}{(x^5-5x)(x^5-5x+1)}\mathrm{d}x$$

$$=\int\left(\frac{x^4-1}{x^5-5x}-\frac{x^4-1}{x^5-5x+1}\right)\mathrm{d}x$$

$$=\frac{1}{5}\ln|x^5-5x|-\frac{1}{5}\ln|x^5-5x+1|+C$$

$$=\frac{1}{5}\ln\left|\frac{x^5-5x}{x^5-5x+1}\right|+C.$$

当然上述 12 种类型只是一些常见类型, 还要注意它们的变形. 另外通过等式变形或利用三角函数公式可以使积分化简, 并进一步求出积分.

例 4.39 求 $\displaystyle\int\left\{\frac{f(x)}{f'(x)}-\frac{f^2(x)f''(x)}{[f'(x)]^3}\right\}\mathrm{d}x$.

解 $\displaystyle\int\left\{\frac{f(x)}{f'(x)}-\frac{f^2(x)f''(x)}{[f'(x)]^3}\right\}\mathrm{d}x=\int\frac{f(x)}{f'(x)}\cdot\frac{f'(x)f'(x)-f(x)f''(x)}{[f'(x)]^2}\mathrm{d}x$

$$=\int\frac{f(x)}{f'(x)}\mathrm{d}\left(\frac{f(x)}{f'(x)}\right)=\frac{1}{2}\left[\frac{f(x)}{f'(x)}\right]^2+C.$$

例 4.40 已知 $f'(\sin^2x)=\cos 2x+\tan^2x$, 当 $0<x<1$ 时, 求 $f(x)$.

解 因为

$$f'(\sin^2x)=\cos 2x+\tan^2x=1-2\sin^2x+\frac{\sin^2x}{1-\sin^2x},$$

所以

$$f'(u)=1-2u+\frac{u}{1-u}=\frac{1}{1-u}-2u,$$

故

$$f(u)=\int f'(u)\mathrm{d}u=\int\left(\frac{1}{1-u}-2u\right)\mathrm{d}u=-\ln|1-u|-u^2+C,$$

即

$$f(x)=-\ln(1-x)-x^2+C.$$

第二换元积分公式 (4.3) 从形式上看是 (4.2) 的逆, 但目的都是为了化为容易求得原函数的形式, 最终不要忘记变量还原.

例 4.41 求 $\displaystyle\int\sqrt{a^2-x^2}\mathrm{d}x$ (a 为正常数).

解 令 $x = a\sin t$, $|t| < \dfrac{\pi}{2}$ (这是存在反函数 $t = \arcsin\dfrac{x}{a}$ 的一个单调区间). 于是

$$\begin{aligned}\int\sqrt{a^2-x^2}\mathrm{d}x &= \int a\cos t\mathrm{d}(a\sin t) = a^2\int\cos^2 t\mathrm{d}t\\ &= \frac{a^2}{2}\int(1+\cos 2t)\mathrm{d}t = \frac{a^2}{2}\left(t+\frac{1}{2}\sin 2t\right)+C\\ &= \frac{a^2}{2}\left[\arcsin\frac{x}{a}+\frac{x}{a}\sqrt{1-\left(\frac{x}{a}\right)^2}\right]+C\\ &= \frac{1}{2}\left(a^2\arcsin\frac{x}{a}+x\sqrt{a^2-x^2}\right)+C.\end{aligned}$$

例 4.42 求 $\displaystyle\int\frac{1}{\sqrt{x^2-a^2}}\mathrm{d}x$ (a 为正常数).

解 令 $x = a\sec t$, $0 < t < \dfrac{\pi}{2}$, 于是有

$$\begin{aligned}\int\frac{1}{\sqrt{x^2-a^2}}\mathrm{d}x &= \int\frac{a\sec t\cdot\tan t}{a\tan t}\mathrm{d}t = \int\sec t\mathrm{d}t\\ &= \ln|\sec t+\tan t|+C.\end{aligned}$$

借助图 4–8 的辅助直角三角形, 求出

$$\sec t = \frac{x}{a},\quad \tan t = \frac{\sqrt{x^2-a^2}}{a},$$

故得

$$\begin{aligned}\int\frac{1}{\sqrt{x^2-a^2}}\mathrm{d}x &= \ln\left|\frac{x}{a}+\frac{\sqrt{x^2-a^2}}{a}\right|+C\\ &= \ln\left|x+\sqrt{x^2-a^2}\right|+C_1,\end{aligned}$$

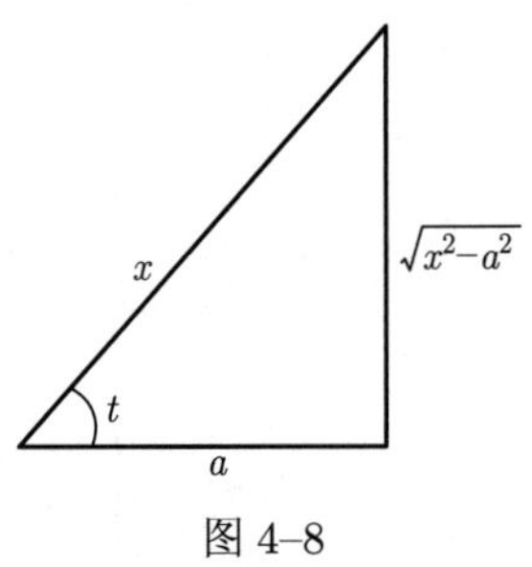

图 4–8

其中 $C_1 = C - \ln a$ 仍为任意常数.

同理, 可求得

$$\int\frac{1}{\sqrt{x^2+a^2}}\mathrm{d}x = \ln\left|x+\sqrt{x^2+a^2}\right|+C.$$

例 4.43 求 $\displaystyle\int\frac{\mathrm{d}x}{x^2\sqrt{x^2-1}}$.

解法 1 采用第一换元积分法, 该被积函数的定义域为 $(-\infty,-1)\cup(1,+\infty)$. 当 $x > 1$ 时,

令 $u=\dfrac{1}{x}$ (**倒代换**), 有

$$\begin{aligned}\int\frac{\mathrm{d}x}{x^2\sqrt{x^2-1}}&=\int\frac{\mathrm{d}x}{x^3\sqrt{1-\dfrac{1}{x^2}}}=-\int\frac{1}{x}\frac{1}{\sqrt{1-\dfrac{1}{x^2}}}\mathrm{d}\left(\frac{1}{x}\right)\\&=\int\frac{-u}{\sqrt{1-u^2}}\mathrm{d}u=\frac{1}{2}\int\frac{\mathrm{d}(1-u^2)}{\sqrt{1-u^2}}\\&=\sqrt{1-u^2}+C=\frac{1}{x}\sqrt{x^2-1}+C.\end{aligned}$$

同理, 当 $x<-1$ 时, 有相同的结果.

解法 2　采用第二换元积分法, 令 $x=\sec t,0<t<\dfrac{\pi}{2}$, 有

$$\begin{aligned}\int\frac{\mathrm{d}x}{x^2\sqrt{x^2-1}}&=\int\frac{\sec t\cdot\tan t}{\sec^2 t\cdot\tan t}\mathrm{d}t=\int\cos t\mathrm{d}t\\&=\sin t+C=\frac{1}{x}\sqrt{x^2-1}+C.\end{aligned}$$

一般来说, 若被积函数中含有:

(1) $\sqrt{a^2-x^2}$, 则可作变换 $x=a\sin t$ (或 $x=a\cos t$);

(2) $\sqrt{x^2+a^2}$, 则可作变换 $x=a\tan t$ (或 $x=a\sinh t$);

(3) $\sqrt{x^2-a^2}$, 则可作变换 $x=a\sec t$ (或 $x=a\cosh t$);

(4) 设 m,n 分别为被积函数的分子分母关于 x 的最高次数, 当 $n-m>1$ 时, 则可利用**倒代换** $\left(\text{即令 } x=\dfrac{1}{t}\right)$ 来求解不定积分; 而当被积函数 $f(x)$ 为 a^x 所构成的代数式时, 可以用**指数代换** (即令 $a^x=t$) 来进行尝试.

例 4.44　设 $x>1$, 求 $\displaystyle\int\frac{x+1}{x^2\sqrt{x^2-1}}\mathrm{d}x$.

解

$$\begin{aligned}\int\frac{x+1}{x^2\sqrt{x^2-1}}\mathrm{d}x&\xlongequal{\text{令 } x=\frac{1}{t}}\int\frac{\dfrac{1}{t}+1}{\dfrac{1}{t^2}\sqrt{\dfrac{1}{t^2}-1}}\left(-\frac{1}{t^2}\mathrm{d}t\right)=-\int\frac{t+1}{\sqrt{1-t^2}}\mathrm{d}t\\&=-\int\frac{1}{\sqrt{1-t^2}}\mathrm{d}t+\int\frac{1}{2\sqrt{1-t^2}}\mathrm{d}(1-t^2)\\&=-\arcsin t+\sqrt{1-t^2}+C\\&=\frac{\sqrt{x^2-1}}{x}-\arcsin\frac{1}{x}+C.\end{aligned}$$

在本段的例题中, 有几个积分是以后经常遇到的, 所以它们通常也被当作公式使用. 这样, 常用的积分公式, 除了本节第二小节的基本积分表中的 15 个积分公式外, 再添加以下几个积分公式 (其中常数 $a>0$):

(16) $\int \tan x\mathrm{d}x = -\ln|\cos x| + C$; (17) $\int \cot x\mathrm{d}x = \ln|\sin x| + C$;

(18) $\int \sec x\mathrm{d}x = \ln|\sec x + \tan x| + C$;

(19) $\int \csc x\mathrm{d}x = \ln|\csc x - \cot x| + C$;

(20) $\int \frac{1}{a^2+x^2}\mathrm{d}x = \frac{1}{a}\arctan\frac{x}{a} + C$; (21) $\int \frac{1}{x^2-a^2}\mathrm{d}x = \frac{1}{2a}\ln\left|\frac{x-a}{x+a}\right| + C$;

(22) $\int \frac{1}{\sqrt{a^2-x^2}}\mathrm{d}x = \arcsin\frac{x}{a} + C$;

(23) $\int \frac{1}{\sqrt{x^2\pm a^2}}\mathrm{d}x = \ln\left|x+\sqrt{x^2\pm a^2}\right| + C$.

尽管介绍了一些求不定积分的方法, 但对于像 $\int x\mathrm{e}^x\mathrm{d}x$ 这样简单的积分, 用上述方法还不能求出它的不定积分, 下面介绍求不定积分的分部积分法.

四、分部积分法

由乘积求导法则, 可以导出分部积分法.

定理 4.2 (分部积分法) 若 $u(x)$ 与 $v(x)$ 可导, 不定积分 $\int u'(x)v(x)\mathrm{d}x$ 存在, 则 $\int u(x)v'(x)\mathrm{d}x$ 也存在, 并有

$$\int u(x)v'(x)\mathrm{d}x = u(x)v(x) - \int u'(x)v(x)\mathrm{d}x. \tag{4.5}$$

证 由

$$[u(x)v(x)]' = u'(x)v(x) + u(x)v'(x),$$

或

$$u(x)v'(x) = [u(x)v(x)]' - u'(x)v(x),$$

由假设可知, 上式左端函数的不定积分存在, 所以上式右端的不定积分也存在. 对上式两边求不定积分, 就得到 (4.5).

公式 (4.5) 称为**分部积分公式**, 常写成

$$\int u\mathrm{d}v = uv - \int v\mathrm{d}u. \tag{4.6}$$

例 4.45 求 $\int x\cos x\mathrm{d}x$.

解 这个积分用换元积分法不易求出结果. 现试用分部积分法来求它. 但如何选取 u 和 $\mathrm{d}v$ 呢? 若选取 $u = x$, $\mathrm{d}v = \cos x\mathrm{d}x$, 则 $\mathrm{d}u = \mathrm{d}x$, $v = \sin x$, 代入分部积分公式 (4.6), 得

$$\int x\cos x\mathrm{d}x = x\sin x - \int \sin x\mathrm{d}x,$$

而 $\int v\mathrm{d}u=\int \sin x\mathrm{d}x$ 容易积分, 所以

$$\int x\cos x\mathrm{d}x=x\sin x+\cos x+C.$$

求这个积分时, 若选取 $u=\cos x$, $\mathrm{d}v=x\mathrm{d}x$, 则 $\mathrm{d}u=-\sin x\mathrm{d}x$, $v=\dfrac{x^2}{2}$. 于是

$$\int x\cos x\mathrm{d}x=\frac{x^2}{2}\cos x+\int\frac{x^2}{2}\sin x\mathrm{d}x.$$

上式右端的积分比原积分更不容易求出.

由此可知, 如果 u 和 $\mathrm{d}v$ 选取不当, 那么就不易求出结果. 因此应用分部积分法时, 恰当选择 u 和 $\mathrm{d}v$ 至关重要. 选择 u 和 $\mathrm{d}v$ 一般要考虑下面两点:

(1) 由 $\mathrm{d}v$ 求 v 容易求得;

(2) 右端的积分 $\int v\mathrm{d}u$ 比左端的积分 $\int u\mathrm{d}v$ 容易求结果.

例 4.46 求 $\int x\mathrm{e}^x\mathrm{d}x$.

解 设 $u=x$, $\mathrm{d}v=\mathrm{e}^x\mathrm{d}x$, 则 $\mathrm{d}u=\mathrm{d}x$, $v=\mathrm{e}^x$, 于是

$$\int x\mathrm{e}^x\mathrm{d}x=x\mathrm{e}^x-\int\mathrm{e}^x\mathrm{d}x=x\mathrm{e}^x-\mathrm{e}^x+C=(x-1)\mathrm{e}^x+C.$$

运用分部积分公式 (4.6), 例 4.46 的求解过程也可以表述为

$$\int x\mathrm{e}^x\mathrm{d}x=\int x\mathrm{d}\mathrm{e}^x=x\mathrm{e}^x-\int\mathrm{e}^x\mathrm{d}x=x\mathrm{e}^x-\mathrm{e}^x+C=(x-1)\mathrm{e}^x+C.$$

例 4.47 求 $\int x^2\mathrm{e}^x\mathrm{d}x$.

解 $\int x^2\mathrm{e}^x\mathrm{d}x=\int x^2\mathrm{d}\mathrm{e}^x=x^2\mathrm{e}^x-\int\mathrm{e}^x\mathrm{d}(x^2)=x^2\mathrm{e}^x-2\int x\mathrm{e}^x\mathrm{d}x$,

这里 $\int x\mathrm{e}^x\mathrm{d}x$ 比 $\int x^2\mathrm{e}^x\mathrm{d}x$ 容易积出, 因为被积函数中 x 的幂次前者比后者降低了一次. 由例 4.46 可知, 对 $\int x\mathrm{e}^x\mathrm{d}x$ 再使用一次分部积分法就可以了. 于是

$$\begin{aligned}\int x^2\mathrm{e}^x\mathrm{d}x&=x^2\mathrm{e}^x-2\int x\mathrm{e}^x\mathrm{d}x\\&=x^2\mathrm{e}^x-2(x-1)\mathrm{e}^x+C\\&=(x^2-2x+2)\mathrm{e}^x+C.\end{aligned}$$

总结上面三个例子可以知道, 如果被积函数是幂函数与正 (余) 弦函数或幂函数与指数函数的乘积, 即

$$\int x^n\mathrm{e}^{ax}\mathrm{d}x,\quad \int x^n\sin(bx)\mathrm{d}x,\quad \int x^n\cos(bx)\mathrm{d}x,$$

其中 n 为正整数, a, b 为非零实常数, 那么通常使用分部积分法, 并选取幂函数为 u. 这样使用一次分部积分法就可以使幂函数的幂次降低一次.

例 4.48 求下列不定积分.

(1) $\int x^3\ln x\mathrm{d}x$; (2) $\int x\arctan x\mathrm{d}x$;

(3) $\int \arcsin x\mathrm{d}x$.

解 (1) $$\int x^3\ln x\mathrm{d}x=\int\ln x\mathrm{d}\left(\frac{x^4}{4}\right)=\frac{x^4}{4}\cdot\ln x-\int\frac{x^4}{4}\mathrm{d}\left(\ln x\right)$$
$$=\frac{x^4}{4}\cdot\ln x-\frac{1}{4}\int x^4\cdot\frac{1}{x}\mathrm{d}x=\frac{x^4}{4}\cdot\ln x-\frac{1}{4}\int x^3\mathrm{d}x$$
$$=\frac{x^4}{4}\cdot\ln x-\frac{1}{16}x^4+C=\frac{x^4}{16}(4\ln x-1)+C.$$

(2) $$\int x\arctan x\mathrm{d}x=\frac{1}{2}\int\arctan x\mathrm{d}\left(x^2\right)=\frac{x^2}{2}\arctan x-\frac{1}{2}\int\frac{x^2}{1+x^2}\mathrm{d}x$$
$$=\frac{x^2}{2}\arctan x-\frac{1}{2}\int\frac{x^2+1-1}{1+x^2}\mathrm{d}x$$
$$=\frac{x^2}{2}\arctan x-\frac{1}{2}\int\left(1-\frac{1}{1+x^2}\right)\mathrm{d}x$$
$$=\frac{x^2}{2}\arctan x-\frac{1}{2}\left(x-\arctan x\right)+C$$
$$=\frac{1}{2}\left(x^2+1\right)\arctan x-\frac{1}{2}x+C.$$

(3) $$\int\arcsin x\mathrm{d}x=x\arcsin x-\int\frac{x}{\sqrt{1-x^2}}\mathrm{d}x$$
$$=x\arcsin x+\sqrt{1-x^2}+C.$$

如果被积函数是幂函数与对数函数或幂函数与反三角函数的乘积, 那么可以考虑使用分部积分法, 并选取对数函数或反三角函数为 u.

例 4.49 求 $\int\mathrm{e}^{ax}\cos bx\mathrm{d}x(a\neq0,b\neq0$ 的常数).

解 $$\int\mathrm{e}^{ax}\cos bx\mathrm{d}x=\frac{1}{a}\int\cos bx\mathrm{d}\mathrm{e}^{ax}=\frac{1}{a}\left(\mathrm{e}^{ax}\cos bx+b\int\mathrm{e}^{ax}\sin bx\mathrm{d}x\right),$$

等式右端的积分与等式左端的积分是同一类型. 对右端的积分再使用一次分部积分法, 得

$$\int\mathrm{e}^{ax}\cos bx\mathrm{d}x=\frac{1}{a}\left(\mathrm{e}^{ax}\cos bx+\frac{b}{a}\int\sin bx\mathrm{d}\mathrm{e}^{ax}\right)$$
$$=\frac{1}{a^2}\left(a\mathrm{e}^{ax}\cos bx+b\mathrm{e}^{ax}\sin bx-b^2\int\mathrm{e}^{ax}\cos bx\mathrm{d}x\right),$$

移项, 并将等式两端的不定积分中的任意常数合并移至等式右端, 可得

$$\int e^{ax}\cos bx\mathrm{d}x=\frac{1}{a^2+b^2}e^{ax}\left(a\cos bx+b\sin bx\right)+C.$$

同理, 可求得

$$\int e^{ax}\sin bx\mathrm{d}x=\frac{1}{a^2+b^2}e^{ax}\left(a\sin bx-b\cos bx\right)+C.$$

一般地, 在使用分部积分公式 $\int u(x)v'(x)\mathrm{d}x=u(x)v(x)-\int u'(x)v(x)\mathrm{d}x$ 时, $u(x)$ 和 $v'(x)$ 的选择可按如下方法来确定: 把被积函数看成是两个函数的乘积, 按 "反对幂指三" 的顺序, 前者为 $u(x)$, 后者为 $v'(x)$, 这里: "反" 意指 "反三角函数", "对" 意指 "对数函数", "幂" 意指 "幂函数", "指" 意指 "指数函数" 及 "三" 意指 "三角函数".

例 4.50 求 $\int\sec^3x\mathrm{d}x$.

解

$$\begin{aligned}\int\sec^3x\mathrm{d}x&=\int\sec x\mathrm{d}\tan x=\sec x\tan x-\int\tan x\mathrm{d}\sec x\\&=\sec x\tan x-\int\sec x\tan^2x\mathrm{d}x\\&=\sec x\tan x-\int\sec x\left(\sec^2x-1\right)\mathrm{d}x\\&=\sec x\tan x-\int\sec^3x\mathrm{d}x+\int\sec x\mathrm{d}x\\&=\sec x\tan x+\ln|\sec x+\tan x|-\int\sec^3x\mathrm{d}x,\end{aligned}$$

移项, 得

$$\int\sec^3x\mathrm{d}x=\frac{1}{2}(\sec x\tan x+\ln|\sec x+\tan x|)+C.$$

由例 4.49、例 4.50 可知, 有些不定积分经过两次分部积分后, 会出现与原积分相同的项, 这时通过移项可以求得原积分. 利用分部积分法还能得到一些十分有用的递推公式.

例 4.51 求 $I_n=\int\frac{\mathrm{d}x}{(x^2+a^2)^n}$ (n 为正整数, a 为非零常数).

解 由分部积分法, 得

$$\begin{aligned}I_n&=\int\frac{1}{(x^2+a^2)^n}\mathrm{d}x=\frac{x}{(x^2+a^2)^n}+\int\frac{2nx^2}{(x^2+a^2)^{n+1}}\mathrm{d}x\\&=\frac{x}{(x^2+a^2)^n}+2n\int\frac{x^2+a^2-a^2}{(x^2+a^2)^{n+1}}\mathrm{d}x\\&=\frac{x}{(x^2+a^2)^n}+2n\int\frac{\mathrm{d}x}{(x^2+a^2)^n}-2na^2\int\frac{\mathrm{d}x}{(x^2+a^2)^{n+1}}\\&=\frac{x}{(x^2+a^2)^n}+2nI_n-2na^2I_{n+1}.\end{aligned}$$

从而得到一个递推公式

$$I_{n+1}=\frac{1}{2na^2}\left[\frac{x}{(x^2+a^2)^n}+(2n-1)I_n\right]\quad (n\text{ 为正整数}),$$

由于

$$I_1=\int\frac{\mathrm{d}x}{x^2+a^2}=\frac{1}{a}\arctan\frac{x}{a}+C.$$

由上述递推公式可以求得任何 I_n. 例如, 当 $n=1$ 时, 得

$$I_2=\int\frac{\mathrm{d}x}{(x^2+a^2)^2}=\frac{1}{2a^2}\left(\frac{x}{x^2+a^2}+I_1\right)$$

$$=\frac{1}{2a^2}\left(\frac{x}{x^2+a^2}+\frac{1}{a}\arctan\frac{x}{a}\right)+C.$$

例 4.52 求不定积分 $\int\max\{x^3,x^2,1\}\mathrm{d}x$.

解 $f(x)=\max\{x^3,x^2,1\}=\begin{cases}x^3, & x\geqslant 1,\\ x^2, & x\leqslant -1,\\ 1, & |x|<1.\end{cases}$

当 $x\geqslant 1$ 时, $\int f(x)\mathrm{d}x=\int x^3\mathrm{d}x=\frac{1}{4}x^4+C_1$;

当 $x\leqslant -1$ 时, $\int f(x)\mathrm{d}x=\int x^2\mathrm{d}x=\frac{1}{3}x^3+C_2$;

当 $|x|<1$ 时, $\int f(x)\mathrm{d}x=\int\mathrm{d}x=x+C_3$.

由原函数的连续性有

$$\lim_{x\to 1^+}\left(\frac{1}{4}x^4+C_1\right)=\lim_{x\to 1^-}(x+C_3),\quad \text{即 } \frac{1}{4}+C_1=1+C_3,$$

$$\lim_{x\to -1^-}\left(\frac{1}{3}x^3+C_2\right)=\lim_{x\to -1^+}(x+C_3),\quad \text{即 } -\frac{1}{3}+C_2=-1+C_3,$$

令 $C=C_3$, 得 $C_1=\frac{3}{4}+C, C_2=-\frac{2}{3}+C$, 故

$$\int f(x)\mathrm{d}x=\int\max\{x^3,x^2,1\}\mathrm{d}x=\begin{cases}\frac{1}{3}x^3-\frac{2}{3}+C, & x\leqslant -1,\\ x+C, & |x|<1,\\ \frac{1}{4}x^4+\frac{3}{4}+C, & x\geqslant 1.\end{cases}$$

注 对于分段连续函数求不定积分时, 首先各段分别积分, 然后利用原函数的连续性来寻找各段积分常数之间的关系.

习题 4–4

(A)

1. 单项选择题.

(1) 设函数 $f(x)$ 连续, $F(x)$ 是 $f(x)$ 的原函数, 则下列结论正确的是 (　　);

(A) 当 $f(x)$ 是奇函数时, $F(x)$ 必是偶函数

(B) 当 $f(x)$ 是偶函数时, $F(x)$ 必是奇函数

(C) 当 $f(x)$ 是周期函数时, $F(x)$ 必是周期函数

(D) 当 $f(x)$ 是单调增函数时, $F(x)$ 必是单调增函数

(2) 若 $f(x)$ 的导数是 $\sin x$, 则 $f(x)$ 有一个原函数为 (　　);

(A) $1+\sin x$　　(B) $1-\sin x$

(C) $1+\cos x$　　(D) $1-\cos x$

(3) $\int e^{-|x|}dx =$(　　).

(A) $\begin{cases} -e^{-x}+C_1, & x \geqslant 0, \\ e^x+C_2, & x<0 \end{cases}$　　(B) $\begin{cases} -e^{-x}+C, & x \geqslant 0, \\ e^x+C, & x<0 \end{cases}$

(C) $\begin{cases} -e^{-x}+C, & x \geqslant 0, \\ e^x-2+C, & x<0 \end{cases}$　　(D) $\begin{cases} e^x+C, & x \geqslant 0, \\ -e^{-x}+C, & x<0 \end{cases}$

2. 填空题.

(1) $\int \dfrac{\tan x}{\sqrt{\cos x}}dx =$________ .

(2) 设 $f(x)$ 具有二阶连续导数, 则 $\int xf''(x)dx =$________ .

(3) $\int |x|dx =$________ .

(4) 设 $\sin x^2$ 为 $f(x)$ 的一个原函数, 则 $\int x^2 f(x)dx =$________ .

3. 设函数 f 在有限区间 I 上连续, F 为 f 在 I 上的一个原函数, 试问下列哪些式子正确? 哪些式子不正确? 为什么?

(1) $\int_a^x f(t)dt = F(x)+C$, 其中 a 为 I 中一点, C 为某个常数;

(2) $\dfrac{d}{dx}\int f(t)dt = F'(x)$;

(3) $\int f(x)dx = \int_a^x f(t)dt + C$, C 为任意常数;

(4) $\dfrac{d}{dx}\int f(t)dt = \dfrac{d}{dx}\int f(x)dx$;

(5) $\int_a^x F'(x)dx = \int F'(x)dx$;

(6) $\int_a^x F'(x)\mathrm{d}x = F(x)$.

4. 求下列不定积分.

(1) $\int \frac{1}{x^2}\mathrm{d}x$;

(2) $\int x\sqrt{x}\mathrm{d}x$;

(3) $\int \frac{\mathrm{d}x}{\sqrt{x}}$;

(4) $\int \frac{\mathrm{d}x}{x^2\sqrt{x}}$;

(5) $\int \left(1 - x + x^3 - \frac{1}{\sqrt[3]{x^2}}\right)\mathrm{d}x$;

(6) $\int \left(x - \frac{1}{\sqrt{x}}\right)^2\mathrm{d}x$;

(7) $\int (2^x + 3^x)^2\mathrm{d}x$;

(8) $\int \frac{3}{\sqrt{4-4x^2}}\mathrm{d}x$;

(9) $\int \frac{x^2}{3(1+x^2)}\mathrm{d}x$;

(10) $\int (\sqrt{x}+1)(\sqrt{x^3}-1)\mathrm{d}x$;

(11) $\int \frac{(1-x)^2}{\sqrt{x}}\mathrm{d}x$;

(12) $\int \frac{3x^4+3x^2+1}{1+x^2}\mathrm{d}x$;

(13) $\int \tan^2 x\mathrm{d}x$;

(14) $\int \sin^2 x\mathrm{d}x$;

(15) $\int \frac{\cos 2x}{\cos x - \sin x}\mathrm{d}x$;

(16) $\int \frac{\cos 2x}{\cos^2 x \cdot \sin^2 x}\mathrm{d}x$;

(17) $\int 10^x \cdot 3^{2x}\mathrm{d}x$;

(18) $\int \sqrt{x\sqrt{x\sqrt{x}}}\mathrm{d}x$;

(19) $\int \left(\sqrt{\frac{1+x}{1-x}} + \sqrt{\frac{1-x}{1+x}}\right)\mathrm{d}x$;

(20) $\int (\cos x + \sin x)^2\mathrm{d}x$;

(21) $\int \cos x \cdot \cos 2x\mathrm{d}x$;

(22) $\int (\mathrm{e}^x - \mathrm{e}^{-x})^3\mathrm{d}x$;

(23) $\int \sec x(\sec x - \tan x)\mathrm{d}x$;

(24) $\int \cos^2 \frac{x}{2}\mathrm{d}x$;

(25) $\int \left(1 - \frac{1}{x^2}\right)\sqrt{x\sqrt{x}}\mathrm{d}x$;

(26) $\int \frac{1}{1+\cos 2x}\mathrm{d}x$.

5. 一曲线通过点 $(\mathrm{e}^2, 3)$, 且在任一点处的切线的斜率等于该点横坐标的倒数, 求该曲线的方程.

6. 一物体由静止开始运动, 经 t s 后的速度为 $3t^2$(m/s), 问:

(1) 在 4 s 后物体离出发点的距离是多少?

(2) 物体走完 512 m 需要多长时间?

7. 利用换元积分法求下列不定积分.

(1) $\int \cos(3x+5)\mathrm{d}x$;

(2) $\int x\mathrm{e}^{2x^2}\mathrm{d}x$;

(3) $\int \frac{1}{2x+3}\mathrm{d}x$;

(4) $\int (1+x)^n\mathrm{d}x$;

(5) $\int \left(\frac{1}{\sqrt{3-x^2}} + \frac{1}{\sqrt{1-3x^2}}\right)\mathrm{d}x$;

(6) $\int 2^{3x+5}\mathrm{d}x$;

(7) $\int \sqrt{8-3x}\mathrm{d}x$;

(8) $\int \frac{\mathrm{d}x}{\sqrt[3]{9-5x}}$;

(9) $\int x\cos x^2\mathrm{d}x$;

(10) $\int\dfrac{\mathrm{d}x}{\sin^2\left(2x+\dfrac{\pi}{4}\right)}$;

(11) $\int\dfrac{\mathrm{d}x}{1+\cos x}$;

(12) $\int\dfrac{\mathrm{d}x}{1+\sin x}$;

(13) $\int\dfrac{x}{4+x^4}\mathrm{d}x$;

(14) $\int\dfrac{x}{\sqrt{1-x^2}}\mathrm{d}x$;

(15) $\int\dfrac{\mathrm{d}x}{x\ln x}$;

(16) $\int\dfrac{\ln\ln x}{x\ln x}\mathrm{d}x$;

(17) $\int\dfrac{\cos^3x}{\sin^2x}\mathrm{d}x$;

(18) $\int\cos^4x\mathrm{d}x$;

(19) $\int\sin^2x\cos^2x\mathrm{d}x$;

(20) $\int\sec^4x\mathrm{d}x$;

(21) $\int\csc^3x\cot x\mathrm{d}x$;

(22) $\int\dfrac{\mathrm{d}x}{1+\mathrm{e}^{2x}}$;

(23) $\int\dfrac{\mathrm{d}x}{1+\sin^2x}$;

(24) $\int\dfrac{x}{\sqrt{1+x^2}}\mathrm{e}^{-\sqrt{1+x^2}}\mathrm{d}x$;

(25) $\int\dfrac{\mathrm{d}x}{\mathrm{e}^x+\mathrm{e}^{-x}}$;

(26) $\int\dfrac{\mathrm{d}x}{1+\sqrt{1+x}}$;

(27) $\int\dfrac{\mathrm{d}x}{(1-x^2)^{3/2}}$;

(28) $\int\dfrac{x^2\mathrm{d}x}{\sqrt{a^2-x^2}}(a>0)$;

(29) $\int\dfrac{\mathrm{d}x}{x^2\sqrt{x^2-9}}$;

(30) $\int\dfrac{x^3\mathrm{d}x}{(1+x^2)^{3/2}}$.

8. 利用分部积分法求下列不定积分.

(1) $\int\arccos x\mathrm{d}x$;

(2) $\int\ln x\mathrm{d}x$;

(3) $\int x^2\cos x\mathrm{d}x$;

(4) $\int x\operatorname{arccot}x\mathrm{d}x$;

(5) $\int(\ln x)^2\mathrm{d}x$;

(6) $\int x^2\arctan x\mathrm{d}x$;

(7) $\int x\tan^2x\mathrm{d}x$;

(8) $\int x\sin x\cos x\mathrm{d}x$;

(9) $\int\dfrac{x}{\cos^2x}\mathrm{d}x$;

(10) $\int\sqrt{x}\sin\sqrt{x}\mathrm{d}x$;

(11) $\int\dfrac{x\mathrm{e}^x}{(1+\mathrm{e}^x)^2}\mathrm{d}x$;

(12) $\int\dfrac{\arcsin x}{\sqrt{1-x}}\mathrm{d}x$;

(13) $\int\arctan\sqrt{x}\mathrm{d}x$;

(14) $\int\mathrm{e}^{\sqrt{x}}\mathrm{d}x$;

(15) $\int\dfrac{x^2\arctan x}{1+x^2}\mathrm{d}x$;

(16) $\int\dfrac{\ln(\tan x)}{\sin x\cos x}\mathrm{d}x$;

(17) $\int\dfrac{\mathrm{e}^{\arctan x}}{(1+x^2)^{3/2}}\mathrm{d}x$;

(18) $\int\mathrm{e}^x\sin^2x\mathrm{d}x$;

(19) $\int\dfrac{\ln x}{(1+x^2)^{3/2}}\mathrm{d}x$;

(20) $\int\dfrac{x\mathrm{e}^x}{(1+x)^2}\mathrm{d}x$;

(21) $\int\left(1+x-\dfrac{1}{x}\right)\mathrm{e}^{x+\frac{1}{x}}\mathrm{d}x$.

(B)

9. 证明下列递推公式 $(n=2,3,\cdots)$.

(1) 设 $I_n=\int\dfrac{\mathrm{d}x}{\sin^n x}$, 则 $I_n=\dfrac{1}{1-n}\cdot\dfrac{\cos x}{\sin^{n-1}x}+\dfrac{n-2}{n-1}I_{n-2}$;

(2) 设 $I_n=\int\cos^n x\mathrm{d}x$, 则 $I_n=\dfrac{1}{n}\sin x\cdot\cos^{n-1}x+\dfrac{n-1}{n}I_{n-2}$.

10. 求不定积分 $\int\max\{1,x^2\}\mathrm{d}x$.

第五节 有理函数的积分

第四节介绍了求不定积分的两种基本积分法 —— 换元积分法和分部积分法, 本节将介绍有理函数的积分及可化为有理函数的积分.

一、有理函数的积分

有理函数是指由两个多项式函数的商所表示的函数, 其一般形式为

$$R(x)=\frac{P_n(x)}{Q_m(x)}=\frac{a_0x^n+a_1x^{n-1}+\cdots+a_n}{b_0x^m+b_1x^{m-1}+\cdots+b_m},\tag{5.1}$$

其中 n,m 为非负整数, $a_0,a_1,\cdots,a_n$ 与 $b_0,b_1,\cdots,b_m$ 都是实常数, 且 $a_0\neq 0,b_0\neq 0$. 若 $n<m$, 则称它为**真分式**; 若 $n\geqslant m$, 则称它为**假分式**.

由多项式除法可知, 任何假分式都能化为一个多项式与一个真分式之和. 例如

$$\frac{x^4-x^2+1}{x^2+1}=x^2-2+\frac{3}{x^2+1}.$$

由于多项式的不定积分是容易求得的, 所以只需研究真分式的不定积分, 故设 (5.1) 为一有理真分式.

根据代数理论, 任何有理真分式必可表示成若干个部分分式之和 (称**部分分式分解**). 因而问题归结为如何求那些部分分式的不定积分. 为此, 先把怎样分解部分分式的步骤简述如下:

(1) 对分母多项式 $Q_m(x)$ 在实数范围内作标准分解.

$$Q_m(x)=b_0(x-a_1)^{\lambda_1}\cdots(x-a_s)^{\lambda_s}(x^2+p_1x+q_1)^{\mu_1}\cdots(x^2+p_tx+q_t)^{\mu_t}.$$

其中 $\lambda_i\ (i=1,2,\cdots,\ s)$, $\mu_j(j=1,2,\cdots,\ t)$ 均为正整数, 且

$$\sum_{i=1}^{s}\lambda_i+2\sum_{j=1}^{t}\mu_j=m;$$

$$p_j^2-4q_j<0,\quad j=1,2,\cdots,\ t.$$

(2) 根据分母的各个因式分别写出与之相应的部分分式. 对每个形如 $(x-a)^k$ 的因式, 它所对应的部分分式为

$$\frac{A_1}{x-a}+\frac{A_2}{(x-a)^2}+\cdots+\frac{A_k}{(x-a)^k};$$

对每个形如 $(x^2+px+q)^k$ 的因式, 它所对应的部分分式为

$$\frac{B_1x+C_1}{x^2+px+q}+\frac{B_2x+C_2}{(x^2+px+q)^2}+\cdots+\frac{B_kx+C_k}{(x^2+px+q)^k}.$$

把所有部分分式加起来, 使之等于 $R(x)$. 部分分式中的常数系数 A_i,B_i,C_i 待定.

(3) 确定待定系数. 一般方法是将所有部分分式通分相加, 所得分式的分母乘 b_0 即为 $Q_m(x)$, 而其分子乘 b_0 亦应与原分子 $P_n(x)$ 恒等. 按同次幂项系数必定相等, 得到一组关于待定系数的线性方程组, 这组方程组的解就是所要确定的系数.

例 5.1 将真分式 $R(x)=\dfrac{x+3}{x^2-5x+6}$ 化成简单分式之和.

解 由于分母 $Q(x)=x^2-5x+6=(x-2)(x-3)$. 设

$$R(x)=\frac{x+3}{x^2-5x+6}=\frac{A}{x-2}+\frac{B}{x-3},$$

其中 A,B 为待定常数. 两端去掉分母后, 得恒等式

$$x+3\equiv A(x-3)+B(x-2), \tag{5.2}$$

或

$$x+3\equiv(A+B)x-(3A+2B).$$

由于上式是恒等式, 所以两端同次幂系数相等, 得线性方程组

$$\begin{cases}A+B=1,\\-(3A+2B)=3,\end{cases}$$

从而求得

$$A=-5,\quad B=6.$$

故

$$R(x)=\frac{x+3}{x^2-5x+6}=\frac{6}{x-3}-\frac{5}{x-2}.$$

上述待定系数法有时可用较简便的方法替代. 例如, 在恒等式 (5.2) 中, 代入特殊的 x 值, 从而求出一些待定的常数. 在 (5.2) 中, 令 $x\to2$, 得 $A=-5$; 令 $x\to3$, 得 $B=6$.

注 除非万不得已, 要尽量避免将右边式子全部展开后与左边式子比较系数, 建立线性方程组再去求解的繁琐方法. 通常确定待定系数最好两种方法结合使用.

一旦完成了有理真分式的部分分式分解, 那么有理真分式的不定积分归结为各个部分分式的不定积分. 由以上讨论可知, 任何有理真分式的不定积分最终归结为求以下两种形式的不定积分:

(Ⅰ) $\displaystyle\int\frac{1}{(x-a)^k}\mathrm{d}x$; (Ⅱ) $\displaystyle\int\frac{Ax+B}{(x^2+px+q)^k}\mathrm{d}x \quad (p^2-4q<0)$.

对于 (Ⅰ), 有

$$\int\frac{1}{(x-a)^k}\mathrm{d}x=\begin{cases}\ln|x-a|+C, & k=1,\\ \dfrac{1}{(1-k)(x-a)^{k-1}}+C, & k>1.\end{cases}$$

对于 (Ⅱ), 只要作适当换元 $\left(令\ t=x+\dfrac{p}{2}\right)$, 化为

$$\int\frac{Ax+B}{(x^2+px+q)^k}\mathrm{d}x=\int\frac{At+N}{(t^2+r^2)^k}\mathrm{d}t=A\int\frac{t}{(t^2+r^2)^k}\mathrm{d}t+N\int\frac{\mathrm{d}t}{(t^2+r^2)^k}, \tag{5.3}$$

其中 $r^2=q-\dfrac{p^2}{4}$, $N=B-\dfrac{p}{2}A$.

当 $k=1$ 时, (5.3) 右边两个不定积分分别为

$$\int\frac{t}{t^2+r^2}\mathrm{d}t=\frac{1}{2}\ln(t^2+r^2)+C,$$

$$\int\frac{\mathrm{d}t}{t^2+r^2}=\frac{1}{r}\arctan\frac{t}{r}+C.$$

当 $k\geqslant 2$ 时, (5.3) 右边第一个不定积分为

$$\int\frac{t}{(t^2+r^2)^k}\mathrm{d}t=\frac{1}{2(1-k)(t^2+r^2)^{k-1}}+C.$$

对于 (5.3) 右边第二个不定积分, 记

$$I_k=\int\frac{\mathrm{d}t}{(t^2+r^2)^k},$$

由上节例 4.51 可知, 有递推公式

$$I_k=\frac{1}{2(k-1)r^2}\left[\frac{t}{(t^2+r^2)^{k-1}}+(2k-3)I_{k-1}\right].$$

把所有这些局部结果代入 (5.3) 右端, 并将 $t=x+\dfrac{p}{2}$ 回代, 就完成了不定积分 (Ⅱ) 的计算.

例 5.2 求 $\displaystyle\int\frac{x+3}{x^2-5x+6}\mathrm{d}x$.

解 因为

$$\frac{x+3}{x^2-5x+6}=\frac{6}{x-3}-\frac{5}{x-2},$$

所以

$$\begin{aligned}\int\frac{x+3}{x^2-5x+6}\mathrm{d}x&=\int\left(\frac{6}{x-3}-\frac{5}{x-2}\right)\mathrm{d}x\\&=6\ln|x-3|-5\ln|x-2|+C.\end{aligned}$$

例 5.3　求 $\int\frac{x-2}{x^2+2x+3}\mathrm{d}x$.

解　由于被积函数的分母 x^2+2x+3 在实数范围内不能分解因式, 分子是一次因式 $x-2$, 而分母的导数 $(x^2+2x+3)'=2x+2$, 因此可以把分子拆成两部分之和: 一部分是分母的导数乘以某个常数因子; 另一部分是常数, 即

$$x-2=\left[\frac{1}{2}(2x+2)-1\right]-2=\frac{1}{2}(2x+2)-3.$$

于是所求积分

$$\begin{aligned}\int\frac{x-2}{x^2+2x+3}\mathrm{d}x&=\int\frac{\frac{1}{2}(2x+2)-3}{x^2+2x+3}\mathrm{d}x\\&=\frac{1}{2}\int\frac{2x+2}{x^2+2x+3}\mathrm{d}x-3\int\frac{1}{x^2+2x+3}\mathrm{d}x\\&=\frac{1}{2}\int\frac{\mathrm{d}(x^2+2x+3)}{x^2+2x+3}-3\int\frac{\mathrm{d}(x+1)}{(x+1)^2+(\sqrt{2})^2}\\&=\frac{1}{2}\ln(x^2+2x+3)-\frac{3}{\sqrt{2}}\arctan\frac{x+1}{\sqrt{2}}+C.\end{aligned}$$

例 5.4　求 $\int\frac{x^4+x^3+3x^2-1}{(x^2+1)^2(x-1)}\mathrm{d}x$.

解　设

$$\frac{x^4+x^3+3x^2-1}{(x^2+1)^2(x-1)}=\frac{A}{x-1}+\frac{Bx+C}{x^2+1}+\frac{Dx+E}{(x^2+1)^2}.$$

得恒等式

$$x^4+x^3+3x^2-1=A(x^2+1)^2+(Bx+C)(x-1)(x^2+1)+(Dx+E)(x-1).$$

令 $x\to 1$, 得到 $A=1$; 令 $x^2\to -1$, 即 $x\to \mathrm{i}=\sqrt{-1}$ (这也是可以的), 得到

$$-3-\mathrm{i}=(-D-E)+(E-D)\mathrm{i},$$

再令上式两端的实部和虚部分别相等, 得到 $D=2$ 和 $E=1$; 比较 x^4 的系数, 得到 $B=1-A=0$; 最后比较 x^3 的系数, 得 $C=1$. 于是

$$\begin{aligned}\int\frac{x^4+x^3+3x^2-1}{(x^2+1)^2(x-1)}\mathrm{d}x&=\int\left[\frac{1}{x-1}+\frac{1}{x^2+1}+\frac{2x+1}{(x^2+1)^2}\right]\mathrm{d}x\\&=\ln|x-1|+\arctan x+\int\frac{\mathrm{d}(x^2+1)}{(x^2+1)^2}+\int\frac{\mathrm{d}x}{(x^2+1)^2}\\&=\ln|x-1|+\frac{3}{2}\arctan x+\frac{x-2}{2(x^2+1)}+C.\end{aligned}$$

二、可化为有理函数的积分

1. 三角函数有理式的积分

由 $u(x)$, $v(x)$ 及常数经过有限次四则运算所得到的函数称为关于 $u(x)$, $v(x)$ 的有理式, 并用 $R(u(x),v(x))$ 表示.

$\int R(\sin x,\cos x)\mathrm{d}x$ 是三角函数有理式的不定积分. 一般通过变换 $t=\tan\dfrac{x}{2}$, 可把它化为有理函数的不定积分. 这是因为

$$\sin x=\frac{2\sin\dfrac{x}{2}\cos\dfrac{x}{2}}{\sin^2\dfrac{x}{2}+\cos^2\dfrac{x}{2}}=\frac{2\tan\dfrac{x}{2}}{1+\tan^2\dfrac{x}{2}}=\frac{2t}{1+t^2}, \tag{5.4}$$

$$\cos x=\frac{\cos^2\dfrac{x}{2}-\sin^2\dfrac{x}{2}}{\sin^2\dfrac{x}{2}+\cos^2\dfrac{x}{2}}=\frac{1-\tan^2\dfrac{x}{2}}{1+\tan^2\dfrac{x}{2}}=\frac{1-t^2}{1+t^2}, \tag{5.5}$$

$$\mathrm{d}x=\frac{2}{1+t^2}\mathrm{d}t. \tag{5.6}$$

所以

$$\int R(\sin x,\cos x)\mathrm{d}x=\int R\left(\frac{2t}{1+t^2},\frac{1-t^2}{1+t^2}\right)\frac{2}{1+t^2}\mathrm{d}t.$$

例 5.5 求 $\displaystyle\int\frac{1+\sin x}{\sin x(1+\cos x)}\mathrm{d}x$.

解 令 $t=\tan\dfrac{x}{2}$, 将 (5.4) (5.5) (5.6) 代入被积表达式, 得

$$\begin{aligned}\int\frac{1+\sin x}{\sin x(1+\cos x)}\mathrm{d}x&=\int\frac{1+\dfrac{2t}{1+t^2}}{\dfrac{2t}{1+t^2}\left(1+\dfrac{1-t^2}{1+t^2}\right)}\cdot\frac{2}{1+t^2}\mathrm{d}t\\&=\frac{1}{2}\int\left(t+2+\frac{1}{t}\right)\mathrm{d}t\\&=\frac{1}{2}\left(\frac{t^2}{2}+2t+\ln|t|\right)+C\\&=\frac{1}{4}\tan^2\frac{x}{2}+\tan\frac{x}{2}+\frac{1}{2}\ln\left|\tan\frac{x}{2}\right|+C.\end{aligned}$$

注 虽然上面所用的变换 $t=\tan\dfrac{x}{2}$ 对三角函数有理式的不定积分总是有效的, 但并不意味在任何场合都是简便的.

例 5.6 求 $\int \frac{\mathrm{d}x}{a^2\sin^2 x+b^2\cos^2 x}(ab\neq 0)$.

解 由于

$$\int \frac{\mathrm{d}x}{a^2\sin^2 x+b^2\cos^2 x}=\int \frac{\sec^2 x}{a^2\tan^2 x+b^2}\mathrm{d}x,$$

令 $t=\tan x$, 就有

$$\begin{aligned}\int \frac{\mathrm{d}x}{a^2\sin^2 x+b^2\cos^2 x}&=\int \frac{\mathrm{d}t}{a^2t^2+b^2}=\frac{1}{a}\int \frac{\mathrm{d}(at)}{(at)^2+b^2}\\&=\frac{1}{ab}\arctan\frac{at}{b}+C\\&=\frac{1}{ab}\arctan\left(\frac{a}{b}\tan x\right)+C.\end{aligned}$$

通常当被积函数是关于 $\sin^2 x,\cos^2 x$ 及 $\sin x\cos x$ 的有理式时, 采用变换 $t=\tan x$ 往往比较简单. 其他特殊情形可因题而异, 选择适当的变换. 如

(1) $\int R(\sin x,\cos x)\mathrm{d}x$, 若 $R(\sin x,-\cos x)=-R(\sin x,\cos x)$, 则可令 $t=\sin x$;

(2) $\int R(\sin x,\cos x)\mathrm{d}x$, 若 $R(-\sin x,\cos x)=-R(\sin x,\cos x)$, 则可令 $t=\cos x$;

(3) $\int R(\sin x,\cos x)\mathrm{d}x$, 若 $R(-\sin x,-\cos x)=R(\sin x,\cos x)$, 则可令 $t=\tan x$.

例 5.7 求 $\int \frac{5+4\cos x}{(2+\cos x)^2\sin x}\mathrm{d}x$.

解 本题被积函数 $R(-\sin x,\cos x)=-R(\sin x,\cos x)$, 令 $t=\cos x$, 则 $\mathrm{d}t=-\sin x\mathrm{d}x$.

$$\begin{aligned}\text{原式}&=-\int \frac{5+4t}{(2+t)^2(1-t^2)}\mathrm{d}t\\&=-\int \frac{(2+t)^2+(1-t^2)}{(2+t)^2(1-t^2)}\mathrm{d}t\\&=-\int \frac{1}{1-t^2}\mathrm{d}t-\int \frac{1}{(2+t)^2}\mathrm{d}t\\&=\frac{1}{2}\ln\left|\frac{1-t}{1+t}\right|+\frac{1}{2+t}+C\\&=\frac{1}{2}\ln\frac{1-\cos x}{1+\cos x}+\frac{1}{2+\cos x}+C.\end{aligned}$$

例 5.8 求 $\int\frac{3\sin x+4\cos x}{2\sin x+\cos x}\mathrm{d}x$.

解 令
$$\begin{aligned}3\sin x+4\cos x&=a(2\sin x+\cos x)+b(2\sin x+\cos x)'\\&=a(2\sin x+\cos x)+b(2\cos x-\sin x)\\&=(2a-b)\sin x+(a+2b)\cos x,\end{aligned}$$
由于上面等式是恒等式, 所以上式两边 $\sin x$ 和 $\cos x$ 的系数对应相等, 得
$$\begin{cases}2a-b=3,\\a+2b=4.\end{cases}$$
求解此方程组, 得 $a=2,b=1$. 故有
$$\begin{aligned}\text{原式}&=\int\frac{2(2\sin x+\cos x)+(2\cos x-\sin x)}{2\sin x+\cos x}\mathrm{d}x\\&=\int 2\mathrm{d}x+\int\frac{\mathrm{d}(2\sin x+\cos x)}{2\sin x+\cos x}\\&=2x+\ln|2\sin x+\cos x|+C.\end{aligned}$$

注 本题提供的方法是处理形如 $\int\frac{A\sin x+B\cos x}{C\sin x+D\cos x}\mathrm{d}x$ 的不定积分的一般方法, 其中 A,B,C,D 均为非零常数.

例 5.9 求 $\int\frac{1}{\sin x\cos^4x}\mathrm{d}x$.

解
$$\begin{aligned}\text{原式}&=\int\frac{\sin^2x+\cos^2x}{\sin x\cos^4x}\mathrm{d}x\\&=\int\frac{\sin x}{\cos^4x}\mathrm{d}x+\int\frac{1}{\sin x\cos^2x}\mathrm{d}x\\&=-\int\frac{\mathrm{d}(\cos x)}{\cos^4x}+\int\frac{\sin^2x+\cos^2x}{\sin x\cos^2x}\mathrm{d}x\\&=\frac{1}{3\cos^3x}+\int\frac{\sin x}{\cos^2x}\mathrm{d}x+\int\frac{1}{\sin x}\mathrm{d}x\\&=\frac{1}{3\cos^3x}-\int\frac{\mathrm{d}(\cos x)}{\cos^2x}+\int\csc x\mathrm{d}x\\&=\frac{1}{3\cos^3x}+\frac{1}{\cos x}+\ln|\csc x-\cot x|+C.\end{aligned}$$

注　本题提供的方法处理形如 $\int \dfrac{1}{\sin^m x \cos^n x}\mathrm{d}x$ 的不定积分的一般方法, 其中 m, n 为正整数.

2. 简单无理根式的不定积分

(1) 形如 $\int R\left(x, \sqrt[n]{ax+b}\right)\mathrm{d}x$ 的不定积分 (a 为非零实常数, n 为大于等于 2 的正整数). 对此, 令 $t=\sqrt[n]{ax+b}$ 就可以化为有理函数的不定积分.

例 5.10　求 $\int \dfrac{x}{\sqrt{4x-3}}\mathrm{d}x$.

解　令 $t=\sqrt{4x-3}$, 则 $x=\dfrac{1}{4}(t^2+3)$, $\mathrm{d}x=\dfrac{t}{2}\mathrm{d}t$. 所以

$$
\begin{aligned}
\int \frac{x}{\sqrt{4x-3}}\mathrm{d}x &= \frac{1}{8}\int (t^2+3)\mathrm{d}t \\
&= \frac{1}{24}t^3+\frac{3}{8}t+C \\
&= \frac{\sqrt{4x-3}}{12}(2x+3)+C.
\end{aligned}
$$

(2) 形如 $\int R\left(x, \sqrt[n]{\dfrac{ax+b}{cx+d}}\right)\mathrm{d}x$ 的不定积分 ($ad-bc\neq 0$, $n\geqslant 2$ 的正整数). 对此, 令 $t=\sqrt[n]{\dfrac{ax+b}{cx+d}}$ 就可以化为有理函数的不定积分.

例 5.11　求 $\int \dfrac{1}{x}\sqrt{\dfrac{1+x}{x}}\mathrm{d}x$.

解　令 $t=\sqrt{\dfrac{1+x}{x}}$, 于是 $\dfrac{1+x}{x}=t^2$, $x=\dfrac{1}{t^2-1}$, $\mathrm{d}x=-\dfrac{2t}{(t^2-1)^2}\mathrm{d}t$, 从而所求积分为

$$
\begin{aligned}
\int \frac{1}{x}\sqrt{\frac{1+x}{x}}\mathrm{d}x &= \int (t^2-1)t\cdot\frac{-2t}{(t^2-1)^2}\mathrm{d}t = -2\int \frac{t^2}{t^2-1}\mathrm{d}t \\
&= -2\int\left(1+\frac{1}{t^2-1}\right)\mathrm{d}t = -2t-\ln\left|\frac{t-1}{t+1}\right|+C \\
&= -2t+2\ln(t+1)-\ln\left|t^2-1\right|+C \\
&= -2\sqrt{\frac{1+x}{x}}+2\ln\left(\sqrt{\frac{1+x}{x}}+1\right)+\ln|x|+C.
\end{aligned}
$$

(3) 形如 $\int R\left(x, \sqrt[n]{ax+b}, \sqrt[m]{ax+b}\right)\mathrm{d}x$ 的不定积分 ($a\neq 0$, m 和 n 均为大于等于 2 的正

整数). 对此, 令 $t=\sqrt[k]{ax+b}$, 其中 k 为 m, n 的最小公倍数, 就可以化为有理函数的不定积分.

例 5.12 求 $\displaystyle\int\frac{\mathrm{d}x}{(1+\sqrt[3]{x})\sqrt{x}}$.

解 被积函数出现两个根式 $\sqrt{x}$ 及 $\sqrt[3]{x}$. 令 $t=\sqrt[6]{x}$, $x=t^6$, $\mathrm{d}x=6t^5\mathrm{d}t$. 于是

$$\begin{aligned}\int\frac{\mathrm{d}x}{(1+\sqrt[3]{x})\sqrt{x}}&=\int\frac{6t^5}{(1+t^2)t^3}\mathrm{d}t=6\int\frac{t^2}{1+t^2}\mathrm{d}t\\&=6\int\left(1-\frac{1}{1+t^2}\right)\mathrm{d}t\\&=6(t-\arctan t)+C\\&=6(\sqrt[6]{x}-\arctan\sqrt[6]{x})+C.\end{aligned}$$

(4) 形如 $\displaystyle\int R\left(x,\sqrt{ax^2+bx+c}\right)\mathrm{d}x$ 的不定积分 $(a\neq 0, b^2-4ac\neq 0)$.

若 $a>0$, 令 $\sqrt{ax^2+bx+c}=t-\sqrt{a}x$, 即 $x=\dfrac{t^2-c}{2\sqrt{a}t+b}$ 就可以把原不定积分化为有理函数的不定积分.

若 $a<0$, 则必有 $b^2-4ac>0$, 此时方程 $ax^2+bx+c=0$ 有两个不相等的实根 α, β, 不妨设 $\alpha<\beta$, 当 $\alpha<x<\beta$, 有 $ax^2+bx+c>0$, 从而有

$$\begin{aligned}\sqrt{ax^2+bx+c}&=\sqrt{-a(x-\alpha)(\beta-x)}\\&=\sqrt{-a}(x-\alpha)\sqrt{\frac{\beta-x}{x-\alpha}}\\&=\sqrt{-a}(\beta-x)\sqrt{\frac{x-\alpha}{\beta-x}}.\end{aligned}$$

令 $t=\sqrt{\dfrac{\beta-x}{x-\alpha}}$ 或 $t=\sqrt{\dfrac{x-\alpha}{\beta-x}}$, 则可以把原不定积分化为有理函数的不定积分.

若 $c>0$, 则还可以令 $\sqrt{ax^2+bx+c}=xt\pm\sqrt{c}$, 也可以把原不定积分化为有理函数的不定积分.

例 5.13 求 $\displaystyle\int\frac{\mathrm{d}x}{\sqrt{(x-a)(b-x)}}(a<x<b)$.

解法 1 原式 $=\displaystyle\int\frac{\mathrm{d}x}{\sqrt{-ab+(a+b)x-x^2}}=\int\frac{\mathrm{d}x}{\sqrt{\left(\frac{b-a}{2}\right)^2-\left(x-\frac{a+b}{2}\right)^2}}$

$$=\arcsin\frac{x-\frac{a+b}{2}}{\frac{b-a}{2}}+C=\arcsin\frac{2x-a-b}{b-a}+C.$$

解法 2 因为

$$\int\frac{\mathrm{d}x}{\sqrt{(x-a)(b-x)}}=\int\frac{\mathrm{d}x}{(x-a)\sqrt{\frac{b-x}{x-a}}}.$$

令 $t=\sqrt{\dfrac{b-x}{x-a}}$, 则 $x=\dfrac{b+at^2}{1+t^2}$, $\mathrm{d}x=\dfrac{-2(b-a)t}{(1+t^2)^2}\mathrm{d}t$, 代入上式, 得

$$\int\frac{\mathrm{d}x}{\sqrt{(x-a)(b-x)}}=-2\int\frac{\mathrm{d}t}{1+t^2}=-2\arctan t+C$$
$$=-2\arctan\sqrt{\frac{b-x}{x-a}}+C.$$

前面已经讲过了求不定积分的基本方法以及某些特殊类型函数的不定积分的求法. 需要指出的是, 通常所说的 "求不定积分", 是指用初等函数的形式把这个不定积分表示出来. 在这个意义上, 并不是任何初等函数的不定积分都能 "求出来". 例如

$$\int\mathrm{e}^{\pm x^2}\mathrm{d}x,\quad \int\frac{1}{\ln x}\mathrm{d}x,\quad \int\frac{\sin x}{x}\mathrm{d}x,\quad \int\sqrt{1-k^2\sin^2x}\,\mathrm{d}x\quad (0<k^2<1)$$

等, 虽然它们都存在, 但却无法用初等函数来表示, 该结论已被刘维尔 (Liouville) 于 1835 年给出证明. 因此, 初等函数的原函数不一定是初等函数. 这类非初等函数可以用前面的变上限积分形式来表示.

顺便指出, 在求不定积分时, 还可以用现成的积分表. 在积分表中所有的积分公式是按被积函数分类编排的. 在使用时, 只要根据被积函数的类型, 或经过适当变形就可化为积分表中列出的类型, 查阅公式即可. 此外, 数学软件 (例如 Mathematica, Maple, MATLAB 等) 也具有求不定积分的功能. 当然, 对初学者来说, 首先应该掌握各种基本积分方法.

习题 4–5

(A)

1. 求下列不定积分.

(1) $\displaystyle\int\frac{x^3}{x-1}\mathrm{d}x$; (2) $\displaystyle\int\frac{x^5+x^4-8}{x^3-x}\mathrm{d}x$;

(3) $\int \frac{2x+3}{x^2+3x-10}\mathrm{d}x$;

(4) $\int \frac{\mathrm{d}x}{x^3+1}$;

(5) $\int \frac{x}{(x+1)(x+2)(x+3)}\mathrm{d}x$;

(6) $\int \frac{x^2+1}{(x+1)^2(x-1)}\mathrm{d}x$;

(7) $\int \frac{1}{x(x^2+1)}\mathrm{d}x$;

(8) $\int \frac{1}{x^4+1}\mathrm{d}x$;

(9) $\int \frac{x-2}{(2x^2+2x+1)^2}\mathrm{d}x$;

(10) $\int \frac{x}{x^3-3x+2}\mathrm{d}x$;

(11) $\int \frac{1}{5-3\cos x}\mathrm{d}x$;

(12) $\int \frac{1}{2+\sin^2 x}\mathrm{d}x$;

(13) $\int \frac{1}{1+\tan x}\mathrm{d}x$;

(14) $\int \frac{1}{2+\sin x}\mathrm{d}x$;

(15) $\int \frac{1}{1+\sin x+\cos x}\mathrm{d}x$;

(16) $\int \frac{1}{2\sin x-\cos x+5}\mathrm{d}x$;

(17) $\int \frac{1}{\cos^4 x}\mathrm{d}x$;

(18) $\int \frac{1}{\sin^3 x\cos^5 x}\mathrm{d}x$;

(19) $\int \frac{1}{\sqrt{x}+\sqrt[3]{x}}\mathrm{d}x$;

(20) $\int \frac{1}{\sqrt{x}\,(1+\sqrt[4]{x})^3}\mathrm{d}x$;

(21) $\int \sqrt{\frac{1-x}{1+x}}\cdot\frac{1}{x}\mathrm{d}x$;

(22) $\int \frac{\mathrm{d}x}{\sqrt[3]{(x+1)^2(x-1)^4}}$;

(23) $\int \frac{\cos x-\sin x}{\cos x+2\sin x}\mathrm{d}x$.

(B)

2. 求下列不定积分.

(1) $\int \frac{2\cos x+3\sin x}{\cos x-2\sin x}\mathrm{d}x$;

(2) $\int \frac{\sqrt{x}}{1-\sqrt[3]{x}}\mathrm{d}x$;

(3) $\int \frac{\sqrt{1+\ln x}}{x\ln x}\mathrm{d}x$;

*(4) $\int \frac{x^{11}}{x^8+4x^4+5}\mathrm{d}x$.

3. 设 $F(x)$ 是 $f(x)$ 的一个原函数, $F(1)=\frac{\sqrt{2}}{4}\pi$, 若当 $x>0$ 时, 有 $f(x)F(x)=\frac{\arctan\sqrt{x}}{\sqrt{x}(1+x)}$, 求 $f(x)$.

习题 4–5
4 题解答

*4. 设 $y=y(x)$ 是由 $y^2(x-y)=x^2$ 所确定的隐函数, 求 $\int \frac{1}{y^2}\mathrm{d}x$.

第六节 定积分的计算法

由牛顿 – 莱布尼茨公式可知，把定积分 $\int_a^b f(x)\mathrm{d}x$ 的计算转化为求 $f(x)$ 的原函数在区间 $[a,b]$ 上的增量. 自然可以用不定积分的换元积分法和分部积分法求出被积函数的原函数，再代入上、下限，从而求出其积分值. 也可以把不定积分的换元积分法和分部积分法移植到定积分的计算中来. 就得到下面的定积分换元积分法和分部积分法.

定理 6.1 (定积分换元积分法) 若 $f(x)$ 在区间 $[a,\ b]$ 上连续，$\varphi(t)$ 在区间 $[\alpha,\beta]$ 上具有连续导数，且满足

$$\varphi(\alpha)=a,\quad \varphi(\beta)=b,\quad a\leqslant\varphi(t)\leqslant b,\quad t\in[\alpha,\beta],$$

则有**定积分换元公式**

$$\int_a^b f(x)\mathrm{d}x=\int_\alpha^\beta f(\varphi(t))\varphi'(t)\mathrm{d}t. \tag{6.1}$$

证 由于 (6.1) 两边的被积函数都是连续的，所以它们的原函数都存在. 设 $F(x)$ 为 $f(x)$ 在 $[a,b]$ 上的一个原函数. 则

$$\int_a^b f(x)\mathrm{d}x=F(b)-F(a).$$

又由复合函数求导法则可知

$$\frac{\mathrm{d}}{\mathrm{d}t}F(\varphi(t))=F'(\varphi(t))\varphi'(t)=f(\varphi(t))\varphi'(t),$$

因此 $F(\varphi(t))$ 是 $f(\varphi(t))\varphi'(t)$ 的一个原函数，于是

$$\begin{aligned}\int_\alpha^\beta f(\varphi(t))\varphi'(t)\mathrm{d}t&=F(\varphi(\beta))-F(\varphi(\alpha))\\&=F(b)-F(a).\end{aligned}$$

故 (6.1) 成立.

在使用定积分换元积分法计算定积分时，既要求换元又要求换积分限，因此得到了用新变量表示的原函数后，不必作变量还原，而只需用新的积分限代入并求其差值即可. 这是定积分换元积分法与不定积分换元积分法的区别，因为不定积分所求的是被积函数的原函数，所以应保留与原来相同的自变量；而定积分的计算结果是一个确定的数值.

例 6.1 计算 $\int_0^a\sqrt{a^2-x^2}\mathrm{d}x\ (a>0)$.

解 设 $x=a\sin t$，则 $\mathrm{d}x=a\cos t\mathrm{d}t$，且当 $x=0$ 时，$t=0$；当 $x=a$ 时，$t=\frac{\pi}{2}$. 于是

$$\begin{aligned}\int_0^a\sqrt{a^2-x^2}\mathrm{d}x&=a^2\int_0^{\frac{\pi}{2}}\cos^2 t\mathrm{d}t=\frac{a^2}{2}\int_0^{\frac{\pi}{2}}(1+\cos 2t)\mathrm{d}t\\&=\frac{a^2}{2}\left(t+\frac{1}{2}\sin 2t\right)\Big|_0^{\frac{\pi}{2}}=\frac{\pi a^2}{4}.\end{aligned}$$

例 6.2 计算 $\int_0^{\pi} \mathrm{e}^{\cos x}\sin x\mathrm{d}x$.

解

$$\begin{aligned}\int_0^{\pi} \mathrm{e}^{\cos x}\sin x\mathrm{d}x &= -\int_0^{\pi} \mathrm{e}^{\cos x}\mathrm{d}(\cos x)\\ &= -\mathrm{e}^{\cos x}\Big|_0^{\pi} = \mathrm{e} - \frac{1}{\mathrm{e}}.\end{aligned}$$

注 在例 6.2 中, 若不明显地写出新变量 t, 则定积分的上、下限就不变更.

例 6.3 计算 $I = \int_0^1 \frac{\ln(1+x)}{1+x^2}\mathrm{d}x$.

解 令 $x=\tan t$, 当 x 从 0 增加到 1 时, t 从 0 变到 $\frac{\pi}{4}$. 于是

$$\begin{aligned}I &= \int_0^{\frac{\pi}{4}} \ln(1+\tan t)\mathrm{d}t = \int_0^{\frac{\pi}{4}} \ln\frac{\cos t+\sin t}{\cos t}\mathrm{d}t\\ &= \int_0^{\frac{\pi}{4}} \ln\frac{\sqrt{2}\cos\left(\frac{\pi}{4}-t\right)}{\cos t}\mathrm{d}t\\ &= \int_0^{\frac{\pi}{4}} \ln\sqrt{2}\mathrm{d}t + \int_0^{\frac{\pi}{4}} \ln\cos\left(\frac{\pi}{4}-t\right)\mathrm{d}t - \int_0^{\frac{\pi}{4}} \ln\cos t\mathrm{d}t. \qquad (6.2)\end{aligned}$$

对 (6.2) 的第二个积分, 令 $u=\frac{\pi}{4}-t$, 有

$$\int_0^{\frac{\pi}{4}} \ln\cos\left(\frac{\pi}{4}-t\right)\mathrm{d}t = \int_{\frac{\pi}{4}}^{0} \ln\cos u\mathrm{d}(-u) = \int_0^{\frac{\pi}{4}} \ln\cos u\mathrm{d}u,$$

代入 (6.2), 得

$$I = \int_0^{\frac{\pi}{4}} \ln\sqrt{2}\mathrm{d}t = \frac{\pi}{8}\ln 2.$$

例 6.4 证明:

(1) 若 $f(x)$ 在区间 $[-a,a]$ 上连续且为偶函数, 则

$$\int_{-a}^{a} f(x)\mathrm{d}x = 2\int_0^{a} f(x)\mathrm{d}x;$$

(2) 若 $f(x)$ 在区间 $[-a,a]$ 上连续且为奇函数, 则

$$\int_{-a}^{a} f(x)\mathrm{d}x = 0.$$

证 因为

$$\int_{-a}^{a} f(x)\mathrm{d}x = \int_{-a}^{0} f(x)\mathrm{d}x + \int_0^{a} f(x)\mathrm{d}x,$$

对积分 $\int_{-a}^{0} f(x)\mathrm{d}x$ 作代换 $x=-t$, 则

$$\int_{-a}^{0} f(x)\mathrm{d}x=-\int_{a}^{0} f(-t)\mathrm{d}t=\int_{0}^{a} f(-t)\mathrm{d}t=\int_{0}^{a} f(-x)\mathrm{d}x.$$

所以

$$\int_{-a}^{a} f(x)\mathrm{d}x=\int_{0}^{a} f(-x)\mathrm{d}x+\int_{0}^{a} f(x)\mathrm{d}x=\int_{0}^{a}[f(-x)+f(x)]\,\mathrm{d}x.$$

(1) 若 $f(x)$ 在区间 $[-a,a]$ 上为偶函数, 则

$$f(-x)+f(x)=2f(x),$$

从而

$$\int_{-a}^{a} f(x)\mathrm{d}x=2\int_{0}^{a} f(x)\mathrm{d}x.$$

(2) 若 $f(x)$ 在区间 $[-a,a]$ 上为奇函数, 则

$$f(-x)+f(x)=0,$$

从而

$$\int_{-a}^{a} f(x)\mathrm{d}x=0.$$

利用例 6.4 的结论, 常常可以简化奇函数、偶函数在关于原点对称的区间上的定积分.

例 6.5　若 $f(x)$ 在 $[0,1]$ 上连续, 证明:

(1) $\int_{0}^{\frac{\pi}{2}} f(\sin x)\mathrm{d}x=\int_{0}^{\frac{\pi}{2}} f(\cos x)\mathrm{d}x$;

(2) $\int_{0}^{\pi} xf(\sin x)\mathrm{d}x=\frac{\pi}{2}\int_{0}^{\pi} f(\sin x)\mathrm{d}x$, 由此计算 $\int_{0}^{\pi}\frac{x\sin x}{1+\cos^2 x}\mathrm{d}x$.

证　(1) 设 $x=\frac{\pi}{2}-t$, 则

$$\begin{aligned}\int_{0}^{\frac{\pi}{2}} f(\sin x)\mathrm{d}x&=-\int_{\frac{\pi}{2}}^{0} f\left(\sin\left(\frac{\pi}{2}-t\right)\right)\mathrm{d}t\\&=\int_{0}^{\frac{\pi}{2}} f(\cos t)\mathrm{d}t=\int_{0}^{\frac{\pi}{2}} f(\cos x)\mathrm{d}x.\end{aligned}$$

(2) 设 $x=\pi-t$, 则

$$\begin{aligned}\int_{0}^{\pi} xf(\sin x)\mathrm{d}x&=-\int_{\pi}^{0}(\pi-t)f\left(\sin(\pi-t)\right)\mathrm{d}t\\&=\int_{0}^{\pi}(\pi-t)f\left(\sin t\right)\mathrm{d}t\\&=\pi\int_{0}^{\pi} f\left(\sin t\right)\mathrm{d}t-\int_{0}^{\pi} tf\left(\sin t\right)\mathrm{d}t\\&=\pi\int_{0}^{\pi} f\left(\sin x\right)\mathrm{d}x-\int_{0}^{\pi} xf\left(\sin x\right)\mathrm{d}x,\end{aligned}$$

所以

$$\int_0^{\pi} xf(\sin x)\mathrm{d}x = \frac{\pi}{2}\int_0^{\pi} f(\sin x)\mathrm{d}x.$$

利用上述结论, 有

$$\begin{aligned}\int_0^{\pi}\frac{x\sin x}{1+\cos^2 x}\mathrm{d}x &= \frac{\pi}{2}\int_0^{\pi}\frac{\sin x}{1+\cos^2 x}\mathrm{d}x = -\frac{\pi}{2}\int_0^{\pi}\frac{\mathrm{d}(\cos x)}{1+\cos^2 x}\\ &= -\frac{\pi}{2}\arctan(\cos x)\Big|_0^{\pi} = -\frac{\pi}{2}\left(-\frac{\pi}{4}-\frac{\pi}{4}\right) = \frac{\pi^2}{4}.\end{aligned}$$

定理 6.2 (定积分的分部积分法) 若 $u(x)$, $v(x)$ 在区间 $[a,b]$ 上具有连续导数, 则有**定积分的分部积分公式**

$$\int_a^b u(x)v'(x)\mathrm{d}x = (u(x)v(x))\Big|_a^b - \int_a^b u'(x)v(x)\mathrm{d}x, \tag{6.3}$$

或

$$\int_a^b u\mathrm{d}v = uv\big|_a^b - \int_a^b v\mathrm{d}u.$$

证 因为 $u(x)v(x)$ 是 $u(x)v'(x)+u'(x)v(x)$ 在区间 $[a,b]$ 上的一个原函数, 所以

$$\begin{aligned}\int_a^b u(x)v'(x)\mathrm{d}x + \int_a^b u'(x)v(x)\mathrm{d}x &= \int_a^b (u(x)v'(x)+u'(x)v(x))\,\mathrm{d}x\\ &= (u(x)v(x))\Big|_a^b,\end{aligned}$$

移项, 即得 (6.3).

例 6.6 计算 $\displaystyle\int_0^1 \mathrm{e}^{\sqrt{x}}\mathrm{d}x$.

解 令 $\sqrt{x}=t$, 则 $x=t^2$, 于是

$$\int_0^1 \mathrm{e}^{\sqrt{x}}\mathrm{d}x = 2\int_0^1 t\mathrm{e}^t\mathrm{d}t = 2\int_0^1 t\mathrm{d}\mathrm{e}^t = 2\left(t\mathrm{e}^t\Big|_0^1 - \int_0^1 \mathrm{e}^t\mathrm{d}t\right) = 2.$$

例 6.7 计算 $I_n = \displaystyle\int_0^{\frac{\pi}{2}}\sin^n x\mathrm{d}x\left(=\int_0^{\frac{\pi}{2}}\cos^n x\mathrm{d}x\right)$ (n 为自然数).

解 由例 6.5 的 (1) 可得

$$I_n = \int_0^{\frac{\pi}{2}}\sin^n x\mathrm{d}x = \int_0^{\frac{\pi}{2}}\cos^n x\mathrm{d}x.$$

当 $n \geqslant 2$ 时, 有

$$
\begin{aligned}
I_n &= \int_0^{\frac{\pi}{2}} \sin^n x \mathrm{d}x = -\int_0^{\frac{\pi}{2}} \sin^{n-1} x \mathrm{d}(\cos x) \\
&= -\sin^{n-1} x \cos x \Big|_0^{\frac{\pi}{2}} + (n-1)\int_0^{\frac{\pi}{2}} \sin^{n-2} x \cos^2 x \mathrm{d}x \\
&= (n-1)\int_0^{\frac{\pi}{2}} \sin^{n-2} x (1-\sin^2 x) \mathrm{d}x \\
&= (n-1)\int_0^{\frac{\pi}{2}} \sin^{n-2} x \mathrm{d}x - (n-1)\int_0^{\frac{\pi}{2}} \sin^n x \mathrm{d}x \\
&= (n-1)I_{n-2} - (n-1)I_n.
\end{aligned}
$$

所以, 得到递推公式

$$
I_n = \frac{n-1}{n} I_{n-2}.
$$

于是

$$
\begin{aligned}
I_{2k} &= \frac{2k-1}{2k} I_{2k-2} = \frac{2k-1}{2k} \cdot \frac{2k-3}{2k-2} I_{2k-4} = \cdots \\
&= \frac{2k-1}{2k} \cdot \frac{2k-3}{2k-2} \cdots \frac{5}{6} \cdot \frac{3}{4} \cdot \frac{1}{2} I_0, \\
I_{2k+1} &= \frac{2k}{2k+1} I_{2k-1} = \frac{2k}{2k+1} \cdot \frac{2k-2}{2k-1} I_{2k-3} = \cdots \\
&= \frac{2k}{2k+1} \cdot \frac{2k-2}{2k-1} \cdots \frac{6}{7} \cdot \frac{4}{5} \cdot \frac{2}{3} I_1 \qquad (k=1,2,\cdots).
\end{aligned}
$$

而 $I_0 = \int_0^{\frac{\pi}{2}} \mathrm{d}x = \frac{\pi}{2}$, $I_1 = \int_0^{\frac{\pi}{2}} \sin x \mathrm{d}x = 1$. 所以

不等式及应用 1

$$
I_{2k} = \frac{2k-1}{2k} \cdot \frac{2k-3}{2k-2} \cdots \frac{5}{6} \cdot \frac{3}{4} \cdot \frac{1}{2} \cdot \frac{\pi}{2} = \frac{(2k-1)!!}{(2k)!!} \cdot \frac{\pi}{2} \quad (k=1,2,\cdots),
$$

$$
I_{2k+1} = \frac{2k}{2k+1} \cdot \frac{2k-2}{2k-1} \cdots \frac{6}{7} \cdot \frac{4}{5} \cdot \frac{2}{3} = \frac{(2k)!!}{(2k+1)!!} \quad (k=1,2,\cdots).
$$

不等式及应用 2

注　设 k 为正整数, 为了方便, $2 \times 4 \times \cdots \times (2k)$ 记为 $(2k)!!$, 即 $(2k)!! = 2 \times 4 \times \cdots \times (2k)$; $1 \times 3 \times \cdots \times (2k-1)$ 记为 $(2k-1)!!$, 即 $(2k-1)!! = 1 \times 3 \times \cdots \times (2k-1)$.

习题 4–6

(A)

1. 单项选择题.

(1) 设函数 $f(x) = \int_0^{x^2} \ln(2+t) \mathrm{d}t$, 则 $f'(x)$ 的零点的个数是 (　　);

(A) 0 (B) 1 (C) 2 (D) 3

(2) 设 $f(x)$ 连续, 则 $\dfrac{\mathrm{d}}{\mathrm{d}x}\displaystyle\int_0^x tf(x^2-t^2)\mathrm{d}t=($ $)$;

(A) $xf(x^2)$ (B) $\dfrac{1}{2}f(x^2)$ (C) $2xf(x^2)$ (D) $-2xf(x^2)$

(3) 设 $F(x)=\displaystyle\int_x^{x+2\pi}\mathrm{e}^{\sin t}\sin t\mathrm{d}t$, 则 $F(x)$ ( );

(A) 为正常数 (B) 为负常数 (C) 恒为零 (D) 不为常数

(4) 设 $M=\displaystyle\int_{-\frac{\pi}{2}}^{\frac{\pi}{2}}\frac{\sin x}{1+x^2}\cos^4x\mathrm{d}x$, $N=\displaystyle\int_{-\frac{\pi}{2}}^{\frac{\pi}{2}}(\sin^3x+\cos^4x)\mathrm{d}x$, $P=\displaystyle\int_{-\frac{\pi}{2}}^{\frac{\pi}{2}}(x^2\sin^3x-\cos^4x)\mathrm{d}x$, 则有 ( ).

(A) $N<P<M$ (B) $M<P<N$ (C) $N<M<P$ (D) $P<M<N$

2. 填空题.

(1) $\displaystyle\int_{-1}^{1}\frac{x+|x|}{1+x^2}\mathrm{d}x=$________;

(2) 设 $f(x)=\displaystyle\int_1^x\frac{\ln t}{1+t^2}\mathrm{d}t$, 则 $f(x)-f\left(\dfrac{1}{x}\right)=$________;

(3) $\displaystyle\int_{\frac{\pi}{2}}^{\frac{9\pi}{2}}(\sin^2x+\sin 2x)|\sin x|\mathrm{d}x=$________;

(4) 设 $f(x)$ 有一个原函数为 $\dfrac{\sin x}{x}$, 则 $\displaystyle\int_{\frac{\pi}{2}}^{\pi}xf'(x)\mathrm{d}x=$________;

(5) 设 $f(x)=\dfrac{1}{1+x^2}+\sqrt{1-x^2}\displaystyle\int_0^1f(x)\mathrm{d}x$, 则 $\displaystyle\int_0^1f(x)\mathrm{d}x=$________.

3. 计算下列积分.

(1) $\displaystyle\int_{\frac{\pi}{3}}^{\pi}\cos\left(x+\frac{\pi}{3}\right)\mathrm{d}x$;

(2) $\displaystyle\int_0^{\frac{\pi}{2}}\sin x\cos^4x\mathrm{d}x$;

(3) $\displaystyle\int_0^{\frac{\pi}{2}}(1-\cos^3x)\mathrm{d}x$;

(4) $\displaystyle\int_{-2}^{1}\frac{\mathrm{d}x}{(7+3x)^3}$;

(5) $\displaystyle\int_{\frac{\pi}{6}}^{\frac{\pi}{2}}\sin^2x\mathrm{d}x$;

(6) $\displaystyle\int_{-\sqrt{2}}^{\sqrt{2}}\sqrt{8-2x^2}\mathrm{d}x$;

(7) $\displaystyle\int_{\frac{1}{\sqrt{2}}}^{1}\frac{\sqrt{1-x^2}}{x^2}\mathrm{d}x$;

(8) $\displaystyle\int_{-2}^{0}\frac{1}{x^2+2x+2}\mathrm{d}x$;

(9) $\displaystyle\int_0^1x\sqrt{\frac{1-x^2}{1+x^2}}\mathrm{d}x$;

(10) $\displaystyle\int_0^1\frac{1}{1+\mathrm{e}^x}\mathrm{d}x$;

(11) $\displaystyle\int_0^ax^2\sqrt{a^2-x^2}\mathrm{d}x\ (a>0)$;

(12) $\displaystyle\int_1^{\sqrt{3}}\frac{1}{x^2\sqrt{1+x^2}}\mathrm{d}x$;

(13) $\displaystyle\int_0^{\frac{\pi}{2}}\sqrt{\cos x}\cdot\sin x\mathrm{d}x$;

(14) $\displaystyle\int_0^1\frac{1}{\mathrm{e}^{-x}+\mathrm{e}^x}\mathrm{d}x$;

(15) $\displaystyle\int_0^4\frac{1}{1+\sqrt{x}}\mathrm{d}x$;

(16) $\displaystyle\int_1^{\mathrm{e}}\frac{2+3\ln x}{x}\mathrm{d}x$;

(17) $\displaystyle\int_0^{\frac{\pi}{2}}\frac{\cos x}{1+\sin^2x}\mathrm{d}x$;

(18) $\displaystyle\int_0^{\frac{\pi}{2}}\mathrm{e}^x\sin x\mathrm{d}x$;

(19) $\int_0^1 \mathrm{e}^{\sqrt[3]{x}}\mathrm{d}x$;　　(20) $\int_{\frac{1}{\mathrm{e}}}^{\mathrm{e}} \ln|x|\mathrm{d}x$;

(21) $\int_0^{\frac{\pi}{2}} \frac{\cos x}{\sin x+\cos x}\mathrm{d}x$;　　(22) $\int_0^1 \arctan x\mathrm{d}x$;

(23) $\int_0^{2\pi} x\cos^2 x\mathrm{d}x$;　　(24) $\int_0^1 \frac{x^2}{(1+x^2)^2}\mathrm{d}x$.

4. 利用函数的奇偶性计算下列积分.

(1) $\int_{-\pi}^{\pi} x^6\sin x\mathrm{d}x$;　　(2) $\int_{-\frac{\pi}{2}}^{\frac{\pi}{2}} \cos^6 x\mathrm{d}x$;

(3) $\int_{-\frac{1}{2}}^{\frac{1}{2}} \frac{(\arcsin x)^2}{\sqrt{1-x^2}}\mathrm{d}x$;　　(4) $\int_{-5}^{5} \frac{x^5\sin^4 x}{x^4+x^2+1}\mathrm{d}x$.

5. 设 f 为 $(-\infty,+\infty)$ 上以 T 为周期的连续周期函数. 证明: 对任何实数 a, 恒有

$$\int_a^{a+T} f(x)\mathrm{d}x=\int_0^T f(x)\mathrm{d}x.$$

6. 设 f 为连续函数, 证明:

(1) $\int_a^b f(x)\mathrm{d}x=\int_a^b f(a+b-x)\mathrm{d}x$;

(2) $\int_0^a x^3f(x^2)\mathrm{d}x=\frac{1}{2}\int_0^{a^2} xf(x)\mathrm{d}x$;

(3) $\int_0^{2\pi} f(|\cos x|)\mathrm{d}x=4\int_0^{\frac{\pi}{2}} f(|\cos x|)\mathrm{d}x$.

(B)

7. 设 $J(m,n)=\int_0^{\frac{\pi}{2}} \sin^m x\cos^n x\mathrm{d}x$ (m,n 为正整数), 证明:

$$J(m,n)=\frac{n-1}{m+n}J(m,n-2)=\frac{m-1}{m+n}J(m-2,n).$$

8. 求下列极限.

(1) $\lim\limits_{n\to\infty}\int_0^1 \frac{x^n}{1+x}\mathrm{d}x$;　　(2) $\lim\limits_{n\to\infty}\int_n^{n+p} \frac{\sin x}{x}\mathrm{d}x$.

9. 设 $y=f(x)$ 为 $[a,b]$ 上单调递增的非负连续函数, 证明: 存在 $\xi\in(a,b)$, 使得由 $y=f(x)$、 $y=f(a)$ 及直线 $x=\xi$ 所围成图形的面积等于由 $y=f(x)$、 $y=f(b)$ 及直线 $x=\xi$ 所围成图形的面积.

10. 证明下列积分等式.

(1) $\int_0^1 x^m(1-x)^n\mathrm{d}x=\int_0^1 x^n(1-x)^m\mathrm{d}x$;

(2) $\int_0^{\frac{\pi}{2}} \sin^m x\cos^m x\mathrm{d}x=\frac{1}{2^m}\int_0^{\frac{\pi}{2}} \cos^m x\mathrm{d}x$ (m 为正整数).

11. 求下列极限.

(1) $\lim\limits_{n\to\infty}\frac{1}{n}\sqrt[n]{(n+1)(n+2)\cdots(2n)}$;

(2) $\lim\limits_{n\to\infty}\left(\dfrac{1}{4n^2-2^2}+\dfrac{2}{4n^2-3^2}+\cdots+\dfrac{n-1}{4n^2-n^2}\right)$.

12. 设函数 $f(x)$ 连续, $\varphi(x)=\int_0^1 f(xt)\mathrm{d}t$, 且 $\lim\limits_{x\to 0}\dfrac{f(x)}{x}=A$ (A 为常数), 求 $\varphi'(x)$, 并讨论 $\varphi'(x)$ 在 $x=0$ 处的连续性.

13. 设 $f(x)$ 在 $[a,b]$ 上有连续导数, 证明: $\lim\limits_{\lambda\to\infty}\int_a^b f(x)\cos\lambda x\mathrm{d}x=0$.

习题 4–6
11(2) 题解答

*14. 设 $f(x)$ 在 $[A,B]$ 上连续, $A<a<b<B$, 证明:

$$\lim_{h\to 0}\int_a^b\frac{f(x+h)-f(x)}{h}\mathrm{d}x=f(b)-f(a).$$

习题 4–6
14 题解答

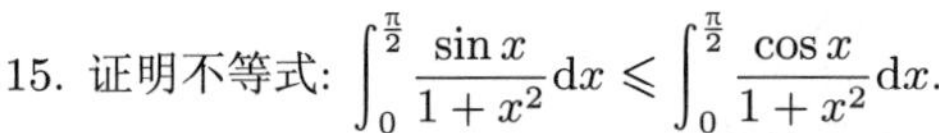

15. 证明不等式: $\int_0^{\frac{\pi}{2}}\dfrac{\sin x}{1+x^2}\mathrm{d}x\leqslant\int_0^{\frac{\pi}{2}}\dfrac{\cos x}{1+x^2}\mathrm{d}x$.

16. 设函数 $f(x)$ 在 $(-\infty,+\infty)$ 内连续, 且

$$F(x)=\int_0^x(x-2t)f(t)\mathrm{d}t,$$

试证:

(1) 若 $f(x)$ 为偶函数, 则 $F(x)$ 也为偶函数;

(2) 若 $f(x)$ 为单调不减函数, 则 $F(x)$ 单调不增.

习题 4–6
17 题解答

17. 证明: 沃利斯 (J.Wallis) 公式

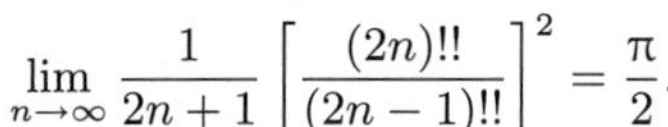

$$\lim_{n\to\infty}\frac{1}{2n+1}\left[\frac{(2n)!!}{(2n-1)!!}\right]^2=\frac{\pi}{2}.$$

第七节 定积分的应用

本节将应用前面学过的定积分理论来分析和解决一些几何、物理中的问题, 其目的不仅在于建立计算这些几何量、物理量的公式, 而更重要的还在于阐述建立这些量的积分表达式的常用方法——元素法.

一、定积分的元素法

在定积分的应用中, 经常采用所谓的元素法. 先回顾第一节中讨论过的曲边梯形的面积问题.

设 $f(x)$ 在区间 $[a,b]$ 上连续且 $f(x)\geqslant 0$, 求以曲线 $y=f(x)$ 为曲边、$[a,b]$ 为底的曲边梯形面积 A. 通过 “分割” “近似” “求和” “取极限” 四个步骤, 曲边梯形面积 A 表示为

$$A=\int_a^b f(x)\mathrm{d}x.$$

其具体的步骤如下.

(1) **分割** 在 $[a,b]$ 内任意插入 $n-1$ 个分点, 将 $[a,b]$ 分成 n 个小区间 $[x_{i-1},x_i]$, 第 i 个小区间的长度为 Δx_i, $i=1,2,\cdots,n$, 相应地把曲边梯形分成 n 个窄曲边梯形, 第 i 个窄曲边

梯形的面积记为 ΔA_i, $i=1,2,\cdots,n$. 于是

$$A=\sum_{i=1}^{n}\Delta A_i.$$

(2) **近似**　求第 i 个窄曲边梯形面积的近似值. $\Delta A_i\approx f(\xi_i)\Delta x_i$, 其中 ξ_i 是 $[x_{i-1},x_i]$ 中的任意一点, $i=1,2,\cdots,n$.

(3) **求和**　$A\approx\sum\limits_{i=1}^{n}f(\xi_i)\Delta x_i$.

(4) **取极限**　$A=\lim\limits_{\lambda\to 0}\sum\limits_{i=1}^{n}f(\xi_i)\Delta x_i=\int_a^b f(x)\mathrm{d}x$.

在曲边梯形面积问题中, 所求量 (即面积 A) 与区间 $[a,b]$ 有关. 若把区间 $[a,b]$ 分成许多小区间, 则所求量相应地分成许多部分量 (即 ΔA_i), 而所求量等于部分量之和 (即 $A=\sum\limits_{i=1}^{n}\Delta A_i$), 该性质称为所求量对区间 $[a,b]$ **具有可加性**. 值得注意的是, 要求以 $f(\xi_i)\Delta x_i$ 代替 ΔA_i 所产生的误差是比 Δx_i 高阶的无穷小, 因而和式 $\sum\limits_{i=1}^{n}f(\xi_i)\Delta x_i$ 的极限是 A 的精确值, 于是 A 可表示为定积分 $A=\int_a^b f(x)\mathrm{d}x$. 在引出 A 的积分表达式的四个步骤中, 最主要的是第二步, 这一步是确定 ΔA_i 的近似值 $f(\xi_i)\Delta x_i$, 使得

$$A=\lim_{\lambda\to 0}\sum_{i=1}^{n}f(\xi_i)\Delta x_i=\int_a^b f(x)\mathrm{d}x.$$

在实际应用上, 为了简便起见, 省略下标 i, 用 ΔA 表示任一小区间 $[x,x+\mathrm{d}x]$ 上窄曲边梯形的面积, 于是 $A=\sum\Delta A$. 取 $[x,x+\mathrm{d}x]$ 的左端点 x 为 ξ, 以 $f(x)$ 为高、$\mathrm{d}x$ 为底的矩形面积 $f(x)\mathrm{d}x$ 作为 ΔA 的近似值, 即

$$\Delta A\approx f(x)\mathrm{d}x.$$

$f(x)\mathrm{d}x$ 称为**面积元素**, 记作 $\mathrm{d}A$, 即 $\mathrm{d}A=f(x)\mathrm{d}x$. 于是

$$A=\int_a^b f(x)\mathrm{d}x.$$

一般地, 若实际问题中所求量 U 符合下列条件:

(1) U 是与一个变量 x 的变化区间 $[a,b]$ 有关的量;

(2) U 对区间 $[a,b]$ 具有**可加性**, 也就是说, 若把区间 $[a,b]$ 分成许多部分区间, 则 U 相应地分成许多部分量, 而 U 等于所有部分量之和;

(3) 部分量 ΔU_i 的近似值可以表示为 $f(\xi_i)\Delta x_i$,

则可以考虑使用定积分来表达所求量 U. 可按如下步骤写出所求量 U 的积分表达式.

(i) 根据实际问题, 选取一个变量 (如 x) 作为积分变量, 并确定积分区间 $[a,b]$.

(ii) 在区间 $[a,b]$ 内任取一典型小区间 (如 $[x,x+\mathrm{d}x]$), 求出所求量在该区间上的部分量 ΔU 的近似值. 若 ΔU 能近似地表示为 $[a,b]$ 上的一个连续函数在 x 处的值 $f(x)$ 与 $\mathrm{d}x$ 的乘积 (其中 ΔU 与 $f(x)\mathrm{d}x$ 之差是一个比 $\mathrm{d}x$ 高阶的无穷小), 通常把 $f(x)\mathrm{d}x$ 称为所求量 U 的**元素**, 记作 $\mathrm{d}U$, 即

$$\mathrm{d}U=f(x)\mathrm{d}x.$$

(iii) 以所求量 U 的元素 $f(x)\mathrm{d}x$ 为被积表达式, 在区间 $[a,b]$ 上作定积分, 得

$$U=\int_a^b f(x)\mathrm{d}x.$$

上述方法通常称为**元素法**. 那么如何才能求得部分量 ΔU 的近似值呢? 在实际应用中, 通常把小区间 $[x,x+\mathrm{d}x]$ 上非均匀变化的量近似看成是均匀的, 或把小区间 $[x,x+\mathrm{d}x]$ 近似看成一个点, 用乘法所求得的近似值通常符合要求, 即 $\Delta U\approx f(x)\mathrm{d}x$, 且 ΔU 与 $f(x)\mathrm{d}x$ 之差是一个比 $\mathrm{d}x$ 高阶的无穷小. 但要验证 ΔU 与 $f(x)\mathrm{d}x$ 之差是一个比 $\mathrm{d}x$ 高阶的无穷小却不是一件容易的事.

下面将利用元素法来讨论几何、物理中的某些问题.

二、定积分在几何学中的应用

1. 平面图形的面积

直角坐标情形 设平面图形由两条曲线 $y=f(x)$, $y=g(x)$ (其中 $f(x)$, $g(x)$ 在闭区间 $[a,b]$ 上连续, 且 $f(x)\leqslant g(x)$, $x\in[a,b]$) 及直线 $x=a$, $x=b$ 所围成, 如图 4–9 所示 (以下简称**平面图形** $f(x)\leqslant y\leqslant g(x)$, $a\leqslant x\leqslant b$), 采用元素法来求它的面积 A.

取 x 为积分变量, 它的变化区间为 $[a,b]$, 在 $[a,b]$ 上任取一小区间 $[x,x+\mathrm{d}x]$. 与这个小区间相对应的窄条的面积 ΔA 近似等于高为 $g(x)-f(x)$, 底为 $\mathrm{d}x$ 的窄矩形的面积 $[g(x)-f(x)]\,\mathrm{d}x$, 从而得到面积元素 $\mathrm{d}A$, 即

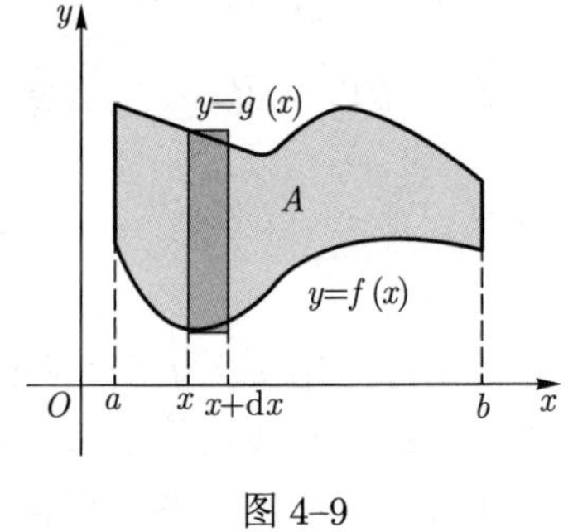

图 4–9

$$\mathrm{d}A=[g(x)-f(x)]\,\mathrm{d}x.$$

于是, 平面图形 $f(x)\leqslant y\leqslant g(x)$, $a\leqslant x\leqslant b$ 的面积为

$$A=\int_a^b[g(x)-f(x)]\,\mathrm{d}x. \tag{7.1}$$

例 7.1 计算由两条抛物线 $y^2=x$ 与 $y=x^2$ 所围成的图形的面积.

解 这两条抛物线所围成的图形如图 4–10 所示. 为了具体定出图形的所在范围, 先求出这两条抛物线的交点. 为此, 解方程组 $\begin{cases}y^2=x,\\ y=x^2,\end{cases}$ 得到两个解 $x=0,y=0$ 及 $x=1,y=1$. 即这两条抛物线的交点为 $O\ (0,\,0)$ 及 $P\ (1,\,1)$, 从而这图形在直线 $x=0$ 及 $x=1$ 之间.

取 x 为积分变量, 它的变化区间为 [0, 1]. 相应于 [0, 1] 上的任一小区间 $[x, x+\mathrm{d}x]$ 上窄条的面积近似于高为 $\sqrt{x}-x^2$、底为 $\mathrm{d}x$ 的窄矩形的面积, 从而得到面积元素

$$\mathrm{d}A=(\sqrt{x}-x^2)\mathrm{d}x.$$

以 $(\sqrt{x}-x^2)\mathrm{d}x$ 为被积表达式, 在闭区间 [0, 1] 上作定积分, 便得所求面积为

$$A=\int_0^1(\sqrt{x}-x^2)\mathrm{d}x=\left(\frac{2}{3}x^{3/2}-\frac{x^3}{3}\right)\Bigg|_0^1=\frac{1}{3}.$$

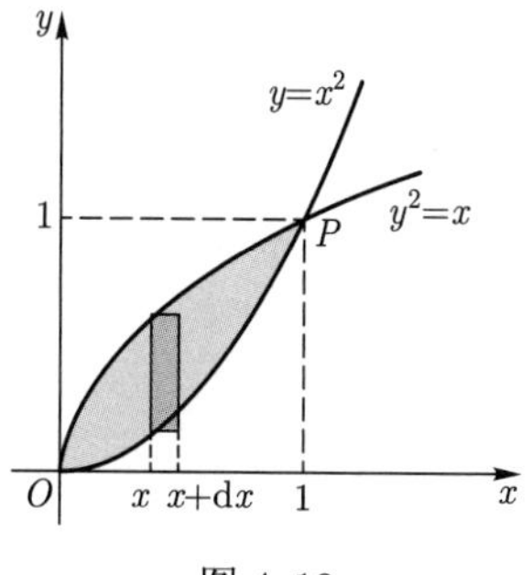

图 4–10

例 7.2　求由抛物线 $y^2=x$ 与直线 $x-2y-3=0$ 所围平面图形的面积.

解　该平面图形如图 4–11 所示. 先求抛物线 $y^2=x$ 与直线 $x-2y-3=0$ 的交点 $P(1,-1)$ 与 $Q(9,3)$. 用直线 $x=1$ 把图形分成两部分. 由公式 (7.1), 得

$$A_1=\int_0^1\left[\sqrt{x}-(-\sqrt{x})\right]\mathrm{d}x=2\int_0^1\sqrt{x}\mathrm{d}x=\frac{4}{3},$$

$$A_2=\int_1^9\left(\sqrt{x}-\frac{x-3}{2}\right)\mathrm{d}x=\frac{28}{3}.$$

所以

$$A=A_1+A_2=\frac{32}{3}.$$

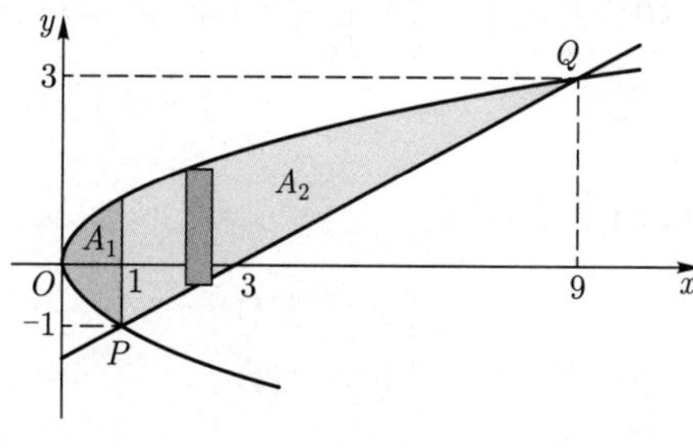

图 4–11

本题也可以选取 y 为积分变量, 积分区间为 $[-1,3]$. 在区间 $[-1,3]$ 内任取小区间 $[y,y+\mathrm{d}y]$, 如图 4–12 所示. 与这个小区间相对应的窄曲边梯形的面积 ΔA 近似等于高为 $\mathrm{d}y$, 底为 $\varphi(y)-\psi(y)=(2y+3)-y^2$ 的窄矩形的面积 $[\varphi(y)-\psi(y)]\,\mathrm{d}y$, 从而得到面积元素 $\mathrm{d}A$, 即

$$\mathrm{d}A=\left[(2y+3)-y^2\right]\mathrm{d}y.$$

所以

$$A=\int_{-1}^3\left[(2y+3)-y^2\right]\mathrm{d}y=\frac{32}{3}.$$

从例 7.2 可知, 适当选择积分变量, 可以简化计算.

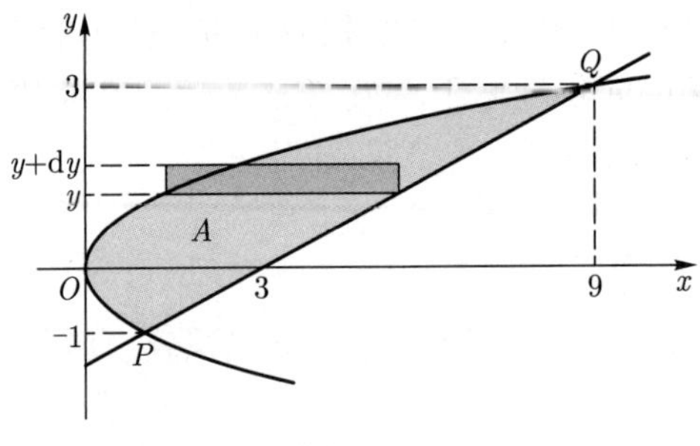

图 4–12

例 7.3　求椭圆 $\dfrac{x^2}{a^2}+\dfrac{y^2}{b^2}=1$ 所围成的面积.

解　此椭圆关于坐标轴对称 (图 4–13), 所以所围成图形的面积 A 为第一象限部分的面积 A_1 的 4 倍, 即 $A=4A_1$. 因此

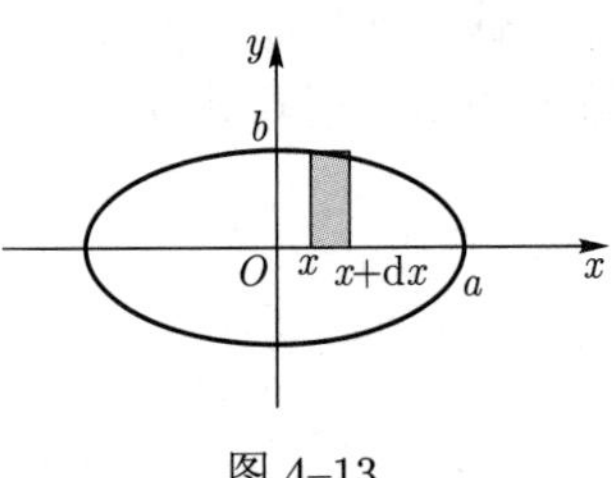

图 4–13

$$A=4A_1=4\int_0^a y\mathrm{d}x.$$

由椭圆的参数方程

$$\begin{cases}x=a\cos t,\\ y=b\sin t,\end{cases}\ 0\leqslant t\leqslant\frac{\pi}{2}$$

及定积分换元积分法, 令 $x=a\cos t$, 得

$$A=4\int_{\frac{\pi}{2}}^0 b\sin t\mathrm{d}(a\cos t)=4ab\int_0^{\frac{\pi}{2}}\sin^2 t\mathrm{d}t=4ab\cdot\frac{1}{2}\cdot\frac{\pi}{2}=\pi ab.$$

参数方程情形

一般地, 当曲边梯形的曲边由参数方程

$$L:\begin{cases}x=\varphi(t),\\ y=\psi(t)\end{cases}$$

给出时, 如图 4–14 所示, 其中 $\psi(t)\geqslant 0$ 或 $\psi(t)\leqslant 0$, $\varphi(t)$ 单调且连续, $\psi(t)$ 具有一阶连续导数. 曲边梯形的边界按顺时针方向规定曲边梯形的曲边的起点 A 和终点 B, 起点 A 对应的参数值为 t_1, 终点 B 对应的参数值为 t_2.

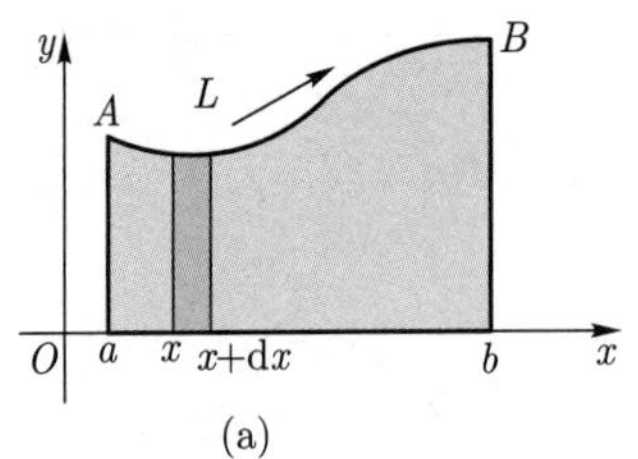

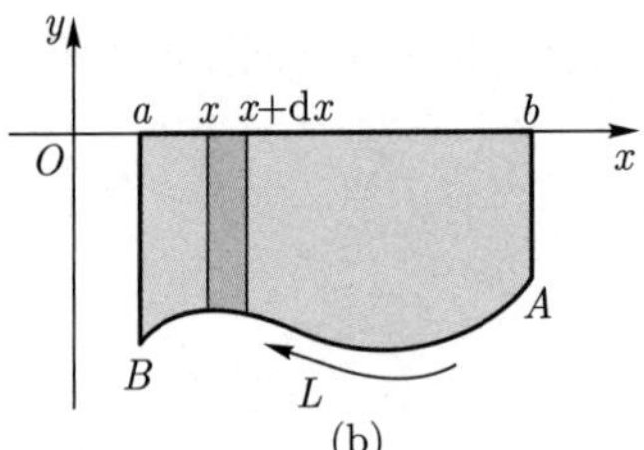

图 4–14

对于如图 4–14(a) 所示曲边梯形, 取 x 为积分变量, 变化区间为 $[a,b]$. 任取小区间 $[x,x+\mathrm{d}x]\subset[a,b]$, 则其面积元素为

$$\mathrm{d}A=y\mathrm{d}x,$$

则该曲边梯形的面积为

$$A=\int_a^b y\mathrm{d}x,$$

由定积分的换元法, 令 $x=\varphi(t)$, 得

$$A=\int_{t_1}^{t_2}\psi(t)\varphi'(t)\,\mathrm{d}t.$$

同理, 如图 4–14(b) 所示曲边梯形的面积也为

$$A=\int_{t_1}^{t_2}\psi(t)\varphi'(t)\,\mathrm{d}t.$$

例 7.4　求由摆线 $x=a(t-\sin t),y=a(1-\cos t)(a>0)$ 的一拱与 x 轴所围成平面图形的面积, 如图 4–15 所示.

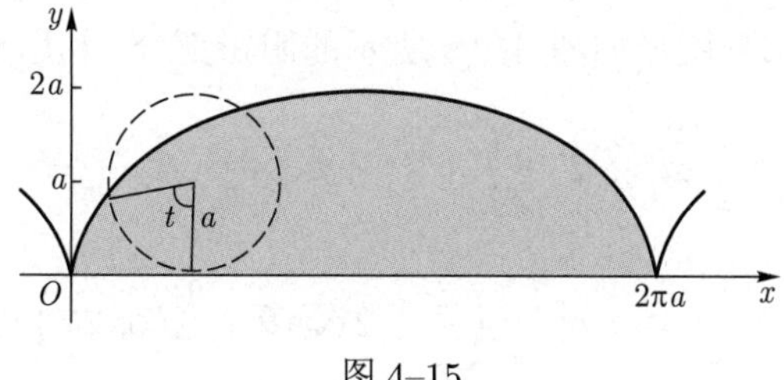

图 4–15

解　摆线的一拱可取 $t\in[0,2\pi]$, 所求面积为

$$\begin{aligned}A&=\int_0^{2\pi a}y\mathrm{d}x=\int_0^{2\pi}a(1-\cos t)\,[a(t-\sin t)]'\,\mathrm{d}t\\&=a^2\int_0^{2\pi}(1-\cos t)^2\mathrm{d}t=3\pi a^2.\end{aligned}$$

极坐标情形　某些平面图形的边界曲线是以极坐标方程给出, 此时用极坐标来计算平面图形的面积比较方便.

设曲线 C 由极坐标方程

$$\rho=\rho(\theta),\quad \theta\in[\alpha,\beta]$$

给出, 其中 $\rho(\theta)$ 在区间 $[\alpha,\beta]$ 上连续, 且 $\beta-\alpha\leqslant 2\pi$. 由曲线 C 与两条射线 $\theta=\alpha,\theta=\beta$ 所围成的平面图形, 通常称为**曲边扇形**, 如图 4–16 所示. 现计算此曲边扇形的面积 A.

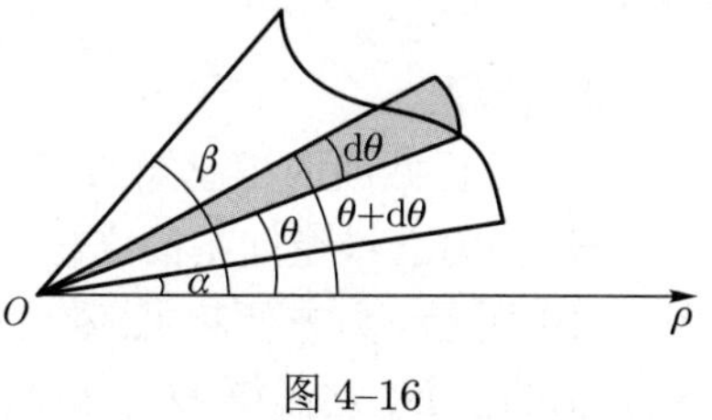

图 4–16

当 θ 在区间 $[\alpha,\beta]$ 上变动时, 极径 $\rho=\rho(\theta)$ 也随之变动, 因此不能直接使用圆扇形的面积公式 $A=\dfrac{1}{2}r^2\theta$ 来计算曲边扇形的面积. 需采用元素法来推导曲边扇形面积的计算公式.

取 θ 为积分变量, 积分区间为 $[\alpha,\beta]$. 在 $[\alpha,\beta]$ 上任取一小区间 $[\theta,\theta+\mathrm{d}\theta]$, 对应的窄曲边扇形的面积近似等于半径为 $\rho(\theta)$, 中心角为 $\mathrm{d}\theta$ 的圆弧扇形的面积, 从而得到曲边扇形的面积元素

$$\mathrm{d}A=\frac{1}{2}\rho^2(\theta)\mathrm{d}\theta.$$

于是所求曲边扇形的面积为

$$A=\frac{1}{2}\int_\alpha^\beta\rho^2(\theta)\mathrm{d}\theta. \tag{7.2}$$

例 7.5 求双纽线 $\rho^2=a^2\cos2\theta$ 所围成平面图形的面积.

解 如图 4–17 所示, 因 $\rho^2\geqslant0$, 所以 θ 的取值范围为 $\left[-\dfrac{\pi}{4},\dfrac{\pi}{4}\right]$ 与 $\left[\dfrac{3\pi}{4},\dfrac{5\pi}{4}\right]$, 由图形的对称性及公式 (7.2), 所求面积为

$$A=4\cdot\frac{1}{2}\int_0^{\frac{\pi}{4}}a^2\cos2\theta\mathrm{d}\theta=a^2\sin2\theta\Big|_0^{\frac{\pi}{4}}=a^2.$$

例 7.6 求心脏线 $\rho=a(1+\cos\theta)\ (a>0)$ 与圆 $\rho=a$ 所围公共部分图形的面积.

解 两曲线所围公共部分图形如图 4–18 所示的阴影部分. 利用对称性, 所求面积为

$$\begin{aligned}A&=\frac{1}{2}\pi a^2+2\cdot\frac{1}{2}\int_{\frac{\pi}{2}}^{\pi}a^2(1+\cos\theta)^2\mathrm{d}\theta\\&=\frac{1}{2}\pi a^2+a^2\int_{\frac{\pi}{2}}^{\pi}\left(\frac{3}{2}+2\cos\theta+\frac{1}{2}\cos2\theta\right)\mathrm{d}\theta\\&=\frac{1}{2}\pi a^2+a^2\left(\frac{3}{4}\pi-2\right)=\left(\frac{5}{4}\pi-2\right)a^2.\end{aligned}$$

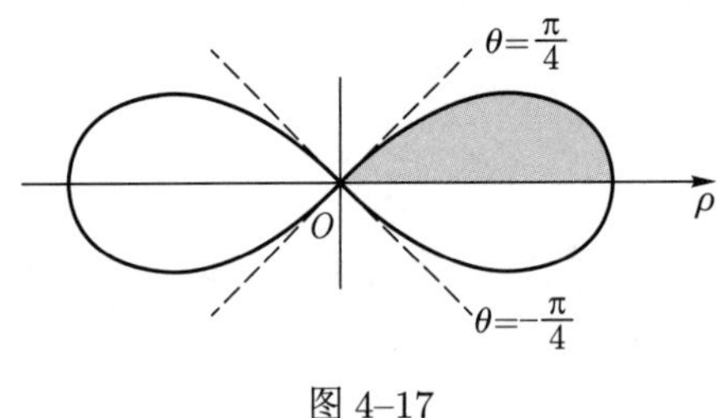

图 4–17

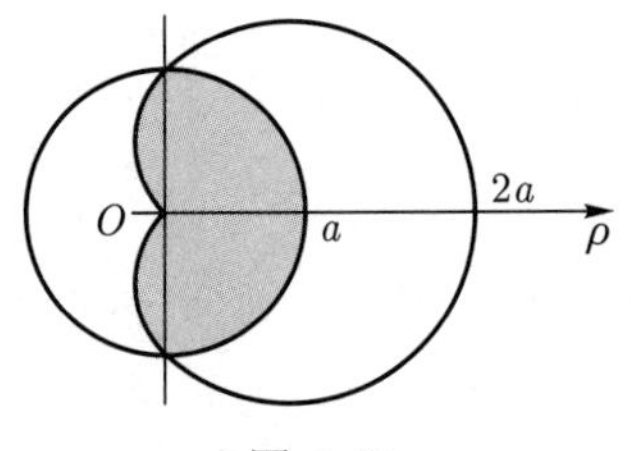

图 4–18

2. 体积

(1) 平行截面面积已知的空间立体的体积

设 Ω 为三维空间中的立体, 它夹在垂直于 x 轴的两平面 $x=a$ 与 $x=b$ 之间 $(a<b)$, 如图 4–19 所示. 为方便起见, 称 Ω 为**位于区间** $[a,b]$ **上的立体**. 在任意一点 $x\in[a,b]$ 处作垂直于 x 轴的平面, 它截得 Ω 的截面面积显然是 x 的函数, 记为 $A(x)(x\in[a,b])$, 称 $A(x)$ 为 Ω 的

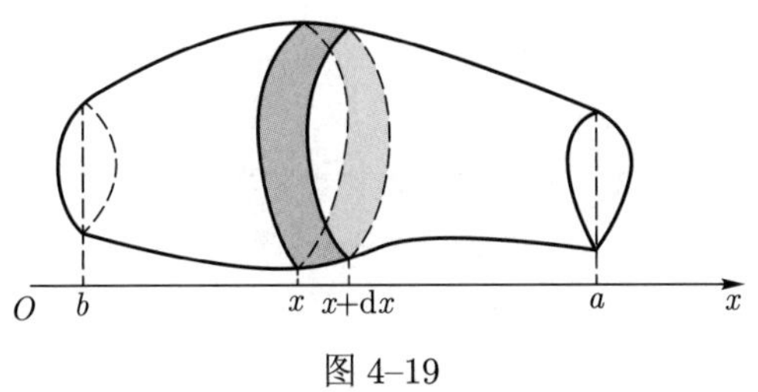

图 4–19

截面面积函数. 下面讨论已知 Ω 的截面面积函数 $A(x)(x\in[a,b])$, 且 $A(x)$ 在 $[a,b]$ 上连续, 如何求立体 Ω 的体积 V?

采用元素法来解决此问题. 取 x 为积分变量, 它的变化区间为 $[a,b]$. 在区间 $[a,b]$ 内任取一小区间 $[x,x+\mathrm{d}x]$, 立体中相应于该小区间上的薄片的体积, 近似于底面积为 $A(x)$、高为 $\mathrm{d}x$ 的扁柱体的体积, 即体积元素为

$$\mathrm{d}V=A(x)\mathrm{d}x.$$

以 $A(x)\mathrm{d}x$ 为被积表达式, 在闭区间 $[a,b]$ 上作定积分, 便得所求立体的体积

$$V=\int_a^b A(x)\mathrm{d}x. \tag{7.3}$$

例 7.7　一平面经过半径为 R 的圆柱体的底圆中心, 并与底面交成角 α, 如图 4–20 所示. 计算这个平面截得圆柱体所得立体的体积.

解　取平面与圆柱体的底面的交线为 x 轴, 底面上过圆中心、且垂直于 x 轴的直线为 y 轴. 则底圆的方程为 $x^2+y^2=R^2$. 对任意 $x\in[-R,R]$, 过点 x 且垂直于 x 轴的平面截得立体所得截面是一个直角三角形. 它的两条直角边的长分别为 $y=\sqrt{R^2-x^2}$ 及 $y\tan\alpha$, 所以截面面积函数为

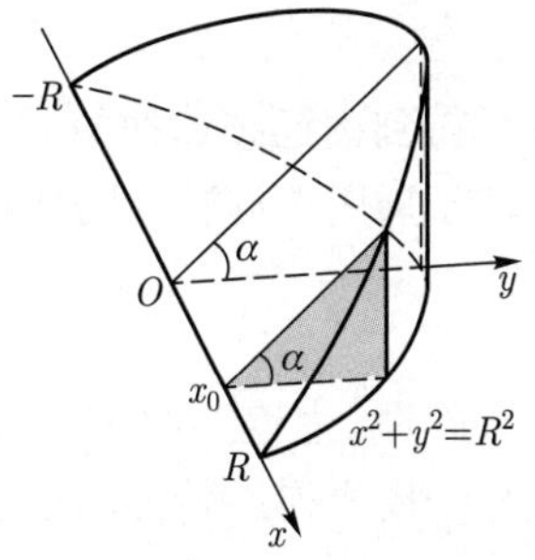

$$A(x)=\frac{1}{2}(R^2-x^2)\tan\alpha,\quad x\in[-R,R].$$

图 4–20

由公式 (7.3), 所求立体的体积为

$$V=\int_{-R}^{R}\frac{1}{2}(R^2-x^2)\tan\alpha\mathrm{d}x=\frac{2}{3}R^3\tan\alpha.$$

例 7.8　设椭球体如图 4–21 所示. 对 $x\in[-a,a]$, 过点 x 且垂直于 x 轴的平面截椭球体所得截面是一个椭圆面, 其长半轴和短半轴分别为 $b\sqrt{1-\dfrac{x^2}{a^2}}$ 及 $c\sqrt{1-\dfrac{x^2}{a^2}}$, 其中 a,b,c 均为正常数. 求该椭球体的体积.

解　根据题意, 其截面面积函数为 (由例 7.3)

$$A(x)=\pi bc\left(1-\frac{x^2}{a^2}\right),\quad x\in[-a,a].$$

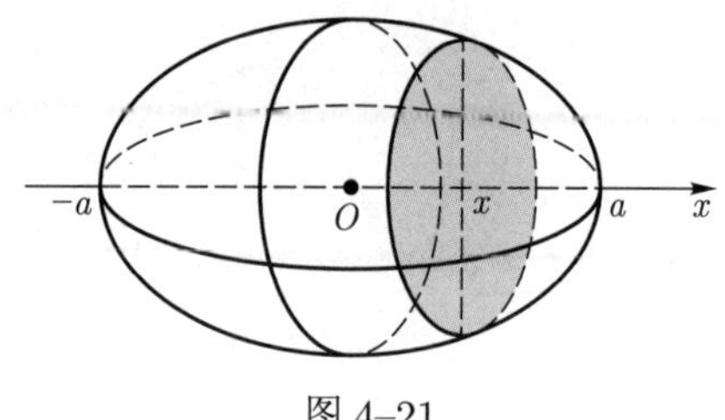

图 4–21

于是椭球体的体积为

$$V = \pi bc\int_{-a}^{a}\left(1-\frac{x^2}{a^2}\right)\mathrm{d}x = \frac{4}{3}\pi abc.$$

(2) 旋转体的体积

由一个平面图形绕该平面内一条直线旋转一周而成的立体称为**旋转体**. 这条直线称为**旋转轴**. 圆柱、圆锥、球体可以分别看成是由矩形绕它的一条边、直角三角形绕它的一条直角边、半圆绕它的直径旋转一周而成的立体, 所以它们都是旋转体.

在适当选取坐标系后, 上述旋转体都可以看作是由连续曲线 $y = f(x)$、直线 $x = a$、$x = b(a < b)$ 及 x 轴所围成的曲边梯形绕 x 轴旋转一周所得立体, 如图 4–22 所示. 该旋转体夹在垂直于 x 轴的两平面 $x = a$ 与 $x = b$ 之间. 在任意一点 $x \in [a, b]$ 处作垂直于 x 轴的平面, 它截得旋转体的截面是一个以 $|f(x)|$ 为半径的圆面, 于是截面面积函数为

$$A(x) = \pi\left[f(x)\right]^2, \quad x \in [a, b].$$

从而得到由连续曲线 $y = f(x)$、直线 $x = a$、$x = b(a < b)$ 及 x 轴所围成的曲边梯形绕 x 轴旋转一周所得旋转体的体积为

$$V_x = \pi\int_a^b \left[f(x)\right]^2\mathrm{d}x. \tag{7.4}$$

同理, 由连续曲线 $x = g(y)$、直线 $y = c$、$y = d(c < d)$ 及 y 轴所围成的曲边梯形绕 y 轴旋转一周所得旋转体, 如图 4–23 所示, 该旋转体的体积为

$$V_y = \pi\int_c^d \left[g(y)\right]^2\mathrm{d}y. \tag{7.5}$$

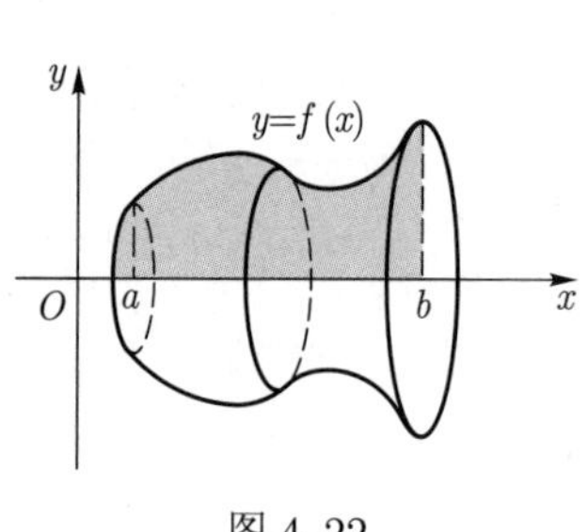

图 4–22

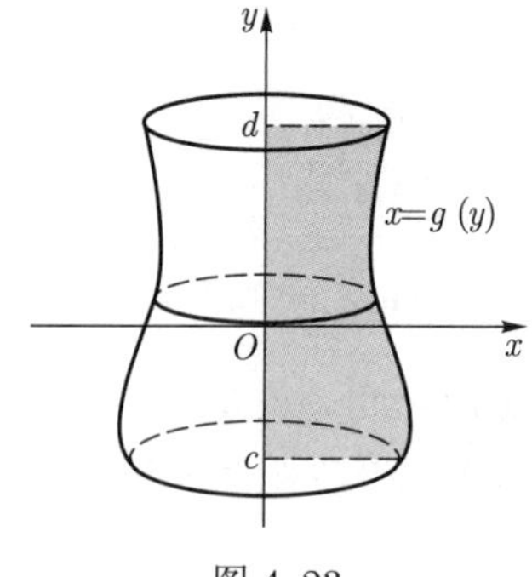

图 4–23

例 7.9　设平面图形是由双曲线 $xy=a(a>0)$ 与直线 $x=a$、 $x=2a$ 及 x 轴围成, 如图 4–24 所示. 计算该图形绕下列直线旋转一周所产生的旋转体的体积.

(1) 绕 x 轴;

(2) 绕 y 轴;

(3) 绕直线 $y=1$.

解　(1) 因为曲线方程可写为

$$y=\frac{a}{x},\quad x\in[a,2a],$$

所以由公式 (7.4) 可得平面图形绕 x 轴旋转一周所得旋转体的体积为

$$V_x=\pi\int_a^{2a}\left(\frac{a}{x}\right)^2\mathrm{d}x=\frac{\pi a}{2}.$$

(2) 取 x 为积分变量, 它的变化区间为 $[a,2a]$, 在 $[a,2a]$ 内任取一小区间 $[x,x+\mathrm{d}x]$, 如图 4–25 所示.

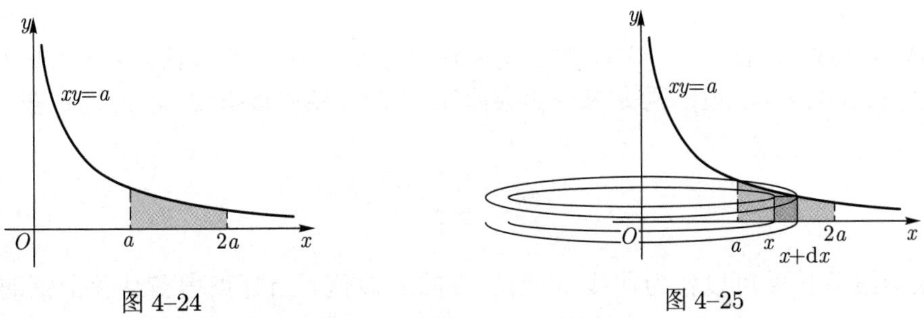

图 4–24　　　图 4–25

相应于该小区间上的小曲边梯形绕 y 轴旋转所得旋转体近似于一个圆环体, 该圆环体可近似地看作一个长为 $2\pi x$, 宽为 $\mathrm{d}x$, 高为 y 的长方体, 故所求立体的体积元素为

$$\mathrm{d}V=2\pi xy\mathrm{d}x=2\pi x\frac{a}{x}\mathrm{d}x=2\pi a\mathrm{d}x,$$

于是, 所求立体的体积为

$$V_y=\int_a^{2a}2\pi a\mathrm{d}x=2\pi a^2.$$

(3) 任取 $x\in[a,2a]$, 过点 x 作垂直于 x 轴的平面截旋转体的截面是一个圆环面, 如图 4–26 所示, 故截面面积函数为

$$A(x)=\pi\cdot1^2-\pi\left(1-\frac{a}{x}\right)^2=\pi\left(2\frac{a}{x}-\frac{a^2}{x^2}\right),\quad x\in[a,2a],$$

从而, 所求旋转体的体积为

$$V=\int_a^{2a}A(x)\mathrm{d}x=\pi\int_a^{2a}\left(2\frac{a}{x}-\frac{a^2}{x^2}\right)\mathrm{d}x=\pi a\left(2\ln2-\frac{1}{2}\right).$$

3. 平面曲线的弧长

圆的周长可以利用圆的内接正多边形的周长当边数无限增多时的极限来确定. 现在用类似的方法来建立平面连续曲线弧长的概念.

设平面曲线 $C=\widehat{AB}$, 如图 4–27 所示.

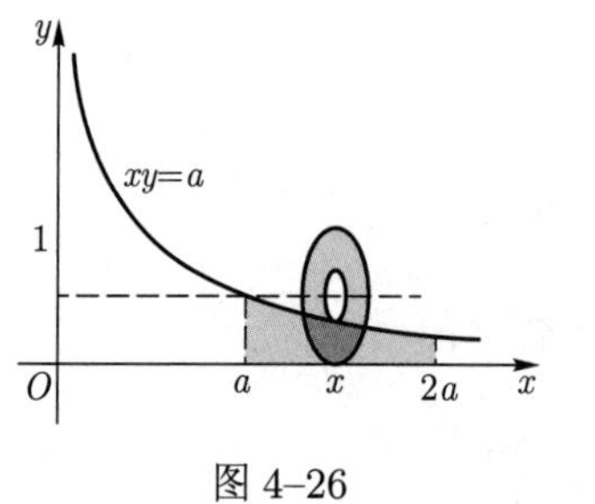

图 4–26

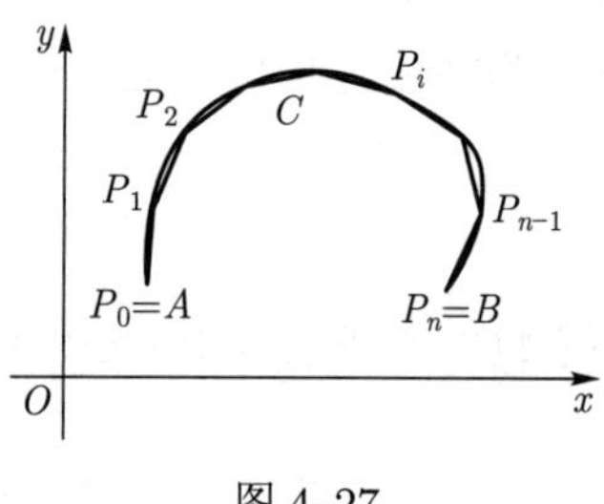

图 4–27

在曲线 C 上从 A 到 B 依次取分点

$$A=P_0,P_1,P_2,\cdots,P_n=B,$$

它们构成对曲线 C 的一个分割. 然后用线段连接分割中每相邻两点, 得到曲线 C 的 n 条弦 $\overline{P_{i-1}P_i}$ $(i=1,2,\cdots,n)$, 这 n 条弦构成曲线 C 的一条内接折线. 该折线的总长度为

$$s_n=\sum_{i=1}^{n}|P_{i-1}P_i|.$$

于是, 该折线总长度可以作为曲线 C 的长度的近似值. 当分点增多且各个弦的长度越小时, 该折线总长度越接近曲线 C 的长度. 如果无论对曲线 C 如何分割, 当分点无限增加且每条弦 $\overline{P_{i-1}P_i}$ 都缩向一点时, 此折线的总长度 $s_n=\sum\limits_{i=1}^{n}|P_{i-1}P_i|$ 的极限都存在且相等, 那么称此极限为**曲线 C 的弧长**, 并称此曲线 C 是**可求长的**.

定义 7.1 设平面曲线 C 由参数方程

$$\begin{cases}x=\varphi(t),\\ y=\psi(t),\end{cases}\quad t\in[\alpha,\beta] \tag{7.6}$$

给出. 若 $\varphi(t)$ 与 $\psi(t)$ 在区间 $[\alpha,\beta]$ 上具有一阶连续导数, 且 $\varphi'(t)$ 与 $\psi'(t)$ 不同时为零 (即 $[\varphi'(t)]^2+[\psi'(t)]^2\neq 0,\ t\in[\alpha,\beta]$), 则称 C 为**光滑曲线**.

定理 7.1 设曲线 C 由参数方程 (7.6) 给出, 若 C 为光滑曲线, 则曲线 C 是可求长的, 且曲线 C 的弧长为

$$s=\int_{\alpha}^{\beta}\sqrt{[\varphi'(t)]^2+[\psi'(t)]^2}\mathrm{d}t.$$

证 取 t 为积分变量, 它的变化区间为 $[\alpha,\beta]$. 在区间 $[\alpha,\beta]$ 内任取一小区间 $[t,t+\mathrm{d}t]$, 相应于小区间 $[t,t+\mathrm{d}t]$ 上的小弧段记为 Δs, 它近似等于所对应的弦的长度 $\sqrt{(\Delta x)^2+(\Delta y)^2}$, 又

因为

$$\Delta x = \varphi(t + \mathrm{d}t) - \varphi(t) \approx \varphi'(t)\mathrm{d}t,$$
$$\Delta y = \psi(t + \mathrm{d}t) - \psi(t) \approx \psi'(t)\mathrm{d}t.$$

所以 Δs 的近似值 (弧微分) 即弧长元素为

$$\begin{aligned}\mathrm{d}s &= \sqrt{(\mathrm{d}x)^2 + (\mathrm{d}y)^2} = \sqrt{[\varphi'(t)]^2 (\mathrm{d}t)^2 + [\psi'(t)]^2 (\mathrm{d}t)^2} \\ &= \sqrt{[\varphi'(t)]^2 + [\psi'(t)]^2}\mathrm{d}t.\end{aligned}$$

于是, 所求曲线 C 的弧长为

$$s = \int_\alpha^\beta \sqrt{[\varphi'(t)]^2 + [\psi'(t)]^2}\mathrm{d}t. \tag{7.7}$$

当曲线 C 由直角坐标方程

$$y = f(x), \quad x \in [a,\ b]$$

表示时, 其中 $f(x)$ 在区间 $[a,\ b]$ 上具有一阶连续导数. 把它看作以 x 为参量的参数方程

$$\begin{cases} x = x, \\ y = f(x), \end{cases} \quad x \in [a,\ b],$$

这时, 曲线 C 的弧长为

$$s = \int_a^b \sqrt{1 + y'^2}\mathrm{d}x. \tag{7.8}$$

当曲线 C 由极坐标方程

$$\rho = \rho(\theta), \quad \theta \in [\alpha, \beta]$$

表示时, 其中 $\rho(\theta)$ 在 $[\alpha, \beta]$ 上具有一阶连续导数. 把它化为参数方程, 则为

$$\begin{cases} x = \rho(\theta)\cos\theta, \\ y = \rho(\theta)\sin\theta, \end{cases} \quad \theta \in [\alpha, \beta],$$

代入 (7.7), 可得曲线 C 的弧长为

$$s = \int_\alpha^\beta \sqrt{\rho^2(\theta) + [\rho'(\theta)]^2}\mathrm{d}\theta. \tag{7.9}$$

例 7.10 求摆线 $x = a(t - \sin t), y = a(1 - \cos t)(a > 0)$ 的一拱的弧长, 如图 4–15 所示.

解 $x'(t) = a(1 - \cos t)$, $y'(t) = a\sin t$, 代入 (7.7), 得

$$\begin{aligned}s &= \int_0^{2\pi} \sqrt{[x'(t)]^2 + [y'(t)]^2}\mathrm{d}t = \int_0^{2\pi} \sqrt{2a^2(1 - \cos t)}\mathrm{d}t \\ &= 2a\int_0^{2\pi} \sin\frac{t}{2}\mathrm{d}t = 8a.\end{aligned}$$

例 7.11 求悬链线 $y=\dfrac{e^x+e^{-x}}{2}$ 从 $x=0$ 到 $x=a>0$ 的那一段.

解 $y'=\dfrac{e^x-e^{-x}}{2}$, 代入 (7.8), 得

$$s=\int_0^a\sqrt{1+y'^2}\mathrm{d}x=\int_0^a\frac{e^x+e^{-x}}{2}\mathrm{d}x=\frac{e^a-e^{-a}}{2}.$$

例 7.12 求心形线 $\rho=a(1+\cos\theta)(a>0)$ 的周长, 如图 4–28 所示.

解 由对称性及 (7.9), 得

$$\begin{aligned}s&=2\int_0^{\pi}\sqrt{\rho^2(\theta)+[\rho'(\theta)]^2}\mathrm{d}\theta\\&=2\int_0^{\pi}\sqrt{2a^2(1+\cos\theta)}\mathrm{d}\theta\\&=4a\int_0^{\pi}\cos\frac{\theta}{2}\mathrm{d}\theta=8a.\end{aligned}$$

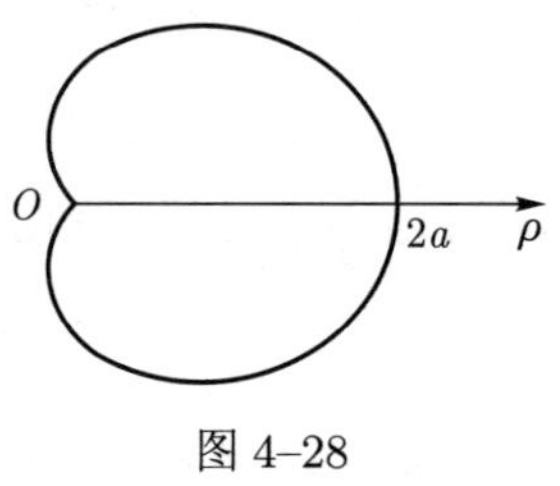

图 4–28

三、定积分在物理学中的应用

1. 变力沿直线所做的功

由物理学知道, 如果物体在不变的力 F 作用下沿直线运动, 且力的方向与物体运动的方向一致, 当物体移动的距离为 s 时, 那么力 F 对物体所做的功为

$$W=F\cdot s.$$

但如果物体在运动过程中所受到的力是变化的, 那么就会遇到变力对物体做功问题. 下面举例说明变力做功问题.

例 7.13 把一个带电荷量 $+q$ 的点电荷放在 r 轴上坐标原点 O 处, 它产生一个电场. 这个电场对周围的电荷有作用力. 由物理学知道, 如果有一个单位正电荷放在这个电场中距离原点 O 为 r 处的地方, 那么电场对该电荷作用力的大小为

$$F=k\frac{q}{r^2}\quad(k\text{ 为常数}).$$

当该单位正电荷在电场中从 $r=a$ 处沿 r 轴移动到 $r=b(a<b)$ 处时, 如图 4–29 所示, 计算电场力 F 对它所做的功.

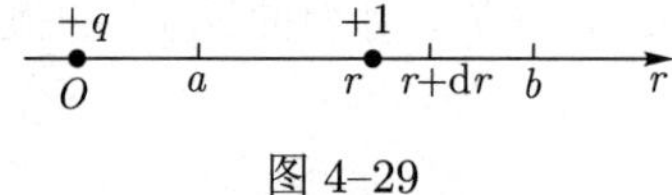

图 4–29

解 在上述移动过程中, 电场对这个单位正电荷的作用力是变的. 取 r 为积分变量, 它的变化区间为 $[a,b]$. 任取小区间 $[r,\ r+\mathrm{d}r]\in[a,b]$, 当单位正电荷从 r 移动到 $r+\mathrm{d}r$ 时, 电场力对它所做的功近似于 $k\dfrac{q}{r^2}\mathrm{d}r$, 即功元素为

$$\mathrm{d}W=k\frac{q}{r^2}\mathrm{d}r.$$

于是所求的功为

$$W=\int_a^b k\frac{q}{r^2}\mathrm{d}r=kq\left(-\frac{1}{r}\right)\Big|_a^b=kq\left(\frac{1}{a}-\frac{1}{b}\right).$$

例 7.14　一个半球形容器, 其半径为 r, 容器中盛满了水, 现将容器中水全部从容器口抽出, 需做多少功?

解　由于不同深度的水层与容器口的距离不同, 从而抽出各层水所做的功也就不同. 也就是说, 抽完水需要做的功在 $[0,r]$ 的分布是非均匀的, 且关于区间具有可加性. 因此可以采用定积分的方法来计算功.

建立坐标系如图 4–30 所示. 该断面边界上半圆弧的方程为

$$x^2+y^2=r^2\quad(x\geqslant 0).$$

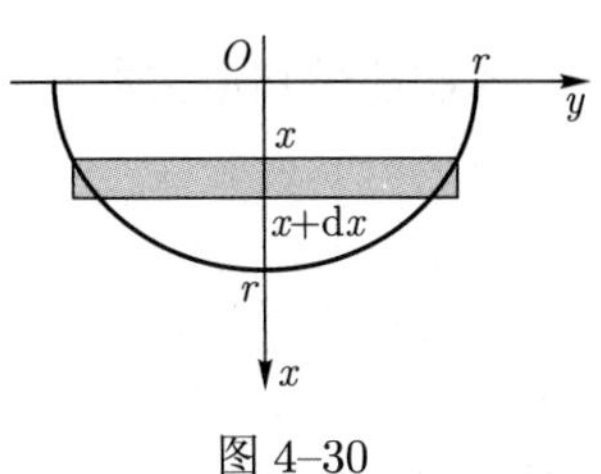

图 4–30

取深度 x 为积分变量. 它的变化区间为 $[0,r]$, 相应于 $[0, r]$ 上任一小区间 $[x,x+\mathrm{d}x]$ 的一薄层水的体积的近似值为

$$\mathrm{d}V=\pi y^2\mathrm{d}x=\pi(r^2-x^2)\mathrm{d}x.$$

水的密度 $\rho=10^3\ \mathrm{kg/m^3}$, 重力加速度 g 取 $9.8\ \mathrm{m/s^2}$, 则此时相应于小区间 $[x,x+\mathrm{d}x]$ 上薄层水所受重力近似值为 $9.8\pi(r^2-x^2)\mathrm{d}x$ kN. 将这薄层水抽到容器口所经过的位移可近似地看作相同的, 均为 x, 于是将这薄层水抽到容器口所做的功元素为

$$\mathrm{d}W=9.8\pi(r^2-x^2)x\mathrm{d}x.$$

在区间 $[0,r]$ 上积分, 得抽完水所需要做的功为

$$W=9.8\pi\int_0^r(r^2-x^2)x\mathrm{d}x=9.8\frac{\pi r^4}{4}=2.45\pi r^4(\mathrm{kJ}).$$

2. 液体静压力

由物理学知道, 水深为 h 处的压强为 $p=\rho gh$, 其中 ρ 为水的密度, g 为重力加速度. 如果有一面积为 A 的平板水平地置于水深为 h 处, 那么平板一侧所受的压力为

$$F=p\cdot A.$$

如果平板非水平地置于水中, 那么在不同深度处, 压强 p 不同, 平板一侧所受的压力就不能用上述方法计算. 下面通过例题来说明它的计算方法.

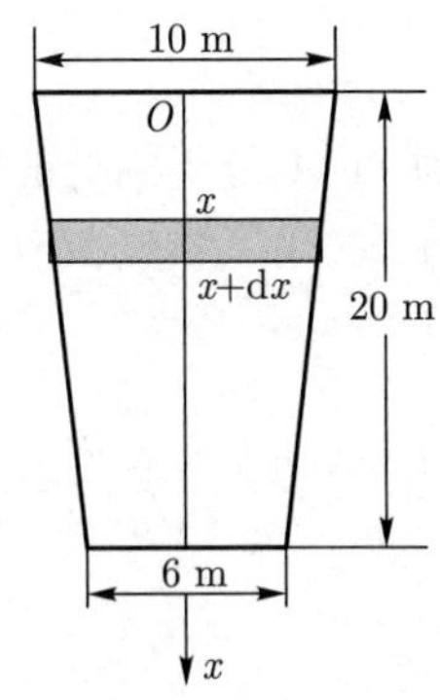

图 4–31

例 7.15　某水库的闸门形状为等腰梯形, 它的两条底边长分别为 10 m 和 6 m, 高为 20 m, 较长的底边与水面相齐. 计算闸门的一侧所受的水的压力.

解　如图 4–31 所示, 以闸门的长底边的中点为原点, 以垂直向下作 x 轴. 取 x 为积分变量, 它的变化区间为 $[0, 20]$. 在 $[0,20]$ 上任取一个小区间 $[x,x+\mathrm{d}x]$, 闸门上相应于该小区间的窄条各点处所受水的压强近似于 ρxg $(\mathrm{kN/m^3})$ (这里水的密度 $\rho=10^3\ \mathrm{kg/m^3}$, g 取 $9.8\ \mathrm{m/s^2}$). 该窄条近似于底边长为 $10-\dfrac{x}{5}$, 高为 $\mathrm{d}x$ 的矩形, 从而该窄条的一侧所受水压力近似于

$$\mathrm{d}F=\rho gx\left(10-\frac{x}{5}\right)\mathrm{d}x.$$

它就是压力元素. 于是所求压力为

$$F = \int_0^{20} \rho g x \left(10 - \frac{x}{5}\right) \mathrm{d}x = \rho g \left(2\ 000 - \frac{1\ 600}{3}\right)$$
$$\approx 14\ 373\ (\mathrm{kN}).$$

3. 引力

从物理学知道, 质量分别为 m_1, m_2, 相距为 r 的两质点间的万有引力大小为

$$F = G\frac{m_1 m_2}{r^2},$$

其中 G 为万有引力常数, 引力的方向沿着两质点的连线方向. 若要计算一根细棒对一个质点的引力, 由于细棒上各点与质点的距离是变化的, 且各点对该质点的引力的方向也是变化的, 所以就不能使用上述公式来计算. 下面举例说明它的计算方法.

例 7.16 一根长为 l 的均匀细杆, 质量为 M, 在其中垂线上相距细杆为 a 处有一质量为 m 的质点 A. 试求细杆对质点 A 的引力.

解 建立坐标系如图 4–32 所示, 使细杆位于 x 轴, 细杆的中点为坐标原点 O, 质点 A 位于 y 轴. 取 x 为积分变量, 它的变化区间为 $\left[-\frac{l}{2}, \frac{l}{2}\right]$. 在 $\left[-\frac{l}{2}, \frac{l}{2}\right]$ 上任取一小区间 $[x, x+\mathrm{d}x]$, 相应于小区间 $[x,\ x+\mathrm{d}x]$ 上的一段细杆可近似地看作质点, 其质量为 $\frac{M}{l}\mathrm{d}x$. 于是, 该小段细杆对质点 A 的引力大小近似于

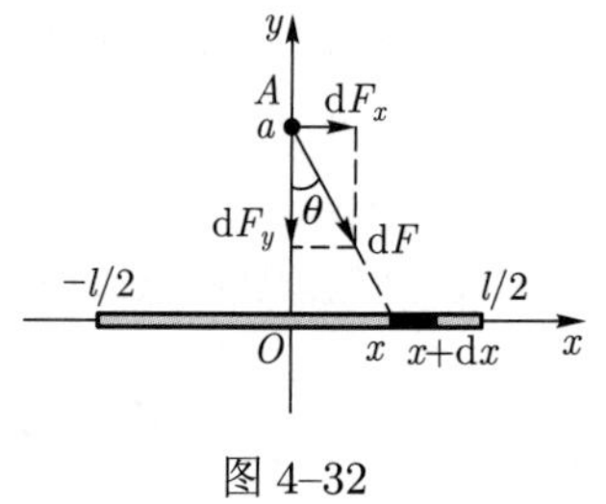

图 4–32

$$\mathrm{d}F = \frac{Gm}{a^2 + x^2} \cdot \frac{M}{l}\mathrm{d}x.$$

由于细杆上各点对质点 A 的引力方向各不相同, 所以不能直接对 $\mathrm{d}F$ 进行积分. 为此, 将 $\mathrm{d}F$ 分解为 x 轴和 y 轴两个方向上的分力, 得

$$\mathrm{d}F_x = \mathrm{d}F \cdot \sin\theta, \quad \mathrm{d}F_y = -\mathrm{d}F \cdot \cos\theta.$$

由于质点 A 位于细杆的中垂线上, 所以必使水平合力为零, 即

$$F_x = \int_{-\frac{l}{2}}^{\frac{l}{2}} \mathrm{d}F_x = 0.$$

又因为 $\cos\theta = \frac{a}{\sqrt{a^2 + x^2}}$, 所以垂直方向合力为

$$F_y = \int_{-\frac{l}{2}}^{\frac{l}{2}} \mathrm{d}F_y = -2\int_0^{\frac{l}{2}} \frac{GmMa}{l} \left(a^2 + x^2\right)^{-\frac{3}{2}} \mathrm{d}x$$
$$= -\frac{2GmMa}{l} \cdot \frac{1}{a^2} \cdot \left.\frac{x}{\sqrt{a^2 + x^2}}\right|_0^{\frac{l}{2}}$$
$$= -\frac{2GmM}{a\sqrt{4a^2 + l^2}},$$

式中的负号表示合力方向与 y 轴方向相反.

例 7.17　有一长为 l 的均匀带电直导线, 电荷密度 (即单位长度导线的带电量) 为 δ, 与该导线位于同一直线上相距为 a 处放置一个带电量为 q 的点电荷, 求它们之间的作用力.

解　由库仑 (Coulomb) 定律, 两个带电量分别为 q_1, q_2, 且相距为 r 的点电荷之间的作用力为

$$F = k\frac{q_1 q_2}{r^2} \quad (k \text{ 为常数}).$$

现在与点电荷 q 作用的是一段带电直导线, 其上各点与点电荷 q 的距离不同, 因此作用力将随点在导线上的位置不同而变化. 也就是说, 作用力在区间 $[a, a+l]$ 上是非均匀分布的, 并且关于积分区间具有可加性, 因此不能直接使用库仑定律, 而必须用定积分来计算.

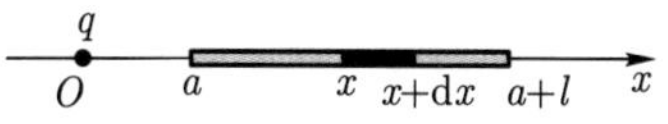

建立坐标系如图 4–33 所示. 取积分变量为 x, 它的变化区间为 $[a, a+l]$, 在 $[a, a+l]$ 上任取一小区间 $[x, x+\mathrm{d}x]$, 相应于该小区间上的一小段导线可近似地看作一个点电荷, 其带电量近似等于 $\delta\mathrm{d}x$. 由库仑定律可知, 这一小段导线与点电荷 q 之间作用力的近似值 (作用力元素) 为

图 4–33

$$\mathrm{d}F = k\frac{q \cdot \delta \mathrm{d}x}{x^2}.$$

在 $[a, a+l]$ 上积分, 得到整个导线与点电荷 q 的作用力为

$$F = \int_a^{a+l} kq\delta \frac{\mathrm{d}x}{x^2} = kq\delta\left(\frac{1}{a} - \frac{1}{a+l}\right).$$

习题 4–7

(A)

1. 求由下列各曲线所围成平面图形的面积.

(1) 抛物线 $y = \frac{1}{4}x^2$ 与直线 $3x - 2y - 4 = 0$;

(2) 曲线 $y = 9 - x^2$, $y = x^2$ 与直线 $x = 0$, $x = 1$;

(3) 曲线 $\sqrt{x} + \sqrt{y} = \sqrt{a}$ $(a > 0)$ 与坐标轴;

(4) 抛物线 $y = 2 - x^2$ 与 $y = x^2$;

(5) 曲线 $y = |\ln x|$ 与直线 $x = \frac{1}{10}$, $x = 10$, $y = 0$;

(6) $y = x(x-1)(x-2)$ 与直线 $y = 3(x-1)$;

(7) 闭曲线 $y^2 = x^2 - x^4$;

(8) 双纽线 $\rho^2 = 4\sin 2\theta$;

(9) 双纽线 $\rho^2 = 2\cos 2\theta$ 与圆 $\rho = 1$ 围成图形的公共部分;

(10) 星形线 $\begin{cases} x = a\cos^3 t, \\ y = a\sin^3 t \end{cases}$ 外, 圆 $x^2 + y^2 = a^2$ $(a > 0)$ 内的部分;

(11) 对数螺线 $\rho = a\mathrm{e}^{\theta}(-\pi \leqslant \theta \leqslant \pi, a > 0)$ 及射线 $\theta = \pi$ 所围成图形.

2. 求由抛物线 $y^2 = 4ax$ 与过焦点的弦所围成的图形面积的最小值.

3. 求下列各曲线所围成的图形按指定轴旋转所产生旋转体的体积.

(1) $\dfrac{x^2}{a^2}+\dfrac{y^2}{b^2}=1\ (a>0,b>0)$, 分别绕 x 轴与 y 轴;

(2) $y=\sin x(0\leqslant x\leqslant \pi)$ 与 x 轴围成, 分别绕 x 轴、 y 轴与直线 $y=1$;

(3) $x^2+y^2=r^2$ 绕直线 $x=-b(b>r>0)$;

(4) 心形线 $\rho=a(1+\cos\theta)(a>0)$, 绕极轴;

(5) 摆线 $\begin{cases}x=a(t-\sin t),\\ y=a(1-\cos t)\end{cases}$ 的一拱 $(0\leqslant t\leqslant 2\pi)$ 与 x 轴围成, 绕 y 轴;

(6) 星形线 $\begin{cases}x=a\cos^3 t,\\ y=a\sin^3 t\end{cases}$ $(a>0)$ 所围平面图形, 绕 x 轴.

4. 证明: 曲边梯形 $0\leqslant y\leqslant f(x), 0\leqslant a\leqslant x\leqslant b$ 绕 y 轴旋转所得立体的体积公式为

$$V=2\pi\int_a^b xf(x)\mathrm{d}x.$$

习题 4–7
4 题解答

5. 有一立体, 以长半轴 $a=10$, 短半轴 $b=5$ 的椭圆为底, 而垂直于长轴的截面都是等边三角形, 求其体积.

6. 求由 $y=x^2$ 与 $x=y^2$ 所围图形绕 x 轴旋转所得立体的体积.

7. 求曲线 $y=x(x-1)(x-2)$ 与 x 轴所围平面区域绕 y 轴旋转所得旋转体的体积.

8. 求下列曲线段的长度.

(1) 曲线 $y=\ln x$ 上相应于 $\sqrt{3}\leqslant x\leqslant\sqrt{8}$ 的一段弧;

(2) 曲线 $y=\dfrac{\sqrt{x}}{3}(3-x)$ 上相应于 $1\leqslant x\leqslant 3$ 的一段弧;

(3) 半立方抛物线 $y^2=\dfrac{2}{3}(x-1)^3$ 被抛物线 $y^2=\dfrac{x}{3}$ 截得的一段弧;

(4) 抛物线 $y^2=2px\ (p>0)$ 从顶点到这曲线上的一点 $M(x,y)$ 的弧;

(5) 星形线 $\begin{cases}x=a\cos^3 t,\\ y=a\sin^3 t\end{cases}$ $(a>0)$ 的全长;

(6) 曲线 $\rho=a\sin^3\dfrac{\theta}{3}\ (a>0)$ 相应于 $\theta=0$ 到 $\theta=3\pi$ 的一段弧;

(7) 曲线段 $y=\displaystyle\int_{-\frac{\pi}{2}}^{x}\sqrt{\cos t}\,\mathrm{d}t$.

9. 将绕在圆 (半径为 a) 上的细线放开拉直, 使细线与圆周始终相切, 如图 4–34 所示, 细线端点画出的轨迹称为圆的渐伸线, 它的方程为

$$x=a(\cos t+t\sin t), y=a(\sin t-t\cos t).$$

求该曲线上相应于 t 从 0 变到 π 的一段弧的长度.

10. 求正常数 a,b 的值, 使椭圆 $\begin{cases}x=a\cos t,\\ y=b\sin t\end{cases}$ 的周长等于正弦曲线 $y=\sin x$ 在 $0\leqslant x\leqslant 2\pi$ 上一段的长.

11. 有一圆锥形蓄水池, 池口直径为 20 m, 池深为 15 m, 池中盛满了水, 欲将池中水全部抽出池外, 需做多少功?

12. (1) 证明: 把质量为 m 的物体从地球表面升高到 h 处所做的功为 $W=\dfrac{mgRh}{R+h}$, 其中 g 为地面上的重力加速度, R 为地球的半径;

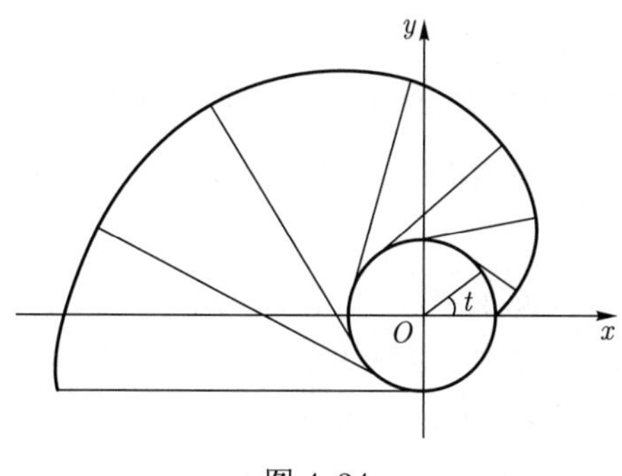

图 4–34

(2) 一颗人造地球卫星的质量为 173 kg, 在高于地面 630 km 处进入轨道, 问把这颗卫星从地面送到 630 km 的高空处, 克服地球引力要做多少功? 其中 g 取 9.8 $\mathrm{m/s^2}$, 地球半径 $R = 6\ 370$ km.

13. 有一弹簧, 原长 1 m, 一端固定, 压缩另一端, 假定压缩 1 cm, 需要 49×10^{-3} N 的力, 今将弹簧自 80 cm 压缩到 60 cm, 需做多少功?

14. 有一底为 b, 高为 a 的等腰三角形薄板, 垂直地沉没在水中.

(1) 若底与水面相齐, 顶点在下, 求薄板承受的静水总压力;

(2) 若顶点与水面相齐, 底在水下, 且与水面平行, 求薄板承受的静水总压力.

15. 洒水车上的水箱是一个横放的椭圆柱体, 尺寸如图 4–35 所示, 当水箱装满水时, 计算水箱的一个端面所受的压力.

16. 有一矩形闸门, 它的形状和尺寸如图 4–36 所示, 水面超过门顶 2 m, 求闸门上所受的水压力.

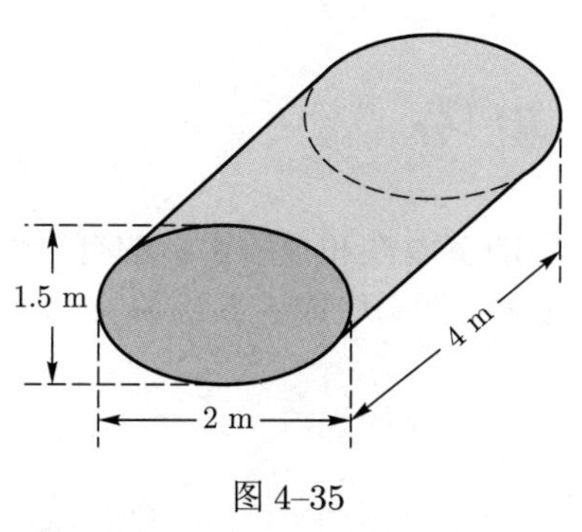

图 4–35

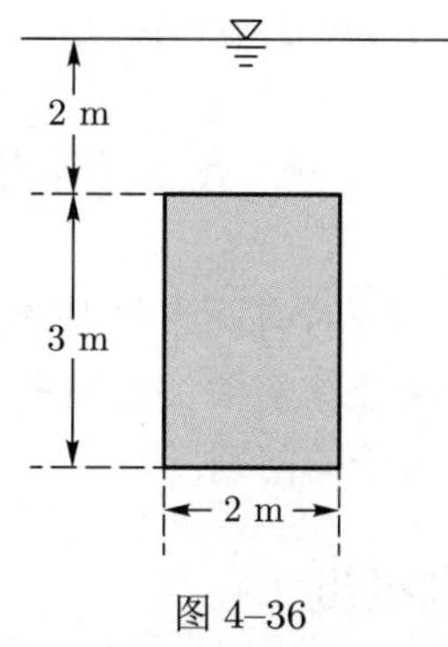

图 4–36

17. 求一质量为 M, 半径为 R 的半圆形均匀细环对其圆心处质量为 m 的质点的引力.

18. 一半径为 R 的半圆环导线, 均匀带电, 电荷密度为 δ. 在圆心处放置一个带电量为 q 的点电荷, 求它们之间的作用力.

19. 一半径为 R 的半圆环导线, 均匀带电, 电荷密度为 δ. 在圆心且垂直于环所在平面的直线上与圆心相距为 a 处有一个带电荷量为 q 的点电荷. 求导线与点电荷之间的作用力.

(B)

*20. 设函数 $f(x)$ 在闭区间 $[0,1]$ 上连续, 在开区间 $(0,1)$ 内大于零, 并满足 $xf'(x) = f(x) + \dfrac{3a}{2}x^2$ (a 为常数). 又曲线 $y = f(x)$ 与 $x = 1, y = 0$ 所围的图形 S 的面积值为 2. 求函数 $y = f(x)$, 并问 a 为何值时, 图

形 S 绕 x 轴旋转一周所得的旋转体的体积最小?

*21. 一个半球体状的雪堆, 其体积融化的速率与半球面面积 S 成正比, 比例系数 $k>0$. 假设在融化过程中雪堆始终保持半球体状, 已知半径为 r_0 的雪堆在开始融化的 3 h 内, 融化了某体积的 $\frac{7}{8}$, 问雪堆全部融化需要多少小时?

*22. 某建筑工程打地基时, 需用汽锤将桩打进土层. 汽锤每次击打, 都将克服土层对桩的阻力而做功. 设土层对桩的阻力的大小与桩被打进地下的深度成正比 (比例系数为 $k, k>0$), 汽锤第一次击打将桩打进地下 a m, 根据设计方案, 要求汽锤每次击打桩时所做的功与前一次击打时所做的功之比为常数 $r(0<r<1)$. 问

习题 4–7
22 题解答

(1) 汽锤击打桩 3 次后, 可将桩打进地下多深?

(2) 若击打次数不限, 汽锤至多能将桩打进地下多深?

23. 设平面图形 A 由 $x^2+y^2 \leqslant 2x$ 与 $y \geqslant x$ 所确定, 求图形 A 绕直线 $x=2$ 旋转一周所得旋转体的体积.

24. 某闸门的形状与大小如图 4–37 所示, 其中直线 l 为对称轴, 闸门的上部为矩形 $ABCD$, 下部由二次抛物线与线段 AB 所围成, 当水面与闸门的上端相平时, 欲使闸门矩形部分承受的水压力与下部分承受的水压力之比为 5:4, 闸门矩形部分的高 h 为多少米? (图中 m 表示米).

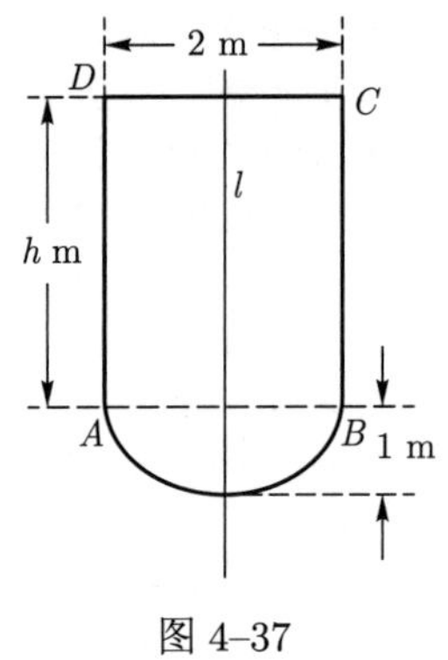

图 4–37

25. 一根长为 l, 质量为 M 的均匀直棒, 在它的一端垂线上方距棒 a 处有质量为 m 的质点, 求棒对质点的引力.

第八节 反 常 积 分

在讨论定积分时有两个最基本的限制条件, 积分区间的有限性和被积函数的有界性. 但在许多实际问题中往往需要突破这些限制, 考虑无穷区间上的 “积分” 或无界函数的 “积分”. 这便是本节所要讨论的问题.

一、问题提出

例 8.1 (第二宇宙速度问题) 在地球表面垂直发射火箭, 如图 4–38 所示, 要使火箭克服地球引力无限远离地球, 试问初速度 v_0 至少要多大?

解 设地球的半径与质量分别为 R 和 M, 火箭质量为 m, 地球表面上的重力加速度为 g, 由万有引力定律, 在距离地心 $x(\geqslant R)$ 处火箭所受的引力为

$$F=G\frac{mM}{x^2}.$$

由于火箭在地球表面所受到的引力就是重力 mg, 于是有

$$mg=G\frac{mM}{R^2}.$$

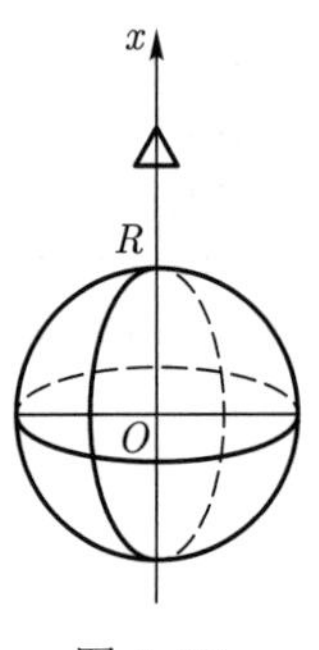

图 4–38

即 $GM = gR^2$, 从而

$$F = \frac{mgR^2}{x^2}.$$

于是火箭从地面上升到距离地心为 $r(> R)$ 处需做的功为

$$\int_R^r \frac{mgR^2}{x^2}\mathrm{d}x = mgR^2\left(\frac{1}{R} - \frac{1}{r}\right).$$

当 $r \to +\infty$ 时, 其极限 mgR 就是火箭无限远离地球表面需做的功, 很自然地把这个极限写作上限为 $+\infty$ 的 "积分"

$$\int_R^{+\infty} \frac{mgR^2}{x^2}\mathrm{d}x = \lim_{r\to+\infty}\int_R^r \frac{mgR^2}{x^2}\mathrm{d}x = mgR.$$

由能量守恒定律, 可以求得初速度 v_0 至少应使

$$\frac{1}{2}mv_0^2 = mgR.$$

g 取 $9.8\ \mathrm{m/s^2}$, $R = 6.371 \times 10^6\ \mathrm{m}$, 代入便得

$$v_0 = \sqrt{2gR} \approx 11.2(\mathrm{km/s}).$$

例 8.2 圆柱形桶的内壁高为 h, 内半径为 R, 桶底有一半径为 r 的小孔, 如图 4–39 所示. 试问从盛满水开始打开小孔直至桶中水流完, 共需多少时间?

解 由物理学知道, 在不计摩擦力的情形下, 当桶内水位高度为 $h - x$ 时, 水从孔中流出的速度 (单位时间内流过单位面积的流量) 为

$$v = \sqrt{2g(h - x)},$$

其中 g 为重力加速度.

设在很小一段时间 $\mathrm{d}t$ 内, 桶中液面降低的微小量为 $\mathrm{d}x$, 它们之间应满足

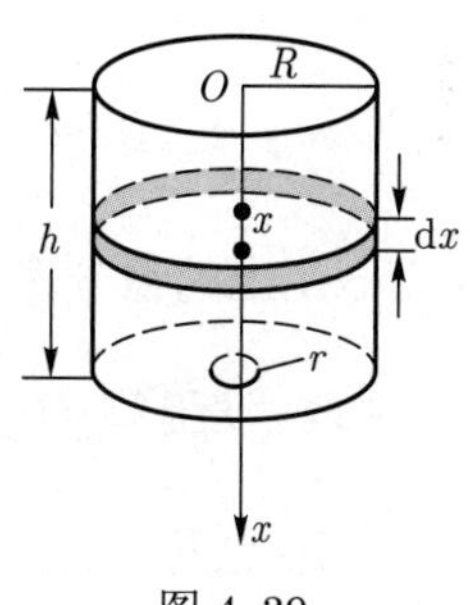

图 4–39

$$\pi R^2\mathrm{d}x = v\pi r^2\mathrm{d}t.$$

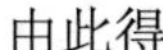
由此得

$$\mathrm{d}t = \frac{R^2}{r^2\sqrt{2g(h - x)}}\mathrm{d}x, \quad x \in [0, h).$$

所以一桶水流完所需时间在形式上亦可写成 "积分"

$$T = \int_0^h \frac{R^2}{r^2\sqrt{2g(h - x)}}\mathrm{d}x.$$

但在这里, 因为被积函数是 $[0,h)$ 上的无界函数, 所以它的确切含义应该为

$$\begin{aligned}T&=\lim_{u\to h^-}\int_0^u\frac{R^2}{r^2\sqrt{2g(h-x)}}\mathrm{d}x\\&=\lim_{u\to h^-}\sqrt{\frac{2}{g}}\cdot\frac{R^2}{r^2}\left(\sqrt{h}-\sqrt{h-u}\right)\\&=\sqrt{\frac{2h}{g}}\left(\frac{R}{r}\right)^2.\end{aligned}$$

相对于前面所讲的定积分 (不妨称之为**正常积分**) 而言, 例 8.1 和例 8.2 分别提出了两类反常积分.

二、无穷限的反常积分

定义 8.1 设函数 $f(x)$ 定义在无穷区间 $[a,\ +\infty)$ 上, 若对任何 $b>a$, $f(x)$ 在有限区间 $[a,b]$ 上黎曼可积, 则称 $\lim\limits_{b\to+\infty}\int_a^b f(x)\mathrm{d}x$ 为 $f(x)$ 在**无穷区间** $[a,\ +\infty)$ **上的反常积分**, 简称**无穷限积分**, 记作 $\int_a^{+\infty}f(x)\mathrm{d}x$, 即

$$\int_a^{+\infty}f(x)\mathrm{d}x=\lim_{b\to+\infty}\int_a^b f(x)\mathrm{d}x. \tag{8.1}$$

若极限

$$\lim_{b\to+\infty}\int_a^b f(x)\mathrm{d}x$$

存在, 则称 $f(x)$ 在 $[a,\ +\infty)$ 上的**反常积分** $\int_a^{+\infty}f(x)\mathrm{d}x$ **收敛**, 此时, 这个极限值称为 $f(x)$ 在 $[a,\ +\infty)$ 上的**积分值**. 若上述极限不存在, 则称**反常积分** $\int_a^{+\infty}f(x)\mathrm{d}x$ **发散**.

类似地, 设函数 $f(x)$ 定义在无穷区间 $(-\infty,\ b]$ 上, 若对任何 $c<b$, $f(x)$ 在有限区间 $[c,b]$ 上黎曼可积, 则称 $\lim\limits_{c\to-\infty}\int_c^b f(x)\mathrm{d}x$ 为 $f(x)$ 在**无穷区间** $(-\infty,\ b]$ **上的反常积分**, 简称**无穷限积分**, 记作 $\int_{-\infty}^b f(x)\mathrm{d}x$, 即

$$\int_{-\infty}^b f(x)\mathrm{d}x=\lim_{c\to-\infty}\int_c^b f(x)\mathrm{d}x. \tag{8.2}$$

若极限

$$\lim_{c\to-\infty}\int_c^b f(x)\mathrm{d}x$$

存在, 则称 $f(x)$ 在 $(-\infty,\ b]$ 上的**反常积分** $\int_{-\infty}^b f(x)\mathrm{d}x$ **收敛**, 此时, 这个极限值称为 $f(x)$

在 $(-\infty,\ b]$ 上的**积分值**. 若上述极限不存在, 则称**反常积分** $\int_{-\infty}^{b} f(x)\mathrm{d}x$ **发散**.

对于 $f(x)$ 在无穷区间 $(-\infty,\ +\infty)$ 上的无穷限积分, 可用前面两种无穷限积分来定义:

$$\int_{-\infty}^{+\infty} f(x)\mathrm{d}x=\int_{-\infty}^{a} f(x)\mathrm{d}x+\int_{a}^{+\infty} f(x)\mathrm{d}x. \tag{8.3}$$

其中 a 为任一常数, 当且仅当 (8.3) 右边两个无穷限积分都收敛时, 左边的无穷限积分才是收敛的.

注 (1) 无穷限积分 (8.3) 的收敛性与收敛时的值, 都与实数 a 的选取无关;

(2) 由于无穷限积分 (8.3) 是由 (8.1) (8.2) 两类无穷限积分来定义的, 所以 $f(x)$ 在任何有限区间 $[a,b]\subset(-\infty,+\infty)$ 上必须是黎曼可积的;

(3) $\int_{a}^{+\infty} f(x)\mathrm{d}x$ 收敛的**几何意义**是: 若 $f(x)$ 在 $[a,\ +\infty)$ 上是非负连续函数, 则图 4–40 中介于曲线 $y=f(x)$, 直线 $x=a$ 以及 x 轴之间那部分向右无限延伸的阴影区域有有限面积;

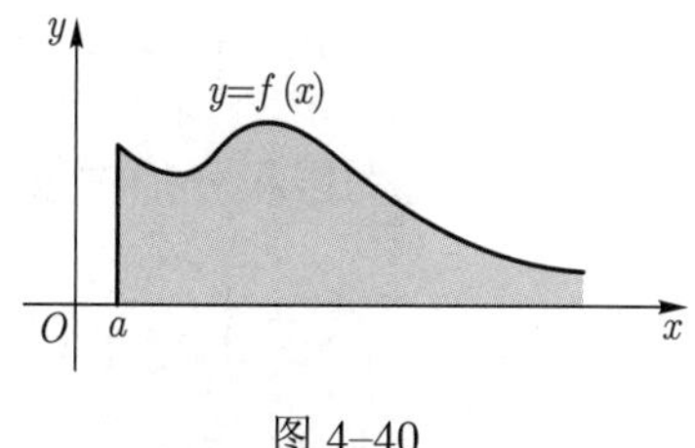

图 4–40

(4) 上述反常积分统称为**无穷限的反常积分**.

例 8.3 讨论无穷限积分

$$\int_{a}^{+\infty} \frac{1}{x^p}\mathrm{d}x$$

的收敛性, 其中 a 为正常数.

解 当 $b>a$ 时, 有

$$\int_{a}^{b} \frac{1}{x^p}\mathrm{d}x=\begin{cases}\dfrac{1}{1-p}\left(b^{1-p}-a^{1-p}\right), & p\neq 1,\\ \ln b-\ln a, & p=1,\end{cases}$$

$$\lim_{b\to+\infty}\int_{a}^{b} \frac{1}{x^p}\mathrm{d}x=\begin{cases}\dfrac{a^{1-p}}{p-1}, & p>1,\\ +\infty, & p\leqslant 1,\end{cases}$$

因此无穷限积分 $\int_{a}^{+\infty} \frac{1}{x^p}\mathrm{d}x$ 当 $p>1$ 时收敛, 其值为 $\frac{a^{1-p}}{p-1}$; 而当 $p\leqslant 1$ 时发散.

例 8.4 讨论无穷限积分

$$\int_{2}^{+\infty} \frac{1}{x(\ln x)^p}\mathrm{d}x$$

的收敛性.

解 由于无穷限积分是通过变限定积分的极限来定义的, 所以有关定积分的换元积分法和分部积分法一般都可引用到无穷限积分中来. 对于本例来说, 令 $t=\ln x$, 有

$$\int_{2}^{+\infty} \frac{1}{x(\ln x)^p}\mathrm{d}x=\int_{\ln 2}^{+\infty} \frac{1}{t^p}\mathrm{d}t.$$

由例 8.3 可知, 该无穷限积分当 $p>1$ 时收敛, 当 $p\leqslant 1$ 时发散.

例 8.5 讨论无穷限积分

$$\int_{-\infty}^{+\infty}\frac{1}{1+x^2}\mathrm{d}x$$

的收敛性.

解 任取实数 a, 讨论如下两个无穷限积分

$$\int_{-\infty}^{a}\frac{1}{1+x^2}\mathrm{d}x \quad 和 \quad \int_{a}^{+\infty}\frac{1}{1+x^2}\mathrm{d}x.$$

由于

$$\lim_{c\to-\infty}\int_{c}^{a}\frac{1}{1+x^2}\mathrm{d}x=\lim_{c\to-\infty}(\arctan a-\arctan c)=\arctan a+\frac{\pi}{2},$$

$$\lim_{b\to+\infty}\int_{a}^{b}\frac{1}{1+x^2}\mathrm{d}x=\lim_{b\to+\infty}(\arctan b-\arctan a)=\frac{\pi}{2}-\arctan a.$$

所以这两个无穷限积分都收敛. 由定义 8.1 可得

$$\int_{-\infty}^{+\infty}\frac{1}{1+x^2}\mathrm{d}x=\int_{-\infty}^{a}\frac{1}{1+x^2}\mathrm{d}x+\int_{a}^{+\infty}\frac{1}{1+x^2}\mathrm{d}x=\pi.$$

注 由于上述结果与 a 无关, 所以若取 $a=0$, 则可使计算过程更简便些.

三、无界函数的反常积分

定义 8.2 设函数 $f(x)$ 定义在区间 $(a,b]$ 上, 在点 a 的任一右邻域内无界, 并且对任意 $\varepsilon>0(\varepsilon<b-a)$, $f(x)$ 在 $[a+\varepsilon,b]$ 上黎曼可积, 则称 $\lim\limits_{\varepsilon\to0^+}\displaystyle\int_{a+\varepsilon}^{b}f(x)\mathrm{d}x$ 为**无界函数** $f(x)$ **在** $(a,b]$ **上的反常积分**, 记作 $\displaystyle\int_a^b f(x)\mathrm{d}x$, 即

$$\int_a^b f(x)\mathrm{d}x=\lim_{\varepsilon\to0^+}\int_{a+\varepsilon}^{b}f(x)\mathrm{d}x. \tag{8.4}$$

若极限

$$\lim_{\varepsilon\to0^+}\int_{a+\varepsilon}^{b}f(x)\mathrm{d}x$$

存在, 则称**反常积分** $\displaystyle\int_a^b f(x)\mathrm{d}x$ **收敛**. 若上述极限不存在, 则称反常积分 $\displaystyle\int_a^b f(x)\mathrm{d}x$ **发散**.

在定义 8.2 中, 被积函数 $f(x)$ 在点 a 的右邻域内是无界的, 这时点 a 称为 $f(x)$ 的**瑕点**或**奇点**. 因此无界函数的反常积分 $\displaystyle\int_a^b f(x)\mathrm{d}x$ 又称为**瑕积分**.

类似地, 可以定义瑕点为 b 时的瑕积分

$$\int_a^b f(x)\mathrm{d}x=\lim_{\varepsilon\to0^+}\int_{a}^{b-\varepsilon}f(x)\mathrm{d}x, \tag{8.5}$$

其中 $f(x)$ 在 $[a,b)$ 有定义, 在点 b 的任一左邻域内无界, 且对任意 $\varepsilon>0$ $(\varepsilon<b-a)$, $f(x)$ 在 $[a,b-\varepsilon]$ 上黎曼可积.

若函数 $f(x)$ 在区间 (a,b) 内有唯一瑕点 c, 则定义瑕积分

$$\begin{aligned}\int_a^b f(x)\mathrm{d}x&=\int_a^c f(x)\mathrm{d}x+\int_c^b f(x)\mathrm{d}x\\&=\lim_{\varepsilon\to0^+}\int_a^{c-\varepsilon}f(x)\mathrm{d}x+\lim_{\eta\to0^+}\int_{c+\eta}^b f(x)\mathrm{d}x,\end{aligned}\tag{8.6}$$

当且仅当 (8.6) 右边两个瑕积分都收敛时, 左边的瑕积分才是收敛的.

例 8.6 计算反常积分

$$\int_0^a\frac{1}{\sqrt{a^2-x^2}}\mathrm{d}x(a>0).$$

解 因为

$$\lim_{x\to a^-}\frac{1}{\sqrt{a^2-x^2}}=+\infty,$$

所以点 a 为瑕点, 于是

$$\begin{aligned}\int_0^a\frac{1}{\sqrt{a^2-x^2}}\mathrm{d}x&=\lim_{\varepsilon\to0^+}\int_0^{a-\varepsilon}\frac{1}{\sqrt{a^2-x^2}}\mathrm{d}x=\lim_{\varepsilon\to0^+}\arcsin\frac{x}{a}\Big|_0^{a-\varepsilon}\\&=\lim_{\varepsilon\to0^+}\arcsin\frac{a-\varepsilon}{a}=\frac{\pi}{2}.\end{aligned}$$

例 8.7 讨论反常积分

$$\int_a^b\frac{\mathrm{d}x}{(x-a)^q}\quad(a<b,q>0)$$

的收敛性.

解 由于当 $\varepsilon>0$ 时, 有

$$\int_{a+\varepsilon}^b\frac{\mathrm{d}x}{(x-a)^q}=\begin{cases}\dfrac{1}{1-q}\left[(b-a)^{1-q}-\varepsilon^{1-q}\right], & q\neq1,\\ \ln(b-a)-\ln\varepsilon, & q=1,\end{cases}$$

$$\lim_{\varepsilon\to0^+}\int_{a+\varepsilon}^b\frac{\mathrm{d}x}{(x-a)^q}=\begin{cases}\dfrac{(b-a)^{1-q}}{1-q}, & q<1,\\ +\infty, & q\geqslant1,\end{cases}$$

所以当 $q<1$ 时, 反常积分 $\displaystyle\int_a^b\frac{\mathrm{d}x}{(x-a)^q}$ 收敛, 其值为 $\dfrac{(b-a)^{1-q}}{1-q}$; 而当 $q\geqslant1$ 时, 反常积分 $\displaystyle\int_a^b\frac{\mathrm{d}x}{(x-a)^q}$ 发散.

类似地, 反常积分 $\displaystyle\int_a^b\frac{\mathrm{d}x}{(b-x)^q}(a<b,q>0)$ 当 $q<1$ 时收敛, 当 $q\geqslant1$ 时发散.

无界函数的反常积分也有简单的几何意义, 读者可参考无穷区间上反常积分的几何意义去讨论, 此处不再赘述. 另外定积分的性质以及定积分的换元积分法和分部积分法, 也可以推广到无界函数的反常积分中来.

为了书写简单起见, 对于无界函数的积分, 也可以用类似于定积分的牛顿 – 莱布尼茨公式的表达形式来讨论它的收敛性, 计算收敛积分的值, 现说明如下.

设 $f(x)$ 在区间 $[a,b)$ 上连续, $x=b$ 为它的瑕点, $F(x)$ 为 $f(x)$ 的一个原函数. 由于

$$\lim_{\varepsilon\to 0^+}\int_a^{b-\varepsilon} f(x)\mathrm{d}x=\lim_{\varepsilon\to 0^+}F(x)\Big|_a^{b-\varepsilon}=\lim_{\varepsilon\to 0^+}F(b-\varepsilon)-F(a),$$

所以, 积分 $\int_a^b f(x)\mathrm{d}x$ 收敛的充要条件是左极限 $\lim\limits_{\varepsilon\to 0^+}F(b-\varepsilon)=F(b^-)$ 存在. 故若原函数 $F(x)$ 在 $x=b$ 处的左极限存在, 则有

$$\int_a^b f(x)\mathrm{d}x=F(b^-)-F(a). \tag{8.7}$$

特别地, 若原函数 $F(x)$ 在 $x=b$ 处左连续, 则

$$\int_a^b f(x)\mathrm{d}x=F(b)-F(a). \tag{8.8}$$

例如, 在例 8.6 中, 由于 $\arcsin\dfrac{x}{a}$ 是被积函数 $\dfrac{1}{\sqrt{a^2-x^2}}$ 的一个原函数, 并且它在 $x=a$ 处左连续, 故例 8.6 的运算过程可直接写成

$$\int_0^a\frac{1}{\sqrt{a^2-x^2}}\mathrm{d}x=\arcsin\frac{x}{a}\Big|_0^a=\frac{\pi}{2}.$$

例 8.8 计算积分 $\int_0^1\ln x\mathrm{d}x$.

解 由于 $x\ln x-x$ 为 $\ln x$ 的一个原函数, 它在 $x=0$ 处没有定义, 但利用洛必达法则可知

$$\lim_{x\to 0^+}(x\ln x-x)=0,$$

故

$$\int_0^1\ln x\mathrm{d}x=(x\ln x-x)\Big|_{0^+}^1=-1.$$

如果函数 $f(x)$ 的瑕点在区间 $[a,b]$ 之内, 或者在 $[a,b]$ 上同时有几个瑕点, 除这些瑕点外均连续, 只要 $f(x)$ 的原函数 $F(x)$ 在这些点上连续, 那么公式 (8.8) 仍然成立.

例 8.9 计算积分 $\int_{-1}^8\frac{1}{\sqrt[3]{x}}\mathrm{d}x$.

解　$x=0$ 是被积函数的瑕点, 但它的原函数 $F(x)=\frac{3}{2}x^{\frac{2}{3}}$ 在该点连续, 故

$$\int_{-1}^{8}\frac{1}{\sqrt[3]{x}}\mathrm{d}x=\frac{3}{2}x^{\frac{2}{3}}\Big|_{-1}^{8}=\frac{9}{2}.$$

例 8.10　求反常积分 $\int_0^{+\infty}\frac{1}{\sqrt{x(x+1)^3}}\mathrm{d}x$.

解　这里, 积分限为 $+\infty$, 且下限 $x=0$ 为被积函数的瑕点. 令 $\sqrt{x}=t$, 则 $x=t^2$, $x\to0^+$ 时, $t\to0$; $x\to+\infty$ 时, $t\to+\infty$. 于是

$$\int_0^{+\infty}\frac{1}{\sqrt{x(x+1)^3}}\mathrm{d}x=\int_0^{+\infty}\frac{2t}{t\sqrt{(t^2+1)^3}}\mathrm{d}t=2\int_0^{+\infty}\frac{1}{\sqrt{(t^2+1)^3}}\mathrm{d}t.$$

再令 $t=\tan u$, 即 $u=\arctan t$, $t=0$ 时, $u=0$; $t\to+\infty$ 时, $u\to\frac{\pi}{2}$. 从而

$$\int_0^{+\infty}\frac{1}{\sqrt{x(x+1)^3}}\mathrm{d}x=2\int_0^{\frac{\pi}{2}}\frac{\sec^2u}{\sec^3u}\mathrm{d}u=2\int_0^{\frac{\pi}{2}}\cos u\mathrm{d}u=2.$$

注　(1) 由例 8.10 可知, 某些反常积分通过变量代换可以转化为定积分;

(2) 反常积分也称为**广义积分**或**非正常积分**.

*四、反常积分的审敛法

反常积分的收敛性, 可以通过求被积函数的原函数, 然后按定义取极限, 根据极限的存在与否来判断. 本段将建立不通过被积函数的原函数判定反常积分收敛性的判定方法.

1. 无穷限反常积分的审敛法

定理 8.1　设函数 $f(x)$ 在区间 $[a,+\infty)$ 上连续, 且 $f(x)\geqslant0$. 若函数

$$F(x)=\int_a^x f(t)\mathrm{d}t$$

在 $[a,+\infty)$ 上有界, 则反常积分 $\int_a^{+\infty}f(x)\mathrm{d}x$ 收敛.

证　因为 $f(x)\geqslant0$, $F(x)$ 在 $[a,+\infty)$ 上单调增加, 又 $F(x)$ 在 $[a,+\infty)$ 上有上界, 所以 $F(x)$ 在 $[a,+\infty)$ 上是单调有界的函数. 由函数极限的单调有界准则可知, 极限

$$\lim_{x\to+\infty}\int_a^x f(t)\mathrm{d}t$$

存在, 即反常积分 $\int_a^{+\infty}f(x)\mathrm{d}x$ 收敛.

定理 8.2 (比较判别法)　设函数 $f(x)$, $g(x)$ 在区间 $[a,+\infty)$ 上连续. 且

$$0\leqslant f(x)\leqslant g(x),\quad x\in[a,+\infty),\tag{8.9}$$

则有

(1) 当 $\int_a^{+\infty} g(x)\mathrm{d}x$ 收敛时, $\int_a^{+\infty} f(x)\mathrm{d}x$ 收敛;

(2) 当 $\int_a^{+\infty} f(x)\mathrm{d}x$ 发散时, $\int_a^{+\infty} g(x)\mathrm{d}x$ 也发散.

证 (1) 对任意大于 a 的实数 b, 由 $0 \leqslant f(x) \leqslant g(x)$ 得

$$\int_a^b f(x)\mathrm{d}x \leqslant \int_a^b g(x)\mathrm{d}x \leqslant \int_a^{+\infty} g(x)\mathrm{d}x.$$

由于不等式右边的积分 $\int_a^{+\infty} g(x)\mathrm{d}x$ 收敛, 所以函数 $F(b) = \int_a^b f(x)\mathrm{d}x$ 在 $[a, +\infty)$ 上有上界. 又 $f(x) \geqslant 0$, 所以 $F(b)$ 是 $[a, +\infty)$ 上的有界函数, 由定理 8.1 可知, $\int_a^{+\infty} f(x)\mathrm{d}x$ 收敛.

(2) 结论 (2) 可用反证法直接从结论 (1) 得到.

注 若将不等式 (8.9) 成立的区间换成 $[c, +\infty)$, 其中 c 为大于 a 的任一实数, 则定理 8.2 的结论仍然成立.

例 8.11 判别无穷限积分 $\int_0^{+\infty} \mathrm{e}^{-x^2}\mathrm{d}x$ 的收敛性.

解 当 $x > 1$ 时, $0 < \mathrm{e}^{-x^2} < \mathrm{e}^{-x}$, 而反常积分

$$\int_1^{+\infty} \mathrm{e}^{-x}\mathrm{d}x = -\mathrm{e}^{-x}\Big|_1^{+\infty} = \mathrm{e}^{-1}$$

收敛, 由定理 8.2 可知, 无穷限积分 $\int_1^{+\infty} \mathrm{e}^{-x^2}\mathrm{d}x$ 收敛, 从而无穷限积分

$$\int_0^{+\infty} \mathrm{e}^{-x^2}\mathrm{d}x = \int_0^1 \mathrm{e}^{-x^2}\mathrm{d}x + \int_1^{+\infty} \mathrm{e}^{-x^2}\mathrm{d}x$$

也收敛.

定理 8.3 (比较判别法极限形式) 设 $f(x), g(x)$ 在 $[a, +\infty)$ 连续, $g(x) > 0$, 且 $\lim\limits_{x \to +\infty} \dfrac{f(x)}{g(x)} = c$ (有限或 ∞).

(1) 当 $c \neq 0$ 时, $\int_a^{+\infty} f(x)\mathrm{d}x$ 与 $\int_a^{+\infty} g(x)\mathrm{d}x$ 同时收敛或同时发散;

(2) 当 $c = 0$ 时, 若 $\int_a^{+\infty} g(x)\mathrm{d}x$ 收敛, 则 $\int_a^{+\infty} f(x)\mathrm{d}x$ 也收敛;

(3) 当 $c = \infty$ 时, 若 $\int_a^{+\infty} g(x)\mathrm{d}x$ 发散, 则 $\int_a^{+\infty} f(x)\mathrm{d}x$ 也发散.

证 (1) 不妨设 $c > 0$. 由于 $\lim\limits_{x \to +\infty} \dfrac{f(x)}{g(x)} = c > 0$及由函数极限定义可知, 存在正数 $X > a$,

使得当 $x \geqslant X$ 时, 恒有

$$-\frac{c}{2} < \frac{f(x)}{g(x)} - c < \frac{c}{2}.$$

从而有

$$0 < \frac{c}{2}g(x) < f(x) < \frac{3c}{2}g(x).$$

由比较判别法 (定理 8.2) 易知, $\int_a^{+\infty} f(x)\mathrm{d}x$ 与 $\int_a^{+\infty} g(x)\mathrm{d}x$ 同时收敛或同时发散.

(2) 由 $\lim\limits_{x\to+\infty} \frac{f(x)}{g(x)} = 0$ 可知, 对任意 $\varepsilon > 0$, 存在正数 $X > a$, 使得当 $x \geqslant X$ 时, 恒有

$$-\varepsilon < \frac{f(x)}{g(x)} < \varepsilon,$$

从而有

$$-\varepsilon g(x) < f(x) < \varepsilon g(x).$$

即有

$$0 < f(x) + \varepsilon g(x) < 2\varepsilon g(x).$$

由于 $\int_a^{+\infty} g(x)\mathrm{d}x$ 收敛, 故由比较判别法知, $\int_a^{+\infty} (f(x) + \varepsilon g(x))\,\mathrm{d}x$ 也收敛, 又因为

$$\int_a^{+\infty} f(x)\mathrm{d}x = \int_a^{+\infty} [f(x) + \varepsilon g(x)]\,\mathrm{d}x - \int_a^{+\infty} \varepsilon g(x)\mathrm{d}x,$$

所以 $\int_a^{+\infty} f(x)\mathrm{d}x$ 收敛.

(3) 不妨设 $c = +\infty$, 由 $\lim\limits_{x\to+\infty} \frac{f(x)}{g(x)} = +\infty$ 可知, 对任意 $M > 1$, 存在正数 $X > a$, 使得当 $x \geqslant X$ 时, 恒有

$$\frac{f(x)}{g(x)} > M,$$

从而有

$$f(x) > Mg(x).$$

由于 $\int_a^{+\infty} g(x)\mathrm{d}x$ 发散, 故由比较判别法知 $\int_a^{+\infty} f(x)\mathrm{d}x$ 发散.

当选用 $\int_1^{+\infty} \frac{\mathrm{d}x}{x^p}$ 作为比较对象 $\int_a^{+\infty} g(x)\mathrm{d}x$ 时, 其比较判别法极限形式成为如下推论 (称为**柯西判别法**).

推论 (柯西判别法) 设 $f(x)$ 在 $[a, +\infty)$ 连续, $f(x) > 0$, 且

$$\lim_{x\to+\infty} x^p f(x) = \lambda.$$

则有

(1) 当 $p>1,\ 0\leqslant\lambda<+\infty$ 时, $\int_a^{+\infty} f(x)\mathrm{d}x$ 收敛;

(2) 当 $p\leqslant 1,\ 0<\lambda\leqslant+\infty$ 时, $\int_a^{+\infty} f(x)\mathrm{d}x$ 发散.

例 8.12 讨论下列无穷限积分的收敛性:

(1) $\int_1^{+\infty} x^{\alpha}\mathrm{e}^{-x}\mathrm{d}x$; (2) $\int_0^{+\infty} \frac{x^2}{\sqrt{x^5+1}}\mathrm{d}x$.

解 (1) 由于对任何实数 α, 都有

$$\lim_{x\to+\infty} x^2\cdot x^{\alpha}\mathrm{e}^{-x}=\lim_{x\to+\infty}\frac{x^{\alpha+2}}{\mathrm{e}^x}=0,$$

故由上述推论 ($p=2,\ \lambda=0$) 可知, 对任何实数 α, $\int_1^{+\infty} x^{\alpha}\mathrm{e}^{-x}\mathrm{d}x$ 都是收敛的.

(2) 由于

$$\lim_{x\to+\infty} x^{\frac{1}{2}}\cdot\frac{x^2}{\sqrt{x^5+1}}=1,$$

故由上述推论 $\left(p=\frac{1}{2},\ \lambda=1\right)$ 可知, $\int_0^{+\infty}\frac{x^2}{\sqrt{x^5+1}}\mathrm{d}x$ 是发散的.

定理 8.4 (绝对收敛准则) 若 $\int_a^{+\infty}|f(x)|\mathrm{d}x$ 收敛, 则 $\int_a^{+\infty} f(x)\mathrm{d}x$ 也收敛, 此时称反常积分 $\int_a^{+\infty} f(x)\mathrm{d}x$ **绝对收敛**.

证 由于

$$0\leqslant|f(x)|-f(x)\leqslant 2|f(x)|,$$

又已知 $\int_a^{+\infty}2|f(x)|\mathrm{d}x=2\int_a^{+\infty}|f(x)|\mathrm{d}x$ 收敛, 所以 $\int_a^{+\infty}[|f(x)|-f(x)]\,\mathrm{d}x$ 也收敛, 从而知

$$\int_a^{+\infty} f(x)\mathrm{d}x=\int_a^{+\infty}|f(x)|\mathrm{d}x-\int_a^{+\infty}[|f(x)|-f(x)]\,\mathrm{d}x$$

也收敛.

例 8.13 讨论反常积分 $\int_0^{+\infty}\mathrm{e}^{-x}\sin x\mathrm{d}x$ 的收敛性.

解 由于 $|\mathrm{e}^{-x}\sin x|\leqslant\mathrm{e}^{-x}$, 而 $\int_0^{+\infty}\mathrm{e}^{-x}\mathrm{d}x$ 收敛, 所以 $\int_0^{+\infty}|\mathrm{e}^{-x}\sin x|\mathrm{d}x$ 收敛, 即原积分绝对收敛.

2. 无界函数反常积分的审敛法

与无穷限积分的审敛法类似, 可以得到无界函数反常积分的审敛法, 具体证明从略, 读者可仿照无穷限积分的相应判别法完成. 为了简便, 仅讨论 $f(x), g(x)$ 在区间 $(a, b]$ 上连续, a 为瑕点的无界函数的反常积分.

定理 8.5 (比较判别法) 设 $f(x), g(x)$ 在 $(a, b]$ 上连续, a 为它们的瑕点, 并且在 $(a, b]$ 上, 有

$$0 \leqslant f(x) \leqslant g(x),$$

则有

(1) 当 $\int_a^b g(x)\mathrm{d}x$ 收敛时, $\int_a^b f(x)\mathrm{d}x$ 收敛;

(2) 当 $\int_a^b f(x)\mathrm{d}x$ 发散时, $\int_a^b g(x)\mathrm{d}x$ 发散.

定理 8.6(比较判别法的极限形式) 设 $f(x), g(x)$ 在 $(a, b]$ 上连续, a 为它们的瑕点, 且 $g(x) > 0$, 又 $\lim\limits_{x \to a^+} \dfrac{f(x)}{g(x)} = c$ (有限或 ∞).

(1) 当 $c \neq 0$ 时, $\int_a^b f(x)\mathrm{d}x$ 与 $\int_a^b g(x)\mathrm{d}x$ 同时收敛或同时发散;

(2) 当 $c = 0$ 时, 若 $\int_a^b g(x)\mathrm{d}x$ 收敛, 则 $\int_a^b f(x)\mathrm{d}x$ 也收敛;

(3) 当 $c = \infty$ 时, 若 $\int_a^b g(x)\mathrm{d}x$ 发散, 则 $\int_a^b f(x)\mathrm{d}x$ 也发散.

当选用 $\int_a^b \dfrac{\mathrm{d}x}{(x-a)^p}$ 作为比较对象 $\int_a^b g(x)\mathrm{d}x$ 时, 其比较判别法极限形式成为如下推论 (称为柯西判别法).

推论 (柯西判别法) 设 $f(x)$ 在 $(a, b]$ 连续, a 为它的瑕点, $f(x) > 0$, 且

$$\lim_{x \to a^+} (x-a)^p f(x) = \lambda,$$

则有

(1) 当 $0 < p < 1$, $0 \leqslant \lambda < +\infty$ 时, $\int_a^b f(x)\mathrm{d}x$ 收敛;

(2) 当 $p \geqslant 1$, $0 < \lambda \leqslant +\infty$ 时, $\int_a^b f(x)\mathrm{d}x$ 发散.

定理 8.7 (绝对收敛准则) 设 $f(x)$ 在 $(a, b]$ 连续, a 为它的瑕点, 若 $\int_a^b |f(x)|\mathrm{d}x$ 收敛, 则 $\int_a^b f(x)\mathrm{d}x$ 也收敛, 此时称反常积分 $\int_a^b f(x)\mathrm{d}x$ **绝对收敛**.

例 8.14 讨论下列反常积分收敛性.

(1) $\displaystyle\int_0^1 \frac{\mathrm{d}x}{\sqrt{(1-x^2)(1-k^2x^2)}} \quad (k^2<1)$; (2) $\displaystyle\int_0^1 \frac{1}{\sqrt{x}}\sin\frac{1}{x}\mathrm{d}x$.

解 (1) 由于

$$\lim_{x\to 1^-}(1-x)^{\frac{1}{2}}\cdot\frac{1}{\sqrt{(1-x^2)(1-k^2x^2)}}=\frac{1}{\sqrt{2(1-k^2)}},$$

由定理 8.6 的推论 $\left(p=\dfrac{1}{2},\lambda=\dfrac{1}{\sqrt{2(1-k^2)}}\right)$ 可知, 积分 $\displaystyle\int_0^1\frac{\mathrm{d}x}{\sqrt{(1-x^2)(1-k^2x^2)}}$ 收敛.

(2) 因为

$$\left|\frac{1}{\sqrt{x}}\sin\frac{1}{x}\right|\leqslant\frac{1}{\sqrt{x}},\quad x\in(0,1],$$

而 $\displaystyle\int_0^1\frac{1}{\sqrt{x}}\mathrm{d}x$ 收敛, 所以 $\displaystyle\int_0^1\left|\frac{1}{\sqrt{x}}\sin\frac{1}{x}\right|\mathrm{d}x$ 收敛, 由定理 8.7 可知, $\displaystyle\int_0^1\frac{1}{\sqrt{x}}\sin\frac{1}{x}\mathrm{d}x$ 绝对收敛.

例 8.15 证明: $J=\displaystyle\int_0^{\frac{\pi}{2}}\ln\sin x\mathrm{d}x=\int_0^{\frac{\pi}{2}}\ln\cos x\mathrm{d}x=-\frac{\pi}{2}\ln 2$.

证 因为

$$\lim_{x\to 0^+}\sqrt{x}\ln\sin x=\lim_{x\to 0^+}\left(\sqrt{x}\ln x+\sqrt{x}\ln\frac{\sin x}{x}\right)=0.$$

由定理 8.6 的推论 $\left(p=\dfrac{1}{2},\lambda=0\right)$ 可知, 反常积分 $\displaystyle\int_0^1\ln\sin x\mathrm{d}x$ 收敛. 对第二个积分, 令 $x=\dfrac{\pi}{2}-t$, 则

$$\begin{aligned}\int_0^{\frac{\pi}{2}}\ln\cos x\mathrm{d}x&=-\int_{\frac{\pi}{2}}^0\ln\cos\left(\frac{\pi}{2}-t\right)\mathrm{d}t\\&=\int_0^{\frac{\pi}{2}}\ln\sin t\mathrm{d}t=\int_0^{\frac{\pi}{2}}\ln\sin x\mathrm{d}x.\end{aligned}$$

于是

$$\begin{aligned}2J&=\int_0^{\frac{\pi}{2}}\ln\sin x\mathrm{d}x+\int_0^{\frac{\pi}{2}}\ln\cos x\mathrm{d}x=\int_0^{\frac{\pi}{2}}\ln\left(\frac{1}{2}\sin 2x\right)\mathrm{d}x\\&=-\frac{\pi}{2}\ln 2+\int_0^{\frac{\pi}{2}}\ln\sin 2x\mathrm{d}x\qquad(\text{令 } 2x=t)\\&=-\frac{\pi}{2}\ln 2+\frac{1}{2}\int_0^{\pi}\ln\sin t\mathrm{d}t\\&=-\frac{\pi}{2}\ln 2+\frac{1}{2}\left(\int_0^{\frac{\pi}{2}}\ln\sin t\mathrm{d}t+\int_{\frac{\pi}{2}}^{\pi}\ln\sin t\mathrm{d}t\right)\\&=-\frac{\pi}{2}\ln 2+\frac{1}{2}\left(J+\int_{\frac{\pi}{2}}^{\pi}\ln\sin t\mathrm{d}t\right).\end{aligned}$$

对于积分 $\int_{\frac{\pi}{2}}^{\pi}\ln\sin t\mathrm{d}t$, 令 $t=\pi-u$, 则

$$\int_{\frac{\pi}{2}}^{\pi}\ln\sin t\mathrm{d}t=-\int_{\frac{\pi}{2}}^{0}\ln\sin(\pi-u)\mathrm{d}u=\int_{0}^{\frac{\pi}{2}}\ln\sin u\mathrm{d}u=J.$$

所以

$$2J=-\frac{\pi}{2}\ln 2+\frac{1}{2}(J+J),$$

即

$$J=-\frac{\pi}{2}\ln 2.$$

* 五、 Γ 函数

以下研究在理论上和应用上都有重要意义的 Γ 函数. 称函数

$$\Gamma(s)=\int_{0}^{+\infty}\mathrm{e}^{-x}x^{s-1}\mathrm{d}x \qquad (s>0) \tag{8.10}$$

为 **Γ (gamma) 函数**.

首先讨论 (8.10) 右端积分的收敛性问题. 该积分的积分区间为无穷区间, 又当 $s-1<0$ 时, $x=0$ 为被积函数的瑕点. 为此分别讨论下列两个积分

$$I_1=\int_{0}^{1}\mathrm{e}^{-x}x^{s-1}\mathrm{d}x, \qquad I_2=\int_{1}^{+\infty}\mathrm{e}^{-x}x^{s-1}\mathrm{d}x \qquad (s>0)$$

的收敛性.

先讨论 I_1, 当 $s\geqslant 1$ 时, I_1 是定积分; 当 $0<s<1$ 时, 因为

$$\lim_{x\to 0^+}x^{1-s}\cdot\mathrm{e}^{-x}x^{s-1}=1,$$

由定理 8.6 的推论 ($p=1-s<1$, $\lambda=1$) 可知, 反常积分 I_1 收敛.

对于 I_2, 因为

$$\lim_{x\to+\infty}x^{2}\cdot\mathrm{e}^{-x}x^{s-1}=\lim_{x\to+\infty}\frac{x^{s+1}}{\mathrm{e}^{x}}=0,$$

由定理 8.3 的推论 ($p=2$, $\lambda=0$) 可知, 反常积分 I_2 也收敛.

由以上讨论可知, 反常积分 $\int_{0}^{+\infty}\mathrm{e}^{-x}x^{s-1}\mathrm{d}x$ 对 $s>0$ 均收敛, Γ 函数的图形如图 4–41 所示.

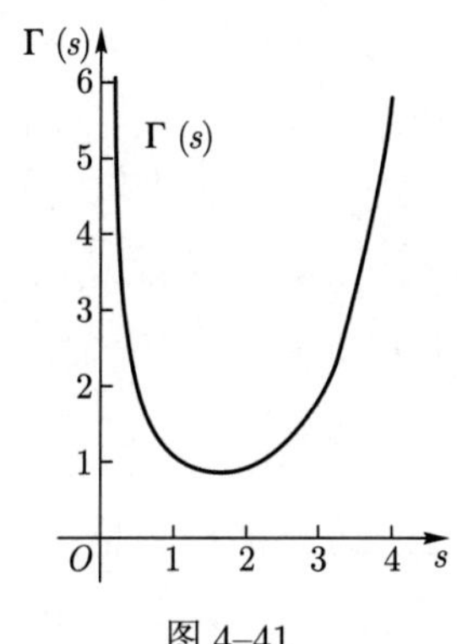

图 4–41

Γ 函数具有如下几个重要性质.

性质 8.1 (递推公式) $\Gamma(s+1)=s\Gamma(s) \quad (s>0)$.

证 应用分部积分法, 有

$$\begin{aligned}\Gamma(s+1)&=\int_0^{+\infty}\mathrm{e}^{-x}x^s\mathrm{d}x=\lim_{b\to+\infty}\int_0^b\mathrm{e}^{-x}x^s\mathrm{d}x\\&=-\lim_{b\to+\infty}\int_0^b x^s\mathrm{d}\mathrm{e}^{-x}=-\lim_{b\to+\infty}\left(x^s\mathrm{e}^{-x}\Big|_0^b-s\int_0^b\mathrm{e}^{-x}x^{s-1}\mathrm{d}x\right)\\&=s\int_0^{+\infty}\mathrm{e}^{-x}x^{s-1}\mathrm{d}x=s\Gamma(s).\end{aligned}$$

显然, $\Gamma(1)=\int_0^{+\infty}\mathrm{e}^{-x}\mathrm{d}x=1$. 利用上述递推公式, 对任何正整数 n, 有

$$\Gamma(n+1)=n\Gamma(n)=n(n-1)\Gamma(n-1)=\cdots=n(n-1)\cdots2\Gamma(1)=n!,$$

即

$$\Gamma(n+1)=n!,\quad n\ \text{为正整数}.$$

性质 8.2 当 $s\to0^+$ 时, $\Gamma(s)\to+\infty$.

证 因为

$$\Gamma(s)=\frac{\Gamma(s+1)}{s},\quad \Gamma(1)=1,$$

所以当 $s\to0^+$ 时, $\Gamma(s)\to+\infty$[①].

性质 8.3 $\Gamma(s)\Gamma(1-s)=\dfrac{\pi}{\sin\pi s}(0<s<1)$.

该公式称为**余元公式**, 在此不作证明, 有兴趣的读者可参阅有关参考书.

当 $s=\dfrac{1}{2}$ 时, 由余元公式可得

$$\Gamma\left(\frac{1}{2}\right)=\sqrt{\pi}.$$

Γ 函数还可以有其他表示形式. 在 Γ 函数中, 作代换 $x=u^2$, 得

$$\Gamma(s)=2\int_0^{+\infty}\mathrm{e}^{-u^2}u^{2s-1}\mathrm{d}u\quad(s>0).\tag{8.11}$$

在上式中, 令 $s=\dfrac{1}{2}$, 得

$$2\int_0^{+\infty}\mathrm{e}^{-u^2}\mathrm{d}u=\Gamma\left(\frac{1}{2}\right)=\sqrt{\pi}.$$

从而

$$\int_0^{+\infty}\mathrm{e}^{-u^2}\mathrm{d}u=\frac{\sqrt{\pi}}{2}.$$

上式左端的积分是在概率论中常用的积分.

---

① Γ 函数在 $s>0$ 时连续.

习题 4–8

(A)

1. 判定下列各反常积分的收敛性, 若收敛, 则计算其反常积分的值.

(1) $\int_1^{+\infty}\frac{1}{x^5}\mathrm{d}x$;

(2) $\int_1^{+\infty}\frac{1}{\sqrt[3]{x}}\mathrm{d}x$;

(3) $\int_0^{+\infty}\mathrm{e}^{-ax}\mathrm{d}x(a>0)$;

(4) $\int_0^{+\infty}\mathrm{e}^{-\sqrt{x}}\mathrm{d}x$;

(5) $\int_0^{+\infty}\frac{\arctan x}{(1+x^2)^{\frac{3}{2}}}\mathrm{d}x$;

(6) $\int_0^{+\infty}\mathrm{e}^{-pt}\sin\omega t\mathrm{d}t\ (p>0,\omega>0)$;

(7) $\int_{-\infty}^{+\infty}\frac{1}{x^2+2x+2}\mathrm{d}x$;

(8) $\int_0^1\frac{x}{\sqrt{1-x^2}}\mathrm{d}x$;

(9) $\int_0^2\frac{1}{x^2-4x+3}\mathrm{d}x$;

(10) $\int_1^2\frac{1}{x\sqrt{x^2-1}}\mathrm{d}x$;

(11) $\int_1^2\frac{x}{\sqrt{x-1}}\mathrm{d}x$;

(12) $\int_1^{+\infty}\frac{1}{x\sqrt{x^4-1}}\mathrm{d}x$;

(13) $\int_{-\frac{\pi}{4}}^{+\infty}\frac{1}{x^2}\sin\frac{1}{x}\mathrm{d}x$;

(14) $\int_1^{+\infty}\frac{1}{x\sqrt{x-1}}\mathrm{d}x$.

2. 利用积分 $\int_0^{\frac{\pi}{2}}\ln\sin x\mathrm{d}x=-\frac{\pi}{2}\ln 2$, 计算下列积分.

(1) $\int_0^{\frac{\pi}{2}}\frac{x\mathrm{d}x}{\tan x}$;

(2) $\int_0^1\frac{\ln x\mathrm{d}x}{\sqrt{1-x^2}}$;

(3) $\int_0^{\pi}\frac{x\sin x}{1-\cos x}\mathrm{d}x$.

3. 当 k 为何值时, 反常积分 $\int_4^{+\infty}\frac{\mathrm{d}x}{x(\ln x)\ln^k(\ln x)}$ 收敛? 当 k 为何值时, 该反常积分发散? 又当 k 为何值时, 该反常积分取最小值?

4. 计算下列反常积分.

(1) $\int_0^{+\infty}\frac{1}{(1+x^2)^2}\mathrm{d}x$;

(2) $\int_0^{\frac{\pi}{2}}\frac{\mathrm{d}x}{\sqrt{\tan x}}$.

*5. 利用判别法, 讨论下列反常积分的收敛性.

(1) $\int_0^{+\infty}\frac{1}{x^3+x^2+1}\mathrm{d}x$;

(2) $\int_1^{+\infty}\frac{1}{x\sqrt{x+2}}\mathrm{d}x$;

(3) $\int_1^{+\infty}\frac{1}{\sqrt{x\sqrt{x}}}\mathrm{d}x$;

(4) $\int_0^{+\infty}\mathrm{e}^{-ax}\cos x\mathrm{d}x(a>0)$;

(5) $\int_1^{+\infty}\frac{\arctan x}{x^p}\mathrm{d}x$;

(6) $\int_1^{+\infty}\frac{x\arctan x}{1+x^3}\mathrm{d}x$;

(7) $\int_0^2 \frac{\mathrm{d}x}{\ln x}$;

(8) $\int_0^1 \frac{\mathrm{d}x}{\sqrt{1-x^4}}$;

(9) $\int_0^1 \frac{\mathrm{d}x}{\sqrt{x}\sqrt{1-x^2}}$;

(10) $\int_0^1 \frac{\mathrm{d}x}{\sqrt[3]{x}(1-x)^2}$;

(11) $\int_2^{+\infty} \frac{1}{x^3\sqrt{x^2-3x+2}}\mathrm{d}x$;

(12) $\int_0^1 \frac{\sqrt{x}}{\sqrt{1-x^4}}\cos\frac{1}{x}\mathrm{d}x$;

(13) $\int_0^{+\infty} \frac{x\sin x}{x^3+2x^2+5}\mathrm{d}x$;

(14) $\int_0^{\frac{\pi}{2}} \frac{\mathrm{d}x}{\sin^p x\cos^q x}(p>0,q>0)$;

(15) $\int_0^{\frac{\pi}{2}} \frac{\ln\sin x}{\sqrt{x}}\mathrm{d}x$;

(16) $\int_1^{+\infty} \frac{1}{x^p\ln^q x}\mathrm{d}x(p>0,q>0)$;

(17) $\int_0^{+\infty} \frac{\ln(1+x)}{x^n}\mathrm{d}x\ (n>0)$;

(18) $\int_0^1 \frac{\ln x}{1-x^2}\mathrm{d}x$.

6. 求位于曲线 $y=\mathrm{e}^x$ 下方, 该曲线过原点的切线的左方以及 x 轴上方之间的图形的面积.

(B)

7. 求 $\int_3^{+\infty} \frac{1}{(x-1)^4\sqrt{x^2-2x}}\mathrm{d}x$.

8. 试证 $\int_0^{+\infty} \frac{1}{1+x^4}\mathrm{d}x = \int_0^{+\infty} \frac{x^2}{1+x^4}\mathrm{d}x$, 并求其值.

9. 已知 $\int_0^{+\infty} \frac{\sin x}{x}\mathrm{d}x = \frac{\pi}{2}$, 求 $\int_0^{+\infty} \frac{\sin^2 x}{x^2}\mathrm{d}x$.

10. 证明 $\int_0^{+\infty} \frac{1}{(1+x^2)(1+x^\alpha)}\mathrm{d}x$ 与 α 无关, 并求其值.

11. 设 $f(x)$ 在 $[a,+\infty)$ 上非负连续且单调递减, $\int_a^{+\infty} f(x)\mathrm{d}x$ 收敛, 证明: $\lim\limits_{x\to+\infty} f(x)=0$.

*12. 证明: 当 $p>0,\ q>0$ 时, 反常积分 $\int_0^1 x^{p-1}(1-x)^{q-1}\mathrm{d}x$ 收敛. 此时, 该积分是参数 p,q 的函数, 称为 B(**Beta**) **函数**, 记作

$$\mathrm{B}(p,q)=\int_0^1 x^{p-1}(1-x)^{q-1}\mathrm{d}x.$$

进一步证明: B 函数具有下列性质:

(1) $\mathrm{B}(p,q)=\mathrm{B}(q,p)$;

(2) 当 $q>1$ 时, $\mathrm{B}(p,q)=\frac{q-1}{p+q-1}\mathrm{B}(p,q-1)$,

当 $p>1$ 时, $\mathrm{B}(p,q)=\frac{p-1}{p+q-1}\mathrm{B}(p-1,q)$;

(3) 若 p,q 为正整数, 则 $\mathrm{B}(p,q)=\frac{\Gamma(p)\Gamma(q)}{\Gamma(p+q)}$.

*第九节　Mathematica 在一元积分学中的应用

一、基本命令

命令形式 1: Integrate[f,x]

功能: 计算不定积分 $\int f(x)\mathrm{d}x$.

命令形式 2: Integrate[f[x], {x, xmin, xmax}]

功能: 计算定积分 $\int_{x_{\min}}^{x_{\max}} f(x)\mathrm{d}x$, $x_{\min}$, $x_{\max}$ 分别表示积分变量的下限和上限.

命令形式 3: NIntegrate[f[x], {x, xmin, xmax}]

功能: 计算定积分 $\int_{x_{\min}}^{x_{\max}} f(x)\mathrm{d}x$ 的数值积分, $x_{\min}$, $x_{\max}$ 必须是数字, 不能是字母.

二、实验举例

例 9.1　计算 $\int \frac{1}{\sin^2 x\cos^2 x}\mathrm{d}x$.

输入: `Integrate[1/(Sin[x]^2* Cos[x]^2), x]`
输出: `-2 Cot[2 x]`

例 9.2　计算 $\int \frac{x^3}{(1+x^8)^2}\mathrm{d}x$.

输入: `Integrate[x^3/(1+x^8)^2, x]`

输出: $\frac{1}{8}\left(\frac{x^4}{1+x^8}+\text{ArcTan}[x^4]\right)$

例 9.3　计算 $\int \frac{1}{x^4\sqrt{1+x^2}}\mathrm{d}x$.

输入: `Integrate[1/(x^4 Sqrt[1+x^2]),x]`

输出: $\left(-\frac{1}{3x^3}+\frac{2}{3x}\right)\sqrt{1+x^2}$

例 9.4　计算定积分 $\int_{\frac{1}{2}}^{2}\left(1+x-\frac{1}{x}\right)\mathrm{e}^{x+\frac{1}{x}}\mathrm{d}x$.

输入: `Integrate[(1+x-1/x)*Exp[x+1/x], {x, 1/2, 2}]`

输出: $\frac{3}{2}\mathrm{e}^{5/2}$

例 9.5　计算反常积分 $\int_{1}^{+\infty}\frac{1}{x^4}\mathrm{d}x$.

输入: `Integrate[1/x^4, {x, 1, +Infinity}]`

输出: $\dfrac{1}{3}$

例 9.6 计算瑕积分 $\displaystyle\int_0^1 \frac{x}{\sqrt{1-x^2}}\mathrm{d}x$.

输入: `Integrate[x/Sqrt[1-x^2], {x,  0,  1}]`

输出: 1

例 9.7 计算定积分 $\displaystyle\int_0^1 \mathrm{e}^{x^2}\mathrm{d}x$.

输入: `NIntegrate[Exp[x^2], {x,  0,  1}]`

输出: 1.46265

例 9.8 求 $\displaystyle\lim_{x\to 0}\frac{\left(\int_0^x \mathrm{e}^{t^2}\mathrm{d}x\right)^2}{\int_0^x t\left(\mathrm{e}^{t^2}\right)^2\mathrm{d}x}$.

输入: `Limit[Integrate[Exp[t^2], {t, 0, x}]^2/Integrate[t Exp[t^2]^2, {t, 0, x}], x->0]`

输出: 2

例 9.9 设 $f(x)=\begin{cases}\dfrac{1}{1+x}, x\geqslant 0,\\ \dfrac{1}{1+\mathrm{e}^x}, x<0,\end{cases}$ 计算 $\displaystyle\int_0^2 f(x-1)\mathrm{d}x$.

输入:
```
f[x_]:=If[x<0,1/(1+E^x),1/(1+x)]
NIntegrate[f[x-1], {x,0,2}]
```

输出: 1.31326

例 9.10 理解定积分的概念

输入:
```
Clear[f];f[x_]=x^2;a=0;b=1;n=10;
g1=Plot[f[x], {x,a,b},PlotStyle->{Red,Thickness[0.01]},Filling->Axis]
For[j=1,j<=n,j++,m=j; tt1={};tt2={};
For[i=0,i<m,i++,x1=a+((b-a)*i)/m;x2=x1+(b-a)/m;
tt1=Append[tt1,Graphics[{White,Rectangle[{x1,0}, {x2,f[x2]}]}]];
tt2=Append[tt2,Graphics[{White,Rectangle[{x1,f[x1]}, {x2,0}]}]]];
Print[Show[{tt1,tt2,g1},Background->RGBColor[0.2,0.7,0],PlotLabel->m "等分", DisplayFunction->$ DisplayFunction]]]
```

输出如图 4–42 所示.

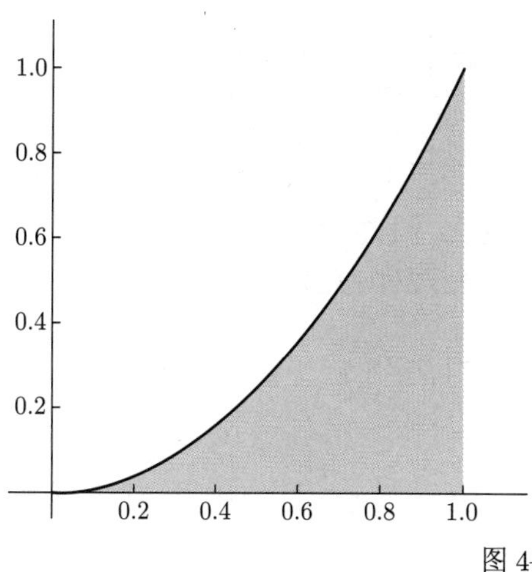

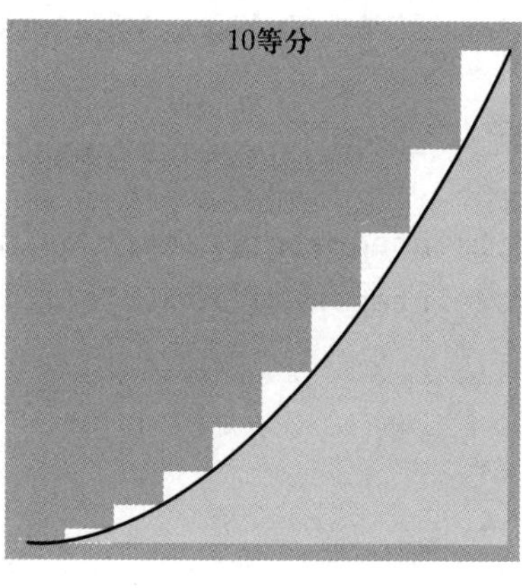

图 4–42

例 9.11　计算阿基米德螺线 $r=\theta$ 的对应于 $0\leqslant\theta\leqslant 2\pi$ 的面积.

输入: `ParametricPlot[{t*Cos[t], t*Sin[t]}, {t,0.2*Pi}, AxesLabel→{"x","y"}]`

输出: 如图 4–43 所示

输入:
```
Integrate[Sqrt[1+t^2], {t, 0,2Pi}]
Integrate[t^2/2, {t,0,2Pi}]
```

输出: $\pi\sqrt{1+4\pi^2}+\frac{1}{2}\text{ArcSinh}[2\pi]$

$\frac{4\pi^3}{3}$

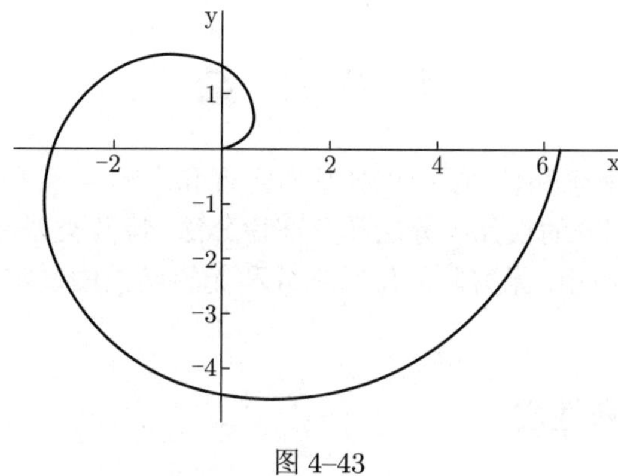

图 4–43

例 9.12　求由圆 $r=3\cos\theta$ 内部和双纽线 $r=1+\cos\theta$ 所围图形的面积.

输入: `ff1=PolarPlot[3Cos[t], {t,0,2Pi}]; f2=PolarPlot[1+Cos[t], {t,0,2Pi}]; Show[f1,f2]`

输出: 如图 4–44 所示.

输入: `Solve[{r-3Cos[t]==0,r-1-Cos[t]==0}, {r,t}]`

输出: $\left\{\left\{\mathtt{r}\to\frac{3}{2},\mathtt{t}\to\mathtt{ConditionalExpression}\left[-\frac{\pi}{3}+2\pi\mathtt{c}_1,\mathtt{c}_1\in\mathbf{Z}\right]\right\},\right.$

$\left.\left\{\mathtt{r}\to\frac{3}{2},\mathtt{t}\to\mathtt{ConditionalExpression}\left[\frac{\pi}{3}+2\pi\mathtt{c}_1,\mathtt{c}_1\in\mathbf{Z}\right]\right\}\right\}$

输入:
```
s1=Integrate[1/2*(1+Cos[t])^2, {t,0,Pi/3}];
s2=Integrate[1/2*(3Cos[t])^2, {t,Pi/3,Pi/2}];
Simplify[2*(s1+s2)]
```

输出: $\frac{5\pi}{4}$

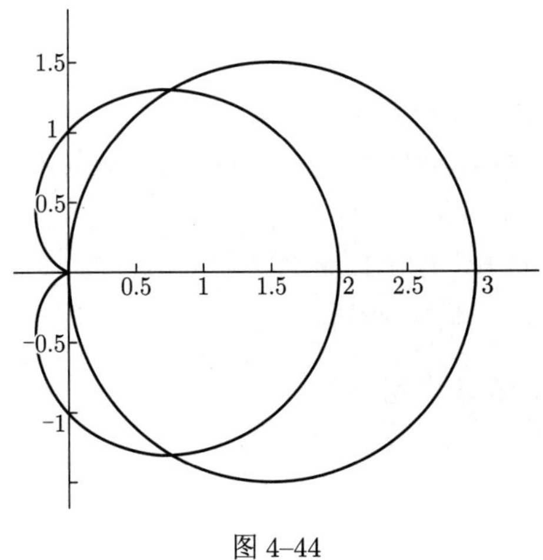

图 4–44

本 章 小 结

本章介绍了定积分的概念和性质, 微积分基本定理和牛顿 – 莱布尼茨公式, 不定积分的概念和性质, 不定积分和定积分的换元积分法和分部积分法, 特殊类型函数的不定积分计算方法, 定积分的几何应用和物理应用, 无穷限的反常积分和无界函数的反常积分的概念和审敛法, 其具体内容及方法如下:

一、定积分的概念和性质

1. 定积分的定义

2. 定积分的几何意义

定积分 $\int_a^b f(x)\mathrm{d}x$ 在几何上表示由曲线 $y=f(x)$、两条直线 $x=a$, $x=b$ 与 x 轴所围成的几块曲边梯形中, 在 x 轴上方各图形的面积之和减去在 x 轴下方各图形的面积之和.

3. 有关定积分的存在性结论

(1) 若函数 $f(x)$ 在区间 $[a,b]$ 上可积, 则 $f(x)$ 在区间 $[a,b]$ 上有界;

(2) 若函数 $f(x)$ 在区间 $[a,b]$ 上连续, 则 $f(x)$ 在区间 $[a,b]$ 上可积;

(3) 若函数 $f(x)$ 在区间 $[a,b]$ 上有界, 且只有有限个间断点, 则 $f(x)$ 在区间 $[a,b]$ 上可积;

(4) 若函数 $f(x)$ 在区间 $[a,b]$ 上单调, 则 $f(x)$ 在区间 $[a,b]$ 上可积.

4. 定积分的性质

(1) 设 $f\in\Re[a,b]$, 则 $\int_a^b f(x)\mathrm{d}x=-\int_b^a f(x)\mathrm{d}x$;

(2) 设 $f,g\in\Re[a,b]$, $\alpha,\beta\in\mathbf{R}$, 则 $\alpha f+\beta g\in\Re[a,b]$, 并且

$$\int_a^b[\alpha f(x)+\beta g(x)]\,\mathrm{d}x=\alpha\int_a^b f(x)\mathrm{d}x+\beta\int_a^b g(x)\mathrm{d}x;$$

(3) 设 I 是一个有限闭区间, $a,b,c\in I$, 若 f 在 I 上可积, 则 f 在 I 上的任一子区间上都可积, 且

$$\int_a^b f(x)\mathrm{d}x=\int_a^c f(x)\mathrm{d}x+\int_c^b f(x)\mathrm{d}x;$$

(4) 设函数 $f,g\in\Re[a,b]$, 且 $f(x)\leqslant g(x), x\in[a,b]$, 则

$$\int_a^b f(x)\mathrm{d}x\leqslant\int_a^b g(x)\mathrm{d}x\quad(a<b);$$

(5) 设函数 f,g 在区间 $[a,b]$ 上连续, 且 $f(x)\leqslant g(x), f(x)\not\equiv g(x), x\in[a,b]$, 则

$$\int_a^b f(x)\mathrm{d}x<\int_a^b g(x)\mathrm{d}x\quad(a<b);$$

(6) 设函数 $f\in\Re[a,b]$, 且 $m\leqslant f(x)\leqslant M, x\in[a,b]$, 其中 m,M 为常数, 则

$$m(b-a)\leqslant\int_a^b f(x)\mathrm{d}x\leqslant M(b-a)\quad(a<b);$$

(7) 设函数 $f\in\Re[a,b]$, 则 $|f|\in\Re[a,b]$, 且

$$\left|\int_a^b f(x)\mathrm{d}x\right|\leqslant\int_a^b|f(x)|\,\mathrm{d}x\quad(a<b).$$

(8) **积分中值定理** 若函数 $f(x)$ 在区间 $[a,b]$ 上连续, 则至少存在一点 $\xi\in[a,b]$, 使

$$\int_a^b f(x)\mathrm{d}x=f(\xi)(b-a).$$

5. 均值

设函数 $f(x)$ 在区间 $[a,b]$ 上连续, 则称 $\dfrac{\int_a^b f(x)\mathrm{d}x}{b-a}$ 为函数 $f(x)$ 在区间 $[a,b]$ 上的积分中值或平均值.

二、微积分基本公式与基本定理

1. 牛顿 – 莱布尼茨公式

设 $f \in \Re[a,b]$, 且 $F(x)$ 是 $f(x)$ 在区间 $[a,b]$ 上的一个原函数, 则

$$\int_a^b f(x)\mathrm{d}x = F(b) - F(a) = F(x)\Big|_a^b.$$

2. 微积分第一基本定理

设函数 $f(x)$ 在区间 $[a,b]$ 上可积, 对于变上限积分

$$\varPhi(x) = \int_a^x f(t)\mathrm{d}t, \quad x \in [a,b],$$

则

(1) 函数 $\varPhi(x)$ 在区间 $[a,b]$ 上连续;

(2) 若函数 $f(x)$ 在区间 $[a,b]$ 上连续, 则函数 $\varPhi(x)$ 在区间 $[a,b]$ 上可导, 且

$$\varPhi'(x) = f(x).$$

3. 原函数的存在性

设函数 $f(x)$ 在区间 $[a,b]$ 上连续, 则 $f(x)$ 在区间 $[a,b]$ 上必有原函数, 且变上限积分 $\varPhi(x) = \displaystyle\int_a^x f(t)\mathrm{d}t$ 就是它的一个原函数.

4. 变限积分函数求导

设函数 $f(t)$ 在区间 $[c,d]$ 上连续, 函数 $\varphi(x)$, $\psi(x)$ 在 $[a,b]$ 上可导, 且 $\varphi([a,b]) \subset [c,d]$, $\psi([a,b]) \subset [c,d]$, 则 $G(x) = \displaystyle\int_{\psi(x)}^{\varphi(x)} f(t)\mathrm{d}t$ 在区间 $[a,b]$ 上可导, 且

$$G'(x) = f(\varphi(x))\varphi'(x) - f(\psi(x))\psi'(x).$$

5. 微积分第二基本定理

设 $F(x)$ 为 $f(x)$ 在区间 I 上的一个原函数, C 为任意常数, 则 $F(x)+C$ 就是 $f(x)$ 在区间 I 上的所有原函数.

三、不定积分的概念与性质

1. 不定积分定义

函数 $f(x)$ 在区间 I 上带有任意常数的原函数称为 $f(x)$ 在区间 I 上的不定积分, 记作 $\displaystyle\int f(x)\mathrm{d}x$.

2. 不定积分性质

(1) $\left(\displaystyle\int f(x)\mathrm{d}x\right)' = f(x)$ 或 $\mathrm{d}\left(\displaystyle\int f(x)\mathrm{d}x\right) = f(x)\mathrm{d}x$,

$$\int f'(x)\mathrm{d}x = f(x)+C \text{ 或 } \int \mathrm{d}f(x) = f(x)+C;$$

(2) 线性性质: 设 $f(x)$ 与 $g(x)$ 在区间 I 上的原函数存在, 则

$$\int [\alpha f(x)+\beta g(x)]\,\mathrm{d}x = \alpha\int f(x)\mathrm{d}x + \beta\int g(x)\mathrm{d}x,$$

其中 α,β 是不同时为零的任意常数.

3. 基本积分表 (以下设常数 $a>0$)

(1) $\int k\mathrm{d}x = kx + C$($k$ 为常数);

(2) $\int x^{\alpha}\mathrm{d}x = \dfrac{x^{\alpha+1}}{\alpha+1}+C\ (\alpha\neq -1)$;

(3) $\int \dfrac{1}{x}\mathrm{d}x = \ln|x|+C$;

(4) $\int \dfrac{1}{1+x^2}\mathrm{d}x = \arctan x + C$;

(5) $\int \dfrac{1}{\sqrt{1-x^2}}\mathrm{d}x = \arcsin x + C$;

(6) $\int \cos x\mathrm{d}x = \sin x + C$;

(7) $\int \sin x\mathrm{d}x = -\cos x + C$;

(8) $\int \sec^2 x\mathrm{d}x = \tan x + C$;

(9) $\int \csc^2 x\mathrm{d}x = -\cot x + C$;

(10) $\int \sec x\tan x\mathrm{d}x = \sec x + C$;

(11) $\int \csc x\cot x\mathrm{d}x = -\csc x + C$;

(12) $\int \mathrm{e}^x\mathrm{d}x = \mathrm{e}^x + C$;

(13) $\int a^x\mathrm{d}x = \dfrac{a^x}{\ln a}+C(a>0, a\neq 1)$;

(14) $\int \sinh x\mathrm{d}x = \cosh x + C$;

(15) $\int \cosh x\mathrm{d}x = \sinh x + C$;

(16) $\int \tan x\mathrm{d}x = -\ln|\cos x| + C$;

(17) $\int \cot x\mathrm{d}x = \ln|\sin x| + C$;

(18) $\int \sec x\mathrm{d}x = \ln|\sec x + \tan x| + C$;

(19) $\int \csc x\mathrm{d}x = \ln|\csc x - \cot x| + C$;

(20) $\int \dfrac{1}{a^2+x^2}\mathrm{d}x = \dfrac{1}{a}\arctan\dfrac{x}{a} + C$;

(21) $\int \dfrac{1}{x^2-a^2}\mathrm{d}x = \dfrac{1}{2a}\ln\left|\dfrac{x-a}{x+a}\right| + C$;

(22) $\int \dfrac{1}{\sqrt{a^2-x^2}}\mathrm{d}x = \arcsin\dfrac{x}{a} + C$;

(23) $\int \dfrac{1}{\sqrt{x^2\pm a^2}}\mathrm{d}x = \ln\left|x+\sqrt{x^2\pm a^2}\right| + C$.

熟记以上基本积分公式.

四、求不定积分的方法

1. 第一换元积分法

常见的第一类换元积分法的几种类型:

(1) $\int f(ax+b)\,\mathrm{d}x=\frac{1}{a}\int f(ax+b)\,\mathrm{d}(ax+b)$($a\neq 0,a,b$ 为常数).

(2) $\int f(\sqrt{x})\frac{1}{\sqrt{x}}\mathrm{d}x=2\int f(\sqrt{x})\,\mathrm{d}(\sqrt{x})$.

(3) $\int f\left(\frac{1}{x}\right)\frac{1}{x^2}\mathrm{d}x=-\int f\left(\frac{1}{x}\right)\mathrm{d}\left(\frac{1}{x}\right)$.

(4) $\int f(ax^n+b)x^{n-1}\mathrm{d}x=\frac{1}{na}\int f(ax^n+b)\mathrm{d}(ax^n+b)$ ($a\neq 0,n\neq 0,a,b,n$ 为常数).

(5) $\int f(\ln x)\frac{1}{x}\mathrm{d}x=\int f(\ln x)\,\mathrm{d}(\ln x)$.

(6) $\int f(a^x)a^x\mathrm{d}x=\frac{1}{\ln a}\int f(a^x)\,\mathrm{d}(a^x)(a>0,a\neq 1)$.

(7) 对含三角函数的积分类型:

$$\begin{aligned}
&\int f(\sin x)\cos x\mathrm{d}x=\int f(\sin x)\mathrm{d}(\sin x),\\
&\int f(\cos x)\sin x\mathrm{d}x=-\int f(\cos x)\mathrm{d}(\cos x),\\
&\int f(\tan x)\sec^2x\mathrm{d}x=\int f(\tan x)\mathrm{d}(\tan x),\\
&\int f(\cot x)\csc^2x\mathrm{d}x=-\int f(\cot x)\mathrm{d}(\cot x),\\
&\int f(\sin^2x)\sin 2x\mathrm{d}x=\int f(\sin^2x)\mathrm{d}(\sin^2x),\\
&\int f(\cos^2x)\sin 2x\mathrm{d}x=-\int f(\cos^2x)\mathrm{d}(\cos^2x).
\end{aligned}$$

(8) 对含有反三角函数的积分类型:

$$\begin{aligned}
&\int f(\arcsin x)\frac{\mathrm{d}x}{\sqrt{1-x^2}}=\int f(\arcsin x)\mathrm{d}(\arcsin x),\\
&\int f(\arccos x)\frac{\mathrm{d}x}{\sqrt{1-x^2}}=-\int f(\arccos x)\mathrm{d}(\arccos x),\\
&\int f(\arctan x)\frac{\mathrm{d}x}{1+x^2}=\int f(\arctan x)\mathrm{d}(\arctan x),\\
&\int f(\operatorname{arccot} x)\frac{\mathrm{d}x}{1+x^2}=-\int f(\operatorname{arccot} x)\mathrm{d}(\operatorname{arccot} x).
\end{aligned}$$

(9) 对形如 $\int \sin^n x\cos^m x\mathrm{d}x$ 型的积分:

(i) 当 n, m 中至少有一个为奇数时, 不妨设 $m=2k+1$, 可把 $\cos^m x$ 拆成 $\cos^{2k}x\cdot\cos x$, 即 $(1-\sin^2x)^k\cdot\cos x$, 从而归结为类型 (7); 当 n, m 都为奇数时, 仿照上面, 变形次数较低的那一项.

(ii) 当 n, m 均为偶数时, 则先用倍角公式而后归为类型 (7) 或类型 (9)(1), 对属于类型 (9)(1) 的, 再用所述方法, 最终化为类型 (7) 来求积分.

(10) 对形如 $\int \sin mx \cos nx\mathrm{d}x$, $\int \sin mx \sin nx\mathrm{d}x$, $\int \cos mx \cos nx\mathrm{d}x$ 型的积分, 先利用积化和差公式, 再积分.

(11) 对形如 $\int \tan^m x \sec^n x\mathrm{d}x$ 型的积分, 当 n 为偶数时, 原式变形成

$$\int \tan^m x(\tan^2 x+1)^{\frac{n}{2}-1}\mathrm{d}(\tan x);$$

当 m 为奇数时,

$$\int (\sec^2 x-1)^{\frac{m-1}{2}}\sec^{n-1}x\mathrm{d}(\sec x).$$

(12) $\displaystyle\int \frac{f'(x)}{f(x)}\mathrm{d}x=\int \frac{\mathrm{d}f(x)}{f(x)}$.

2. 第二换元积分法

常见的第二换元积分类型:

(1) 若被积函数中含有 $\sqrt{a^2-x^2}$ 项, 则可作变换 $x=a\sin t$ (或 $x=a\cos t$).

(2) 若被积函数中含有 $\sqrt{x^2+a^2}$ 项, 则可作变换 $x=a\tan t$ (或 $x=a\sinh t$).

(3) 若被积函数中含有 $\sqrt{x^2-a^2}$ 项, 则可作变换 $x=a\sec t$ (或 $x=a\cosh t$).

(4) 设 m,n 分别为被积函数的分子分母关于 x 的最高次数, 当 $n-m>1$ 时, 可考虑利用倒代换 $\left(即令\ x=\dfrac{1}{t}\right)$ 来求解不定积分, 而当被积函数 $f(x)$ 为 a^x 所构成的代数式时, 可以**指数代换** (即令 $a^x=t$) 来进行尝试.

(5) 三角函数有理式的积分

$\int R(\sin x,\cos x)\mathrm{d}x$, 若 $R(\sin x,-\cos x)=-R(\sin x,\cos x)$, 则可令 $t=\sin x$.

$\int R(\sin x,\cos x)\mathrm{d}x$, 若 $R(-\sin x,\cos x)=-R(\sin x,\cos x)$, 则可令 $t=\cos x$.

$\int R(\sin x,\cos x)\mathrm{d}x$, 若 $R(-\sin x,-\cos x)=R(\sin x,\cos x)$, 则可令 $t=\tan x$.

特别地, $\int R\left(\sin^2 x,\cos^2 x,\sin x\cos x\right)\mathrm{d}x$, 通常取代换 $t=\tan x$.

(6) 简单无理根式的不定积分

(i) $\int R\left(x,\sqrt[n]{ax+b}\right)\mathrm{d}x$ (a 为非零实常数, n 为大于等于 2 的自然数), 令 $t=\sqrt[n]{ax+b}$.

(ii) $\displaystyle\int R\left(x,\sqrt[n]{\frac{ax+b}{cx+d}}\right)\mathrm{d}x$ ($ad-bc\neq 0$, n 为大于等于 2 的自然数), 令 $t=\sqrt[n]{\dfrac{ax+b}{cx+d}}$.

(iii) $\int R\left(x, \sqrt[n]{ax+b}, \sqrt[m]{ax+b}\right)\mathrm{d}x$ 型不定积分 ($a \neq 0$, m, n 均为大于等于 2 的正整数). 对此, 令 $t = \sqrt[k]{ax+b}$, 其中 k 为 m, n 的最小公倍数.

(iv) $\int R\left(x, \sqrt{ax^2+bx+c}\right)\mathrm{d}x(a \neq 0, b^2-4ac \neq 0)$,

(a) 若 $a > 0$, 则令 $\sqrt{ax^2+bx+c} = t - \sqrt{a}x$;

(b) 若 $a < 0$, 则令 $t = \sqrt{\dfrac{\beta - x}{x - \alpha}}$ 或 $t = \sqrt{\dfrac{x-\alpha}{\beta - x}}$, 其中 α, β 为方程 $ax^2+bx+c=0$ 的两个不相等的实根;

(c) 若 $c > 0$, 则也可以令 $\sqrt{ax^2+bx+c} = xt \pm \sqrt{c}$.

3. 分部积分法

$$\int u(x)v'(x)\mathrm{d}x = u(x)v(x) - \int u'(x)v(x)\mathrm{d}x.$$

注 选择 u 和 v' 一般要考虑下面两点.

(1) 由 $v'(x)$ 求 $v(x)$ 要容易求得;

(2) 右端积分 $\int u'(x)v(x)\mathrm{d}x$ 比左端积分 $\int u(x)v'(x)\mathrm{d}x$ 容易积分.

一般地, 在使用分部积分公式 $\int u(x)v'(x)\mathrm{d}x = u(x)v(x) - \int u'(x)v(x)\mathrm{d}x$ 时, $u(x)$ 和 $v'(x)$ 的选择可按如下方法来确定: 把被积函数看成是两个函数的乘积, 按"**反对幂指三**"的顺序, 前者为 $u(x)$, 后者为 $v'(x)$, 这里 "反" 意指"反三角函数", "对" 意指"对数函数", "幂" 意指"幂函数", "指" 意指"指数函数"及"三"意指"三角函数".

4. 有理函数的积分

先把有理函数化成多项式与有理真分式之和, 然后对有理真分式的分母在实数范围内进行因式分解, 把分母分解成一次因式和二次因式的乘积 (这些二次因式的判别式都小于零), 最后把真分式分解成一些简单分式之和, 最终归结为如下两种形式的积分:

$$\text{(I)}\int \frac{1}{(x-a)^k}\mathrm{d}x, \quad \text{(II)}\int \frac{Ax+B}{(x^2+px+q)^k}\mathrm{d}x \quad (p^2-4q<0).$$

对于 (II), 令 $t = x + \dfrac{p}{2}$, 化为

$$\int \frac{Ax+B}{(x^2+px+q)^k}\mathrm{d}x = \int \frac{At+N}{(t^2+r^2)^k}\mathrm{d}t = A\int \frac{t}{(t^2+r^2)^k}\mathrm{d}t + N\int \frac{\mathrm{d}t}{(t^2+r^2)^k}.$$

对上式中的第二个积分 $I_k = \int \dfrac{\mathrm{d}t}{(t^2+r^2)^k}$, 当 $k=1$ 时容易计算, 当 $k>1$, 有递推公式

$$I_k = \frac{1}{2(k-1)r^2}\left[\frac{t}{(t^2+r^2)^{k-1}} + (2k-3)I_{k-1}\right].$$

五、定积分的计算方法

1. 定积分的换元积分法

若 $f(x)$ 在区间 $[a,b]$ 上连续, $\varphi(t)$ 在区间 $[\alpha,\beta]$ 上具有连续导数, 且满足

$$\varphi(\alpha)=a,\quad \varphi(\beta)=b,\quad a\leqslant\varphi(t)\leqslant b,\quad t\in[\alpha,\beta],$$

则有定积分换元公式

$$\int_a^b f(x)\mathrm{d}x=\int_\alpha^\beta f(\varphi(t))\varphi'(t)\mathrm{d}t.$$

注 在使用定积分换元积分法计算定积分时, 要求**换元必换限**.

2. 定积分的分部积分法

若 $u(x)$, $v(x)$ 在区间 $[a,b]$ 上具有连续导数, 则有定积分分部积分公式

$$\int_a^b u(x)v'(x)\mathrm{d}x=u(x)v(x)\Big|_a^b-\int_a^b u'(x)v(x)\mathrm{d}x$$

或

$$\int_a^b u\mathrm{d}v=uv\Big|_a^b-\int_a^b v\mathrm{d}u.$$

3. 定积分常用结论

(1) 若 $f(x)$ 在区间 $[-a,a]$ 上连续且为偶函数, 则

$$\int_{-a}^a f(x)\mathrm{d}x=2\int_0^a f(x)\mathrm{d}x;$$

(2) 若 $f(x)$ 在区间 $[-a,a]$ 上连续且为奇函数, 则

$$\int_{-a}^a f(x)\mathrm{d}x=0;$$

(3) 设 $f(x)$ 为 $(-\infty,+\infty)$ 上以 T 为周期的连续周期函数, 则对任何实数 a, 恒有

$$\int_a^{a+T} f(x)\mathrm{d}x=\int_0^T f(x)\mathrm{d}x;$$

(4) 设 n 为自然数, 则

$$I_n=\int_0^{\frac{\pi}{2}}\sin^n x\mathrm{d}x=\int_0^{\frac{\pi}{2}}\cos^n x\mathrm{d}x=\begin{cases}\dfrac{(n-1)!!}{n!!}\cdot\dfrac{\pi}{2}, & n\text{ 为大于 1 的偶数},\\[2mm] \dfrac{(n-1)!!}{n!!}, & n\text{ 为大于 1 的奇数}.\end{cases}$$

(5) 柯西不等式: 设 $f(x)$, $g(x)$ 在闭区间 $[a,b]$ 上连续, 则

$$\left[\int_a^b f(x)g(x)\mathrm{d}x\right]^2\leqslant\left[\int_a^b f^2(x)\mathrm{d}x\right]\left[\int_a^b g^2(x)\mathrm{d}x\right].$$

4. 关于定积分不等式的证明方法

(1) 利用变上限积分;

(2) 利用积分中值定理;

(3) 利用微分中值定理;

(4) 利用熟知的不等式;

(5) 利用泰勒公式;

(6) 利用闭区间上连续函数的性质.

5. 关于定积分等式的证明方法

(1) 利用定积分的性质;

(2) 利用定积分的换元积分法及分部积分法;

(3) 利用微分中值定理;

(4) 利用泰勒公式;

(5) 利用闭区间上连续函数的性质.

六、定积分的应用

1. 元素法

局部近似得元素 $\mathrm{d}U = f(x)\mathrm{d}x$,

元素积分得全量 $U = \int_a^b f(x)\mathrm{d}x$.

注 根据问题, 建立适当坐标系, 选取一个适当变量, 确定积分区间.

2. 定积分在几何中的应用

(1) 平面图形的面积

(i) 直角坐标情形: 由两条曲线 $y = f(x)$, $y = g(x)$ (其中 $f(x)$, $g(x)$ 在闭区间 $[a,b]$ 上连续) 及直线 $x = a$, $x = b$ 所围成的平面图形, 其面积为

$$A = \int_a^b |f(x) - g(x)|\,\mathrm{d}x.$$

(ii) 参数方程情形: 当曲边梯形的曲边由参数方程

$$L: \begin{cases} x = \varphi(t), \\ y = \psi(t) \end{cases}$$

给出时, 其中 $\psi(t) \geqslant 0$ (或 $\psi(t) \leqslant 0$) 且具有一阶连续导数, 而 $\varphi(t)$ 单调且连续. 曲边梯形的边界按顺时针方向规定曲边梯形的曲边的起点 A 和终点 B, 起点 A 对应的参数值为 t_1, 终点 B 对应的参数值为 t_2, 则其曲边梯形的面积为

$$A = \int_{t_1}^{t_2} \psi(t) \cdot \varphi'(t)\,\mathrm{d}t.$$

(iii) 极坐标情形: 设曲线 C 由极坐标方程

$$\rho = \rho(\theta), \theta \in [\alpha, \beta]$$

给出, 其中 $\rho(\theta)$ 在区间 $[\alpha,\beta]$ 上连续, 且 $\beta-\alpha\leqslant 2\pi$. 由曲线 C 与两条射线 $\theta=\alpha,\theta=\beta$ 所围成的曲边扇形的面积为

$$A=\frac{1}{2}\int_{\alpha}^{\beta}\rho^2(\theta)\mathrm{d}\theta.$$

(2) 体积

(i) 平行截面面积已知的空间立体的体积

设 Ω 为三维空间中的立体, 它夹在垂直于 x 轴的两平面 $x=a$ 与 $x=b$ 之间 $(a<b)$, 在任意一点 $x\in[a,b]$ 处作垂直于 x 轴的平面, 它截得 Ω 的截面面积为 $A(x)(x\in[a,b])$, 若 $A(x)$ 在 $[a,b]$ 上连续, 则立体 Ω 的体积 V 为

$$V=\int_a^b A(x)\mathrm{d}x.$$

(ii) 旋转体的体积

(a) 由连续曲线 $y=f(x)$, 直线 $x=a$, $x=b(a<b)$ 及 x 轴所围成的曲边梯形绕 x 轴旋转一周所得旋转体的体积为

$$V_x=\pi\int_a^b[f(x)]^2\mathrm{d}x;$$

(b) 由连续曲线 $x=g(y)$, 直线 $y=c$, $y=d(c<d)$ 及 y 轴所围成的曲边梯形绕 y 轴旋转一周所得旋转体的体积为

$$V_y=\pi\int_c^d[g(y)]^2\mathrm{d}y;$$

(c) 由曲边梯形 $0\leqslant y\leqslant f(x)$, $0\leqslant a\leqslant x\leqslant b$ 绕 y 轴旋转一周所得立体的体积公式为

$$V=2\pi\int_a^b xf(x)\mathrm{d}x.$$

(3) 曲线的弧长

(i) 设曲线 C 由参数方程 $\begin{cases}x=\varphi(t),\\ y=\psi(t),\end{cases}$ $t\in[\alpha,\beta]$ 给出, 若 C 为一光滑曲线 ($\varphi(t)$ 与 $\psi(t)$ 在区间 $[\alpha,\beta]$ 上具有一阶连续导数, 且 $\varphi'(t)$ 与 $\psi'(t)$ 在区间 $[\alpha,\beta]$ 上不同时为零), 则曲线 C 是可求长的, 且曲线 C 的弧长为

$$s=\int_{\alpha}^{\beta}\sqrt{[\varphi'(t)]^2+[\psi'(t)]^2}\mathrm{d}t;$$

(ii) 当曲线 C 由极坐标方程 $\rho=\rho(\theta)$, $\theta\in[\alpha,\beta]$ 给出, 其中 $\rho(\theta)$ 在 $[\alpha,\beta]$ 上具有一阶连续导数, 则曲线 C 的弧长为

$$s=\int_{\alpha}^{\beta}\sqrt{\rho^2(\theta)+[\rho'(\theta)]^2}\mathrm{d}\theta.$$

3. 定积分在物理学中的应用

变力沿直线所做的功、液体的静压力、引力等可以用定积分来计算.

七、反常积分

1. 无穷限的反常积分

设函数 $f(x)$ 定义在无穷区间 $[a,\ +\infty)$ 上, 若对任何 $b>a$, $f(x)$ 在有限区间 $[a,b]$ 上可积, 则称 $\lim\limits_{b\to+\infty}\int_a^b f(x)\mathrm{d}x$ 为 $f(x)$ 在**无穷区间** $[a,\ +\infty)$ **上的反常积分**, 简称**无穷限积分**, 记作 $\int_a^{+\infty} f(x)\mathrm{d}x$, 即

$$\int_a^{+\infty} f(x)\mathrm{d}x=\lim_{b\to+\infty}\int_a^b f(x)\mathrm{d}x.$$

若极限 $\lim\limits_{b\to+\infty}\int_a^b f(x)\mathrm{d}x$ 存在, 则称 $f(x)$ 在 $[a,\ +\infty)$ 上的**反常积分** $\int_a^{+\infty} f(x)\mathrm{d}x$ **收敛**, 此时, 这个极限值称为 $f(x)$ 在 $[a,\ +\infty)$ 上的**积分值**. 若上述极限不存在, 则称**反常积分** $\int_a^{+\infty} f(x)\mathrm{d}x$ **发散**.

类似地, 可定义反常积分 $\int_{-\infty}^{b} f(x)\mathrm{d}x=\lim\limits_{c\to-\infty}\int_c^b f(x)\mathrm{d}x$.

对于 $f(x)$ 在无穷区间 $(-\infty,\ +\infty)$ 上的无穷限积分, 可用前面两种无穷限积分来定义:

$$\int_{-\infty}^{+\infty} f(x)\mathrm{d}x=\int_{-\infty}^{a} f(x)\mathrm{d}x+\int_a^{+\infty} f(x)\mathrm{d}x,$$

其中 a 为任一常数, 当且仅当上式右边两个无穷限积分都收敛时, 左边的无穷限积分才是收敛的.

2. 无界函数的反常积分

设函数 $f(x)$ 定义在区间 $(a,b]$ 上, 在点 a 的任一右邻域内无界, 并且对任意 $\varepsilon>0(\varepsilon<b-a)$, $f(x)$ 在 $[a+\varepsilon,b]$ 上可积, 则称 $\lim\limits_{\varepsilon\to0^+}\int_{a+\varepsilon}^{b} f(x)\mathrm{d}x$ 为**无界函数** $f(x)$ **在** $(a,b]$ **上的反常积分或瑕积分**, 记作 $\int_a^b f(x)\mathrm{d}x$, 即

$$\int_a^b f(x)\mathrm{d}x=\lim_{\varepsilon\to0^+}\int_{a+\varepsilon}^{b} f(x)\mathrm{d}x.$$

若极限 $\lim\limits_{\varepsilon\to0^+}\int_{a+\varepsilon}^{b} f(x)\mathrm{d}x$ 存在, 则称反常积分 $\int_a^b f(x)\mathrm{d}x$ **收敛**. 若上述极限不存在, 则称反常积分 $\int_a^b f(x)\mathrm{d}x$ **发散**. 被积函数 $f(x)$ 在点 a 任一邻域内是无界的, 这时点 a 称为 $f(x)$ 的**瑕点**或**奇点**.

类似地, 可以定义瑕点为 b 时的瑕积分

$$\int_a^b f(x)\mathrm{d}x=\lim_{\varepsilon\to0^+}\int_{a}^{b-\varepsilon} f(x)\mathrm{d}x.$$

若函数 $f(x)$ 在区间 (a,b) 内有一瑕点 c, 则定义瑕积分

$$\begin{aligned}\int_a^b f(x)\mathrm{d}x &= \int_a^c f(x)\mathrm{d}x + \int_c^b f(x)\mathrm{d}x \\ &= \lim_{\varepsilon\to 0^+}\int_a^{c-\varepsilon} f(x)\mathrm{d}x + \lim_{\eta\to 0^+}\int_{c+\eta}^b f(x)\mathrm{d}x,\end{aligned}$$

当且仅当上式右边两个瑕积分都收敛时, 左边的瑕积分才是收敛的.

3. 反常积分常用结论

(1) 设 a 为正常数, 对于无穷限积分 $\int_a^{+\infty}\frac{1}{x^p}\mathrm{d}x$, 当 $p>1$ 时收敛, 其值为 $\frac{a^{1-p}}{p-1}$; 而当 $p\leqslant 1$ 时发散.

(2) 设 a,b 为常数, $a<b$, 对于瑕积分 $\int_a^b\frac{\mathrm{d}x}{(x-a)^q}$, 当 $q<1$ 时收敛, 其值为 $\frac{(b-a)^{1-q}}{1-q}$; 而当 $q\geqslant 1$ 时发散.

***4. 反常积分审敛法**

总 习 题 四

1. 计算下列极限.

(1) $\lim\limits_{n\to\infty}\frac{1}{n}\sum\limits_{i=1}^n\sqrt{1+\frac{i}{n}}$;

(2) $\lim\limits_{n\to\infty}\frac{1^p+2^p+\cdots+n^p}{n^{p+1}}(p>0)$;

(3) $\lim\limits_{n\to\infty}\frac{1}{n}\left[\sin\frac{\pi}{n}+\sin\frac{2\pi}{n}+\cdots+\sin\frac{(n-1)\pi}{n}\right]$;

(4) $\lim\limits_{n\to\infty}\frac{\sqrt[n]{n!}}{n}$;

(5) $\lim\limits_{n\to\infty}\frac{1}{n}\sum\limits_{i=1}^n f\left(a+i\frac{b-a}{n}\right)$, 其中 $f(x)$ 连续, $a<b$;

(6) $\lim\limits_{x\to+\infty}\frac{\int_0^x(\arctan t)^2\mathrm{d}t}{\sqrt{x^2+1}}$;

(7) $\lim\limits_{x\to 0^+}\frac{\int_0^{\sin x}\sqrt{\tan t}\mathrm{d}t}{\int_0^{\tan x}\sqrt{\sin t}\mathrm{d}t}$;

(8) $\lim\limits_{x\to a}\frac{x}{x-a}\int_a^x f(t)\mathrm{d}t$, 其中 $f(x)$ 连续.

2. 计算下列积分.

(1) $\int_0^{\frac{\pi}{2}}\frac{x+\sin x}{1+\cos x}\mathrm{d}x$;

(2) $\int_0^{\frac{\pi}{2}}\sin x\sin 2x\sin 3x\mathrm{d}x$;

(3) $\int_0^3\arcsin\sqrt{\frac{x}{1+x}}\mathrm{d}x$;

(4) $\int_0^1 x^{15}\sqrt{1+3x^8}\mathrm{d}x$;

(5) $\int_0^{\frac{\pi}{2}} \frac{\sin x - 2\cos x}{3\sin x + \cos x}\mathrm{d}x$;　　(6) $\int_0^{2\pi} \frac{\mathrm{d}x}{(2+\cos x)(3+\cos x)}$.

3. 设 $f(x)$ 为连续函数, 证明:

$$\int_0^x f(t)(x-t)\mathrm{d}t = \int_0^x \left[\int_0^t f(u)\mathrm{d}u\right]\mathrm{d}t.$$

4. 设 $f(x)$ 在区间 $[a,b]$ 上连续, 且 $f(x)>0$,

$$F(x) = \int_a^x f(t)\mathrm{d}t + \int_b^x \frac{\mathrm{d}t}{f(t)}, \quad x \in [a,b].$$

证明:

(1) $F'(x) \geqslant 2$;

(2) 方程 $F(x)=0$ 在区间 (a,b) 内有且仅有一个根.

5. 设函数 $f(x)$ 在区间 $[0,1]$ 上连续且单调递减, 证明: 对任意 $x\in(0,1)$, 有

$$\int_0^x f(t)\mathrm{d}t \geqslant x\int_0^1 f(t)\mathrm{d}t.$$

6. 设 $f(x)$ 在区间 $[a,b]$ 上连续且非负, 证明: 对任意实数 k, 都有

$$\left[\int_a^b f(x)\cos kx\mathrm{d}x\right]^2 + \left[\int_a^b f(x)\sin kx\mathrm{d}x\right]^2 \leqslant \left[\int_a^b f(x)\mathrm{d}x\right]^2.$$

7. 设 $f(x)$ 在区间 $[a,b]$ 上有连续的导数, 且 $f(a)=0$, 证明:

$$\int_a^b f^2(x)\mathrm{d}x \leqslant \frac{(b-a)^2}{2}\int_a^b [f'(x)]^2\,\mathrm{d}x.$$

8. 设

$$f(x) = \begin{cases} \mathrm{e}^{-x}, & x \geqslant 0, \\ 1+x^2, & x<0, \end{cases}$$

求 $\int_{-\frac{1}{2}}^2 f(x-1)\mathrm{d}x$.

9. 设 $f(x) = \int_0^1 t|x-t|\mathrm{d}t$, 求函数 $f(x)$ 的表达式.

10. 设 $f(x)$ 在 $x>0$ 时连续, $f(1)=3$, 且

$$\int_1^{xy} f(t)\mathrm{d}t = x\int_1^y f(t)\mathrm{d}t + y\int_1^x f(t)\mathrm{d}t, \quad x>0,\ y>0,$$

求 $f(x)$.

总习题四
10 题解答

11. 设 $f(x) = x - \int_0^{\pi} f(x)\cos x\mathrm{d}x$, 求 $f(x)$.

12. 设 $f(x) = x^2 - x\int_0^2 f(x)\mathrm{d}x + 2\int_0^1 f(x)\mathrm{d}x$, 求 $f(x)$.

*13. 利用分部积分法证明: 若函数 $f(x)$ 在点 x_0 的某邻域内存在 $n+1$ 阶连续导数, 则在该邻域内成立下述**带积分型余项的泰勒公式**

总习题四
13 题解答

$$f(x)=f(x_0)+f'(x_0)(x-x_0)+\cdots+\frac{1}{n!}f^{(n)}(x_0)(x-x_0)^n+\frac{1}{n!}\int_{x_0}^{x}(x-t)^n f^{(n+1)}(t)\mathrm{d}t.$$

14. 设 $f(x)=\int_0^{g(x)}\frac{1}{\sqrt{1+t^3}}\mathrm{d}t$, 其中 $g(x)=\int_0^{\cos x}(1+\sin t^2)\mathrm{d}t$, 求 $f'\left(\frac{\pi}{2}\right)$.

15. 试确定常数 c 的值, 使反常积分

$$\int_0^{+\infty}\left(\frac{1}{\sqrt{t^2+4}}-\frac{c}{t+2}\right)\mathrm{d}t$$

收敛, 并求出积分值.

16. 设星形线 $\begin{cases}x=a\cos^3 t,\\ y=a\sin^3 t\end{cases}$ $(a>0)$ 上每一点处的线密度的大小等于该点到原点距离的立方, 在原点 O 处有一单位质点, 求星形线在第一象限的弧段对该质点的引力.

*17. 设有直线 $l: x+y=1$ 及曲线 $L: \sqrt{x}+\sqrt{y}=1$, 求 L 与 l 所围成的平面区域绕直线 l 旋转一周时的旋转体体积.

总习题四
17 题解答

18. 设有半径为 R 的圆盘, 密度 μ 分别为: (1) $\mu=2\rho$(ρ 为极径); (2) $\mu=\theta$(θ 为极角), 求圆盘的质量.

19. 设 $f(x)$ 在 $[a,b]$ 上有连续导数, $f(a)=0$, 证明:

$$\max_{a\leqslant x\leqslant b}|f'(x)|\geqslant\frac{2}{(b-a)^2}\int_a^b|f(x)|\mathrm{d}x.$$

20. 设 $f(x)$ 在 $[a,b]$ 上连续, 且单调增加, 证明:

$$\int_a^b xf(x)\mathrm{d}x\geqslant\frac{a+b}{2}\int_a^b f(x)\mathrm{d}x.$$

21. 设 $f(x)$ 在 $[0,+\infty)$ 上连续, 且单调增加, 证明: 对任意 $b>a>0$ 均有

$$\int_a^b xf(x)\mathrm{d}x\geqslant\frac{1}{2}\left[b\int_0^b f(x)\mathrm{d}x-a\int_0^a f(x)\mathrm{d}x\right].$$

22. 设函数 $S(x)=\int_0^x|\cos t|\mathrm{d}t$.

总习题四
22 题解答

(1) 当 n 为正整数, 且 $n\pi\leqslant x<(n+1)\pi$ 时, 证明: $2n\leqslant S(x)<2(n+1)$;

(2) 求 $\lim\limits_{x\to+\infty}\frac{S(x)}{x}$.

*23. 设 $f(x)$ 在 $[a,b]$ 上连续, 且对 $[a,b]$ 上任意两点 x,y 及实数 $\lambda\in(0,1)$, 都有

$$f(\lambda x+(1-\lambda)y)\leqslant\lambda f(x)+(1-\lambda)f(y),$$

证明:

$$f\left(\frac{a+b}{2}\right)\leqslant\frac{1}{b-a}\int_a^b f(x)\mathrm{d}x\leqslant\frac{f(a)+f(b)}{2}.$$

总习题四 23 题解答

总习题四 24 题解答

*24. 设 $f(x)$ 是周期为 T 的连续函数, 证明:

$$\lim_{x\to\infty}\frac{1}{x}\int_0^x f(t)\mathrm{d}t=\frac{1}{T}\int_0^T f(t)\mathrm{d}t.$$

25. 设 $f(x)$ 在区间 $[0,+\infty)$ 上单调减少且非负的连续函数,

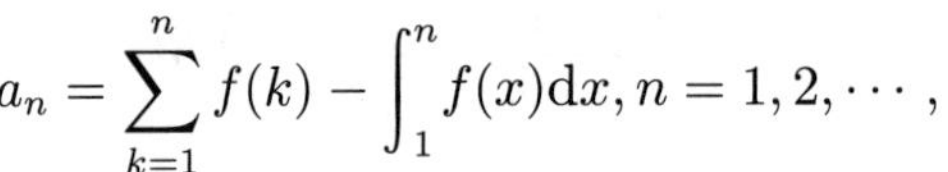

$$a_n=\sum_{k=1}^{n}f(k)-\int_1^n f(x)\mathrm{d}x, n=1,2,\cdots,$$

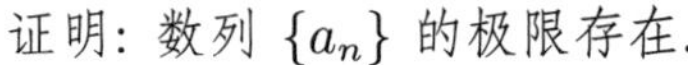

证明: 数列 $\{a_n\}$ 的极限存在.

26. 设函数 $f(x)$ 在区间 $[0,1]$ 上可微, 且满足条件 $f(1)=2\int_0^{\frac{1}{2}}xf(x)\mathrm{d}x$, 试证: 存在 $\xi\in(0,1)$, 使得 $f(\xi)+\xi f'(\xi)=0$.

27. 设 $y=f(x)$ 是区间 $[0,1]$ 上的任一非负连续函数.

(1) 试证: 存在 $x_0\in(0,1)$, 使得在区间 $[0,x_0]$ 上以 $f(x_0)$ 为高的矩形面积, 等于在区间 $[x_0,1]$ 上以 $y=f(x)$ 为曲边的曲边梯形面积;

(2) 又设 $f(x)$ 在区间 $(0,1)$ 内可导, 且 $f'(x)>-\dfrac{2f(x)}{x}$, 证明: (1) 中的 x_0 是唯一的.

28. 设 $f(x)$ 在区间 $[-a,a](a>0)$ 上有二阶连续导数, $f(0)=0$.

(1) 写出 $f(x)$ 的拉格朗日型余项的一阶麦克劳林公式;

(2) 证明: 在 $[-a,a]$ 上至少存在一点 η, 使得 $a^3f''(\eta)=3\int_{-a}^{a}f(x)\mathrm{d}x$.

29. 设函数 $f(x)$ 在 $[0,+\infty)$ 上可导, $f(0)=1$, 且满足等式

$$f'(x)+f(x)-\frac{1}{x+1}\int_0^x f(t)\mathrm{d}t=0.$$

(1) 求导数 $f'(x)$;

(2) 证明: 当 $x\geqslant 0$ 时, 不等式 $\mathrm{e}^{-x}\leqslant f(x)\leqslant 1$ 成立.

30. 设函数 $f(x)$ 在 $(-\infty,+\infty)$ 内满足 $f(x)=f(x-\pi)+\sin x$, 且 $f(x)=x, x\in[0,\pi)$, 求 $\int_{\pi}^{3\pi}f(x)\mathrm{d}x$.

31. 求 $\int\dfrac{\ln\sin x}{\sin^2x}\mathrm{d}x$.

*32. 判定下列反常积分的收敛性.

(1) $\int_0^{+\infty}\frac{\sin x}{\sqrt{x^3}}\mathrm{d}x$;

(2) $\int_0^{+\infty}\frac{1}{\sqrt[3]{x^2(x-1)(x-2)}}\mathrm{d}x$;

(3) $\int_3^{+\infty}\frac{1}{x\sqrt[3]{(x^2-5x+6)}}\mathrm{d}x$.

*33. 用 Γ 函数表示下列积分.

(1) $\int_0^{+\infty}\mathrm{e}^{-x^n}\mathrm{d}x(n>0)$;

(2) $\int_0^{1}\left(\ln\frac{1}{x}\right)^p\mathrm{d}x$;

(3) $\int_0^{+\infty}x^m\mathrm{e}^{-x^n}\mathrm{d}x(n>0)$.

第四章自测题

第五章　无 穷 级 数

无穷级数是高等数学的重要组成部分, 也是逼近理论中重要的内容, 它是表示函数、研究函数的性质以及进行数值计算的一种非常有效的数学工具.

无穷级数的中心内容是收敛理论. 从形式上看, 它是把 “有限项的和” 推广到 “无穷多项的和”, 但两者有实质性的差别, 加法运算中的运算律 (如交换律、结合律、分配律) 和性质 (如连续函数的和仍连续, 可导函数的和仍可导) 都不能无条件地推广到无穷级数.

本章先讨论常数项级数的概念、性质和审敛法, 然后讨论函数项级数 (包括幂级数和傅里叶级数) 以及函数展开成幂级数和傅里叶级数的条件和方法. 本章知识结构图见图 5–1.

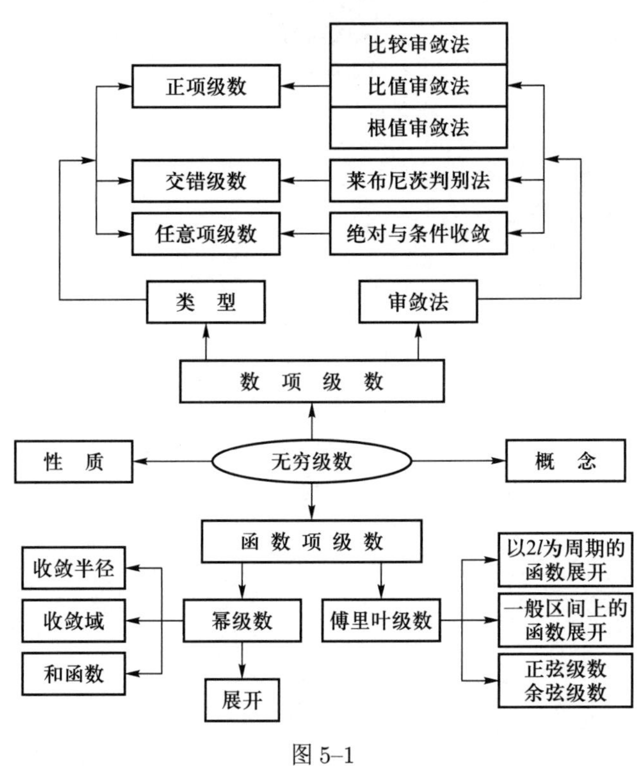

图 5–1

第一节　常数项级数的概念与性质

一、常数项级数的概念

引例　战国时代哲学家庄周著《庄子 · 天下》有一句话: “一尺之棰, 日取其半, 万世不

竭.” 将其 “数学化” 即得每天截下的长度 (单位: 尺) 为

常数项级数的概念

$$\frac{1}{2},\frac{1}{2^2},\frac{1}{2^3},\cdots,\frac{1}{2^n},\cdots,$$

到第 n 天截下的总长度为

$$\frac{1}{2}+\frac{1}{2^2}+\frac{1}{2^3}+\cdots+\frac{1}{2^n}.$$

显然, n 越大, 上述和式越接近 1, 而当 n 无限增大时, 上述和式中的项数就无限增多, 因此, 和式 $\frac{1}{2}+\frac{1}{2^2}+\frac{1}{2^3}+\cdots+\frac{1}{2^n}$ 的极限就应该是 1, 即

$$1=\lim_{n\to\infty}\left(\frac{1}{2}+\frac{1}{2^2}+\frac{1}{2^3}+\cdots+\frac{1}{2^n}\right)=\frac{1}{2}+\frac{1}{2^2}+\frac{1}{2^3}+\cdots+\frac{1}{2^n}+\cdots.$$

从上述问题中可以看到, 无穷多个数 “相加” 的和有可能是有限定值.

一般地, 将已给数列 $\{u_n\}$ 的各项依次用加号连接起来构成的表达式

$$u_1+u_2+\cdots+u_n+\cdots \tag{1.1}$$

称为**常数项无穷级数**, 简称**数项级数**, 记为 $\sum\limits_{n=1}^{\infty}u_n$, 即

$$\sum_{n=1}^{\infty}u_n=u_1+u_2+\cdots+u_n+\cdots,$$

其中的第 n 项 u_n 叫做级数的**一般项**或**通项**.

怎样理解无穷多个数相加呢? 联系上面的引例, 可以从有限项的和出发, 观察它们的变化趋势, 经过一个极限过程来理解无穷多个数相加的含义.

级数 (1.1) 的前 n 项的和

$$s_n=u_1+u_2+\cdots+u_n$$

称为级数 (1.1) 的前 n 项部分和, 当 n 依次取 $1,2,3,\cdots$ 时, 它们构成一个新的数列

$$s_1=u_1,s_2=u_1+u_2,\cdots,s_n=u_1+u_2+\cdots+u_n,\cdots,$$

根据这个数列是否有极限, 下面引进无穷级数 (1.1) 的收敛与发散的概念.

定义 1.1 如果级数 $\sum\limits_{n=1}^{\infty}u_n$ 的部分和数列 $\{s_n\}$ 的极限 $\lim\limits_{n\to\infty}s_n$ 存在为 s, 那么称级数 $\sum\limits_{n=1}^{\infty}u_n$ **收敛**, 或者说级数收敛于 s, 并称 s 为该级数的**和**, 记作

$$\sum_{n=1}^{\infty}u_n=s \quad \text{或} \quad u_1+u_2+\cdots+u_n+\cdots=s. \tag{1.2}$$

如果极限 $\lim\limits_{n\to\infty} s_n$ 不存在, 那么称级数 $\sum\limits_{n=1}^{\infty} u_n$ **发散**.

当级数 $\sum\limits_{n=1}^{\infty} u_n$ 有和 s 时, 其部分和 s_n 是级数的和 s 的近似值, 它们之间的差值

$$r_n = s - s_n = u_{n+1} + u_{n+2} + \cdots$$

叫做级数的**余项**. 当 n 充分大时, 用部分和 s_n 近似表示 s, 所产生的误差绝对值 $|r_n|$ 可以任意小.

对于级数 $\sum\limits_{n=1}^{\infty} u_n$, 需要研究两个基本问题: 第一, 它是否收敛; 第二, 收敛的级数如何求和. 第一个问题更重要, 因为如果级数发散, 它无和可言. 如果级数收敛, 即使无法求出其和的精确值, 也可以利用部分和求出它的近似值, 由于 $\lim\limits_{n\to\infty} |r_n| = 0$, 近似值可以达到满足需要的精确度.

例 1.1 讨论几何级数 (等比级数) $\sum\limits_{n=0}^{\infty} aq^n = a + aq + aq^2 + \cdots + aq^n + \cdots (a \neq 0)$ 的敛散性, q 为公比.

解 级数的部分和

$$s_n = a + aq + \cdots + aq^{n-1} = \begin{cases} \dfrac{a(1-q^n)}{1-q}, & q \neq 1, \\ na, & q = 1. \end{cases}$$

当 $|q| < 1$ 时, $\lim\limits_{n\to\infty} q^n = 0$, 从而 $\lim\limits_{n\to\infty} s_n = \dfrac{a}{1-q}$, 故级数收敛, 且和为 $\dfrac{a}{1-q}$;

当 $|q| > 1$ 时, $\lim\limits_{n\to\infty} q^n = \infty$, 从而 $\lim\limits_{n\to\infty} s_n$ 不存在, 故级数发散;

当 $q = 1$ 时, $s_n = na \to \infty (n \to \infty)$, 故级数发散;

当 $q = -1$ 时, 级数变为 $a - a + a - a + \cdots$, 因为

$$s_n = \begin{cases} 0, & n = 2k, & k = 1, 2, \cdots, \\ a, & n = 2k - 1, & k = 1, 2, \cdots, \end{cases}$$

$\lim\limits_{n\to\infty} s_n$ 不存在, 故级数发散.

综上所述, 级数 $\sum\limits_{n=0}^{\infty} aq^n$ 当 $|q| < 1$ 时收敛于 $\dfrac{a}{1-q}$, 当 $|q| \geqslant 1$ 时发散.

例 1.2 判别级数 $\sum\limits_{n=1}^{\infty} \dfrac{1}{n(n+1)}$ 的收敛性.

解 因为

$$\begin{aligned} s_n &= \frac{1}{1\cdot 2} + \frac{1}{2\cdot 3} + \cdots + \frac{1}{n(n+1)} \\ &= \left(1 - \frac{1}{2}\right) + \left(\frac{1}{2} - \frac{1}{3}\right) + \cdots + \left(\frac{1}{n} - \frac{1}{n+1}\right) \\ &= 1 - \frac{1}{n+1}, \end{aligned}$$

显然 $\lim\limits_{n\to\infty} s_n = \lim\limits_{n\to\infty}\left(1-\dfrac{1}{n+1}\right)=1$, 所以级数收敛, 它的和为 1.

例 1.3　证明级数 $\sum\limits_{n=1}^{\infty} 2n$ 是发散的.

证　级数的部分和为

$$s_n = 2+4+6+\cdots+2n = n(n+1),$$

显然, $\lim\limits_{n\to\infty} s_n=\infty$, 因此所给级数是发散的.

例 1.4　证明调和级数 $\sum\limits_{n=1}^{\infty}\dfrac{1}{n}$ 是发散的.

证　假设级数 $\sum\limits_{n=1}^{\infty}\dfrac{1}{n}$ 收敛, 设它的部分和为 s_n, 且 $s_n\to s(n\to\infty)$. 显然, 对级数 $\sum\limits_{n=1}^{\infty}\dfrac{1}{n}$ 的部分和 s_{2n}, 也有 $s_{2n}\to s(n\to\infty)$. 于是

调和级数小知识

$$s_{2n}-s_n\to s-s=0\quad (n\to\infty).$$

但另一方面

$$s_{2n}-s_n=\frac{1}{n+1}+\frac{1}{n+2}+\cdots+\frac{1}{2n}>\underbrace{\frac{1}{2n}+\frac{1}{2n}+\cdots+\frac{1}{2n}}_{n\text{ 个}}=\frac{1}{2}.$$

故当 $n\to\infty$ 时 $s_{2n}-s_n$ 不趋于零, 与假设级数 $\sum\limits_{n=1}^{\infty}\dfrac{1}{n}$ 收敛矛盾. 故调和级数发散.

注　对于调和级数 $\sum\limits_{n=1}^{\infty}\dfrac{1}{n}$, 虽然有 $\lim\limits_{n\to\infty} u_n=0$, 但级数是发散的.

二、收敛级数的基本性质

由级数收敛、发散及和的定义可知, 级数的收敛问题, 实际上就是其部分和数列的收敛问题, 因此应用数列极限的有关性质, 很容易推出常数项级数的下列性质:

性质 1.1　如果级数 $\sum\limits_{n=1}^{\infty} u_n$ 收敛于和 s, 那么级数 $\sum\limits_{n=1}^{\infty} ku_n$($k$ 为常数) 也**收敛**, 且其和为 ks.

证　设级数 $\sum\limits_{n=1}^{\infty} u_n$ 与级数 $\sum\limits_{n=1}^{\infty} ku_n$ 的部分和分别为 s_n 与 σ_n, 则

$$\sigma_n = ku_1+ku_2+\cdots+ku_n = ks_n,$$

于是

$$\lim_{n\to\infty}\sigma_n=\lim_{n\to\infty} ks_n = k\lim_{n\to\infty} s_n = ks.$$

这表明级数 $\sum\limits_{n=1}^{\infty}ku_n$ 收敛, 且其和为 ks.

显然, 若 $k\neq 0$, $\lim\limits_{n\to\infty}s_n$ 不存在, $\lim\limits_{n\to\infty}\sigma_n$ 也不可能存在, 因此有如下结论:

推论 若 $k\neq 0$, 则级数 $\sum\limits_{n=1}^{\infty}u_n$ 与 $\sum\limits_{n=1}^{\infty}ku_n$ 具有相同的**敛散性**.

性质 1.2 如果级数 $\sum\limits_{n=1}^{\infty}u_n$, $\sum\limits_{n=1}^{\infty}v_n$ 分别收敛于和 s, σ, 那么级数 $\sum\limits_{n=1}^{\infty}(u_n\pm v_n)$ 也收敛, 且其和差为 $s\pm\sigma$.

证 设级数 $\sum\limits_{n=1}^{\infty}u_n$, $\sum\limits_{n=1}^{\infty}v_n$ 的部分和分别为 s_n, σ_n, 则级数 $\sum\limits_{n=1}^{\infty}(u_n\pm v_n)$ 的部分和

$$\begin{aligned}\tau_n &= (u_1\pm v_1)+(u_2\pm v_2)+\cdots(u_n\pm v_n)\\ &= (u_1+u_2+\cdots+u_n)\pm(v_1+v_2+\cdots+v_n)=s_n\pm\sigma_n,\end{aligned}$$

于是

$$\lim_{n\to\infty}\tau_n=\lim_{n\to\infty}(s_n\pm\sigma_n)=s\pm\sigma.$$

性质 1.2 表明: 两个收敛级数可以逐项相加与逐项相减, 但如果一个级数收敛, 一个级数发散, 有如下结论:

推论 若 $\sum\limits_{n=1}^{\infty}u_n$ 收敛, $\sum\limits_{n=1}^{\infty}v_n$ 发散, 则 $\sum\limits_{n=1}^{\infty}(u_n\pm v_n)$ 发散.

思考 如果 $\sum\limits_{n=1}^{\infty}u_n$, $\sum\limits_{n=1}^{\infty}v_n$ 都发散, 那么 $\sum\limits_{n=1}^{\infty}(u_n\pm v_n)$ 是否一定发散?

性质 1.3 在级数中去掉、加上或改变有限项, 不会改变级数的敛散性.

证 只需证明在级数前面部分去掉或加上有限项不会改变级数的敛散性, 因为其他情形 (即在级数中任意去掉、加上或改变有限项的情形) 都可以看成在级数的前面部分加上或去掉有限项的情形.

将级数 $\sum\limits_{n=1}^{\infty}u_n$ 的前 m 项去掉得级数 $\sum\limits_{n=m+1}^{\infty}u_n$, 并设两级数的部分和分别为 s_n, σ_n, 则

$$\sigma_n=\sum_{k=m+1}^{m+n}u_k=s_{m+n}-s_m.$$

因为 s_m 为有限数, 所以 σ_n 与 s_{m+n} 或者同时具有极限, 或者同时没有极限, 所以两级数 $\sum\limits_{n=1}^{\infty}u_n$ 与 $\sum\limits_{n=m+1}^{\infty}u_n$ 具有相同的敛散性.

类似地, 可以证明在级数的前面加上有限项不会改变级数的收敛性.

性质 1.4 如果级数 $\sum\limits_{n=1}^{\infty} u_n$ 收敛, 那么对这级数的项任意加括号后所成的级数

$$(u_1+\cdots+u_{n_1})+(u_{n_1+1}+\cdots+u_{n_2})+\cdots+(u_{n_{k-1}+1}+\cdots+u_{n_k})+\cdots \tag{1.3}$$

仍收敛, 且其和不变.

证 设级数 $\sum\limits_{n=1}^{\infty} u_n$ 收敛于 s, 部分和数列为 $\{s_n\}$, 不改变级数中各项的次序, 任意加入括号, 得一新级数的部分和数列为 $\{\sigma_k\}$, 则

$\sigma_1 = u_1+u_2+\cdots+u_{n_1}=s_{n_1}$,

$\sigma_2 = (u_1+u_2+\cdots+u_{n_1})+(u_{n_1+1}+u_{n_1+2}+\cdots+u_{n_2})=s_{n_2}$,

$\cdots\cdots\cdots\cdots$

$\sigma_k = (u_1+u_2+\cdots+u_{n_1})+(u_{n_1+1}+u_{n_1+2}+\cdots+u_{n_2})+\cdots+(u_{n_{k-1}+1}+u_{n_{k-1}+2}+\cdots+u_{n_k})=s_{n_k}$.

因此 $\{\sigma_n\}$ 为原级数部分和数列 $\{s_n\}$ 的一个子列 $\{s_{n_k}\}$, 从而有

$$\lim_{k\to\infty}\sigma_k=\lim_{k\to\infty}s_{n_k}=s.$$

性质 1.4 说明, 收敛级数可以任意加括号, 但逆命题不成立, 如级数

$$(1-1)+(1-1)+\cdots+(1-1)+\cdots=0+0+\cdots+0+\cdots$$

是收敛的, 但去括号后的级数 $1-1+1-1+\cdots$ 是发散的.

推论 如果加括号后所成的级数发散, 那么原来的级数必定发散.

性质 1.5 (级数收敛的必要条件) 若级数 $\sum\limits_{n=1}^{\infty} u_n$ 收敛, 则 $\lim\limits_{n\to\infty} u_n=0$.

证 设 $\sum\limits_{n=1}^{\infty} u_n=s$, 由于 $u_n=s_n-s_{n-1}$, 故

$$\lim_{n\to\infty}u_n=\lim_{n\to\infty}(s_n-s_{n-1})=\lim_{n\to\infty}s_n-\lim_{n\to\infty}s_{n-1}=s-s=0.$$

推论 如果 $\lim\limits_{n\to\infty} u_n=a\neq 0$ 或 $\lim\limits_{n\to\infty} u_n$ 不存在, 那么级数 $\sum\limits_{n=1}^{\infty} u_n$ 必发散.

例如, 级数 $\sum\limits_{n=1}^{\infty}\cos n\pi$ 与 $\sum\limits_{n=1}^{\infty}\dfrac{1}{\sqrt[n]{2}}$ 都是发散的.

性质 1.5 常可用来判定级数发散, 但须切记, 一般项趋于零不是级数收敛的充分条件, 事实上, 很多发散级数的一般项是趋于零的, 如调和级数.

例 1.5 判断级数 $1-\dfrac{1}{2}+\left(\dfrac{1}{2}\right)^{\frac{1}{2}}+\dfrac{1}{4}+\left(\dfrac{1}{3}\right)^{\frac{1}{3}}-\dfrac{1}{8}+\cdots+\left(\dfrac{1}{n}\right)^{\frac{1}{n}}+\left(\dfrac{-1}{2}\right)^{n}+\cdots$ 的敛散性.

解 考虑加括号的新级数 $\sum\limits_{n=1}^{\infty}\left[\left(\frac{1}{n}\right)^{\frac{1}{n}}+\left(\frac{-1}{2}\right)^{n}\right]$, 因为 $\sum\limits_{n=1}^{\infty}\left(\frac{1}{n}\right)^{\frac{1}{n}}$ 发散 $(\lim\limits_{x\to 0}x^x=1)$, 而 $\sum\limits_{n=1}^{\infty}\left(\frac{-1}{2}\right)^{n}$ 收敛, 由性质 1.2 推论知 $\sum\limits_{n=1}^{\infty}\left[\left(\frac{1}{n}\right)^{\frac{1}{n}}+\left(\frac{-1}{2}\right)^{n}\right]$ 发散, 故由性质 1.4 知原级数发散.

*三、柯西收敛原理

因为级数 $\sum\limits_{n=1}^{\infty}u_n$ 的敛散性与它的部分和数列 $\{s_n\}$ 的敛散性等价, 将第一章判断数列收敛性的柯西收敛原理转化到级数中来, 得到判断级数敛散性的一个基本原理如下:

定理 1.1 级数 $\sum\limits_{n=1}^{\infty}u_n$ 收敛的充要条件是 $\forall\varepsilon>0,\exists N>0$, 当 $n,m>N$ 时, 有

$$|s_m-s_n|=\left|\sum_{k=n+1}^{m}u_k\right|<\varepsilon.$$

例 1.6 判定级数 $\sum\limits_{n=1}^{\infty}\frac{1}{n^2}$ 的敛散性.

解 对于任何自然数 m,n, 不妨记 $m=n+p$, 由

$$\begin{aligned}&|u_{n+1}+u_{n+2}+\cdots+u_{n+p}|\\=&\frac{1}{(n+1)^2}+\frac{1}{(n+2)^2}+\cdots+\frac{1}{(n+p)^2}\\<&\frac{1}{n(n+1)}+\frac{1}{(n+1)(n+2)}+\cdots+\frac{1}{(n+p-1)(n+p)}\\=&\left(\frac{1}{n}-\frac{1}{n+1}\right)+\left(\frac{1}{n+1}-\frac{1}{n+2}\right)+\cdots+\left(\frac{1}{n+p-1}-\frac{1}{n+p}\right)\\=&\frac{1}{n}-\frac{1}{n+p}<\frac{1}{n},\end{aligned}$$

所以 $\forall\varepsilon>0$, 取自然数 $N\geqslant\left[\frac{1}{\varepsilon}\right]$, 则当 $n,\ m>N$ 时, 都有

$$|u_{n+1}+u_{n+2}+\cdots+u_m|=|u_{n+1}+u_{n+2}+\cdots+u_{n+p}|<\varepsilon,$$

由定理 1.1 知, $\sum\limits_{n=1}^{\infty}\frac{1}{n^2}$ 收敛.

习题 5–1

(A)

1. 单项选择题.

(1) 常数 $a \neq 0$, 则几何级数 $\sum\limits_{n=1}^{\infty} aq^n$ 的收敛条件是 (　　);

(A) $0 < q < 1$　　(B) $-1 < q < 1$

(C) $q < 1$　　(D) $q > 1$

(2) 如果级数 $\sum\limits_{n=1}^{\infty} u_n$ 发散, k 为常数, 那么级数 $\sum\limits_{n=1}^{\infty} ku_n$ (　　);

(A) 发散　　(B) 可能收敛, 可能发散

(C) 收敛　　(D) 无界

(3) 如果级数 $\sum\limits_{n=1}^{\infty} u_n$ 发散, 那么 $\lim\limits_{n\to\infty} u_n$ (　　);

(A) 为 0　　(B) 不为 0

(C) 为 ∞　　(D) 以上三种说法都不对

(4) 若级数 $\sum\limits_{n=1}^{\infty} u_n$ 收敛, 且 $u_n \neq 0(n = 1, 2, 3\cdots)$, 其和为 s, 则级数 $\sum\limits_{n=1}^{\infty} \dfrac{1}{u_n}$ (　　);

(A) 收敛且其和为 $\dfrac{1}{s}$　　(B) 收敛但其和不一定为 s

(C) 发散　　(D) 可能收敛, 可能发散

2. 填空题.

(1) 写出级数 $\sum\limits_{n=1}^{\infty} \dfrac{1+n}{1+n^3}$ 的前三项: ________________;

(2) 写出级数 $\sum\limits_{n=1}^{\infty} \dfrac{n!}{n^n}$ 的前五项: ________________;

(3) 写出级数 $\sum\limits_{n=1}^{\infty} \dfrac{(-1)^{n-1}}{5^n}$ 的前三项: ________________.

3. 已知级数 $\sum\limits_{n=1}^{\infty} u_n$ 的部分和 $s_n = \dfrac{3^n - 1}{3^n}$, 试写出该级数, 并求出它的和.

4. 判别下列级数的敛散性, 并求出其中收敛级数的和.

(1) $\sum\limits_{n=1}^{\infty} \dfrac{n}{(n+1)!}$;　　(2) $\sum\limits_{n=2}^{\infty} \ln \dfrac{n^2-1}{n^2}$;

(3) $\sum\limits_{n=1}^{\infty} \dfrac{3+(-1)^n}{2^n}$;　　(4) $\sum\limits_{n=1}^{\infty} \dfrac{\sqrt[n]{n}}{\left(1+\dfrac{1}{n}\right)^n}$;

(5) $\sum\limits_{n=1}^{\infty} n^2 \ln\left(1+\dfrac{1}{n^2}\right)$;

(6) $\frac{1}{5}-\frac{1}{2}+\frac{1}{10}-\frac{1}{2^2}+\frac{1}{15}-\frac{1}{2^3}+\cdots+\frac{1}{5n}-\frac{1}{2^n}+\cdots$.

(B)

5. 设 $\lim\limits_{n\to\infty} u_n=0$, 且级数 $\sum\limits_{n=1}^{\infty}(u_{2n-1}+u_{2n})$ 收敛于 s, 求证 $\sum\limits_{n=1}^{\infty}u_n$ 收敛于 s.

6. 设级数 $\sum\limits_{n=1}^{\infty}n(u_n-u_{n+1})$ 收敛且极限 $\lim\limits_{n\to\infty} nu_n$ 存在, 证明级数 $\sum\limits_{n=1}^{\infty}u_n$ 收敛.

第二节 常数项级数的审敛法

一、正项级数及其审敛法

若级数 $\sum\limits_{n=1}^{\infty}u_n$ 的每一项 $u_n\geqslant 0(n=1,2,\cdots)$, 则称该级数为**正项级数**.

正项级数是级数中比较简单的一类级数, 但这类级数却有着重要的作用, 许多级数的收敛性问题往往归结为正项级数的收敛性问题.

对正项级数 $\sum\limits_{n=1}^{\infty}u_n$, 由于 $u_n\geqslant 0$, 所以 $s_{n+1}=s_n+u_{n+1}\geqslant s_n$, 即

$$s_1\leqslant s_2\leqslant\cdots\leqslant s_n\leqslant\cdots,$$

所以正项级数 $\sum\limits_{n=1}^{\infty}u_n$ 的部分和数列 $\{s_n\}$ 为单调递增数列. 若部分和数列 $\{s_n\}$ 有界, 则由单调有界原理知数列 $\{s_n\}$ 必存在极限. 反之, 若正项级数收敛于 s, 即 $\lim\limits_{n\to\infty} s_n=s$, 则数列 $\{s_n\}$ 必有界. 由此得到下面的定理:

定理 2.1 正项级数 $\sum\limits_{n=1}^{\infty}u_n$ 收敛的充要条件是它的部分和数列 $\{s_n\}$ 有界.

由定理 2.1, 可以得到正项级数 $\sum\limits_{n=1}^{\infty}u_n$ 发散的充要条件是 $\lim\limits_{n\to\infty} s_n=+\infty$.

根据定理 2.1, 可得关于正项级数的一个基本的审敛法:

定理 2.2(比较审敛法) 设 $\sum\limits_{n=1}^{\infty}u_n$ 及 $\sum\limits_{n=1}^{\infty}v_n$ 都是正项级数, 且当 $n\geqslant 1$ 时, 有 $u_n\leqslant v_n$, 则

(1) 若级数 $\sum\limits_{n=1}^{\infty}v_n$ 收敛, 则级数 $\sum\limits_{n=1}^{\infty}u_n$ 也收敛;

(2) 若级数 $\sum\limits_{n=1}^{\infty}u_n$ 发散, 则级数 $\sum\limits_{n=1}^{\infty}v_n$ 也发散.

证　设级数 $\sum_{n=1}^{\infty} u_n$ 与 $\sum_{n=1}^{\infty} v_n$ 的部分和分别为 s_n 与 σ_n, 则

$$s_n = u_1 + u_2 + \cdots + u_n \leqslant v_1 + v_2 + \cdots + v_n = \sigma_n \quad (n = 1, 2, \cdots).$$

(1) 设级数 $\sum_{n=1}^{\infty} v_n$ 收敛于 σ, 则由上式可得

$$s_n \leqslant \sigma_n \leqslant \sigma,$$

即 $\{s_n\}$ 有上界, 由定理 2.1 知, 级数 $\sum_{n=1}^{\infty} u_n$ 收敛.

(2) 若级数 $\sum_{n=1}^{\infty} u_n$ 发散, 级数 $\sum_{n=1}^{\infty} v_n$ 必发散. 否则, 若级数 $\sum_{n=1}^{\infty} v_n$ 收敛, 由 (1) 知级数 $\sum_{n=1}^{\infty} u_n$ 也收敛, 与假设矛盾.

由于级数的每一项同乘不为零的常数 k 或改变级数的有限项都不影响级数的敛散性, 所以可得如下推论:

推论　设 $\sum_{n=1}^{\infty} u_n$ 和 $\sum_{n=1}^{\infty} v_n$ 都是正项级数, 且存在正整数 N, 使当 $n \geqslant N$ 时, 有 $u_n \leqslant kv_n (k > 0)$, 则若级数 $\sum_{n=1}^{\infty} v_n$ 收敛, 级数 $\sum_{n=1}^{\infty} u_n$ 必收敛; 若级数 $\sum_{n=1}^{\infty} u_n$ 发散, 则级数 $\sum_{n=1}^{\infty} v_n$ 必发散.

例 2.1　证明级数 $\dfrac{1}{2+k} + \dfrac{1}{2^2+k} + \dfrac{1}{2^3+k} + \cdots + \dfrac{1}{2^n+k} + \cdots (k > 0)$ 是收敛的.

证　因为 $0 < \dfrac{1}{2^n+k} < \dfrac{1}{2^n}$, 而级数 $\sum_{n=1}^{\infty} \dfrac{1}{2^n}$ 是收敛的, 故所给级数也是收敛的.

例 2.2　讨论 p 级数 $\sum_{n=1}^{\infty} \dfrac{1}{n^p} = 1 + \dfrac{1}{2^p} + \dfrac{1}{3^p} + \cdots + \dfrac{1}{n^p} + \cdots (p > 0)$ 的敛散性.

解　当 $p \leqslant 1$ 时, $\dfrac{1}{n^p} \geqslant \dfrac{1}{n}$, 而 $\sum_{n=1}^{\infty} \dfrac{1}{n}$ 发散, 所以当 $p \leqslant 1$ 时, 级数 $\sum_{n=1}^{\infty} \dfrac{1}{n^p}$ 发散.

当 $p > 1$ 时, 因为当 $k - 1 \leqslant x \leqslant k$ 时, 有 $\dfrac{1}{k^p} \leqslant \dfrac{1}{x^p}$, 所以

$$\frac{1}{k^p} = \int_{k-1}^{k} \frac{1}{k^p} \mathrm{d}x \leqslant \int_{k-1}^{k} \frac{1}{x^p} \mathrm{d}x \,, k = 2, 3, \cdots.$$

从而级数 $\sum_{n=1}^{\infty} \dfrac{1}{n^p}$ 的部分和

$$\begin{aligned} s_n &= 1+\sum_{k=2}^{n}\frac{1}{k^p}\leqslant 1+\sum_{k=2}^{n}\int_{k-1}^{k}\frac{1}{x^p}\mathrm{d}x = 1+\int_{1}^{n}\frac{1}{x^p}\mathrm{d}x \\ &= 1+\frac{1}{p-1}\left(1-\frac{1}{n^{p-1}}\right)<1+\frac{1}{p-1}, \quad n=2,3\cdots. \end{aligned}$$

这说明部分和数列 $\{s_n\}$ 有界, 故当 $p>1$ 时, $\sum\limits_{n=1}^{\infty}\frac{1}{n^p}$ 收敛.

总之, p 级数 $\sum\limits_{n=1}^{\infty}\frac{1}{n^p}$ 当 $p>1$ 时收敛, 当 $p\leqslant 1$ 时发散.

注 使用比较判别法需要有比较的对象, 即要将所考察的级数通过放大 (证收敛) 或缩小 (证发散) 获取比较对象, 通常取作比较的对象有等比级数和 p 级数.

例 2.3 设正项级数 $\sum\limits_{n=1}^{\infty}a_n$ 收敛, 试证:

(1) $\sum\limits_{n=1}^{\infty}\sqrt{a_na_{n+1}}$ 收敛; (2) $\sum\limits_{n=1}^{\infty}a_n^2$ 收敛.

证 (1) 因为 $0\leqslant\sqrt{a_na_{n+1}}\leqslant\frac{1}{2}(a_n+a_{n+1})$, 而由 $\sum\limits_{n=1}^{\infty}a_n$ 收敛可知 $\sum\limits_{n=1}^{\infty}a_{n+1}$ 也收敛, 又由收敛级数的性质知 $\sum\limits_{n=1}^{\infty}\frac{1}{2}(a_n+a_{n+1})$ 收敛, 故由定理 2.2 知, $\sum\limits_{n=1}^{\infty}\sqrt{a_na_{n+1}}$ 收敛.

(2) 因为 $\sum\limits_{n=1}^{\infty}a_n$ 收敛, 必有 $\lim\limits_{n\to\infty}a_n=0$, 故对 $\varepsilon=1$, 必存在 $N>0$, 当 $n>N$ 时, 有 $0\leqslant a_n<1$, 故有 $0\leqslant a_n^2<a_n<1$, 由定理 2.2 推论, 可推出 $\sum\limits_{n=1}^{\infty}a_n^2$ 也收敛.

在比较审敛法判别级数敛散性的过程中, 需要将原级数的通项进行放大或缩小, 这一过程经常是不易处理的, 而下面比较判别法的极限形式使用起来就方便得多.

定理 2.3 设 $\sum\limits_{n=1}^{\infty}u_n$ 及 $\sum\limits_{n=1}^{\infty}v_n$ 都是正项级数, $v_n>0\ (n=1,2,\cdots)$ 且 $\lim\limits_{n\to\infty}\frac{u_n}{v_n}=\lambda$.

(1) 若 $0<\lambda<+\infty$, 则两级数 $\sum\limits_{n=1}^{\infty}u_n$, $\sum\limits_{n=1}^{\infty}v_n$ 具有相同的敛散性;

(2) 若 $\lambda=0$, 且级数 $\sum\limits_{n=1}^{\infty}v_n$ 收敛, 则级数 $\sum\limits_{n=1}^{\infty}u_n$ 收敛;

(3) 若 $\lambda=+\infty$, 且级数 $\sum\limits_{n=1}^{\infty}v_n$ 发散, 则级数 $\sum\limits_{n=1}^{\infty}u_n$ 发散.

证　(1) 由极限定义知, 对 $\varepsilon=\dfrac{\lambda}{2}$, 存在 $N>0$, 当 $n>N$, 有

$$\left|\frac{u_n}{v_n}-\lambda\right|<\frac{\lambda}{2},\ 即\ \frac{\lambda}{2}<\frac{u_n}{v_n}<\frac{3\lambda}{2},$$

故有 $\dfrac{\lambda}{2}v_n<u_n<\dfrac{3\lambda}{2}v_n$, 由定理 2.2 的推论可知两级数 $\sum\limits_{n=1}^{\infty}u_n$ 与 $\sum\limits_{n=1}^{\infty}v_n$ 具有相同的敛散性.

(2) 若 $\lambda=0$, 对 $\varepsilon=1$, 存在 $N>0$, 当 $n>N$, $\left|\dfrac{u_n}{v_n}\right|<1$, 即 $u_n<v_n$, 由定理 2.2 可知若级数 $\sum\limits_{n=1}^{\infty}v_n$ 收敛, 则级数 $\sum\limits_{n=1}^{\infty}u_n$ 必收敛.

(3) 若 $\lim\limits_{n\to\infty}\dfrac{u_n}{v_n}=+\infty$, 则对 $M>0$, 存在 $N>0$, 使当 $n>N$, 有 $\dfrac{u_n}{v_n}>M$, 即 $u_n>Mv_n$, 由定理 2.2 推论可知若级数 $\sum\limits_{n=1}^{\infty}v_n$ 发散, 则级数 $\sum\limits_{n=1}^{\infty}u_n$ 必发散.

定理 2.3 表明, 在一般项趋于零时, 判断正项级数 $\sum\limits_{n=1}^{\infty}u_n$ 是否收敛, 其实是判断一般项 u_n 作为无穷小量趋向零的“快慢”程度, 这时需要适当地选择一个已知敛散性的级数 $\sum\limits_{n=1}^{\infty}v_n$ 作为比较的基准, 如果 u_n 是与 v_n 同阶或是比 v_n 高阶的无穷小, 而级数 $\sum\limits_{n=1}^{\infty}v_n$ 收敛, 那么级数 $\sum\limits_{n=1}^{\infty}u_n$ 收敛; 如果 u_n 是与 v_n 同阶或是比 v_n 低阶的无穷小, 而级数 $\sum\limits_{n=1}^{\infty}v_n$ 发散, 那么级数 $\sum\limits_{n=1}^{\infty}u_n$ 发散, 最常选作基准级数的是几何级数和 p 级数.

例 2.4　判别级数 $\sum\limits_{n=1}^{\infty}\sin\dfrac{1}{n}$ 的收敛性.

解　因为 $\lim\limits_{n\to\infty}\dfrac{\sin\dfrac{1}{n}}{\dfrac{1}{n}}=1$, 而 $\sum\limits_{n=1}^{\infty}\dfrac{1}{n}$ 是发散的, 故 $\sum\limits_{n=1}^{\infty}\sin\dfrac{1}{n}$ 发散.

例 2.5　判别级数 $\sum\limits_{n=1}^{\infty}\dfrac{1}{\sqrt{n^3-n+1}}$ 的敛散性.

解　因为 $\lim\limits_{n\to\infty}\dfrac{\dfrac{1}{\sqrt{n^3-n+1}}}{\dfrac{1}{n^{\frac{3}{2}}}}=\lim\limits_{n\to\infty}\dfrac{n^{\frac{3}{2}}}{\sqrt{n^3-n+1}}=1$, 而 $\sum\limits_{n=1}^{\infty}\dfrac{1}{n^{\frac{3}{2}}}$ 是收敛的, 故级数

$\sum_{n=1}^{\infty}\frac{1}{\sqrt{n^3-n+1}}$ 是收敛的.

例 2.6 判别级数 $\sum_{n=1}^{\infty}\frac{1}{3^n-2^n}$ 的敛散性.

解 一般项 $u_n=\frac{1}{3^n}\cdot\frac{1}{1-\left(\frac{2}{3}\right)^n}$, 取 $v_n=\frac{1}{3^n}$, 因为

$$\lim_{n\to\infty}\frac{u_n}{v_n}=\lim_{n\to\infty}\frac{\frac{1}{3^n}\cdot\frac{1}{1-\left(\frac{2}{3}\right)^n}}{\frac{1}{3^n}}=\lim_{n\to\infty}\frac{1}{1-\left(\frac{2}{3}\right)^n}=1,$$

而 $\sum_{n=1}^{\infty}\frac{1}{3^n}$ 收敛, 由定理 2.3 知, 级数 $\sum_{n=1}^{\infty}\frac{1}{3^n-2^n}$ 收敛.

比较判别法必须借助其他敛散性已知的级数, 而下面的判别法, 都只利用级数本身的条件来判断敛散性.

定理 2.4(达朗贝尔 (d'Alembert) 比值审敛法) 设 $\sum_{n=1}^{\infty}u_n$ 是正项级数, 并且 $\lim_{n\to\infty}\frac{u_{n+1}}{u_n}=\rho$, 则

(1) 当 $\rho<1$ 时, 级数 $\sum_{n=1}^{\infty}u_n$ 收敛;

(2) 当 $\rho>1$ (包含 $\rho=+\infty$ 的情况), 级数 $\sum_{n=1}^{\infty}u_n$ 发散;

(3) 当 $\rho=1$ 时, 级数可能收敛也可能发散, 需要用其他方法判定.

证 (1) 因为 $\rho<1$, 取一个适当小的正数 ε, 使 $\rho+\varepsilon=r<1$, 由极限定义, 存在 $N>0$, 当 $n>N$ 时, 有 $\frac{u_{n+1}}{u_n}<r$, 因此 $u_{n+1}<ru_n$,

$$u_n<ru_{n-1}<r^2u_{n-2}<\cdots<u_{N+1}r^{n-N-1},$$

而正项级数 $\sum_{n=N+1}^{\infty}u_{N+1}r^{n-N-1}$ 收敛 $(0<r<1)$, 由定理 2.2 的推论, 级数 $\sum_{n=1}^{\infty}u_n$ 收敛.

(2) 当 $\rho>1$ 时, 取一个适当小的正数 ε, 使得 $\rho-\varepsilon>1$. 于是由极限的保号性, 存在 N, 当 $n>N$ 时, 有 $\frac{u_{n+1}}{u_n}>\rho-\varepsilon>1$, 即

$$u_{n+1}>u_n.$$

所以当 $n>N$ 时, 级数的一般项 u_n 逐渐增大, 从而 $\lim_{n\to\infty}u_n\neq 0$, 根据级数收敛的必要条件可知级数 $\sum_{n=1}^{\infty}u_n$ 发散.

(3) 对于 p 级数 $\sum\limits_{n=1}^{\infty}\dfrac{1}{n^p}$, 不论 p 为何值都有 $\lim\limits_{n\to\infty}\dfrac{u_{n+1}}{u_n}=\lim\limits_{n\to\infty}\dfrac{\dfrac{1}{(n+1)^p}}{\dfrac{1}{n^p}}=1$, 但我们知道 $\sum\limits_{n=1}^{\infty}\dfrac{1}{n^p}$ 当 $p>1$ 时收敛, 当 $p\leqslant 1$ 时发散. 故当 $\rho=1$ 时, 级数可能收敛也可能发散.

例 2.7 试用比值审敛法讨论以下级数的敛散性.

(1) $\sum\limits_{n=1}^{\infty}\dfrac{(n)^n}{n!}$;　　(2) $\sum\limits_{n=1}^{\infty}\dfrac{2^n}{n^2 3^n}$;

(3) $\sum\limits_{n=1}^{\infty}\dfrac{1}{2n(2n+1)}$.

解 (1) 因为

$$\lim_{n\to\infty}\frac{u_{n+1}}{u_n}=\lim_{n\to\infty}\frac{(n+1)^{n+1}}{(n+1)!}\cdot\frac{n!}{n^n}=\lim_{n\to\infty}\left(1+\frac{1}{n}\right)^n=\mathrm{e}>1,$$

由比值审敛法知原级数 $\sum\limits_{n=1}^{\infty}\dfrac{(n)^n}{n!}$ 发散.

(2) 因为

$$\lim_{n\to\infty}\frac{u_{n+1}}{u_n}=\lim_{n\to\infty}\frac{2^{n+1}}{(n+1)^2 3^{n+1}}\cdot\frac{n^2 3^n}{2^n}=\lim_{n\to\infty}\frac{2n^2}{3(n+1)^2}=\frac{2}{3}<1,$$

由比值审敛法知 $\sum\limits_{n=1}^{\infty}\dfrac{2^n}{n^2 3^n}$ 收敛.

(3) 因为 $\lim\limits_{n\to\infty}\dfrac{u_{n+1}}{u_n}=\lim\limits_{n\to\infty}\dfrac{2n(2n+1)}{2(n+1)(2n+3)}=1$, 这时 $\rho=1$, 比值审敛法失效, 必须用其他方法来判别这级数的收敛性.

因为 $2n+1>2n>n$, 所以 $\dfrac{1}{2n(2n+1)}<\dfrac{1}{n^2}$. 而 $\sum\limits_{n=1}^{\infty}\dfrac{1}{n^2}$ 收敛, 故 $\sum\limits_{n=1}^{\infty}\dfrac{1}{2n(2n+1)}$ 收敛.

例 2.8 判断级数 $\sum\limits_{n=1}^{\infty}\dfrac{x^n\left|\cos\dfrac{n\pi}{2}\right|}{(1+x)(1+x^2)\cdots(1+x^n)}$ 的敛散性 $(x\geqslant 0)$.

解 当 $x=0$ 时, 级数收敛于 0;

当 $x>0$ 时, 记

$$u_n=\frac{x^n\left|\cos\dfrac{n\pi}{2}\right|}{(1+x)(1+x^2)\cdots(1+x^n)},\quad v_n=\frac{x^n}{(1+x)(1+x^2)\cdots(1+x^n)},$$

显然 $u_n \leqslant v_n$. 因为

$$\lim_{n\to\infty}\frac{v_{n+1}}{v_n}=\lim_{n\to\infty}\frac{x}{1+x^{n+1}}=\begin{cases}x, & 0<x<1,\\ \dfrac{1}{2}, & x=1,\\ 0, & x>1.\end{cases}$$

故由比值审敛法知 $\sum\limits_{n=1}^{\infty}v_n$ 收敛, 再由比较审敛法知, 原级数收敛.

定理 2.5(柯西根值审敛法) 设 $\sum\limits_{n=1}^{\infty}u_n$ 是正项级数, 并且 $\lim\limits_{n\to\infty}\sqrt[n]{u_n}=\rho$, 则

(1) 当 $\rho<1$ 时, 级数收敛;

(2) 当 $\rho>1$ (包含 $\rho=+\infty$ 的情况) 时, 级数发散;

(3) 当 $\rho=1$ 时, 级数可能收敛, 也可能发散.

定理 2.5 的证明与定理 2.4 的方法相仿, 这里从略.

思考题解答

思考 1 比值审敛法与根值审敛法证明级数发散的共同点是什么?

思考 2 比值审敛法与根值审敛法有什么关系?

例 2.9 试用根值判别法讨论以下级数的敛散性.

(1) $\sum\limits_{n=1}^{\infty}\left(\dfrac{n}{2n+1}\right)^n$; (2) $\sum\limits_{n=1}^{\infty}\dfrac{a^n}{n^p}$ $(a>0)$.

解 (1) 因为

$$\lim_{n\to\infty}\sqrt[n]{u_n}=\lim_{n\to\infty}\frac{n}{2n+1}=\frac{1}{2}<1,$$

由根值审敛法知 $\sum\limits_{n=1}^{\infty}\left(\dfrac{n}{2n+1}\right)^n$ 收敛.

(2) 因为

$$\lim_{n\to\infty}\sqrt[n]{u_n}=\lim_{n\to\infty}\sqrt[n]{\frac{a^n}{n^p}}=\frac{a}{(\sqrt[n]{n})^p}=a,$$

所以当 $a<1$ 时, 级数收敛; 当 $a>1$ 时, 级数发散; 当 $a=1$ 时, 所给级数为 p 级数, 故当 $p>1$ 时级数收敛, 当 $p\leqslant 1$ 时, 级数发散.

二、交错级数及其审敛法

各项正负交错的数项级数

$$u_1-u_2+u_3-u_4+\cdots+(-1)^{n-1}u_n+\cdots,$$
$$-u_1+u_2-u_3+u_4-\cdots+(-1)^n u_n+\cdots,$$

称为**交错级数**, 其中 $u_1,u_2,\cdots$ 都是正数.

对于交错级数, 有如下的收敛判别法.

定理 2.6(莱布尼茨审敛法) 如果交错级数 $\sum_{n=1}^{\infty}(-1)^{n-1}u_n$ 满足

(1) $u_n \geqslant u_{n+1} \quad (n=1,2,3,\cdots)$;

(2) $\lim_{n\to\infty} u_n = 0$,

那么**级数收敛**, 其和 $s \leqslant u_1$, 余项 r_n 的绝对值 $|r_n| \leqslant u_{n+1}$.

证 记交错级数前 $2n$ 项的和为 s_{2n}, 并写成

$$s_{2n} = (u_1 - u_2) + (u_3 - u_4) + \cdots + (u_{2n-1} - u_{2n}).$$

由条件 (1), 所有括号中的差都是非负的, 因此 $\{s_{2n}\}$ 是单调递增数列. 另外, s_{2n} 又可以写成

$$s_{2n} = u_1 - (u_2 - u_3) - (u_4 - u_5) - \cdots - (u_{2n-2} - u_{2n-1}) - u_{2n}.$$

其中每个括号中的差也是非负的, 因此 $s_{2n} \leqslant u_1$. 所以数列 $\{s_{2n}\}$ 为单调有界数列, 因而当 $n\to\infty$ 时, s_{2n} 存在极限 s, 且 $s \leqslant u_1$, 即 $\lim_{n\to\infty} s_{2n} = s \leqslant u_1$.

由于 $s_{2n+1} = s_{2n} + u_{2n+1}$, 根据条件 (2) 得

$$\lim_{n\to\infty} s_{2n+1} = \lim_{n\to\infty}(s_{2n} + u_{2n+1}) = s + 0 = s.$$

这样, 交错级数的前偶数项的和 s_{2n} 与前奇数项的和 s_{2n+1} 都趋于同一个极限 s, 故级数 $\sum_{n=1}^{\infty}(-1)^{n-1}u_n$ 部分和数列 $\{s_n\}$ 在 $n\to\infty$ 时有极限, 即

$$\lim_{n\to\infty} s_n = s, \quad \text{且 } s \leqslant u_1,$$

故交错级数 $\sum_{n=1}^{\infty}(-1)^{n-1}u_n$ 收敛. 又因为

$$|r_n| = |s_n - s| = u_{n+1} - u_{n+2} + u_{n+3} - \cdots$$

也是一个交错级数, 且满足条件 (1) 与 (2), 故该级数也收敛, 且 $|s_n - s| \leqslant u_{n+1}$.

例 2.10 判定下列交错级数的敛散性.

(1) $\sum_{n=1}^{\infty}(-1)^{n-1}\frac{1}{n}$; (2) $\sum_{n=1}^{\infty}\frac{(-1)^n \ln n}{n}$.

解 (1) 由于 $u_n = \frac{1}{n} > \frac{1}{n+1} = u_{n+1}(n=1,2,\cdots)$, 且 $\lim_{n\to\infty} u_n = \lim_{n\to\infty}\frac{1}{n} = 0$, 故由定理 2.6 可知 $\sum_{n=1}^{\infty}(-1)^{n-1}\frac{1}{n}$ 收敛.

(2) 作辅助函数 $f(x) = \frac{\ln x}{x}$, 由 $f'(x) = \frac{1-\ln x}{x^2}$ 可知, 当 $x > \mathrm{e}$ 时, $f'(x) < 0$, $f(x)$ 单调递减, 所以当 $n \geqslant 3$ 时, 有 $u_n = \frac{\ln n}{n} \geqslant \frac{\ln(n+1)}{n+1} = u_{n+1}$, 且 $\lim_{n\to\infty}\frac{\ln n}{n} = 0$, 由定理 2.6 可知, 级数 $\sum_{n=1}^{\infty}\frac{(-1)^n \ln n}{n}$ 收敛.

例 2.11 判定交错级数 $\frac{1}{2}-\frac{1}{4}+\frac{1}{2^2}-\frac{1}{4^2}+\frac{1}{2^3}-\frac{1}{4^3}+\cdots$ 的敛散性.

解 该级数不满足莱布尼茨审敛法的条件, 下面采用级数收敛的定义来研究其敛散性. 因为

$$\begin{aligned} s_{2n} &= \left(\frac{1}{2}+\frac{1}{2^2}+\cdots+\frac{1}{2^n}\right)-\left(\frac{1}{4}+\frac{1}{4^2}+\cdots+\frac{1}{4^n}\right) \\ &= \frac{\frac{1}{2}\left(1-\frac{1}{2^n}\right)}{1-\frac{1}{2}}-\frac{\frac{1}{4}\left(1-\frac{1}{4^n}\right)}{1-\frac{1}{4}}=\left(1-\frac{1}{2^n}\right)-\frac{1}{3}\left(1-\frac{1}{4^n}\right), \end{aligned}$$

所以

$$\lim_{n\to\infty} s_{2n}=1-\frac{1}{3}=\frac{2}{3}.$$

由 $u_{2n+1}=\frac{1}{2^{n+1}}$ 可知

$$\lim_{n\to\infty} s_{2n+1}=\lim_{n\to\infty}(s_{2n}+u_{2n+1})=\lim_{n\to\infty} s_{2n}+\lim_{n\to\infty} u_{2n+1}=\frac{2}{3}.$$

故 $\lim\limits_{n\to\infty} s_n=\frac{2}{3}$, 原级数收敛.

由上例可知, 莱布尼茨审敛法只是充分条件, 若交错级数不满足定理中的条件 (1), 该级数也可能收敛.

三、绝对收敛与条件收敛

对于任意的数项级数 $\sum\limits_{n=1}^{\infty} u_n$, 其中 $u_1, u_2, \cdots, u_n, \cdots$ 为任意实数. 如果级数的每一项取绝对值后组成的正项级数 $\sum\limits_{n=1}^{\infty}|u_n|$ 收敛, 那么称级数 $\sum\limits_{n=1}^{\infty} u_n$ **绝对收敛**. 如果 $\sum\limits_{n=1}^{\infty}|u_n|$ 发散, $\sum\limits_{n=1}^{\infty} u_n$ 收敛, 那么称级数 $\sum\limits_{n=1}^{\infty} u_n$ **条件收敛**.

例如 $\sum\limits_{n=1}^{\infty}\frac{(-1)^{n-1}}{n^p}\quad(p>0)$, 由莱布尼茨审敛法可知其为收敛级数. 而对于取绝对值后的级数 $\sum\limits_{n=1}^{\infty}\left|\frac{(-1)^{n-1}}{n^p}\right|$, 当 $p>1$ 时收敛, 当 $p\leqslant 1$ 时发散, 所以级数 $\sum\limits_{n=1}^{\infty}\frac{(-1)^{n-1}}{n^p}$ 当 $p>1$ 时绝对收敛, 当 $0<p\leqslant 1$ 时条件收敛.

级数绝对收敛与级数收敛有以下重要关系:

定理 2.7 绝对收敛的级数必然收敛, 即若 $\sum\limits_{n=1}^{\infty}|u_n|$ 收敛, 则 $\sum\limits_{n=1}^{\infty} u_n$ 必收敛.

证　设级数 $\sum\limits_{n=1}^{\infty} u_n$ 绝对收敛, 令

$$v_n = \frac{u_n + |u_n|}{2} \quad (n = 1, 2, \cdots),$$

显然 $0 \leqslant v_n \leqslant |u_n|$. 因为 $\sum\limits_{n=1}^{\infty} |u_n|$ 收敛, 由正项级数的比较审敛法知, $\sum\limits_{n=1}^{\infty} v_n$ 也收敛, 又因为 $u_n = 2v_n - |u_n|$, 由收敛级数的基本性质可知, $\sum\limits_{n=1}^{\infty} u_n$ 也收敛.

注　定理 2.7 说明, 对于一般项的级数 $\sum\limits_{n=1}^{\infty} u_n$, 如果用正项级数的审敛法判定级数 $\sum\limits_{n=1}^{\infty} |u_n|$ 收敛, 那么该级数收敛, 这样就使一大类级数的收敛问题转化为正项级数的收敛问题.

下面分析级数绝对收敛与条件收敛的差异.

对任意项级数 $\sum\limits_{n=1}^{\infty} u_n$, 记

$$v_n = \frac{u_n + |u_n|}{2} = \begin{cases} u_n, & u_n > 0, \\ 0, & u_n \leqslant 0; \end{cases} \qquad w_n = \frac{|u_n| - u_n}{2} = \begin{cases} 0, & u_n \geqslant 0, \\ -u_n, & u_n < 0. \end{cases}$$

显然, $\sum\limits_{n=1}^{\infty} v_n$ 是级数 $\sum\limits_{n=1}^{\infty} u_n$ 全体正项构成的级数, $\sum\limits_{n=1}^{\infty} w_n$ 是级数 $\sum\limits_{n=1}^{\infty} u_n$ 全体负项的绝对值构成的级数. 如果 $\sum\limits_{n=1}^{\infty} u_n$ 绝对收敛, 由定理 2.7 的证明可知 $\sum\limits_{n=1}^{\infty} v_n$ 收敛, 由 $0 \leqslant w_n \leqslant |u_n|$ 可知, $\sum\limits_{n=1}^{\infty} w_n$ 也收敛; 反之, 如果 $\sum\limits_{n=1}^{\infty} u_n$ 条件收敛, 那么级数 $\sum\limits_{n=1}^{\infty} v_n$ 与 $\sum\limits_{n=1}^{\infty} w_n$ 均发散 (反证, 若其中之一收敛, $\sum\limits_{n=1}^{\infty} u_n$ 必绝对收敛).

上述结论说明绝对收敛级数的一般项趋向于零的速度足够快, 使无穷多项的和趋于定数; 而条件收敛级数的一般项趋向于零的速度不够快, 但在相加过程中正负项不断相互抵消, 使无穷多项的和趋于定数.

例 2.12　判别下列级数的敛散性, 若收敛, 指出是绝对收敛还是条件收敛.

(1) $\sum\limits_{n=1}^{\infty} (-1)^n \arctan \dfrac{\pi}{\sqrt{n}}$;　　(2) $\sum\limits_{n=1}^{\infty} \dfrac{\sin n\alpha}{n^2}$.

解　(1) 因为 $\arctan \dfrac{\pi}{\sqrt{n}}$ 与 $\dfrac{\pi}{\sqrt{n}}$ 是当 $n \to \infty$ 时的等价无穷小, 而 $\sum\limits_{n=1}^{\infty} \dfrac{\pi}{\sqrt{n}}$ 发散, 由比较审敛法知级数 $\sum\limits_{n=1}^{\infty} \arctan \dfrac{\pi}{\sqrt{n}}$ 发散, 故原级数非绝对收敛.

又因为 $\arctan\dfrac{\pi}{\sqrt{n}}$ 随着 n 增大单调递减且趋于零, 由莱布尼茨审敛法知交错级数 $\sum\limits_{n=1}^{\infty}(-1)^n$ $\arctan\dfrac{\pi}{\sqrt{n}}$ 条件收敛.

(2) 因为 $\left|\dfrac{\sin n\alpha}{n^2}\right| \leqslant \dfrac{1}{n^2}$, 而 $\sum\limits_{n=1}^{\infty}\dfrac{1}{n^2}$ 收敛, 故 $\sum\limits_{n=1}^{\infty}\left|\dfrac{\sin n\alpha}{n^2}\right|$ 收敛. 由定理 2.7 知级数 $\sum\limits_{n=1}^{\infty}\dfrac{\sin n\alpha}{n^2}$ 绝对收敛.

例 2.13 判定级数 $\sum\limits_{n=1}^{\infty}(-1)^n\dfrac{1}{2^n}\left(1+\dfrac{1}{n}\right)^{n^2}$ 敛散性.

解 因为

$$\sqrt[n]{|u_n|}=\frac{1}{2}\left(1+\frac{1}{n}\right)^n \to \frac{1}{2}\mathrm{e}, \quad n\to\infty,$$

而 $\dfrac{1}{2}\mathrm{e}>1$, 所以 $\lim\limits_{n\to\infty}|u_n|\neq 0$, 从而 $\lim\limits_{n\to\infty}u_n\neq 0$, 因此该级数发散.

注 一般说来, 如果级数 $\sum\limits_{n=1}^{\infty}|u_n|$ 发散, 级数 $\sum\limits_{n=1}^{\infty}u_n$ 不一定发散. 但是, 如果 $\sum\limits_{n=1}^{\infty}|u_n|$ 发散是通过比值审敛法 $\left(\lim\limits_{n\to\infty}\left|\dfrac{u_{n+1}}{u_n}\right|=\rho>1\right)$ 或根值审敛法 $\left(\lim\limits_{n\to\infty}\sqrt[n]{|u_n|}=\rho>1\right)$ 推出的, 那么级数 $\sum\limits_{n=1}^{\infty}u_n$ 必定发散. 这是因为从 $\rho>1$ 可推知 $\lim\limits_{n\to\infty}|u_n|\neq 0$, 从而 $\lim\limits_{n\to\infty}u_n\neq 0$, 因此级数 $\sum\limits_{n=1}^{\infty}u_n$ 必定发散.

绝对收敛级数有很多性质是条件收敛级数所没有的, 下面是关于绝对收敛级数的两个性质.

* **定理 2.8 (绝对收敛级数的可交换性)** 改变绝对收敛级数项的次序所得到的新级数仍绝对收敛, 并且级数的和不变.

证 首先证明定理对于收敛的正项级数 $\sum\limits_{n=1}^{\infty}u_n$ 是正确的.

设 $\sum\limits_{n=1}^{\infty}u_n$ 的部分和为 s_n, 和为 s. $\sum\limits_{n=1}^{\infty}u_n$ 改变项的次序后的级数记为 $\sum\limits_{n=1}^{\infty}u_n^*$, 部分和为 s_n^*, 其中 $u_k^*=u_{n_k}(k=1,2,\cdots)$, 令 $m=\max\{n_1,n_2,\cdots,n_n\}$, 则有

$$s_n^*=u_1^*+u_2^*+\cdots+u_n^*\leqslant u_1+u_2+\cdots+u_m=s_m\leqslant s.$$

所以单调增加的数列 $\{s_n^*\}$ 有上界 s, 由单调有界必有极限的准则, 可知 $\lim\limits_{n\to\infty}s_n^*$ 存在, 即级数 $\sum\limits_{n=1}^{\infty}u_n^*$ 收敛, 记和为 s^*, 则有 $s^*\leqslant s$.

另一方面, 也可以把原级数 $\sum\limits_{n=1}^{\infty} u_n$ 看成级数 $\sum\limits_{n=1}^{\infty} u_n^*$ 改变项的次序所成的级数, 用上面证得的结论, 又有 $s \leqslant s^*$, 故 $s = s^*$.

再证定理对于一般的绝对收敛级数 $\sum\limits_{n=1}^{\infty} u_n$ 是正确的. 由定理 2.7 的证明知, 正项级数 $\sum\limits_{n=1}^{\infty} v_n$ 也收敛, 而 $u_n = 2v_n - |u_n|$, 故有

$$\sum_{n=1}^{\infty} u_n = \sum_{n=1}^{\infty} (2v_n - |u_n|) = \sum_{n=1}^{\infty} 2v_n - \sum_{n=1}^{\infty} |u_n|.$$

若级数 $\sum\limits_{n=1}^{\infty} u_n$ 改变项的次序后的级数为 $\sum\limits_{n=1}^{\infty} u_n^*$, 则相应地 $\sum\limits_{n=1}^{\infty} v_n$ 改变为 $\sum\limits_{n=1}^{\infty} v_n^*$, $\sum\limits_{n=1}^{\infty} |u_n|$ 改变为 $\sum\limits_{n=1}^{\infty} |u_n^*|$, 由已证得的结论知

$$\sum_{n=1}^{\infty} v_n = \sum_{n=1}^{\infty} v_n^*, \quad \sum_{n=1}^{\infty} |u_n| = \sum_{n=1}^{\infty} |u_n^*|,$$

所以

$$\sum_{n=1}^{\infty} u_n^* = \sum_{n=1}^{\infty} 2v_n^* - \sum_{n=1}^{\infty} |u_n^*| = \sum_{n=1}^{\infty} 2v_n - \sum_{n=1}^{\infty} |u_n| = \sum_{n=1}^{\infty} u_n.$$

注　如果 $\sum\limits_{n=1}^{\infty} u_n$ 条件收敛, 那么不具有交换无穷多项的性质, 而有以下结论.

条件收敛级数适当改变项的次序后, 可以收敛于任一事先指定的数, 也可以发散到无穷大.

比如, 交错级数 $\sum\limits_{n=1}^{\infty} \dfrac{(-1)^{n+1}}{n}$ 是条件收敛的, 记其和为 s, 即

$$1 - \frac{1}{2} + \frac{1}{3} - \frac{1}{4} + \frac{1}{5} - \frac{1}{6} + \frac{1}{7} - \frac{1}{8} + \frac{1}{9} - \cdots = s,$$

两端乘 $\dfrac{1}{2}$, 得

$$\frac{1}{2} - \frac{1}{4} + \frac{1}{6} - \frac{1}{8} + \frac{1}{10} - \frac{1}{12} + \cdots = \frac{s}{2},$$

即

$$0 + \frac{1}{2} + 0 - \frac{1}{4} + 0 + \frac{1}{6} + 0 - \frac{1}{8} + 0 + \frac{1}{10} + \cdots = \frac{s}{2},$$

把它和第一个级数逐项相加, 得

$$1 + \frac{1}{3} - \frac{1}{2} + \frac{1}{5} + \frac{1}{7} - \frac{1}{4} + \frac{1}{9} + \cdots = \frac{3}{2}s.$$

上式左端恰是第一个级数改变项的次序而得到的, 但这个级数的和不再等于 s.

下面给出绝对收敛级数的第二个性质, 它与两个级数的乘法运算有关.

设级数 $\sum_{n=1}^{\infty} u_n$ 和 $\sum_{n=1}^{\infty} v_n$ 都收敛, 仿照有限项相乘的规则, 作出这两个级数的项所有可能的乘积 $u_iv_j(i,j=1,2,3,\cdots)$, 并把这些乘积排成一个无限 "方阵".

$$\begin{array}{cccccc}
u_1v_1 & u_1v_2 & u_1v_3 & \cdots & u_1v_i & \cdots \\
u_2v_1 & u_2v_2 & u_2v_3 & \cdots & u_2v_i & \cdots \\
u_3v_1 & u_3v_2 & u_3v_3 & \cdots & u_3v_i & \cdots \\
\vdots & \vdots & \vdots & & \vdots & \\
u_kv_1 & u_kv_2 & u_kv_3 & \cdots & u_kv_i & \cdots \\
\vdots & \vdots & \vdots & & \vdots &
\end{array}$$

这些乘积能以各种方法排成一列. 例如, 可以按 "对角线法" 或 "正方形法" 将它们排列成下面形状的数列:

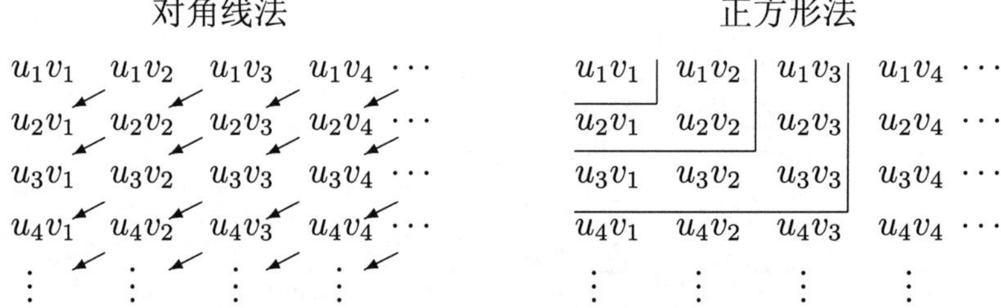

把排列好的数列用加号相连, 并把同一对角线上的项或同一框内的项括在一起, 就构成级数:

对角线法: $u_1v_1+(u_1v_2+u_2v_1)+(u_1v_3+u_2v_2+u_3v_1)+\cdots+(u_1v_n+u_2v_{n-1}+\cdots+u_nv_1)+\cdots$;

正方形法: $u_1v_1+(u_1v_2+u_2v_2+u_2v_1)+\cdots+(u_1v_n+u_2v_n+\cdots+u_nv_n+u_nv_{n-1}+\cdots+u_nv_1)+\cdots$.

按对角线法排列所组成的级数叫做级数 $\sum_{n=1}^{\infty} u_n$ 和 $\sum_{n=1}^{\infty} v_n$ 的柯西乘积.

* **定理 2.9 (绝对收敛级数的乘法)** 设级数 $\sum_{n=1}^{\infty} u_n$ 和 $\sum_{n=1}^{\infty} v_n$ 都绝对收敛, 其和分别为 s 和 σ, 则它们的柯西乘积

$$u_1v_1+(u_1v_2+u_2v_1)+(u_1v_3+u_2v_2+u_3v_1)+\cdots+(u_1v_n+u_2v_{n-1}+\cdots+u_nv_1)+\cdots \tag{2.1}$$

也绝对收敛的, 且其和为 $s\sigma$.

证 考虑把级数 (2.1) 去括号后所成的级数

$$u_1v_1+u_1v_2+u_2v_1+u_1v_3+u_2v_2+u_3v_1+\cdots+u_1v_n+u_2v_{n-1}+\cdots+u_nv_1+\cdots. \tag{2.2}$$

如果级数 (2.2) 绝对收敛且其和为 w, 那么由收敛级数的基本性质 1.4 及比较审敛法可知级数 (2.1) 也绝对收敛且其和为 w, 因此只要证明级数 (2.2) 绝对收敛且其和为 $w=s\sigma$ 即可.

先证级数 (2.2) 绝对收敛.

设 w_m 为级数 (2.2) 的前 m 项分别取绝对值后所作成的和, 又设

$$\sum_{n=1}^{\infty}|u_n| = A, \quad \sum_{n=1}^{\infty}|v_n| = B.$$

则显然有

$$w_m \leqslant \sum_{n=1}^{\infty}|u_n| \cdot \sum_{n=1}^{\infty}|v_n| \leqslant AB.$$

由此可见, 单调增加数列 $\{w_m\}$ 不超过定数 AB, 所以级数 (2.2) 绝对收敛.

再证级数 (2.2) 的和 $w = s\sigma$.

将级数 (2.2) 的各项位置重排并加括号使其成为按“正方形”排列所组成的级数

$$u_1v_1 + (u_1v_2 + u_2v_2 + u_2v_1) + \cdots + (u_1v_n + u_2v_n + \cdots u_nv_n + u_nv_{n-1} + \cdots + u_nv_1) + \cdots. \quad (2.3)$$

根据定理 2.8 和收敛级数的基本性质 1.4 可知, 对于绝对收敛级数 (2.2), 这样做不会改变其和. 易知, 级数 (2.3) 的前 n 项的和恰好为

$$(u_1 + u_2 + \cdots u_n) \cdot (v_1 + v_2 + \cdots v_n) = s_n \cdot \sigma_n,$$

因此

$$w = \lim_{n\to\infty} s_n \cdot \sigma_n = s\sigma.$$

例如, 当 $|x| < 1$ 时, 级数 $\sum\limits_{n=0}^{\infty} x^n$ 绝对收敛, 和为 $\dfrac{1}{1-x}$, 作柯西乘积, 得

$$\frac{1}{(1-x)^2} = \left(\sum_{n=0}^{\infty} x^n\right)\left(\sum_{n=0}^{\infty} x^n\right) = 1 + 2x + 3x^2 + \cdots + nx^n + \cdots = \sum_{n=1}^{\infty} nx^{n-1}.$$

由定理 2.9 知, 当 $|x| < 1$ 时, 级数 $\sum\limits_{n=1}^{\infty} nx^{n-1}$ 绝对收敛, 且它的和为 $\dfrac{1}{(1-x)^2}$.

习题 5–2

(A)

1. 用比较审敛法判断下列级数的敛散性.

(1) $\sum\limits_{n=1}^{\infty} \dfrac{1}{4n+1}$; (2) $\sum\limits_{n=1}^{\infty} \dfrac{1}{(n+1)(3n+2)}$;

(3) $\sum\limits_{n=1}^{\infty} \dfrac{n}{(n+1)(n+2)}$; (4) $\sum\limits_{n=1}^{\infty} \sin\dfrac{\pi}{2^n}$;

(5) $\sum\limits_{n=1}^{\infty}\sin\dfrac{\pi}{n\sqrt[n]{n}}$; (6) $\sum\limits_{n=1}^{\infty}\dfrac{\sqrt{n}+1}{2^n\sqrt{n}}$;

(7) $\sum\limits_{n=1}^{\infty}(\sqrt{n}+1)\ln\left(1+\dfrac{1}{n^2}\right)$; (8) $\sum\limits_{n=1}^{\infty}\dfrac{a^n}{1+a^{2n}}\quad(a>0)$.

2. 用比值审敛法判别下列级数的敛散性.

(1) $\sum\limits_{n=1}^{\infty}\dfrac{n^3}{3^n}$; (2) $\sum\limits_{n=1}^{\infty}\dfrac{n!}{5^n}$;

(3) $\sum\limits_{n=1}^{\infty}n\sin\dfrac{\pi}{2^n}$; (4) $\sum\limits_{n=1}^{\infty}\dfrac{2^n n!}{n^n}$;

(5) $\sum\limits_{n=1}^{\infty}\dfrac{n!}{n}$; (6) $\sum\limits_{n=1}^{\infty}\dfrac{n!}{(2n-1)!!}$.

3. 用根值审敛法判别下列级数的敛散性.

(1) $\sum\limits_{n=1}^{\infty}(\sqrt[n]{3}-1)^n$; (2) $\sum\limits_{n=1}^{\infty}\left(\dfrac{n}{2n-1}\right)^{2n+1}$;

(3) $\sum\limits_{n=1}^{\infty}\dfrac{a}{[\ln(1+n)]^n}\ (a>0)$; (4) $\sum\limits_{n=1}^{\infty}\left(2n\sin\dfrac{1}{n}\right)^{\frac{n}{2}}$;

(5) $\sum\limits_{n=1}^{\infty}\left(\dfrac{n}{n+1}\right)^{n^2}$.

4. 用适当的方法判别下列级数的敛散性.

(1) $\sum\limits_{n=1}^{\infty}\dfrac{1}{an+b}\ (a>0,\ b>0)$; (2) $\sum\limits_{n=1}^{\infty}n\left(\dfrac{4}{5}\right)^n$;

(3) $\sum\limits_{n=1}^{\infty}\dfrac{n^3}{n!}$; (4) $\sum\limits_{n=1}^{\infty}\left[\dfrac{n(\sqrt[n]{\mathrm{e}}-1)}{2}\right]^n$;

(5) $\sum\limits_{n=1}^{\infty}\dfrac{1+a^n}{1+b^n}\ (a>0,\ b>0)$.

5. 判别下列级数是否收敛, 如果收敛, 是条件收敛还是绝对收敛?

(1) $\sum\limits_{n=1}^{\infty}\dfrac{(-1)^n}{\sqrt{n}}$; (2) $\sum\limits_{n=1}^{\infty}\dfrac{(-1)^n n}{3^n}$;

(3) $\sum\limits_{n=1}^{\infty}(-1)^{n+1}\sin\dfrac{1}{n}$; (4) $\sum\limits_{n=1}^{\infty}(-1)^{n+1}\left(1-\cos\dfrac{1}{n}\right)$;

(5) $\sum\limits_{n=1}^{\infty}\left[(-1)^{n+1}\dfrac{1}{n}-\dfrac{1}{n^2+1}\right]$; (6) $\sum\limits_{n=1}^{\infty}\dfrac{(-1)^n 2^n}{n!}$.

(B)

6. 如果正项级数 $\sum\limits_{n=1}^{\infty}a_n$ 收敛, 试证级数 $\sum\limits_{n=1}^{\infty}\dfrac{\sqrt{a_n}}{n}$ 也收敛.

7. 设 $\sum\limits_{n=1}^{\infty}a_n^+$, $\sum\limits_{n=1}^{\infty}a_n^-$ 分别是收敛级数 $\sum\limits_{n=1}^{\infty}a_n$ 的正部与负部, 其中 $a_n^+=\dfrac{|a_n|+a_n}{2}$, $a_n^-=\dfrac{|a_n|-a_n}{2}$,

证明:

(1) $\sum\limits_{n=1}^{\infty} a_n$ 绝对收敛的充要条件是其正部与负部同时收敛;

(2) $\sum\limits_{n=1}^{\infty} a_n$ 条件收敛的充要条件是其正部与负部同时发散.

习题 5–2
7 题解答

第三节　幂　级　数

一、函数项级数的概念

定义 3.1　设函数列 $u_1(x), u_2(x), \cdots, u_n(x), \cdots$ 在某个区间 I 上有定义, 则

$$u_1(x)+u_2(x)+\cdots+u_n(x)+\cdots \tag{3.1}$$

称为定义在区间 I 上的**函数项级数**.

对于区间 I 上的每一个确定的点 x_0, 级数 (3.1) 就成了常数项级数

$$u_1(x_0)+u_2(x_0)+\cdots+u_n(x_0)+\cdots . \tag{3.2}$$

常数项级数 (3.2) 可能收敛, 也可能发散. 若级数 (3.2) 收敛, 则称 x_0 是函数项级数 (3.1) 的**收敛点**; 若级数 (3.2) 发散, 则称 x_0 是函数项级数 (3.1) 的**发散点**. 函数项级数 (3.1) 收敛点的全体称为它的**收敛域**, 函数项级数 (3.1) 发散点的全体称为它的**发散域**.

函数项级数 (3.1) 收敛域内任意的 x 都对应于一个收敛的常数项级数, 因而有确定的和, 记为 $s(x)$, 即

$$s(x)=u_1(x)+u_2(x)+\cdots+u_n(x)+\cdots .$$

称 $s(x)$ 为函数项级数 (3.1) 在收敛域上的**和函数**, 其定义域为 $\sum\limits_{n=1}^{\infty} u_n(x)$ 的收敛域.

把函数项级数 (3.1) 的前 n 项部分和记为 $s_n(x)$, 则在收敛域上有

$$\lim_{n\to\infty} s_n(x)=s(x),$$

称

$$r_n(x)=s(x)-s_n(x)$$

为函数项级数的**余项** (只有 x 在收敛域上 $r_n(x)$ 才有意义), 显然在收敛域上有 $\lim\limits_{n\to\infty} r_n(x)=0$.

例 3.1　求函数项级数 $\sum\limits_{n=0}^{\infty} x^n$ 的收敛域、发散域及和函数 $s(x)$.

解　显然级数 $\sum\limits_{n=0}^{\infty} x^n$ 是几何级数, 所以当 $|x|<1$ 时, 该级数收敛, 当 $|x| \geqslant 1$ 时, 该级数

发散. 故函数项级数 $\sum\limits_{n=0}^{\infty} x^n$ 的收敛域是 $(-1,1)$, 发散域是 $(-\infty,-1]\cup[1,+\infty)$, 且和函数为

$$s(x)=\sum_{n=0}^{\infty} x^n=\frac{1}{1-x}, \quad x\in(-1,1).$$

例 3.2 求函数项级数 $\sum\limits_{n=1}^{\infty}(nx)^n$ 的收敛域.

解 当 $x=0$ 时, $\sum\limits_{n=1}^{\infty}(nx)^n=0$, 显然收敛;

当 $x\neq 0$ 时, 因为 $\lim\limits_{n\to\infty}\sqrt[n]{|(nx)^n|}=\lim\limits_{n\to\infty}|nx|=+\infty$, 故 $\lim\limits_{n\to\infty}(nx)^n\neq 0$, 所以级数 $\sum\limits_{n=1}^{\infty}(nx)^n$ 发散, 因此函数项级数 $\sum\limits_{n=1}^{\infty}(nx)^n$ 只在 $x=0$ 点收敛, 收敛域为 $\{x\,|x=0\}$.

例 3.3 求函数项级数 $\sum\limits_{n=0}^{\infty}\dfrac{x^n}{2(n+1)!}$ 的收敛域.

解 当 $x=0$ 时, $\sum\limits_{n=0}^{\infty}\dfrac{x^n}{2(n+1)!}=\dfrac{1}{2}$, 显然收敛;

当 $x\neq 0$ 时, 因为

$$\lim_{n\to\infty}\left|\frac{u_{n+1}}{u_n}\right|=\lim_{n\to\infty}\left|\frac{x^{n+1}}{2(n+2)!}\Big/\frac{x^n}{2(n+1)!}\right|=\lim_{n\to\infty}\left|\frac{x}{(n+2)}\right|=0,$$

由比值审敛法知 $\sum\limits_{n=0}^{\infty}\dfrac{x^n}{2(n+1)!}$ 绝对收敛, 因此该级数的收敛域为 $(-\infty,+\infty)$.

二、幂级数及其收敛性

函数项级数中简单而重要的一类, 就是各项都是幂函数的函数项级数, 它的一般形式是

$$\sum_{n=0}^{\infty}a_n(x-x_0)^n=a_0+a_1(x-x_0)+a_2(x-x_0)^2+\cdots+a_n(x-x_0)^n+\cdots. \tag{3.3}$$

称 (3.3) 为 $x-x_0$ 的**幂级数**, 简称幂级数, 其中 x_0 为某个定数, $a_0,a_1,\cdots,a_n,\cdots$ 称为幂级数的**系数**.

由于幂级数的各项都是非负幂次的函数, 所以有着特殊的性质和优点. 本节重点讨论幂级数 $\sum\limits_{n=0}^{\infty}a_n(x-x_0)^n$ 的收敛域、收敛域上和函数的性质以及怎样求和函数. 为了讨论方便, 令幂级数 (3.3) 中 $x_0=0$, 即讨论幂级数

$$\sum_{n=0}^{\infty}a_nx^n=a_0+a_1x+a_2x^2+\cdots+a_nx^n+\cdots \tag{3.4}$$

的收敛域、收敛域上和函数的性质以及怎样求幂级数的和函数等问题, 这不影响一般性, 只要令 $t=x-x_0$, (3.3) 就可变为 (3.4).

显然当 $x=0$ 时, 幂级数 $\sum\limits_{n=0}^{\infty}a_nx^n$ 必定收敛, 所以幂级数的收敛域是一个非空集合. 而由例 3.1 和例 3.3 可以看到, $\sum\limits_{n=0}^{\infty}x^n$ 的收敛域是一个以 $x=0$ 为中心的对称区间, $\sum\limits_{n=0}^{\infty}\dfrac{x^n}{2(n+1)!}$ 的收敛域为 $(-\infty,+\infty)$. 那么当幂级数的收敛域既不是 $(-\infty,+\infty)$, 也不仅仅在 $x=0$ 收敛时, 一般的幂级数的收敛域是否也像例 3.1 一样是一个以 $x=0$ 为中心的对称区间呢? 下面的定理给出了答案.

定理 3.1(阿贝尔 (Abel) 定理) 对于幂级数 $\sum\limits_{n=0}^{\infty}a_nx^n$, 下列命题成立:

(1) 若 $\sum\limits_{n=0}^{\infty}a_nx^n$ 在点 $x_0(x_0\neq 0)$ 处收敛, 则当 $|x|<|x_0|$ 时, 级数 $\sum\limits_{n=0}^{\infty}a_nx^n$ 绝对收敛;

(2) 若 $\sum\limits_{n=0}^{\infty}a_nx^n$ 在点 $x_0(x_0\neq 0)$ 处发散, 则当 $|x|>|x_0|$ 时, 级数 $\sum\limits_{n=0}^{\infty}a_nx^n$ 发散.

证 (1) 若 $\sum\limits_{n=0}^{\infty}a_nx_0^n$ 收敛, 必然有 $\lim\limits_{n\to\infty}a_nx_0^n=0$, 从而数列 $\{a_nx_0^n\}$ 有界, 即存在 $M>0$, 对 $n=0,1,2,\cdots$, 有 $|a_nx_0^n|\leqslant M$, 这样级数 $\sum\limits_{n=0}^{\infty}a_nx^n$ 的一般项满足

$$|a_nx^n|=|a_nx_0^n|\left|\frac{x}{x_0}\right|^n\leqslant M\left|\frac{x}{x_0}\right|^n,$$

而当 $|x|<|x_0|$ 时, 等比级数 $\sum\limits_{n=1}^{\infty}M\left|\dfrac{x}{x_0}\right|^n$ 收敛, 故 $\sum\limits_{n=0}^{\infty}|a_nx^n|$ 也收敛, 即 $\sum\limits_{n=0}^{\infty}a_nx^n$ 绝对收敛.

(2) 用反证法, 如果存在 $x(|x|>|x_0|)$, 使级数 $\sum\limits_{n=0}^{\infty}a_nx^n$ 收敛, 那么由已证的 (1) 知, $\sum\limits_{n=0}^{\infty}a_nx^n$ 在 x_0 处绝对收敛, 这与假设矛盾, 故当 $|x|>|x_0|$ 时, 级数 $\sum\limits_{n=0}^{\infty}a_nx^n$ 发散.

注 由阿贝尔定理可知, 幂级数 $\sum\limits_{n=0}^{\infty}a_nx^n$ 的收敛域有以下三种情形:

(1) 仅在 $x=0$ 时, 级数 $\sum\limits_{n=0}^{\infty}a_nx^n$ 收敛, 这时收敛域只有一个点 $x=0$;

(2) 任意 $x\in(-\infty,+\infty)$, 级数 $\sum\limits_{n=0}^{\infty}a_nx^n$ 都收敛, 这时收敛域为 $(-\infty,+\infty)$;

(3) 存在非零的实数 x_1, x_2, 使级数 $\sum\limits_{n=0}^{\infty}a_nx^n$ 在 x_1 收敛, 在 x_2 发散, 这时存在一个正

数 R, 使得级数 $\sum\limits_{n=0}^{\infty} a_n x^n$ 在 $|x|<R$ 时绝对收敛, 在 $|x|>R$ 时发散, 在 $x=\pm R$ 时, 级数可以收敛也可以发散.

在情形 (3) 中, 正数 R 称为幂级数 $\sum\limits_{n=0}^{\infty} a_n x^n$ 的**收敛半径**, 开区间 $(-R,R)$ 称为它的**收敛区间**. 对于情形 (1) 和 (2), 可以认为收敛半径分别是 $R=0$ 和 $R=+\infty$.

由上述分析, 对于幂级数 $\sum\limits_{n=0}^{\infty} a_n x^n$, 只要知道它的收敛半径 R, 再讨论当 $x=\pm R$ 时的敛散性, 就可以确定该级数的收敛域.

下面的定理给出了求收敛半径的常用办法.

定理 3.2 设幂级数 $\sum\limits_{n=0}^{\infty} a_n x^n$ 的各项系数 $a_n \neq 0 (n=0,1,2,\cdots)$, 如果 $\lim\limits_{n\to\infty}\left|\dfrac{a_{n+1}}{a_n}\right|=\rho$, 那么 $\sum\limits_{n=0}^{\infty} a_n x^n$ 的收敛半径

$$R=\begin{cases}\dfrac{1}{\rho}, & 0<\rho<+\infty,\\ +\infty, & \rho=0,\\ 0, & \rho=+\infty.\end{cases}$$

证 考虑原幂级数各项加绝对值之后的级数 $\sum\limits_{n=0}^{\infty}|a_n x^n|$, 该级数相邻两项之比为

$$\left|\frac{a_{n+1}x^{n+1}}{a_n x^n}\right|=\left|\frac{a_{n+1}}{a_n}\right||x|.$$

(1) 如果 $0<\rho<+\infty$, 即 $\lim\limits_{n\to\infty}\left|\dfrac{a_{n+1}x^{n+1}}{a_n x^n}\right|=\lim\limits_{n\to\infty}\left|\dfrac{a_{n+1}}{a_n}\right||x|=\rho|x|$, 那么由达朗贝尔比值审敛法知, 当 $\rho|x|<1$, 即 $|x|<\dfrac{1}{\rho}$ 时, 级数 $\sum\limits_{n=0}^{\infty} a_n x^n$ 绝对收敛. 当 $\rho|x|>1$, 即 $|x|>\dfrac{1}{\rho}$ 时, 级数 $\sum\limits_{n=0}^{\infty}|a_n x^n|$ 发散, 从而级数 $\sum\limits_{n=0}^{\infty} a_n x^n$ 发散, 于是幂级数 $\sum\limits_{n=0}^{\infty} a_n x^n$ 的收敛半径 $R=\dfrac{1}{\rho}$.

(2) 如果 $\rho=0$, 那么对任意 $x\neq 0$, $\lim\limits_{n\to\infty}\left|\dfrac{a_{n+1}x^{n+1}}{a_n x^n}\right|=0$, 即级数 $\sum\limits_{n=0}^{\infty}|a_n x^n|$ 收敛, 故级数 $\sum\limits_{n=0}^{\infty} a_n x^n$ 绝对收敛, 因此 $R=+\infty$.

(3) 如果 $\rho=+\infty$, 那么对任意 $x\neq 0$, 有 $\left|\dfrac{a_{n+1}x^{n+1}}{a_n x^n}\right|\to\infty\ (n\to\infty)$, 因此, 除 $x=0$ 外, 级数 $\sum\limits_{n=0}^{\infty} a_n x^n$ 都发散, 故 $R=0$.

注 若 $\sum\limits_{n=0}^{\infty} a_n x^n$ 的系数 $a_n\neq 0$, 则可以按照 $R=\lim\limits_{n\to\infty}\left|\dfrac{a_n}{a_{n+1}}\right|$ 来计算收敛半径.

利用正项级数的根值审敛法, 同理可证下面的定理.

定理 3.3 设幂级数 $\sum_{n=0}^{\infty} a_n x^n$ 的各项系数 $a_n \neq 0\ (n=0,1,2,\cdots)$, 且 $\lim_{n\to\infty}\sqrt[n]{|a_n|}=\rho$, 则幂级数 $\sum_{n=0}^{\infty} a_n x^n$ 的收敛半径为

$$R=\begin{cases}\dfrac{1}{\rho}, & 0<\rho<+\infty,\\ +\infty, & \rho=0,\\ 0, & \rho=+\infty.\end{cases}$$

注 若 $\sum_{n=0}^{\infty} a_n x^n$ 的系数 $a_n \neq 0$, 也可以按照 $R=\lim_{n\to\infty}\dfrac{1}{\sqrt[n]{|a_n|}}$ 来计算收敛半径.

例 3.4 求下列幂级数的收敛半径和收敛域.

(1) $\sum_{n=1}^{\infty}(-1)^{n-1}\dfrac{x^n}{n}$; (2) $\sum_{n=0}^{\infty}\dfrac{x^n}{n!}$;

(3) $\sum_{n=1}^{\infty} n!\, x^n$; (4) $\sum_{n=1}^{\infty}\dfrac{3^n+(-2)^n}{n}(x-1)^n$;

(5) $\sum_{n=0}^{\infty}\dfrac{x^{n^2}}{2^n}$.

解 (1) 因为 $\rho=\lim_{n\to\infty}\left|\dfrac{a_{n+1}}{a_n}\right|=\lim_{n\to\infty}\dfrac{\frac{1}{n+1}}{\frac{1}{n}}=1$, 所以收敛半径 $R=1$. 当 $x=1$ 时, 级数成为交错级数 $\sum_{n=1}^{\infty}(-1)^{n-1}\dfrac{1}{n}$, 收敛; 当 $x=-1$ 时, 级数成为 $\sum_{n=1}^{\infty}\left(-\dfrac{1}{n}\right)$, 发散. 所以该级数的收敛域为 $(-1,1]$.

注 本题也可利用定理 3.3 来求收敛半径, 即

$$\rho=\lim_{n\to\infty}\sqrt[n]{|a_n|}=\lim_{n\to\infty}\sqrt[n]{\frac{1}{n}}=1,\ \text{收敛半径}\ R=1.$$

(2) 因为 $\rho=\lim_{n\to\infty}\left|\dfrac{a_{n+1}}{a_n}\right|=\lim_{n\to\infty}\dfrac{n!}{(n+1)!}=0$, 所以收敛半径 $R=+\infty$, 故该级数的收敛域为 $(-\infty,+\infty)$.

(3) 因为 $\rho=\lim_{n\to\infty}\left|\dfrac{a_{n+1}}{a_n}\right|=\lim_{n\to\infty}\dfrac{(n+1)!}{n!}=\lim_{n\to\infty}(n+1)=+\infty$, 所以收敛半径 $R=0$, 收敛域为 $\{x\,|x=0\}$.

(4) 令 $u=x-1$, 考虑幂级数 $\sum_{n=1}^{\infty}\dfrac{3^n+(-2)^n}{n}u^n$, 因为

$$\rho=\lim_{n\to\infty}\left|\frac{3^{n+1}+(-2)^{n+1}}{n+1}\cdot\frac{n}{3^n+(-2)^n}\right|=3,$$

所以 $\sum\limits_{n=1}^{\infty}\dfrac{3^n+(-2)^n}{n}u^n$ 的收敛半径 $R=\dfrac{1}{3}$.

当 $u=-\dfrac{1}{3}$ 时, 级数为 $\sum\limits_{n=1}^{\infty}\dfrac{3^n+(-2)^n}{n}\left(\dfrac{-1}{3}\right)^n=\sum\limits_{n=1}^{\infty}\left[\dfrac{(-1)^n}{n}+\dfrac{1}{n}\left(\dfrac{2}{3}\right)^n\right]$, 收敛.

当 $u=\dfrac{1}{3}$ 时, 级数为 $\sum\limits_{n=1}^{\infty}\dfrac{3^n+(-2)^n}{n}\cdot\dfrac{1}{3^n}=\sum\limits_{n=1}^{\infty}\left[\dfrac{1}{n}+\dfrac{1}{n}\left(\dfrac{-2}{3}\right)^n\right]$, 发散.

因此级数 $\sum\limits_{n=1}^{\infty}\dfrac{3^n+(-2)^n}{n}(x-1)^n$ 的收敛域为 $-\dfrac{1}{3}\leqslant x-1<\dfrac{1}{3}$, 即 $\left[\dfrac{2}{3},\dfrac{4}{3}\right)$.

(5) 由于级数 $\sum\limits_{n=0}^{\infty}\dfrac{x^{n^2}}{2^n}$ 中有无穷多项的系数 $a_n=0$, 不能直接套用定理 3.2 的公式. 下面根据比值审敛法来求收敛半径.

$$\lim_{n\to\infty}\left|\frac{x^{(n+1)^2}}{2^{n+1}}\cdot\frac{2^n}{x^{n^2}}\right|=\lim_{n\to\infty}\frac{|x^{2n+1}|}{2}=\begin{cases}0, & |x|<1,\\ \dfrac{1}{2}, & |x|=1,\\ +\infty, & |x|>1.\end{cases}$$

由比值审敛法可知当 $|x|\leqslant 1$ 时, 级数绝对收敛; 当 $|x|>1$ 时, 由 $\lim\limits_{n\to\infty}\dfrac{x^{n^2}}{2^n}\neq 0$, 知级数发散, 故级数 $\sum\limits_{n=0}^{\infty}\dfrac{x^{n^2}}{2^n}$ 的收敛半径为 $R=1$, 又因为级数 $\sum\limits_{n=0}^{\infty}\dfrac{(\pm 1)^{n^2}}{2^n}$ 收敛, 所以该级数的收敛域为 $[-1,1]$.

三、幂级数的运算

设两个幂级数 $\sum\limits_{n=0}^{\infty}a_nx^n$ 与 $\sum\limits_{n=0}^{\infty}b_nx^n$ 分别在区间 $(-R_1,\ R_1)$ 和 $(-R_2,\ R_2)$ 内收敛, 令 $R=\min\{R_1,R_2\}$, 则两个级数在区间 $(-R,R)$ 内均绝对收敛且级数满足如下四则运算:

(1) $\sum\limits_{n=0}^{\infty}a_nx^n\pm\sum\limits_{n=0}^{\infty}b_nx^n=\sum\limits_{n=0}^{\infty}(a_n\pm b_n)x^n$ 在 $(-R,R)$ 内绝对收敛.

(2) $$\left(\sum_{n=0}^{\infty}a_nx^n\right)\left(\sum_{n=0}^{\infty}b_nx^n\right)$$
$$=a_0b_0+(a_0b_1+a_1b_0)x+(a_0b_2+a_1b_1+a_2b_0)x^2+\cdots+$$
$$(a_0b_n+a_1b_{n-1}+\cdots+a_nb_0)x^n+\cdots.$$

上式称为幂级数的柯西乘积, 在区间 $(-R,\ R)$ 内绝对收敛.

(3) $$\frac{\sum\limits_{n=0}^{\infty} a_n x^n}{\sum\limits_{n=0}^{\infty} b_n x^n} = \frac{a_0 + a_1 x + a_2 x^2 + \cdots + a_n x^n + \cdots}{b_0 + b_1 x + b_2 x^2 + \cdots + b_n x^n + \cdots}$$

$$= c_0 + c_1 x + c_2 x^2 + \cdots + c_n x^n + \cdots.$$

这时设 $b_0 \neq 0$. 为了决定系数 $c_0, c_1, c_2, \cdots, c_n, \cdots$, 可以将级数 $\sum\limits_{n=0}^{\infty} b_n x^n$ 和 $\sum\limits_{n=0}^{\infty} c_n x^n$ 相乘, 并令乘积中各项的系数分别等于级数 $\sum\limits_{n=0}^{\infty} a_n x^n$ 中同次幂的系数, 即得

$$a_0 = b_0 c_0,$$
$$a_1 = b_1 c_0 + b_0 c_1,$$
$$a_2 = b_2 c_0 + b_1 c_1 + b_0 c_2,$$
$$\cdots\cdots\cdots\cdots$$

由这些方程就可以顺序地求出 $c_0, c_1, c_2, \cdots, c_n, \cdots$.

注 两个级数相除得到的新级数的收敛半径比原来两个级数的公共收敛半径可能要小得多.

例如,

$$\frac{1}{1-x} = 1 + x + x^2 + \cdots + x^n + \cdots, \quad x \in (-1,1),$$

而 $\sum\limits_{n=0}^{\infty} a_n x^n = 1 + 0x + \cdots + 0x^n + \cdots$ 与 $\sum\limits_{n=0}^{\infty} b_n x^n = 1 - x + 0x^2 + \cdots + 0x^n + \cdots$ 在整个数轴上收敛, 但 $\sum\limits_{n=0}^{\infty} c_n x^n = \dfrac{\sum\limits_{n=0}^{\infty} a_n x^n}{\sum\limits_{n=0}^{\infty} b_n x^n} = \sum\limits_{n=0}^{\infty} x^n$ 仅在 $(-1,1)$ 内收敛.

四、和函数的性质

幂级数的和函数具有很好的分析性质, 以下将不加证明地给出这些性质.

设幂级数 $\sum\limits_{n=0}^{\infty} a_n x^n$ 的收敛半径为 $R > 0$, 收敛域为 D, 和函数为 $s(x)$, 则 $s(x)$ 具有下列性质:

性质 3.1 (连续性) 幂级数 $\sum\limits_{n=0}^{\infty} a_n x^n$ 的和函数 $s(x)$ 在收敛域上连续, 即对任意 $x_0 \in D$, 有

$$\lim_{x \to x_0} s(x) = \lim_{x \to x_0} \sum_{n=0}^{\infty} a_n x^n = \sum_{n=0}^{\infty} \lim_{x \to x_0} a_n x^n = \sum_{n=0}^{\infty} a_n x_0^n = s(x_0).$$

若 x_0 是端点, 应换成单侧极限.

性质 3.2 (可积性) 幂级数 $\sum\limits_{n=0}^{\infty} a_n x^n$ 的和函数 $s(x)$ 在 $(-R,R)$ 内可积, 且可以逐项求积分, 即

$$\int_0^x s(t)\mathrm{d}t = \int_0^x \left(\sum_{n=0}^{\infty} a_n t^n\right)\mathrm{d}t = \sum_{n=0}^{\infty}\int_0^x a_n t^n \mathrm{d}t = \sum_{n=0}^{\infty}\frac{a_n}{n+1}x^{n+1}.$$

而且逐项积分后得到的幂级数与原级数有相同的收敛半径.

性质 3.3 (可微性) 幂级数 $\sum\limits_{n=0}^{\infty} a_n x^n$ 的和函数 $s(x)$ 在 $(-R,R)$ 内可导, 且可以逐项求导, 即

$$s'(x) = \left(\sum_{n=0}^{\infty} a_n x^n\right)' = \sum_{n=0}^{\infty}(a_n x^n)' = \sum_{n=1}^{\infty} n a_n x^{n-1}.$$

而且求导后所得的幂级数和原级数有相同的收敛半径.

注 反复应用这个结论可得: 幂级数 $\sum\limits_{n=0}^{\infty} a_n x^n$ 的和函数 $s(x)$ 在 $(-R,R)$ 内具有**任意阶导数**.

综上可见, 幂级数有良好的运算性质, 能像多项式一样进行加法和乘法运算, 可以逐项求极限、逐项求积分和逐项求导. 这些性质在幂级数的求和以及函数展开成幂级数时都有重要的作用.

例 3.5 求下列幂级数的和函数.

(1) $\sum\limits_{n=0}^{\infty}\dfrac{x^n}{n+1}$;　　(2) $\sum\limits_{n=1}^{\infty} n x^{2n}$.

解 (1) 已知幂级数 $\sum\limits_{n=0}^{\infty}\dfrac{x^n}{n+1}$ 的收敛半径为 $R=1$; 当 $x=-1$ 时, 原级数为收敛级数 $\sum\limits_{n=0}^{\infty}\dfrac{(-1)^n}{n+1}$; 当 $x=1$ 时, 原级数为发散级数 $\sum\limits_{n=0}^{\infty}\dfrac{1}{n+1}$, 故收敛域为 $[-1,1)$.

设和函数为 $s(x)$, 即 $s(x)=\sum\limits_{n=0}^{\infty}\dfrac{x^n}{n+1}$. 显然 $s(0)=1$, 且当 $x\neq 0$ 时, 根据和函数逐项积分的性质可得

$$\begin{aligned} s(x) &= \frac{1}{x}\sum_{n=0}^{\infty}\frac{x^{n+1}}{n+1} = \frac{1}{x}\sum_{n=0}^{\infty}\int_0^x t^n \mathrm{d}t \\ &= \frac{1}{x}\int_0^x \sum_{n=0}^{\infty} t^n \mathrm{d}t = \frac{1}{x}\int_0^x \frac{1}{1-t}\mathrm{d}t = -\frac{1}{x}\ln(1-x), \quad x\in(-1,1). \end{aligned}$$

即当 $x\in(-1,1)$ 且 $x\neq 0$ 时, 有

$$s(x) = -\frac{1}{x}\ln(1-x).$$

由和函数的连续性以及 $-\dfrac{1}{x}\ln(1-x)$ 在 $x=-1$ 处连续, 可知上述等式在 $x=-1$ 处也成立. 又 $\lim\limits_{x\to 0}\left[-\dfrac{1}{x}\ln(1-x)\right]=1=s(0)$, 所以

$$s(x)=\begin{cases}-\dfrac{1}{x}\ln(1-x), & -1\leqslant x<0 \text{ 或 } 0<x<1,\\ 1, & x=0.\end{cases}$$

(2) 令 $x^2=t$, 原级数变为 $\sum\limits_{n=1}^{\infty}nt^n$, 易知 $\sum\limits_{n=1}^{\infty}nt^n$ 的收敛半径为 $R=1$, 收敛域为 $(-1,1)$, 故原级数的 $\sum\limits_{n=1}^{\infty}nx^{2n}$ 收敛域也为 $(-1,1)$. 记 $s(t)=\sum\limits_{n=1}^{\infty}nt^n$, 则由和函数的可微性有

$$\begin{aligned}s(t)&=\sum_{n=1}^{\infty}nt^n=t\sum_{n=1}^{\infty}nt^{n-1}=t\sum_{n=1}^{\infty}(t^n)'=t\left(\sum_{n=1}^{\infty}t^n\right)'\\&=t\left(\frac{t}{1-t}\right)'=\frac{t}{(1-t)^2},\quad t\in(-1,1).\end{aligned}$$

故级数 $\sum\limits_{n=1}^{\infty}nx^{2n}$ 的和函数为

$$s(x)=\frac{x^2}{(1-x^2)^2},\quad x\in(-1,1).$$

例 3.6 求幂级数 $\sum\limits_{n=0}^{\infty}(-1)^n\dfrac{x^{2n+1}}{2n+1}$ 的和函数, 并求级数 $\sum\limits_{n=0}^{\infty}(-1)^n\dfrac{1}{2n+1}$ 的和.

解 易知 $\sum\limits_{n=0}^{\infty}(-1)^n\dfrac{x^{2n+1}}{2n+1}$ 收敛半径为 $R=1$. 当 $x=-1$ 时, 原级数为收敛级数 $-\sum\limits_{n=0}^{\infty}\dfrac{(-1)^n}{2n+1}$; 当 $x=1$ 时, 原级数为 $\sum\limits_{n=0}^{\infty}\dfrac{(-1)^n}{2n+1}$, 也收敛, 故收敛域为 $[-1,1]$.

设和函数为 $s(x)$, 则

$$\begin{aligned}s(x)&=\sum_{n=0}^{\infty}(-1)^n\frac{x^{2n+1}}{2n+1}=\sum_{n=0}^{\infty}\int_0^x(-1)^nt^{2n}\mathrm{d}t\\&=\int_0^x\sum_{n=0}^{\infty}(-1)^nt^{2n}\mathrm{d}t=\int_0^x\frac{1}{1+t^2}\mathrm{d}t=\arctan x,\quad x\in(-1,1).\end{aligned}$$

由于 $\arctan x$ 在 $[-1,1]$ 上连续, 并由和函数的连续性, 可知

$$\sum_{n=0}^{\infty}(-1)^n\frac{x^{2n+1}}{2n+1}=\arctan x,\quad x\in[-1,1].$$

上式中令 $x=1$, 得 $\sum\limits_{n=0}^{\infty}(-1)^{n}\dfrac{1}{2n+1}=\dfrac{\pi}{4}$.

习题 5–3

(A)

1. 求下列幂级数的收敛域.

(1) $\sum\limits_{n=1}^{\infty}(-1)^{n}\dfrac{x^{n}}{n^{2}+n}$; (2) $\sum\limits_{n=1}^{\infty}\dfrac{x^{n}}{(2n)!!}$;

(3) $\sum\limits_{n=1}^{\infty}2^{n}(x+1)^{2n}$; (4) $\sum\limits_{n=2}^{\infty}\dfrac{n!}{a^{n^{2}}}x^{n}\ (a\neq 0)$;

(5) $\sum\limits_{n=1}^{\infty}\dfrac{(x+1)^{n}}{n^{p}}\ (p>0)$; (6) $\sum\limits_{n=1}^{\infty}\left[\dfrac{3+(-1)^{n}}{n}\right]^{n}x^{n}$;

(7) $\sum\limits_{n=1}^{\infty}(-1)^{n}\dfrac{x^{3n}}{2^{n}\cdot n}$.

2. 求下列级数的和函数.

(1) $\sum\limits_{n=0}^{\infty}x^{2}\mathrm{e}^{-nx}\quad(x>0)$; (2) $\sum\limits_{n=1}^{\infty}nx^{n+1}$;

(3) $\sum\limits_{n=1}^{\infty}(-1)^{n+1}\dfrac{x^{2n-1}}{2n-1}$; (4) $\sum\limits_{n=1}^{\infty}\dfrac{x^{n-1}}{2^{n}\cdot n}$;

(5) $\sum\limits_{n=1}^{\infty}\dfrac{x^{n+1}}{(n+1)n}$; (6) $\sum\limits_{n=0}^{\infty}\left(2^{n+1}-1\right)x^{n}$.

(B)

3. 求下列级数的收敛域.

(1) $\sum\limits_{n=1}^{\infty}\dfrac{x^{n}}{1+x^{2n}}$; (2) $\sum\limits_{n=1}^{\infty}\arctan\dfrac{2x}{x^{2}+n^{3}}$;

4. 已知 $\sum\limits_{n=0}^{\infty}\dfrac{x^{n}}{n!}=\mathrm{e}^{x}\ (-\infty<x<+\infty)$, 试求幂级数 $\sum\limits_{n=0}^{\infty}\dfrac{n^{2}+1}{2^{n}n!}x^{n}$ 的和函数.

5. 求下列数项级数的和.

(1) $\sum\limits_{n=1}^{\infty}\dfrac{(-1)^{n-1}}{n(2n-1)}\left(\dfrac{1}{3}\right)^{n}$; (2) $\sum\limits_{n=1}^{\infty}\dfrac{(n+1)n}{2^{n}}$;

(3) $\dfrac{1}{2}+\dfrac{3}{4}+\dfrac{5}{8}+\dfrac{7}{16}+\cdots$; (4) $\dfrac{1}{1\cdot 3}+\dfrac{1}{2\cdot 3^{2}}+\dfrac{1}{3\cdot 3^{3}}+\dfrac{1}{4\cdot 3^{4}}+\cdots$.

第四节　函数展开成幂级数及其应用

上一节讨论了幂级数收敛域、和函数的性质以及一些和函数的表达式, 并得到这样一个结论: 一个幂级数在收敛域内可以表示一个函数. 反之, 对于一个给定的函数 $f(x)$, 能否用一个幂级数来表示它呢? 也即是说, 能不能找到一个幂级数, 它在某个区间内收敛, 其和函数正好就是所给的函数 $f(x)$. 解决了这个问题, 就给出了函数的一种新的表示方式, 并可以用简单函数 —— 多项式函数来逼近一般函数 $f(x)$.

一、泰勒级数

由第三章的泰勒公式一节知, 若函数 $f(x)$ 在包含 x_0 的某邻域 $U(x_0)$ 内具有到 $n+1$ 阶的导数, 则在该邻域内 $f(x)$ 有泰勒公式

$$f(x)=f(x_0)+f'(x_0)(x-x_0)+\cdots+\frac{f^{(n)}(x_0)}{n!}(x-x_0)^n+R_n(x), \tag{4.1}$$

其中 $R_n(x)$ 为拉格朗日型余项: $R_n(x)=\dfrac{f^{(n+1)}(\xi)}{(n+1)!}(x-x_0)^{n+1}$, ξ 是介于 x_0 与 x 之间的某个值.

这时在该邻域 $U(x_0)$ 内, $f(x)$ 可以用 n 阶多项式

$$P_n(x)=f(x_0)+f'(x_0)(x-x_0)+\cdots+\frac{f^{(n)}(x_0)}{n!}(x-x_0)^n \tag{4.2}$$

近似表示, 并且误差的绝对值为 $|f(x)-P_n(x)|=|R_n(x)|$.

如果 $|R_n(x)|$ 随着 n 的增大而减小, 就可以增加多项式 (4.2) 的项数, 来提高 $P_n(x)$ 逼近 $f(x)$ 的程度.

如果 $f(x)$ 在点 x_0 的某邻域 $U(x_0)$ 内有任意阶导数, 这时多项式 (4.2) 的项数可以趋向无穷而成为幂级数

$$f(x_0)+f'(x_0)(x-x_0)+\frac{f''(x_0)}{2!}(x-x_0)^2+\cdots+\frac{f^{(n)}(x_0)}{n!}(x-x_0)^n+\cdots, \tag{4.3}$$

幂级数 (4.3) 称为函数 $f(x)$ 在 $x=x_0$ 处的**泰勒级数**. 显然, $f(x)$ 的泰勒级数在 $x=x_0$ 处收敛于 $f(x_0)$, 但除了 $x=x_0$ 外, 是否还有其他收敛点? 若有, 是否一定收敛到 $f(x)$? 关于这些问题, 有下述定理.

定理 4.1　设函数 $f(x)$ 在点 x_0 的某邻域 $U(x_0)$ 内具有任意阶导数, 则 $f(x)$ 在该邻域内能展开成泰勒级数的充要条件是 $f(x)$ 的泰勒公式中的余项 $R_n(x)$ 满足

$$\lim_{n\to\infty}R_n(x)=0,\quad x\in U(x_0).$$

证　必要性. 设 $f(x)$ 在 $U(x_0)$ 内能展为泰勒级数, 即

$$f(x)=\sum_{n=0}^{\infty}\frac{f^{(n)}(x_0)}{n!}(x-x_0)^n, x\in U(x_0).$$

而根据泰勒公式, 又有

$$f(x)=P_n(x)+R_n(x), \quad x\in U(x_0).$$

由级数收敛定义知, $\lim\limits_{n\to\infty}P_n(x)=f(x)$. 由泰勒公式 (4.1) 知

$$\lim_{n\to\infty}R_n(x)=\lim_{n\to\infty}[f(x)-P_n(x)]=f(x)-\lim_{n\to\infty}P_n(x)=f(x)-f(x)=0.$$

充分性. 设 $\lim\limits_{n\to\infty}R_n(x)=0$, $\forall x\in U(x_0)$, 由泰勒公式知,

$$\lim_{n\to\infty}P_n(x)=\lim_{n\to\infty}[f(x)-R_n(x)]=\lim_{n\to\infty}f(x)-\lim_{n\to\infty}R_n(x)=f(x), \quad x\in U(x_0).$$

即泰勒级数 (4.3) 在 $U(x_0)$ 内收敛, 并且和函数为 $f(x)$.

注 1 幂级数展开式是唯一的.

如果函数 $f(x)$ 在 $U(x_0)$ 内能展开成 x_0 的幂级数, 那么这个幂级数必定是泰勒级数.

事实上, 若 $f(x)$ 在 $U(x_0)$ 内可展开成幂级数

$$f(x)=\sum_{n=0}^{\infty}a_n(x-x_0)^n, \tag{4.4}$$

则根据幂级数的性质, $f(x)$ 在 $U(x_0)$ 内任意阶可导, 并且 $\forall x\in U(x_0)$, 有

$$\begin{aligned}
&f'(x)=a_1+2a_2(x-x_0)+3a_3(x-x_0)^2+\cdots+na_n(x-x_0)^{n-1}+\cdots,\\
&f''(x)=2!a_2+3\cdot 2a_3(x-x_0)+\cdots+n(n-1)a_n(x-x_0)^{n-2}+\cdots,\\
&\qquad\cdots\cdots\cdots\cdots\\
&f^{(n)}(x)=n!a_n+(n+1)!a_{n+1}(x-x_0)+\cdots.
\end{aligned}$$

在以上各式中, 令 $x=x_0$, 得

$$a_0=f(x_0), \quad a_1=f'(x_0), \quad a_2=\frac{1}{2!}f''(x_0),\cdots, \quad a_n=\frac{1}{n!}f^{(n)}(x_0),\cdots,$$

故级数 (4.4) 就是 $f(x)$ 在 $x=x_0$ 处的泰勒级数.

注 2 当 $f(x)$ 在 $U(x_0)$ 内有任意阶导数时, 就可以形式地写出 $f(x)$ 在 $x=x_0$ 处的泰勒级数, 但只有当泰勒公式中的余项满足 $\lim\limits_{n\to\infty}R_n(x)=0$ 时, $f(x)$ 在 $x=x_0$ 处的泰勒级数才收敛到 $f(x)$.

注 3 当幂级数 (4.4) 中的 $x_0=0$ 时, 称 $\sum\limits_{n=0}^{\infty}\frac{f^{(n)}(0)}{n!}x^n$ 为 $f(x)$ 的麦克劳林级数.

二、函数展开成幂级数

将函数展开成幂级数有直接和间接两种常用方法.

直接法:

第一步 先求出 $f(x_0)$, $f'(x_0)$, $f''(x_0)$ $,\cdots,f^{(n)}(x_0)$, $\cdots$ 的值;

第二步　形式地作出幂级数

$$\sum_{n=0}^{\infty}\frac{f^{(n)}(x_0)}{n!}(x-x_0)^n=f(x_0)+f'(x_0)(x-x_0)+\cdots+\frac{f^{(n)}(x_0)}{n!}(x-x_0)^n+\cdots,$$

并求其收敛半径 R.

第三步　分析在区间 $(-R,R)$ 内拉格朗日型余项的极限

$$\lim_{n\to\infty}R_n(x)=\lim_{n\to\infty}\frac{f^{(n+1)}(\xi)}{(n+1)!}(x-x_0)^{n+1}\quad(\xi\text{ 在 }x_0\text{ 与 }x\text{ 之间})$$

函数幂级数直接展开法验证余项的必要性

是否为零, 如果极限为零, 那么由定理结论得

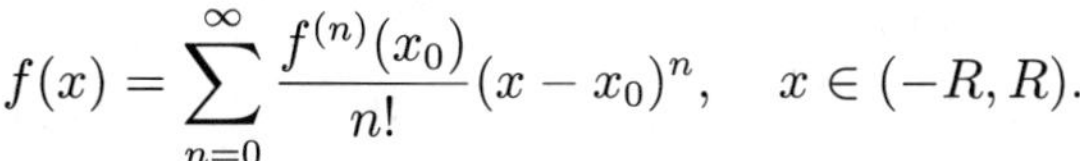

$$f(x)=\sum_{n=0}^{\infty}\frac{f^{(n)}(x_0)}{n!}(x-x_0)^n,\quad x\in(-R,R).$$

第四步　当 $0<R<+\infty$ 时, 检查所求得的幂级数在区间 $(-R,R)$ 的端点 $x=\pm R$ 处的收敛性. 如果幂级数在区间的端点 $x=R$ (或 $x=-R$) 处收敛, 而且 $f(x)$ 在 $x=R$ 左连续 (或在 $x=-R$ 右连续), 那么根据幂级数的和函数的连续性, 展开式 $f(x)=\sum\limits_{n=0}^{\infty}\frac{f^{(n)}(x_0)}{n!}(x-x_0)^n$ 对 $x=R$ (或 $x=-R$) 也成立.

例 4.1　将函数 $f(x)=\mathrm{e}^x$ 展开成 x 的幂级数.

解　因为 $f^{(n)}(x)=\mathrm{e}^x(n=0,1,2,\cdots)$, 故 $f^{(n)}(0)=1\ (n=0,1,2,\cdots)$, 于是得幂级数

$$1+x+\frac{x^2}{2!}+\cdots+\frac{x^n}{n!}+\cdots,$$

它的收敛半径 $R=+\infty$.

对于任何有限的数 x, 存在 ξ 在 0 与 x 之间, 使

$$|R_n(x)|=\left|\frac{\mathrm{e}^{\xi}}{(n+1)!}x^{n+1}\right|<\mathrm{e}^{|x|}\frac{|x|^{n+1}}{(n+1)!}.$$

因 $\mathrm{e}^{|x|}$ 有限, 而 $\sum\limits_{n=0}^{\infty}\frac{|x|^{n+1}}{(n+1)!}$ 收敛, 故其一般项 $\frac{|x|^{n+1}}{(n+1)!}\to0(n\to\infty)$, 所以 $\lim\limits_{n\to\infty}\mathrm{e}^{|x|}\frac{|x|^{n+1}}{(n+1)!}=0$. 因此 $\lim\limits_{n\to\infty}R_n(x)=0$, 于是得展开式

$$\mathrm{e}^x=1+x+\frac{x^2}{2!}+\cdots+\frac{x^n}{n!}+\cdots\quad(-\infty<x<+\infty).$$

例 4.2　将 $f(x)=\sin x$ 展开成麦克劳林级数.

解　因为

$$f^{(n)}(x)=\sin\left(x+n\cdot\frac{\pi}{2}\right)\quad(n=0,1,2,\cdots),$$

当 $x=0$ 时, 有 $f(0)=0,f'(0)=1,f''(0)=0,f'''(0)=-1,\cdots$, 即 $f^{(n)}(0)$ 顺序循环地取 $0,1,0,-1,\cdots(n=0,1,2,3,\cdots)$, 于是得幂级数

$$x-\frac{x^3}{3!}+\frac{x^5}{5!}-\cdots+(-1)^n\frac{x^{2n+1}}{(2n+1)!}+\cdots,$$

它的收敛半径 $R=+\infty$.

对于任何有限的数 x(ξ 在 0 与 x 之间), 因为

$$|R_n(x)|=\left|\frac{\sin\left[\xi+\dfrac{(n+1)\pi}{2}\right]}{(n+1)!}x^{n+1}\right|\leqslant\frac{|x|^{n+1}}{(n+1)!}\to 0\quad(n\to\infty),$$

因此得展开式

$$\sin x=x-\frac{x^3}{3!}+\frac{x^5}{5!}-\cdots+(-1)^n\frac{x^{2n+1}}{(2n+1)!}+\cdots,\quad x\in(-\infty,+\infty).$$

图 5–2 给出了 $\sin x$ 的幂级数展开式的前 n 项部分和 $P_n(x)\,(n=1,3,\cdots,17)$ 的图形和 $y=\sin x$ 的图形. 可以看到, 各阶 $P_n(x)$ 只在 $x=0$ 的局部范围内近似于 $\sin x$, 当 x 距离原点较远时, 误差就变得很大. 但同时又能看到, 随着 n 的增大, $\sin x$ 与 $P_n(x)$ 相互接近的范围也不断扩大. $\sin x$ 的幂级数展开式说明, 当 n 趋于无穷大时, $y=P_n(x)$ 的图形就与 $y=\sin x$ 的图形趋于一致了.

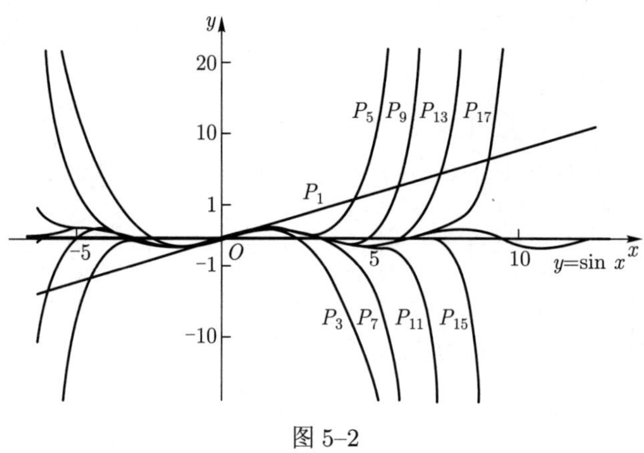

图 5–2

间接法: 由于函数的幂级数展开式是唯一的, 故可以利用一些已知的幂级数展开式通过恒等变形、变量代换、四则运算、级数逐项求导以及逐项积分等方法, 求出其他相关函数的展开式, 且避免研究余项.

例 4.3 将下列函数展开成 x 的幂级数.

(1) $f(x)=\cos x$; (2) $f(x)=\dfrac{1}{1+x^2}$;

(3) $f(x)=\mathrm{e}^{x^2}$; (4) $f(x)=a^x(a>0,a\neq 1)$.

解 (1) 因为

$$\sin x=x-\frac{x^3}{3!}+\frac{x^5}{5!}-\cdots+(-1)^n\frac{x^{2n+1}}{(2n+1)!}+\cdots,\quad x\in(-\infty,+\infty).$$

上式两边求导, 得到 $\cos x$ 的麦克劳林级数

$$\cos x=1-\frac{x^2}{2!}+\frac{x^4}{4!}-\cdots+(-1)^n\frac{x^{2n}}{(2n)!}+\cdots.\quad x\in(-\infty,+\infty).$$

(2) 因为

$$\frac{1}{1+x}=1-x+x^2-\cdots+(-1)^n x^n+\cdots,\qquad x\in(-1,1),$$

在上式中将 x^2 替换 x 便可以得到

$$\frac{1}{1+x^2}=1-x^2+x^4-\cdots+(-1)^n x^{2n}+\cdots,\qquad x\in(-1,1).$$

(3) 因为

$$\mathrm{e}^x=1+\frac{x}{1!}+\frac{x^2}{2!}+\cdots+\frac{x^n}{n!}+\cdots,\quad x\in(-\infty,+\infty),$$

在上式中以 x^2 替换 x 即得

$$\mathrm{e}^{x^2}=1+\frac{x^2}{1!}+\frac{x^4}{2!}+\cdots+\frac{x^{2n}}{n!}+\cdots,\quad x\in(-\infty,+\infty).$$

(4) 因为 $a^x=\mathrm{e}^{x\ln a}$, 在 e^x 的展开式中以 $x\ln a$ 替换 x 即得

$$a^x=1+\frac{\ln a}{1!}x+\frac{\ln^2 a}{2!}x^2+\cdots+\frac{\ln^n a}{n!}x^n+\cdots,\quad x\in(-\infty,+\infty).$$

例 4.4 将下列函数展开成 x 的幂级数.

(1) $f(x)=\ln(1+x)$; (2) $f(x)=\ln(2+x)$;

(3) $\dfrac{\arctan x}{x}$.

解 (1) 因为 $f'(x)=[\ln(1+x)]'=\dfrac{1}{1+x}$, 而

$$\frac{1}{1+x}=\frac{1}{1-(-x)}=\sum_{n=0}^{\infty}(-1)^n x^n,\quad x\in(-1,1).$$

将上式从 0 到 $x(x\in(-1,1))$ 逐项积分, 而且注意到 $f(0)=\ln 1=0$, 得

$$\begin{aligned}\ln(1+x)&=f(x)-f(0)=\int_0^x\frac{1}{1+t}\mathrm{d}t=\sum_{n=0}^{\infty}\int_0^x(-1)^n t^n\mathrm{d}t\\&=\sum_{n=0}^{\infty}\frac{(-1)^n}{n+1}x^{n+1},\quad x\in(-1,1).\end{aligned}$$

由于 $\sum\limits_{n=0}^{\infty}\dfrac{(-1)^n}{n+1}x^{n+1}$ 在 $x=1$ 处收敛, 在 $x=-1$ 处发散, 而 $f(x)=\ln(1+x)$ 在 $x=1$ 处连续, 故有

$$\ln(1+x)=x-\frac{x^2}{2}+\frac{x^3}{3}-\cdots+\frac{(-1)^{n-1}}{n}x^n+\cdots,\quad x\in(-1,1].$$

(2) 因为 $f'(x)=[\ln(2+x)]'=\dfrac{1}{2+x}$, 而

$$\frac{1}{2+x}=\frac{1}{2}\frac{1}{1-\left(-\frac{1}{2}x\right)}=\frac{1}{2}\sum_{n=0}^{\infty}(-1)^n\frac{x^n}{2^n}=\sum_{n=0}^{\infty}(-1)^n\frac{x^n}{2^{n+1}},\quad x\in(-2,2),$$

将上式从 0 到 $x(x\in(-2,2))$ 逐项积分, 而且注意到 $f(0)=\ln 2$, 得

$$\begin{aligned}\ln(2+x)&=\int_0^x\frac{1}{2+t}\mathrm{d}t+f(0)=\sum_{n=0}^{\infty}\int_0^x(-1)^n\frac{t^n}{2^{n+1}}\mathrm{d}t+\ln 2\\&=\sum_{n=0}^{\infty}\frac{(-1)^n}{(n+1)2^{n+1}}x^{n+1}+\ln 2,\quad x\in(-2,2).\end{aligned}$$

由于 $\sum\limits_{n=0}^{\infty}\frac{(-1)^n}{(n+1)2^{n+1}}x^{n+1}$ 在 $x=2$ 处收敛, 在 $x=-2$ 处发散, 而 $f(x)=\ln(2+x)$ 在 $x=2$ 处连续, 故有

$$\ln(2+x)=\sum_{n=0}^{\infty}\frac{(-1)^n}{(n+1)2^{n+1}}x^{n+1}+\ln 2,\quad x\in(-2,2].$$

(3) 记 $g(x)=\arctan x$, 因为

$$g'(x)=\frac{1}{1+x^2}=\sum_{n=0}^{\infty}(-1)^n x^{2n},\quad x\in(-1,1),$$

两边从 0 到 x 积分, $x\in(-1,1)$, 有

$$g(x)=\int_0^x g'(t)\mathrm{d}t=\sum_{n=0}^{\infty}\int_0^x(-1)^n t^{2n}\mathrm{d}t=\sum_{n=0}^{\infty}\frac{(-1)^n x^{2n+1}}{2n+1},$$

又当 $x=\pm 1$ 时, $\sum\limits_{n=0}^{\infty}\frac{(-1)^n x^{2n+1}}{2n+1}$ 收敛, 而 $g(x)$ 在 $x=\pm 1$ 处连续, 所以

$$g(x)=\sum_{n=0}^{\infty}\frac{(-1)^n x^{2n+1}}{2n+1},\quad x\in[-1,1],$$

因此

$$\frac{\arctan x}{x}=\sum_{n=0}^{\infty}\frac{(-1)^n x^{2n}}{2n+1},\quad x\in[-1,1],\ x\neq 0.$$

例 4.5 将函数 $f(x)=(1+x)^{\alpha}$ 展开成 x 的幂级数, 其中 α 为任意常数.

解 $f(x)$ 的各阶导数为

$$\begin{aligned}&f'(x)=\alpha(1+x)^{\alpha-1},f''(x)=\alpha(\alpha-1)(1+x)^{\alpha-2},\cdots,\\&f^{(n)}(x)=\alpha(\alpha-1)(\alpha-2)\cdots(\alpha-n+1)(1+x)^{\alpha-n},\cdots.\end{aligned}$$

所以

$$f(0)=1,\ f'(0)=\alpha,\ f''(0)=\alpha(\alpha-1),\ \cdots,\ f^{(n)}(0)=\alpha(\alpha-1)\cdots(\alpha-n+1),$$

于是得 $f(x)$ 的幂级数展开式为

$$1+\alpha x+\frac{\alpha(\alpha-1)}{2!}x^2+\cdots+\frac{\alpha(\alpha-1)\cdots(\alpha-n+1)}{n!}x^n+\cdots.$$

该级数的收敛半径 $R=\lim\limits_{n\to\infty}\left|\frac{a_n}{a_{n+1}}\right|=\lim\limits_{n\to\infty}\left|\frac{n+1}{\alpha-n}\right|=1$, 为避免直接研究余项, 设级数在 $(-1,1)$ 内收敛的和函数为 $s(x)$, 即

$$s(x)=1+\alpha x+\frac{\alpha(\alpha-1)}{2!}x^2+\cdots+\frac{\alpha(\alpha-1)\cdots(\alpha-n+1)}{n!}x^n+\cdots.$$

下面证明

$$s(x)=(1+x)^\alpha \quad (-1<x<1).$$

在 $(-1,1)$ 内对 $s(x)$ 逐项求导, 得

$$\begin{aligned}s'(x) \;=\; &\alpha\left[1+\frac{\alpha-1}{1}x+\frac{(\alpha-1)(\alpha-2)}{2!}x^2+\cdots+\right.\\&\left.\frac{(\alpha-1)(\alpha-2)\cdots(\alpha-n+1)}{(n-1)!}x^{n-1}+\cdots\right],\end{aligned}$$

两边各乘 $1+x$, 并把含有 $x^n(n=1,2,\cdots)$ 的两项合并, 根据恒等式

$$\begin{aligned}&\frac{(\alpha-1)(\alpha-2)\cdots(\alpha-n)}{n!}+\frac{(\alpha-1)(\alpha-2)\cdots(\alpha-n+1)}{(n-1)!}\\=&\frac{\alpha(\alpha-1)(\alpha-2)\cdots(\alpha-n+1)}{n!}\quad (n=1,2,\cdots).\end{aligned}$$

可得

$$\begin{aligned}(1+x)s'(x) &=\alpha\left[1+\alpha x+\frac{\alpha(\alpha-1)}{2!}x^2+\cdots+\right.\\&\left.\frac{\alpha(\alpha-1)\cdots(\alpha-n+1)}{n!}x^n+\cdots\right]\\&=\alpha s(x).\end{aligned}$$

由于

$$\frac{s'(x)}{s(x)}=\frac{\alpha}{1+x},$$

两边积分

$$\int_0^x\frac{s'(t)}{s(t)}\mathrm{d}t=\int_0^x\frac{\alpha}{1+t}\mathrm{d}t,$$

得

$$\ln|s(t)|\Big|_0^x=\alpha\ln|1+t|\Big|_0^x=\alpha\ln(1+x),$$

由 $s(0)=1$, 得 $\ln s(x)=\alpha\ln(1+x)$, 即 $s(x)=(1+x)^{\alpha}$. 故有

$$(1+x)^{\alpha}=1+\alpha x+\frac{\alpha(\alpha-1)}{2!}x^2+\cdots+\frac{\alpha(\alpha-1)\cdots(\alpha-n+1)}{n!}x^n+\cdots \quad (-1<x<1). \tag{4.5}$$

上式称为二项展开式. 当 α 是正整数时, 上式只有有限项, 就是代数学中的二项式定理.

注 (4.5) 式在端点 $x=\pm1$ 处, 级数是否收敛, 要根据 α 的取值而定. 例如 $\alpha=\frac{1}{2},-\frac{1}{2}$ 时, 有

例 4.5 注中两幂级数展开式端点敛散性证明

$$\sqrt{1+x}=1+\frac{1}{2}x-\frac{1}{2\cdot4}x^2+\frac{1\cdot3}{2\cdot4\cdot6}x^3-\frac{1\cdot3\cdot5}{2\cdot4\cdot6\cdot8}x^4+\cdots+(-1)^{n-1}\frac{1\cdot3\cdot5\cdot\cdots\cdot(2n-3)}{2\cdot4\cdot6\cdot\cdots\cdot(2n)}x^n+\cdots,\quad x\in[-1,1].$$

$$\frac{1}{\sqrt{1+x}}=1-\frac{1}{2}x+\frac{1\cdot3}{2\cdot4}x^2-\frac{1\cdot3\cdot5}{2\cdot4\cdot6}x^3+\frac{1\cdot3\cdot5\cdot7}{2\cdot4\cdot6\cdot8}x^4-\cdots+(-1)^{n}\frac{1\cdot3\cdot5\cdot\cdots\cdot(2n-1)}{2\cdot4\cdot6\cdot\cdots\cdot(2n)}x^n+\cdots,\quad x\in(-1,1].$$

例 4.6 将 $\cos x$ 展开成 $x-\frac{\pi}{4}$ 的幂级数.

解 因为

$$\cos x=\cos\left[\left(x-\frac{\pi}{4}\right)+\frac{\pi}{4}\right]=\frac{1}{\sqrt{2}}\left[\cos\left(x-\frac{\pi}{4}\right)-\sin\left(x-\frac{\pi}{4}\right)\right],$$

由例 4.2 和例 4.3 (1) 有

$$\cos\left(x-\frac{\pi}{4}\right)=1-\frac{\left(x-\frac{\pi}{4}\right)^2}{2!}+\frac{\left(x-\frac{\pi}{4}\right)^4}{4!}-\cdots+\frac{(-1)^n}{(2n)!}\left(x-\frac{\pi}{4}\right)^{2n}+\cdots,\quad x\in(-\infty,\infty),$$

$$\sin\left(x-\frac{\pi}{4}\right)=\left(x-\frac{\pi}{4}\right)-\frac{\left(x-\frac{\pi}{4}\right)^3}{3!}+\frac{\left(x-\frac{\pi}{4}\right)^5}{5!}-\cdots+\frac{(-1)^n}{(2n+1)!}\left(x-\frac{\pi}{4}\right)^{2n+1}+\cdots,\quad x\in(-\infty,\infty),$$

所以

$$\cos x=\frac{1}{\sqrt{2}}\left[1-\left(x-\frac{\pi}{4}\right)-\frac{\left(x-\frac{\pi}{4}\right)^2}{2!}+\frac{\left(x-\frac{\pi}{4}\right)^3}{3!}+\frac{\left(x-\frac{\pi}{4}\right)^4}{4!}-\cdots+\frac{(-1)^n}{(2n)!}\left(x-\frac{\pi}{4}\right)^{2n}+\frac{(-1)^n}{(2n+1)!}\left(x-\frac{\pi}{4}\right)^{2n+1}+\cdots\right],x\in(-\infty,\infty).$$

例 4.7　将 $\ln x$ 展开为 $x-a$ 的幂级数 $(a>0)$.

解　由例 4.4(1) 可知

$$\ln(1+t)=\sum_{n=0}^{\infty}\frac{(-1)^n t^{n+1}}{n+1},\quad t\in(-1,1],$$

而 $\ln x=\ln[a+(x-a)]=\ln a\left(1+\dfrac{x-a}{a}\right)=\ln a+\ln\left(1+\dfrac{x-a}{a}\right)$, 故当 $-1<\dfrac{x-a}{a}\leqslant 1$, 即 $0<x\leqslant 2a$ 时, 有

$$\ln x=\ln a+\sum_{n=0}^{\infty}\frac{(-1)^n}{(n+1)a^{n+1}}(x-a)^{n+1}\quad(0<x\leqslant 2a).$$

例 4.8　将函数 $f(x)=\dfrac{1}{x^2+4x+3}$ 展开成 $x-1$ 的幂级数.

解　因为

$$\begin{aligned}f(x)&=\frac{1}{(x+1)(x+3)}=\frac{1}{2(1+x)}-\frac{1}{2(3+x)}\\&=\frac{1}{4\left(1+\dfrac{x-1}{2}\right)}-\frac{1}{8\left(1+\dfrac{x-1}{4}\right)},\end{aligned}$$

泰勒级数的缺陷——帕德逼近

而

$$\begin{aligned}\frac{1}{4\left(1+\dfrac{x-1}{2}\right)}&=\frac{1}{4}\sum_{n=0}^{\infty}\left(-\frac{x-1}{2}\right)^n,\quad x\in(-1,3),\\\frac{1}{8\left(1+\dfrac{x-1}{4}\right)}&=\frac{1}{8}\sum_{n=0}^{\infty}\left(-\frac{x-1}{4}\right)^n,\quad x\in(-3,5),\end{aligned}$$

故

$$\begin{aligned}f(x)&=\frac{1}{x^2+4x+3}=\frac{1}{4}\sum_{n=0}^{\infty}\left(-\frac{x-1}{2}\right)^n-\frac{1}{8}\sum_{n=0}^{\infty}\left(-\frac{x-1}{4}\right)^n\\&=\sum_{n=0}^{\infty}(-1)^n\left(\frac{1}{2^{n+2}}-\frac{1}{2^{2n+3}}\right)(x-1)^n,\quad x\in(-1,3).\end{aligned}$$

三、函数的幂级数展开式的应用

1. 近似计算

有些函数 (如 $\sin x,\cos x,\ln x$ 等) 除了个别点, 它们的函数值不容易求出, 但将它们展开成幂级数后, 就可以来进行近似计算. 同样, 利用函数的幂级数展开式还可以计算一些定积分的近似值, 具体地说, 就是如果被积函数在积分区间上能被展开成幂级数, 采用幂级数逐项可积的性质可以获得定积分的级数表达式, 从而达到对定积分的近似计算.

例 4.9 计算 $\sin 9^\circ$ 的近似值, 使误差不超过 10^{-4}.

解 把角度化为弧度

$$9^\circ = \frac{\pi}{180}\cdot 9\ (\text{弧度}) = \frac{\pi}{20}\ (\text{弧度}).$$

在 $\sin x$ 的展开式中取 $x=\dfrac{\pi}{20}$ 得

$$\sin\frac{\pi}{20} = \frac{\pi}{20} - \frac{1}{3!}\left(\frac{\pi}{20}\right)^3 + \frac{1}{5!}\left(\frac{\pi}{20}\right)^5 - \cdots,$$

上式右边是一个收敛的交错级数, 且各项的绝对值单调减少. 若取它的前两项之和作为 $\sin\dfrac{\pi}{20}$ 的近似值, 则误差

$$|r_2| \leqslant \frac{1}{5!}\left(\frac{\pi}{20}\right)^5 < \frac{1}{120}\left(\frac{1}{5}\right)^5 < \frac{1}{300\,000},$$

因此只要取

$$\frac{\pi}{20} \approx 0.157\,08, \quad \left(\frac{\pi}{20}\right)^3 \approx 0.003\,88.$$

可以得到

$$\sin 9^\circ = \frac{\pi}{20} - \frac{1}{3!}\left(\frac{\pi}{20}\right)^3 \approx 0.156\,4.$$

例 4.10 计算 $\ln 2$ 的近似值, 使误差不超过 10^{-4}.

解 已知 $\ln(1+x) = \displaystyle\sum_{n=0}^{\infty}\frac{(-1)^n x^{n+1}}{n+1}(-1<x\leqslant 1)$, 所以

$$\ln 2 = 1 - \frac{1}{2} + \frac{1}{3} - \cdots + (-1)^{n-1}\frac{1}{n} + \cdots.$$

如果取这级数的前 n 项和作为 $\ln 2$ 的近似值, 根据交错级数的定理, 其误差 (也叫截断误差) 为 $|r_n| \leqslant \dfrac{1}{n+1}$. 为使 $|r_n| \leqslant 10^{-4}$, 至少需要取级数的前 10 000 项计算, 计算量太大了. 下面设法选用一个收敛得较快的幂级数来计算.

因为

$$\begin{aligned}\ln\frac{1+x}{1-x} &= \ln(1+x) - \ln(1-x)\\ &= 2\left(x + \frac{x^3}{3} + \frac{x^5}{5} + \cdots + \frac{x^{2n-1}}{2n-1} + \cdots\right), \quad x\in(-1,1),\end{aligned}$$

令 $\dfrac{1+x}{1-x} = 2$, 解出 $x = \dfrac{1}{3}$, 代入上式, 得

$$\ln 2 = 2\left[\frac{1}{3} + \frac{1}{3}\left(\frac{1}{3}\right)^3 + \frac{1}{5}\left(\frac{1}{3}\right)^5 + \frac{1}{7}\left(\frac{1}{3}\right)^7 + \cdots + \frac{1}{2n-1}\left(\frac{1}{3}\right)^{2n-1} + \cdots\right],$$

其中 $|r_n|=\sum\limits_{k=n+1}^{\infty}\frac{2}{2k-1}\left(\frac{1}{3}\right)^{2k-1}$. 易知当 $k\geqslant n+1$ 时, $\frac{1}{2k-1}<\frac{1}{n}$, 故

$$\begin{aligned}|r_n| &= \sum_{k=n+1}^{\infty}\frac{2}{2k-1}\left(\frac{1}{3}\right)^{2k-1}<\frac{2}{3n}\sum_{k=n+1}^{\infty}\left(\frac{1}{3}\right)^{2(k-1)}\\ &= \frac{2}{3n}\sum_{k=n}^{\infty}\left(\frac{1}{3}\right)^{2k}<\frac{1}{n\cdot 9^n}.\end{aligned}$$

易见, 只要取 $n=4$, 就有截断误差 $|r_n|\leqslant 10^{-4}$, 于是取

斯特林公式

$$\ln 2\approx 2\left(\frac{1}{3}+\frac{1}{3}\cdot\frac{1}{3^2}+\frac{1}{5}\cdot\frac{1}{3^5}+\frac{1}{7}\cdot\frac{1}{3^7}\right),$$

考虑到四舍五入引起的误差, 计算时取五位小数, 得

$$\ln 2\approx 2(0.333\,33+0.012\,35+0.000\,82+0.000\,07)\approx 0.693\,1.$$

例 4.11　按照爱因斯坦的狭义相对论, 速度为 v 的运动物体的质量为 $m=\frac{m_0}{\sqrt{1-v^2/c^2}}$, 其中 m_0 为物体静止质量, c 为光速. 物体的动能 E 是它的总能量与它的静止能量之差, 即 $E=mc^2-m_0c^2$. 试将 E 表示成速度 v 的级数, 并由此证明: 当 v 与 c 相比很小时, 它就回到经典物理中的动能公式 $E=\frac{1}{2}m_0v^2$.

解　由 $E=mc^2-m_0c^2=\frac{m_0c^2}{\sqrt{1-\frac{v^2}{c^2}}}-m_0c^2=m_0c^2\left[\left(1-\frac{v^2}{c^2}\right)^{-\frac{1}{2}}-1\right]$,

利用例 4.5 的展开式, 有

$$\begin{aligned}E&=m_0c^2\left\{\left[1+\frac{1}{2}\left(\frac{v}{c}\right)^2+\frac{3}{8}\left(\frac{v}{c}\right)^4+\frac{5}{16}\left(\frac{v}{c}\right)^6+\cdots\right]-1\right\}\\ &=m_0c^2\left[\frac{1}{2}\left(\frac{v}{c}\right)^2+\frac{3}{8}\left(\frac{v}{c}\right)^4+\frac{5}{16}\left(\frac{v}{c}\right)^6+\cdots\right].\end{aligned}$$

根据 v 与 c 相比很小的假设, 可知 $\frac{v}{c}$ 远小于 1, 得

$$E\approx m_0c^2\cdot\frac{1}{2}\cdot\frac{v^2}{c^2}=\frac{1}{2}m_0v^2.$$

有些被积函数的原函数不能或很难用初等函数表示, 致使它们的定积分不能用牛顿 -莱布尼茨公式计算. 这时可以考虑将被积函数在积分区间上展开为幂级数, 利用幂级数逐项积分性质来计算这些定积分.

例 4.12　计算积分 $\int_0^1\frac{\sin x}{x}\mathrm{d}x$ 的近似值, 要求误差不超过 10^{-4}.

解　$x=0$ 是 $\dfrac{\sin x}{x}$ 的可去间断点, 为使被积函数在 $[0,1]$ 上连续, 定义

$$\left.\frac{\sin x}{x}\right|_{x=0}=\lim_{x\to 0}\frac{\sin x}{x}=1,$$

展开 $\dfrac{\sin x}{x}$, 得

$$\frac{\sin x}{x}=1-\frac{x^2}{3!}+\frac{x^4}{5!}-\frac{x^6}{7!}+\cdots+(-1)^n\frac{x^{2n}}{(2n+1)!}+\cdots,\quad x\in(-\infty,+\infty).$$

在 $[0,1]$ 上逐项积分, 得

$$\int_0^1\frac{\sin x}{x}\mathrm{d}x=1-\frac{1}{3\times 3!}+\frac{1}{5\times 5!}-\frac{1}{7\times 7!}+\cdots+(-1)^n\frac{1}{(2n+1)(2n+1)!}+\cdots,$$

上式右端是收敛的交错级数, 其第四项的绝对值 $\dfrac{1}{7\times 7!}<\dfrac{1}{30\ 000}<10^{-4}$, 由莱布尼茨定理知, 取前三项之和作为积分的近似值, 就能满足要求, 即

$$\int_0^1\frac{\sin x}{x}\mathrm{d}x\approx 1-\frac{1}{3\times 3!}+\frac{1}{5\times 5!}\approx 0.946\ 1.$$

***2. 表示非初等函数**

由定积分的知识可知, 区间上的连续函数都存在原函数, 但原函数却不一定是初等函数. 例如 $\mathbf{R}$ 上的连续函数 e^{-x^2}, 其原函数 $\varphi(x)$ 就不是初等函数, 这个非初等函数 $\varphi(x)$ 可用积分上限函数表示, 即

$$\varphi(x)=\int_0^x \mathrm{e}^{-t^2}\mathrm{d}t,\qquad x\in\mathbf{R}.$$

在此基础上可将 $\varphi(x)$ 化为幂级数.

事实上, 已知 e^x 展开式

$$\mathrm{e}^x=1+\frac{x}{1!}+\frac{x^2}{2!}+\cdots+\frac{x^n}{n!}+\cdots,\quad x\in(-\infty,+\infty),$$

以 $-x^2$ 替换 e^x 展开式的 x 即得

$$\mathrm{e}^{-x^2}=1-\frac{x^2}{1!}+\frac{x^4}{2!}-\cdots+\frac{(-1)^n x^{2n}}{n!}+\cdots,\quad x\in(-\infty,+\infty).$$

由于幂级数在收敛区间内可逐项积分, 对任意 $x\in(-\infty,+\infty)$, 有

$$\begin{aligned}\varphi(x)&=\int_0^x \mathrm{e}^{-t^2}\mathrm{d}t=\int_0^x\sum_{n=0}^{\infty}\frac{(-1)^n t^{2n}}{n!}\mathrm{d}t\\&=\sum_{n=0}^{\infty}\frac{(-1)^n}{n!}\int_0^x t^{2n}\mathrm{d}t=\sum_{n=0}^{\infty}\frac{(-1)^n}{(2n+1)n!}x^{2n+1}\\&=x-\frac{x^3}{3\cdot 1!}+\frac{x^5}{5\cdot 2!}-\frac{x^7}{7\cdot 3!}+\cdots+\frac{(-1)^n}{(2n+1)n!}x^{2n+1}+\cdots,\end{aligned}$$

这就是非初等函数 $\varphi(x)$ 的幂级数表示. 显然, 应用这个幂级数讨论函数 $\varphi(x)$ 的性质, 特别是计算或近似计算它的函数值更为方便.

***3. 三角函数的分析定义**

在数学上, 用分析的方法给出指数函数和三角函数的定义, 对深刻认识这些函数是很有意义的. 幂级数就是定义指数函数和三角函数的一个分析工具. 下面给出三角函数 $\sin x, \cos x$ 的分析定义.

已知下列两个幂级数

$$\sum_{n=0}^{\infty}(-1)^n\frac{x^{2n+1}}{(2n+1)!}=x-\frac{x^3}{3!}+\frac{x^5}{5!}-\frac{x^7}{7!}+\cdots,$$

$$\sum_{n=0}^{\infty}(-1)^n\frac{x^{2n}}{(2n)!}=1-\frac{x^2}{2!}+\frac{x^4}{4!}-\frac{x^6}{6!}+\cdots$$

的收敛域都为 $\mathbf{R}$, 设他们的和函数分别为

$$s(x)=x-\frac{x^3}{3!}+\frac{x^5}{5!}-\frac{x^7}{7!}+\cdots=\sum_{n=0}^{\infty}(-1)^n\frac{x^{2n+1}}{(2n+1)!},\quad x\in(-\infty,+\infty),$$

$$c(x)=1-\frac{x^2}{2!}+\frac{x^4}{4!}-\frac{x^6}{6!}+\cdots=\sum_{n=0}^{\infty}(-1)^n\frac{x^{2n}}{(2n)!},\quad x\in(-\infty,+\infty).$$

下面给出函数 $s(x)$ 与函数 $c(x)$ 的性质和运算公式:

(1) 函数 $s(x)$ 与函数 $c(x)$ 的定义域都是 $\mathbf{R}$;

(2) 函数 $s(x)$ 与函数 $c(x)$ 在定义域 $\mathbf{R}$ 上都连续;

(3) $s(0)=0,\quad c(0)=1$;

(4) 函数 $s(x)$ 是奇函数, 函数 $c(x)$ 是偶函数;

(5) $s'(x)=c(x),\quad c'(x)=-s(x)$;

(6) $\lim\limits_{x\to0}\dfrac{s(x)}{x}=1$ 与 $\lim\limits_{x\to0}\dfrac{1-c(x)}{x^2}=\dfrac{1}{2}$;

(7) $[s(\theta x)]^2+[c(\theta x)]^2=1$;

(8) $\forall\, x,y\in\mathbf{R}$, 有

$$s(x+y)=s(x)\cdot c(y)+c(x)\cdot s(y),$$

$$c(x+y)=c(x)\cdot c(y)-s(x)\cdot s(y);$$

(9) 函数 $s(x)$ 与函数 $c(x)$ 都是以 2π 为周期的周期函数;

(10) 存在数 $\pi\left(0<\dfrac{\pi}{2}<2\right)$, 使 $s\left(\dfrac{\pi}{2}\right)=1$, $c\left(\dfrac{\pi}{2}\right)=0$.

由幂级数和函数的性质, 易证性质 (1) – (9), 下面证明 (10).

事实上, 对函数 $c(x)$ 取拉格朗日型余项有

$$c(x)=1-\frac{x^2}{2!}+\frac{x^4}{4!}c(\theta x),\qquad 0<\theta<1,$$

由 (7) $[s(\theta x)]^2+[c(\theta x)]^2=1$, 有 $|c(\theta x)|\leqslant 1$. 取 $x=2$, 有

$$c(2) = -1 + \frac{2}{3}c(2\theta) \leqslant -1 + \frac{2}{3} = -\frac{1}{3} < 0,$$

又已知 $c(0) = 1 > 0$, 从而连续函数 $c(x)$ 在区间 $(0,2)$ 内至少有一个零点.

因为 $\forall x \in (0,2)$,

$$s(x) = x\left(1 - \frac{x^2}{2 \cdot 3}\right) + \frac{x^5}{5!}\left(1 - \frac{x^2}{6 \cdot 7}\right) + \cdots > 0,$$

所以 $c'(x) = -s(x) < 0$, 即函数 $c(x)$ 在区间 $(0,2)$ 严格减少. 从而函数 $c(x)$ 在区间 $(0,2)$ 只有唯一零点. 将此零点表示为 $\frac{\pi}{2}$, 即

$$c\left(\frac{\pi}{2}\right) = 0.$$

于是存在数 π, 它是函数 $c(x)$ 最小的正零点 $\frac{\pi}{2}$ 的 2 倍, 由 (7) 又有

$$s\left(\frac{\pi}{2}\right) = 1.$$

由 (8) $x = y = \frac{\pi}{2}$, 有

$$s(\pi) = s\left(\frac{\pi}{2}\right) \cdot c\left(\frac{\pi}{2}\right) + c\left(\frac{\pi}{2}\right) \cdot s\left(\frac{\pi}{2}\right) = 0,$$
$$c(\pi) = c\left(\frac{\pi}{2}\right) \cdot c\left(\frac{\pi}{2}\right) - s\left(\frac{\pi}{2}\right) \cdot s\left(\frac{\pi}{2}\right) = -1.$$

可以证明, 函数 $s(x)$ 与函数 $c(x)$ 分别就是正弦函数 $\sin x$ 和余弦函数 $\cos x$, 证明如下.

显然, 由性质 (5) 可得

$$s''(x) = -s(x), \quad c''(x) = -c(x),$$

因此函数 $s(x)$ 与函数 $c(x)$ 满足微分方程

$$y'' + y = 0.$$

在第十章可以得到上述微分方程的通解为 $y = C_1 \cos x + C_2 \sin x$. 由性质 (3) 和性质 (6) 易得 $s(x) = \sin x, c(x) = \cos x$.

4. 欧拉公式

前面关于级数的讨论均是在实数集内进行的, 实际上可以推广到复数集中. 下面将通过复数项级数来推出欧拉公式.

设有复数项级数为

$$(a_1 + b_1\mathrm{i}) + (a_2 + b_2\mathrm{i}) + \cdots + (a_n + b_n\mathrm{i}) + \cdots. \tag{4.6}$$

其中 a_n, b_n $(n = 1, 2, 3, \cdots)$ 为实常数或实函数, $\mathrm{i} = \sqrt{-1}$, 如果实部所构成的级数 $\sum\limits_{n=1}^{\infty} a_n$ 收敛于和 a, 并且虚部所构成的级数 $\sum\limits_{n=1}^{\infty} b_n$ 收敛于和 b, 那么就称级数 (4.6) 收敛, 其和为 $a + b\mathrm{i}$.

如果级数 (4.6) 各项的模所构成的级数

$$\sqrt{a_1^2+b_1^2}+\sqrt{a_2^2+b_2^2}+\cdots+\sqrt{a_n^2+b_n^2}+\cdots$$

收敛, 那么称级数 (4.6) 绝对收敛, 如果级数 (4.6) 绝对收敛, 由于

$$|a_n| \leqslant \sqrt{a_n^2+b_n^2}, \quad |b_n| \leqslant \sqrt{a_n^2+b_n^2} \quad (n=1,2,3,\cdots),$$

那么级数 $\sum\limits_{n=1}^{\infty} a_n$ 和 $\sum\limits_{n=1}^{\infty} b_n$ 均绝对收敛, 从而级数 (4.6) 收敛.

考虑复数项级数

$$1+z+\frac{1}{2!}z^2+\cdots+\frac{1}{n!}z^n+\cdots \quad (z=x+y\mathrm{i}). \tag{4.7}$$

对任意的正数 R, 当 $|z| \leqslant R$ 时, 因为 $\left|\dfrac{z^n}{n!}\right| \leqslant \dfrac{R^n}{n!}$, 而 $\sum\limits_{n=1}^{\infty}\dfrac{R^n}{n!}$ 是收敛的. 由正项级数的比较审敛法知级数 (4.7) 绝对收敛, 由于正数 R 是任意的, 这说明级数 (4.7) 在整个复平面上绝对收敛.

当 $z=x\in \mathbf{R}$ 时, 级数 (4.6) 表示指数函数 e^x, 即

$$1+x+\frac{x^2}{2!}+\cdots+\frac{x^n}{n!}+\cdots=\mathrm{e}^x.$$

作为实变量指数函数的推广, 在整个复平面上, 用级数 (4.6) 定义复变量指数函数, 记作 e^z, 即

$$\mathrm{e}^z=1+z+\frac{z^2}{2!}+\cdots+\frac{z^n}{n!}+\cdots \quad (|z|<+\infty). \tag{4.8}$$

当 $x=0$ 时, z 为纯虚数 $y\mathrm{i}$, (4.8) 成为

$$\begin{aligned}
\mathrm{e}^{\mathrm{i}y} &= 1+y\mathrm{i}+\frac{1}{2!}(y\mathrm{i})^2+\frac{1}{3!}(y\mathrm{i})^3+\cdots+\frac{1}{n!}(y\mathrm{i})^n+\cdots \\
&= 1+\mathrm{i}y-\frac{1}{2!}y^2-\mathrm{i}\frac{1}{3!}y^3+\frac{1}{4!}y^4+\mathrm{i}\frac{1}{5!}y^5-\cdots \\
&= \left(1-\frac{1}{2!}y^2+\frac{1}{4!}y^4-\cdots\right)+\left(y-\frac{1}{3!}y^3+\frac{1}{5!}y^5-\cdots\right)\mathrm{i} \\
&= \cos y+\mathrm{i}\sin y.
\end{aligned}$$

把上式中的 y 换成 x 得

$$\mathrm{e}^{x\mathrm{i}}=\cos x+\mathrm{i}\sin x. \tag{4.9}$$

这就是**欧拉 (Euler) 公式**. 把 (4.9) 中的 x 换成 $-x$, 有

$$\mathrm{e}^{-x\mathrm{i}}=\cos x-\mathrm{i}\sin x. \tag{4.10}$$

并由 (4.9) (4.10) 可得

$$\cos x=\frac{1}{2}(\mathrm{e}^{x\mathrm{i}}+\mathrm{e}^{-x\mathrm{i}}), \quad \sin x=\frac{1}{2\mathrm{i}}(\mathrm{e}^{x\mathrm{i}}-\mathrm{e}^{-x\mathrm{i}}) \tag{4.11}$$

(4.11) 也叫做**欧拉公式**, 欧拉公式表示了三角函数与复变量指数函数之间的一种联系.

此外, 由 (4.9) 还可以得到**棣莫弗 (De Moivre) 公式**

$$(\cos\theta+\mathrm{i}\sin\theta)^n=(\mathrm{e}^{\theta\mathrm{i}})^n=\mathrm{e}^{n\theta\mathrm{i}}=\cos n\theta+\mathrm{i}\sin n\theta.$$

最后, 根据定义 (4.7), 并利用幂级数的乘法, 不难验证

$$\mathrm{e}^{z_1+z_2}=\mathrm{e}^{z_1}\cdot\mathrm{e}^{z_2}.$$

特殊地, 取 z_1 为实数 x, z_2 为纯虚数 $\mathrm{i}y$, 则有

$$\mathrm{e}^{x+y\mathrm{i}}=\mathrm{e}^x\cdot\mathrm{e}^{y\mathrm{i}}=\mathrm{e}^x(\cos y+\mathrm{i}\sin y).$$

这说明了复变量指数函数 e^z 在 $z=x+y\mathrm{i}$ 处的值是模为 e^x, 辐角为 y 的复数.

例 4.13 将 $f(x)=\mathrm{e}^x\sin x$ 展开成 x 的幂级数.

解 因为 $\mathrm{e}^{(1+\mathrm{i})x}=\mathrm{e}^x\cos x+\mathrm{i}\mathrm{e}^x\sin x$, 而

$$\mathrm{e}^{(1+\mathrm{i})x}=\sum_{n=0}^{\infty}\frac{(1+\mathrm{i})^n}{n!}x^n=\sum_{n=0}^{\infty}\frac{(\sqrt{2})^n\left(\cos\dfrac{n\pi}{4}+\mathrm{i}\sin\dfrac{n\pi}{4}\right)}{n!}x^n,$$

所以 $\mathrm{e}^x\sin x=\displaystyle\sum_{n=0}^{\infty}\frac{(\sqrt{2})^n}{n!}\sin\frac{n\pi}{4}x^n$, 易得该级数的收敛域为 $(-\infty,+\infty)$.

习题 5–4

(A)

1. 将下列函数展开成 x 的幂级数, 并求展开式成立的区间.

(1) $\sinh x=\dfrac{\mathrm{e}^x-\mathrm{e}^{-x}}{2}$; (2) $\ln(2+x)$;

(3) $\sin^2 x$; (4) $\dfrac{1}{9+x^2}$;

(5) $\dfrac{1}{(1+x)^2}$; (6) $\dfrac{1}{x^2-5x+6}$;

(7) $(1+x)\ln(1+x)$; (8) $\ln(1+x-2x^2)$.

2. 将下列函数在给定点 x_0 处展开成 $x-x_0$ 的幂级数, 并求展开式成立的区间.

(1) $\sqrt{x}$, $x_0=1$; (2) $\ln x$, $x_0=3$;

(3) $\cos x$, $x_0=-\dfrac{\pi}{3}$; (4) $\dfrac{1}{x}$, $x_0=3$;

(5) $\sin 2x$, $x_0=\dfrac{\pi}{2}$; (6) $\dfrac{1}{x^2+3x+2}$, $x_0=-4$.

3. 利用函数的幂级数展开式求下列各数的近似值.

(1) $\ln 3$ (误差不超过 10^{-4}); (2) $\sqrt{\mathrm{e}}$ (误差不超过 10^{-3});

(3) $\sqrt[3]{500}$ (误差不超过 10^{-3}); (4) $\sin 3^\circ$ (误差不超过 10^{-5}).

4. 利用被积函数的幂级数展开式求下列定积分的近似值.

(1) $\displaystyle\int_0^{0.5}\frac{\arctan x}{x}\mathrm{d}x$ (误差不超过 10^{-3}); (2) $\displaystyle\int_0^{0.5}\frac{1}{1+x^4}\mathrm{d}x$ (误差不超过 10^{-4}).

5. 将函数 $\mathrm{e}^x\cos x$ 展开成 x 的幂级数.

第五节　傅里叶级数

一、问题的提出

自然界中许多现象都具有周期性, 像交流电、心脏的跳动、人们呼吸时肺部的运动等都体现了周期现象. 在科学实验与工程技术的某些现象中, 也常会碰到一种周期运动. 这种周期性过程, 可以用周期函数来近似地描述.

最简单的周期函数是正弦函数 (或余弦函数), 例如描述简谐振动的函数

$$y = A\sin(\omega x + \varphi)$$

就是一个以 $\dfrac{2\pi}{\omega}$ 为周期的正弦函数, 其中 y 表示动点的位置, x 表示时间, A 表示振幅, ω 为角频率, φ 为初相.

但并非所有的周期过程都能用简单的正弦函数来表示, 比如电子技术中周期为 T 的矩形波 (图 5–3) 显然不是正弦波. 图 5–3 中的矩形波在一个周期内的表达式如下:

$$u(t) = \begin{cases} -1, & -\dfrac{T}{2} \leqslant t < 0, \\ 1, & 0 \leqslant t < \dfrac{T}{2}. \end{cases}$$

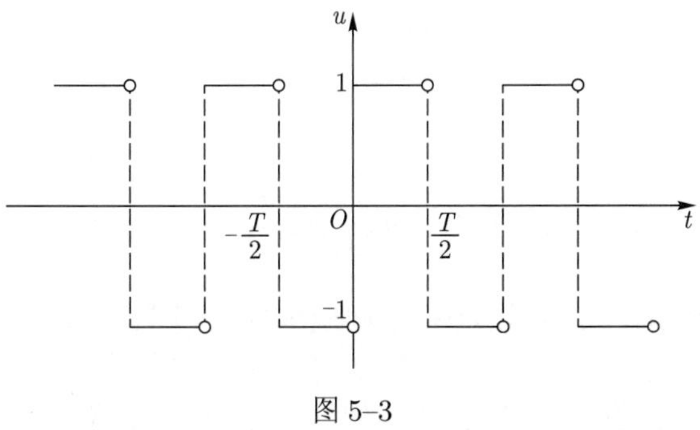

图 5–3

由图 5–3 可以看到, $u(t)$ 为分段函数, 分析性质不好, 存在很多不连续、不可导的点. 因此, 就有这样一个问题: 能否用处处可导的周期函数去逼近 $u(t)$ 呢?

其实, 矩形波 $u(t)$ 就可看成无穷多个奇次正弦函数的叠加. 取上述矩形波函数的周期为 4, 则 $u(t) = \dfrac{4}{\pi}\sum\limits_{n=1}^{\infty}\dfrac{1}{2n-1}\sin\dfrac{(2n-1)\pi}{2}t$ (见本节例 5.1), 图 5–4 为前三项 $\dfrac{4}{\pi}\sum\limits_{n=1}^{3}\dfrac{1}{2n-1}\sin\dfrac{(2n-1)\pi}{2}t$ 叠加的效果图, 图 5–5 为前七项 $\dfrac{4}{\pi}\sum\limits_{n=1}^{7}\dfrac{1}{2n-1}\cdot\sin\dfrac{(2n-1)\pi}{2}t$ 的效果图. 可以看到, 上述奇次正弦函数的项数越多, 逼近效果就越好.

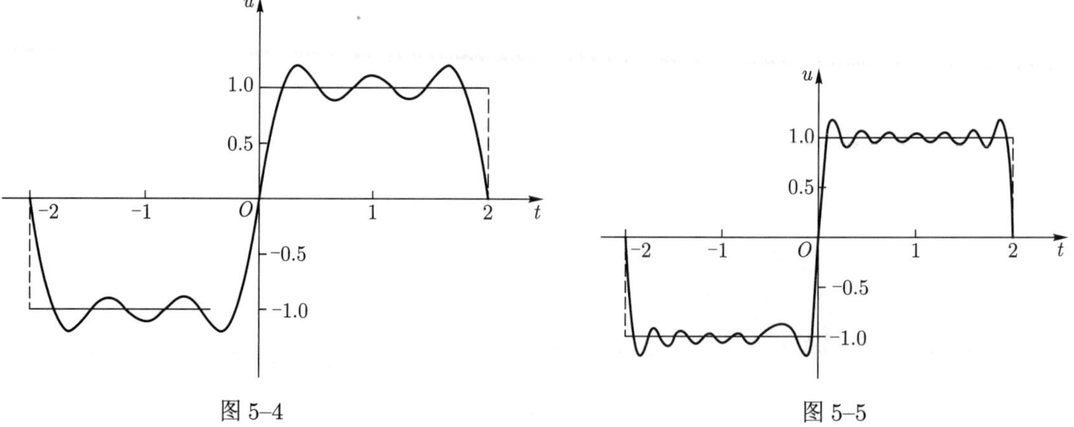

图 5–4　　　　图 5–5

若干个简谐运动的叠加

$$A_0+A_1\sin(\omega t+\varphi_1)+A_2\sin(2\omega t+\varphi_2)+\cdots+A_2\sin(n\omega t+\varphi_n) \tag{5.1}$$

可以描述更复杂的周期运动. 反之, 结合上述奇次正弦函数逼近矩形波的例子可以设想, 一个比较复杂的周期运动应该可以通过许多简单振动的叠加获得. 从数学上来说就是: 对于一般的非正弦的周期函数 $f(x)$, 应该可以用若干个正弦函数 $A_n\sin(n\omega x+\varphi_n)$ 之和来近似表示, 那么, 具体应该怎样表示呢?

三角级数逼近矩形波动画

假设周期为 $2l$ 的函数 $f(x)$ 能表示为一系列周期为 $\dfrac{2l}{n}$ $(n=1,2,3,\cdots)$ 的正弦函数之和

$$f(x)=A_0+\sum_{n=1}^{\infty}A_n\sin\left(\frac{n\pi}{l}x+\varphi_n\right), \tag{5.2}$$

其中 A_0, A_n, φ_n 均为常数 $(n=1,2,3,\cdots)$, 下面分析 (5.2) 右边还可以写成什么形式. 由于

$$A_n\sin\left(\frac{n\pi}{l}x+\varphi_n\right)=A_n\sin\varphi_n\cos\frac{n\pi}{l}x+A_n\cos\varphi_n\sin\frac{n\pi}{l}x,$$

记 $\dfrac{a_0}{2}=A_0$, $a_n=A_n\sin\varphi_n$, $b_n=A_n\cos\varphi_n$, 则 (5.2) 右端的级数可以改写为

$$\frac{a_0}{2}+\sum_{n=1}^{\infty}\left(a_n\cos\frac{n\pi}{l}x+b_n\sin\frac{n\pi}{l}x\right). \tag{5.3}$$

形如 (5.3) 的级数叫做三角级数, 其中常数 $a_0, a_n, b_n (n=1,2,3,\cdots)$ 称为三角级数的系数.

如同讨论幂级数时一样, 需要讨论三角级数 (5.3) 的收敛问题, 以及给定周期为 $2l$ 的函数, 如何把它展开成三角级数 (5.3). 为此, 首先要了解三角函数系的正交性.

二、三角函数系的正交性

三角级数 (5.3) 可看成下列函数组

$$1,\cos\frac{\pi}{l}x,\sin\frac{\pi}{l}x,\cdots,\cos\frac{n\pi}{l}x,\sin\frac{n\pi}{l}x,\cdots \tag{5.4}$$

的一个线性组合, 这个函数组称为三角函数系, 三角函数系 (5.4) 具有如下的性质:

性质　三角函数系 (5.4) 在长度为 $2l$ 的区间 $[a,a+2l]$ (a 为任意常数) 上具有**正交性**, 即函数系 (5.4) 中任何两个不同函数的乘积在 $[a,a+2l]$ 的积分为零. 为确定起见, 以 $[-l,l]$ 为例, 有

$$\int_{-l}^{l}\cos\frac{n\pi}{l}x\mathrm{d}x=0\quad(n=1,2,3,\cdots),$$

$$\int_{-l}^{l}\sin\frac{n\pi}{l}x\mathrm{d}x=0\quad(n=1,2,3,\cdots),$$

$$\int_{-l}^{l}\sin\frac{n\pi}{l}x\cos\frac{k\pi}{l}x\mathrm{d}x=0\quad(n,k=1,2,3,\cdots),$$

$$\int_{-l}^{l}\cos\frac{n\pi}{l}x\cos\frac{k\pi}{l}x\mathrm{d}x=0\quad(n,k=1,2,3,\cdots,k\neq n),$$

$$\int_{-l}^{l}\sin\frac{n\pi}{l}x\sin\frac{k\pi}{l}x\mathrm{d}x=0\quad(n,k=1,2,3,\cdots,k\neq n).$$

以上等式, 都可以通过计算定积分来验证, 下面验证第四式.

利用三角函数积化和差公式得

$$\cos\frac{n\pi}{l}x\cos\frac{k\pi}{l}x=\frac{1}{2}\left[\cos\frac{(n+k)\pi}{l}x+\cos\frac{(n-k)\pi}{l}x\right],$$

所以

$$\begin{aligned}\int_{-l}^{l}\cos\frac{n\pi}{l}x\cos\frac{k\pi}{l}x\mathrm{d}x &= \frac{1}{2}\int_{-l}^{l}\left[\cos\frac{(n+k)\pi}{l}x+\cos\frac{(n-k)\pi}{l}x\right]\mathrm{d}x\\ &= \frac{1}{2}\left[\frac{l}{(n+k)\pi}\sin\frac{(n+k)\pi}{l}x+\frac{l}{(n-k)\pi}\sin\frac{(n-k)\pi}{l}x\right]\Bigg|_{-l}^{l}\\ &= 0\quad(n,k=1,2,3,\cdots,k\neq n).\end{aligned}$$

注　三角函数系 (5.4) 中, 两个相同函数的乘积在 $[a,a+2l]$ 上的积分不为零, 同样以 $[-l,l]$ 为例, 有

$$\int_{-l}^{l}1^2\mathrm{d}x=2l,\int_{-l}^{l}\cos^2\frac{n\pi}{l}x\mathrm{d}x=\int_{-l}^{l}\sin^2\frac{n\pi}{l}x\mathrm{d}x=l\quad(n=1,2,3,\cdots).$$

三、函数展开成傅里叶级数

如果周期为 $2l$ 的函数 $f(x)$ 能展开成三角级数

$$f(x)=\frac{a_0}{2}+\sum_{k=1}^{\infty}\left(a_k\cos\frac{k\pi}{l}x+b_k\sin\frac{k\pi}{l}x\right).\tag{5.5}$$

自然要问: 系数 $a_0,a_1,b_1,\cdots$ 与函数 $f(x)$ 之间存在着怎样的关系? 怎样通过 $f(x)$ 计算这些系数? 为了利用三角函数系的正交性, 进一步假设级数 (5.5) 可以逐项积分, 这时在 (5.5) 两端

同乘 $\cos\frac{n\pi}{l}x \quad (n=0,1,2,\cdots)$, 再在 $[-l,l]$ 上积分, 有

$$\int_{-l}^{l} f(x)\cos\frac{n\pi}{l}x\mathrm{d}x = \frac{a_0}{2}\int_{-l}^{l}\cos\frac{n\pi}{l}x\mathrm{d}x + \sum_{k=1}^{\infty}\left(a_k\int_{-l}^{l}\cos\frac{k\pi}{l}x\cos\frac{n\pi}{l}x\mathrm{d}x + b_k\int_{-l}^{l}\sin\frac{k\pi}{l}x\cos\frac{n\pi}{l}x\mathrm{d}x\right). \tag{5.6}$$

由三角函数系的正交性, 当 $n=0$ 时, 上式变为

$$\int_{-l}^{l} f(x)\mathrm{d}x = \frac{a_0}{2}\int_{-l}^{l}\mathrm{d}x = a_0 l,$$

于是得

$$a_0 = \frac{1}{l}\int_{-l}^{l} f(x)\mathrm{d}x;$$

当 $n \neq 0$ 时, 由三角函数系的正交性, (5.6) 右端除 $k=n$ 这一项外, 其余各项均为零, 所以

$$\int_{-l}^{l} f(x)\cos\frac{n\pi}{l}x\mathrm{d}x = a_n\int_{-l}^{l}\cos^2\frac{n\pi}{l}x\mathrm{d}x = a_n l,$$

于是得

$$a_n = \frac{1}{l}\int_{-l}^{l} f(x)\cos\frac{n\pi}{l}x\mathrm{d}x \quad (n=1,2,3,\cdots).$$

类似地, 用 $\sin\frac{n\pi}{l}x$ 同乘 (5.5) 两端, 再在 $[-l,l]$ 上逐项积分, 可得

$$b_n = \frac{1}{l}\int_{-l}^{l} f(x)\sin\frac{n\pi}{l}x\mathrm{d}x \quad (n=1,2,3,\cdots),$$

从而得级数 (5.5) 中系数的一种计算公式:

$$\begin{cases} a_n = \dfrac{1}{l}\displaystyle\int_{-l}^{l} f(x)\cos\frac{n\pi}{l}x\mathrm{d}x \quad (n=0,1,2,\cdots), \\ b_n = \dfrac{1}{l}\displaystyle\int_{-l}^{l} f(x)\sin\frac{n\pi}{l}x\mathrm{d}x \quad (n=1,2,3,\cdots). \end{cases} \tag{5.7}$$

根据 (5.7) 定出的系数 a_0, a_1, b_1, $\cdots$ 称为函数 $f(x)$ 的傅里叶系数, 由傅里叶系数定出的三角级数称为 $f(x)$ 的傅里叶级数.

注 从公式 (5.7) 本身来看, 只要定义在 $(-\infty,+\infty)$ 上的周期函数 $f(x)$ 在 $[-l,l]$ 上可积, 就可以按此公式计算出 $f(x)$ 的傅里叶系数 a_n 和 b_n, 并写出 $f(x)$ 的傅里叶级数, 记为

$$f(x) \sim \frac{a_0}{2} + \sum_{n=1}^{\infty}\left(a_n\cos\frac{n\pi}{l}x + b_n\sin\frac{n\pi}{l}x\right). \tag{5.8}$$

这里记号 "$\sim$" 表示上式右边是左边函数的傅里叶级数. 然而 $f(x)$ 的傅里叶级数 (即 (5.8) 右端的级数) 是否收敛? 如果收敛, 是否一定收敛于 $f(x)$ 呢? 也就是在什么条件下, 记号 "$\sim$" 可换为等号呢? 下面不加证明地给出一个常用的收敛定理.

定理 5.1 (收敛定理, 狄利克雷充分条件)　设 $f(x)$ 是周期为 $2l$ 的周期函数, 如果它满足:

(1) 在一个周期内连续或只有有限个第一类间断点;

(2) 在一个周期内至多只有有限个极值点,

那么 $f(x)$ 的傅里叶级数收敛, 并且当 x 是 $f(x)$ 的连续点时, 级数收敛于 $f(x)$; 当 x 是 $f(x)$ 的间断点时, 级数收敛于 $\dfrac{1}{2}[f(x^-)+f(x^+)]$.

定理中的条件称为狄利克雷条件, 它是判别傅里叶级数收敛性的一个充分条件. 当 $f(x)$ 满足狄利克雷条件时, 就有:

当 x 是 $f(x)$ 的连续点时,

$$f(x)=\frac{a_0}{2}+\sum_{n=1}^{\infty}\left(a_n\cos\frac{n\pi}{l}x+b_n\sin\frac{n\pi}{l}x\right);$$

当 x 是 $f(x)$ 的间断点时,

$$\frac{1}{2}\left[f(x^-)+f(x^+)\right]=\frac{a_0}{2}+\sum_{n=1}^{\infty}\left(a_n\cos\frac{n\pi}{l}x+b_n\sin\frac{n\pi}{l}x\right).$$

可见, 函数展开成傅里叶级数的条件要比展开成幂级数的条件低得多.

例 5.1　将周期为 4 的矩形波 $u(t)=\begin{cases}-1, & -2\leqslant t<0,\\ 1, & 0\leqslant t<2\end{cases}$ 展开成傅里叶级数, 并画出傅里叶级数和函数的图形.

解　所给函数满足收敛定理的条件, 它在点 $t=2k(k=0,\pm1,\pm2,\cdots)$ 处不连续, 从而由收敛定理知 $u(t)$ 的傅里叶级数收敛, 且在 $t=2k(k=0,\pm1,\pm2,\cdots)$ 处收敛于

$$\frac{-1+1}{2}=\frac{1+(-1)}{2}=0.$$

当 $t\neq 2k$ 时, 级数收敛于 $u(t)$.

下面由公式 (5.7) 计算 $u(t)$ 的傅里叶系数.

$$\begin{aligned}
a_0 &= \frac{1}{2}\int_{-2}^{2}u(t)\mathrm{d}t=\frac{1}{2}\int_{-2}^{0}(-1)\mathrm{d}t+\frac{1}{2}\int_{0}^{2}\mathrm{d}t=0,\\
a_n &= \frac{1}{2}\int_{-2}^{2}u(t)\cos\frac{n\pi}{2}t\mathrm{d}t=\frac{1}{2}\int_{-2}^{0}\left(-\cos\frac{n\pi}{2}t\right)\mathrm{d}t+\frac{1}{2}\int_{0}^{2}\cos\frac{n\pi}{2}t\mathrm{d}t\\
&= 0\ (n=1,2,3,\cdots),\\
b_n &= \frac{1}{2}\int_{-2}^{2}u(t)\sin\frac{n\pi}{2}t\mathrm{d}t=\frac{1}{2}\int_{-2}^{0}\left(-\sin\frac{n\pi}{2}t\right)\mathrm{d}t+\frac{1}{2}\int_{0}^{2}\sin\frac{n\pi}{2}t\mathrm{d}t\\
&= \frac{1}{2}\frac{2}{n\pi}\cos\frac{n\pi}{2}t\Big|_{-2}^{0}+\frac{1}{2}\frac{2}{n\pi}\left(-\cos\frac{n\pi}{2}t\right)\Big|_{0}^{2}\\
&= \frac{2}{n\pi}[1-\cos(n\pi)]=\begin{cases}\dfrac{4}{n\pi}, & n=1,3,5,\cdots,\\ 0, & n=2,4,6,\cdots.\end{cases}
\end{aligned}$$

于是得 $u(t)$ 的傅里叶级数

$$u(t)=\frac{4}{\pi}\sum_{n=1}^{\infty}\frac{1}{2n-1}\sin\frac{(2n-1)\pi}{2}t=\frac{4}{\pi}\left(\sin\frac{\pi}{2}t+\frac{1}{3}\sin\frac{3\pi}{2}t+\frac{1}{5}\sin\frac{5\pi}{2}t+\cdots\right)$$

$$(-\infty<t<+\infty,t\neq 2k,k=0,\pm1,\pm2,\cdots).$$

图 5–6 为上述傅里叶级数的和函数.

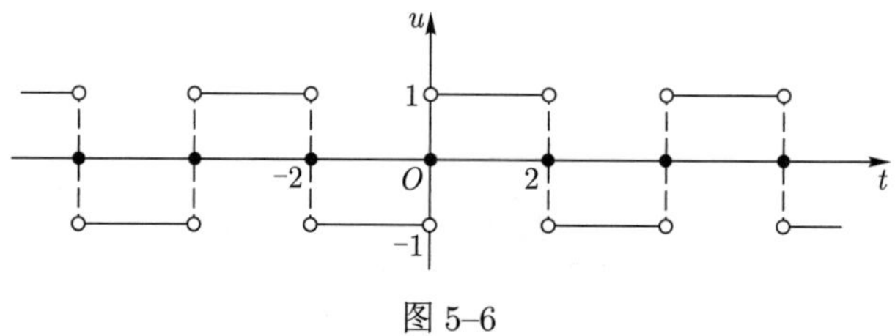

图 5–6

$u(t)$ 的傅里叶级数展开式说明: 矩形波可以由一系列不同频率的正弦波叠加而成. 取展开式的有限项, 它可以作为函数的一种逼近. 记 $u(t)$ 的傅里叶级数展开式的部分和 $s_n(t)=\dfrac{4}{\pi}\displaystyle\sum_{k=1}^{n}\frac{1}{2k-1}\sin\frac{(2k-1)\pi}{2}$, 前面的图 5–4 和图 5–5 恰好就是 $s_3(t)$ 和 $s_7(t)$ 的逼近图. 由图 5–4 和图 5–5 易见, 虽然在区间 $(-2,2]$ 的某些点上 (如 $t=0,2$ 等), $s_n(t)$ 与 $u(t)$ 的值相差甚大 (在这些点, $s_n(t)$ 可以不收敛于 $u(t)$), 但就整体区间上而言, 随着 n 的增大, $s_n(t)$ 的图像越来越逼近于 $u(t)$ 的图像. 这与泰勒级数的逼近情况明显不同, 当然 $u(t)$ 存在傅里叶级数的条件也比 $u(t)$ 存在泰勒级数的条件弱得多.

许多实际应用中, 对周期函数 $f(x)$ 的逼近更关心一个周期内 $f(x)$ 与 $s_n(x)$ 的平均误差是多少, 常采用均方误差 $\dfrac{1}{2l}\displaystyle\int_{-l}^{l}|f(x)-s_n(x)|^2\,\mathrm{d}x$ 来描述, 并有如下的结论:

设函数 $f(x)$ 在 $[-l,l]$ 上可积且平方可积, 若用三角多项式

$$F_n(x)=\frac{A_0}{2}+\sum_{n=1}^{\infty}\left(A_n\cos\frac{n\pi}{l}x+B_n\sin\frac{n\pi}{l}x\right)$$

来近似表示 $f(x)$, 则当其系数 A_0, A_n, B_n $(n=1,2,3,\cdots)$ 是 $f(x)$ 的傅里叶系数时, 其均方误差最小.

例 5.2 设 $f(x)$ 是周期为 2π 的周期函数, 它在一个周期内的表达式为

$$f(x)=\begin{cases}0, & -\pi\leqslant x<0,\\ x, & 0\leqslant x<\pi.\end{cases}$$

将 $f(x)$ 展开成傅里叶级数.

解 所给函数满足收敛定理的条件, 它在点 $x=(2k+1)\pi\,(k=0,\pm1,\pm2,\cdots)$ 处不连续, 从而由收敛定理知 $f(x)$ 的傅里叶级数收敛, 且在 $x=(2k+1)\pi$ 处收敛于

$$\frac{f(\pi^-)+f(-\pi^+)}{2}=\frac{\pi+0}{2}=\frac{\pi}{2}.$$

当 $x \neq (2k+1)\pi$ 时, 级数收敛于 $f(x)$.

下面计算 $f(x)$ 的傅里叶系数.

$$\begin{aligned} a_0 &= \frac{1}{\pi}\int_{-\pi}^{\pi} f(x)\mathrm{d}x = \frac{1}{\pi}\int_0^{\pi} x\mathrm{d}x = \frac{\pi}{2}, \\ a_n &= \frac{1}{\pi}\int_{-\pi}^{\pi} f(x)\cos nx\mathrm{d}x = \frac{1}{\pi}\int_0^{\pi} x\cos nx\mathrm{d}x \\ &= \frac{1}{\pi n}x\sin nx\Big|_0^{\pi} - \frac{1}{\pi n}\int_0^{\pi}\sin nx\mathrm{d}x = \frac{1}{\pi n^2}\cos nx\Big|_0^{\pi} \\ &= \frac{1}{\pi n^2}(\cos n\pi - 1) = \begin{cases} -\dfrac{2}{\pi n^2}, & n = 1,3,5,\cdots, \\ 0, & n = 2,4,6,\cdots. \end{cases} \\ b_n &= \frac{1}{\pi}\int_{-\pi}^{\pi} f(x)\sin nx\mathrm{d}x = \frac{1}{\pi}\int_0^{\pi} x\sin nx\mathrm{d}x \\ &= -\frac{1}{\pi n}x\cos nx\Big|_0^{\pi} + \frac{1}{\pi n}\int_0^{\pi}\cos nx\mathrm{d}x \\ &= \frac{(-1)^{n+1}}{n} + \frac{1}{\pi n^2}\sin nx\Big|_0^{\pi} = \frac{(-1)^{n+1}}{n}. \end{aligned}$$

故得 $f(x)$ 的傅里叶级数

$$\begin{aligned} f(x) &= \frac{\pi}{4} - \left(\frac{2}{\pi}\cos x - \sin x\right) - \frac{1}{2}\sin 2x - \left(\frac{2}{9\pi}\cos 3x - \frac{1}{3}\sin 3x\right) - \cdots \\ &\qquad (-\infty < x < +\infty,\ x \neq \pm\pi, \pm 3\pi, \cdots). \end{aligned}$$

图 5–7 为 $f(x)$ 的傅里叶级数的和函数.

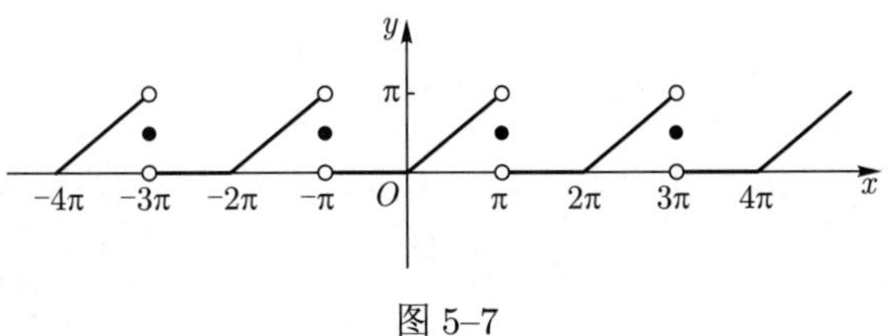

图 5–7

四、正弦级数与余弦级数

在计算 $f(x)$ 的傅里叶系数 a_n 和 b_n 时, 由计算公式

$$\begin{aligned} a_n &= \frac{1}{l}\int_{-l}^{l} f(x)\cos\frac{n\pi}{l}x\mathrm{d}x \quad (n = 0,1,2,\cdots), \\ b_n &= \frac{1}{l}\int_{-l}^{l} f(x)\sin\frac{n\pi}{l}x\mathrm{d}x \quad (n = 1,2,3,\cdots). \end{aligned}$$

可以看出

当 $f(x)$ 为奇函数时, $f(x)\cos\dfrac{n\pi}{l}x$ 是奇函数, $f(x)\sin\dfrac{n\pi}{l}x$ 是偶函数, 故

$$a_n = 0(n=0,1,2,\cdots),\quad b_n = \frac{2}{l}\int_0^l f(x)\sin\frac{n\pi}{l}x\mathrm{d}x \quad (n=1,2,3,\cdots),$$

所以奇函数 $f(x)$ 的傅里叶级数是只含有正弦项的**正弦级数**,

$$f(x) \sim \sum_{n=1}^{\infty} b_n \sin\frac{n\pi}{l}x. \tag{5.9}$$

当 $f(x)$ 为偶函数时, $f(x)\cos\dfrac{n\pi}{l}x$ 是偶函数, $f(x)\sin\dfrac{n\pi}{l}x$ 是奇函数, 故

$$a_n = \frac{2}{l}\int_0^l f(x)\cos\frac{n\pi}{l}x\mathrm{d}x \quad (n=0,1,2,\cdots),\quad b_n = 0 \quad (n=1,2,3,\cdots),$$

所以偶函数 $f(x)$ 的傅里叶级数是只含常数项和余弦项的**余弦级数**

$$f(x) \sim \frac{a_0}{2} + \sum_{n=1}^{\infty} a_n \cos\frac{n\pi}{l}x. \tag{5.10}$$

例 5.3 设 $f(x)$ 的周期为 2π, 它在 $[-\pi,\pi)$ 上的表达式为 $f(x)=x$ (如图 5–8 所示), 试将 $f(x)$ 展开为傅里叶级数.

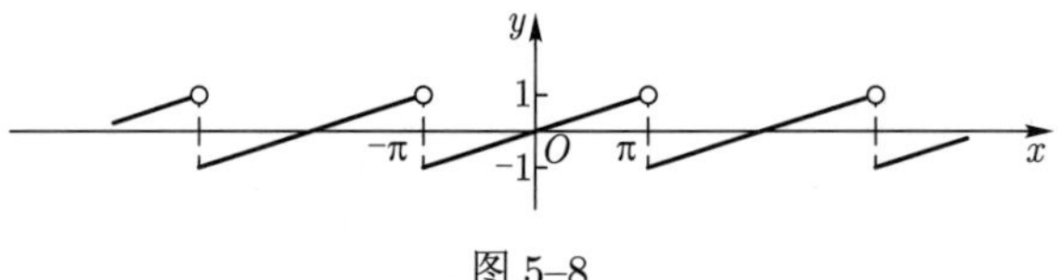

图 5–8

解 所给函数满足收敛定理的条件, 它在点 $x=(2k+1)\pi$ $(k=0,\pm1,\pm2,\cdots)$ 处不连续, 从而由收敛定理知 $f(x)$ 的傅里叶级数收敛, 且在 $x=(2k+1)\pi$ 处收敛于

$$\frac{f(\pi^-)+f(-\pi^+)}{2} = \frac{\pi+(-\pi)}{2} = 0.$$

若不计 $x=(2k+1)\pi$ $(k=0,\pm1,\pm2,\cdots)$, 则 $f(x)$ 是周期为 2π 的奇函数. 此时, 公式 (5.9) 仍成立. 所以 $a_n=0$ $(n=0,1,2,\cdots)$, 而

$$\begin{aligned} b_n &= \frac{2}{\pi}\int_0^{\pi} f(x)\sin nx\mathrm{d}x = \frac{2}{\pi}\int_0^{\pi} x\sin nx\mathrm{d}x \\ &= \frac{2}{\pi}\left(-\frac{x\cos nx}{n}+\frac{\sin nx}{n^2}\right)\Bigg|_0^{\pi} = -\frac{2}{n}\cos n\pi \\ &= \frac{2}{n}(-1)^{n+1}\ (n=1,2,3,\cdots). \end{aligned}$$

故得 $f(x)$ 的傅里叶级数

$$f(x) = 2\left[\sin x - \frac{1}{2}\sin 2x + \frac{1}{3}\sin 3x - \cdots + \frac{(-1)^{n+1}}{n}\sin nx + \cdots\right]$$
$$(-\infty < x < +\infty,\ x \neq \pm\pi, \pm 3\pi, \cdots).$$

五、定义在有限区间 $[a,b]$ 上的函数展开成傅里叶级数

如果函数 $f(x)$ 仅在 $[a,b]$ 上有定义, 并且满足狄利克雷条件, 那么函数 $f(x)$ 也可以展开为傅里叶级数. 事实上, 总可以在 $[a,b)$ 或 $(a,b]$ 外补充定义, 作出一个以 $2l=b-a$ 为周期的函数 $F(x)$, 使 $F(x)$ 在 $[a,b)$ 或 $(a,b]$ 上等于 $f(x)$, 这种延拓函数定义域的过程称为**周期延拓**. 此时将 $F(x)$ 展开为傅里叶级数, 就得到了在 $[a,b)$ 或 $(a,b]$ 上 $f(x)$ 的傅里叶级数展开式.

例 5.4　将函数 $f(x)=x(1\leqslant x\leqslant 3)$ 展开成傅里叶级数.

解　因为 $2l=3-1=2$, 所以 $l=1$. 如图 5–9 在 $(1,3]$ 外补充定义, 将函数 $f(x)$ 延拓为周期为 2 的周期函数. 下面计算 $f(x)$ 的傅里叶系数.

$$
\begin{aligned}
a_0 &= \frac{1}{1}\int_1^3 x\mathrm{d}x = 4,\\
a_n &= \frac{1}{1}\int_1^3 x\cos n\pi x\mathrm{d}x = \frac{1}{n\pi}\int_1^3 x\mathrm{d}\sin n\pi x\\
&= \frac{1}{n\pi}\left(x\sin n\pi x+\frac{1}{n\pi}\cos n\pi x\right)\Bigg|_1^3 = 0,\quad n=1,2,3,\cdots,\\
b_n &= \frac{1}{1}\int_1^3 x\sin n\pi x\mathrm{d}x = \frac{-1}{n\pi}\int_1^3 x\mathrm{d}\cos n\pi x\\
&= \frac{-1}{n\pi}\left(x\cos n\pi x-\frac{1}{n\pi}\sin n\pi x\right)\Bigg|_1^3 = \frac{2(-1)^{n+1}}{n\pi}, n=1,2,3,\cdots.
\end{aligned}
$$

故 $f(x)$ 的傅里叶级数展开式为

$$
f(x)=x=2+\frac{2}{\pi}\left(\sin\pi x-\frac{1}{2}\sin 2\pi x+\frac{1}{3}\sin 3\pi x-\cdots\right)\quad (1<x<3).
$$

在区间的两个端点处, 级数收敛于 $\dfrac{1}{2}\left[f(1^+)+f(3^-)\right]=2$.

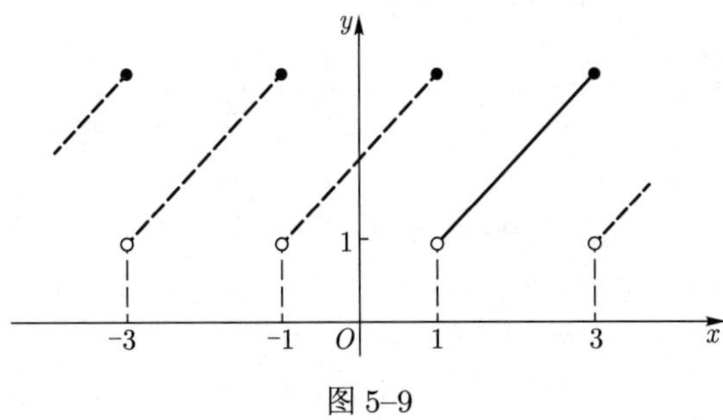

图 5–9

例 5.5　将函数 $f(x)=|x|\,(-\pi\leqslant x\leqslant\pi)$ 展开成傅里叶级数.

解　$f(x)$ 在 $[-\pi,\pi]$ 上满足狄利克雷条件, 以 2π 为周期延拓后的函数在每一点都连续 (图 5–10), 因此延拓后的周期函数的傅里叶级数在 $[-\pi,\pi]$ 上收敛于 $f(x)$.

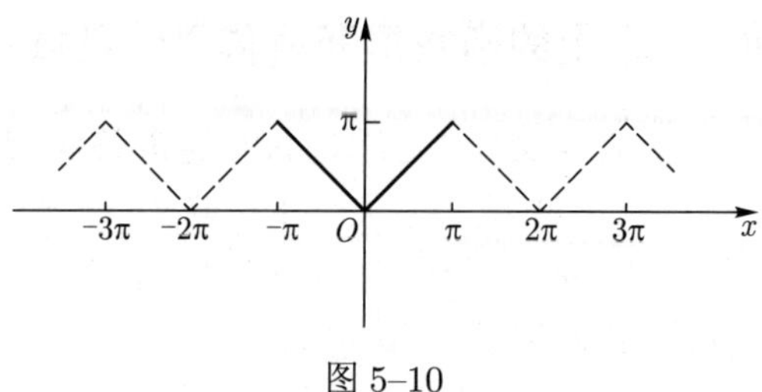

图 5–10

由于 $f(x)$ 是偶函数, 所以傅里叶系数 $b_n = 0\ (n = 1, 2, 3, \cdots)$,

$$\begin{aligned}
a_0 &= \frac{2}{\pi}\int_0^{\pi} x\mathrm{d}x = \pi, \\
a_n &= \frac{2}{\pi}\int_0^{\pi} x\cos nx\mathrm{d}x = \frac{2}{\pi}\left(\frac{x\sin nx}{n} + \frac{\cos nx}{n^2}\right)\bigg|_0^{\pi} \\
&= \frac{2}{\pi n^2}(\cos n\pi - 1) = \begin{cases} \dfrac{-4}{\pi n^2}, & n = 1, 3, 5, \cdots, \\ 0, & n = 2, 4, 6, \cdots, \end{cases}
\end{aligned}$$

故 $f(x)$ 的傅里叶级数展开式为

$$f(x) = \frac{\pi}{2} - \frac{4}{\pi}\left(\cos x + \frac{1}{3^2}\cos 3x + \frac{1}{5^2}\cos 5x + \cdots\right) \quad (-\pi \leqslant x \leqslant \pi).$$

利用这个展开式, 可以求出几个特殊级数的和. 当 $x = 0$ 时, $f(0) = 0$, 于是可以由该展开式得到

$$\frac{\pi^2}{8} = 1 + \frac{1}{3^2} + \frac{1}{5^2} + \cdots.$$

设

$$\begin{aligned}
\sigma &= 1 + \frac{1}{2^2} + \frac{1}{3^2} + \frac{1}{4^2} + \frac{1}{5^2} + \cdots, \\
\sigma_1 &= 1 + \frac{1}{3^2} + \frac{1}{5^2} + \cdots, \\
\sigma_2 &= \frac{1}{2^2} + \frac{1}{4^2} + \frac{1}{6^2} + \cdots, \\
\sigma_3 &= 1 - \frac{1}{2^2} + \frac{1}{3^2} - \frac{1}{4^2} + \cdots.
\end{aligned}$$

因为

$$\sigma_2 = \frac{\sigma}{4} = \frac{\sigma_1 + \sigma_2}{4},$$

所以

$$\sigma_2 = \frac{\sigma_1}{3} = \frac{\pi^2}{24},$$

$$\begin{aligned}
\sigma &= \sigma_1 + \sigma_2 = \frac{\pi^2}{8} + \frac{\pi^2}{24} = \frac{\pi^2}{6}, \\
\sigma_3 &= 2\sigma_1 - \sigma = \frac{\pi^2}{4} - \frac{\pi^2}{6} = \frac{\pi^2}{12}.
\end{aligned}$$

六、定义在区间 $[0,l]$ 上的函数展开成正弦级数或余弦级数

设函数 $f(x)$ 仅在 $(0,l]$ 上有定义, 并且满足狄利克雷条件. 可以在区间 $(-l,0]$ 外补充函数 $f(x)$ 的定义, 得到 $(-l,l]$ 上的奇函数 (或偶函数) $\varphi(x)$, 这种延拓函数定义域的方法称为**奇延拓 (或偶延拓)**, 然后把 $\varphi(x)$ 进行周期延拓后展开成傅里叶级数, 该级数必定是正弦级数 (或余弦级数), 再把 x 限制在 $(0,l]$ 上, 此时 $\varphi(x)\equiv f(x)$, 这样便获得 $f(x)$ 的正弦级数 (或余弦级数) 展开式.

例 5.6　将函数 $f(x)=\begin{cases}\dfrac{x}{2}, & 0\leqslant x<\dfrac{1}{2},\\ \dfrac{1-x}{2}, & \dfrac{1}{2}\leqslant x\leqslant 1\end{cases}$ 展开成正弦级数.

解　对 $f(x)$ 作奇延拓, 得到定义在 $[-1,1]$ 上的奇函数 $\varphi(x)$ (如图 5–11 所示, 其中实线为 $y=f(x)$ 的图形, 虚线为延拓部分的图形).

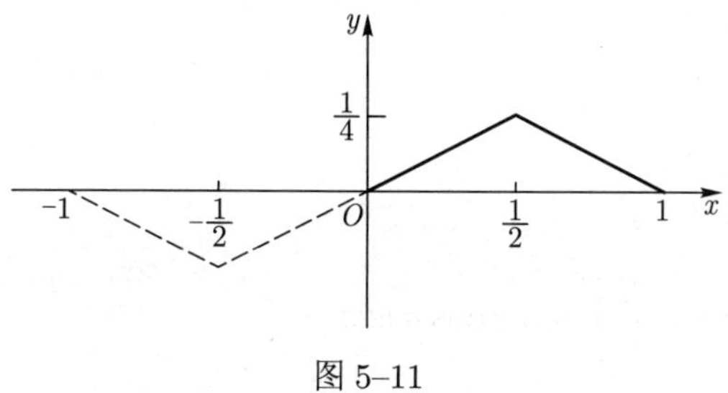

图 5–11

计算傅里叶系数:

$a_n=0\quad(n=0,1,2,\cdots)$,

$b_n=2\displaystyle\int_0^1 f(x)\sin n\pi x\mathrm{d}x=2\left(\int_0^{\frac{1}{2}}\frac{x}{2}\sin n\pi x\mathrm{d}x+\int_{\frac{1}{2}}^1\frac{1-x}{2}\sin n\pi x\mathrm{d}x\right)$,

对上式右端的第二个积分, 令 $t=1-x$, 得

$$\begin{aligned}b_n&=2\left[\int_0^{\frac{1}{2}}\frac{x}{2}\sin n\pi x\mathrm{d}x+\int_0^{\frac{1}{2}}(-1)^{n+1}\frac{t}{2}\sin n\pi t\mathrm{d}t\right]\\&=\int_0^{\frac{1}{2}}[1-(-1)^n]\,x\sin n\pi x\mathrm{d}x\\&=\begin{cases}\dfrac{2}{\pi^2n^2}\sin\dfrac{n\pi}{2}, & n=1,3,5,\cdots,\\ 0, & n=2,4,6,\cdots.\end{cases}\end{aligned}$$

当限制 $x\in[0,1]$ 时, 得到 $f(x)$ 的傅里叶级数展开式

$$f(x)=\sum_{n=1}^{\infty}b_n\sin n\pi x=\frac{2}{\pi^2}\sum_{k=1}^{\infty}\frac{(-1)^{k-1}}{(2k-1)^2}\sin(2k-1)\pi x\quad(0\leqslant x\leqslant 1).$$

例 5.7 试证明当 $0 \leqslant x \leqslant \pi$ 时, 有

$$\frac{\pi}{4}\sin x + \frac{\cos 2x}{1\cdot 3} + \frac{\cos 4x}{3\cdot 5} + \frac{\cos 6x}{5\cdot 7} + \cdots = \frac{1}{2}.$$

证 即证 $\sin x = \dfrac{2}{\pi} - \dfrac{4}{\pi}\sum\limits_{n=1}^{\infty}\dfrac{\cos 2nx}{(2n-1)(2n+1)}, 0 \leqslant x \leqslant \pi.$

考虑将 $f(x) = \sin x (0 \leqslant x \leqslant \pi)$ 偶延拓, 再以 2π 为周期进行周期延拓, 如图 5–12, 虚线是延拓后的曲线. 延拓后函数处处连续, 展成的余弦级数在 $[0,\pi]$ 上收敛于函数 $f(x)$.

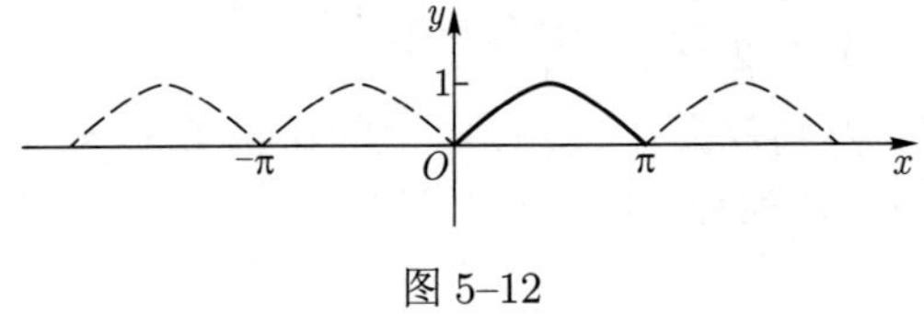

图 5–12

计算傅里叶系数:

$$a_0 = \frac{2}{\pi}\int_0^{\pi}\sin x \mathrm{d}x = \frac{4}{\pi},$$

$$a_n = \frac{2}{\pi}\int_0^{\pi} f(x)\cos nx \mathrm{d}x = \frac{2}{\pi}\int_0^{\pi}\sin x\cos nx \mathrm{d}x.$$

当 $n \neq 1$,

$$\begin{aligned} a_n &= \frac{1}{\pi}\left[\frac{-\cos(n+1)x}{n+1} + \frac{\cos(n-1)x}{n-1}\right]\Bigg|_0^{\pi} = \begin{cases} \dfrac{-4}{\pi(n^2-1)}, & n = 2,4,6,\cdots, \\ 0, & n = 3,5,7,\cdots, \end{cases} \\ a_1 &= \frac{2}{\pi}\int_0^{\pi}\sin x\cos x \mathrm{d}x = \frac{1}{\pi}\int_0^{\pi}\sin 2x \mathrm{d}x = 0, \\ b_n &= 0 \quad (n = 1,2,3,\cdots). \end{aligned}$$

当限制 $x \in [0,\pi]$ 时, 得到 $f(x)$ 的傅里叶级数展开式

$$\begin{aligned} f(x) &= \frac{2}{\pi} - \frac{4}{\pi}\sum_{n=1}^{\infty}\frac{1}{(2n)^2-1}\cos 2nx \\ &= \frac{2}{\pi} - \frac{4}{\pi}\sum_{n=1}^{\infty}\frac{\cos 2nx}{(2n-1)(2n+1)} \quad (0 \leqslant x \leqslant \pi). \end{aligned}$$

从而得证.

显然, 同一个定义在 $(0,l]$ 上的函数, 既可以通过奇周期延拓展开成正弦级数, 又可以通过偶周期延拓展开成余弦级数, 所以一个函数的傅里叶级数展开式并不唯一, 这与函数的幂级数展开式的唯一性是不同的.

* 七、傅里叶级数的复数形式

在电子技术等实际应用中, 将傅里叶级数化成复数形式更为方便.

一般说来, 一个周期为 $2l$ 的函数 $f(x)$ 的傅里叶级数形如 (5.8) 式右端, 系数 a_n 与 b_n 由 (5.7) 确定. 令 $\omega=\dfrac{\pi}{l}$, 利用欧拉公式

$$\cos\frac{n\pi}{l}x=\frac{1}{2}(\mathrm{e}^{n\omega x\mathrm{i}}+\mathrm{e}^{-n\omega x\mathrm{i}}),\quad \sin\frac{n\pi}{l}x=\frac{1}{2\mathrm{i}}(\mathrm{e}^{n\omega x\mathrm{i}}-\mathrm{e}^{-n\omega x\mathrm{i}}),$$

代入 (5.8) 右端, 则 $f(x)$ 的傅里叶级数化为

$$\begin{aligned}&\frac{a_0}{2}+\sum_{n=1}^{\infty}\left[\frac{a_n}{2}(\mathrm{e}^{n\omega x\mathrm{i}}+\mathrm{e}^{-n\omega x\mathrm{i}})-\frac{b_n\mathrm{i}}{2}(\mathrm{e}^{n\omega x\mathrm{i}}-\mathrm{e}^{-n\omega x\mathrm{i}})\right]\\ =\ &\frac{a_0}{2}+\sum_{n=1}^{\infty}\left(\frac{a_n-b_n\mathrm{i}}{2}\mathrm{e}^{n\omega x\mathrm{i}}+\frac{a_n+b_n\mathrm{i}}{2}\mathrm{e}^{-n\omega x\mathrm{i}}\right),\end{aligned}$$

把上式中各项系数分别记成

$$c_0=\frac{a_0}{2},\quad c_n=\frac{a_n-b_n\mathrm{i}}{2},\quad c_{-n}=\frac{a_n+b_n\mathrm{i}}{2}\quad(n=1,2,3,\cdots),$$

那么 $f(x)$ 的傅里叶级数就可以写成

$$c_0+\sum_{n=1}^{\infty}(c_n\mathrm{e}^{n\omega x\mathrm{i}}+c_{-n}\mathrm{e}^{-n\omega x\mathrm{i}}),$$

写成简洁的形式, 即得 $f(x)$ 的傅里叶级数的复数形式为

$$f(x)=\sum_{n=-\infty}^{+\infty}c_n\mathrm{e}^{n\omega x\mathrm{i}}\quad\left(\omega=\frac{\pi}{l}\right),\tag{5.11}$$

其中系数

$$\begin{aligned}c_0&=\frac{a_0}{2}=\frac{1}{2l}\int_{-l}^{l}f(x)\mathrm{d}x,\\ c_{\pm n}&=\frac{a_n\mp b_n\mathrm{i}}{2}=\frac{1}{2l}\int_{-l}^{l}f(x)(\cos n\omega x\mp\mathrm{i}\sin n\omega x)\mathrm{d}x\\ &=\frac{1}{2l}\int_{-l}^{l}f(x)\mathrm{e}^{\mp n\omega x\mathrm{i}}\mathrm{d}x\quad(n=1,2,3,\cdots).\end{aligned}$$

也能写成统一形式

$$c_n=\frac{1}{2l}\int_{-l}^{l}f(x)\mathrm{e}^{-n\omega x\mathrm{i}}\mathrm{d}x\ (n=0,\pm1,\pm2,\cdots),\quad \omega=\frac{\pi}{l}.\tag{5.12}$$

傅里叶级数的复数形式与实数形式本质上是一样的. 应用于电子技术时, $f(x)$ 的傅里叶级数展开式 (5.8) 中 $a_n\cos n\omega x+b_n\sin n\omega x=A_n\sin(n\omega x+\varphi_n)$, (其中 $A_n=\sqrt{a_n^2+b_n^2}$) 称为 n 阶谐波. 在复数形式 (5.11) 中, 由于

$$|c_n|=|c_{-n}|=\frac{1}{2}\sqrt{a_n^2+b_n^2}=\frac{1}{2}A_n,$$

因此, 系数 c_n 与 c_{-n} 的模直接反映了 n 阶谐波振幅 A_n 的大小, 通常称 A_n 为周期信号 $f(x)$ 的振幅频谱, 简称频谱. 在频谱分析中, 要分析各阶谐波振幅的比, 显然用傅里叶级数的复数形式更为方便.

例 5.8 设 $f(t)$ 是以 $\dfrac{2\pi}{\omega}$ 为周期的函数, 它在 $\left[-\dfrac{\pi}{\omega},\dfrac{\pi}{\omega}\right]$ 上定义为

$$f(t)=\begin{cases}0, & -\dfrac{\pi}{\omega}\leqslant t<0,\\ E\sin\omega t, & 0\leqslant t\leqslant\dfrac{\pi}{\omega}.\end{cases}$$

求 $f(t)$ 复数形式的傅里叶展开式.

解 由系数公式 (5.12) 得

$$\begin{aligned}c_0&=\frac{1}{2\cdot\dfrac{\pi}{\omega}}\int_{-\frac{\pi}{\omega}}^{\frac{\pi}{\omega}}f(t)\mathrm{d}t=\frac{\omega}{2\pi}\int_0^{\frac{\pi}{\omega}}E\sin\omega t\mathrm{d}t=\frac{E}{\pi},\\ c_n&=\frac{1}{2\cdot\dfrac{\pi}{\omega}}\int_{-\frac{\pi}{\omega}}^{\frac{\pi}{\omega}}f(t)\mathrm{e}^{-n\omega t\mathrm{i}}\mathrm{d}t=\frac{\omega E}{2\pi}\int_0^{\frac{\pi}{\omega}}\sin\omega t\mathrm{e}^{-n\omega t\mathrm{i}}\mathrm{d}t\quad(n=\pm1,\pm2,\pm3,\cdots).\end{aligned}$$

当 $n\neq\pm1$ 时,

$$\begin{aligned}c_n&=\frac{\omega E}{4\pi\mathrm{i}}\int_0^{\frac{\pi}{\omega}}\left[\mathrm{e}^{-(n-1)\omega t\mathrm{i}}-\mathrm{e}^{-(n+1)\omega t\mathrm{i}}\right]\mathrm{d}t=\frac{E}{4\pi}\left[\frac{\mathrm{e}^{-(n-1)\omega t\mathrm{i}}}{n-1}-\frac{\mathrm{e}^{-(n+1)\omega t\mathrm{i}}}{n+1}\right]\Bigg|_0^{\frac{\pi}{\omega}}\\ &=\frac{E}{2\pi}\cdot\frac{(-1)^{n-1}-1}{n^2-1}=\begin{cases}-\dfrac{E}{\pi}\dfrac{1}{(2k)^2-1}, & n=2k,\\ 0, & n=2k+1\end{cases}\qquad(k=\pm1,\pm2,\pm3,\cdots).\end{aligned}$$

而

$$\begin{aligned}c_{\pm1}&=\frac{\omega E}{2\pi}\int_0^{\frac{\pi}{\omega}}\sin\omega t\mathrm{e}^{\mp\omega t\mathrm{i}}\mathrm{d}t=\frac{\omega E}{2\pi}\int_0^{\frac{\pi}{\omega}}(\sin\omega t\cos\omega t\mp\mathrm{i}\sin^2\omega t)\mathrm{d}t,\\ &=\frac{\omega E}{2\pi}\left[\left(-\frac{\cos2\omega t}{4\omega}\right)\Bigg|_0^{\frac{\pi}{\omega}}\mp\mathrm{i}\left(\frac{t}{2}-\frac{\sin2\omega t}{4\omega}\right)\Bigg|_0^{\frac{\pi}{\omega}}\right]=\mp\frac{E}{4}\mathrm{i},\end{aligned}$$

故有

$$f(t)=\frac{E}{\pi}-\frac{E}{4}\mathrm{i}\mathrm{e}^{\omega t\mathrm{i}}+\frac{E}{4}\mathrm{i}\mathrm{e}^{-\omega t\mathrm{i}}-\frac{E}{\pi}\sum_{\substack{k=-\infty,\\k\neq0}}^{+\infty}\frac{1}{(2k)^2-1}\mathrm{e}^{2k\omega t\mathrm{i}}$$

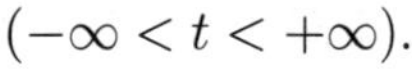
$(-\infty<t<+\infty)$.

指数函数幂级数展开的联想

习题 5–5

(A)

1. 设 $f(x)=\begin{cases}-1, & -\pi<x\leqslant 0,\\ 1+x^2, & 0<x\leqslant\pi,\end{cases}$ 则它的以 2π 为周期的傅里叶级数在 $x=\pi$ 处收敛于____, 在 $x=5\pi$ 处收敛于____.

2. 将下列周期函数展开成傅里叶级数, 其在一个周期内的表达式如下:

(1) $f(x)=1-x^2\ \left(-\dfrac{1}{2}\leqslant x<\dfrac{1}{2}\right)$;　　(2) $f(x)=\begin{cases}x, & -1\leqslant x<0,\\ 1, & 0\leqslant x<\dfrac{1}{2},\\ -1, & \dfrac{1}{2}\leqslant x<1;\end{cases}$

(3) $f(x)=3x^2+1\ (-\pi\leqslant x<\pi)$;　　(4) $f(x)=\begin{cases}\mathrm{e}^x, & -\pi\leqslant x<0,\\ 1, & 0\leqslant x\leqslant\pi.\end{cases}$

3. 设 $f(x)$ 是周期为 2 的周期函数, 且 $f(x)=\begin{cases}x, & 0\leqslant x\leqslant 1,\\ 0, & 1<x<2,\end{cases}$ 写出 $f(x)$ 的傅里叶级数与其和函数, 并求级数 $\displaystyle\sum_{n=0}^{\infty}\frac{1}{(2n+1)^2}$ 的和.

4. 将下列函数展开成傅里叶级数.

(1) $f(x)=\begin{cases}\cos x, & |x|\leqslant\dfrac{\pi}{2},\\ 0, & \dfrac{\pi}{2}<|x|\leqslant\pi;\end{cases}$　　(2) $f(x)=\begin{cases}2x+1, & -3\leqslant x<0,\\ 1, & 0\leqslant x<3.\end{cases}$

5. 试将下列函数展开为指定的傅里叶级数.

(1) $f(x)=\dfrac{\pi}{2}-x,\ x\in[0,\pi]$, 余弦级数;

(2) $f(x)=2x^2,\ x\in[0,\pi]$, 正弦级数;

(3) $f(x)=\begin{cases}x, & 0\leqslant x<\dfrac{l}{2},\\ l-x, & \dfrac{l}{2}\leqslant x\leqslant l,\end{cases}$ 正弦级数和余弦级数;

(4) $f(x)=x^2,\ x\in[0,2]$, 正弦级数和余弦级数.

(B)

6. 设周期函数 $f(x)$ 以 2π 为周期, 证明:

(1) 如果 $f(x-\pi)=-f(x)$, 那么 $f(x)$ 的傅里叶系数 $a_0=0, a_{2k}=0, b_{2k}=0(k=1,2,\cdots)$;

(2) 如果 $f(x-\pi)=f(x)$, 那么 $f(x)$ 的傅里叶系数 $a_{2k+1}=0,\ b_{2k+1}=0(k=0,1,2,\cdots)$.

习题 5–5
7—9 题解答

7. 证明: 在 $[0,\pi]$ 上 $x(\pi-x)=\dfrac{8}{\pi}\displaystyle\sum_{n=1}^{\infty}\frac{\sin(2n-1)x}{(2n-1)^3}$ 成立.

8. 设在 $[0,\pi]$ 上 $f(x)$ 满足狄利克雷条件, 且 $f\left(\dfrac{\pi}{2}+x\right)=-f\left(\dfrac{\pi}{2}-x\right)$, 证明: $f(x)$ 在 $[0,\pi]$ 上展开的余弦级数中所有系数 $a_{2n}=0$.

9. 设函数 $f(x)$ 以 2π 为周期, 满足狄利克雷条件, 且 $f(-\pi)=f(\pi)$, 其傅里叶系数为 a_n,b_n, 又设 $f'(x)$ 满足狄利克雷条件, 求 $f'(x)$ 的傅里叶系数.

*第六节 Mathematica 在级数中的应用

一、基本命令

命令形式 1: Sum[f(i), {i,imin,imax,h}]

功能: 计算和 f(imin)+f(imin+h)+f(imin+2h)+···+f(imin+nh)}, imax–h ⩽ imin+nh ⩽ imax, h>0.

命令形式 2: Sum[f(i), { I, imin, imax }]

功能: 计算和 f(imin)+f(imin+1)+f(imin+2)+···+f(imax).

命令形式 3: Sum[f(i, j), {{i, imin, imax}, {j, jmin, jmax}]

功能: 计算二重和式.

命令形式 4: Product [f(i), {i, imin, imax, h }]

功能: 计算积 f(imin)×f(imin+h)×f(imin+2h)×···×f(imin+nh), imax–h ⩽ imin+nh ⩽ imax, h>0.

命令形式 5: Product [f(i), { i, imin, imax }]

功能: 计算积 f(imin) ×f(imin +1) ×f(imin +2) ×···×f(imax).

命令形式 6: Product[f(i, j), {{i, imin, imax}, {j, jmin, jmax}]

功能: 计算二重积式.

命令形式 7: Series[f, {x, x0, n}]

功能: 把函数 f 在 x=x0 点展开成幂级数, 最高项为 n 次.

命令形式 8: Normal[expr]

功能: 去掉幂级数表达式 expr 中的截断误差项, 获得剩余的多项式.

二、实验举例

例 6.1 计算和 $1^2+3^2+\cdots+19^2$.

输入: `Sum [ i^2, {i, 1, 19, 2} ]`

输出: 1330

例 6.2 计算和 $s=\sum\limits_{k=3}^{20}\dfrac{1}{(k^2-1)}$.

输入: `Sum [1/(k^2-1),{k,3,20}]`

输出: $\dfrac{103}{280}$

例 6.3 计算 $\sum\limits_{i=1}^{20}\sum\limits_{j=1}^{10}(i-j)^3$.

输入: `Sum[(i-j)^3, {i, 1, 20}, {j, 1, 10}]`

输出: 149 500

例 6.4 计算 $s_1=\sum\limits_{k=1}^{10}\sin k,\quad s_2=\sum\limits_{k=1}^{+\infty}\dfrac{1}{k^2}$.

输入: `s1=Sum[Sin[k], {k, 1, 5}]; NSum[Sin[k], {k, 1, 5}]`

```
NSum[1/k^2, {k, 1, Infinity}]
```

输出: `0.176162   1.64493`

例 6.5 计算 $s=\prod_{k=1}^{4}\cos k$.

输入:
```
Product[Cos[k], {k, 1, 4}]
NProduct[Cos[k], {k, 1, 4}]
```

输出: `Cos[1] Cos[2] Cos[3] Cos[4]   -0.145498`

例 6.6 将函数 $f(x)=x\arctan x-\ln\sqrt{1+x^2}$ 展开为 x 的最高次为 6 的泰勒公式.

输入: `Series[x*ArcTan[x]-Log[Sqrt[1+x^2]], {x, 0, 6}]`

输出: $\frac{x^2}{2}-\frac{x^4}{12}+\frac{x^6}{30}+o[x^7]$

例 6.7 将函数 $f(x)=\frac{1}{x^2}$ 展开为关于 $(x-2)$ 的最高次为 4 的泰勒公式对应的多项式.

输入: `Normal [Series[1/x^2, {x, 2, 4}]]`

输出: $\frac{1}{4}-\frac{-2+x}{4}+\frac{3(-2+x)^2}{16}-\frac{(-2+x)^3}{8}+\frac{5(-2+x)^4}{64}$

例 6.8 麦克劳林多项式逼近函数的图形观察.

输入:
```
Pic1=Plot[Sin[x],{x,-5 Pi,5 Pi},PlotStyle->Red,
PlotRange->{-1.5,1.5}];
i=Input[];
P[x]=Normal[Series[Sin[x],{x,0,i}]]
Pic=Plot[P[x],{x,-5 Pi,5 Pi},PlotRange->{-1.5,1.5},PlotStyle->
{-1.5,1.5},PlotStyle->{Thickness[0.01],Black}];
Show[Pic1,Pic]
```

麦克劳林展开演示

输出如图 5–13 和图 5–14 所示.

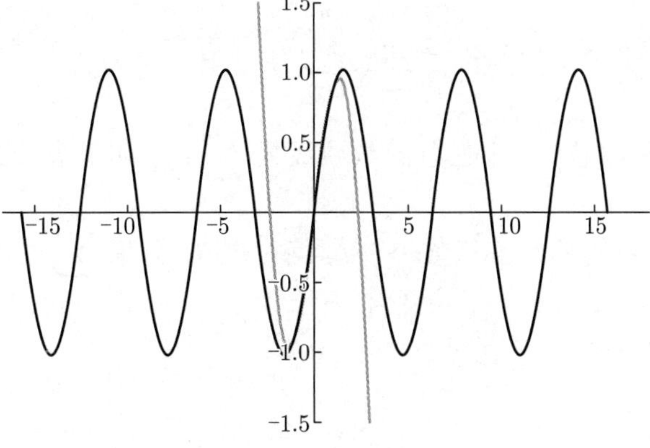

图 5–13 4 阶麦克劳林多项式近似

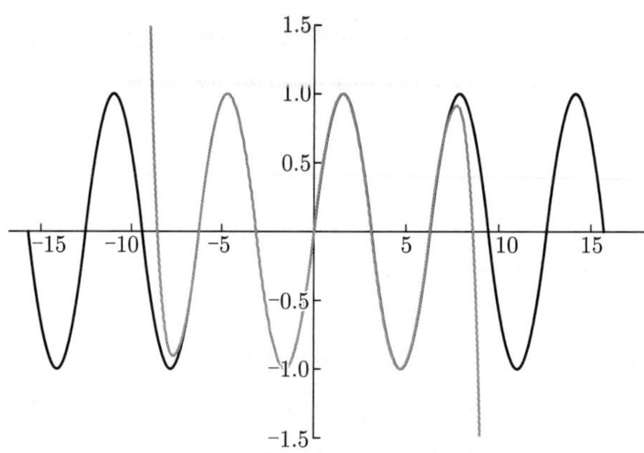

图 5–14 20 阶麦克劳林多项式近似

本章小结

本章介绍了常数项级数、函数项级数、幂级数、傅里叶级数的概念, 对于数项级数, 重点是收敛性的判定; 对于幂级数, 重点是收敛域的判定、和函数的求法以及幂级数的展开; 对于傅里叶级数, 重点是按照要求展开成相应的形式. 另外, 本章数项级数 $\sum\limits_{n=1}^{\infty} u_n$ 是有限个数求和运算的推广, 是研究函数项级数的基础, 函数项级数是表达函数包括非初等函数的重要工具. 本章的学习中, 还应理解函数逼近的思想.

一、常数项级数

1. 数项级数收敛性概念

(1) 常数项级数的收敛 $\Leftrightarrow \lim\limits_{n\to\infty} s_n = \lim\limits_{n\to\infty} \sum\limits_{k=1}^{n} u_k$ 存在.

(2) 常数项级数的发散 $\Leftrightarrow \lim\limits_{n\to\infty} s_n = \lim\limits_{n\to\infty} \sum\limits_{k=1}^{n} u_k$ 不存在.

(3) 绝对收敛与条件收敛: 对于任意的数项级数 $\sum\limits_{n=1}^{\infty} u_n$, 如果级数的每一项取绝对值后组成的正项级数 $\sum\limits_{n=1}^{\infty} |u_n|$ 收敛, 那么称级数 $\sum\limits_{n=1}^{\infty} u_n$ 绝对收敛. 如果 $\sum\limits_{n=1}^{\infty} |u_n|$ 发散, 但 $\sum\limits_{n=1}^{\infty} u_n$ 收敛, 那么称级数 $\sum\limits_{n=1}^{\infty} u_n$ 条件收敛.

2. 收敛级数的性质

性质 1 如果级数 $\sum\limits_{n=1}^{\infty} u_n$ 收敛于和 s, 那么级数 $\sum\limits_{n=1}^{\infty} ku_n$ (k 为常数) 也收敛, 且其和为 ks.

性质 2 如果级数 $\sum_{n=1}^{\infty} u_n$ 与 $\sum_{n=1}^{\infty} v_n$ 分别收敛于和 s 与 σ, 那么级数 $\sum_{n=1}^{\infty}(u_n \pm v_n)$ 也收敛, 且其和为 $s \pm \sigma$.

性质 3 在级数中删掉、加上或改变有限项, 不会改变级数的敛散性.

性质 4 如果级数 $\sum_{n=1}^{\infty} u_n$ 收敛, 那么对这级数的项任意加括号后所成的级数仍收敛, 且其和不变.

性质 5 (级数收敛的必要条件) 设级数 $\sum_{n=1}^{\infty} u_n$ 收敛, 则 $\lim_{n\to\infty} u_n = 0$.

注 收敛级数的性质在判断级数敛散性上有着重要的用途, 而这些性质的相应推论也有着广泛的应用.

推论 1 若 $k \neq 0$, 则级数 $\sum_{n=1}^{\infty} u_n$ 与 $\sum_{n=1}^{\infty} ku_n$ 具有相同的敛散性.

推论 2 若 $\sum_{n=1}^{\infty} u_n$ 收敛, $\sum_{n=1}^{\infty} v_n$ 发散, 则 $\sum_{n=1}^{\infty} (u_n \pm v_n)$ 发散.

推论 3 如果加括号后所成的级数发散, 那么原来的级数一定发散.

推论 4 如果 $\lim_{n\to\infty} u_n$ 不存在或存在非零, 那么级数 $\sum_{n=1}^{\infty} u_n$ 是发散的 .

3. 正项级数敛散性的判定方法

(1) 级数收敛的定义;

(2) 正项级数 $\sum_{n=1}^{\infty} u_n$ 收敛的充要条件是它的部分和数列 $\{s_n\}$ 有界;

(3) 比较审敛法不等式形式;

(4) 比较审敛法极限形式;

(5) 比值审敛法;

(6) 根值审敛法.

注 使用比较审敛法都要用一个事先已知敛散性的级数作为比较的对象, 几何级数、调和级数、p 级数通常作为比较的对象. 而比值和根植审敛法只需要根据级数自身的特点就可以判断, 但当其失效时, 就必须借助定义或比较审敛法来判断了.

4. 交错级数的莱布尼茨审敛法

注 莱布尼茨审敛法只是一个充分条件, 如果莱布尼茨条件不满足, 级数仍可能收敛.

5. 任意项级数的敛散性的判定方法

定理 绝对收敛的级数必然收敛.

注 级数取绝对值之后发散, 原级数不一定发散, 但如果采用比值和根值审敛法判断 $\sum_{n=1}^{\infty} |u_n|$ 发散, 那么原级数一定发散.

二、幂级数

1. 定义

形如 $\sum\limits_{n=1}^{\infty} u_n(x)$ 的级数称为区间 I 上的函数项级数, 其中 $u_1(x), u_2(x), \cdots, u_n(x), \cdots$, 在某个区间 I 上有定义, 收敛点的全体称之为它的收敛域; 发散点的全体称之为它的发散域, 在收敛域内收敛于和函数 $s(x)=\sum\limits_{n=1}^{\infty} u_n(x)$.

形如 $\sum\limits_{n=0}^{\infty} a_n(x-x_0)^n$ 的级数称为幂级数, 收敛点的全体称为它的收敛域; 发散点的全体称为它的发散域, 在收敛域内收敛于和函数 $s(x)=\sum\limits_{n=0}^{\infty} a_n(x-x_0)^n$.

2. 幂级数收敛域

(1) 收敛定理 (阿贝尔定理)

对于幂级数 $\sum\limits_{n=0}^{\infty} a_n x^n$, 下列命题成立:

若它在点 $x_0 \neq 0$ 处收敛, 则当 $|x|<|x_0|$ 时, 级数绝对收敛; 若它在点 $x_0 \neq 0$ 处发散, 则当 $|x|>|x_0|$ 时, 级数发散.

(2) 幂级数的收敛半径

(i) 设幂级数 $\sum\limits_{n=0}^{\infty} a_n x^n$ 中 $a_n \neq 0$, 如果 $\lim\limits_{n\to\infty}\left|\dfrac{a_{n+1}}{a_n}\right|=\rho$, 那么 $\sum\limits_{n=0}^{\infty} a_n x^n$ 的收敛半径

$$R=\begin{cases}\dfrac{1}{\rho}, & 0<\rho<+\infty,\\ +\infty, & \rho=0,\\ 0, & \rho=+\infty;\end{cases}$$

(ii) 设幂级数 $\sum\limits_{n=0}^{\infty} a_n x^n$ 中 $a_n \neq 0$, 且 $\lim\limits_{n\to\infty}\sqrt[n]{|a_n|}=\rho$, 则级数 $\sum\limits_{n=0}^{\infty} a_n x^n$ 的收敛半径为

$$R=\begin{cases}\dfrac{1}{\rho}, & 0<\rho<+\infty,\\ +\infty, & \rho=0,\\ 0, & \rho=+\infty.\end{cases}$$

注 要求幂级数的收敛域, 对于系数全不为零的幂级数, 根据收敛定理, 只需求出收敛半径, 然后再验证端点的收敛性, 对于某些奇数项或偶数项系数为零的幂级数, 不能直接套用求收敛半径的公式, 但可以利用数项级数比值或根值法来确定收敛范围, 从而求得收敛域.

3. 幂级数和函数

和函数的性质

连续性　幂级数 $\sum_{n=0}^{\infty} a_n x^n$ 的和函数 $s(x)$ 在收敛域上连续, 即对任意 $x_0 \in D$, 有

$$\lim_{x \to x_0} s(x) = \lim_{x \to x_0} \sum_{n=0}^{\infty} a_n x^n = s(x) = \sum_{n=0}^{\infty} \lim_{x \to x_0} a_n x^n = \sum_{n=0}^{\infty} a_n x_0^n = s(x_0),$$

若 x_0 是端点, 应换成单侧极限.

可积性　幂级数 $\sum_{n=0}^{\infty} a_n x^n$ 的和函数 $s(x)$ 在 $(-R, R)$ 内可积, 且可以逐项求积分, 即

$$\int_0^x s(t)\mathrm{d}t = \int_0^x \left(\sum_{n=0}^{\infty} a_n t^n\right)\mathrm{d}t = \sum_{n=0}^{\infty} \int_0^x a_n t^n \mathrm{d}t = \sum_{n=0}^{\infty} \frac{a_n}{n+1} x^{n+1},$$

而且逐项积分后得到的幂级数与原级数有相同的收敛半径.

可微性　幂级数 $\sum_{n=0}^{\infty} a_n x^n$ 的和函数 $s(x)$ 在 $(-R, R)$ 内可导, 且可以逐项求导, 即

$$s'(x) = \left(\sum_{n=0}^{\infty} a_n x^n\right)' = \sum_{n=0}^{\infty} (a_n x^n)' = \sum_{n=1}^{\infty} n a_n x^{n-1},$$

而且求导后所得的幂级数和原级数有相同的收敛半径.

注　求幂级数的和函数经常利用和函数的性质, 把要求的幂级数转化为能够直接求和的幂级数, 如几何级数和 e^x, $\ln(1+x)$, $\sin x$, $\cos x$ 等是常用的函数的幂级数展开式.

4. 函数的幂级数展开

(1) 直接法

第一步　先求出 $f(x_0)$, $f'(x_0)$, $f''(x_0), \cdots, f^{(n)}(x_0), \cdots$ 的值.

第二步　形式地作出幂级数

$$\sum_{n=0}^{\infty} \frac{f^{(n)}(x_0)}{n!}(x-x_0)^n = f(x_0) + f'(x_0)(x-x_0) + \cdots + \frac{f^{(n)}(x_0)}{n!}(x-x_0)^n + \cdots,$$

并求其收敛半径 R.

第三步　分析在区间 $(-R, R)$ 内拉格朗日型余项的极限

$$\lim_{n \to \infty} R_n(x) = \lim_{n \to \infty} \frac{f^{(n+1)}(\xi)}{(n+1)!}(x-x_0)^{n+1} \quad (|\xi| < |x|)$$

是否为零, 如果极限为零, 那么由定理结论得

$$f(x) = \sum_{n=0}^{\infty} \frac{f^{(n)}(x_0)}{n!}(x-x_0)^n, \quad x \in (-R, R).$$

第四步　当 $0 < R < +\infty$ 时, 检查所求得的幂级数在区间 $(-R, R)$ 的端点 $x = \pm R$ 处的收敛性. 如果幂级数在区间的端点 $x = R$ (或 $x = -R$) 收敛, 而且 $f(x)$ 在 $x = R$ 左连续 (或

在 $x=-R$ 右连续), 那么根据幂级数的和函数的连续性, 展开式 $f(x)=\sum\limits_{n=0}^{\infty}\frac{f^{(n)}(x_0)}{n!}(x-x_0)^n$ 对 $x=R$ (或 $x=-R$) 也成立.

(2) 间接法

由于函数的幂级数展开式是唯一的, 故可以利用一些已知的幂级数展开式通过恒等变形、变量代换、四则运算、级数逐项求导以及逐项积分等方法, 求出其他相关函数的展开式, 且避免研究余项.

常用的函数展开式

$$
\begin{aligned}
\sin x &= x-\frac{x^3}{3!}+\frac{x^5}{5!}+\cdots+(-1)^{n-1}\frac{x^{2n-1}}{(2n-1)!}+\cdots, \quad x\in(-\infty,+\infty).\\
\cos x &= 1-\frac{x^2}{2!}+\frac{x^4}{4!}-\cdots+(-1)^n\frac{x^{2n}}{(2n)!}+\cdots, \quad x\in(-\infty,+\infty).\\
\frac{1}{1+x} &= 1-x+x^2-\cdots+(-1)^n x^n+\cdots, \quad x\in(-1,1).\\
\mathrm{e}^x &= 1+\frac{x}{1!}+\frac{x^2}{2!}+\cdots+\frac{x^n}{n!}+\cdots, \quad x\in(-\infty,+\infty).\\
\ln(1+x) &= x-\frac{x^2}{2}+\frac{x^3}{3}-\cdots+\frac{(-1)^{n-1}}{n}x^n+\cdots, \quad x\in(-1,1].\\
(1+x)^\alpha &= 1+\alpha x+\frac{\alpha(\alpha-1)}{2!}x^2+\cdots+\frac{\alpha(\alpha-1)\cdots(\alpha-n+1)}{n!}x^n+\cdots,\\
&\quad\ x\in(-1,1).
\end{aligned}
$$

三、傅里叶级数

1. 傅里叶级数定义

形如 $f(x)=\frac{a_0}{2}+\sum\limits_{n=1}^{\infty}\left(a_n\cos\frac{n\pi}{l}x+b_n\sin\frac{n\pi}{l}x\right)$ 的三角级数称为 $f(x)$ 的傅里叶级数, 其中

$$
\begin{cases}
a_n=\dfrac{1}{l}\displaystyle\int_{-l}^{l}f(x)\cos\frac{n\pi}{l}x\mathrm{d}x \quad (n=0,1,2,\cdots),\\
b_n=\dfrac{1}{l}\displaystyle\int_{-l}^{l}f(x)\sin\frac{n\pi}{l}x\mathrm{d}x \quad (n=1,2,3,\cdots).
\end{cases}
$$

2. 收敛定理, 狄利克雷充分条件

设 $f(x)$ 是周期为 $2l$ 的周期函数, 如果它满足:

(1) 在一个周期内连续或只有有限个第一类间断点;

(2) 在一个周期内至多只有有限个极值点,

那么 $f(x)$ 的傅里叶级数在每点收敛, 并且当 x 是 $f(x)$ 的连续点时, 级数收敛于 $f(x)$; 当 x 是 $f(x)$ 的间断点时, 级数收敛于 $\frac{1}{2}[f(x^-)+f(x^+)]$.

3. 正弦级数与余弦级数

当 $f(x)$ 是奇函数时, $f(x)\cos\frac{n\pi}{l}x$ 是奇函数, $f(x)\sin\frac{n\pi}{l}x$ 是偶函数, 故

$$a_n=0\ (n=0,1,2,\cdots),\quad b_n=\frac{2}{l}\int_0^l f(x)\sin\frac{n\pi}{l}x\mathrm{d}x\ (n=1,2,3,\cdots),$$

所以奇函数 $f(x)$ 的傅里叶级数是只含有正弦项的正弦级数,

$$f(x)\sim\sum_{n=1}^{\infty}b_n\sin\frac{n\pi}{l}x.$$

当 $f(x)$ 为偶函数时, $f(x)\cos\frac{n\pi}{l}x$ 是偶函数, $f(x)\sin\frac{n\pi}{l}x$ 是奇函数, 故

$$a_n=\frac{2}{l}\int_0^l f(x)\cos\frac{n\pi}{l}x\mathrm{d}x\ (n=0,1,2,\cdots),\quad b_n=0\ (n=1,2,3,\cdots).$$

所以偶函数 $f(x)$ 的傅里叶级数是只含常数项和余弦项的余弦级数,

$$f(x)\sim\frac{a_0}{2}+\sum_{n=1}^{\infty}a_n\cos\frac{n\pi}{l}x.$$

4. 定义在有限区间 $[a,b]$ 上的函数展开成傅里叶级数

如果函数 $f(x)$ 仅在 $[a,b]$ 上有定义, 并且满足狄利克雷条件, 此时只需将 $f(x)$ 在 $[a,b]$ 外延拓成以 $2l=b-a$ 为周期的周期函数 $F(x)$, 使 $F(x)$ 在 $[a,b)$ 或 $(a,b]$ 上等于 $f(x)$, 此时将 $F(x)$ 展开为傅里叶级数, 就得到了 $f(x)$ 在 $[a,b]$ 上的傅里叶级数展开式.

5. 定义在 $[0,l]$ 上的函数展开成正弦级数或余弦级数

设函数 $f(x)$ 仅在 $(0,l]$ 上有定义, 并且满足狄利克雷条件, 可以在区间 $(-l,0]$ 将函数 $f(x)$ 进行奇 (偶) 延拓得 $\varphi(x)$, 此时在 $f(x)$ 的定义域上有 $\varphi(x)\equiv f(x)$. 将 $\varphi(x)$ 展成傅里叶级数, 便获得 $f(x)$ 的正弦级数 (余弦级数) 展开式.

总 习 题 五

1. 单项选择题.

(1) 若常数项级数 $\sum\limits_{n=1}^{\infty}a_n^2$ 收敛, 则级数 $\sum\limits_{n=1}^{\infty}a_n$ (　　);

(A) 发散　　(B) 绝对收敛

(C) 条件收敛　　(D) 可能收敛, 可能发散

(2) 若级数 $\sum\limits_{n=1}^{\infty}u_n$ 收敛, 则下列结论不成立的是 (　　);

(A) $\lim\limits_{n\to\infty}u_n=0$　　(B) $\sum\limits_{n=1}^{\infty}|u_n|$ 收敛

(C) $\sum_{n=1}^{\infty} cu_n$ (c 为常数) 收敛 (D) $\sum_{n=1}^{\infty} (u_{2n-1}+u_{2n})$ 收敛

(3) 关于级数 $\sum_{n=1}^{\infty} \frac{(-1)^{n-1}}{n^p}$ 收敛性的正确答案是 ( );

(A) $p>1$ 时条件收敛 (B) $0<p\leqslant 1$ 时绝对收敛

(C) $0<p\leqslant 1$ 时条件收敛 (D) $0<p\leqslant 1$ 时发散

(4) 交错级数 $\sum_{n=1}^{\infty} (-1)^n(\sqrt{n+1}-\sqrt{n})$ ( );

(A) 绝对收敛 (B) 发散

(C) 条件收敛 (D) 可能收敛, 可能发散

(5) 下列级数中, 绝对收敛的是 ( );

(A) $\sum_{n=1}^{\infty} (-1)^n \frac{n}{3n-1}$ (B) $\sum_{n=1}^{\infty} (-1)^{n-1} \frac{1}{\ln(n+1)}$

(C) $\sum_{n=1}^{\infty} (-1)^{n-1} \frac{n}{\sqrt{n^2+1}}$ (D) $\sum_{n=1}^{\infty} (-1)^{n-1} \frac{1}{n^2}$

(6) 若 $\sum_{n=1}^{\infty} u_n$ 绝对收敛, 则级数 $\sum_{n=1}^{\infty} (-1)^{n-1} \frac{n-1}{n} u_n$ ( );

(A) 绝对收敛 (B) 发散

(C) 条件收敛 (D) 可能收敛, 可能发散

(7) 设级数 $\sum_{n=0}^{\infty} a_n (x+3)^n$ 在 $x=-1$ 处是条件收敛的, 则此级数在 $x=-2$ 处 ( );

(A) 发散 (B) 绝对收敛

(C) 条件收敛 (D) 不能确定敛散性

(8) 幂级数 $\sum_{n=0}^{\infty} \frac{2\cdot 3^n x^n}{n!}$ 的和函数是 ( ).

(A) $2\mathrm{e}^{3x}$ (B) $3\mathrm{e}^{2x}$

(C) $2\mathrm{e}^{-3x}$ (D) $2\mathrm{e}^{\frac{x}{3}}$

2. 判定下列级数的敛散性.

(1) $\sum_{n=1}^{\infty} (\sqrt[n]{3}-1)$; (2) $\sum_{n=1}^{\infty} \frac{\ln(n+1)}{2^n}$; (3) $\sum_{n=1}^{\infty} \frac{1}{\ln^5 n}$;

(4) $\sum_{n=1}^{\infty} \frac{n\sin^2 \frac{n\pi}{3}}{2^n}$; (5) $\sum_{n=1}^{\infty} \frac{a^n}{n^s}\quad (a>0, s>0)$;

(6) $\sum_{n=1}^{\infty} \frac{1}{n}(a_n+a_{n+2})$, 其中 $a_n=\int_0^{\frac{\pi}{4}} \tan^n x\mathrm{d}x$.

3. 讨论下列级数是否收敛. 如果收敛, 是条件收敛还是绝对收敛?

(1) $\sum_{n=1}^{\infty}(-1)^n\frac{\sin(n+2)}{\pi^n}$;　　(2) $\sum_{n=1}^{\infty}(-1)^n\left(\frac{n}{n+1}\right)^n$;

(3) $\sum_{n=1}^{\infty}\left(\cos\frac{1}{n}-n\sin\frac{1}{n}\right)$;　　(4) $\sum_{n=1}^{\infty}(-1)^n\frac{(n+1)!}{n^{n+1}}$;

(5) $\sum_{n=1}^{\infty}(-1)^n\ln\frac{n+1}{n}$;　　(6) $\sum_{n=1}^{\infty}(-1)^n\frac{1}{n-\ln n}$.

4. 求下列幂级数的收敛域.

(1) $\sum_{n=1}^{\infty}\frac{3^n+(-2)^n}{n}(x+1)^n$;　　(2) $\sum_{n=1}^{\infty}\left(1+\frac{1}{n}\right)^{n^2}x^n$;

(3) $\sum_{n=1}^{\infty}\left(\frac{2^n}{n}+\frac{3^n}{n^2}\right)x^n$;　　(4) $\sum_{n=1}^{\infty}\frac{n}{2^n}x^{2n}$.

5. 求下列幂级数的和函数.

(1) $\sum_{n=2}^{\infty}\frac{n-1}{n(n+1)}x^n$;　　(2) $\sum_{n=1}^{\infty}n(x-1)^n$;

(3) $\sum_{n=0}^{\infty}\frac{(2n+1)}{n!}x^{2n}$;　　(4) $\sum_{n=0}^{\infty}\frac{(x+1)^n}{(n+2)!}$.

6. 将下列函数展开成 x 的幂级数.

(1) $\frac{x}{1+x-2x^2}$;　　(2) $x\ln(x+\sqrt{x^2+1})$;

(3) $\frac{1}{(2-x)^2}$.

7. 求下列数项级数的和.

(1) $\sum_{n=1}^{\infty}\frac{1}{4n+1}\left(\frac{\sqrt{3}}{3}\right)^{4n+1}$;　　(2) $\sum_{n=1}^{\infty}\frac{n^2}{n!}$;

(3) $\sum_{n=0}^{\infty}(-1)^n\frac{n+1}{(2n+1)!}$.

8. 设正项数列 $\{u_n\}$ 单调减少, 且 $\sum_{n=1}^{\infty}(-1)^nu_n$ 发散, 证明级数 $\sum_{n=1}^{\infty}\left(\frac{1}{1+u_n}\right)^n$ 收敛.

9. 设 $a_1=2$, $a_{n+1}=\frac{1}{2}\left(a_n+\frac{1}{a_n}\right)$ $(n=1,2,\cdots)$. 证明:

(1) $\lim\limits_{n\to\infty}a_n$ 存在;

(2) 级数 $\sum_{n=1}^{\infty}\left(\frac{a_n}{a_{n+1}}-1\right)$ 收敛.

10. 证明:

(1) $\sum_{n=1}^{\infty}(-1)^{n-1}\frac{\cos nx}{n^2}=\frac{\pi^2-3x^2}{12},\quad -\pi\leqslant x\leqslant\pi;$

(2) $\sum_{n=1}^{\infty}\frac{4\cos\frac{n}{2}x}{n^2}=\frac{3x^2-6\pi x+2\pi^2}{12},\quad 0\leqslant x\leqslant 2\pi.$

11. 将函数 $f(x)=\begin{cases}1, & 0\leqslant x\leqslant h,\\ 0, & h<x\leqslant\pi\end{cases}$ 分别展开成正弦级数和余弦级数.

第五章自测题

部分习题答案与提示

第 一 章

习题 1–1 (A)

1. (1) $-4 \leqslant x \leqslant 4$; (2)$(-\infty,-3)\bigcup(-3,3)\bigcup(3,+\infty)$; (3) $1 \leqslant x \leqslant 4$; (4) $x<-3$;
(5) $\dfrac{\pi}{2}$.

2. $2-2x^2, 2\sin^2\dfrac{x}{2}$. 3. 1, 2, 27, $f(x-5)=\begin{cases} x-3, & x \leqslant 5, \\ 3^{x-5}, & x>5. \end{cases}$

4. $y=\begin{cases} 4-4x, & x \geqslant \dfrac{1}{4}, \\ 4x+2, & x<\dfrac{1}{4}. \end{cases}$ 5. (1) 偶函数; (2) 奇函数; (3) 偶函数. 6. $f(x)=x^2$.

7. (1) $y=\dfrac{2-2x}{1+x}$; (2) $y=\log_3\dfrac{x}{x-1}$; (3) $y=\begin{cases} \mathrm{e}^x, & -\infty<x \leqslant 0, \\ -\sqrt{x}, & 0<x \leqslant 1, \\ 1+\ln\dfrac{x}{2}, & 2<x \leqslant 2\mathrm{e}. \end{cases}$

9. $y=\begin{cases} 100x, & 0 \leqslant x \leqslant 900, \\ 100\times 900+100\times 0.8\times(x-900), & 900<x \leqslant 1\,200. \end{cases}$

10. $V=\pi h\left(r^2-\dfrac{1}{4}h^2\right)(0<h \leqslant 2r)$.

(B)

11. (1) A; (2) D; (3) C; (4) D; (5) B; (6) B.

12. (1) $\varphi(x)=\sqrt{\ln(1-x)}, x \leqslant 0$; (2) $g(x^2)=\dfrac{(x^2+h)^4-x^8}{h}$;
(3) $f_n(x)$ 为奇函数且有界; (4) $F(x)=\begin{cases} 0, & x<0 \text{ 或 } x \geqslant 1, \\ 1, & 0 \leqslant x<1; \end{cases}$ (5) $y=\dfrac{1}{2}(3x+x^3)$.

习题 1–2 (A)

1. (1) 1; (2) 1; (3) 0; (4) 1; (5) 无极限; (6) 无极限.

6. 1. 7. 1. 8. 2. 9. (1) e^2; (2) $\dfrac{1}{\mathrm{e}}$.

10. (1) 2; (2) $\dfrac{1}{2}$; (3) $\dfrac{1}{3}$; (4) $\dfrac{1}{2}$; (5) 2; (6) $\dfrac{1}{2^{10}}$.

(B)

11. (1) C; (2) D. 16. 3.

习题 1–3 (A)

1. D. 2. (2) $f(0^-)=1, f(0^+)=0$; (3) $\lim\limits_{x\to 0} f(x)$ 不存在. 3. 不存在.
4. $f(2^-)=4, f(2^+)=5$. 5. (1) 无穷小; (2) 无穷大; (3) 无穷大; (4) 无穷小;
(5) 无穷小. 6. $a=0$, $\lim\limits_{x\to 0} f(x)=0$.
7. (1) $\lim\limits_{x\to+\infty}\left(\dfrac{1}{2}\right)^x=0$; (2) $\lim\limits_{x\to-\infty}\left(\dfrac{1}{2}\right)^x=+\infty$; $\lim\limits_{x\to\infty}\left(\dfrac{1}{2}\right)^x$ 不存在.

(B)

11. (1) A; (2) C; (3) A.

习题 1–4 (A)

1. (1) 0; (2) -2; (3) $\dfrac{3}{11}$; (4) $\dfrac{2}{3}$; (5) $\dfrac{1}{6}$; (6) $\dfrac{3}{2}$;
(7) -2; (8) $\dfrac{1}{2}$; (9) $\dfrac{27}{8}$; (10) $8\sqrt{3}$; (11) 1; (12) 0.
2. (1) $\dfrac{2}{3}$; (2) $\dfrac{1}{4}$; (3) $\dfrac{1}{9}$; (4) $\dfrac{3}{4}$. 3. $\dfrac{1}{1-x}$. 4. $\alpha=1, \beta=-1$.

(B)

5. 否; 不一定. 6. 不一定; 不一定. 7. (1) 1; (2) $2x$; (3) n; (4) 2; (5) $\dfrac{2}{3}\sqrt{2}$;
(6) 0. 8. $k=-3$.

习题 1–5 (A)

1. (1) D; (2) B. 2. (1) $\mathrm{e}^{-\frac{1}{2}}$; (2) e; (3) $\dfrac{3}{4}$; (4) e^2; (5) $(-1)^{m-n}\dfrac{m}{n}$; (6) e^{x+1}.
3. (1) $\dfrac{3}{4}$; (2) $\dfrac{2}{25}$; (3) 1; (4) -1; (5) $\dfrac{9}{4}$; (6) 0; (7) $\dfrac{1}{\mathrm{e}}$; (8) -2. 4. $a=\dfrac{3}{4}\ln 2$.
5. (1) 不正确; (2) 不正确; (3) 正确; (4) 正确; (5) 不正确; (6) 不正确; (7) 不正确.

9. (1) $\dfrac{\sqrt{3}}{6}$; (2) $\lim\limits_{x\to 0}\dfrac{\sin x^n}{(\sin x)^m}=\begin{cases}0, & m<n,\\ 1, & m=n,\\ \infty, & m>n;\end{cases}$ (3) 3; (4) -3; (5) -2; (6) $\dfrac{\pi^2}{2}$.

(B)

10. (1) D; (2) B; (3) D. 11. (1) $\dfrac{2}{\pi}$; (2) $\dfrac{1}{4}$; (3) e^5; (4) 1; (5) e^{-6}; (6) 9.
13. 1. 14. $f(x)=\mathrm{e}^{\frac{1}{x-1}}$.

习题 1–6 (A)

1. (1) B; (2) C; (3) A; (4) D. 2. (1) $x=\pm1$; (2) $x=n\pi(n=0,\pm1,\pm2,\cdots)$.
3. (1) 1; (2) k; (3) 0; (4) $\sqrt{\mathrm{e}}$; (5) 1; (6) 2; (7) $\dfrac{1}{\sqrt{\mathrm{e}}}$; (8) $-\dfrac{2}{3}$.
4. (1) $x=1$ 为可去间断点, $x=2$ 为无穷间断点; (2) $x=\pm1$ 为跳跃间断点;
(3) $x=1$ 为跳跃间断点; (4) $x=0$ 为无穷间断点, $x=-1$ 为跳跃间断点;
(5) $x=0$ 为跳跃间断点; (6) $x=\pm1$ 为跳跃间断点. 5. $a=2, b=-1$.

(B)

10. (1) $\frac{1}{a}$; (2) $\frac{2}{5}$; (3) 2; (4) 1; (5) e; (6) $\frac{1}{12}$; (7) $\frac{1}{2}$; (8) 1.

11. (1) $x=0$ 为可去间断点, $x=k\pi+\frac{\pi}{2}$ 为可去间断点, $x=k\pi(k\neq 0)$ 为无穷间断点;
(2) $x=0$ 为无穷间断点, $x=1$ 为可去间断点, $x=2$ 为无穷间断点.

12. $a=0,b\neq 1;a\neq 1,b=\mathrm{e}$.

13. $f(x)+g(x)=\begin{cases} x+b, & x\leqslant 0, \\ 2x+1, & 0<x<1, \\ x+a+1, & x\geqslant 1, \end{cases}$ 当 $a=b=1$ 时, $f(x)+g(x)$ 在 $(-\infty,+\infty)$ 上连续.

14. $a=0,b=1$.

总习题一

1. (1) B; (2) D; (3) A; (4) D; (5) B; (6) D; (7) D; (8) A.
2. (1) $\frac{1}{\sqrt{2}}$; (2) 0; (3) $\frac{1}{2}$. 3. (1) -3; (2) -1; (3) 1; (4) $\frac{1}{2}$; (5) $\frac{1}{20}$;
(6) $\mathrm{e}^{\frac{2}{\pi}}$; (7) e; (8) e; (9) 0; (10) 2; (11) $\frac{3}{4}$. 4. $a=-\pi,b=0$.

5. (1) $x=0$ 为可去间断点, $x=-1$ 为无穷间断点;
(2) $x=\pm 1$ 为可去间断点, $x=k(k\neq\pm 1,k\in\mathbf{Z})$ 为无穷间断点;
(3) $x=-1$ 为第一类间断点, $x=0$ 为第二类间断点, $x=1$ 为可去间断点.
6. $a=-7,b=6$. 7. $P(x)=x^3+2x^2+x$.

第　二　章

习题 2–1 (A)

1. $2f'(x_0)$, $4f'(x_0)$, $2f(x)f'(x)$, $\frac{1}{3}$, $2af'(x_0)$.
4. (1) 切线方程为 $y-x-1=0$, 法线方程为 $x+y-1=0$; (2) 2; (3) 1; (4) 0; (5) ab.

(B)

8. $-2, \frac{1}{2}$. 9. 1 000!. 10. 1. 11. 0. 12. $a=-1,b=-1$.

习题 2–2 (A)

4. (1) 2.990 7; (2) 0.507 6; (3) <0.33%; (4) $0.24\mathrm{m}^2$; 0.042.

习题 2–3 (A)

1. (1) -2; (2) $\mathrm{e}^{\tan^k x}\cdot k\tan^{k-1}x\cdot\sec^2 x,\dfrac{1}{2}$; (3) $9y+x-6=0$, $y+x+2=0$;

(4) 0; (5) $4x\mathrm{e}^{2x}$; (6) $\mathrm{e}^{2t}(1+2t)$.

2. (1) $y'=\dfrac{5x^4}{a}-\dfrac{b}{x^2}$; (2) $y'=2x\ln x+x$; (3) $y'=15x^2-2^x\ln 2+3\mathrm{e}^x$;

(4) $y'=\dfrac{-1}{\sqrt{x}\,(1+\sqrt{x})}$; (5) $y'=ab\left(x^{a-1}+x^{b-1}+(a+b)x^{a+b-1}\right)$; (6) $y'=2x\sec^2(x^2)$;

(7) $y'=\dfrac{1}{3}x^{-\frac{2}{3}}\sin x+\sqrt[3]{x}\cos x+a^x\mathrm{e}^x+a^x\mathrm{e}^x\ln a$; (8) $y'=\cos 2x+2\sec^2 x+\sec x\tan x$;
(9) $y'=\sec x$; (10) $y'=\csc x$; (11) $y'=\csc x$.
(12) $y'=a^{b^x}\ln a\cdot b^x\ln b+a^b x^{a^b-1}+b^{x^a}\ln b\cdot ax^{a-1}$.

3. (1) $y'=\dfrac{2}{1-x^2}$; (2) $y'=2\sqrt{1-x^2}$; (3) $y'=\dfrac{\mathrm{e}^{\arctan\sqrt{x}}}{2\sqrt{x}(1+x)}$;

(4) $y'=0$; (5) $y'=\dfrac{\arctan x}{\sqrt{(1+x^2)^3}}$; (6) $y'=\dfrac{2\sqrt{2}\mathrm{e}^{2x}}{2+\mathrm{e}^{4x}}$.

4. (1) $y'=2xf'(x^2)$; (2) $y'=\dfrac{f'(x)}{f(x)}$; (3) $y'=\dfrac{f'(x)}{\sqrt{1-f(x)^2}}$;
(4) $y'=f'(x^2+f(x)\mathrm{e}^x)(2x+\mathrm{e}^x f'(x)+f(x)\mathrm{e}^x)$;

(B)

5. $\dfrac{3\pi}{4}$. 6. $-\dfrac{1}{(x+2)^2}\mathrm{d}x$. 7. $f'(x)=\begin{cases}\dfrac{1}{1+x}, & x>0,\\ \cos x\mathrm{e}^{\sin x}, & x<0,\end{cases}$ 在 $x=0$ 处导数不存在.
8. $\lambda>2$. 9. $a=b=-1$. 10. $a=-1$, $b=2$.

习题 2–4 (A)

1. (1) $\dfrac{y}{y-x}$; (2) -1; (3) $4x+3y-12a=0$;
(4) $y'(0)=\dfrac{4}{3}$; (5) 1; (6) $(\ln 2-1)\mathrm{d}x$.

2. (1) $\dfrac{ay-x^2}{y^2-ax}$; (2) $\dfrac{x+y}{x-y}$; (3) $\dfrac{\mathrm{d}y}{\mathrm{d}x}=\dfrac{2x-2xf(y)-yf'(x)}{f(x)+x^2f'(y)}$; (4) $\dfrac{\mathrm{d}y}{\mathrm{d}x}=\dfrac{1}{x(1+\ln y)}$.

3. (1) $y'=x^x(\ln x+1)$; (2) $y'=(\sin x)^{\cos x}(\cot x\cos x-\sin x\ln\sin x)$;
(3) $y'=\mathrm{e}^x+\mathrm{e}^x\cdot\mathrm{e}^{\mathrm{e}^x}+\mathrm{e}x^{\mathrm{e}-1}\mathrm{e}^{x^{\mathrm{e}}}$; (4) $y'=x^{x^x}\left(x^x(\ln x+1)\ln x+x^{x-1}\right)$;

(5) $y'=\sqrt{x\sin x\sqrt{1-\mathrm{e}^x}}\left(\dfrac{1}{2x}+\dfrac{\cos x}{2\sin x}-\dfrac{\mathrm{e}^x}{4(1-\mathrm{e}^x)}\right)$;

(6) $(x-2)^2\sqrt[3]{\dfrac{(x+3)^2(3-2x^2)^4}{(1+x^2)(5-3x^3)}}\left(\dfrac{2}{x-2}+\dfrac{2}{3(x+3)}-\dfrac{16x}{3(3-2x^2)}-\dfrac{2x}{3(1+x^2)}+\dfrac{3x^2}{5-3x^3}\right)$.

4. (1) $\dfrac{\mathrm{d}y}{\mathrm{d}x}=\dfrac{\cos\theta-\theta\sin\theta}{1-\sin\theta-\theta\cos\theta}$; (2) $\dfrac{\mathrm{d}y}{\mathrm{d}x}=-(1+t+t^2)$.

(B)

6. 3. 7. $y-\mathrm{e}^{\frac{\pi}{2}}=-x$. 8. $\dfrac{16}{25\pi}\approx 0.204(\mathrm{m/s})$.

习题 2–5 (A)

1. (1) $6+4\mathrm{e}^{2x}-\dfrac{1}{x^2}$; (2) $\dfrac{1}{\mathrm{e}^2}$;

2. (1) $-\dfrac{4\sin y}{(2-\cos y)^3}$; (2) $\dfrac{f''}{(1-f')^3}$; (3) $-\dfrac{1}{x^2(1-f'(y))}+\dfrac{f''(y)}{x^2(1-f'(y))^3}$; (4) $-\dfrac{(1+2t)(1+t^2)}{2t}$;

 (5) $\dfrac{1}{f''(t)}$; (6) $2^{50}\left(50x\cos 2x-x^2\sin 2x+\dfrac{1\ 225}{2}\sin 2x\right)$.

3. (1) $\mathrm{e}^{-x}f'(\mathrm{e}^{-x})+\mathrm{e}^{-2x}f''(\mathrm{e}^{-x})$; (2) $\dfrac{f''(x)f(x)-[f'(x)]^2}{f^2(x)}$.

4. (1) $2\dfrac{(-1)^{n+1}n!}{(1+x)^{n+1}}$; (2) $-2^{n-1}\cos\left(2x+n\dfrac{\pi}{2}\right)$; (3) $(-1)^n n!\left(\dfrac{8}{(x-2)^{n+1}}-\dfrac{1}{(x-1)^{n+1}}\right)$;

 (4) $(-1)^n\dfrac{(n-2)!}{x^{n-1}}$;

(B)

6. $a=\dfrac{1}{2}g''(0), b=g'(0), c=g(0)$. 7. 存在二阶导数, $f'(x)$ 在 $x=0$ 处连续, $f''(x)$ 在 $x=0$ 处不连续.
8. $(\sqrt{2})^n\mathrm{e}^x\sin\left(x+n\cdot\dfrac{\pi}{4}\right)$;

总习题二

1. (4) $a\leqslant 0$ 时, 间断;$a>0$ 时连续; $0\leqslant a\leqslant 1$ 时, 不可导; $a>1$ 时, 可导.
4. (1) $\dfrac{3}{2}(-1)^n n!\left(\dfrac{1}{(x-1)^{n+1}}-\dfrac{1}{(x+1)^{n+1}}\right)$; (2) $\dfrac{3}{4}\sin\left(x+\dfrac{n\pi}{2}\right)-\dfrac{3^n}{4}\sin\left(3x+\dfrac{n\pi}{2}\right)$.

6. (1)$-\tan\theta, \dfrac{1}{3a}\sec^4\theta\csc\theta$; (2) $\dfrac{1}{t}, -\dfrac{1+t^2}{t^3}$. 8. $2C$;

第 三 章

习题 3–1(A)

6. 有分别位于区间 $(0,1)$, $(1,2)$, $(2,3)$ 及 $(3,4)$ 内的四个根.

习题 3–2(A)

1. (1) 2; (2) 1; (3) $\dfrac{1}{3}$; (4) $\dfrac{m}{n}a^{m-n}$; (5)$-\dfrac{1}{2}$; (6)-2; (7)$-\dfrac{3}{4}$; (8) $\dfrac{1}{3}$;

 (9) 1; (10) $\dfrac{2}{3}$; (11) $\dfrac{1}{2}$; (12) $\mathrm{e}^{\frac{1}{3}}$; (13) $\dfrac{2}{\pi}$; (14) 1.

3. 1. 5. 连续.

(B)

6. (1) $\frac{1}{\pi^2 e}$; (2) $-\frac{1}{2}$; (3) $\frac{1}{9}$; (4) $\frac{1}{\sqrt{n}}$; (5) $-\frac{1}{6}$; (6) $e^{\frac{\ln^2 a-\ln^2 b}{2}}$; (7) $e^{\frac{1}{3}}$; (8) 1.

7. 定义 $f(1)=\frac{1}{\pi}$.

习题 3–3(A)

1. $f(x)=5-13(x+1)+11(x+1)^2-2(x+1)^3$.

2. $\sqrt{1-2x+x^3}-\sqrt[3]{1-3x+x^2}=\frac{1}{6}x^2+x^3+o(x^3)$.

3. $\sqrt{x}=1+\frac{1}{2}(x-1)-\frac{1}{8}(x-1)^2+o((x-1)^2)$.

4. $f(x)=\frac{1}{2}+\frac{1}{2}\cdot\frac{1}{2^3}(x+3)+\frac{1}{2}\cdot\frac{3}{4}\cdot\frac{1}{2^5}(x+3)^2+\frac{1}{2}\cdot\frac{3}{4}\cdot\frac{5}{6}\cdot\frac{1}{2^7}(x+3)^3+o((x+3)^3)$.

5. $f(x)=x-\frac{2}{3!}x^3+o(x^3)$.

6. $xe^x=x+x^2+\frac{1}{2!}x^3+\cdots+\frac{1}{(n-1)!}x^n+\frac{(\xi+n+1)e^{\xi}}{(n+1)!}x^{n+1}$, ξ 介于 0 与 x 之间.

7. $f(x)=1+x+x^2+\cdots+x^n+\frac{1}{(1-\xi)^{n+2}}x^{n+1}$, ξ 介于 0 与 x 之间.

8. $f(x)=2\left(x+\frac{x^3}{3}+\frac{x^5}{5}+\cdots+\frac{x^{2n-1}}{2n-1}\right)+o(x^{2n})$.

9. (1) $|R_4|<2.6\times10^{-4}$; (2) $|R_3|<6.25\times10^{-2}$.

10. $|x|<0.221\ 34$. 11. (1) 1.645, $|R_3|<0.003$; (2) 3.017 1, $|R_3|<3.45\times10^{-6}$;
(3) 0.182 67, $|R_3|<4\times10^{-4}$.

12. (1) $-\frac{1}{12}$; (2) $\frac{1}{3}$; (3)$\frac{1}{6}$; (4) 0. 13. $\frac{1}{2}f''(0)$.

(B)

16. $1+2x+x^2-\frac{2}{3}x^3-\frac{5}{6}x^4-\frac{1}{15}x^5+o(x^5)$. 17. $-\frac{1}{2}x^2-\frac{1}{12}x^4-\frac{1}{45}x^6+o(x^6)$.

18. $f(x)=1+\frac{x^2}{2!}+\frac{x^4}{4!}+\cdots+\frac{x^{2n}}{(2n)!}+\frac{1}{(2n+2)!}(\cosh\xi)x^{2n+2}$, ξ 介于 0 与 x 之间.

19. $f(x)=1-\frac{2}{2!}x^2+\frac{2^3}{4!}x^4-\frac{2^5}{6!}x^6+\cdots+\frac{(-1)^n\cdot 2^{2n-1}}{(2n)!}x^{2n}+o(x^{2n+1})$.

20. $a=\frac{4}{3}$, $b=-\frac{1}{3}$.

习题 3–4 (A)

1. (1) A; (2) D; (3) B; (4) A; (5) A; (6) B; (7) B.

2. (1) $(-\infty,-1)\bigcup(1,+\infty)$ 上单调减少, $(-1,1)$ 上单调增加;
(2) $(100,+\infty)$ 上单调减少, $(0,100)$ 上单调增加;
(3) $(-\infty,-1)\bigcup(1,+\infty)$ 上单调减少, $(-1,1)$ 上单调增加;
(4) $\left(\frac{k\pi}{2},\frac{k\pi}{2}+\frac{\pi}{3}\right)$ 上单调增加, $\left(\frac{k\pi}{2}+\frac{\pi}{3},\frac{k\pi}{2}+\frac{\pi}{2}\right)$ 上单调减少, $k=0,\pm1,\pm2,\cdots$;

(5) $(-\infty,-1]\bigcup(3,+\infty)$ 上单调增加, $[-1,1)\bigcup(1,3]$ 上单调减少;

(6) $\left(0,\dfrac{2}{\ln 2}\right)$ 上单调增加, $(-\infty,0)\bigcup\left(\dfrac{2}{\ln 2},+\infty\right)$ 上单调减少;

(7) $(0,n)$ 上单调增加, $(n,+\infty)$ 上单调减少;

(8) $\left(-\infty,\dfrac{2}{3}a\right]\bigcup[a,+\infty)$ 上单调增加, $\left[\dfrac{2}{3}a,a\right]$ 上单调减少.

3. (1) 极大值 $y(0)=5$; 极小值 $y(-1)=4, y(1)=4$.

(2) 极大值 $y(-4)=-\dfrac{32}{3}, y(0)=0$; 极小值 $y(1)=-\dfrac{1}{4}$.

(3) 极大值 $y(-1)=2, y(1)=2$; 极小值 $y(0)=0, y(\pm\sqrt{3})=0$.

(4) 极大值 $y\left(2k\pi+\dfrac{3}{4}\pi\right)=\dfrac{1}{\sqrt{2}}e^{2k\pi+\frac{3}{4}\pi}$,

极小值 $y\left(2k\pi-\dfrac{1}{4}\pi\right)=-\dfrac{1}{\sqrt{2}}e^{2k\pi-\frac{1}{4}\pi}$ $(k=0,\pm1,\pm2,\cdots)$.

(5) 极小值 $y(-3)=27$. (6) 极大值 $y(1)=\dfrac{\pi}{4}-\dfrac{1}{2}\ln 2$.

5. (1) 最大值 $y(10)=66$, 最小值 $y(2)=2$;

(2) 最大值 $y(1)=\dfrac{1}{2}$, 最小值 $y(0)=0$;

(3) 最大值 $y(-10)=132$, 最小值 $y(1)=y(2)=0$;

(4) 最大值 $y\left(\dfrac{3}{4}\right)=1.25$, 最小值 $y(-5)=-5+\sqrt{6}$.

6. $(-\infty,3]$ 上无实根, $(3,+\infty)$ 内有且仅有一实根.

7. $a>\dfrac{1}{e}$ 时没有实根, $0<a<\dfrac{1}{e}$ 时有两个实根, $a=\dfrac{1}{e}$ 时只有 $x=e$ 一个实根.

10. 最大值 $f\left(\sqrt{\dfrac{2}{3}}b\right)=\dfrac{2\sqrt{3}}{9}b^3$, 最小值 $f(0)=f(b)=0$.

11. n 为偶数时, 函数不存在极值点; n 为奇数时, 函数有极大值 $y(0)=1$.

12. $2ab$. 13. $\left(\dfrac{\sqrt{2}}{4},\dfrac{\sqrt{2}}{2}\right)$. 14. $\dfrac{20\sqrt{3}}{3}$. 15. $\dfrac{2\sqrt{6}}{3}\pi$.

16. 当 $\alpha=\arctan 0.25\approx 14^\circ 2'$ 时, 可使力 $\boldsymbol{F}$ 最小.

(B)

17. 单调增加区间 $\left[-1,\dfrac{1}{2}\right]\bigcup[5,+\infty)$, 单调减少区间 $(-\infty,-1)\bigcup\left[\dfrac{1}{2},5\right]$.

18. 极大值 $f(-1)=e^{-2}$, $f(1)=1$, 极小值 $f(0)=0$.

习题 3–5 (A)

1. (1) C; (2) C; (3) B; (4) B.

2. (1) 拐点 $(1,2)$, $(-\infty,1)$ 内是凹的, $(1,+\infty)$ 内是凸的;

(2) 拐点 $\left(\pm\dfrac{a}{\sqrt{3}},\dfrac{3}{4}\right)$, $\left(-\dfrac{a}{\sqrt{3}},\dfrac{a}{\sqrt{3}}\right)$ 内是凸的, $\left(-\infty,-\dfrac{a}{\sqrt{3}}\right)\bigcup\left(\dfrac{a}{\sqrt{3}},+\infty\right)$ 内是凹的;

(3) 拐点 $(0,0)$, $(-\infty,0)$ 内是凸的, $(0,+\infty)$ 内是凹的;

(4) 拐点 $(k\pi,k\pi)$, $(2k\pi,(2k+1)\pi)$ 内是凸的, $((2k+1)\pi,(2k+2)\pi)$ 内是凹的, $k=0,\pm1,\pm2,\cdots$;

(5) 拐点 $(\pm1,\ln 2)$, $(-1,1)$ 内是凹的, $(-\infty,-1)\bigcup(1,+\infty)$ 内是凸的;

(6) 拐点 $\left(\mathrm{e}^{k\pi+\frac{\pi}{4}},(-1)^k\dfrac{\sqrt{2}}{2}\mathrm{e}^{k\pi+\frac{\pi}{4}}\right)$, $\left(\mathrm{e}^{2k\pi-\frac{3\pi}{4}},\mathrm{e}^{2k\pi+\frac{\pi}{4}}\right)$ 内是凹的,

$\left(\mathrm{e}^{2k\pi+\frac{\pi}{4}},\mathrm{e}^{2k\pi+\frac{5\pi}{4}}\right)$ 内是凸的, $k=0,\pm1,\pm2,\cdots$.

4. 摆线图形为凸的. 6. $a=1,b=-3,c=-24,d=16$.

(B)

8. 拐点 $(1,-7)$, 在 $(0,1)$ 内是凸的, 在 $(1,+\infty)$ 内是凹的. 9. 没有拐点, 在 $(-\infty,+\infty)$ 内是凹的.
10. $(x_0,f(x_0))$ 为拐点.

习题 3–6 (A)

1. 斜渐近线 $y=x+2$.
2. 垂直渐近线 $x=2$, $x=-3$; 水平渐近线 $y=1$.
3. 垂直渐近线 $x=0$, 水平渐近线 $y=1$.

习题 3–7 (A)

1. 曲率 $K=\dfrac{1}{13\sqrt{26}}$, 曲率半径 $R=13\sqrt{26}$. 2. $\dfrac{2}{3\sqrt{3}}$. 3. $R=\dfrac{\left(\dfrac{a^2+b^2}{a^2}x^2-a^2\right)^{\frac{3}{2}}}{ab}$.

4. $R=\dfrac{a^3b^3\left(a^2-\dfrac{a^2-b^2}{a^2}x^2\right)^{\frac{3}{2}}}{a^4b^4}$. 5. $R=2\sqrt{2ay}$. 6. $R=\dfrac{2}{3}\sqrt{2a\rho}$. 7. $R=\dfrac{a^2}{3\rho}$.

*9. 曲率中心坐标 $\xi=3x+p,\ \eta=-\dfrac{y^3}{p^2}$, 渐屈线方程 $27p\eta^2=8(\xi-p)^3$.

*10. 曲率中心坐标 $\xi=\dfrac{c^2}{a^4}x^3,\ \eta=-\dfrac{c^2}{b^4}y^3$, 渐屈线方程 $(a\xi)^{\frac{2}{3}}+(b\eta)^{\frac{2}{3}}=c^{\frac{4}{3}}$, 其中 $c^2=a^2-b^2$.

12. 约 1 246(N).

总习题三

8. (1) $\dfrac{3}{2}$; (2) $\dfrac{1}{2}$; (3) 0; (4) $\dfrac{1}{2}$; (5) $\mathrm{e}^{-\frac{2}{\pi}}$; (6) 1; (7) 1; (8) $\dfrac{1}{3}$.

9. $x-\dfrac{x^2}{2}+\dfrac{1}{6}x^3-\dfrac{1}{12}x^4+o(x^4)$. 10. $\left(\dfrac{a}{\sqrt{3}},\dfrac{2}{3}a^2\right)$.

11. 极大值 $f(0)=2$, 极小值 $f\left(\dfrac{1}{\mathrm{e}}\right)=\mathrm{e}^{-\frac{2}{\mathrm{e}}}$.

12. (1) 在 $(-\infty,0)\bigcup(1,+\infty)$ 上单调增加, 在 $[0,1]$ 上单调减少;
(2) 在 $(-\infty,+\infty)$ 上单调增加.

13. (1) 极大值 $y(\mathrm{e})=\mathrm{e}^{\frac{1}{\mathrm{e}}}$; (2) 极大值 $y\left(\dfrac{1}{3}\right)=\dfrac{1}{3}\sqrt[3]{4}$, 极小值 $y(1)=0$.

14. $\sqrt[3]{3}$. 17. 最大值 $f(0)=\dfrac{1}{3}$, 最小值 $f(1)=0$.

18. 极大值 $f\left(\dfrac{1}{3}\right)=12$, 极小值 $f(1)=0$.

19. $y(x)$ 在 $(-\infty,-1)$ 上是凸的, 在 $(-1,1)\bigcup(1,+\infty)$ 上是凹的. $x=1$ 为垂直渐近线,

$y=x+5$ 为斜渐近线.

20. $\left(\frac{\pi}{2},1\right)$.

第 四 章

习题 4–1 (A)

1. $\frac{1}{x+1}$. 2. $\frac{1}{x}$. 3. 0. 4. (1) $\frac{b^2-a^2}{2}$; (2) $\mathrm{e}-1$; (3) $\frac{b^3}{3}$.

5. (1) $\frac{\pi a^2}{4}$; (2) 0; (3) $\frac{(b-a)^2}{4}$. 6. $\frac{1}{2}ka^2$. 7. $gb\int_0^a x\mathrm{d}x$, g 为重力加速度.

习题 4–2 (A)

1. (1) $\int_0^1 \mathrm{e}^x\mathrm{d}x > \int_0^1 \mathrm{e}^{x^2}\mathrm{d}x$; (2) $\int_0^1 x^2\mathrm{d}x > \int_0^1 x^3\mathrm{d}x$; (3) $\int_1^2 x^2\mathrm{d}x < \int_1^2 x^3\mathrm{d}x$;

(4) $\int_0^{\frac{\pi}{2}} \frac{\sin x}{x}\mathrm{d}x > \int_0^{\frac{\pi}{2}} \frac{\sin^2 x}{x^2}\mathrm{d}x$; (5) $\int_0^1 \ln(1+x)\mathrm{d}x > \int_0^1 \frac{\arctan x}{1+x}\mathrm{d}x$.

2. (1) $6 \leqslant \int_1^4 (x^2+1)\mathrm{d}x \leqslant 51$; (2) $\pi \leqslant \int_{\frac{\pi}{4}}^{\frac{5\pi}{4}} (1+\sin^2 x)\mathrm{d}x \leqslant 2\pi$;

(3) $-2\mathrm{e}^2 \leqslant \int_2^0 \mathrm{e}^{x^2-x}\mathrm{d}x \leqslant -2\mathrm{e}^{-\frac{1}{4}}$.

3. (1) 不一定; (2) 不一定; (3) 相等.

习题 4–3 (A)

1. (1) B; (2) C; (3) B. 2. $15x^2$; -2. 3. 0, $\frac{\sqrt{2}}{2}$.

5. (1) $\frac{4}{3}$; (2) 1; (3) 2; (4) 1; (5) $a\left(a^2-\frac{a}{2}+1\right)$; (6) $\frac{21}{8}$; (7) $\frac{271}{6}$;

(8) $\frac{\pi}{6}$; (9) $\frac{\pi}{3a}$; (10) $\frac{\pi}{4}+1$; (11) $1-\frac{\pi}{4}$; (12) $\frac{1}{2}$; (13) $-\frac{1}{6}$.

6. (1) $\arctan x$; (2) $-\frac{1}{1+x^4}$; (3) $\frac{3x^2}{\sqrt{1+x^{12}}}-\frac{2x}{\sqrt{1+x^8}}$;

(4) $-\cos(\pi\cos^2 x)\sin x-\cos(\pi\sin^2 x)\cos x$; (5) $\frac{1}{3\sqrt[3]{x^2}}\ln(1+x^2)-\frac{1}{2\sqrt{x}}\ln(1+x^3)$;

(6) $\int_{x^2}^{x^3}\varphi(t)\mathrm{d}t+3x^3(1+x^2)\varphi(x^3)-2x^2(1+x)\varphi(x^2)$.

10. $\frac{\mathrm{d}y}{\mathrm{d}x}=2t\cdot\cot t\cdot\csc t$. 11. $\frac{\mathrm{d}y}{\mathrm{d}x}=-2x^3\mathrm{e}^{x^2-y^2}$, $\frac{\mathrm{d}^2y}{\mathrm{d}x^2}=-2x^2\mathrm{e}^{x^2-2y^2}\left[(3+2x^2)\mathrm{e}^{y^2}+4x^4y\mathrm{e}^{x^2}\right]$.

12. $\Phi(x)=\begin{cases}\frac{1}{3}x^3, & x\in[0,1),\\ \frac{1}{2}x^2-\frac{1}{6}, & x\in[1,2],\end{cases}$ $\Phi(x)$ 在 $[0,2]$ 上连续.

13. (1) 1; (2) 2; (3) 1; (4) $\dfrac{\pi^2}{4}$; (5) 0.

15. $\dfrac{1}{6}$. 16. (1) $\dfrac{\pi}{4}$; (2) $\dfrac{1}{2}\ln 2$.

习题 4–4 (A)

1. (1) A; (2) B; (3) C.

2. (1) $\dfrac{2}{\sqrt{\cos x}}+C$; (2) $xf'(x)-f(x)+C$; (3) $\dfrac{1}{2}x|x|+C$; (4) $x^2\sin x^2+\cos x^2+C$.

3. (1) 正确; (2) 不正确; (3) 正确; (4) 不正确; (5) 不正确; (6) 不正确.

4. (1) $-\dfrac{1}{x}+C$; (2) $\dfrac{2}{5}x^{\frac{5}{2}}+C$; (3) $2\sqrt{x}+C$; (4) $-\dfrac{2}{3}x^{-\frac{3}{2}}+C$;
(5) $x-\dfrac{1}{2}x^2+\dfrac{1}{4}x^4-3x^{\frac{1}{3}}+C$; (6) $\dfrac{1}{3}x^3+\ln x-\dfrac{4}{3}\sqrt{x^3}+C$;
(7) $\dfrac{4^x}{2\ln 2}+\dfrac{9^x}{2\ln 3}+\dfrac{2\cdot 6^x}{\ln 6}+C$; (8) $\dfrac{3}{2}\arcsin x+C$; (9) $\dfrac{1}{3}(x-\arctan x)+C$;
(10) $\dfrac{1}{3}x^3+\dfrac{2}{5}x^{\frac{5}{2}}-\dfrac{2}{3}x^{\frac{3}{2}}-x+C$; (11) $2\sqrt{x}-\dfrac{4}{3}x^{\frac{3}{2}}+\dfrac{2}{5}x^{\frac{5}{2}}+C$;
(12) $x^3+\arctan x+C$; (13) $\tan x-x+C$; (14) $\dfrac{1}{4}(2x-\sin 2x)+C$;
(15) $\sin x-\cos x+C$; (16) $-\tan x-\cot x+C$; (17) $\dfrac{90^x}{\ln 90}+C$;
(18) $\dfrac{8}{15}x^{\frac{15}{8}}+C$; (19) $2\arcsin x+C$; (20) $x-\dfrac{1}{2}\cos 2x+C$;
(21) $\dfrac{1}{2}\sin x+\dfrac{1}{6}\sin 3x+C$; (22) $\dfrac{1}{3}\mathrm{e}^{3x}-3\mathrm{e}^x-3\mathrm{e}^{-x}+\dfrac{1}{3}\mathrm{e}^{-3x}+C$;
(23) $\tan x-\sec x+C$; (24) $\dfrac{x+\sin x}{2}+C$; (25) $\dfrac{4(x^2+7)}{7\sqrt[4]{x}}+C$; (26) $\dfrac{1}{2}\tan x+C$.

5. $y=\ln x+1$. 6. (1) 64 (m) ; (2) 8 (s).

7. (1) $\dfrac{1}{3}\sin(3x+5)+C$; (2) $\dfrac{1}{4}\mathrm{e}^{2x^2}+C$;
(3) $\dfrac{1}{2}\ln|2x+3|+C$; (4) $\dfrac{1}{n+1}(1+x)^{n+1}+C$;
(5) $\arcsin\dfrac{x}{\sqrt{3}}+\dfrac{1}{\sqrt{3}}\arcsin(\sqrt{3}x)+C$; (6) $\dfrac{2^{3x+5}}{3\ln 2}+C$; (7) $-\dfrac{2}{9}(8-3x)^{\frac{3}{2}}+C$;
(8) $-\dfrac{3}{10}(9-5x)^{\frac{2}{3}}+C$; (9) $\dfrac{1}{2}\sin x^2+C$; (10) $-\dfrac{1}{2}\cot\left(2x+\dfrac{\pi}{4}\right)+C$;
(11) $\tan\dfrac{x}{2}+C$; (12) $\tan x-\sec x+C$; (13) $\dfrac{1}{4}\arctan\dfrac{x^2}{2}+C$; (14) $-\sqrt{1-x^2}+C$;
(15) $\ln|\ln x|+C$; (16) $\dfrac{1}{2}(\ln\ln x)^2+C$; (17) $-\dfrac{1}{\sin x}-\sin x+C$;
(18) $\dfrac{1}{32}(12x+8\sin 2x+\sin 4x)+C$; (19) $\dfrac{1}{32}(4x-\sin 4x)+C$;
(20) $\tan x+\dfrac{1}{3}\tan^3 x+C$; (21) $-\dfrac{1}{3}\csc^3 x+C$; (22) $x-\dfrac{1}{2}\ln(1+\mathrm{e}^{2x})+C$;
(23) $\dfrac{1}{\sqrt{2}}\arctan(\sqrt{2}\tan x)+C$; (24) $-\mathrm{e}^{-\sqrt{1+x^2}}+C$; (25) $\arctan\mathrm{e}^x+C$;
(26) $2\left[\sqrt{1+x}-\ln(1+\sqrt{1+x})\right]+C$; (27) $\dfrac{x}{\sqrt{1-x^2}}+C$;

(28) $\dfrac{a^2}{2}\arcsin\dfrac{x}{a}-\dfrac{x}{2}\sqrt{a^2-x^2}+C$; (29) $\dfrac{\sqrt{x^2-9}}{9x}+C$; (30) $\sqrt{1+x^2}+\dfrac{1}{\sqrt{1+x^2}}+C$.

8. (1) $x\arccos x-\sqrt{1-x^2}+C$; (2) $x(\ln x-1)+C$;

(3) $(x^2-2)\sin x+2x\cos x+C$; (4) $\dfrac{1}{2}\left(x+x^2\operatorname{arccot}x-\arctan x\right)+C$;

(5) $x(\ln x)^2-2x\ln x+2x+C$; (6) $\dfrac{1}{3}x^3\arctan x-\dfrac{1}{6}x^2+\dfrac{1}{6}\ln(1+x^2)+C$;

(7) $-\dfrac{1}{2}x^2+x\tan x+\ln|\cos x|+C$; (8) $-\dfrac{1}{4}x\cos 2x+\dfrac{1}{8}\sin 2x+C$;

(9) $x\tan x+\ln|\cos x|+C$; (10) $(4-2x)\cos\sqrt{x}+4\sqrt{x}\sin\sqrt{x}+C$;

(11) $-\dfrac{x}{1+\mathrm{e}^x}-\ln(1+\mathrm{e}^{-x})+C$; (12) $4\sqrt{1+x}-2\sqrt{1-x}\arcsin x+C$;

(13) $(1+x)\arctan\sqrt{x}-\sqrt{x}+C$; (14) $2\mathrm{e}^{\sqrt{x}}(\sqrt{x}-1)+C$;

(15) $x\arctan x-\dfrac{1}{2}\arctan^2 x-\dfrac{1}{2}\ln(1+x^2)+C$; (16) $\dfrac{1}{2}\ln^2\tan x+C$;

(17) $\dfrac{(1+x)\mathrm{e}^{\arctan x}}{2\sqrt{1+x^2}}+C$; (18) $\dfrac{1}{10}(5-2\sin 2x-\cos 2x)\,\mathrm{e}^x+C$;

(19) $\dfrac{x\ln x}{\sqrt{1+x^2}}-\ln(x+\sqrt{1+x^2})+C$; (20) $\dfrac{\mathrm{e}^x}{1+x}+C$; (21) $x\mathrm{e}^{x+\frac{1}{x}}+C$.

(B)

10. $\begin{cases} x+C, & |x|\leqslant 1, \\ \dfrac{1}{3}x^3+\dfrac{2}{3}\operatorname{sgn}x+C, & |x|>1. \end{cases}$

习题 4–5 (A)

1. (1) $\dfrac{1}{3}x^3+\dfrac{1}{2}x^2+x+\ln|x-1|+C$;

(2) $\dfrac{1}{3}x^3+\dfrac{1}{2}x^2+x+8\ln|x|-4\ln|x+1|-3\ln|x-1|+C$;

(3) $\ln|x^2+3x-10|+C$; (4) $\dfrac{1}{3}\ln|x+1|-\dfrac{1}{6}\ln(x^2-x+1)+\dfrac{1}{\sqrt{3}}\arctan\dfrac{2x-1}{\sqrt{3}}+C$;

(5) $-\dfrac{1}{2}\ln|x+1|+2\ln|x+2|-\dfrac{3}{2}\ln|x+3|+C$;

(6) $\dfrac{1}{x+1}+\dfrac{1}{2}\ln|x^2-1|+C$; (7) $\ln|x|-\dfrac{1}{2}\ln(x^2+1)+C$;

(8) $\dfrac{\sqrt{2}}{8}\ln\left|\dfrac{x^2+\sqrt{2}x+1}{x^2-\sqrt{2}x+1}\right|+\dfrac{\sqrt{2}}{4}\arctan(\sqrt{2}x+1)+\dfrac{\sqrt{2}}{4}\arctan(\sqrt{2}x-1)+C$;

(9) $-\dfrac{5x+3}{2(2x^2+2x+1)}-\dfrac{5}{2}\arctan(2x+1)+C$;

(10) $-\dfrac{1}{3(x-1)}+\dfrac{2}{9}\ln\left|\dfrac{x-1}{x+2}\right|+C$; (11) $\dfrac{1}{2}\arctan\left(2\tan\dfrac{x}{2}\right)+C$;

(12) $\dfrac{\sqrt{6}}{6}\arctan\left(\dfrac{\sqrt{6}}{2}\tan x\right)+C$; (13) $\dfrac{1}{2}\ln|\cos x+\sin x|+\dfrac{x}{2}+C$;

(14) $\dfrac{2}{\sqrt{3}}\arctan\dfrac{2\tan\dfrac{x}{2}+1}{\sqrt{3}}+C$; (15) $\ln\left|1+\tan\dfrac{x}{2}\right|+C$;

(16) $\dfrac{1}{\sqrt{5}}\arctan\dfrac{3\tan\dfrac{x}{2}+1}{\sqrt{5}}+C$; (17) $\tan x+\dfrac{1}{3}\tan^3x+C$;

(18) $\dfrac{1}{4}\tan^4x+\dfrac{3}{2}\tan^2x-\dfrac{1}{2}\cot^2x+3\ln|\tan x|+C$;

(19) $6x^{\frac{1}{6}}-3x^{\frac{1}{3}}+2\sqrt{x}-6\ln\left(1+x^{\frac{1}{6}}\right)+C$; (20) $\dfrac{2}{(1+\sqrt[4]{x})^2}-\dfrac{4}{1+\sqrt[4]{x}}+C$;

(21) $\ln\left|\dfrac{\sqrt{1-x}-\sqrt{1+x}}{\sqrt{1-x}+\sqrt{1+x}}\right|+2\arctan\sqrt{\dfrac{1-x}{1+x}}+C$ 或 $\ln\dfrac{1-\sqrt{1-x^2}}{|x|}-\arcsin x+C$;

(22) $-\dfrac{3}{2}\sqrt[3]{\dfrac{x+1}{x-1}}+C$; (23)$-\dfrac{1}{5}x+\dfrac{3}{5}\ln|\cos x+2\sin x|+C$.

(B)

2. (1) $-\dfrac{4}{5}x-\dfrac{7}{5}\ln|\cos x-2\sin x|+C$; (2) $-\dfrac{6}{7}x^{\frac{7}{6}}-\dfrac{6}{5}x^{\frac{5}{6}}-2x^{\frac{1}{2}}-6x^{\frac{1}{6}}-3\ln\left|\dfrac{x^{\frac{1}{6}}-1}{x^{\frac{1}{6}}+1}\right|+C$;

(3) $2\sqrt{1+\ln x}+\ln\left|\dfrac{\sqrt{1+\ln x}-1}{\sqrt{1+\ln x}+1}\right|+C$;

*(4) $\dfrac{1}{4}\left[x^4-2\ln(x^8+4x^4+5)+3\arctan(x^4+2)\right]+C$.

3. $\dfrac{1}{\sqrt{2x}(1+x)}$. *4. $3\dfrac{y}{x}-2\ln\left|\dfrac{y}{x}\right|+C$ (提示: 令 $y=tx$).

习题 4–6 (A)

1. (1) B; (2) A; (3) A; (4) D.

2. (1) $\ln 2$; (2) 0; (3) $\dfrac{16}{3}$; (4) $\dfrac{4}{\pi}-1$; (5) $\dfrac{\pi}{4-\pi}$.

3. (1) $-\sqrt{3}$; (2) $\dfrac{1}{5}$; (3) $\dfrac{1}{6}(3\pi-4)$; (4) $\dfrac{33}{200}$; (5) $\dfrac{\sqrt{3}}{8}+\dfrac{\pi}{6}$; (6) $(2+\pi)\sqrt{2}$;

(7) $1-\dfrac{\pi}{4}$; (8) $\dfrac{\pi}{2}$; (9) $\dfrac{\pi-2}{4}$; (10) $1+\ln\dfrac{2}{1+\mathrm{e}}$; (11) $\dfrac{\pi a^4}{16}$; (12) $\sqrt{2}-\dfrac{2\sqrt{3}}{3}$;

(13) $\dfrac{2}{3}$; (14) $\arctan\mathrm{e}-\dfrac{\pi}{4}$; (15) $4-2\ln 3$; (16) $\dfrac{7}{2}$; (17) $\dfrac{\pi}{4}$; (18) $\dfrac{1}{2}\left(1+\mathrm{e}^{\frac{\pi}{2}}\right)$;

(19) $3(\mathrm{e}-2)$; (20) $\dfrac{2}{\mathrm{e}}$; (21) $\dfrac{\pi}{4}$; (22) $\dfrac{\pi-2\ln 2}{4}$; (23) π^2; (24) $\dfrac{\pi}{8}-\dfrac{1}{4}$.

4. (1) 0; (2) $\dfrac{5\pi}{16}$; (3) $\dfrac{\pi^3}{324}$; (4) 0.

(B)

8. (1) 0; (2) 0. 11. (1) $\dfrac{4}{\mathrm{e}}$; (2) $\dfrac{1}{2}\ln\dfrac{4}{3}$.

12. $\varphi'(x)=\begin{cases}\dfrac{xf(x)-\displaystyle\int_0^x f(u)\mathrm{d}u}{x^2}, & x\neq 0,\\ \dfrac{A}{2}, & x=0,\end{cases}$ $\varphi'(x)$ 在 $x=0$ 处连续.

习题 4–7 (A)

1. (1) $\frac{1}{3}$; (2) $\frac{25}{3}$; (3) $\frac{a^2}{6}$; (4) $\frac{8}{3}$; (5) $\frac{9}{10}(11\ln 10-9)$; (6) 8;
(7) $\frac{4}{3}$; (8) 4; (9) $\frac{\pi}{3}+2-\sqrt{3}$; (10) $\frac{5}{8}\pi a^2$; (11) $\frac{a^2}{4}(\mathrm{e}^{2\pi}-\mathrm{e}^{-2\pi})$.

2. $\frac{8}{3}a^2$. 3. (1) $\frac{4}{3}\pi ab^2, \frac{4}{3}\pi a^2 b$; (2) $\frac{\pi^2}{2}, 2\pi^2, \pi\left(4-\frac{\pi}{2}\right)$; (3) $2\pi^2 r^2 b$; (4) $\frac{8}{3}\pi a^3$;
(5) $6\pi^3 a^3$; (6) $\frac{32}{105}\pi a^3$. 5. $\frac{1\,000}{3}\sqrt{3}$. 6. $\frac{3}{10}\pi$. 7. π.

8. (1) $1+\frac{1}{2}\ln\frac{3}{2}$; (2) $2\sqrt{3}-\frac{4}{3}$; (3) $\frac{8}{9}\left[\left(\frac{5}{2}\right)^{\frac{3}{2}}-1\right]$;
(4) $\frac{y}{2p}\sqrt{p^2+y^2}+\frac{p}{2}\ln\frac{y+\sqrt{p^2+y^2}}{p}$; (5) $6a$; (6) $\frac{3}{2}\pi a$; (7) 4.

9. $\frac{a\pi^2}{2}$. 10. $a=1, b=\sqrt{2}$ (或 $a=\sqrt{2}, b=1$). 11. 5.8×10^7 (J).

12. (2) 9.72×10^5 (kJ). 13. 0.294 (J). 14. (1) $\frac{ga^2b}{6}$; (2) $\frac{ga^2b}{3}$.

15. 17.3 (kN). 16. 205.8 (kN).

17. $|\boldsymbol{F}|=\frac{GmM}{R^2}$, 引力方向垂直于半圆直径, G 为万有引力常数.

18. $\frac{2kq\delta}{R}$. 19. $\frac{2\pi kq\delta aR}{(a^2+R^2)^{\frac{3}{2}}}$.

(B)

*20. $f(x)=\frac{3}{2}ax^2+(4-a)x$, $a=-5$. *21. 6 (h).

*22. (1) $\sqrt{1+r+r^2}a$ (m); (2) $\frac{1}{\sqrt{1-r}}a$ (m). 23. $\frac{\pi^2}{2}-\frac{2\pi}{3}$. 24. 2 .

25. 取 x 轴通过细直棒, $F_x=\frac{GmM}{al\sqrt{a^2+l^2}}(\sqrt{a^2+l^2}-a)$, $F_y=-\frac{GmM}{a\sqrt{a^2+l^2}}$.

习题 4–8 (A)

1. (1) $\frac{1}{4}$; (2) 发散; (3) $\frac{1}{a}$; (4) 2; (5) $\frac{\pi}{2}-1$; (6) $\frac{\omega}{p^2+\omega^2}$; (7) π; (8) 1;
(9) 发散; (10) $\frac{\pi}{3}$; (11) $\frac{8}{3}$; (12) $\frac{\pi}{4}$; (13) 发散; (14) π.

2. (1) $\frac{\pi}{2}\ln 2$; (2) $-\frac{\pi}{2}\ln 2$; (3) $2\pi\ln 2$.

3. 当 $k>1$ 时, 收敛于 $\frac{1}{(k-1)(\ln\ln 4)^{k-1}}$; 当 $k\leqslant 1$ 时, 发散; 当 $k=1-\frac{1}{\ln\ln\ln 4}$ 时, 取得最小值.

4. (1) $\frac{\pi}{4}$; (2) $\frac{\pi}{\sqrt{2}}$.

*5. (1) 收敛; (2) 收敛; (3) 发散; (4) 收敛; (5) 当 $p>1$ 时收敛, 当 $p\leqslant 1$ 时发散;
(6) 收敛; (7) 发散; (8) 收敛; (9) 收敛; (10) 发散; (11) 收敛; (12) 收敛;

(13) 收敛; (14) 当 $p<1$ 且 $q<1$ 时收敛, 其他情形均发散; (15) 收敛;
(16) 当 $p>1$ 且 $q<1$ 时收敛, 其他情形均发散; (17) 当 $1<n<2$ 时收敛;
(18) 收敛.

6. $\frac{\mathrm{e}}{2}$.

(B)

7. $\frac{2}{3}-\frac{3\sqrt{3}}{8}$. 8. $\frac{\pi}{2\sqrt{2}}$. 9. $\frac{\pi}{2}$. 10. $\frac{\pi}{4}$ (提示: 倒代换).

总习题四

1. (1) $\frac{2}{3}(2\sqrt{2}-1)$; (2) $\frac{1}{p+1}$; (3) $\frac{2}{\pi}$; (4) e^{-1};

(5) $\frac{1}{b-a}\int_a^b f(x)\mathrm{d}x$; (6) $\frac{\pi^2}{4}$; (7) 1; (8) $af(a)$.

2. (1) $\frac{\pi}{2}$; (2) $\frac{1}{6}$; (3) $-\sqrt{3}+\frac{4\pi}{3}$; (4) $\frac{29}{270}$;

(5) $\frac{1}{20}(\pi-14\ln 3)$; (6) $\left(-\frac{\sqrt{2}}{2}+\frac{2}{3}\sqrt{3}\right)\pi$. 8. $\frac{29}{8}-\frac{1}{\mathrm{e}}$.

9. $f(x)=\begin{cases}-\frac{x}{2}+\frac{1}{3}, & x<0,\\ \frac{x^3}{3}-\frac{x}{2}+\frac{1}{3}, & 0\leqslant x\leqslant 1,\\ \frac{x}{2}-\frac{1}{3}, & x>1.\end{cases}$ 10. $3\ln x+3$. 11. $x+2$.

12. $x^2-\frac{4}{3}x+\frac{2}{3}$. *13. 对 $F(x)=\int_{x_0}^{x}(x-t)^n f^{(n+1)}(t)\mathrm{d}t$ 连续使用分部积分法.

14. -1. 15. $c=1$ 时收敛, 其积分值为 $\ln 2$. 16. $\boldsymbol{F}=\left(\frac{3}{5}Ga^2,\frac{3}{5}Ga^2\right)$.

*17. $\frac{\sqrt{2}}{15}\pi$. 18. (1) $\frac{4}{3}\pi R^3$; (2) π^2R^2. 21. 提示: 令 $F(x)=x\int_0^x f(t)\mathrm{d}t$.

22. (2) $\frac{2}{\pi}$. 29. (1) $-\frac{\mathrm{e}^{-x}}{x+1}$. 30. π^2-2. 31. $-(1+\ln\sin x)\cot x-x+C$.

*32. (1) 收敛; (2) 收敛; (3) 收敛.

*33. (1) $\frac{1}{n}\Gamma\left(\frac{1}{n}\right)$; (2) $\Gamma(p+1), p>-1$; (3) $\frac{1}{n}\Gamma\left(\frac{m+1}{n}\right), \frac{m+1}{n}>0$.

第 五 章

习题 5–1 (A)

1. (1) B; (2) B; (3) D; (4) C.

3. $u_n=s_n-s_{n-1}=\frac{2}{3^n}, \sum_{n=1}^{\infty}\frac{2}{3^n}=\lim_{n\to\infty}s_n=1$.

4. (1) $\frac{n}{(n+1)!}=\frac{1}{n!}-\frac{1}{(n+1)!}$, 级数收敛于 1;

(2) $\ln\dfrac{n^2-1}{n^2}=\ln\dfrac{n-1}{n}-\ln\dfrac{n}{n+1}$, 级数收敛于 $\ln\dfrac{1}{2}$;

(3) 级数收敛于 $\dfrac{8}{3}$;

(4) $\lim\limits_{n\to\infty}\dfrac{\sqrt[n]{n}}{\left(1+\dfrac{1}{n}\right)^n}=\dfrac{1}{\mathrm{e}}\neq 0$, 级数发散;

(5) $\lim\limits_{n\to\infty}n^2\ln\left(1+\dfrac{1}{n^2}\right)=1$, 级数发散;

(6) 因 $\sum\limits_{n=1}^{\infty}\left(\dfrac{1}{5n}-\dfrac{1}{2^n}\right)$ 发散, 故原级数发散.

(B)

5. 由 $s_{2n}=\sum\limits_{k=1}^{n}(u_{2k-1}+u_{2k})\to s\ (n\to\infty)$, 又 $s_{2n+1}=s_{2n}+u_{2n+1}\to s\quad(n\to\infty)$, 故 $\lim\limits_{n\to\infty}s_n=s$.

6. $\sum\limits_{k=1}^{n}u_k=(u_1-u_2)+2(u_2-u_3)+\cdots+(n-1)(u_{n-1}-u_n)+nu_n$, $\lim\limits_{n\to\infty}\sum\limits_{k=1}^{n}u_k$ 存在.

习题 5–2 (A)

1. (1) 发散; (2) 收敛; (3) 发散; (4) 收敛; (5) 发散; (6) 收敛; (7) 收敛;
   (8) $a=1$ 时发散, $a\neq 1$ 时收敛.

2. (1) 收敛; (2) 发散; (3) 收敛; (4) 收敛; (5) 发散; (6) 收敛.
3. (1) 收敛; (2) 收敛; (3) 收敛; (4) 发散; (5) 收敛.

4. (1) 发散; (2) 收敛; (3) 收敛; (4) 收敛;

   (5) 提示: $\sum\limits_{n=1}^{\infty}\dfrac{1+a^n}{1+b^n}=\sum\limits_{n=1}^{\infty}\dfrac{1}{1+b^n}+\sum\limits_{n=1}^{\infty}\dfrac{a^n}{1+b^n}$, $b>1$ 且 $0<a<b$ 时收敛, 其余情形发散.

5. (1) 条件收敛; (2) 绝对收敛; (3) 条件收敛;
   (4) 绝对收敛; (5) 条件收敛; (6) 绝对收敛.

(B)

6. 由于级数 $\sum\limits_{n=1}^{\infty}a_n$, $\sum\limits_{n=1}^{\infty}\dfrac{1}{n^2}$ 收敛, 又 $2\dfrac{1}{n}\sqrt{a_n}\leqslant a_n+\dfrac{1}{n^2}$, 所以 $\sum\limits_{n=1}^{\infty}\dfrac{\sqrt{a_n}}{n}$ 收敛.

习题 5–3 (A)

1. (1) $[-1,1]$; (2) $(-\infty,\infty)$; (3) $\left(-1-\dfrac{1}{\sqrt{2}},-1+\dfrac{1}{\sqrt{2}}\right)$;
   (4) 当 $|a|\leqslant 1$ 时, 收敛域为 $\{0\}$, 当 $|a|>1$ 时, 为 $(-\infty,+\infty)$;
   (5) 当 $0<p\leqslant 1$ 时, 收敛域是 $[-2,0)$, 当 $p>1$ 时, 收敛域是 $[-2,0]$;
   (6) $(-\infty,\infty)$; (7)$(-\sqrt[3]{2},\sqrt[3]{2}]$.

2. (1)$s(x)=\begin{cases}\dfrac{x^2}{1-e^{-x}}, & x>0,\\ 0, & x=0;\end{cases}$ (2) $\dfrac{x^2}{(1-x)^2}, x\in(-1,1)$; (3) $\arctan x(-1\leqslant x\leqslant 1)$;

(4) $s(x)=\begin{cases}-\dfrac{1}{x}\ln\left(1-\dfrac{x}{2}\right), & x\in[-2,0)\bigcup(0,2),\\ \dfrac{1}{2}, & x=0;\end{cases}$

(5) $s(x)=\begin{cases}(1-x)\ln(1-x)+x, & -1\leqslant x<1,\\ 1, & x=1;\end{cases}$

(6) $\dfrac{2}{1-2x}-\dfrac{1}{1-x}$, $x\in\left(-\dfrac{1}{2},\dfrac{1}{2}\right)$.

(B)

3. (1) $(-\infty,-1)\bigcup(-1,1)\bigcup(1,+\infty)$; (2) $(-\infty,+\infty)$.

4. $s(x)=\left(\dfrac{x^2}{4}+\dfrac{x}{2}+1\right)\mathrm{e}^{\frac{x}{2}}\ (-\infty<x<+\infty)$.

5. (1) $s=\dfrac{\pi}{3\sqrt{3}}-\ln\dfrac{4}{3}$; (2) $s=8$; (3) $s=3$, 提示: $s(x)=\sum\limits_{n=1}^{\infty}(2n-1)x^n$;

(4) $s=\ln\dfrac{3}{2}$.

习题 5–4 (A)

1. (1) $\operatorname{sh}x=\dfrac{\mathrm{e}^x-\mathrm{e}^{-x}}{2}=\sum\limits_{n=1}^{\infty}\dfrac{x^{2n-1}}{(2n-1)!}$ $x\in(-\infty,+\infty)$;

(2) $\ln(2+x)=\ln 2+\sum\limits_{n=1}^{\infty}(-1)^{n-1}\dfrac{1}{n}\left(\dfrac{x}{2}\right)^n$, $x\in(-2,2]$;

(3) $\sin^2x=\sum\limits_{n=1}^{\infty}(-1)^{n-1}\dfrac{(2x)^{2n}}{2(2n)!}$, $x\in(-\infty,+\infty)$;

(4) $\dfrac{1}{9+x^2}=\sum\limits_{n=0}^{\infty}(-1)^n\dfrac{x^{2n}}{9^{n+1}}$, $x\in(-3,3)$;

(5) $\dfrac{1}{(1+x)^2}=\sum\limits_{n=0}^{\infty}(-1)^n(n+1)x^n$, $x\in(-1,1)$;

(6) $\dfrac{1}{x^2-5x+6}=\sum\limits_{n=0}^{\infty}\left(\dfrac{1}{2^{n+1}}-\dfrac{1}{3^{n+1}}\right)x^n$, $x\in(-2,2)$;

(7) $(1+x)\ln(1+x)=x+\sum\limits_{n=2}^{\infty}\dfrac{(-1)^n x^n}{n(n-1)}$, $x\in(-1,1]$;

(8) $\ln(1+x-2x^2)=\sum\limits_{n=1}^{\infty}\dfrac{(-1)^{n+1}2^n-1}{n}x^n$, $x\in\left(-\dfrac{1}{2},\dfrac{1}{2}\right]$.

2. (1) $\sqrt{x}=1+\dfrac{x-1}{2}+\sum\limits_{n=2}^{\infty}(-1)^{n-1}\dfrac{(2n-3)!!}{(2n)!!}(x-1)^n$, $x\in[0,2]$;

(2) $\ln x=\ln 3+\sum\limits_{n=1}^{\infty}(-1)^{n-1}\dfrac{(x-3)^n}{n\cdot 3^n}$, $x\in(0,6]$;

(3) $\cos x=\dfrac{1}{2}\sum\limits_{n=0}^{\infty}(-1)^n\left[\dfrac{\left(x+\dfrac{\pi}{3}\right)^{2n}}{(2n)!}+\sqrt{3}\dfrac{\left(x+\dfrac{\pi}{3}\right)^{2n+1}}{(2n+1)!}\right]$, $x\in(-\infty,+\infty)$;

(4) $\dfrac{1}{x}=\dfrac{1}{3}\sum\limits_{n=0}^{\infty}(-1)^n\dfrac{(x-3)^n}{3^n},\quad x\in(0,6);$

(5) $\sin 2x=\sum\limits_{n=1}^{\infty}(-1)^n\dfrac{2^{2n-1}}{(2n-1)!}\left(x-\dfrac{\pi}{2}\right)^{2n-1},\quad x\in(-\infty,+\infty);$

(6) $\dfrac{1}{x^2+3x+2}=\sum\limits_{n=0}^{\infty}\left(\dfrac{1}{2^{n+1}}-\dfrac{1}{3^{n+1}}\right)(x+4)^n,\ x\in(-6,-2).$

3. (1) 1.098 6; (2) 1.648; (3) 3.466; (4) 0.052 34.

4. (1) 0.487; (2) 0.494 0.

5. $\mathrm{e}^x\cos x=\mathrm{Re}[\mathrm{e}^{(1+\mathrm{i})x}]=\mathrm{Re}[\mathrm{e}^{\sqrt{2}(\cos\frac{\pi}{4}+\mathrm{i}\sin\frac{\pi}{4})x}]=\sum\limits_{n=0}^{\infty}2^{\frac{n}{2}}\cos\dfrac{n\pi}{4}\cdot\dfrac{x^n}{n!},\quad x\in(-\infty,+\infty).$

习题 5–5 (A)

1. $\dfrac{\pi^2}{2},\dfrac{\pi^2}{2}.$

2. (1) $f(x)=1-x^2=\dfrac{11}{12}+\dfrac{1}{\pi^2}\sum\limits_{n=1}^{\infty}\dfrac{(-1)^{n+1}}{n^2}\cos 2n\pi x,\ x\in(-\infty,+\infty);$

(2) $f(x)=-\dfrac{1}{4}+\sum\limits_{n=1}^{\infty}\left\{\left[\dfrac{1-(-1)^n}{n^2\pi^2}+\dfrac{2\sin\frac{n\pi}{2}}{n\pi}\right]\cos n\pi x+\dfrac{1-2\cos\frac{n\pi}{2}}{n\pi}\sin n\pi x\right\}$

$(x\neq 2k,2k+\dfrac{1}{2},\ k=0,\pm1,\pm2,\cdots);$

(3) $f(x)=\pi^2+1+12\sum\limits_{n=1}^{\infty}\dfrac{(-1)^n}{n^2}\cos nx,\quad x\in(-\infty,+\infty);$

(4) $f(x)=\dfrac{1+\pi-\mathrm{e}^{-\pi}}{2\pi}+\dfrac{1}{\pi}\sum\limits_{n=1}^{\infty}\left\{\dfrac{1-(-1)^n}{1+n^2}\mathrm{e}^{-\pi}\cos nx+\left[\dfrac{-n+(-1)^n n\mathrm{e}^{-\pi}}{1+n^2}+\right.\right.$

$\left.\left.\dfrac{1-(-1)^n}{n}\right]\sin nx\right\},\ x\in(-\infty,+\infty),x\neq(2k-1)\pi.$

3. $f(x)$ 的傅里叶级数为 $\dfrac{1}{4}+\sum\limits_{n=1}^{\infty}\dfrac{1}{\pi n}\left[\dfrac{(-1)^n-1}{\pi n}\cos n\pi x+(-1)^{n+1}\sin n\pi x\right],$

$\sum\limits_{n=0}^{\infty}\dfrac{1}{(2n+1)^2}=\dfrac{\pi^2}{8}.$

4. (1) $f(x)=\dfrac{1}{\pi}+\dfrac{1}{2}\cos x+\dfrac{2}{\pi}\sum\limits_{k=1}^{\infty}\dfrac{(-1)^{k-1}}{4k^2-1}\cos 2kx,\ x\in(-\infty,+\infty);$

(2) $f(x)=-\dfrac{1}{2}+\dfrac{6}{\pi}\sum\limits_{n=1}^{\infty}\left[\dfrac{1-(-1)^n}{n^2\pi}\cos\dfrac{n\pi x}{3}+\dfrac{(-1)^{n+1}}{n}\sin\dfrac{n\pi x}{3}\right]$ $(x\neq 3(2k+1),$ $k=0,\pm1,\pm2,\cdots).$

5. (1) $f(x)=\dfrac{4}{\pi}\sum\limits_{n=1}^{\infty}\dfrac{1}{(2n-1)^2}\cos(2n-1)x,\ x\in[0,\pi];$

(2) $2x^2=\dfrac{4}{\pi}\sum\limits_{n=1}^{\infty}\left[-\dfrac{2}{n^3}+(-1)^n\left(\dfrac{2}{n^3}-\dfrac{\pi^2}{n}\right)\right]\sin nx,\ x\in[0,\pi);$

(3) $f(x)=\dfrac{4l}{\pi^2}\sum\limits_{k=1}^{\infty}\dfrac{(-1)^{k-1}}{(2k-1)^2}\sin\dfrac{(2k-1)\pi x}{l},\ x\in[0,l],$

$$f(x)=\frac{l}{4}+\frac{l}{\pi^2}\sum_{k=1}^{\infty}\frac{(-1)^{k-1}}{(2k-1)^2}\cos\frac{(2k-1)\pi x}{l},\ x\in[0,l];$$

(4) $x^2=\dfrac{8}{\pi}\sum\limits_{n=1}^{\infty}\left\{\dfrac{(-1)^{n+1}}{n}+\dfrac{2[(-1)^n-1]}{n^3\pi^2}\right\}\sin\dfrac{n\pi x}{2},\ x\in[0,2)$,

$$x^2=\frac{4}{3}+\frac{16}{\pi^2}\sum_{n=1}^{\infty}\frac{(-1)^n}{n^2}\cos\frac{n\pi x}{2},\ x\in[0,2].$$

9. $f'(x)=\sum\limits_{n=1}^{\infty}(nb_n\cos nx-na_n\sin nx)$.

总习题五

1. (1) D; (2) B; (3) C; (4) C; (5) D; (6) A; (7) B; (8) A.

2. (1) 发散; (2) 收敛; (3) 发散; (4) 收敛;
(5) $a<1$ 时收敛, $a>1$ 时发散, $a=1$ 时, $s>1$ 收敛, $s\leqslant 1$ 发散.
(6) 收敛, 提示: $a_n+a_{n+2}=\displaystyle\int_0^{\frac{\pi}{4}}(\tan^n x+\tan^{n+2}x)\mathrm{d}x=\int_0^{\frac{\pi}{4}}\tan^n x\mathrm{d}\tan x=\frac{1}{n+1}$.

3. (1) 绝对收敛; (2) 发散; (3) 绝对收敛; (4) 绝对收敛; (5) 条件收敛; (6) 条件收敛.

4. (1) $\left[-\dfrac{4}{3},-\dfrac{2}{3}\right)$; (2) $\left(-\dfrac{1}{\mathrm{e}},\dfrac{1}{\mathrm{e}}\right)$; (3) $\left[-\dfrac{1}{3},\dfrac{1}{3}\right]$; (4) $(-\sqrt{2},\sqrt{2})$.

5. (1) $s(x)=\begin{cases}\left(1-\dfrac{2}{x}\right)\ln(1-x)-2, & -1\leqslant x<1\text{ 且 }x\neq 0,\\ 0, & x=0;\end{cases}$

(2) $s(x)=\dfrac{x-1}{(2-x)^2},\ x\in(0,2)$;

(3) $(1+2x^2)\mathrm{e}^{x^2},\quad x\in(-\infty,+\infty)$;

(4) $\dfrac{\mathrm{e}^{x+1}-x-2}{(x+1)^2},\quad x\in(-\infty,+\infty)$.

6. (1) $\dfrac{x}{1+x-2x^2}=\dfrac{1}{3}\left(\dfrac{1}{1-x}-\dfrac{1}{1+2x}\right)=\dfrac{1}{3}\sum\limits_{n=0}^{\infty}[1-(-2)^n]x^n,|x|<\dfrac{1}{2}$;

(2) $x\ln(x+\sqrt{x^2+1})=x^2+\sum\limits_{n=1}^{\infty}(-1)^n\dfrac{(2n-1)!!}{(2n)!!}\dfrac{x^{2n+2}}{2n+1},\ x\in[-1,1]$;

(3) $\dfrac{1}{(2-x)^2}=\sum\limits_{n=1}^{\infty}\dfrac{n}{2^{n+1}}x^{n-1},\quad x\in(-2,2)$.

7. (1) $\sum\limits_{n=1}^{\infty}\dfrac{1}{4n+1}\left(\dfrac{\sqrt{3}}{3}\right)^{4n+1}=\dfrac{\pi}{12}-\dfrac{\sqrt{3}}{3}+\dfrac{1}{4}\ln\dfrac{3+\sqrt{3}}{3-\sqrt{3}}$; (2) $\sum\limits_{n=0}^{\infty}\dfrac{n^2}{n!}=2\mathrm{e}$;
(3) $\sum\limits_{n=0}^{\infty}(-1)^n\dfrac{n+1}{(2n+1)!}=\dfrac{1}{2}(\cos 1+\sin 1)$.

8. 提示: $\lim\limits_{n\to+\infty}u_n=u_0>0$.

9. 提示 (1) $a_{n+1}=\dfrac{1}{2}\left(a_n+\dfrac{1}{a_n}\right)\geqslant 1,\quad a_{n+1}\leqslant a_n\ (n=1,2,\cdots)$;

(2) $\sum\limits_{n=1}^{\infty}(a_n-a_{n+1})$ 收敛, 利用比较判别法.

10. (1) 等价于 $\dfrac{x^2}{4}=\dfrac{\pi^2}{12}+\sum\limits_{n=1}^{\infty}(-1)^n\dfrac{\cos nx}{n^2},\quad -\pi\leqslant x\leqslant\pi$;

(2) 等价于 $\dfrac{x^2-2\pi x}{4}=-\dfrac{\pi^2}{6}+\sum\limits_{n=1}^{\infty}\dfrac{4\cos\dfrac{n}{2}x}{n^2},\quad 0\leqslant x\leqslant 2\pi$.

11. $f(x)=\dfrac{2}{\pi}\sum\limits_{n=1}^{\infty}\dfrac{1-\cos nh}{n}\sin nx,\quad x\in(0,h)\bigcup(h,\pi]$;

$f(x)=\dfrac{h}{\pi}+\dfrac{2}{\pi}\sum\limits_{n=1}^{\infty}\dfrac{\sin nh}{n}\cos nx,\quad x\in(0,h)\bigcup(h,\pi]$.